Taschenatlas der Anatomie

in 3 Bänden

Band **3**

Nervensystem und Sinnesorgane

Werner Kahle
fortgeführt von Michael Frotscher

8. korrigierte Auflage

179 Farbtafeln in 637 Einzeldarstellungen

Zeichnungen von Gerhard Spitzer

2002
Georg Thieme Verlag Stuttgart · New York

Prof. Dr. med. Michael Frotscher
Anatomisches Institut der Universität
Abteilung Anatomie I
Freiburg

Em. Prof. Dr. med. Werner Kahle
Neurologisches Institut der Universität
Frankfurt/Main

Zeichnungen:
Prof. Gerhard Spitzer, Frankfurt
unter Mitarbeit von Stefan Spitzer

1. Auflage 1976
2. Auflage 1978
3. Auflage 1979
4. Auflage 1982
5. Auflage 1986
6. Auflage 1991
1. chinesische Auflage 2000
1. englische Auflage 1978
2. englische Auflage 1984
3. englische Auflage 1986
4. englische Auflage 1993
1. französische Auflage 1979
2. französische Auflage 1983
3. französische Auflage in Vorb.
1. griechische Auflage 1985
2. griechische Auflage in Vorb.
1. indonesische Auflage 1983
1. italienische Auflage 1979
2. italienische Auflage 1987
3. italienische Auflage 2001
1. japanische Auflage 1979
2. japanische Auflage 1981
3. japanische Auflage 1984
4. japanische Auflage 1990
5. japanische Auflage in Vorb.
1. niederländische Auflage 1978
2. niederländische Auflage 1981
3. niederländische Auflage 1990
4. niederländische Auflage 2001
1. polnische Auflage 1998
1. serbokroatische Auflage 1991
2. serbokroatische Auflage in Vorb.
1. spanische Auflage 1977
2. spanische Auflage 1988
3. spanische Auflage in Vorb.
1. türkische Auflage 1987
1. ungarische Auflage 1996

Die Deutsche Bibliothek –
CIP-Einheitsaufnahme

Ein Titeldatensatz für diese Publikation ist bei der Deutschen Bibliothek erhältlich

Rüdigerstraße 14
D-70469 Stuttgart
Unsere Homepage: http://www.thieme.de

Printed in Germany

Umschlaggestaltung:
Thieme Verlagsgruppe
Umschlaggrafik:
Martina Berge, Erbach/Ernsbach
Satz: Druckhaus Götz GmbH,
71636 Ludwigsburg
(gesetzt auf CCS-Textline)
Druck: Druckerei Appl OHG,
86650 Wemding

ISBN 3-13-492208-8 1 2 3 4 5 6

Vorwort zur 8. Auflage des 3. Bandes

Die Zahl der Studenten und auch der Fachkollegen, die die Neuroanatomie nach dem Band 3 des Taschenatlas gelernt haben, ist inzwischen groß. Der „Kahle" hat sich bewährt. Was kann man also tun, wenn man es übernommen hat, dieses Buch fortzuführen? Möglichst viel so lassen, wie es ist. Die stürmische Entwicklung in den Neurowissenschaften läßt dies jedoch nicht zu. Gerade in den letzten Jahren sind viele neue Entdeckungen gemacht worden, die unsere Vorstellungen über Aufbau und Funktion des Nervensystems geprägt haben. Hier mußte also aktualisiert und ergänzt werden. So wurden z. B. ein Abschnitt über moderne neuroanatomische Untersuchungsmethoden, ein Abschnitt über Transmitterrezeptoren und eine Einführung in häufig in der Klinik benutzte moderne bildgebende Verfahren angefügt. Die „klinischen Hinweise" wurden bewahrt und ergänzt, um eine Verbindung zur Klinik herzustellen. Es war das Anliegen, dem Studenten nicht nur ein solides Wissen in der Neuroanatomie, sondern auch wichtige Grundlagen der interdisziplinären Neurowissenschaft zu vermitteln und ihn an die Klinik jener Fächer heranzuführen, in denen die Neuroanatomie eine große Rolle spielt. Ich wünsche mir sehr, daß durch die modernen Möglichkeiten des Vielfarbendruckes manches übersichtlicher und auch einheitlicher geworden ist. So wurden grundsätzlich sensible Bahnen in Blau, motorische Bahnen in Rot, parasympathische Fasern in Grün und sympathische Fasern in Gelb wiedergegeben.

Bedanken möchte ich mich vor allem bei den Herren Gerhard und Stephan Spitzer, in deren erfahrenen Händen auch bei dieser Auflage die graphische Betreuung des Taschenatlas lag. Herrn Prof. Jürgen Hennig und seinen Mitarbeitern von der Abteilung Röntgendiagnostik des Klinikums der Albert-Ludwigs-Universität Freiburg danke ich sehr für die Hilfe bei dem neuen Kapitel über die bildgebenden Verfahren. Schließlich möchte ich Herrn Dr. André Diesel danken, der mit großem Einsatz den Text nach Unklarheiten durchforstet hat und maßgeblich an der Farbgebung der Abbildungen beteiligt war, sowie meiner Sekretärin Frau Regina Hummel, die viel bei den Korrekturen geholfen hat. Mein Dank gilt auch Frau Marianne Mauch und Herrn Dr. Jürgen Lüthje vom Thieme Verlag, die ich stets um Rat fragen konnte und die viel Geduld aufbrachten.

Sehr gefreut habe ich mich über die positive Aufnahme der 7. Auflage des 3. Bandes. Für alle Hinweise bin ich sehr dankbar; sie wurden weitestgehend berücksichtigt. Ich hoffe sehr, daß der Taschenatlas damit noch mehr an Klarheit und Übersichtlichkeit gewonnen hat.

Michael Frotscher im Sommer 2002

Vorwort zur 1. Auflage des 3. Bandes

In diesem Band wird dem Anfänger nicht nur eine Einführung in den elementaren Aufbau des Nervensystems, sondern auch in einfacher und knapper Form Einblick in den gegenwärtigen Stand unserer Erkenntnisse gegeben. Diese sind in den letzten Jahrzehnten durch die Ergebnisse der Elektronenmikroskopie, der Histochemie und der Elektrophysiologie außerordentlich erweitert worden. Dem strengen Morphologen mag die Einbeziehung elektrophysiologischer Befunde bedenklich erscheinen. Soweit sie aber die funktionelle Bedeutung nervöser Strukturen sichtbar machen oder zu einer topischen Gliederung morphologischer Strukturen führen, kann man heute auf sie nicht mehr verzichten. Derartige Untersuchungen werden bereits vielfach als „Elektroanatomie" zur Neuroanatomie gerechnet.

Der Medizinstudent sollte nach der Lektüre des Bandes sein Physikum bestehen können, und bei dem einen oder anderen wird darüber hinaus vielleicht ein wirkliches Interesse an diesem faszinierenden Gebiet geweckt werden. Der interessierte Nichtmediziner wird, so hoffe ich, sich nicht von der lateinischen Nomenklatur abschrecken lassen, um einen Einblick in den Bau und die Funktionsweise des Nervensystems zu gewinnen. Die Fachkollegen schließlich werden, dessen bin ich sicher, beim Aufspüren der Fehler, die sich in eine erste Auflage unvermeidlich einschleichen, einige vergnügliche Stunden verbringen.

Wenn es an die Danksagungen geht, muß ich zuerst Herrn *Gerhard Spitzer* erwähnen, der als Meister des Zeichenstiftes entscheidend zum Gelingen des Bandes beigetragen hat. Allen meinen Kollegen, die mir mit Rat, Anregung und Kritik geholfen haben, möchte ich an dieser Stelle herzlich danken. Nicht unerwähnt bleiben darf schließlich die stets bereite Hilfe von Frl. *E. Klasmeier*. Meiner Frau möchte ich für die Anfertigung des Sachverzeichnisses danken. Große Verdienste haben sich auch die Mitarbeiter des Thieme Verlages erworben, denn ohne ihre Hartnäckigkeit und Geduld wäre dieses Buch wahrscheinlich nie fertig geworden.

Frankfurt, im Januar 1976 *Werner Kahle*

Vorwort zur 1. Auflage

Der Taschenbuchatlas soll dem Studierenden der Medizin eine anschauliche Zusammenfassung der wichtigsten Kenntnisse aus der Anatomie des Menschen geben, gleichzeitig kann er dem interessierten Laien einen Einblick in dieses Gebiet verschaffen.

Für den *Studierenden der Medizin* sollte die Examensvorbereitung hauptsächlich eine Repetition von Anschauungserfahrungen sein. Die Gegenüberstellung von Text und Bild soll der Veranschaulichung des anatomischen Wissens dienen.

Der dreibändige Taschenbuchatlas ist nach Systemen gegliedert. Der 1. Band umfaßt den Bewegungsapparat, der 2. Band die Eingeweide, der 3. Band das Nervensystem und die Sinnesorgane. Die topographischen Verhältnisse der peripheren Leitungsbahnen, der Nerven und Gefäße, werden, soweit sie sich eng an den Bewegungsapparat anlehnen, im 1. Band berücksichtigt; im 2. Band wird lediglich die *systematische* Aufgliederung der Gefäße behandelt. Der Beckenboden, der in enger funktioneller Beziehung zu den Organen des kleinen Beckens steht, wurde einschließlich der damit zusammenhängenden Topographie in den 2. Band aufgenommen. Die Entwicklungsgeschichte der Zähne wird im 2. Band kurz berührt, weil sie das Verständnis für den Zahndurchbruch erleichtert, – die gemeinsamen embryonalen Anlagen der männlichen und weiblichen Geschlechtsorgane werden besprochen, weil sie deren Aufbau und die nicht seltenen Varietäten und Mißbildungen verständlich machen, – im Kapitel über die weiblichen Geschlechtsorgane kommen einige Fragen im Zusammenhang mit Schwangerschaft und Geburt zur Sprache; das für den Medizinstudenten nötige Wissen in der Entwicklungsgeschichte ist damit aber keinesfalls umrissen! Die Bemerkungen zur Physiologie und Biochemie sind in jedem Fall unvollständig und dienen lediglich dem besseren Verständnis struktureller Besonderheiten; es wird auf die Lehrbücher der Physiologie und Biochemie verwiesen. Schließlich sei betont, daß das Taschenbuch selbstverständlich auch ein großes Lehrbuch nicht ersetzt, viel weniger noch das Studium in den makroskopischen und mikroskopischen Kursen. In das Literaturverzeichnis wurden Titel aufgenommen, die weiterführende Literaturhinweise enthalten – darunter auch klinische Bücher, soweit sie einen starken Bezug zur Anatomie haben.

Der *interessierte Laie*, der nach dem Bau des menschlichen Körpers fragt, wird u.a. die anatomischen Grundlagen von häufig angewandten ärztlichen Untersuchungsverfahren allgemein verständlich abgebildet finden. Es wurde damit der Anregung des Verlages entsprochen, den Inhalt des Buches um diese Aspekte zu erweitern. Im Hinblick auf den nichtmedizinischen Leser werden alle für den Laien erfahrbaren Organe und Organteile auch in deutschen Bezeichnungen benannt; sie sind auch im Sachverzeichnis berücksichtigt.

Frankfurt/M., Kiel, Innsbruck

Die Herausgeber

Abkürzungen

A.	= Arteria	= die Schlagader
a.	= arteriae	= der Schlagader
Aa.	= Arteriae	= die Schlagadern
Lig.	= Ligamentum	= das Band
lig.	= ligamenti	= des Bandes
Ligg.	= Ligamenta	= die Bänder
M.	= Musculus	= der Muskel
m.	= musculi	= des Muskels
Mm.	= Musculi	= die Muskeln
mm.	= musculorum	= der Muskeln
N.	= Nervus	= der Nerv
n.	= nervi	= des Nerven
Nn.	= Nervi	= die Nerven
R.	= Ramus	= der Ast
Rr.	= Rami	= die Äste
V.	= Vena	= die Saugader
Vv.	= Venae	= die Saugadern

Inhaltsverzeichnis

Hirnstamm und Hirnnerven 99

Kleinhirn 151

Nervensystem

Einleitung

Das Nervensystem im Überblick

Entwicklung und Gliederung (A – D)

Das Nervensystem dient der Nachrichtenübermittlung. Bei den primitivsten Organisationsformen (**A**) wird diese Funktion von den **Sinneszellen** (**A – C1**) selbst übernommen. Sie werden durch Reize aus der Umwelt erregt und leiten die Erregung über einen Fortsatz weiter zu einer **Muskelzelle** (**A – C2**). So kommt die einfachste Reaktion auf Umweltreize zustande. (Sinneszellen mit eigenen Fortsätzen findet man beim Menschen nur noch im Riechepithel.) Bei differenzierteren Organismen (**B**) ist zwischen Sinneszelle und Muskelzelle eine weitere Zelle geschaltet, welche die Nachrichtenübermittlung übernimmt: die **Nervenzelle** (**BC3**). Sie kann die Erregung auf zahlreiche Muskelzellen oder weitere Nervenzellen übertragen: es kommt zur Ausbildung eines **Nervennetzes** (**C**). Auch der menschliche Körper wird von einem solchen diffusen Nervennetz durchzogen, von dem alle Eingeweide, Blutgefäße und Drüsen innerviert werden. Es wird als **vegetatives** (auch als *viszerales* oder *autonomes*) **Nervensystem** bezeichnet und zerfällt in zwei funktionell oft entgegengesetzt wirkende Bestandteile, den **Sympathicus** und den **Parasympathicus**, deren Zusammenwirken das *innere Milieu* des Organismus konstant erhält.

Bei den Wirbeltieren hat sich neben dem vegetativen das **animalische Nervensystem** gebildet, das aus einem zentralen Nervensystem, **ZNS** (Gehirn und Rückenmark) und einem **peripheren Nervensystem** (den Nerven von Kopf, Rumpf und Extremitäten) besteht. Es dient der *bewußten Wahrnehmung*, der *willkürlichen Bewegung* und der Nachrichtenverarbeitung (*Integration*).

Das ZNS entwickelt sich aus der *Neuralplatte* (**D4**) des Ektoderms, die sich zur *Neuralrinne* (**D5**) und weiter zum *Neuralrohr* (**D6**) umbildet. Das Neuralrohr differenziert sich schließlich zu Rückenmark (**D7**) und Gehirn (**D8**).

Funktionskreise (E, F)

Nervensystem, Organismus und Umwelt sind funktionell miteinander verknüpft. Die Umweltreize (*exterozeptive Reize*) (**E9**) werden von den Sinneszellen (**E10**) über **sensible** (**afferente**) Nerven (**E11**) zum ZNS (**E12**) geleitet. Als Antwort erfolgt vom ZNS ein Befehl über **motorische** (**efferente**) **Nerven** (**E13**) zur Muskulatur (**E14**). Zur Kontrolle und Regulation der muskulären Antwort (**E15**) erfolgt von Sinneszellen in der Muskulatur eine Rückmeldung (*feedback*) über sensible Nerven (**E16**) zum ZNS. Diese afferente Bahn übermittelt keine Umweltreize, sondern Reize aus dem Körperinneren (*propriozeptive Reize*). Wir unterscheiden also eine **exterozeptive** und eine **propriozeptive Sensibilität**.

Der Organismus reagiert jedoch nicht nur auf die Umwelt, sondern wirkt auch spontan auf sie ein. Auch in diesem Fall ergibt sich ein entsprechender Funktionskreis: die über efferente Nerven vom ZNS in Gang gesetzte Aktion (**F17**) wird durch Sinnesorgane registriert, die über afferente Nerven Informationen darüber an das ZNS zurückgegeben (**F11**) (*Reafferenz*). Je nachdem, ob das Resultat dem gewünschten Ziel entspricht oder nicht, werden vom ZNS weitere Impulse zur Förderung oder Hemmung abgegeben (**F13**). Eine Vielzahl solcher Erregungskreise bildet die Grundlage des nervösen Geschehens.

So, wie wir eine exterozeptive Sensibilität (Haut, Schleimhaut) und eine propriozeptive Sensibilität (Muskel- und Sehnenrezeptoren, vegetativ sensible Versorgung der Eingeweide) unterscheiden, können wir auch die Motorik einteilen in eine umweltbezogene **oikotrope Somatomotorik** (*quergestreifte, willkürliche Muskulatur*) und eine **idiotrope Viszeromotorik** (*glatte Eingeweidemuskulatur*).

A – C Modelle primitiver Nervensysteme (nach Parker, nach Bethe)

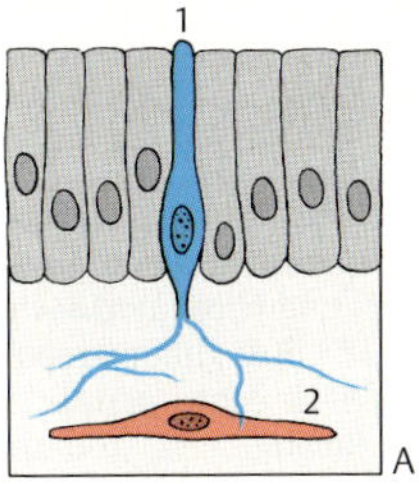

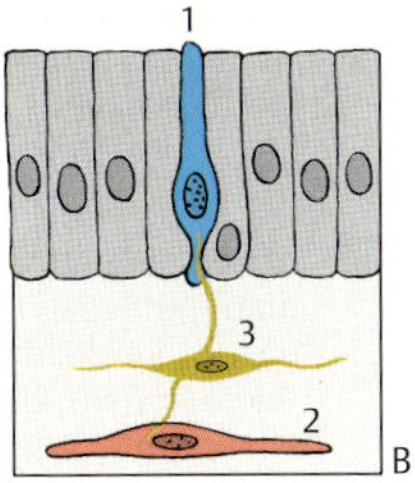

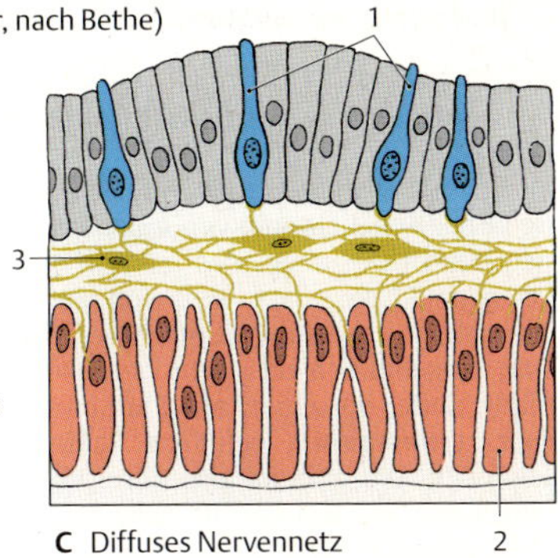

A Sinneszelle mit Fortsatz zur Muskelzelle

B Nervenzelle als Verbindung zwischen Sinnes- und Muskelzelle

C Diffuses Nervennetz

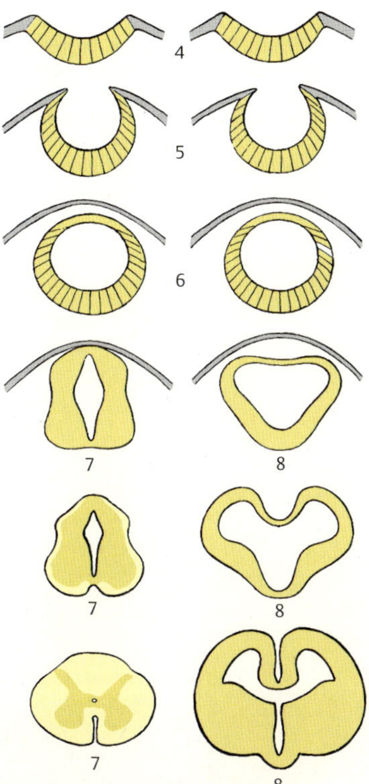

D Embryonalentwicklung des Zentralnervensystems: Rückenmark links, Gehirn rechts

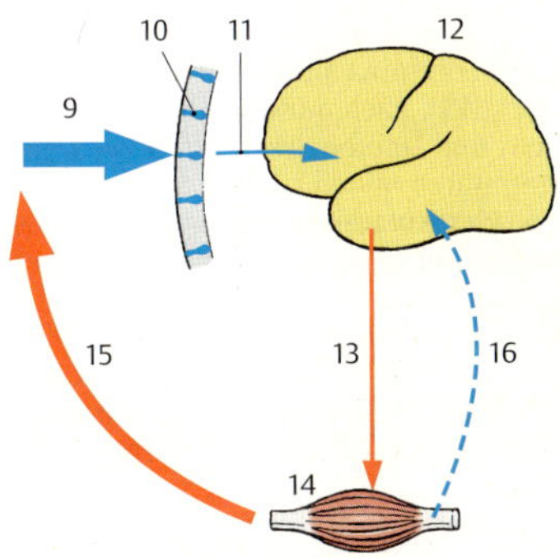

E Funktionskreis: Reaktion eines Organismus auf Umweltreize

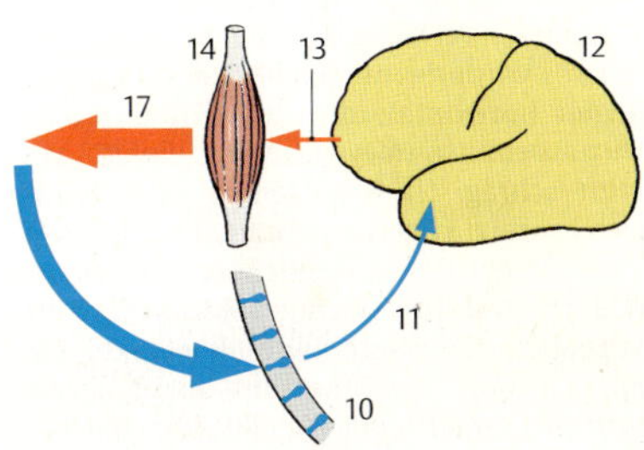

F Funktionskreis: Aktion eines Organismus auf die Umwelt

Lage des Nervensystems im Körper (A, B)

Das **zentrale Nervensystem** (ZNS) gliedert sich in Gehirn, **Encephalon** (**A1**), und Rückenmark (RM), **Medulla spinalis** (**A2**). Das Gehirn ist in der Schädelhöhle von einer knöchernen Kapsel umgeben; das im Wirbelkanal gelegene Rückenmark wird von der knöchernen Wirbelsäule umschlossen. Beide sind eingehüllt in die Hirn- bzw. Rückenmarkshäute, die einen mit Flüssigkeit, **Liquor cerebrospinalis**, gefüllten Raum umschließen. Das ZNS ist also allseitig durch knöcherne Wände und die Polsterwirkung einer Flüssigkeit (*Liquorkissen*) geschützt.

Die **peripheren Nerven** treten durch Löcher, Foramina, in der Schädelbasis (*Hirnnerven*) und durch die Zwischenwirbellöcher, Foramina intervertebralia (*Spinalnerven*) (**A3**), nach außen und ziehen zu Muskeln und Hautbezirken. Im Bereich der Extremitäten bilden sie zuvor *Nervengeflechte*, den **Plexus brachialis** (**A4**) und den **Plexus lumbosacralis** (**A5**), in denen die Fasern der Spinalnerven durchmischt werden, so daß die Extremitätennerven Anteile verschiedener Spinalnerven enthalten (S. 70 u. S. 86). Am Eintritt der afferenten Nervenfasern liegen **Ganglien** (**A6**), kleine ovale Körper, die sensible Nervenzellen enthalten.

Bei der Lagebeschreibung von Hirnstrukturen sind die Ausdrücke „oben", „unten", „vorn" und „hinten" ungenau, da wir verschiedene **Hirnachsen** (**B**) unterscheiden müssen. Infolge des aufrechten Ganges kommt es beim Menschen zu einer Abknikkung des Neuralrohres: die Achse des Rükkenmarks verläuft annähernd senkrecht, die des Vorderhirns (**Forel-Achse**, orange) dagegen horizontal; die Achse der unteren Hirnabschnitte (**Meynert-Achse**, violett) verläuft schräg. Nach diesen Achsen richten sich unsere Lagebezeichnungen: das Vorderende der Achse bezeichnen wir als *oral* oder *rostral* (*os*, Mund; *rostrum*, Schiffsschnabel), das Hinterende als *kaudal* (*cauda*, Schwanz), die Unterseite als basal oder *ventral* (*venter*, Bauch), die Oberseite als *dorsal* (*dorsum*, Rücken).

Die unteren in das Rückenmark übergehenden **Hirnabschnitte** fassen wir als *Hirnstamm* (hellgrau) (**B7**) zusammen. Den vorderen Abschnitt bezeichnen wir als *Vorderhirn* (grau) (**B8**).

Die Abschnitte des Hirnstammes, **Truncus cerebri**, besitzen einen einheitlichen Bauplan (Aufbau in *Grund*- und *Flügelplatte* wie das Rückenmark, S. 13 C). Aus ihnen treten wie aus dem Rückenmark echte *periphere Nerven* aus. Wie das Rückenmark sind sie während der Embryonalentwicklung von der *Chorda dorsalis* unterlagert. Das alles unterscheidet den Hirnstamm vom Vorderhirn. Die hier gewählte Einteilung weicht von der offiziellen Gliederung ab, bei der das Zwischenhirn zum Hirnstamm gerechnet wird.

Das Vorderhirn, **Prosencephalon**, besteht aus zwei Teilen, aus dem Zwischenhirn, *Diencephalon*, und dem Endhirn, *Telencephalon* oder *Cerebrum*. Am reifen Gehirn bildet das Endhirn die beiden Hemisphären (*Großhirnhemisphären* oder *Endhirnhemisphären*). Zwischen beiden Hemisphären liegt das Zwischenhirn.

A9 Kleinhirn.

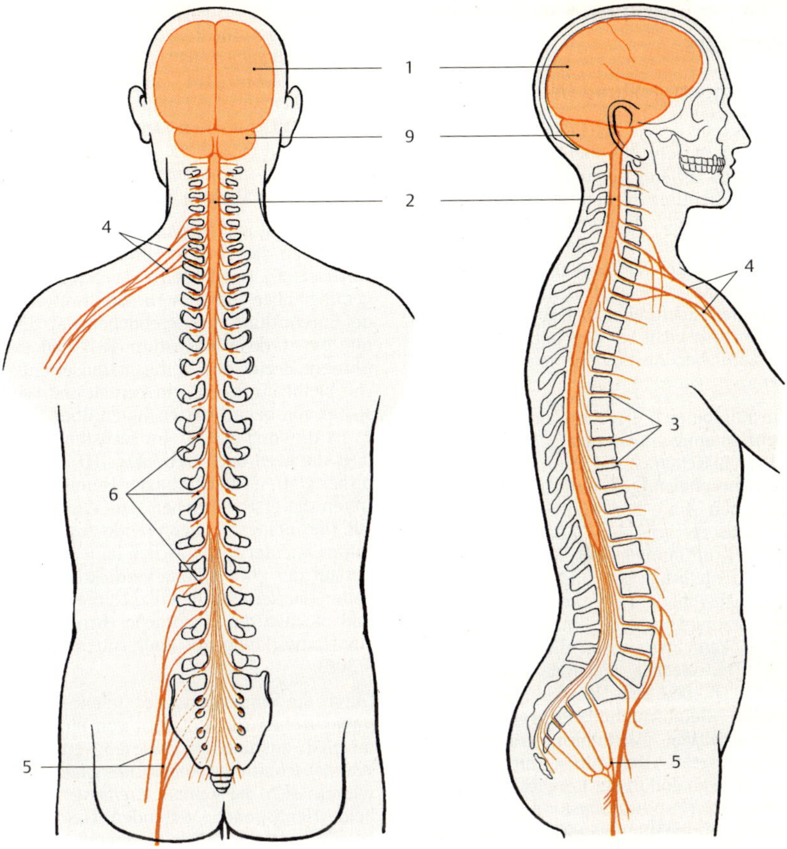

A Lage des Zentralnervensystems im Körper

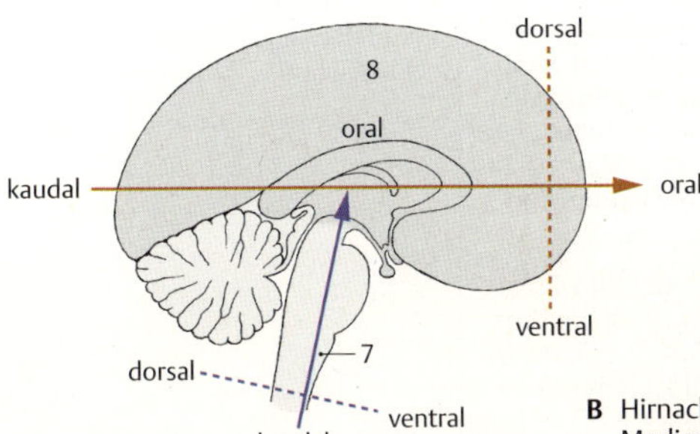

B Hirnachsen;
Medianschnitt durch das Gehirn

Entwicklung und Aufbau des Gehirns

Gehirnentwicklung (A – D)

Der Schluß der Neuralrinne zum Neuralrohr beginnt in Höhe des oberen Halsmarks. Von hier aus verläuft der weitere Verschluß in oraler Richtung bis zum rostralen Ende des Gehirns (*oraler Neuroporus*, später *Lamina terminalis*) und in kaudaler Richtung bis zum Ende des Rückenmarks. Die weiteren Entwicklungsvorgänge im ZNS laufen in den gleichen Richtungen ab. Die Hirnabschnitte reifen also nicht zur gleichen Zeit, sondern in zeitlichen Abständen (*heterochrone Reifung*).

Im Kopfbereich erweitert sich das Neuralrohr zu einigen Bläschen (S. 170 A). Das rostrale Bläschen ist das künftige Vorderhirn, *Prosencephalon* (gelb und rot), die hinteren Bläschen sind der künftige Hirnstamm, *Truncus cerebri* (blau). Gleichzeitig treten zwei Krümmungen des Neuralrohres auf, die *Scheitelbeuge* (**A1**) und die *Nackenbeuge* (**A2**). Obwohl der Hirnstamm in diesem frühen Stadium noch eine einheitliche Struktur zeigt, kann man schon die künftigen Abschnitte, **Medulla oblongata** (verlängertes Mark) (**A – D3**), **Pons** (Brücke) (**A – D4**), **Cerebellum** (Kleinhirn, dunkelblau) (**A – D5**) und **Mesencephalon** (Mittelhirn, grün) (**A – C6**) identifizieren. Der Hirnstamm eilt dem Prosencephalon in der Entwicklung voraus: Im zweiten Entwicklungsmonat ist das Endhirn noch eine dünnwandige Blase (**A**), während sich im Hirnstamm schon Nervenzellen ausdifferenziert haben (*Ausritt von Hirnnerven*) (**A7**). Vom **Diencephalon** (Zwischenhirn, rot) (**AB8**) geht die *Augenblase* ab (S. 342 A); Augenbecher (**A9**). Davor liegt das *Endhirnbläschen* (**Telencephalon**, gelb) (**A – D10**), das anfangs unpaar angelegt ist (*Telencephalon impar*), sich aber bald nach beiden Seiten ausdehnt und die beiden Endhirnhemisphären bildet.

Im dritten Monat vergrößert sich das Prosencephalon (**B**). Endhirn und Zwischenhirn werden durch den *Sulcus telodiencephalicus* (**B11**) getrennt. An der Hemisphärenblase hat sich die Anlage des *Riechkolbens* (**B – D12**) und am Zwischenhirnboden die *Hypophysenanlage* (**B13**) (S. 200 B) und der *Mamillarhöcker* (**B14**) ausgebildet. Durch die Brückenbeuge entsteht eine tiefe Querfurche (**B15**) zwischen Kleinhirnanlage und Medulla oblongata: die Kleinhirnunterfläche wird der membranartig dünnen dorsalen Wand der Medulla angelagert (S. 283 E).

Im vierten Monat beginnen die Endhirnhemisphären die übrigen Hirnteile zu überwachsen (**C**). Das Endhirn, das anfangs gegenüber allen anderen Hirnabschnitten in der Entwicklung zurückgeblieben war, zeigt nun das stärkste Wachstum (S. 170 A). Der mittlere Bezirk der Hemisphärenseitenfläche bleibt im Wachstum zurück und wird später von benachbarten Teilen überlagert. Es ist die *Insel* (**CD16**). Im sechsten Monat liegt die Insel noch frei zutage (**D**). An der bisher glatten Oberfläche der Hemisphären treten die ersten Furchen und Windungen auf. Die anfangs dünnen Wände des Neuralrohres und der Hirnbläschen haben sich im Verlauf der Entwicklung verdickt. Sie enthalten die Nervenzellen und Nervenbahnen und machen die eigentliche Hirnsubstanz aus (Entwicklung der Endhirnhemisphäre, S. 208).

Durch die Vorderwand des Telencephalon impar ziehen Nervenfasern von einer Hemisphäre zur anderen. In diesem verdickten Wandabschnitt, der *Kommisurenplatte*, entwickeln sich die *Kommissurensysteme*, die beide Hemisphären verbinden. Das größte von ihnen ist der *Balken*, **Corpus callosum** (**E**). Mit der vorwiegend kaudalwärts gerichteten Größenzunahme der Hemisphären dehnt er sich während der Entwicklung ebenfalls kaudalwärts aus, so daß er schließlich das Zwischenhirn überdeckt.

A – D Gehirne von menschlichen Embryonen verschiedener Scheitel-Steiß-Längen

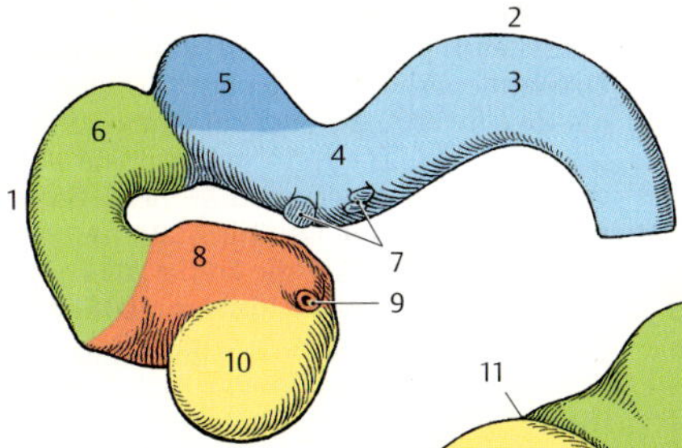

A Embryo von 10 mm Scheitel-Steiß-Länge

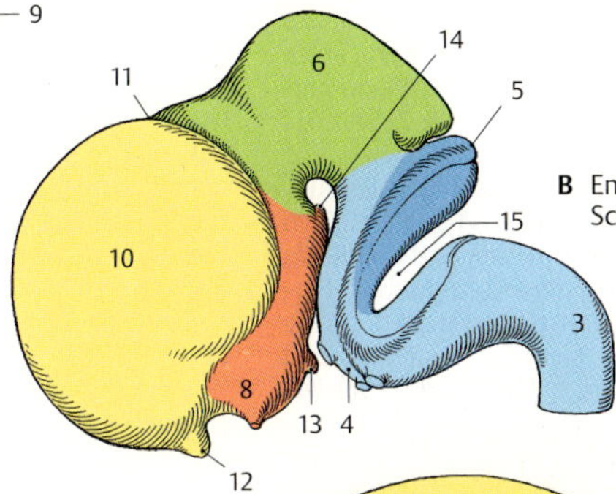

B Embryo von 27 mm Scheitel-Steiß-Länge

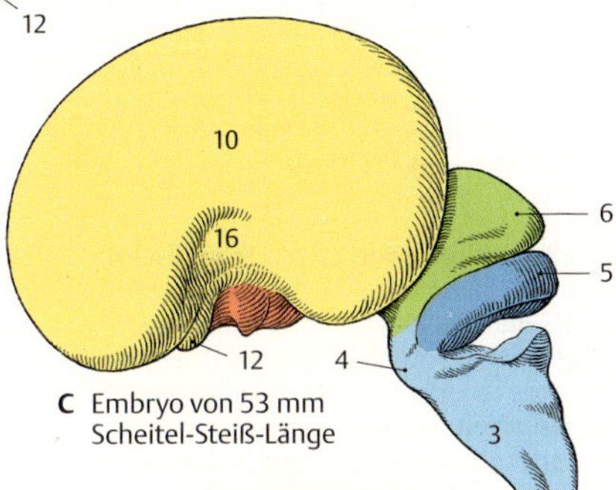

C Embryo von 53 mm Scheitel-Steiß-Länge

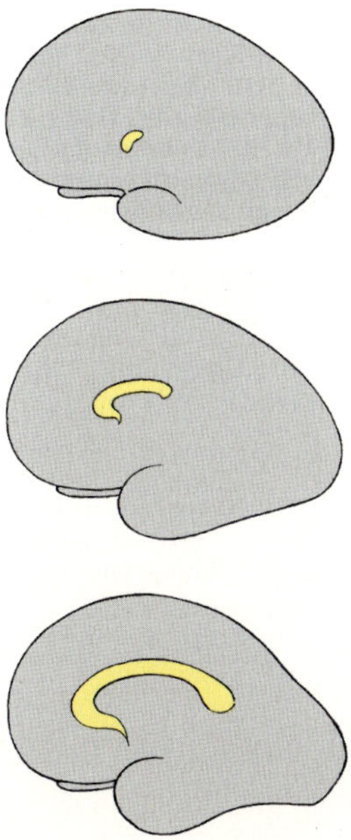

E Entwicklung des Balkens

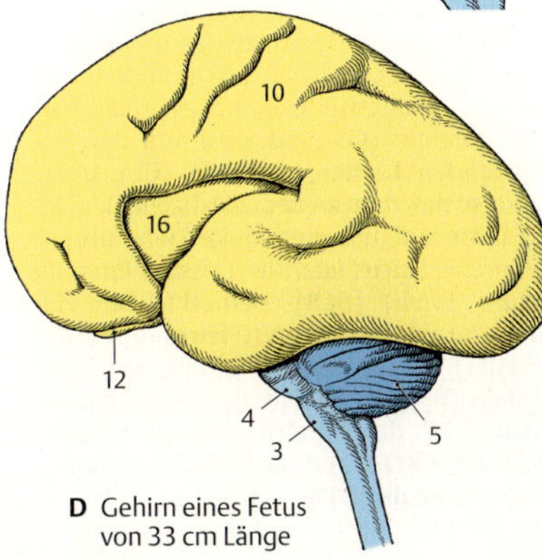

D Gehirn eines Fetus von 33 cm Länge

Gehirnaufbau (A–E)

Übersicht

Die einzelnen Hirnabschnitte enthalten Hohlräume von unterschiedlicher Form und Weite. Der *primäre Hohlraum von Neuralrohr und Hirnbläschen* erfährt durch die Verdickung der Wände eine starke Einengung. Im Rückenmark der niederen Wirbeltiere bleibt er als *Zentralkanal* erhalten. Beim Menschen kommt es zu einem völligen Verschluß (*Obliteration*). Nur einige Zellen der früheren Wandauskleidung markieren auf dem Rückenmarksquerschnitt den Ort des früheren Zentralakanals (**A1**). Im Gehirn bleibt der Hohlraum erhalten und bildet das mit einer klaren Flüssigkeit, *Liquor cerebrospinalis*, gefüllte **Ventrikelsystem** (S. 280). Im Abschnitt von Medulla oblongata und Brücke befindet sich der **vierte Ventrikel** (**AD2**). Nach einer Verengerung des Hohlraums im Mittelhirn folgt im Zwischenhirn der **dritte Ventrikel** (**CD3**), an dessen beiden Seitenwänden sich je ein Durchgang, *Foramen interventriculare* (*Foramen Monroi*) (**C–E4**), zu den *Seitenventrikeln* (**CE5**) (**erster** und **zweiter Ventrikel**) der beiden Endhirnhemisphären öffnet.

Die **Seitenventrikel** werden auf Frontalschnitten durch die Hemisphäre zweimal getroffen (**C**) und haben eine bogenförmige Gestalt (**E**). Diese Form kommt durch das einen Halbkreis beschreibende Wachstum der **Hemisphären** zustande (Rotation der Hemisphären, S. 208 C), die sich während der Entwicklung nicht nach allen Seiten gleich stark ausdehnen. Die Mitte des Halbkreises bildet die Insel, *Insula*. Sie liegt in der Tiefe der Hemisphärenseitenwand am Boden der *Fossa lateralis* (**C6**) und wird von den angrenzenden Partien, *Opercula* (**C7**), überdeckt, so daß man an der Oberfläche der Hemisphäre lediglich eine in die Tiefe führende Furche, *Sulcus lateralis* (*Fissura lateralis, Fissura Sylvii*) (**BC8**), bemerkt. Die Hemisphäre wird in mehrere **Hirnlappen** unterteilt (**B**) (S. 212); in den Stirnlappen, **Lobus frontalis** (**B9**), den Scheitellappen, **Lobus parietalis** (**B10**), den Hinterhauptslappen, **Lobus occipitalis** (**B11**) und den Schläfenlappen, **Lobus temporalis** (**B12**).

Zwischenhirn (dunkelgrau in **C**, **D**) und **Hirnstamm** werden weitgehend von den Endhirnhemisphären überlagert, so daß sie nur an der Hirnbasis oder auf einem Längsschnitt durch das Gehirn sichtbar sind. Auf einem solchen Medianschnitt (**D**) erkennt man die Abschnitte des Hirnstammes, das **verlängerte Mark** (**D13**), die **Brücke** (**D14**), das **Mittelhirn** (**D15**) und das **Kleinhirn** (**D16**). Der vierte Ventrikel (**D2**) ist in seiner Längsausdehnung getroffen. Seinem zeltförmigen Dach sitzt das Kleinhirn auf. Der dritte Ventrikel (**D3**) ist in seiner ganzen Weite eröffnet. In seinem rostralen Abschnitt führt das Foramen interventriculare (**D4**) in den Seitenventrikel. Über dem dritten Ventrikel liegt der Balken (**D17**), die quergetroffene Faserplatte, die beide Hemisphären verbindet.

Hirngewicht

Das durchschnittliche Hirngewicht des Menschen schwankt zwischen 1250 g und 1600 g. Dabei spielt das *Körpergewicht* eine Rolle: größere Individuen haben meist schwere Gehirne. Das durchschnittliche Hirngewicht des Mannes beträgt 1350 g, das der Frau 1250 g. Mit dem 20. Lebensjahr soll das Gehirn sein volles Gewicht erreicht haben. Im Senium nimmt das Hirngewicht infolge der *altersbedingten Schrumpfung* wieder ab. Das Hirngewicht gibt keinen Hinweis auf den Intelligenzgrad eines Menschen. Die Untersuchung von Gehirnen bedeutender Personen („Elitegehirne") hat die üblichen Schwankungen ergeben.

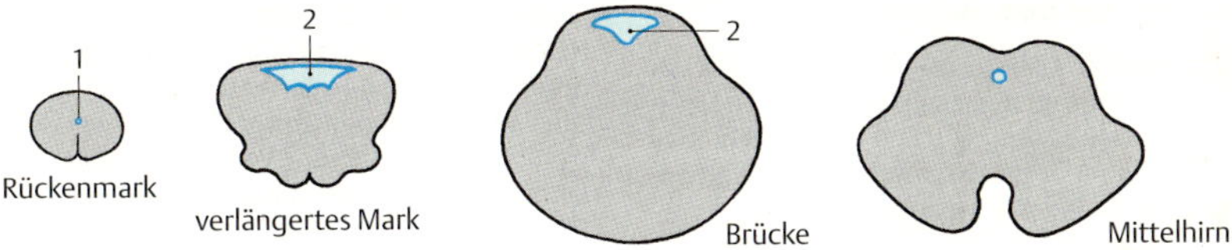

A Schnitte durch Rückenmark und Hirnstamm im realen Größenverhältnis

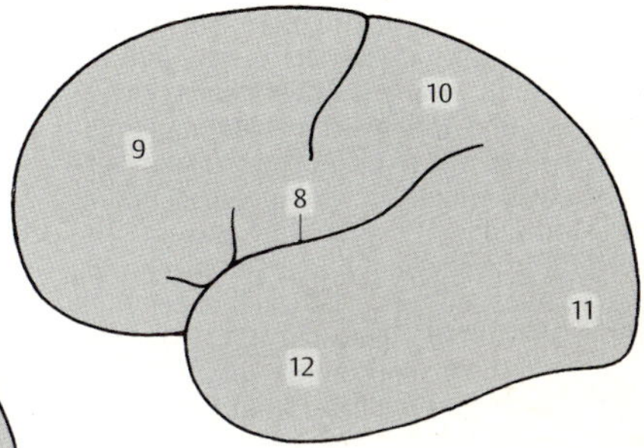

B Seitenansicht des Gehirns, Schema

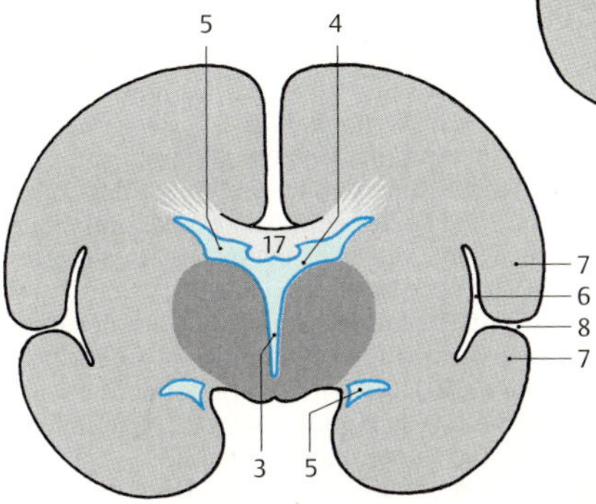

C Frontalschnitt durch das Gehirn, Schema

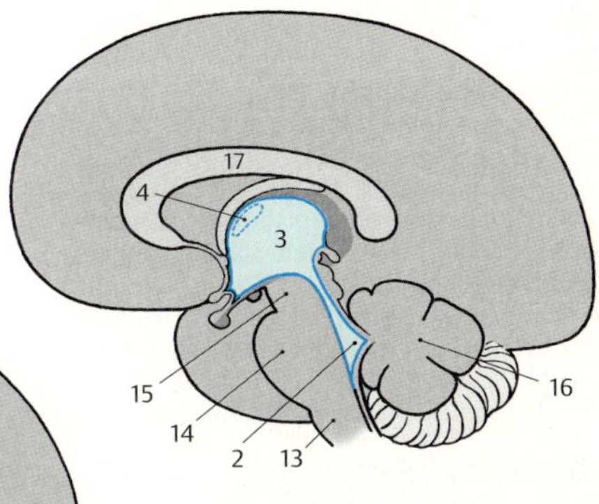

D Längsschnitt (median) durch das Gehirn, Schema

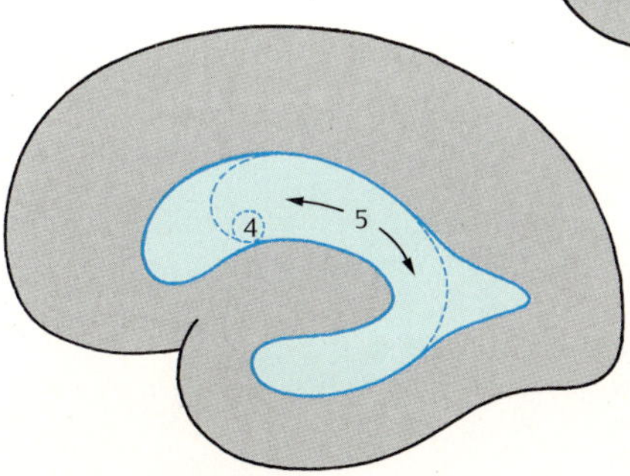

E Längsschnitt (paramedian) durch das Gehirn, Schema

Lateral- und Dorsalansicht (A, B)

Die beiden Großhirnhemisphären überlagern alle übrigen Hirnabschnitte, so daß lediglich noch *Kleinhirn*, **Cerebellum** (**A1**), und *Hirnstamm*, **Truncus cerebri** (**A2**), zu erkennen sind. Die Oberfläche der Großhirnhemisphäre ist gekennzeichnet durch eine Vielzahl von *Furchen*, **Sulci**, und *Windungen*, **Gyri**. Unter der Oberfläche des Windungsreliefs liegt die *Hirnrinde*, **Cortex**, das höchste nervöse Organ, an dessen Unversehrtheit Bewußtsein, Erinnerungsvermögen, Denkprozesse und willkürliche Handlungen gebunden sind. Durch die Ausbildung von Furchen und Windungen wird die Ausdehnung der Hirnrinde stark vergrößert. Nur ein Drittel der Hirnrinde liegt an der Oberfläche der Hemisphäre, zwei Drittel liegen in der Tiefe der Furchen. Die Dorsalansicht (**B**) zeigt, daß die Hemisphären durch eine tiefe Furche, **Fissura longitudinalis cerebri** (**B3**), getrennt sind. An der Seitenfläche liegt der **Sulcus lateralis** (*Sylvii*) (**A4**). Auf einem Frontalschnitt (S. 8, 214 u. 216) wird deutlich, daß es sich nicht um einen einfachen Sulcus handelt, sondern daß in der Tiefe eine Grube, **Fossa lateralis**, liegt.

Der vordere Pol der Hemisphäre wird als *Frontalpol* (**A5**), der hintere als *Okzipitalpol* (**A6**) bezeichnet. Die Hemisphäre wird in verschiedene Lappen unterteilt: in den Stirnlappen, **Lobus frontalis** (**AC7**), der durch den *Sulcus centralis* (**A8**) vom Scheitellappen, **Lobus parietalis** (**AC9**), getrennt wird, weiter in den Hinterhauptslappen, **Lobus occipitalis** (**A10**), und in den Schläfenlappen, **Lobus temporalis** (**A11**). Der Sulcus centralis trennt den **Gyrus praecentralis** (**A12**) (Region der Willkürmotorik) vom **Gyrus postcentralis** (**A13**) (Region für die Sensibilität). Beide werden zur *Zentralregion* zusammengefaßt.

Medianschnitt (C)

Zwischen den Hemisphären liegt das Zwischenhirn, **Diencephalon** (**C14**), über dem der Balken, **Corpus callosum** (**C15**), beide Hemisphären verbindet. Der Balken bildet eine Faserplatte, deren oraler Bogen einen dünnen Wandabschnitt der Hemisphäre, **Septum pellucidum** (**C16**) (vgl. S. 220 B18), umschließt. Der *dritte Ventrikel* (**C17**) ist eröffnet. Die Verwachsung seiner beiden Wände bildet die **Adhaesio interthalamica** (**C18**). Darüber wölbt sich der **Fornix** (**C19**). In der Vorderwand des dritten Ventrikels liegt die **Commissura anterior** (**C20**) (u.a. kreuzende Fasern des Riechhirns), an seinem Boden die Sehnervenkreuzung, **Chiasma opticum** (**C21**), die **Hypophyse** (**C22**) und die paarigen **Corpora mamillaria** (**C23**), in der kaudalen Wand die Zirbeldrüse, **Epiphysis** (Glandula pinealis) (**C24**).

Durch das **Foramen interventriculare** (*Monroi*) (**C25**) steht der dritte Ventrikel mit dem *Seitenventrikel* der Hemisphäre in Verbindung. Kaudal geht er in den **Aquaeductus cerebri** (*Sylvii*) (**C26**) über, der das Mittelhirn durchzieht und sich unter dem Kleinhirn zeltförmig zum *vierten Ventrikel* (**C27**) erweitert. Auf der Schnittfläche des Kleinhirns (**C28**) bilden Furchen und Windungen den *Arbor vitae* („Lebensbaum"). Rostral vom Kleinhirn liegt die Vierhügelplatte, **Lamina tecti** (**C29**), des Mittelhirns (Schaltstätte für optische und akustische Bahnen). An der Basis des Hirnstammes wölbt sich die Brücke, **Pons** (**C30**), vor und leitet über zum verlängerten Mark, **Medulla oblongata** (**C31**), an das sich das Rückenmark anschließt.

C32 Plexus choroideus.

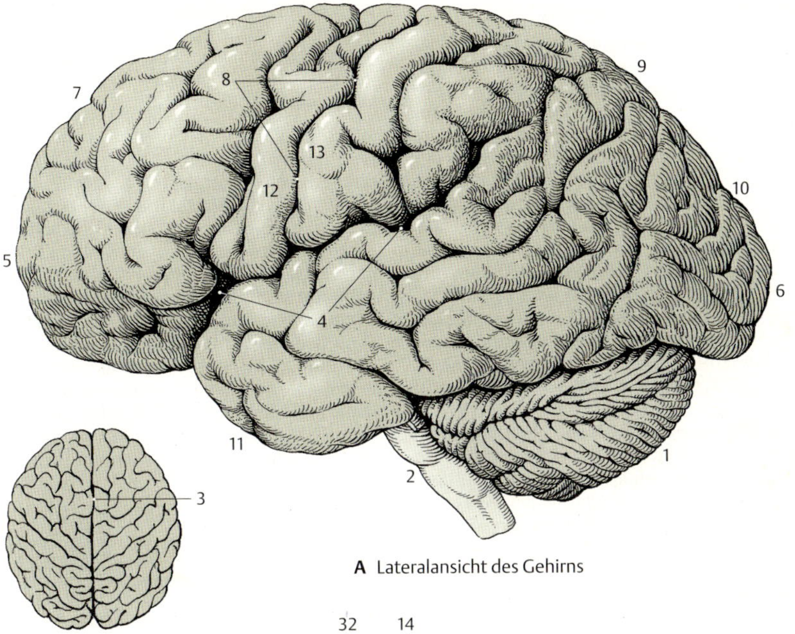

A Lateralansicht des Gehirns

B Dorsalansicht

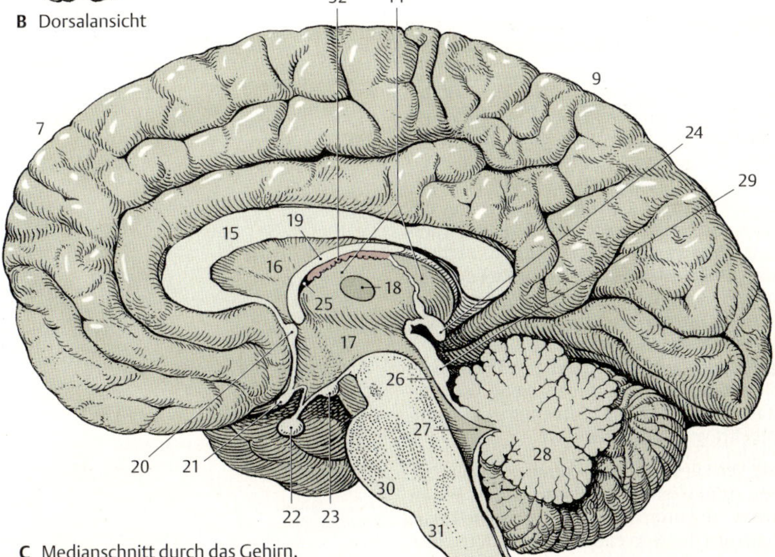

C Medianschnitt durch das Gehirn, mediale Fläche der rechten Hemisphäre

Hirnbasis (A)

Die Hirnbasis bietet einen Überblick über Hirnstamm, Ventralflächen des Frontal- (**A1**) und Temporallappens (**A2**) und Zwischenhirnboden. Die *Fissura longitudinalis cerebri* (**A3**) trennt die beiden Frontallappen, an deren Basalfläche beiderseits der Riechlappen, *Lobus olfactorius*, mit dem Bulbus olfactorius (**A4**) und dem **Tractus olfactorius** (**A5**) liegt. Der Tractus teilt sich im **Trigonum olfactorium** (**A6**) in zwei *Striae olfactoriae*, welche die von Gefäßeintritten durchlöcherte **Substantia perforata anterior** (**A7**) begrenzen. Am **Chiasma** (**A8**), der Kreuzung der Sehnerven, **Nn. optici** (**A9**), beginnt der Zwischenhirnboden mit der **Hypophyse** (**A10**) und den **Corpora mamillaria** (**A11**). Kaudal wölbt sich der **Pons** (**A12**) vor, an den sich die **Medulla oblongata** (**A13**) anschließt. Aus dem Hirnstamm treten zahlreiche Hirnnerven aus. Am Kleinhirn läßt sich medial der tiefliegende Wurm, *Vermis cerebelli* (**A14**), und die beiden *Kleinhirnhemisphären* (**A15**) unterscheiden.

Weiße und graue Substanz (B)

Zerlegt man das Gehirn in Scheiben, so erkennt man auf den Schnittflächen die weiße und graue Substanz, **Substantia alba et grisea**. Bei der grauen Substanz handelt es sich um die Ansammlung von *Nervenzellen*, bei der weißen um Faserbahnen, d.h. um *Fortsätze der Nervenzellen*, die durch ihre weißliche Umhüllung (Markscheiden) hell erscheinen. Im **Rückenmark** (**B16**) liegt die graue Substanz zentral und wird von der sich anlagernden weißen Substanz (auf- und absteigende Faserbahnen) umschlossen. Im **Hirnstamm** (**B17**) und **Zwischenhirn** sind graue und weiße Substanz wechselnd verteilt. Die grauen Bezirke bezeichnen wir als Kerne, *Nuclei*. Im **Endhirn** (**B18**) liegt die graue Substanz am äußeren Rand und bildet die Rinde, *Cortex*, während die weiße Substanz innen liegt. Die Verteilung ist also umgekehrt wie im Rückenmark.

Die Verhältnisse im Rückenmark stellen einen primitiven Zustand dar, wie er bei Fischen und Amphibien als *periventrikuläre Lagerung* der Nervenzellen auch im Endhirn besteht. Die Hirnrinde ist die höchste Organisationsstufe, die erst bei den Säugetieren voll zur Entfaltung kommt.

Längszonengliederung (C)

Während der Entwicklung kann man das Neuralrohr in Längszonen gliedern: die früh differenzierte ventrale Hälfte der Seitenwand wird als **Grundplatte** (**C19**) bezeichnet und ist das *Ursprungsgebiet der motorischen Nervenzellen*. Die später entwickelte dorsale Hälfte der Seitenwand wird als **Flügelplatte** (**C20**) bezeichnet und ist das *Ursprungsgebiet der sensiblen Nervenzellen*. Zwischen Flügel- und Grundplatte liegt ein Abschnitt (**C21**), dem **vegetative Nervenzellen** entstammen. Es wird so im Rückenmark und Hirnstamm ein Bauplan des ZNS erkennbar, dessen Kenntnis das Verständnis für den Aufbau der verschiedenen Hirnabschnitte erleichtert.

Im Zwischenhirn und Endhirn sind Abkömmlinge der Grund- und Flügelplatte schwer zu identifizieren. Viele Autoren lehnen daher eine solche Gliederung für das Vorderhirn ab.

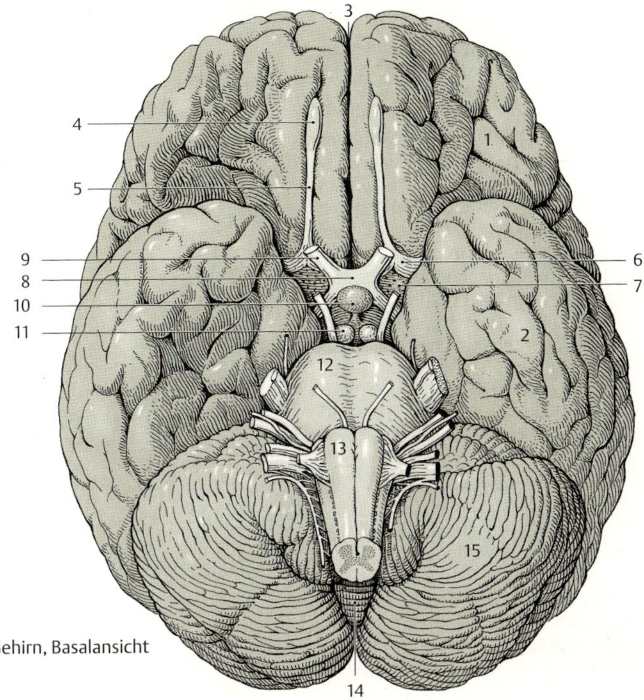

A Gehirn, Basalansicht

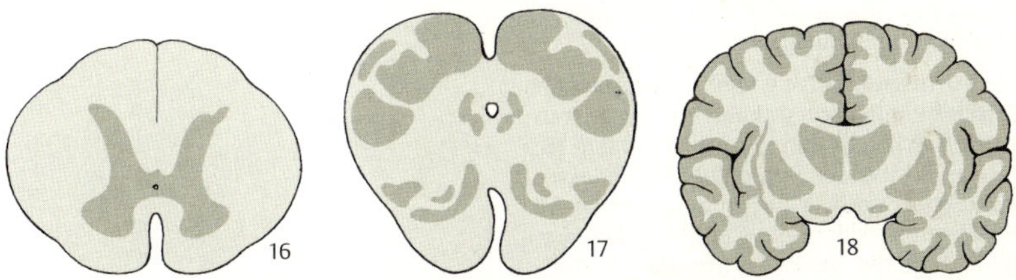

B Verteilung der weißen und grauen Substanz

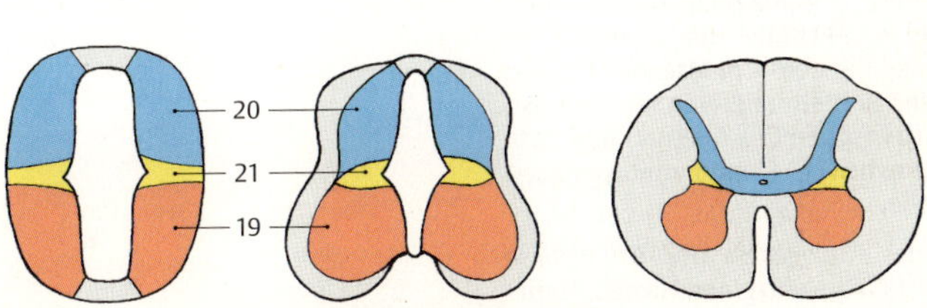

C Längszonengliederung des ZNS

Evolution des Gehirns (A – C)

Im Verlauf der Evolution hat sich das Wirbeltiergehirn zum Organ der menschlichen Intelligenz entwickelt. Da die Vorläufer ausgestorben sind, kann man die Entwicklungsreihe nur mit Hilfe von Arten rekonstruieren, die einen primitiven Hirnbau bewahrt haben. Bei *Amphibien* und *Reptilien* erscheint das Endhirn (**A1**) als Anhang des großen Riechkolbens (**A2**); Mittel- (**A3**) und Zwischenhirn (**A4**) liegen frei an der Oberfläche. Aber schon bei primitiven *Säugetieren* (Igel) dehnt sich das Endhirn über rostrale Teile des Hirnstammes aus, und beim *Halbaffen* überlagert es Zwischen- und Mittelhirn bereits vollständig. Die phylogenetische Entwicklung des Gehirns besteht also vornehmlich in einer zunehmenden Vergrößerung des Endhirns und in einer Verlagerung der höchsten integrativen Funktionen in diesen Hirnteil: sie ist eigentlich eine **Telenzephalisation**. Uralte primitive Formationen sind auch im menschlichen Gehirn noch erhalten und verflochten mit neuen hochdifferenzierten Strukturen. Wenn wir daher beim menschlichen Gehirn von alten und neuen Bestandteilen sprechen, so bezieht sich das auf die Evolution des Gehirns. Das Gehirn ist weder ein Computer noch eine nach rationellen Gesichtspunkten konstruierte Denkmaschine, sondern ein Organ, das sich in zahllosen Varianten in Jahrmillionen herausgebildet hat.

Die **Formentwicklung des menschlichen Gehirns** können wir anhand von Ausgüssen fossiler Schädelinnenräume verfolgen (**B**, **C**). Das Positiv der Schädelhöhle (*Endokranialausguß*) stellt eine grobe Wiedergabe der Hirnform dar. Beim Vergleich der Ausgüsse fällt die Vergrößerung des Frontal- und Temporallappens auf. Während die Veränderung vom **Homo pekinensis** über den **Neandertaler**, den Erfinder der scharfen Feuersteinklinge, bis zum **Cro-Magnon** (**B**), den Schöpfer der Höhlenmalereien, deutlich ist, findet man zwischen Cro-Magnon und dem **heutigen Menschen** (**C**) keine nennenswerten Unterschiede.

Während der *Phylogenese* und *Ontogenese* entwickeln sich die einzelnen Hirnabschnitte zu unterschiedlicher Zeit. Die Teile, die den elementaren vitalen Funktionen dienen, entwickeln sich früh und sind schon bei den primitiven Vertebraten ausgebildet. Die Abschnitte für die höheren, differenzierten Leistungen entfalten sich erst spät bei den höheren Säugetieren. Sie drängen während ihrer Ausdehnung die früh entwickelten Hirnteile in die Tiefe und wölben sich nach außen vor (sie *prominieren*).

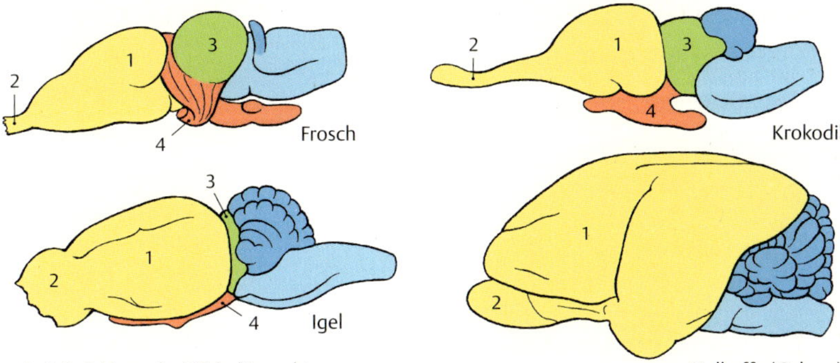

A Entwicklung des Wirbeltiergehirns

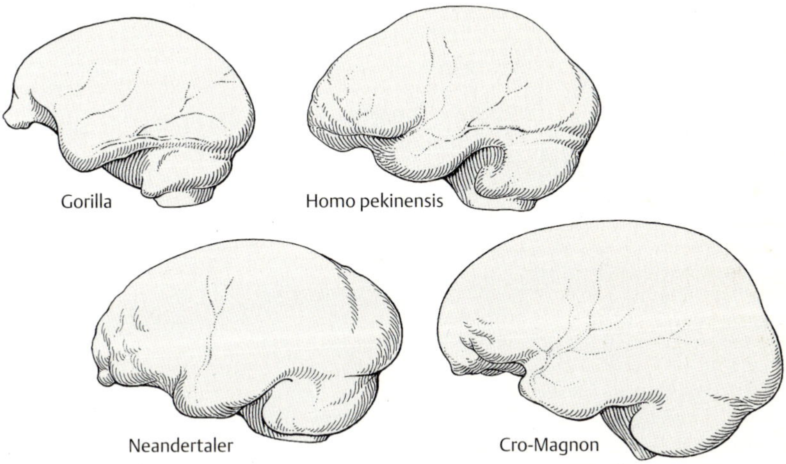

B Endokranialausgüsse von Gorilla und fossilen Hominiden

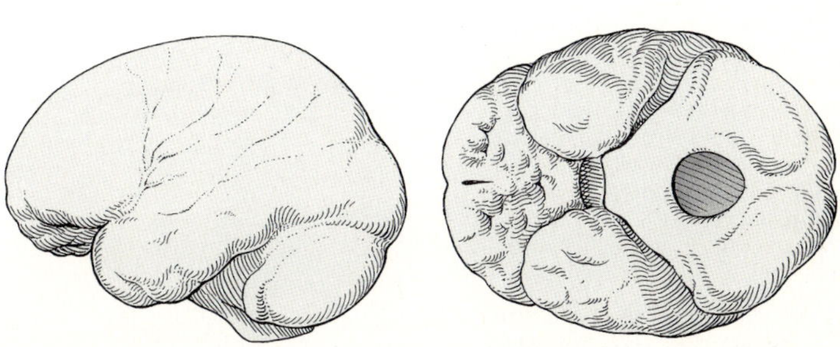

C Endokranialausguß von Homo sapiens, Lateral- und Basalansicht

Grundelemente des Nervensystems

Nervenzelle (A)

Das Nervengewebe besteht aus **Nervenzellen** und **Gliazellen** (Stütz- und Hüllzellen), die dem Ektoderm entstammen. Blutgefäße und Hirnhäute gehören nicht zum neuralen Gewebe; sie sind mesodermalen Ursprungs. Die Nervenzelle (**Ganglienzelle** oder **Neuron**) ist die eigentliche Funktionseinheit des Nervensystems. Im reifen Zustand hat sie ihre Teilungsfähigkeit verloren, so daß eine Vermehrung oder ein Ersatz alter Zellen nicht möglich ist. Nach der Geburt werden kaum noch Nervenzellen gebildet.

Ein Neuron besteht aus dem Zellkörper, *Perikaryon* (**A1**), aus Fortsätzen, *Dendriten* (**A2**), und einem Hauptfortsatz, *Axon* oder *Neurit* (**A – D3**).

Das **Perikaryon** ist das *trophische Zentrum* der Zelle: Fortsätze, die von ihm abgetrennt werden, degenerieren. Es enthält den Zellkern, **Nucleus** (**A4**), mit einem großen chromatinreichen **Nucleolus** (**A5**), dem bei weiblichen Individuen das **Barr-Körperchen** (**A6**) angelagert ist.

Die **Dendriten** vergrößern durch ihre Verzweigungen die Oberfläche der Zelle. An ihnen enden die Fortsätze anderer Neurone: sie sind der Ort des *Erregungsempfanges*. Häufig enden die Fortsätze anderer Neurone an kleinen Anhängseln der Dendriten, **Spines** (Dornen), die die Dendritenoberfläche rauh erscheinen lassen (**D**).

Das **Axon** leitet die Erregung weiter. Es bildet zuerst den **Ursprungskegel** (**Axonhügel**) (**AD7**), den Ort der *Erregungsbildung*. Nach einem gewissen Abstand vom Perikaryon (dem *Initialsegment*) erhält es eine Hülle (**Markscheide**) (**A8**) aus einer lipidhaltigen Substanz (*Myelin*). Das Axon gibt Äste ab (**Axonkollateralen**) (**A9**) und verzweigt sich schließlich im Terminationsgebiet (**A10**), um mit kleinen **Endknöpfchen** (**Boutons**) an Nerven- oder Muskelzellen zu enden. Am Bouton, der mit der Membranfläche der nachgeschalteten Zelle die Synapse bildet, findet die Erregungsübertragung auf andere Zellen statt.

Nach der Zahl der Fortsätze unterscheiden wir **unipolare**, **bipolare** oder **multipolare Neurone**. Die meisten Neurone sind multipolar. Manche haben kurze Axone (*Interneurone*), andere über 1 m lange Axone (*Projektionsneurone*).

Ein Neuron läßt sich nicht durch eine einzige Färbemethode vollständig darstellen. Die verschiedenen Methoden ergeben nur partielle Äquivalentbilder: die **Zellfärbung** (**Nissl-Färbung**) gibt Zellkern und Perikaryon wieder (**B – D**). Dieses ist einschließlich der Dendritenabgänge mit Schollen angefüllt (**Nissl-Substanz** oder **Tigroidschollen**) und kann Pigmente (*Melanin* oder *Lipofuszin*) (**D11**) enthalten. Der Ursprungskegel des Axons ist frei von Nissl-Schollen. Die Nissl-Schollen sind das lichtmikroskopische Äquivalent eines reich ausgeprägten *rauhen endoplasmatischen Reticulums*. Motorische Neurone besitzen große Perikarya mit groben Schollen, sensible Neurone sind kleiner und enthalten oft nur Nissl-Granula.

Mit der **Silberimprägnation** (**Golgi-Methode**) werden alle Fortsätze dargestellt: die Zelle erscheint als braunschwarze Silhouette (**B – D**). Andere Imprägnationsmethoden bringen selektiv die *Endknöpfchen* (**E**) oder die *Neurofibrillen* (**F**), die als parallele Bündel Perikaryon und Axon durchziehen, zur Darstellung.

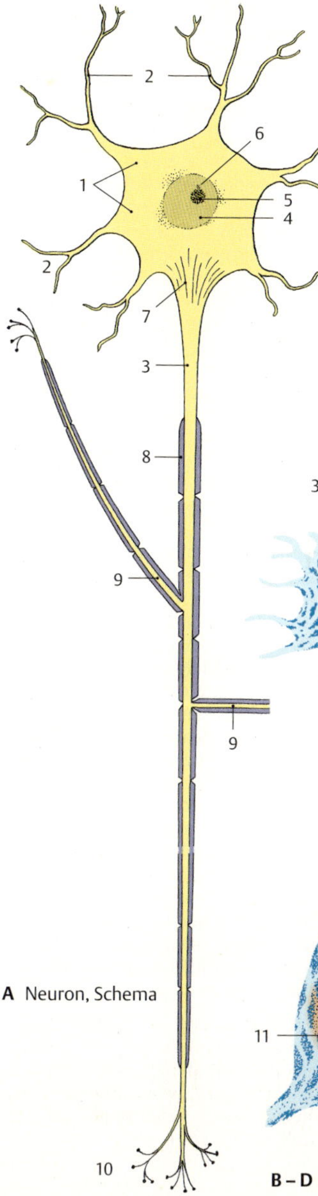

A Neuron, Schema

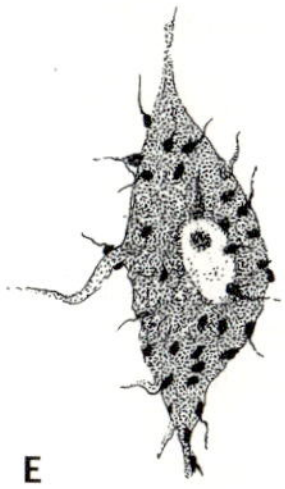

E
Imprägnation der Endknöpfchen (Synapsen)

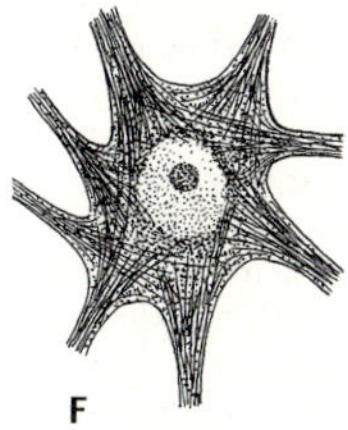

F
Imprägnation der Neurofibrillen

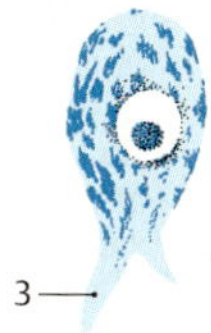

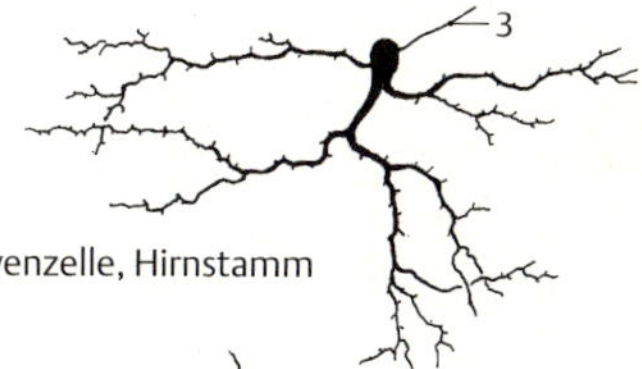

B Nervenzelle, Hirnstamm

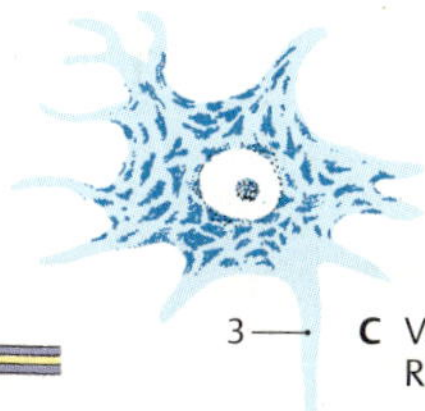

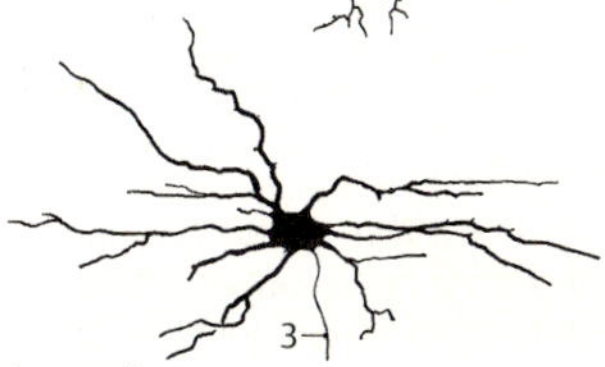

C Vorderhornzelle, Rückenmark

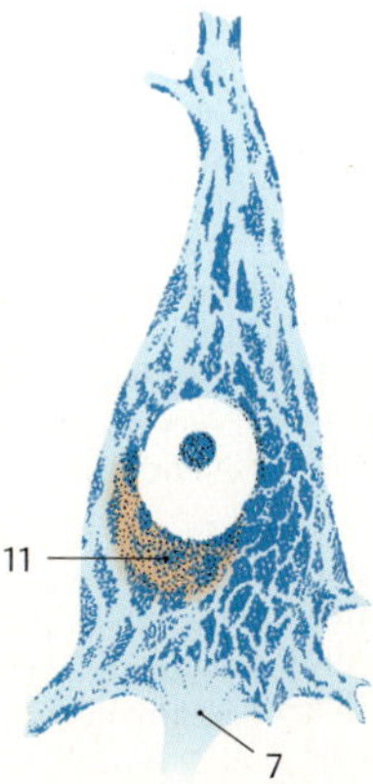

D Pyramidenzelle, Hirnrinde

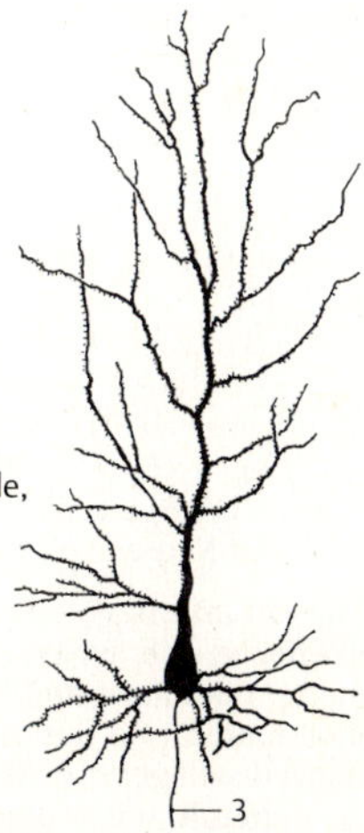

B – D Äquivalentbilder von Nervenzellen, Zellfärbung (Nissl) und Silberimprägnation (Golgi)

Neuroanatomische Methoden

Die Verfügbarkeit von Methoden zur Untersuchung von Struktur und Funktion von Zellen, Geweben und Organen ist oft der limitierende Faktor für den Wissenszuwachs. Manche Benennungen und Interpretationen sind oft nur vor dem Hintergrund der angewandten Methoden verständlich. Deshalb sollen an dieser Stelle gängige Methoden der Neuroanatomie kurz vorgestellt werden.

Nerven- und Gliazellen können in dünnen histologischen Schnitten mit verschiedenen histologischen Techniken dargestellt werden. Bewährt hat sich die **Nissl-Methode**, die das in Nervenzellen reichlich vorhandene *rauhe endoplasmatische Reticulum* gut zur Darstellung bringt (S. 18). Die verschiedenen Formen von Nervenzellen sind jedoch maßgeblich durch ihre langen Fortsätze, Dendriten und Axone, charakterisiert, die mit der Nissl-Methode nicht angefärbt werden. Um möglichst viele dieser Fortsätze darzustellen, werden dicke Schnitte (ca. 200 μm) benötigt. Mit der **Silberimprägnation** (**Golgi-Methode**, S. 18) können in solchen dicken Schnitten einzelne *Nervenzellen* mit einer großen Anzahl ihrer *Fortsätze* angefärbt werden. In der letzten Zeit ist diese über 100 Jahre alte, bewährte Methode etwas in den Hintergrund getreten, weil es jetzt möglich ist, über **Ableitelektroden** einzelne Nervenzellen intrazellulär mit einem Farbstoff zu füllen (**A**). Der Vorteil dieser Technik ist, daß zugleich auch elektrische Signale von dem entsprechenden Neuron abgeleitet werden können. Neben der *lichtmikroskopischen* Darstellung können solche intrazellulär gefärbten oder Golgiimprägnierten Nervenzellen nachträglich auch noch *elektronenmikroskopisch* untersucht werden, um die synaptischen Kontakte dieser Neurone darzustellen.

Ein wesentliches Merkmal der Nervenzellen ist der von ihnen verwendete *Neurotransmitter* oder *Botenstoff*, mit dessen Hilfe die Kommunikation mit anderen Nervenzellen bewerkstelligt wird. Mit Hilfe der **Immunzytochemie** und Antikörpern gegen die Botenstoffe selbst oder *transmittersynthetisierende Enzyme* können Nervenzellen, die einen ganz bestimmten Transmitter bilden, selektiv dargestellt werden (**B**). Auch die immunzytochemisch angefärbten Nervenzellen und ihre Fortsätze können nachträglich noch elektronenmikroskopisch untersucht werden.

Die längsten Fortsätze der Nervenzellen, die Axone, die beim Menschen bis zu 1 m lang werden, können in Schnittpräparaten nicht bis zu ihrer Zielregion verfolgt werden. Zur Darstellung der axonalen Projektion von Neuronen in verschiedene Hirnregionen macht man sich zunutze, daß mittels anterogradem bzw. retrogradem Transport (s. S. 28) Substanzen vom Nervenzellkörper hin zum Axonende bzw. vom Axonende zurück zum Zellkörper transportiert werden. Mit Hilfe sog. **Tracer** (z. B. Fluoreszenzfarbstoffe), die entweder in die Zielregion oder in die Region, welche die Zellkörper der betreffenden Neuronenpopulation enthält, injiziert werden und von den Axonendigungen bzw. den Zellkörpern der Projektionsneurone aufgenommen werden, kann man solche langen Faserverbindungen nachweisen (**C – E**). Bei Zuhilfenahme des **retrograden Transports** (**C**) wird der Tracer entsprechend in das vermutete Zielgebiet injiziert. Beim Vorliegen der vermuteten Bahnverbindung findet man den Tracer dann im Zellkörper angereichert. Mit dem retrograden Transport und dem Einsatz verschiedener Fluoreszenzfarbstoffe (**D**) können auch verschiedene *Projektionsgebiete* ein- und desselben Neurons nachgewiesen werden. Bei Anwendung des **anterograden Transports** (**E**) wird der Tracer in die Region der Zellkörper der projizierenden Neurone injiziert. Zur Darstellung kommen markierte Axonterminale im *Zielgebiet*, falls die anterograd markierten Nervenzellen tatsächlich in diese vermutete Zielregion projizieren.

Für die Untersuchung von Entwicklungs- und Regenerationsvorgängen an Nervenzellen, aber auch für die Untersuchung von Pharmakawirkungen, werden heute in zunehmendem Maße *Gewebekulturen* von Nervenzellen eingesetzt.

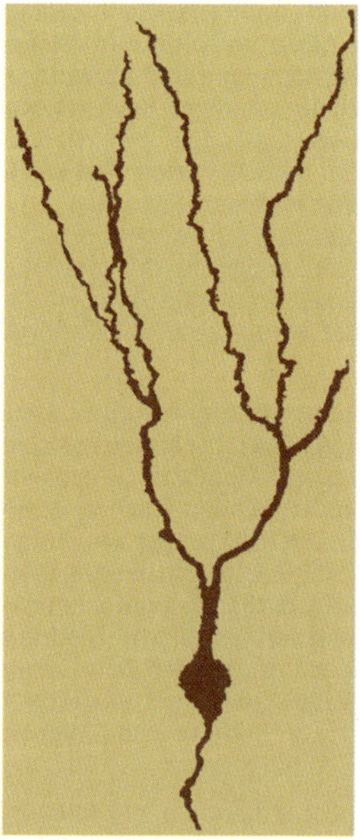

A Darstellung eines Neurons mit einem intrazellulär injizierten Marker

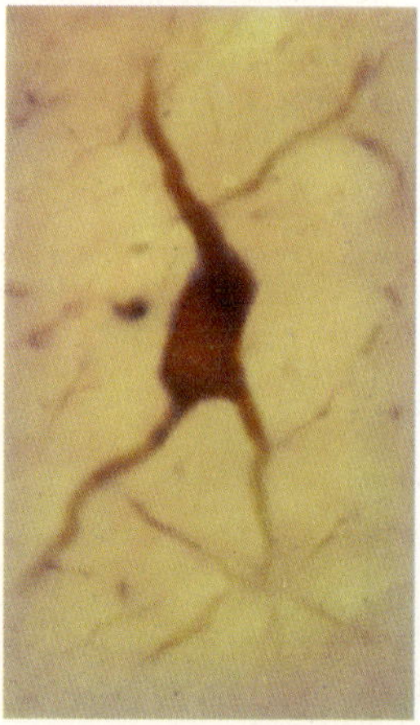

B Immuncytochemische Darstellung eines cholinergen Neurons mit einem Antikörper gegen Cholinacetyltransferase

C – E Darstellung von Bahnverbindungen mittels retrograd bzw. anterograd transportierter Tracer

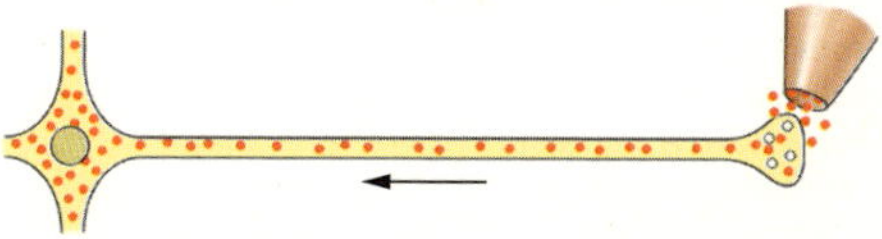

C Retrograder Transport

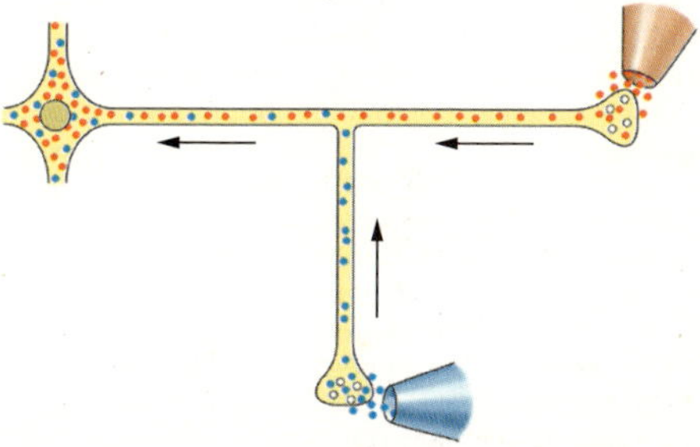

D Retrograder Transport eines Neurons aus verschiedenen Projektionsgebieten

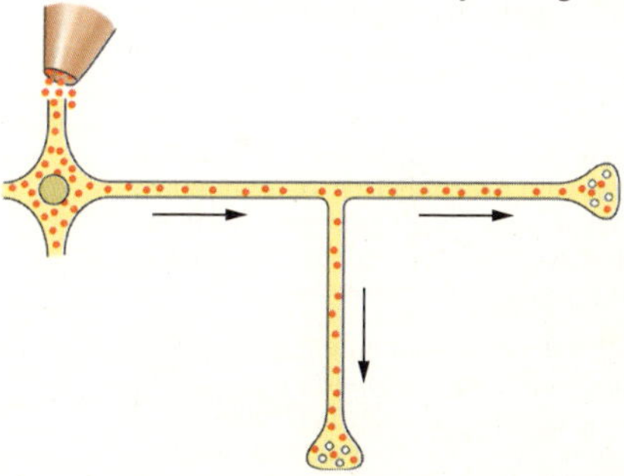

E Anterograder Transport eines Neurons in verschiedene Projektionsgebiete

Ultrastruktur der Nervenzelle (A–C)

Der **Zellkern** (**A–C1**) wird im elektronenmikroskopischen Bild von einer *Doppelmembran* (**A2**) umschlossen. Sie enthält *Kernporen* (**BC3**), die sich wahrscheinlich nur temporär öffnen. Im *Karyoplasma* des Zellkerns befinden sich die fein verteilten *Chromatingranula*, die DNA und Proteine enthalten. Der **Nucleolus** (**A–C4**), ein schwammartig wirkender Kernbereich aus einer dichten granulären und einer lockeren filamentösen Komponente, enthält Proteine und RNA.

Im **Cytoplasma** erscheinen die Nissl-Schollen als **rauhes endoplasmatisches Reticulum** (**A–C5**), ein geschichtetes Lamellensystem aus Membranen, die flache, miteinander kommunizierende Spalträume (**BC6**) umschließen. An der zytoplasmatischen Seite der Membranen sind **Ribosomen** (**BC7**) angelagert, die der Proteinsynthese dienen. Zur Erhaltung der langen Axone (bis zu 1 m lang) ist eine außerordentlich starke Proteinsynthese der Zellen erforderlich (Strukturstoffwechsel). Ribosomenfreie Membranen bilden das ungranulierte oder **glatte endoplasmatische Reticulum** (**C8**). Das rauhe endoplasmatische Reticulum kommuniziert mit dem *perinukleären Spaltraum* (**BC9**) und mit den *marginalen Zisternen* (**A10**) unter der Zelloberfläche. Marginale Zisternen befinden sich oft an Stellen, an denen ein Bouton terminal oder ein Gliazellfortsatz angelagert ist. Das Cytoplasma wird von **Neurofilamenten** und **Neurotubuli** (**A–C11**) durchzogen, die sich im Axon zu langen parallelen Bündeln ordnen. Neurotubuli entsprechen den Mikrotubuli anderer Zellen.

Entlang den Neurofilamenten und Neurotubuli findet der Stofftransport statt (S. 28 D). Die *Neurofibrillen* sind das lichtmikroskopische Äquivalent zusammengelagerter Neurotubuli.

Das Neuron enthält eine Vielzahl von **Mitochondrien** (**A–C12**). Sie sind von zwei Membranen umgeben, von denen die innere Membran Einfaltungen (*Cristae*) (**C13**) in den Innenraum (*Matrix*) aufweist. Die Mitochondrien sind unterschiedlich gestaltet (im Perikaryon kurz und plump, in den Dendriten und im Axon lang und schlank) und befinden sich in ständiger Bewegung auf festgelegten Plasmastraßen zwischen den Nissl-Schollen. Mitochondrien sind der Ort der Zellatmung und damit der Energieproduktion. In der inneren Membran und im Innenraum sind zahlreiche Enzyme lokalisiert, unter anderem die des *Zitronensäurezyklus* und der *Atmungskettenphosphorylierung*.

Der **Golgi-Apparat** besteht aus einer Anzahl **Diktyosomen** (**A–C14**), mehreren geschichteten, von einer Membran umgebenen, nicht kommunizierenden Zisternen. Man unterscheidet am Diktyosom die Aufnahmeseite (cis-Seite) (**C15**) von der Abgabeseite (trans-Seite) (**C16**). Die Aufnahmeseite empfängt Transportvesikel vom endoplasmatischen Reticulum. An den Zisternenrändern der Abgabeseite kommt es durch Abschnürungen zur Bildung von *Golgi-Vesikeln*.

Der Golgi-Apparat dient u. a. der Modifizierung von Proteinen aus dem endoplasmatischen Reticulum (z. B. Glykosylierung, Phosphorylierung).

Die zahlreichen **Lysosomen** (**A–C17**) enthalten verschiedene Enzyme (z. B. Esterasen, Proteasen) und dienen hauptsächlich der zellulären Verdauung.

A18 Pigment.

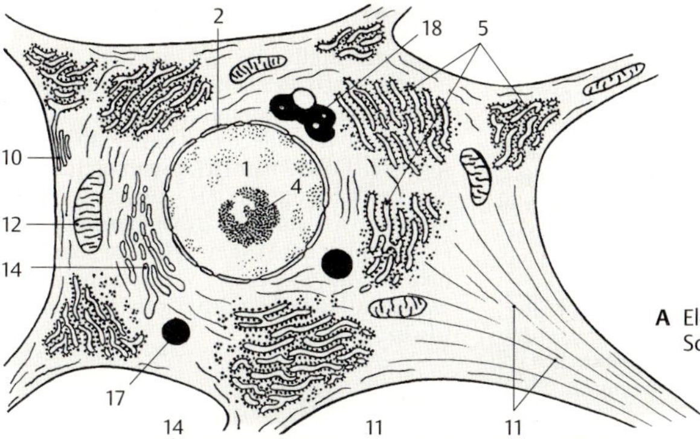

A Elektronenmikroskopisches Schema einer Nervenzelle

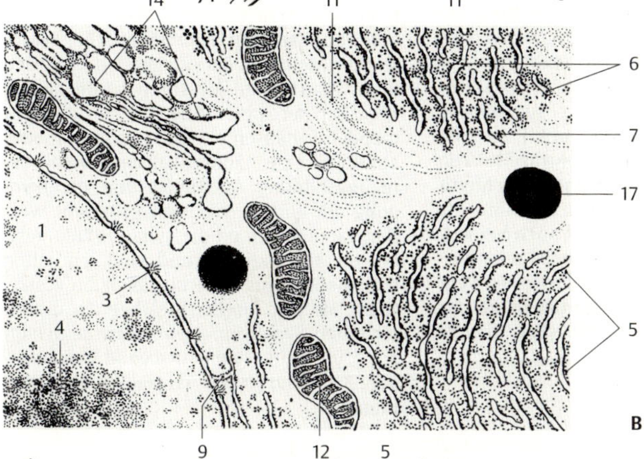

B Ausschnitt aus A

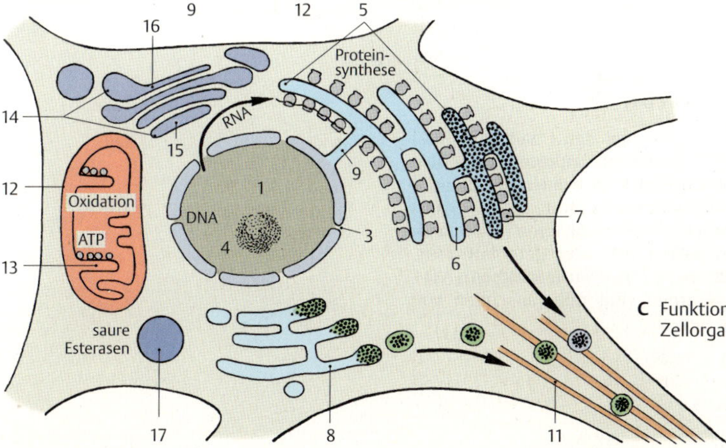

C Funktion der Zellorganellen

Synapse (A–C)

Das Axon endet mit zahlreichen kleinen kolbenförmigen Auftreibungen, den **Endknöpfchen** oder **Boutons**. Sie bilden zusammen mit der anliegenden Membran des nachgeschalteten Neurons die **Synapse**, an der die Übertragung der Erregung von einem Neuron zum anderen erfolgt.

Wir unterscheiden an der Synapse den **präsynaptischen Teil**, *Bouton* (**AB1**), mit der *präsynaptischen Membran* (**BC2**), den *synaptischen Spalt* (**B3**) und den **postsynaptischen Teil** mit der *postsynaptischen Membran* (**BC4**) des nachgeschalteten Neurons. Der Bouton ist frei von Neurofilamenten und Neurotubuli, enthält aber Mitochondrien und vorwiegend kleine helle **Vesikel** (**BC5**), die besonders dicht an der präsynaptischen Membran liegen (*Aktivzone*). Der synaptische Spalt, der filamentöses Material enthält, kommuniziert mit dem extrazellulären Raum. Die prä- und postsynaptischen Membranen weisen Verdichtungen auf. Ähnliche Verdichtungszonen trifft man auch bei verschiedenen Zellhaften an (*Zonula* oder *Macula adhaerens*). Bei asymmetrischen Synapsen (s.u.) ist die Verdichtungszone der postsynaptischen Membran (**B6**) breiter und dichter als die präsynaptische Verdichtung.

Man kann die Synapsen nach ihrer Lokalisation, nach ihrem *Bau*, ihrer *Funktion* oder nach den in ihnen enthaltenen *Überträgersubstanzen* klassifizieren.

Lokalisation (A)

Die Boutons können den Dendriten (**AC7**) der Empfängerneurone anliegen (**axodendritische Synapsen**) (**A8**, **C**), kleinen Ausstülpungen der Dendritenmembran, Spines (**Spine-Synapsen**) (**A9**), dem Perikaryon (**axo-somatische Synapsen**) (**A10**) oder dem Initialsegment des Axons (**axo-axonale Synapsen**) (**A11**). Große Neurone sind mit Tausenden von Boutons besetzt.

Bau (B)

Nach der Breite des synaptischen Spaltes und der Beschaffenheit der Verdichtungszone der Membranen unterscheidet man den Synapsentyp I und II nach Gray. Beim *Synapsentyp I* ist der synaptische Spalt breiter und die Verdichtung an der subsynaptischen Membran ist stärker (**asymmetrische Synapse**). Der Spalt des *Synapsentyp II* ist schmäler und die subsynaptische Verdichtung ist etwa so stark wie die präsynaptische (**symmetrische Synapse**).

Funktion (C)

Man unterscheidet **erregende** (*exzitatorische*) und **hemmende** (*inhibitorische*) **Synapsen.** Die Mehrzahl der erregenden Synapsen findet man an den Dendriten, häufig an den Köpfchen der Spines (**A9**). Die meisten hemmenden Synapsen sind am Perikaryon oder am Abgang des Axons lokalisiert, wo die Erregungsbildung stattfindet und die Erregung am wirkungsvollsten gehemmt werden kann. Während die synaptischen Vesikel im allgemeinen rund sind, enthalten manche Boutons ovale bis längliche Vesikel (**C12**). Sie sind ein Kennzeichen der inhibitorischen Synapsen. *Asymmetrische Synapsen* (Typ I) sind häufig erregend, *symmetrische Synapsen* (Typ II) dagegen meist hemmend.

C13 Mitochondrien.

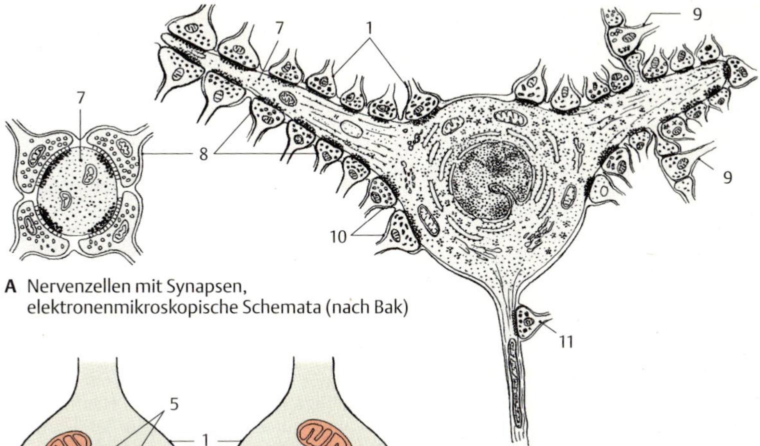

A Nervenzellen mit Synapsen, elektronenmikroskopische Schemata (nach Bak)

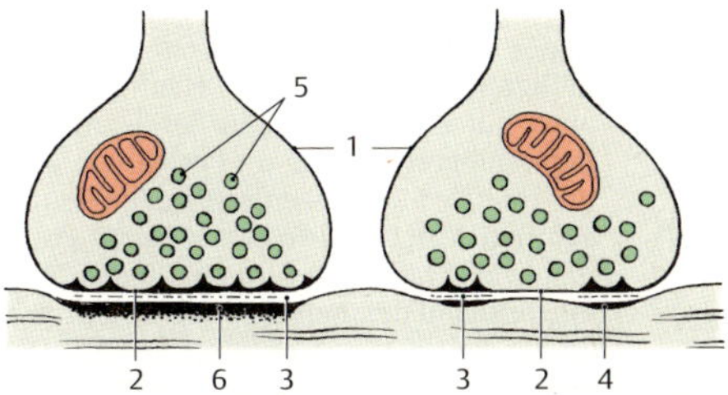

B Synapsen, Gray-Typ I (links) und II (rechts)

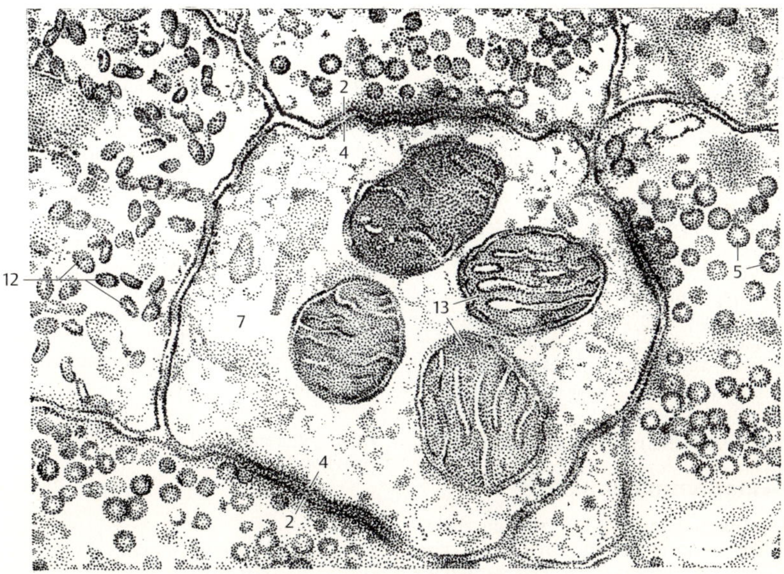

C Dendrit (Querschnitt), umgeben von Synapsen (nach Uchizono)

Synapsenformen (A, B)

Es gibt zahlreiche Abwandlungen der einfachen Synapsenform. Den synaptischen Kontakt zwischen parallel laufenden Axonen und Dendriten bezeichnet man als **Parallelkontakt** oder *Bouton en Passage* (**A1**). Viele Dendriten besitzen dornartige Vorsprünge (Spines), die zusammen mit dem Bouton eine **Dorn-** oder **Spine-Synapse** (**A2**) bilden. An den apikalen Dendriten einiger Pyramidenzellen umschließt die Endauftreibung des Axons den ganzen Dorn, der vergleichsweise groß und verzweigt sein kann und zahlreiche synaptische Kontaktstellen trägt (**komplexe Synapse**) (**B**). Mehrere Axone und Dendriten können sich zu **glomerulusartigen Komplexen** zusammenschließen, in denen die verschiedenen synaptischen Elemente eng miteinander verzahnt sind. Wahrscheinlich beeinflussen sie sich gegenseitig im Sinne einer Feinabstimmung (Modulation) der Erregungsübertragung.

Jede Hirnregion besitzt typische Synapsenformen. Der *Typ I* und *II nach Gray* ist vorwiegend in der Großhirnrinde anzutreffen. *Glomerulusartige Synapsenkomplexe* findet man in der Kleinhirnrinde, im Thalamus und im Rückenmark.

Elektrische Synapsen

Benachbarte Zellen können über Poren (Tunnelproteine), sog. *Gap Junctions*, miteinander kommunizieren. Über Gap Junctions verbundene Zellen sind elektrisch gekoppelt und ermöglichen z. B. in der glatten Muskulatur die Übertragung der Erregung von einer Muskelzelle zur nächsten (S. 303 B8). Gap Junctions werden daher auch als „elektrische Synapsen“ den „chemischen Synapsen“, an denen Neurotransmitter freigesetzt werden, gegenübergestellt. Kopplung über Gap Junctions kommt nicht nur zwischen Neuronen, sondern auch zwischen Gliazellen vor.

Neurotransmitter (C, D)

Die Übertragung der Erregung an chemischen Synapsen erfolgt durch Neurotransmitter. Im Nervensystem weit verbreitete Transmittersubstanzen sind **Acetylcholin** (ACh), **Glutamat**, **Gamma-amino-buttersäure** (GABA) und **Glycin**. Glutamat ist der häufigste erregende Transmitter, GABA ein Transmitter hemmender Synapsen im Gehirn. Glycin ist ein hemmender Transmitter im Rückenmark.

Auch die *Katecholamine* **Noradrenalin** (NA) und **Dopamin** (DA) wirken als Transmitter, ebenso das **Serotonin**. Viele **Neuropeptide** wirken nicht nur als Hormone auf dem Blutweg, sondern auch als Transmitter in Synapsen (z. B. Neurotensin, Cholecystokinin, Somatostatin).

Die Transmitter werden im Perikaryon gebildet und in den Vesikeln der terminalen Endigungen gespeichert. Häufig werden auch nur die zum Aufbau der Transmitter notwendigen Enzyme im Perikaryon gebildet und die Substanzen erst in den Boutons synthetisiert. Die *kleinen und klaren* Vesikel gelten als Träger von Glutamat und ACh, die *länglichen* in den hemmenden Synapsen als Träger von GABA. Noradrenalin und Dopamin sind in *granulierten Vesikeln* enthalten (**C**).

Die meisten Vesikel liegen in der Nähe der präsynaptischen Membran. Deren Verdichtung läßt sich mit besonderen Methoden als ein Gitterwerk (**D3**) darstellen, das hexagonale Räume umschließt. Durch diese treten die Vesikel bis zur synaptischen Membran hindurch, um bei Erregung ihren Inhalt durch Verschmelzung mit der präsynaptischen Membran (*Omegafigur*) (**D4**) in den synaptischen Spalt zu entleeren. Die Substanzen werden in bestimmten Quanten abgegeben, wobei die einzelnen Vesikel als morphologisches Korrelat der Quanten gelten können. Ein Teil der Transmittermoleküle wird wieder in den Bouton aufgenommen (**D5**).

D6 Axonfilamente.

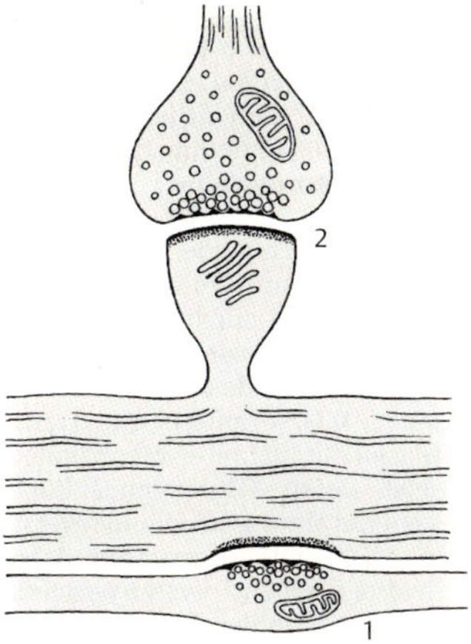

A Parallelkontakt und Dornsynapse

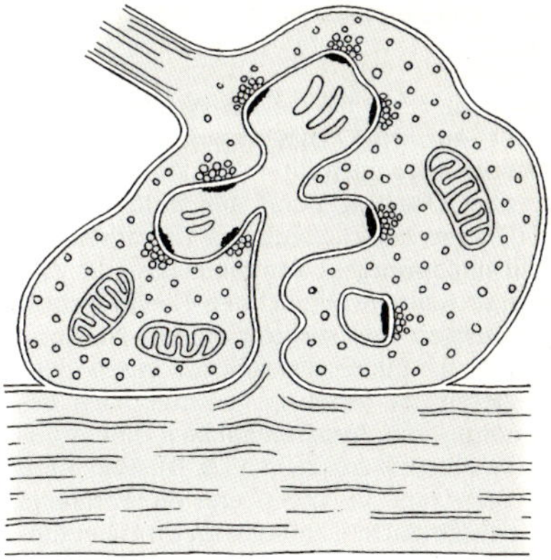

B Komplexe Synapse

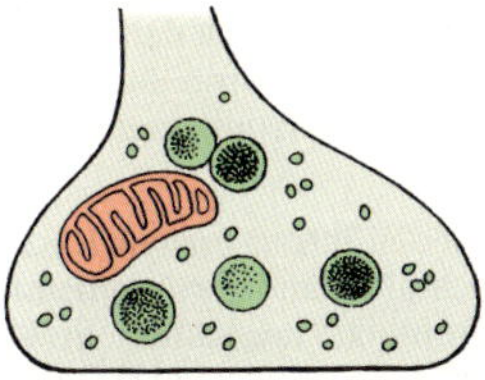

C Unterschiedliche Vesikelformen

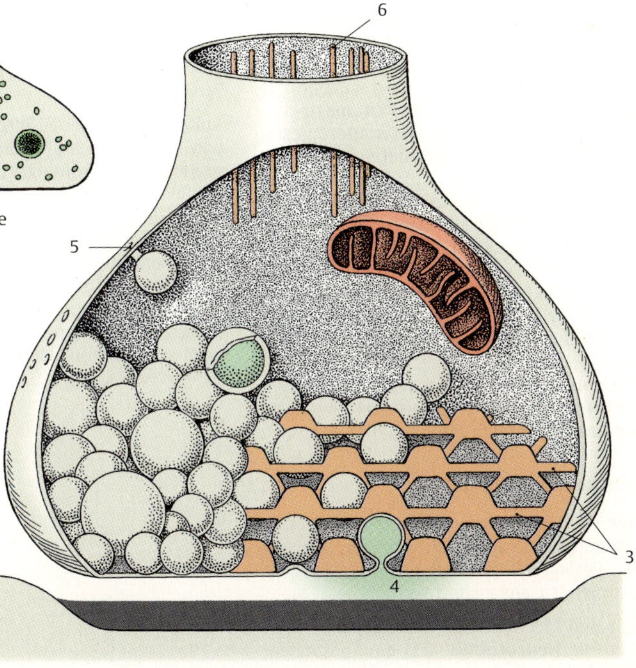

D Modell einer Synapse (nach Akert, Pfenniger, Sandri u. Moor)

Neurotransmitter, Fortsetzung (A–C)

Viele, vielleicht die meisten Neurone bilden nicht nur eine Transmittersubstanz. Sie werden aber nach ihrem funktionell wichtigsten Überträgerstoff als *glutamaterge, cholinerge, katecholaminerge* (noradrenerge und dopaminerge), *serotoninerge* und *peptiderge Neurone* bezeichnet. Die **katecholaminergen** und **serotoninergen Neurone** lassen sich fluoreszenzmikroskopisch identifizieren, da deren Transmitter nach Behandlung mit *Formalindämpfen* eine grüngelbe Fluoreszenz zeigen (**A**, **B**). Man kann so die Axone verfolgen und die Perikarya mit ausgespartem Zellkern im Umriß erkennen. Die Fluoreszenz ist in den Axonen am geringsten, in den Perikarya deutlicher und in den axonalen Endauftreibungen am stärksten. Hier ist die Transmitterkonzentration am höchsten. Zur Darstellung **cholinerger Neurone** weist man histochemisch ein für den Abbau des Acetylcholins wichtiges Enzym nach, die **Acetylcholinesterase**. Da Acetylcholinesterase aber auch von nichtcholinergen Neuronen gebildet wird, erfolgt der sichere Nachweis mit immunzytochemischen Methoden und Antikörpern gegen das acetylcholinsynthetisierende Enzym **Cholinacetyltransferase**. Mit Hilfe der Immunzytochemie werden auch andere Transmitter und Neuropeptide dargestellt (**C**). Mit Doppelmarkierungen konnte gezeigt werden, daß viele Neuropeptide zusammen mit klassischen Neurotransmittern vom selben Neuron gebildet werden. Die funktionelle Bedeutung der *Kotransmission*, der Freisetzung verschiedener Transmitter vom selben Neuron, ist bislang nur an einigen Neuronen des vegetativen Nervensystems eingehender untersucht worden.

Axontransport (D–E)

Die Transmitter-Substanzen bzw. die transmittersynthetisierenden Enzyme werden im Perikaryon gebildet und müssen zum Axonende transportiert werden.

Für den Mechanismus des Transportes haben die **Neurotubuli** (**D1**) eine besondere Bedeutung. Wenn sie durch die Verabreichung von *Colchizin* (dem Gift der Herbstzeitlosen) zerstört werden, kommt der **intraaxonale Transport** zum Erliegen. Dieser Schnelltransport von Material erfolgt in Vesikeln, die von **Motorproteinen** unter Energieaufwand entlang der Mikrotubuli bewegt werden. Der retrograde, zum Zellkörper gerichtete Transport (zum Minus-Ende der Mikrotubuli) wird durch *Dynein* (**D2**), der anterograde, zum Axonende gerichtete Transport (zum Plus-Ende der Mikrotubuli) durch *Kinesin* (**D3**) vermittelt. Die Transportvesikel sind mit mehreren Motorproteinen bestückt. Deren ATP-bindende Köpfchen interagieren abwechselnd und reversibel mit der Mikrotubulusoberfläche; dabei wird ATP hydrolysiert und die freiwerdende Energie in molekulare Bewegungen umgesetzt, die die Vesikel auf den Mikrotubuli-Schienen in Zielrichtung fortbewegen. Für den schnellen intraaxonalen Transport hat man eine Geschwindigkeit von 200–400 mm pro Tag ermittelt. Mit dem retrograden Transport können Proteine, Viren und Toxine von den Axonendigungen zum Perikaryon gelangen.

Außer dem schnellen intraaxonalen Transport besteht noch ein ständiger **Axoplasmastrom**, der wesentlich langsamer fließt, nämlich 1–5 mm in 24 Stunden. Er läßt sich durch die Ligatur eines einzelnen Axons nachweisen (**E**). Proximal von der verengten Stelle kommt es zu einer Stauung des Axoplasmas und zu einer Auftreibung des Axons. In der Neuroanatomie nutzt man anterograde und retrograde Transportmechanismen zur Untersuchung von Bahnverbindungen (vgl. S. 20).

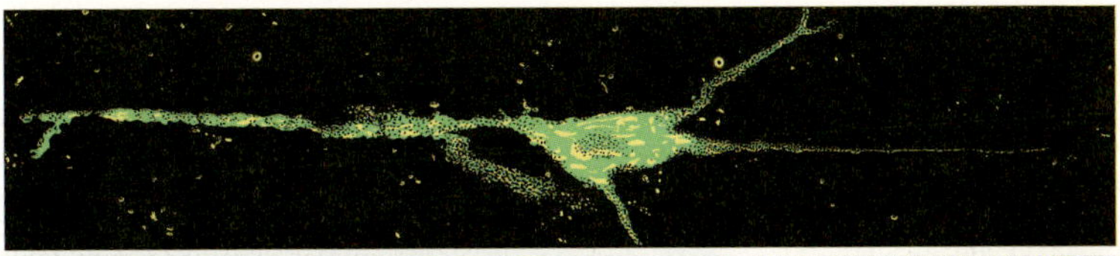

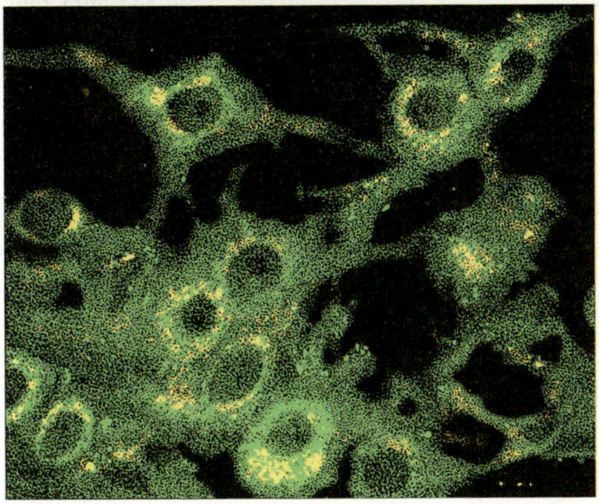

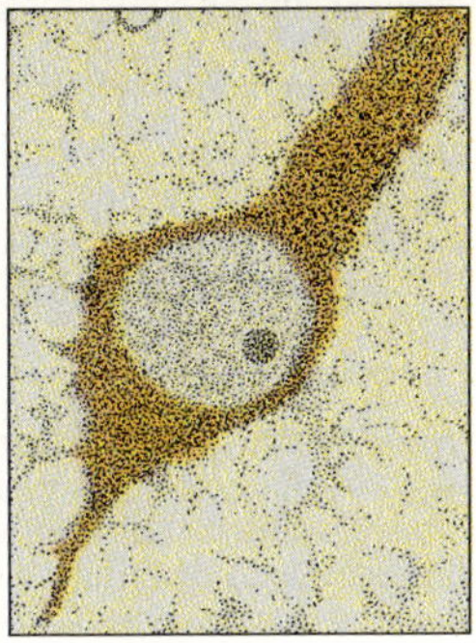

C Peptiderges Neuron, Immunoperoxidase-Reaktion (nach Sar, Stumpf u. a.)

A, B Katecholaminerge Neurone im Hirnstamm, Fluoreszensmikroskopie (nach Dahlström u. Fuxe)

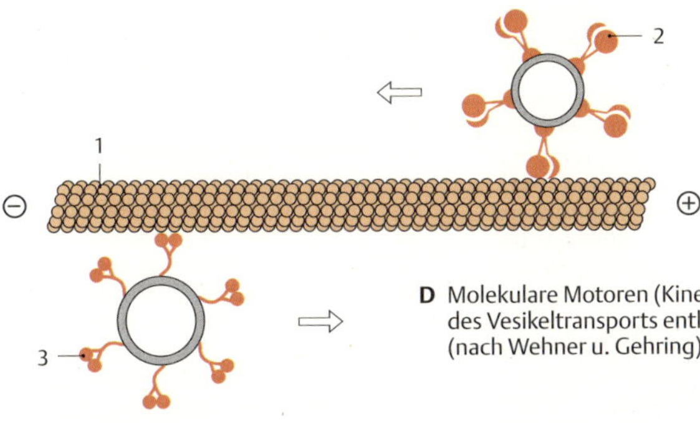

D Molekulare Motoren (Kinesin, Dynein) des Vesikeltransports entlang der Neurotubuli (nach Wehner u. Gehring)

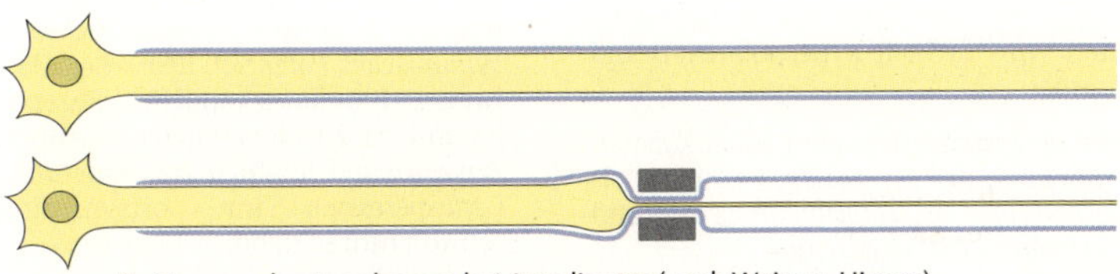

E Stauung des Axoplasmas bei Axonligatur (nach Weiss u. Hiscoe)

Transmitterrezeptoren (A, B)

Es werden zwei Kategorien von Neurotransmitterrezeptoren unterschieden: *Ligandengesteuerte Ionenkanäle* und *Transmitterrezeptoren*, die an ein intrazelluläres Guanosintriphosphat (GTP) bindendes Protein (*G-Protein*) gekoppelt sind.

Ligandengesteuerte Ionenkanäle

Ligandengesteuerte Kanäle bestehen aus verschiedenen Untereinheiten (**A1**), die in die Zellmembran (**A2**) eingelagert sind. Die Bindung des Neurotransmitters an den spezifischen Rezeptor bewirkt, daß der Kanal für bestimmte Ionen durchlässig wird (**B**).

Exzitatorische Aminosäurerezeptoren. Rezeptoren für den erregenden Transmitter *Glutamat* werden nach den synthetischen Liganden, die an sie binden, eingeteilt. Entsprechend werden drei Klassen von *glutamatgesteuerten Ionenkanälen* unterschieden: der AMPA-Rezeptor (**C3**), der NMDA-Rezeptor (**C4**), der Kainat-Rezeptor. Nach Bindung an den **AMPA-Rezeptor** kommt es zum Einstrom von Natriumionen, wodurch die Zelle depolarisiert wird. Aktivierung des **NMDA-Rezeptors** führt gleichfalls zum Einstrom von Na^+, darüber hinaus aber auch von Ca^{2+}. Unter Ruhepotentialbedingungen ist der NMDA-Rezeptor durch Magnesium blockiert; dieser *Magnesiumblock* wird bei Depolarisation (durch AMPA-Rezeptoren) aufgehoben. Diese zeitlich versetzte Aktivierung von AMPA- und NMDA-Rezeptoren führt zu einer abgestuften Antwort des postsynaptischen Neurons auf den Neurotransmitter Glutamat.

Inhibitorische GABA- und Glycinrezeptoren. GABA ist der häufigste inhibitorische Transmitter im Gehirn, Glycin im Rückenmark. Beide Rezeptoren sind ligandengesteuerte Ionenkanäle, die bei Aktivierung den Einstrom von Chloridionen bewirken. Dadurch wird die Zelle hyperpolarisiert und gehemmt.

Zu den ligandengesteuerten Ionenkanälen gehören auch der erregende, Kationen leitende *nikotinische Acetylcholinrezeptor* und der *Serotonin* (*5-HT$_3$*)*-Rezeptor*.

G-Protein-gekoppelte Rezeptoren

Die meisten Neurotransmitter binden nicht nur an ligandengesteuerte Kanäle, sondern auch an G-Protein-gekoppelte Rezeptoren. Ein wesentlicher Unterschied zwischen beiden Rezeptortypen besteht in der *Geschwindigkeit der synaptischen Antwort*. Im Fall der ligandengesteuerten Ionenkanäle bewirkt die Aktivierung ein schnelles synaptisches Potential, das nur Millisekunden andauert. Die Aktivierung G-Protein-gekoppelter Rezeptoren führt zu Antworten, die Sekunden bis Minuten dauern. G-Proteine regulieren Enzyme, die intrazelluläre Botenstoffe bilden. Diese beeinflussen Ionenkanäle oder über regulatorische Proteine die Genexpression.

Synaptische Übertragung (B)

Die synaptische Übertragung ist im wesentlichen durch drei Prozesse gekennzeichnet:

1. Umwandlung des am Axonende ankommenden *Aktionspotentials* in ein chemisches Signal: Durch die Depolarisation kommt es zur Öffnung von Calciumkanälen (**C5**) und zum *Calciumeinstrom*, der, vermittelt durch bestimmte Proteine, das Verschmelzen der synaptischen Vesikel (**C6**) mit der präsynaptischen Membran und die *Freisetzung des Transmitters* in den Spalt (**C7**) bewirkt.
2. Der freigesetzte Transmitter bindet an spezifische *Rezeptoren*.
3. Dies bewirkt im Falle ligandengesteuerter Ionenkanäle die Öffnung für bestimmte Ionen. Im Falle glutamaterger Rezeptoren bewirkt der Einstrom von Na^+ bzw. Ca^{2+} eine Depolarisation der postsynaptischen Membran (*exzitatorisches postsynaptisches Potential*, EPSP), im Falle von GABA- und Glycinrezeptoren wird durch den Einstrom von Cl^- eine Hyperpolarisation der postsynaptischen Membran hervorgerufen (*inhibitorisches postsynaptisches Potential*, IPSP). Bei Aktivierung G-Protein-gekoppelter Rezeptoren kommt es zu einer länger anhaltenden Antwort, die letztlich zur *Änderung der Genexperession* im postsynaptischen Neuron führen kann.

A, B Ligandengesteuerter Ionenkanal
(in Anlehnung an Kandel, Schwartz u. Jessel)

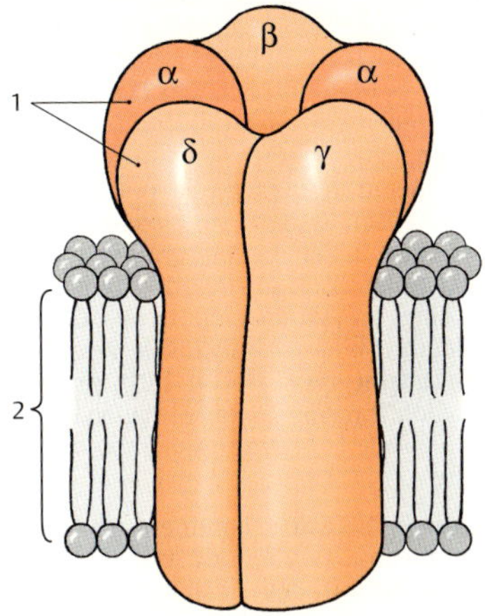

A Aufbau des nikotinischen Acetylcholinrezeptors

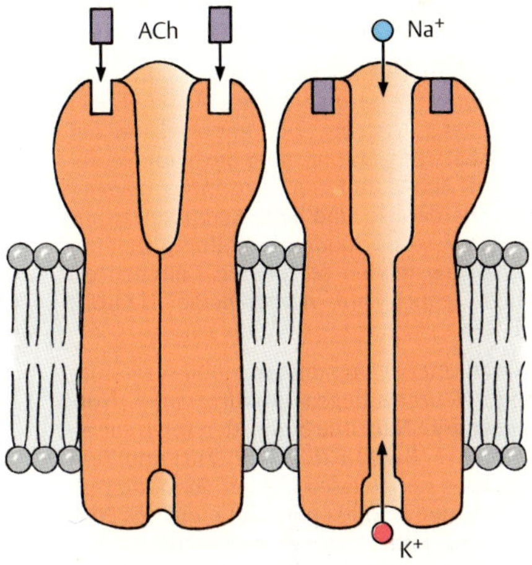

B Bindung von Acetylcholin (ACh) öffnet den Kanal für Na^+ und K^+

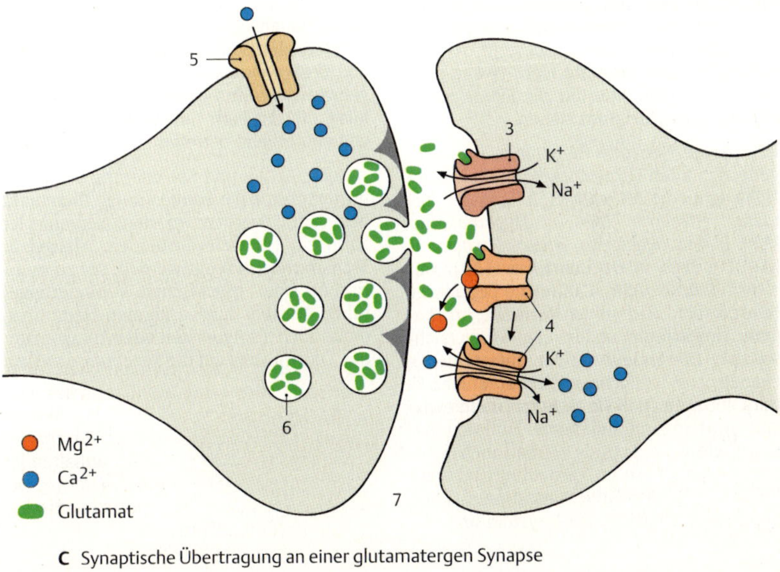

C Synaptische Übertragung an einer glutamatergen Synapse

Neuronensysteme (A – C)

Neuronengruppen mit gleichem Transmitter, deren Axone oft geschlossene Faserbündel bilden, bezeichnen wir nach der Transmittersubstanz als *cholinerge*, *noradrenerge*, *dopaminerge*, *serotoninerge*, *GABAerge* oder *peptiderge Systeme*. Der Impuls kann auf gleichartige Neurone, aber auch auf Neurone mit einem anderen Transmitter übertragen werden. So sind beim Sympathikus die Neurone im Rückenmark cholinerg, die Umschaltung in den peripheren Ganglien erfolgt jedoch auf *noradrenerge* Neurone (S. 296 C).

Noradrenerge, dopaminerge und serotoninerge Neurone liegen im *Hirnstamm*. **Noradrenerge Neurone** bilden den *Locus coeruleus* (**A1**) (S. 100 B28, S. 132 D18) und Zellgruppen im lateralen Teil der *Formatio reticularis* der Medulla oblongata und des Pons (Faserprojektion zum Hypothalamus, zum limbischen System, diffus in den Neocortex, zum Vorderhorn und Seitenhorn des Rükkenmarks). **Serotoninerge Neurone** liegen in den *Raphekernen* (**A2**) (S. 108 B28), vor allem im *Nucleus raphe dorsalis* (**A3**) (Faserprojektion zum Hypothalamus, zum Riechhirn und zum limbischen System). Aus **dopaminergen Neuronen** besteht die Pars compacta der *Substantia nigra* (**A4**) (S. 134 A17, S. 136 AB1), von der die *Fibrae nigrostriatales* zum Striatum ziehen.

Peptiderge Neurone findet man in phylogenetisch alten Hirnbezirken: Im zentralen *Höhlengrau des Mittelhirns* (**A5**), in der *Formatio reticularis* (**A6**), im *Hypothalamus* (**A7**), *Bulbus olfactorius*, *Nucleus habenulae* (**A8**), *Nucleus interpeduncularis* (**A9**), *Nucleus solitarius* (**A10**). Zahlreiche peptiderge Neurone sind auch in der *Hirnrinde*, im *Thalamus*, im *Striatum* und im *Cerebellum* nachweisbar. Die Bedeutung der unterschiedlichen Peptide ist noch weitgehend unklar. Es wird vermutet, daß sie als **Kotransmitter** wirken und eine modulierende Funktion haben. Viele dieser Peptide werden auch in anderen Organen, so im Verdauungstrakt, gefunden (z. B. vasoaktives intestinales Polypeptid, Somatostatin, Cholezystokinin).

Glutamat ist oft der Transmitter in langaxonigen Projektionsneuronen. **Glutamaterge Neurone** sind z. B. die **Projektionsneurone der Hirnrinde**, die Pyramidenzellen (S. 240 C, S. 242 A1 u. B11). **GABAerge inhibitorische Neurone** werden oft nach den Zielstrukturen, an denen sie inhibitorische Synapsen ausbilden, klassifiziert. So unterscheiden wir GABAerge *Korbzellen*, die mit Zellkörpern Synapsen bilden, von *axo-axonalen Zellen*. Letztere bilden inhibitorische Synapsen am Anfangsteil des Axons (Initialsegment) eines Projektionsneurons aus. GABAerge Neurone bilden häufig lokale Verschaltungen (**Interneurone**). Neben GABA als dem klassischen Transmitter findet man in ihnen häufig Peptide (s. o.) und calciumbindende Proteine.

Cholinerge Neurone kommen im *Hirnstamm*, aber auch im *basalen Vorderhirn* vor. Vergleichbar mit den katecholaminergen Neuronen gehen von umschriebenen Zellgruppen, z. B. im *Nucleus basalis* (**B11**) und in bestimmten *Septumkernen* (**B12**), weitreichende Projektionen aus, die über Fasern im *Gyrus cinguli* (Gyrus limbicus) (**B13**) und im *Fornix* (**B14**) große Gebiete des *Neocortex* und *Hippocampus* (**B15**) versorgen. Diese aufsteigenden cholinergen Projektionen aus dem basalen Vorderhirn werden mit **Lern- und Gedächtnisprozessen** in Zusammenhang gebracht; sie sind bei der **Alzheimer-Erkrankung**, die mit Lern- und Gedächtnisstörungen einhergeht, betroffen.

Aufbau, Abbau und Speicherung der Transmittersubstanzen können durch **Pharmaka** beeinflußt werden: in den Nervenzellen kann ein Überschuß oder ein Mangel an Transmittern erzeugt werden, der zu motorischen oder psychischen Veränderungen führt. Darüber hinaus können Neuropharmaka auch als Agonisten oder Antagonisten des Transmitters auf die Rezeptoren wirken.

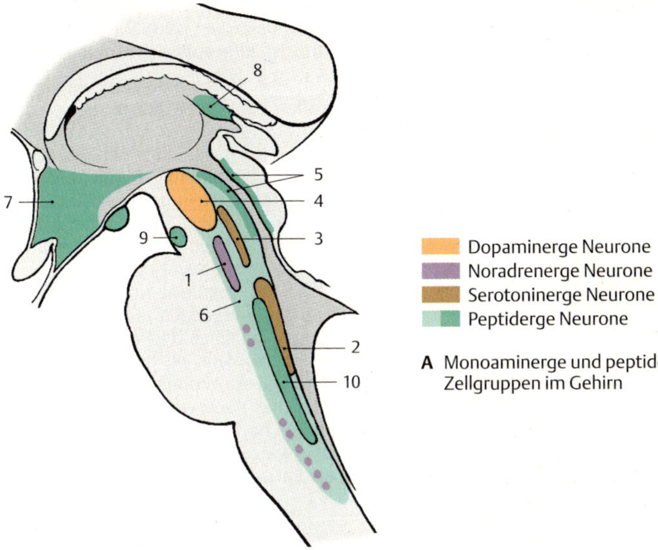

A Monoaminerge und peptiderge Zellgruppen im Gehirn

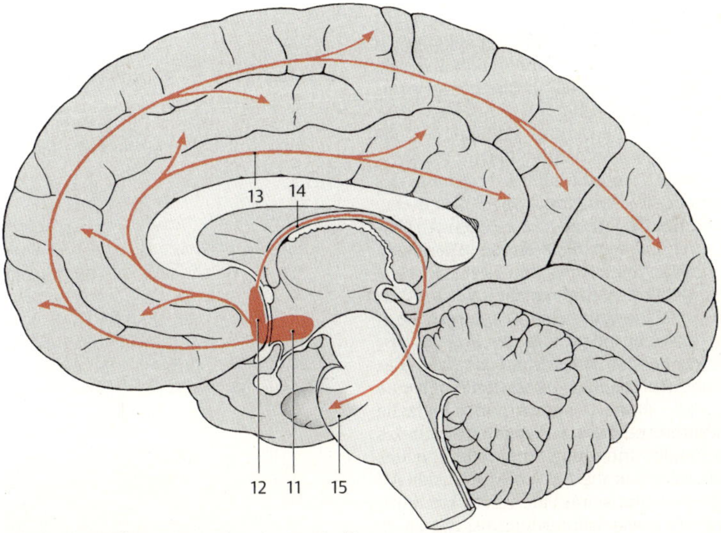

B Cholinerge Zellgruppen im basalen Vorderhirn einschließlich der cholinergen Innervation von Cortex und Hippocampus

Neuronenschaltung (A)

Die Nervenzellen bilden mit ihren Fortsätzen ein Netzwerk (**A**), das jedoch kein kontinuierliches Geflecht von Nervenfasern ist (*Kontinuitätstheorie*), sondern aus zahllosen Einzelelementen, den Neuronen, besteht (*Neuronentheorie*). Das Neuron stellt als Grundbaustein des Nervensystems eine anatomische, genetische, trophische und funktionelle Einheit dar.

Im Nervennetz sind die Neurone in bestimmter Weise miteinander verknüpft (*Neuronenschaltung*). Dabei sind die Schaltungen zur Erregungshemmung ebenso wichtig wie die zur Erregungsübertragung, denn durch sie findet eine Begrenzung und Auswahl des ständigen Reizzuflusses statt: wichtige Signale werden weitergegeben, unwichtige unterdrückt.

Durch die **postsynaptische Hemmung** wird nicht die synaptische Erregungsübertragung, sondern die darauf folgende Entladung des postsynaptischen Neurons gehemmt.

Hemmende GABAerge Neurone können in verschiedener Weise in neuronale Verschaltungen integriert sein. Bei der **rekurrenten Hemmung** (**B**) aktiviert eine Axonkollaterale des erregenden Projektionsneurons (grün) die hemmende Zelle (rot), die über eine rückläufige (rekurrente) Kollaterale das Projektionsneuron hemmt. Bei der **Vorwärtshemmung** (**C**) erfolgt die Aktivierung des hemmenden Interneurons nicht durch eine rückläufige Kollaterale der erregenden Zellen, sondern durch erregende Afferenzen aus einer anderen Hirnregion. Der Effekt auf das Projektionsneuron ist aber gleich: Aktivierung des hemmenden GABAergen Neurons führt zur Hemmung des Projektionsneurons. Bei der **Disinhibition** (**D**) wird wieder ein hemmendes Interneuron durch eine erregende Afferenz aktiviert. Die Zielzelle dieses Interneurons ist aber ein weiteres hemmendes Interneuron. Aktivierung des ersten Interneurons durch die erregende Afferenz bedeutet somit eine verstärkte Hemmung des zweiten Interneurons, das dann, weil gehemmt, keine inhibitorische Wirkung auf das nachgeschaltete Projektionsneuron ausüben kann. Die hemmende Wirkung ist aufgehoben (Disinhibition).

Auf eine einzelne Nervenzelle im Gehirn treffen eine große Anzahl von Verbindungen ein (**Konvergenz**). Eine Pyramidenzelle aus der Hirnrinde kann mehr als 10000 synaptische Verbindungen mit anderen Nervenzellen herstellen. Eine solche Zelle stellt wiederum selbst durch die zahlreichen Axonkollateralen zahlreiche Verbindungen mit vielen anderen Nervenzellen her (**Divergenz**). Die *räumliche* und *zeitliche Summation* von erregenden und hemmenden Eingängen auf einer Zelle entscheidet im gegebenen Moment, ob die Zelle depolarisiert wird und ein Aktionspotential generiert, das dann das Axon entlangläuft und zur Erregung nachgeschalteter Neurone führt. Überwiegen hemmende Eingänge, bleibt die Entladung des Neurons aus.

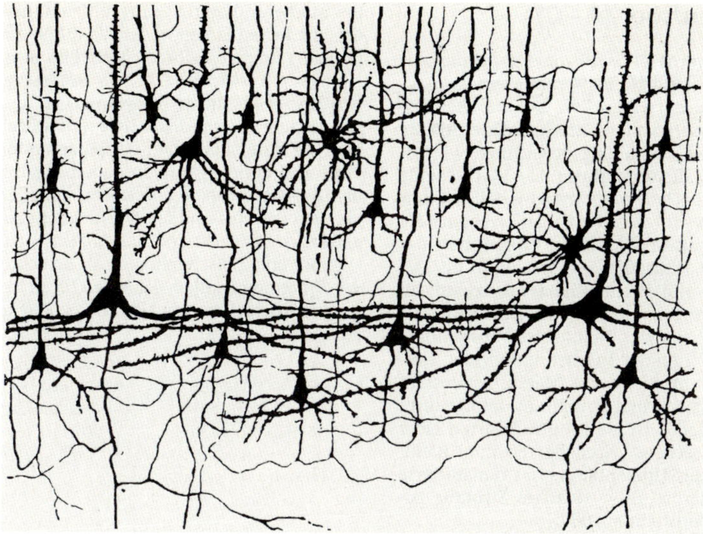

A Neuronales Netzwerk in der Hirnrinde, Silberimprägnation (nach Cajal)

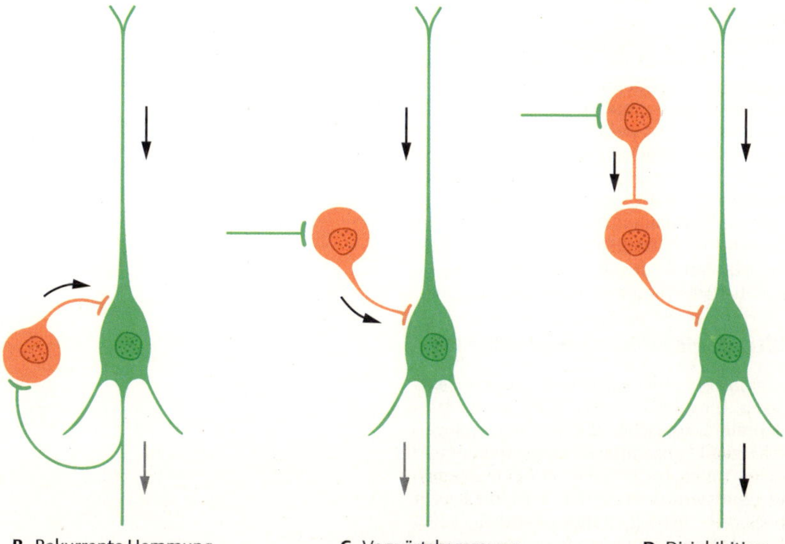

B Rekurrente Hemmung

C Vorwärtshemmung

D Disinhibition

B – D Prinzipien der Verschaltung hemmender Neurone

Nervenfaser (A – G)

Das **Axon** (**AFG1**) wird von einer Hülle umgeben, bei *marklosen Nervenfasern* vom Cytoplasma der Hüllzellen, bei *markhaltigen Nervenfasern* von der **Markscheide** (**ABG2**). Axon und Umhüllung bezeichnen wir zusammen als **Nervenfaser**. Die Markscheide beginnt nach dem Initialsegment des Axons und endet kurz vor der Endaufzweigung. Sie besteht aus **Myelin**, einem Lipoprotein, das von den Hüllzellen gebildet wird. Im *ZNS* sind die Hüllzellen **Oligodendrozyten**, im *peripheren Nerven* sind es die **Schwann-Zellen**, die von der Neuralleiste abstammen (S. 62 C2). An der frischen unfixierten Nervenfaser erscheint die Markscheide stark lichtbrechend und strukturlos. Infolge ihres Lipidgehaltes ist sie im polarisierten Licht doppelbrechend. Nach der Fixation bleibt infolge des Lipidentzuges das denaturierte Proteingerüst als gitterartige Struktur zurück (*Neurokeratin*) (**D3**).

In regelmäßigen Abständen (1 – 3 mm) wird die Markscheide durch tiefe Einschnürungen, die **Ranvier-Knoten** (**ABF4**), unterbrochen. Beim peripheren Nerven entspricht der Abschnitt zwischen zwei Ranvier-Knoten, das **Internodium** oder **interanuläre Segment** (**F**), der Ausdehnung einer Hüllzelle. In der Mitte eines Internodiums liegen Zellkern (**ADF5**) und perinukleäres Cytoplasma als leichte Vorbuckelung auf der Markscheide. In schrägen Einkerbungen, den **Schmidt-Lanterman-Inzisuren** (**C**, **F6**) ist ebenfalls Cytoplasma enthalten (s. auch S. 40 A4). Die Ränder der Hüllzellen begrenzen den Ranvier-Knoten, an dem Axonkollaterale (**E**) abgehen oder Synapsen vorkommen können.

Ultrastruktur der Markscheide (G)

Um das von einer Elementarmembran, **Axolemm**, umgebene Axon liegen im elektronenmikroskopischen Bild in strenger Regelmäßigkeit konzentrische Ringe dunkler und heller Linien. Die Breite einer solchen **Lamelle**, gemessen von einer dunklen Linie bis zur nächsten, beträgt durchschnittlich 120 Å (1 Å = 0,1 nm), wobei auf die dichten dunklen Linien 30 Å, auf die hellen 90 Å entfallen.

Bei stärkerer Vergrößerung erkennt man, daß die hellen Linien nochmals durch eine dünnere, unregelmäßige, perlschnurartige Linie geteilt werden (**G7**). Wir unterscheiden also eine dichte **Hauptlinie** und eine schwächere **intermediäre Linie** (**Zwischenlinie**). Die Untersuchungen mit polarisiertem Licht und Röntgenstrahlen haben ergeben, daß die Markscheide aus wechselnden Lagen von Protein- und Lipid-Molekülen aufgebaut ist. Danach sind die *dunklen Lagen* (Haupt- und Zwischenlinien) als Schichten von Proteinmolekülen, die *hellen Lagen* hingegen als Schichten von Lipidmolekülen anzusehen.

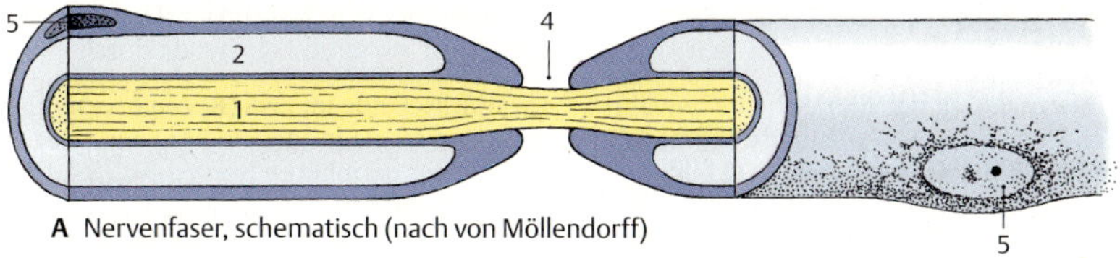

A Nervenfaser, schematisch (nach von Möllendorff)

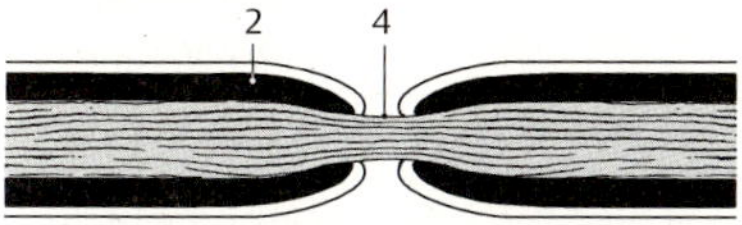

B Ranvier-Schnürring, Osmium-Färbung

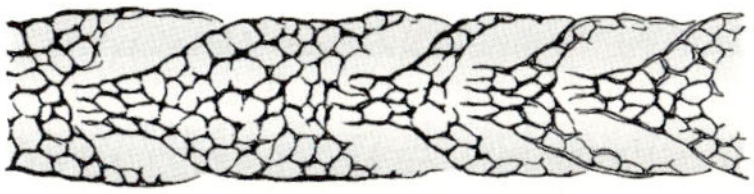

C Schmidt-Lanterman-Einkerbungen

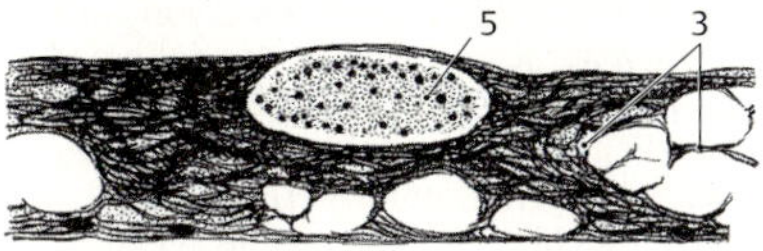

D Perikaryon einer Schwann-Zelle

E Axonaufzweigung

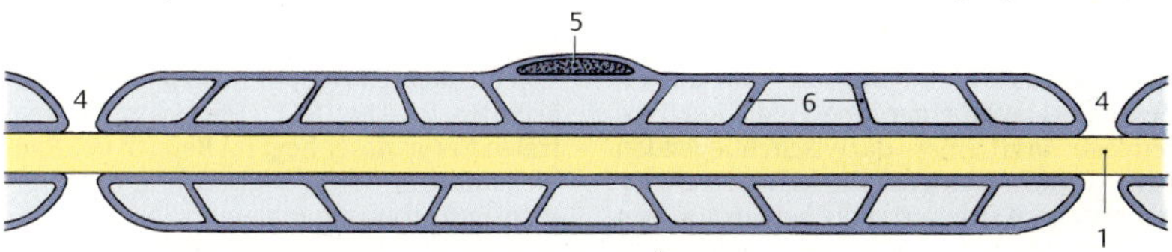

F Internodium (nach Cajal)

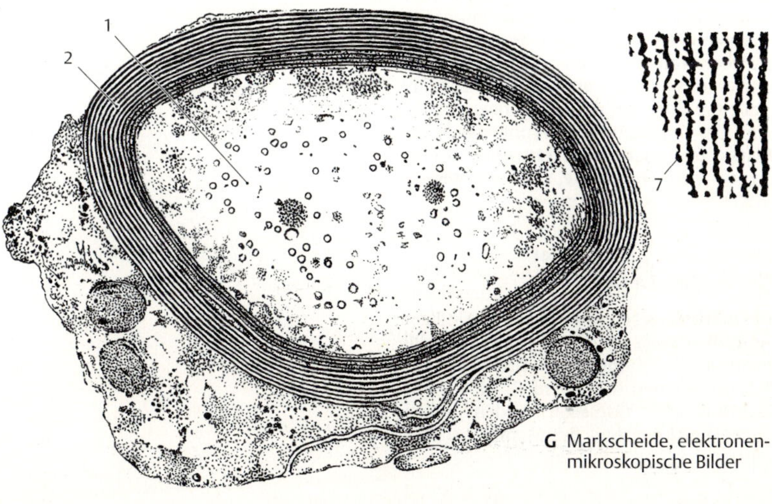

G Markscheide, elektronenmikroskopische Bilder

Entwicklung der Markscheide im PNS (A)

Die Entwicklung der Markscheide gewährt einen Einblick in den Aufbau ihrer Lamellen. Der Zelleib der **Schwann-Zelle** (**A1**) bildet eine Furche, in die das **Axon** (**A2**) eingebettet wird. Die Furche vertieft sich, wobei sich ihre Ränder einander nähern und schließlich aneinanderlagern. Es entsteht so eine Duplikatur der Zellmembran, das **Mesaxon** (**A3**). Dieses wird spiralig um das Axon aufgewikkelt, wahrscheinlich indem die Schwann-Zelle um das eingeschlossene Axon wandert.

Der Terminus *Mesaxon* wurde in Anlehnung an die Bezeichnung Mesenterium gebildet. Das Bauchfell bildet als Aufhängeband eine dünne Duplikatur und umhüllt die Eingeweide. In ähnlicher Weise bildet die Schwann-Zelle eine Duplikatur und umhüllt das Axon.

Die Zellmembran der Schwann-Zelle besteht, wie jede Elementarmembran, aus einer äußeren und einer inneren dichten Proteinlage und einer dazwischenliegenden hellen Lipidschicht. Bei der Membranduplikation lagern sich zuerst die beiden äußeren Proteinschichten aneinander und verschmelzen zur **Zwischenlinie** (**A4**). Aus der sechsschichtigen Membranduplikatur wird so die fünfschichtige **Marklamelle**. Beim weiteren Einrollen stoßen auch die inneren Proteinschichten der Zellmembran aneinander und verschmelzen zur dichten **Hauptlinie** (**A5**). Am Ende des Prozesses liegt der Beginn der Duplikatur an der Innenseite der Markscheide, **inneres Mesaxon** (**AB6**), das Ende an der Außenseite, **äußeres Mesaxon** (**AB7**).

Entwicklung markloser Nervenfasern (A)

Die **marklosen Nervenfasern** (**A8**) sind von Hüllzellen eingeschlossen, von denen jede mehrere Axone umschließt. Die Ränder der Furchen können hier ebenfalls eine Membranduplikatur (*Mesaxon*) bilden, jedoch ohne Verschmelzung der Membranschichten.

Aufbau der Markscheide im ZNS (B, C)

Die Markscheide im ZNS (**B**) zeigt wesentliche Unterschiede gegenüber der Markscheide der peripheren Nerven (vgl. S. 40 B). Während die Schwann-Zelle im PNS die Bemarkung nur eines Axons bewerkstelligt, bemarkt im ZNS ein **Oligodendrozyt** (**B9**) mehrere Axone und steht auch später durch Protoplasmabrücken mit mehreren Internodien in Verbindung. Stellt man sich die Internodien aufgerollt vor, kommen Ausdehnung und Form des Zelleibes zur Darstellung (**C**). Der Mechanismus des Bemarkungsprozesses ist unbekannt. Von der Protoplasmabrücke aus bildet das äußere Mesaxon einen *äußeren Wulst* (**B10**). Die Marklamellen enden an der *paranodalen Region* (**B11**) (Ranvier-Knoten). Der Längsschnitt zeigt, daß die innerste Lamelle zuerst endet und die äußerste die übrigen Endigungen überdeckt, um direkt am Ranvier-Knoten zu enden. An den Lamellenenden erweitern sich die dichten Hauptlinien zu *zytoplasmagefüllten Taschen* (**B12**). Das Axon der zentralen Nervenfaser liegt im Bereich des Ranvier-Knotens völlig frei. Schmidt-Lanterman-Einkerbungen fehlen im ZNS.

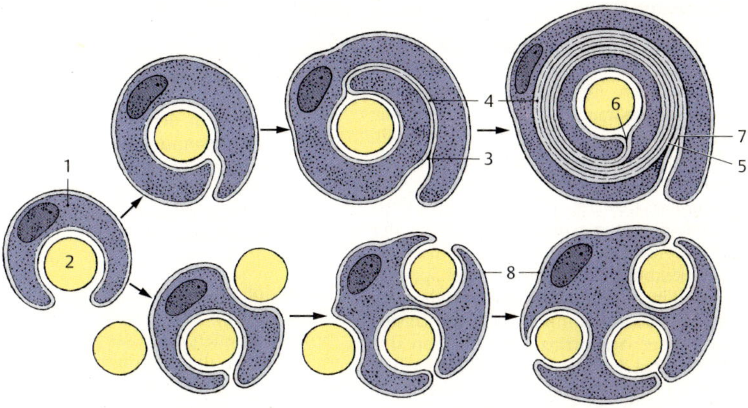

A Entwicklung der Markscheide (nach Hamilton, Boyd u. Mossman)

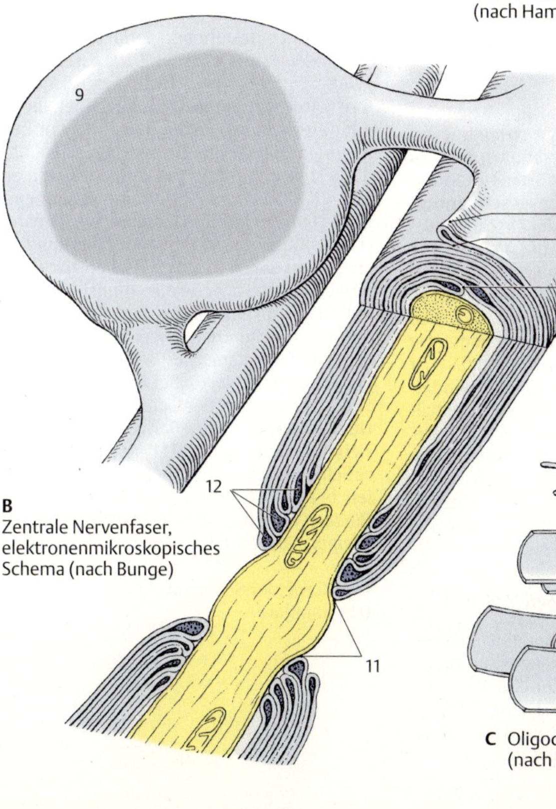

B Zentrale Nervenfaser, elektronenmikroskopisches Schema (nach Bunge)

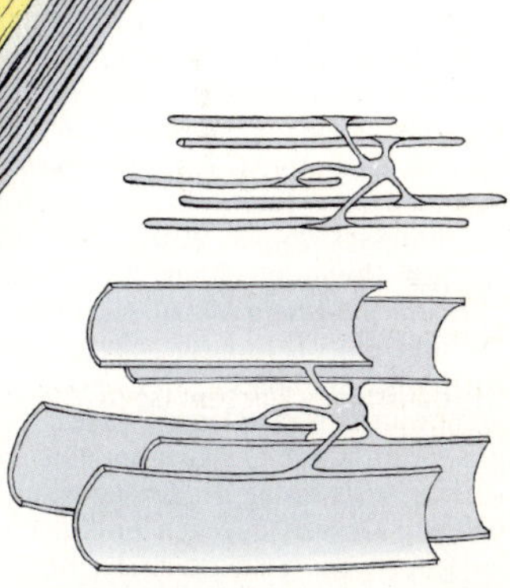

C Oligodendrozyt mit Marklamellen (nach Bunge)

Peripherer Nerv

Die **Markscheide** der peripheren Nervenfaser wird vom Cytoplasma der **Schwann-Zelle** (**A1**) umgeben. An deren Zellmembran ist eine **Basalmembran** (**AB2**) angelagert, die die gesamte periphere Nervenfaser einhüllt. Der Kern der Schwann-Zelle (**A3**) ist in der Abbildung angeschnitten. Die **Schmidt-Lanterman-Inzisuren** (**A4**) erscheinen im Längsschnitt als zytoplasmahaltige Spalten der klaffenden Hauptlinie. In der dreidimensionalen Rekonstruktion stellen sie Spiralen dar, in denen das Cytoplasma zwischen außen und innen kommuniziert. Am **Ranvier-Knoten** oder **-Schnürring** (**B5**) schieben sich die Fortsätze der Schwann-Zelle (**AB6**) über die paranodale Region und über das Axon (**ABD7**). Sie greifen fingerförmig ineinander und bilden so eine dichte Hülle um den Ranvier-Knoten.

Unterschiede im Aufbau der Markscheiden im ZNS und im PNS sind in Abbildung **B** dargestellt.

Es bestehen gesetzmäßige Beziehungen zwischen dem Umfang eines Axons, der Dikke der Markscheide, dem Abstand der Ranvier-Knoten und der **Leitungsgeschwindigkeit** eines Nervs. Je größer der Umfang eines Axons, um so dicker ist die umgebende Markscheide und um so länger sind die Internodien. Wenn bemarkte Nervenfasern noch wachsen (z. B. Extremitätennerven), so vergrößert sich die Länge der Internodien. Je länger die Internodien, desto schneller ist auch die elektrische Leitungsgeschwindigkeit der Faser. Man unterscheidet markhaltige, markarme und marklose Nervenfasern, auch als A-, B- und C-Fasern bezeichnet. Die **markhaltigen A-Fasern** haben einen Axondurchmesser von 3 – 20 µm und eine Leitungsgeschwindigkeit bis zu 120 m/s, die **markarmen B-Fasern** bis zu 3 µm Durchmesser und eine Leitungsgeschwindigkeit bis zu 15 m/s. Am langsamsten verläuft die Erregung in den **marklosen C-Fasern** (bis zu 2 m/s). Hier handelt es sich um eine *kontinuierliche Ausbreitung der Erregung*. Im markhaltigen Nerven dagegen erfolgt die Erregungsfortleitung saltatorisch, d. h. sprunghaft. Die morphologische Grundlage der *saltatorischen Erregungsleitung* ist der Wechsel von markhaltigen Internodien mit markfreien Ranvier-Knoten: der Strom springt intraaxonal von einem Knoten zum nächsten, wobei an den Knoten durch Permeabilitätsänderungen der Axonmembran (ausgelöst durch spannungsabhängige Ionenkanäle) jedesmal der Stromkreis geschlossen wird. Diese Fortleitung ist wesentlich schneller und verbraucht weniger Energie als die kontinuierliche Ausbreitung der Erregung.

Die periphere Nervenfaser wird von längsverlaufenden, kollagenen Bindegewebsfibrillen umgeben, die zusammen mit der Basalmembran die **Endoneuralscheide** bilden. Die Fasern sind in ein lockeres Bindegewebe, dem **Endoneurium** (**D8**), eingelagert. Eine verschieden große Zahl von Nervenfasern wird durch das vorwiegend aus zirkulären Fasern bestehende **Perineurium** (**CD9**) zu *Bündeln* oder *Faszikeln* (**C10**) zusammengefaßt. Die innerste Schicht des Perineuriums wird von *Endothelzellen* gebildet, die in mehreren dünnen Lagen den endoneuralen Raum umschließen. Die perineuralen Endothelzellen besitzen an der perineuralen und endoneuralen Fläche eine Basalmembran und sind durch *Zonulae occludentes* (Tight Junctions) miteinander verbunden. Sie stellen eine Barriere zwischen Nerv und umgebendem Gewebe dar, ähnlich dem Endothel der Hirnkapillaren (S. 44 E). Auf dem Gehalt an *zirkulären elastischen Fasern* beruht die mechanische Beanspruchbarkeit des peripheren Nervs. Bei Extremitätennerven ist im Bereich der Gelenke das Perineurium verstärkt. An das Perineurium schließt sich das **Epineurium** (**CD11**) an, dessen innere Schichten ebenfalls konzentrische Lamellen bilden. Sie gehen über in ein *lockeres Bindegewebe*, das *Fettzellen* (**D12**), *Blut-* und *Lymphgefäße* enthält.

D13 Kerne der Schwann-Zellen,
D14 Kapillare.

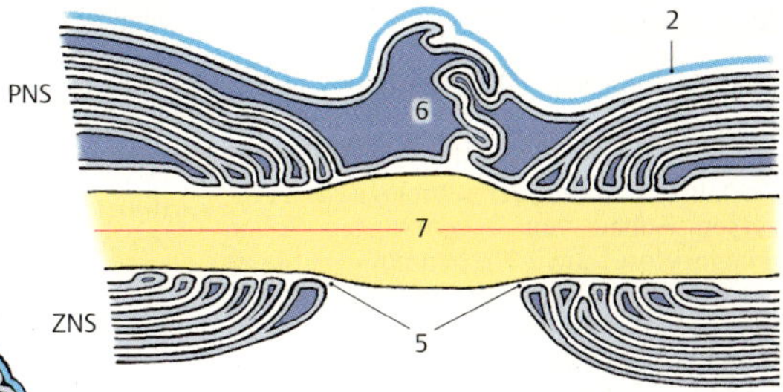

B Ranvier-Schnürring bei zentraler und peripherer Faser (nach Bunge)

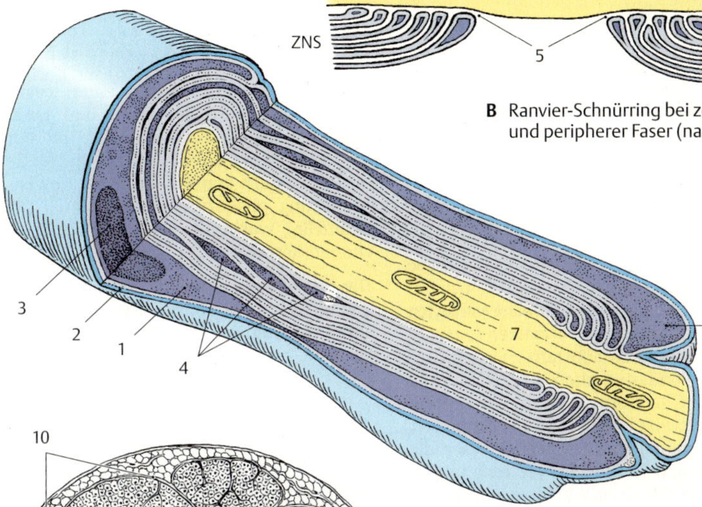

A Periphere Nervenfaser, elektronenmikroskopisches Schema (nach Schröder)

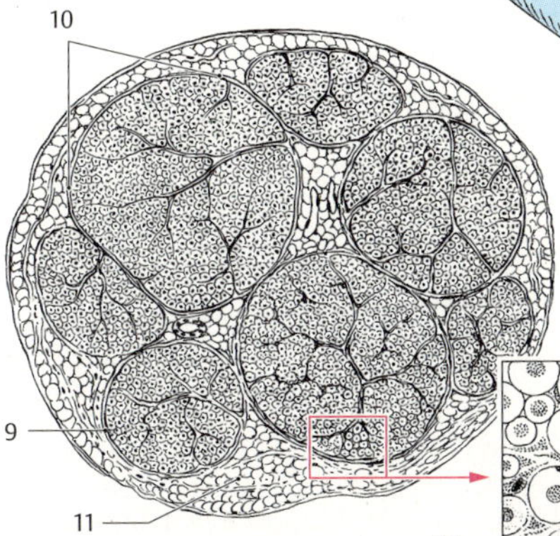

C Peripherer Nerv, Querschnitt

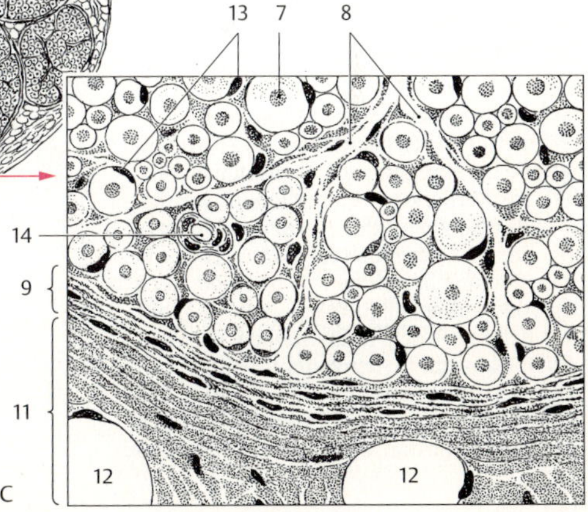

D Vergrößerung aus C

Neuroglia (A – C)

Das *Stütz- und Hüllgewebe des ZNS* ist die **Neuroglia** (*glia*, Leim), die hier die Aufgaben des Bindegewebes erfüllt (Stützfunktion, Stoffaustausch und bei pathologischen Prozessen Abbau von degenerierten Zellen [Phagozytose] sowie Narbenbildung). Sie ist *ektodermalen Ursprungs*. Im Nissl-Bild erscheinen nur Zellkerne und Cytoplasma; die Darstellung der Zellfortsätze gelingt nur mit speziellen Imprägnationsmethoden und immunzytochemischen Verfahren. Wir unterscheiden drei verschiedene Zellformen: die *Astroglia* (*Makroglia*), die *Oligodendroglia* und die *Mikroglia* (**A**).

Die **Astrozyten** besitzen einen großen, hellen Zellkern und zahlreiche sternförmig abgehende Fortsätze. Es gibt **protoplasmatische Astrozyten** mit wenigen Fortsätzen (meist in der grauen Substanz) und **fibrilläre Astrozyten** mit zahlreichen langen Fortsätzen (vorwiegend in der weißen Substanz). Sie sind Faserbildner und enthalten in Zelleib und Fortsätzen Gliafasern. Nach der Zerstörung von Hirngewebe bilden sie *Gliafasernarben*. Die Astrozyten gelten als *Stützelemente*, die ein dreidimensionales Gerüstwerk bilden. An der äußeren Oberfläche des Gehirns verdichtet sich das Gerüst zu einem dichten Faserfilz und zur **Membrana gliae limitans**, die den äußeren Abschluß des ektodermalen Gewebes gegen die bindegewebigen Hirnhäute bildet. Astrozyten entsenden Fortsätze zu Gefäßen, die eine Bedeutung für den Stoffaustausch haben (S. 44 B).

Außerdem sind Astrozyten entscheidend an der *Erhaltung des inneren Milieus*, insbesondere des *Ionengleichgewichtes*, im ZNS beteiligt. Die bei Erregung von Neuronenverbänden freiwerdenden Kaliumionen werden über das Netzwerk der Astrozytenfortsätze aus dem extrazellulären Raum entfernt. Wahrscheinlich nehmen Astrozyten auch das von Nervenzellen freigesetzte CO_2 auf und halten so den interstitiellen pH-Wert von 7,3 konstant. Astrozytenfortsätze umschließen die Synapsen und dichten den synaptischen Spalt ab. Sie nehmen auch Transmittersubstanzen auf (Aufnahme und Abgabe von GABA durch Astrozyten sind nachgewiesen).

Die **Oligodendrozyten** besitzen kleinere, dunklere Kerne und nur wenige, kaum verzweigte Fortsätze. In der grauen Substanz findet man sie als Begleiter der Nervenzellen (**Satellitenzellen**) (**B**). In der weißen Substanz liegen sie in Reihen zwischen den Nervenfasern (**interfaszikuläre Glia**). Sie bilden und erhalten die *Markscheiden* (S. 38 B, C).

Die **Mikrogliazelle** besitzt einen ovalen oder stäbchenförmigen Kern und kurze, stark verzweigte Fortsätze. Sie soll eine *amöboide Beweglichkeit* besitzen und im Gewebe wandern können. Bei einer Gewebszerstörung phagozytiert sie Material (**Abräumzelle**), wobei sie sich kugelförmig abrundet (**Körnchen-** oder **Gitterzelle**).

Die oft vertretene Ansicht, daß die Mikroglia nicht vom Ektoderm, sondern vom Mesoderm abstamme (*Mesoglia*), ist nicht ausreichend begründet.

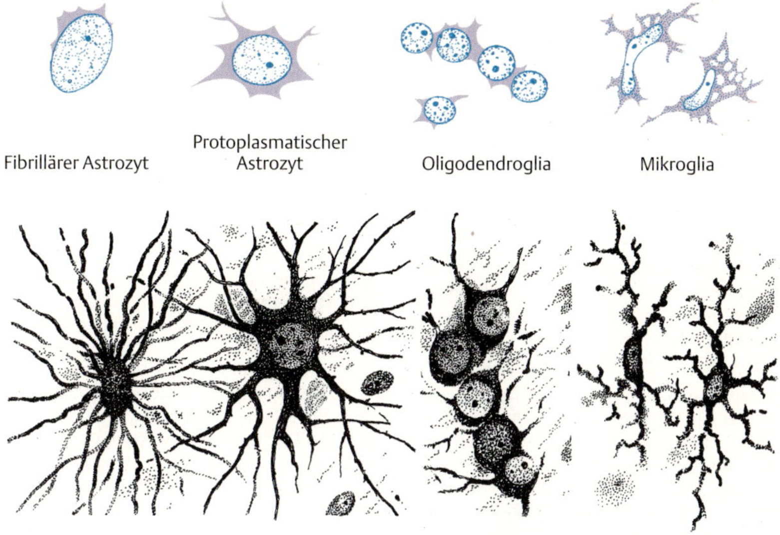

A Äquivalentbilder der Neuroglia; oben Nissl-Färbung, unten Silberimprägnation

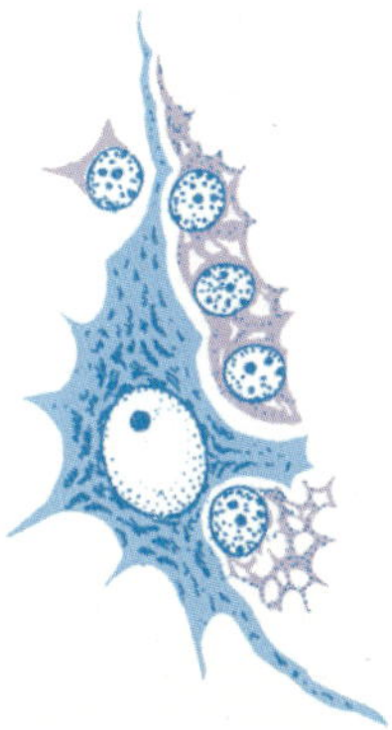

B Oligodendrozyten als Satelliten einer Nervenzelle

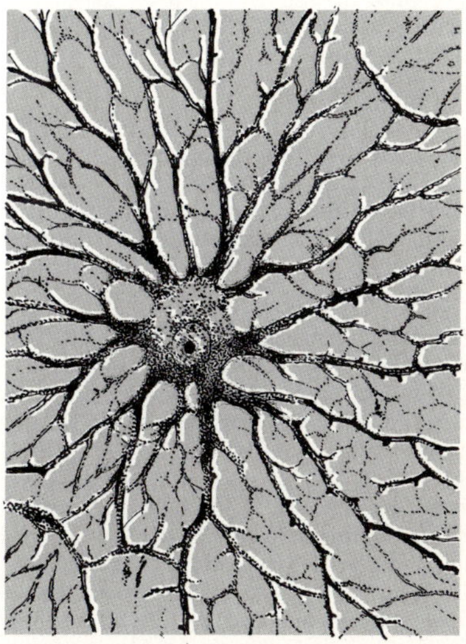

C Astrozyt in der Gewebekultur

Gefäße

Die Hirngefäße sind Abkömmlinge des *Mesoderms*. Sie wachsen während der Entwicklung von den mesodermalen Hüllen aus in die Hirnsubstanz ein. In histologischen Präparaten sind sie meist von einem schmalen freien Spaltraum (*Virchow-Robin-Raum*) umgeben, einem Artefakt, der durch die Schrumpfung während der histologischen Bearbeitung entsteht. **Arterien** und **Arteriolen** gehören dem *elastischen Typ* an, d.h., ihre Muskulatur ist schwach entwickelt und ihre Kontraktionsfähigkeit gering. Die **Kapillaren** haben ein nicht gefenstertes, *geschlossenes Endothel* und eine *geschlossene Basalmembran*. Das ZNS besitzt *keine Lymphgefäße*.

Zu den Kapillaren ziehen *Astrozytenfortsätze*, die sich zu **Gefäßfüßchen** (**AB1**) verbreitern. Im elektronenmikroskopischen Bild sind die Kapillaren vollständig von Gefäßfüßchen umgeben. Die Kapillarwand besteht aus den Endothelzellen (**BE2**), die sich an den Zellgrenzen dachziegelartig übereinander legen und durch *Maculae occludentes* miteinander verhaftet sind. Es folgt die *Basalmembran* (**BE3**) und der Astrozytenüberzug (**BE4**), der mit der *Membrana gliae limitans* (S. 42) vergleichbar ist: durch beide wird das ektodermale Gewebe des ZNS vom angrenzenden mesodermalen Gewebe abgedichtet.

Die Abdichtung des Hirngewebes vom übrigen Körper manifestiert sich in der **Blut-Hirn-Schranke**, einer *selektiven Barriere* für zahlreiche Substanzen, die am Eindringen von der Blutbahn durch die Kapillarwand in das Hirngewebe gehindert werden.

Die Schranke wurde zuerst in den Goldmann-Versuchen (**C**, **D**) mit *Trypanblau* demonstriert. Wenn man einem Versuchstier den Farbstoff intravenös injiziert, so färben sich fast alle Organe blau, allein Gehirn und Rückenmark bleiben weiß (**1. Goldmann-Versuch**). Eine geringe Blaufärbung findet man nur am *Tuber cinereum* (**C5**), der *Area postrema* und an den *Spinalganglien*. Eine deutliche Blaufärbung zeigen der *Plexus choroideus* (**C6**) und die *Dura* (**C7**). Der gleiche Befund ist bei der Gelbsucht des Menschen zu beobachten: der Gallenfarbstoff färbt alle Organe gelb, allein das ZNS bleibt weiß. Injiziert man Farbstoff in den Liquorraum (**2. Goldmann-Versuch**) (**D**), so färben sich Gehirn und Rückenmark von der Oberfläche her diffus an, der übrige Körper aber bleibt ungefärbt. Es besteht also eine Schranke zwischen Liquor und Blut, jedoch keine zwischen Liquor und ZNS. Man muß zwischen Blut-Hirn-Schranke und **Blut-Liquor-Schranke** unterscheiden. Beide verhalten sich verschieden.

Der Ort der Blut-Hirn-Schranke ist das **Kapillarendothel** (**E**) (s. auch Bd. 2), das bei den *Hirnkapillaren* eine geschlossene Wand ohne Fensterung bildet. Die Kapillarwände vieler anderer Organe, z. B. Leber oder Niere (**E8**), weisen dagegen eine ausgeprägte Fensterung auf, die einen regen Stoffaustausch erlaubt. Die Schrankenwirkung ist für zahlreiche Substanzen durch Untersuchungen mit Isotopen nachgewiesen worden. Sie kann in einer vollständigen Sperre oder in einer Verzögerung des Übertrittes bestehen. Die Durchlässigkeit oder Undurchlässigkeit der Barriere für Medikamente ist von großer praktischer Bedeutung.

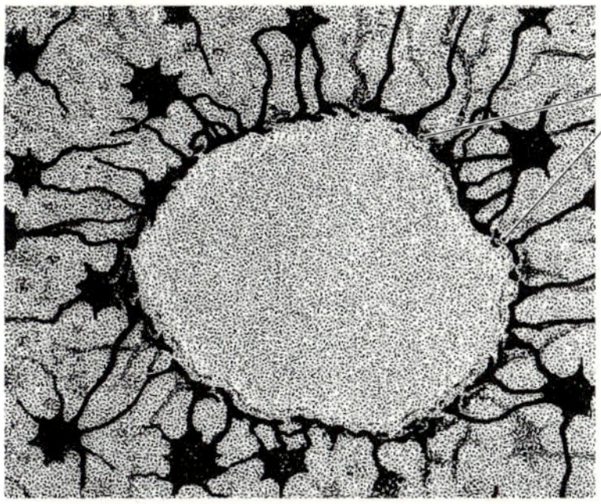

A Blutgefäß mit Astrozyten, Silberimprägnation

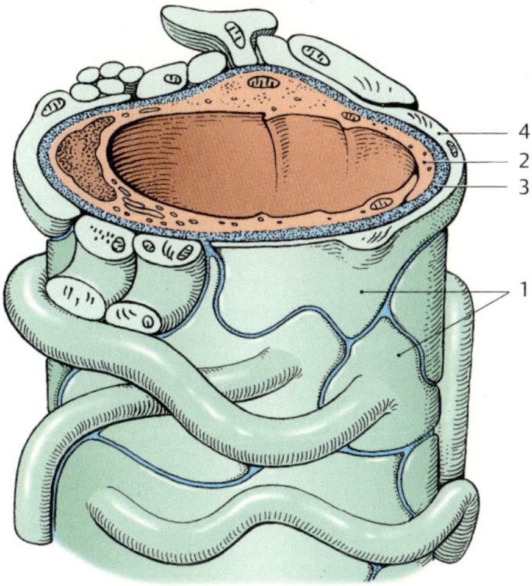

B Gefäß mit Astrozytenfortsätzen, Schema (nach Wolff)

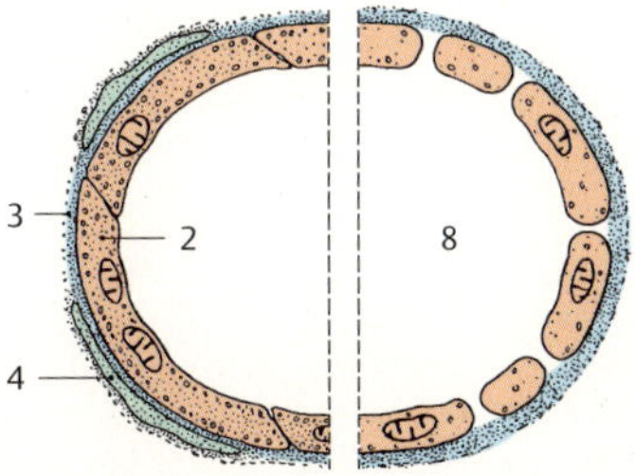

E Hirnkapillare und Nierenkapillare, schematisch nach elektronenmikroskopischen Befunden

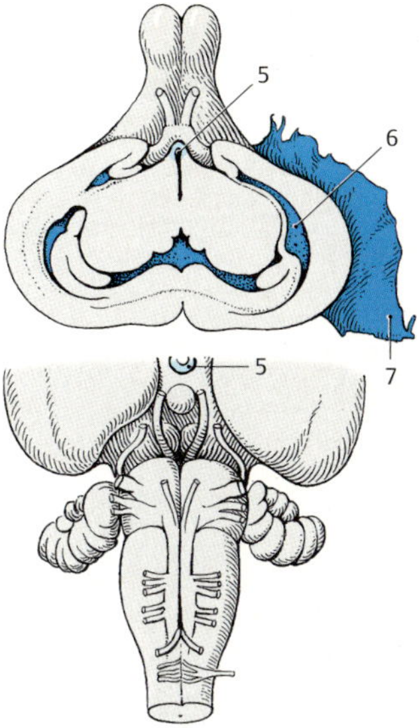

C 1. Goldmann-Versuch

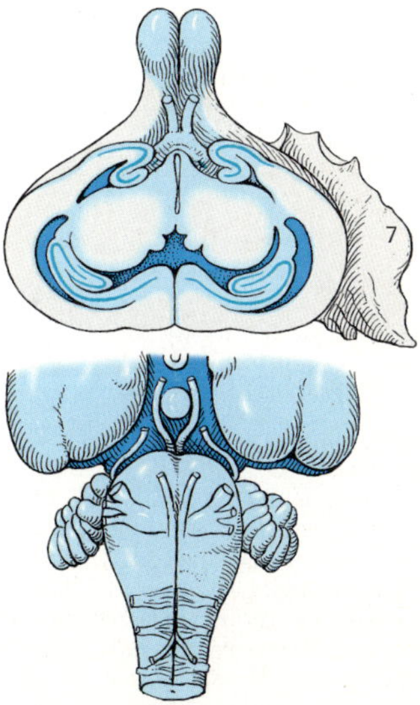

D 2. Goldmann-Versuch

C, D Blut-Hirn-Schranke beim Kaninchen (nach Spatz)

Rückenmark und Rückenmarksnerven

Übersicht (A – C)

Das *Rückenmark*, **Medulla spinalis**, liegt im Kanal der Wirbelsäule, *Canalis vertebralis*, umgeben vom *Liquor cerebrospinalis*. Es hat zwei spindelförmige Anschwellungen, im Halsbereich die **Intumescentia cervicalis** (**C1**) und im Lendenbereich die **Intumescentia lumbalis** (**C2**). Am unteren Ende verjüngt sich das Rückenmark zum **Conus medullaris** (**BC3**) und endet als dünner Strang, **Filum terminale** (**C4**). Durch die **Fissura mediana ventralis** an der Vorderseite und durch den **Sulcus medianus dorsalis** (**BC5**) an der Rückseite wird die Grenze der beiden symmetrischen Rückenmarkshälften markiert. Zu beiden Seiten des Rückenmarks treten Nervenfasern dorsolateral ein und ventrolateral aus und vereinigen sich zu *Hinterwurzeln*, **Radices dorsales**, und *Vorderwurzeln*, **Radices ventrales**, die sich zu **Spinalnerven**, kurzen Nervenstämmen von 1 cm Länge, zusammenschließen. In die Hinterwurzeln sind die **Spinalganglien** (**B6**), die *sensible Nervenzellen* enthalten, eingeschaltet. Lediglich die Hinterwurzeln des ersten zervikalen Spinalnervs besitzen kein oder ein nur rudimentär angelegtes Spinalganglion.

Wir zählen beim Menschen *31 Spinalnervenpaare*, die durch die *Foramina intervertebralia* aus dem *Vertebralkanal* austreten. Jedes Spinalnervenpaar versorgt ein Körpersegment. Das Rückenmark selbst ist nicht segmentiert. Erst durch die Bündelung der Nervenfasern beim Durchtritt durch die Foramina entsteht der scheinbare Eindruck einer Segmentierung (S. 66).

Die Spinalnerven werden in **Nn. cervicales**, **Nn. thoracales**, **Nn. lumbales**, **Nn. sacrales** und **Nn. coccygei** unterteilt (**A**). Wir zählen

- *8 Zervikalnervenpaare* (C1 – C8) (Austritt des 1. Paares zwischen Os occipitale und Atlas),
- *12 Thorakalnervenpaare* (Th1 – Th12) (Austritt des 1. Paares zwischen 1. und 2. Thorakalwirbel),
- *5 Lumbalnervenpaare* (L1 – L5) (Austritt des 1. Paares zwischen dem 1. und 2. Lumbalwirbel),
- *5 Sakralnervenpaare* (S1 – S5) (Austritt des 1. Paares durch die obersten Foramina sacralia) und
- *ein Kokzygealnervenpaar* (Austritt zwischen 1. und 2. Kokzygealwirbel).

Ursprünglich haben Rückenmark und Wirbelkanal die gleiche Länge, so daß jeder Spinalnerv durch das in seiner Höhe liegende Foramen austreten kann. Während der Entwicklung nimmt die Wirbelsäule jedoch erheblich mehr an Länge zu als das Rückenmark. Infolgedessen rückt das untere Ende des Marks im Verhältnis zu den umgebenden Wirbeln immer weiter nach oben. Beim Neugeborenen liegt das untere Ende des Rückenmarks in Höhe des 3. Lumbalwirbels, beim erwachsenen Mann in Höhe des 1. Lumbal- bis 12. Thorakalwirbels. Die Spinalnerven treten dann nicht mehr in der Höhe ihres Ursprungs aus, sondern ihre Wurzeln verlaufen eine Strecke im Wirbelkanal abwärts bis zu ihrem Austrittsloch. Je weiter kaudal die Wurzeln aus dem Rückenmark entspringen, um so länger ist ihr Verlauf im Wirbelkanal. Die Höhe der Spinalnervenaustritte deckt sich also nicht mit der entsprechenden Rückenmarkshöhe.

Vom Conus medullaris (**BC3**) an enthält der Wirbelkanal nur noch eine dichte Masse von abwärtslaufenden Spinalwurzeln, die als **Cauda equina** (*Pferdeschwanz*) (**B7**) bezeichnet werden.

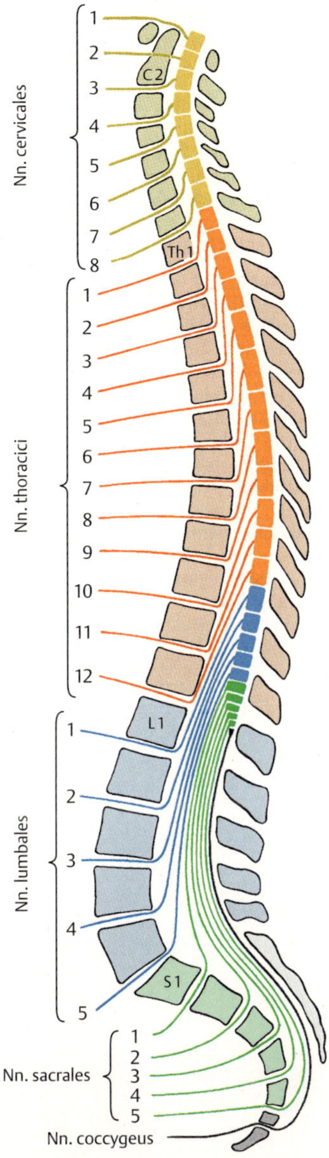

A Seitenansicht mit Spinalnerven

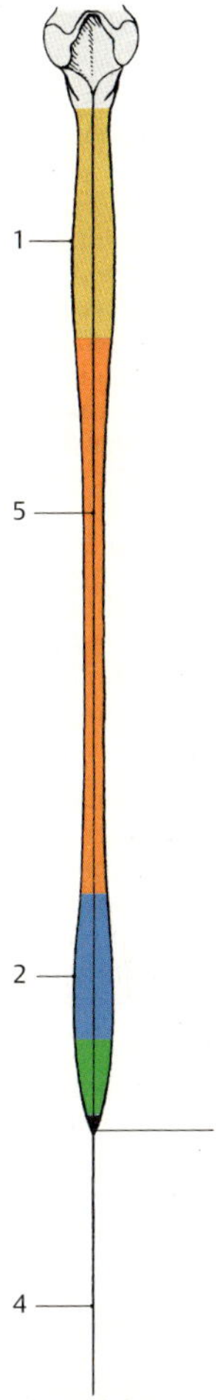

C Medulla spinalis

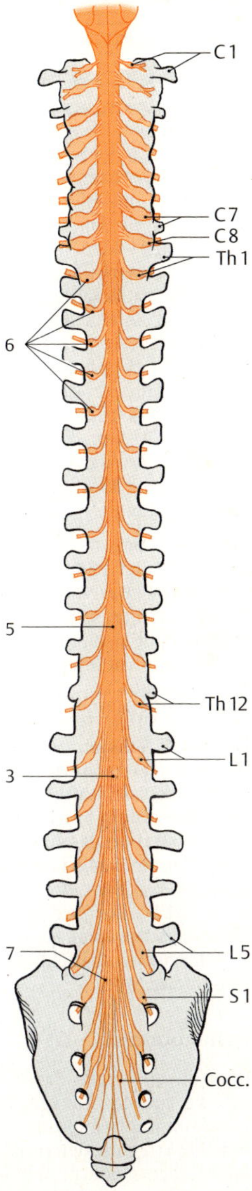

B Dorsalansicht mit Spinalganglien

Rückenmark

Aufbau (A, B)

Die **graue Substanz**, *Substantia grisea* (Nervenzellen), erscheint auf dem Rückenmarksquerschnitt als Schmetterlingsfigur, umgeben von der *weißen Substanz*, **Substantia alba** (Faserbahnen). Wir unterscheiden beiderseits ein *Hinterhorn* (**Cornu dorsale**) (**AB1**) und ein *Vorderhorn* (**Cornu ventrale**) (**AB2**). Beide bilden in der Längsausdehnung des Rückenmarks Säulen, **Columna ventralis** und **Columna dorsalis**. Dazwischen liegt die *Substantia intermedia centralis* (**A3**) mit dem obliterierten Zentralkanal (**A4**). Im Thorakalmark schiebt sich zwischen Vorder- und Hinterhorn das *Seitenhorn*, **Cornu laterale** (**AB5**). Im **Sulcus lateralis dorsalis** (**A6**) treten die Fasern der Hinterwurzel (**AB7**) ein. Die Fasern der Vorderwurzel (**AB8**) gehen als dünne Bündel an der Vorderseite des Rückenmarks ab.

Das Hinterhorn ist *Flügelplattenabkömmling* (sensibel) und enthält Neurone afferenter Systeme (**B**). Das Vorderhorn ist *Grundplattenabkömmling* (motorisch) und enthält die motorischen Vorderhornzellen, deren efferente Fasern zur Muskulatur ziehen. Im Seitenhorn liegen vegetative Nervenzellen des *Sympathicus* (S. 292).

Die **weiße Substanz** wird gegliedert in den *Hinterstrang*, **Funiculus dorsalis** (**A9**) (vom *Septum dorsale* [**A10**] bis zum Hinterhorn), den *Seitenstrang*, **Funiculus lateralis** (**A11**) (vom Hinterhorn bis zur Vorderwurzel) und in den *Vorderstrang*, **Funiculus ventralis** (**A12**) (von der Vorderwurzel bis zur Fissura ventralis [**A13**]). Die beiden letzteren werden als **Vorderseitenstrang** zusammengefaßt. Beide Rückenmarkshälften verbindet die **Commissura alba** (**A14**).

Reflexbogen (C–G)

Über die afferenten Fasern der Hinterwurzel, die von den Nervenzellen des Spinalganglions ihren Ursprung nehmen, wird die sensible Erregung den Hinterhornzellen des Rückenmarks übermittelt und von diesen zum Gehirn weitergeleitet (**C**). Die Umschaltung kann auch in der Medulla oblongata erfolgen. Die afferenten Fasern können aber auch zu den Vorderhornzellen verlaufen und die Erregung direkt auf diese übertragen. Die so ausgelöste Muskelreaktion bezeichnet man als **Reflex**, die zugrunde liegende Neuronenschaltung als **Reflexbogen** (**D**). Im allgemeinen laufen die afferenten Fasern nicht bis zum motorischen Neuron (*monosynaptischer Reflexbogen*), sondern es sind Zwischenneurone eingeschaltet (*multisynaptischer Reflexbogen*) (**E**).

Klinisch wichtig sind der Eigenreflex (*Dehnungsreflex*) und der Fremdreflex (*Fluchtreflex*). Beim **Eigenreflex** (**F**) wird ein Muskel durch einen Schlag auf seine Sehne kurz gedehnt. Durch die Reizung der Muskelrezeptoren (S. 314) kommt es als Gegenreaktion zu einer momentanen Kontraktion des Muskels. Der Reflex läuft in einer Rückenmarkshöhe über nur wenige Neurone ab. Beim **Fremdreflex** (**G**) werden Hautrezeptoren gereizt (Schmerz); durch die koordinierte Aktion mehrerer Muskelgruppen kommt es zu einer Fluchtbewegung. Dabei breitet sich die Erregung über verschiedene Höhen des Rückenmarks unter Einschaltung zahlreicher Zwischenneurone aus.

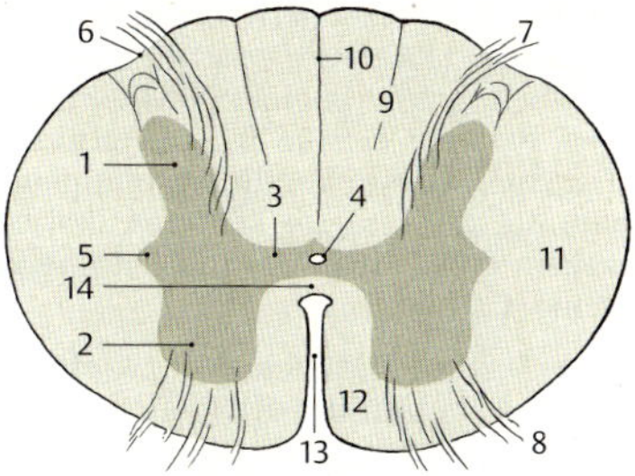

A Rückenmarksquerschnitt

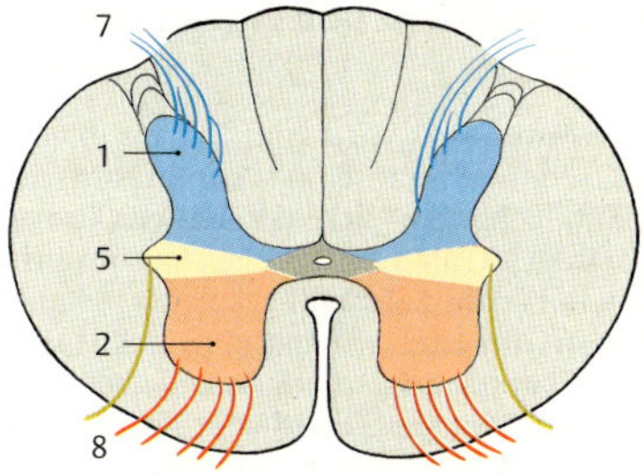

B Längszonen im Rückenmark

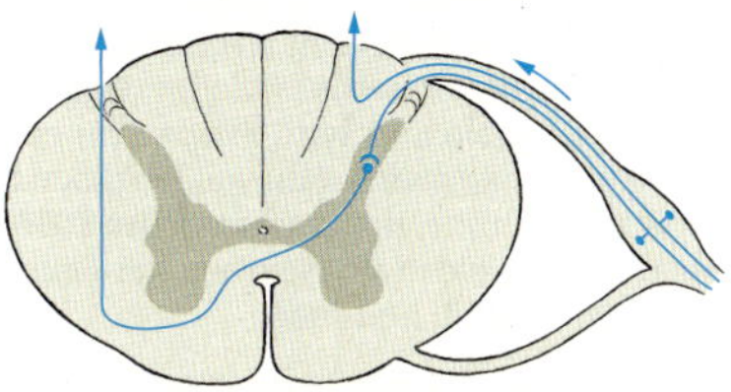

C Afferente Fasern (aufsteigende Bahnen)

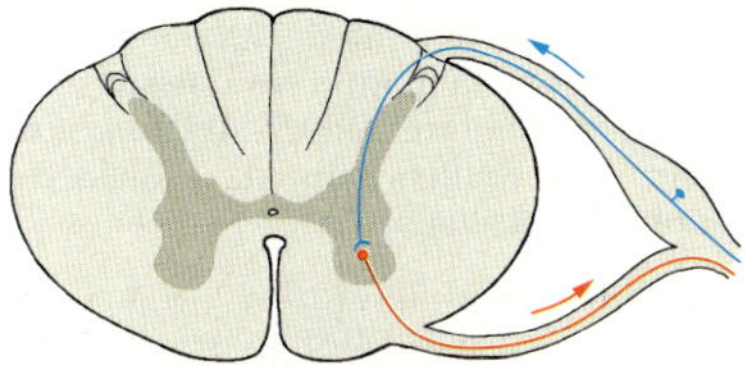

D Einfacher Reflexbogen

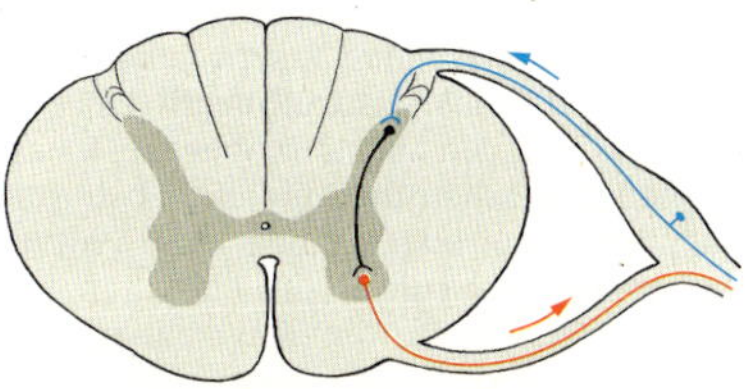

E Zusammengesetzter Reflexbogen

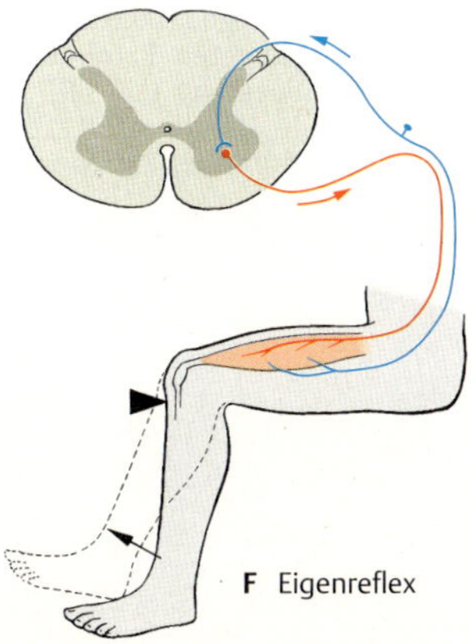

F Eigenreflex

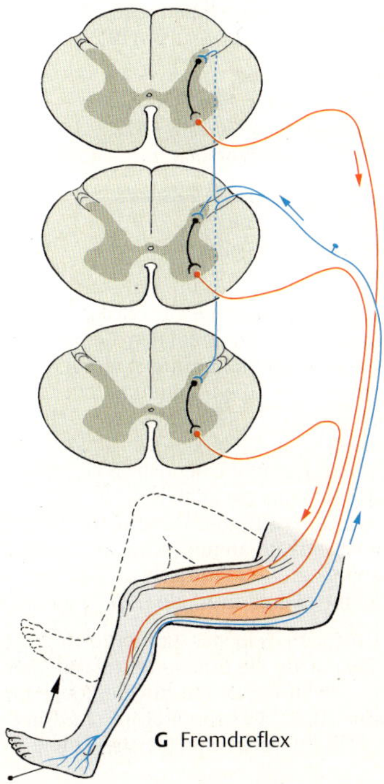

G Fremdreflex

Graue Substanz und Eigenapparat (A–E)

Das **Hinterhorn** wird vom **Nucleus proprius** (**A1**), dem Hauptanteil des Hinterhorns, gebildet, von dem sich der **Nucleus dorsalis** (*Clarke*) (**A2**) abhebt. Dem Nucleus proprius liegt dorsal die **Substantia gelatinosa** (*Rolandi*) (**A3**) an. Ihr sitzt als Abschluß des Hinterhorns kappenartig die **Substantia spongiosa** (**A4**) auf. Von der Oberfläche des Rückenmarks wird das Hinterhorn durch den **Tractus dorsolateralis** (*Lissauer*) (**A5**) getrennt. Zwischen Hinterhorn und Vorderhorn liegt die *Substantia intermedia* (**A6**) und lateral von ihr das Seitenhorn (**Cornu laterale**) (**A7**). Zwischen Hinterhorn und Seitenhorn ist die Grenze zur weißen Substanz aufgelockert (*Formatio reticularis*) (**A8**).

Im **Vorderhorn** sind die motorischen Neurone in Kerngruppen angeordnet.

Mediale Kerngruppe:
- Nucleus ventromedialis (**A9**),
- Nucleus dorsomedialis (**A10**).

Laterale Kerngruppe:
- Nucleus ventrolateralis (**A11**),
- Nucleus dorsolateralis (**A12**),
- Nucleus retrodorsolateralis (**A13**).

Zentrale Kerngruppe im Halsmark:
- Nucleus phrenicus,
- Nucleus accessorius.

Das Vorderhorn, z.B. im Zervikalmark (**B**), besitzt eine **somatotopische Gliederung**, nach der die Zellen der medialen Kerngruppen die Nacken- und Rückenmuskulatur, die Interkostal- und die Abdominalmuskulatur (**B14**) versorgen. Die Zellen des Nucleus ventrolateralis versorgen die Muskeln von Schultergürtel und Oberarm (**B15**), die Zellen des Nucleus dorsolateralis die Muskulatur von Unterarm und Hand (**B16**). Der Nucleus retrodorsolateralis schließlich enthält besonders große motorische Zellen, welche die kleinen Fingermuskeln (**B17**) versorgen.

Im ventralen Feld des Vorderhorns liegen die Zellen für die Streckmuskulatur (**B18**), dorsal davon die Zellen für die Beugemuskulatur (**B20**). Die somatotopische Gliederung nimmt nicht die gleiche Ebene des Vorderhornes ein, sondern verteilt sich über eine gewisse Höhe derart, daß die Zellen für den Schultergürtel in einer höheren Ebene liegen, darunter die für den Oberarm und auf tieferer Ebene die für Unterarm und Hand. Auf die gesamte Körpermuskulatur bezogen ergibt sich das nebenstehende Schema (**C**).

Für das Zustandekommen einer geordneten Bewegung müssen bei der Kontraktion einer Muskelgruppe gleichzeitig die zugehörigen Antagonisten erschlaffen. Das wird durch die Hemmung der entsprechenden Vorderhornzellen erreicht (**D**). Gibt z.B. ein Neuron für die *Streckmuskulatur* (**D18**) einen Impuls weiter, so wird dieser über eine Axonkollaterale gleichzeitig auf hemmende Zwischenneurone, die **Renshaw-Zellen** (**D19**), übertragen, welche die Neurone der *Beugemuskulatur* (**D20**) hemmen.

Eigenapparat des Rückenmarks (**E**). Andere Zwischenneurone vermitteln die Ausbreitung der Erregung über mehrere Etagen, gleichseitig oder auf der Gegenseite. Ihre auf- und absteigenden Fasern verlaufen in den *Grundbündeln*, **Fasciculi proprii** (**E21**), die direkt der grauen Substanz anliegen. Im allgemeinen reichen die auf- und absteigenden Fasern nur über ein oder zwei Wurzelhöhen. Die Fasciculi proprii enthalten aber auch lange Fasern, die Zervikalmark und Lumbalmark verbinden (Katze, Affe). Diese Fasern übermitteln erregende und hemmende Impulse an motorische Vorderhornzellen, was für die Bewegungskoordination der vorderen und hinteren Extremitäten beim Laufen von Bedeutung sein soll. Der Tractus dorsolateralis (Lissauer-Trakt) (**E5**) enthält zur Hälfte Fasern des Eigenapparates.

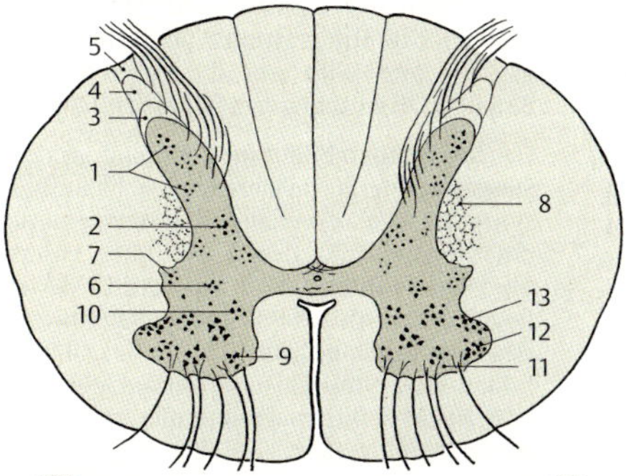

A Graue Substanz und Spinalwurzeln

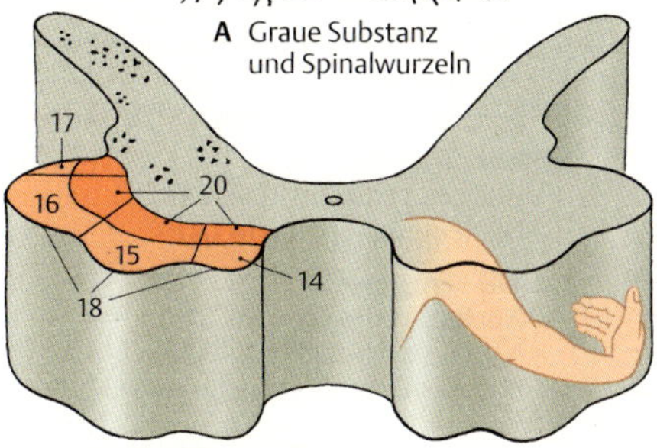

B Somatotopik der grauen Substanz im Zervikalmark

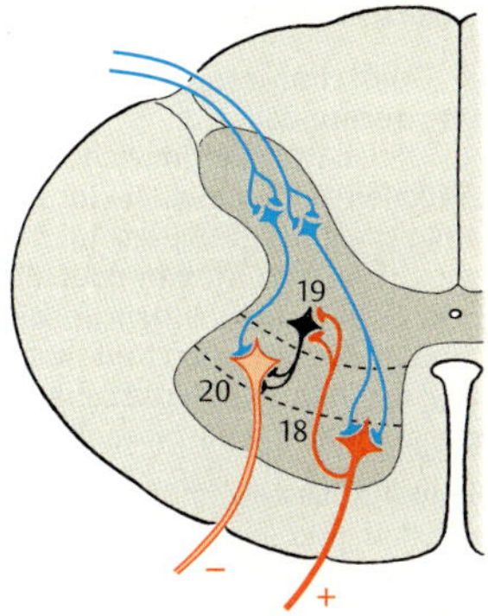

D Neuronenschaltung im Rückenmark

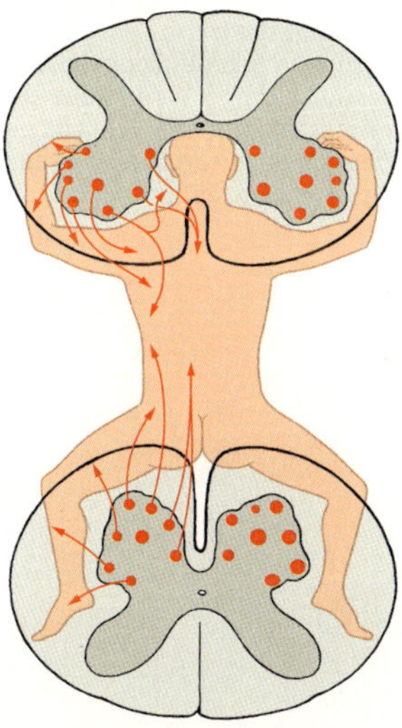

C Somatotopik der grauen Substanz, Übersicht (nach Bossy)

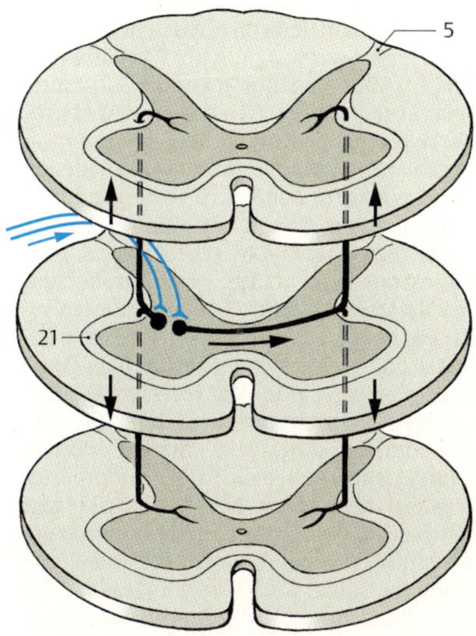

E Grundbündel

Rückenmarksquerschnitte (A–D)

Die Querschnitte (links Markscheidenfärbung, rechts Zellfärbung) variieren in verschiedenen Höhen erheblich. Im Bereich der zervikalen und lumbalen Intumeszenz ist der Querschnitt größer als im übrigen Rückenmark, am größten in der Höhe von C4–C5 und L4–L5. In beiden Anschwellungen führen die zahlreichen Neurone zur Versorgung der Extremitäten zu einer Vergrößerung der grauen Substanz.

Die **weiße Substanz** ist zervikal am umfangreichsten und nimmt kaudalwärts immer mehr ab: die aufsteigenden sensiblen Bahnen nehmen durch hinzukommende Fasern von sakral nach zervikal zu, die absteigenden motorischen Bahnen nehmen durch die Endigung der Fasern in verschiedenen Etagen von zervikal nach sakral ab.

Die Schmetterlingsfigur der **grauen Substanz** verändert in den verschiedenen Höhen ihre Gestalt, ebenso der **Tractus dorsolateralis** (*Lissauer*) (**A–D1**).

Das **Hinterhorn** ist im Zervikalmark schlank und endet mit einer kappenförmigen Zona spongiosa (**Nucleus dorsomarginalis**) (**A2**). Der seitliche Winkel zwischen Hinter- und Vorderhorn wird von der Formatio reticularis (**AD3**) eingenommen. Die Substantia gelatinosa (*Rolandi*) (**A–D4**) enthält kleine, überwiegend peptiderge Nervenzellen, an denen Hinterwurzelfasern verschiedenen Kalibers enden, außerdem absteigende Fasern aus dem Hirnstamm (Nuclei raphes, S. 108 B28; Formatio reticularis, S. 146). Die marklosen Fortsätze der Neurone steigen im Lissauer-Trakt (Tractus dorsolateralis) ein bis vier Wurzelhöhen auf- oder abwärts und treten wieder in die Substantia gelatinosa ein. Ein Teil der Fortsätze verläuft im Tractus spinothalamicus lateralis zum Thalamus (S. 324). Im **Nucleus dorsalis** (*Clarke*) (**AB5**) enden die Fasern der propriozeptiven Sensibilität aus der Muskulatur (Muskelspindeln), und es beginnen zum Kleinhirn führende Bahnen. Die reduzierte graue Substanz des Thorakalmarks besitzt ein schmächtiges Hinterhorn mit einem markanten Nucleus dorsalis. Im plumpen Hinterhorn des Lumbal- und Sakralmarks ist die Substantia gelatinosa (**CD4**) stark vergrößert und wird dorsal vom schmalen Band der Zona spongiosa begrenzt (**CD2**).

Das **Seitenhorn** bildet im Thorakalmark die **Substantia intermediolateralis** (**B6**). Es enthält sympathische Nervenzellen vorwiegend für die Vasomotorik, deren efferente Fasern über die Vorderwurzel austreten. Medial liegen sympathische Nervenzellen im **Nucleus intermediomedialis** (**B7**). Im Sakralmark bilden parasympathische Nervenzellen einen *Nucleus intermediolateralis* und *intermediomedialis* (**D8**).

Das **Vorderhorn** lädt im Zervikalmark weit aus und enthält mehrere Kerne mit großen motorischen Zellen, die alle cholinerg sind.

Mediale Kerngruppe:
- Nucleus ventromedialis (**A9**),
- Nucleus dorsomedialis (**A10**).

Laterale Kerngruppe:
- Nucleus ventrolateralis (**A11**),
- Nucleus dorsolateralis (**A12**),
- Nucleus retrodorsolateralis (**A13**).

Im Versorgungsbereich der oberen Extremitäten ist das Vorderhorn weitaus differenzierter als im Thorakalmark, in dem sich nur wenige Zellgruppen identifizieren lassen. Das ausgedehnte plumpe Vorderhorn des Lumbal- und Sakralmarks, von dem aus die unteren Extremitäten versorgt werden, enthält wiederum mehrere Kerngruppen.

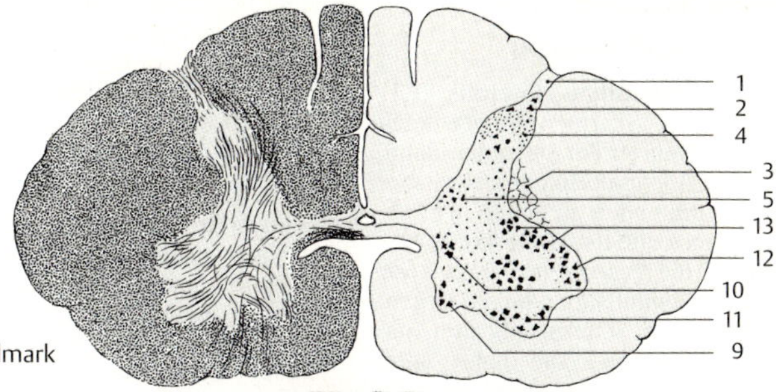

A Zervikalmark

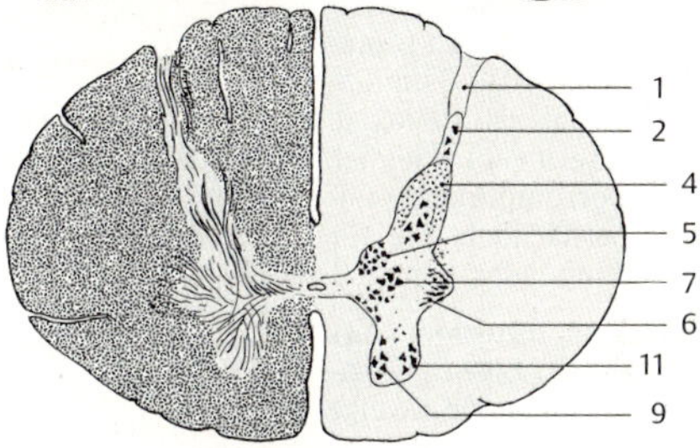

B Thorakalmark

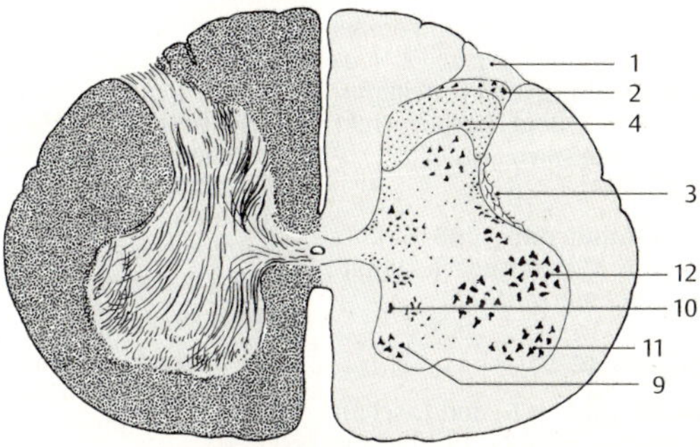

C Lumbalmark

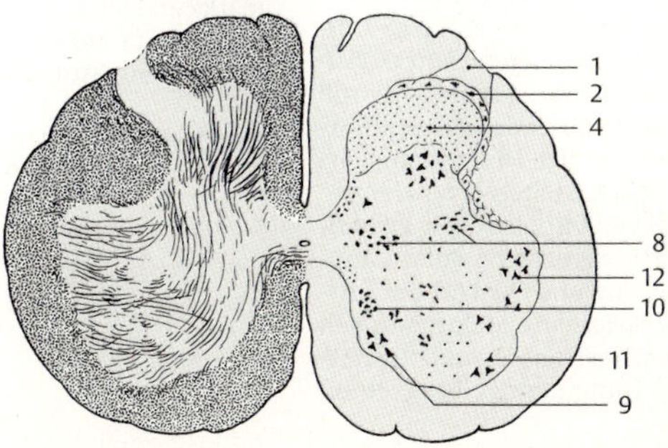

D Sakralmark

Aufsteigende Bahnen (A–D)

Vorderseitenstrangbahnen (A)

Tractus spinothalamicus lateralis (**A1**). Die zuführenden markarmen Hinterwurzelfasern (**A2**) (1. Neuron der sensiblen Bahn) gabeln sich im *Tractus dorsolateralis* (Lissauer-Trakt) auf und enden an Zellen der *Substantia gelatinosa* und des Hinterhorns. Von diesen gehen die Fasern des Traktus ab, kreuzen in der *Commissura alba* zur Gegenseite und steigen im Seitenstrang zum Thalamus auf (2. Neuron). Die Bahn leitet *Schmerz-* und *Temperaturempfindung, extero-* und *propriozeptive Impulse*. Sie ist somatotopisch gegliedert: sakrale (S) und lumbale (L) Fasern liegen dorsolateral, thorakale (Th) und zervikale (C) Fasern ventromedial. Die Fasern für die Schmerzempfindung liegen wahrscheinlich oberflächlich, die für die Temperaturempfindung tiefer.

Tractus spinothalamicus anterior (**A3**). Die zuleitenden Fasern (**A4**) (1. Neuron) gabeln sich in auf- und absteigende Zweige und enden an Hinterhornzellen, deren Fasern zur Gegenseite kreuzen und im Vorderstrang zum Thalamus aufsteigen (2. Neuron). Sie leiten *grobe Druck- und Tastempfindungen* und werden mit dem lateralen Trakt als Bahn der **protopathischen Sensibilität** zusammengefaßt (S. 324).

Der **Tractus spinotectalis** (**A5**) führt *Schmerzfasern* zum Mittelhirndach (Pupillenverengung bei Schmerzen).

Hinterstrangbahnen (C, D)

Fasciculus gracilis (*Goll*) (**C6**) und **Fasciculus cuneatus** (*Burdach*) (**C7**). Die dicken, stark bemarkten Fasern steigen ohne Umschaltung in den gleichseitgen Hintersträngen nach oben. Sie gehören zum 1. Neuron der sensiblen Bahn und enden an den Nervenzellen (2. Neuron) der Hinterstrangkerne (S. 140 B5 u. B6). Sie leiten exterozeptive und propriozeptive Impulse der **epikritischen Sensibilität** (*exterozeptiv*: Informationen über Lokalisation und Qualität der Tastempfindung; *propriozeptiv*: Informationen über Stellung der Extremitäten und der Körperhaltung). Die Hinterstränge besitzen eine somatotopische Gliederung: die sakralen Fasern liegen medial; es folgen nach lateral die lumbalen und die thorakalen Fasern (*Fasciculus gracilis*). Die Fasern von Th3 bis C2 liegen lateral und bilden den *Fasciculus cuneatus*.

Von den aufsteigenden Fasern gehen kurze absteigende Kollateralen (**C8**) ab. Sie enden an Hinterhornzellen und bilden geschlossene Bündel, im Zervikalmark das *Schultze-Komma* (**D9**), im *Thorakalmark* das *Flechsigsche ovale Feld* (**D10**), im Sakralmark die *Phillippe-Gombault-Triangel* (**D11**).

Kleinhirnseitenstrangbahnen (B)

Tractus spinocerebellaris posterior (*Flechsig*) (**B12**). Die zuführenden Hinterwurzelfasern (1. Neuron) enden an den Zellen des *Nucleus dorsalis* (*Clarke*) (**B13**), von denen der Tractus (2. Neuron) seinen Ursprung nimmt. Er zieht am Rande des gleichseitigen Seitenstranges zum Kleinhirn und leitet vorwiegend *propriozeptive Impulse* (von Gelenken, Sehnen, Muskelspindeln).

Tractus spinocerebrellaris anterior (*Gowers*) (**B14**). Die Ursprungszellen liegen im Hinterhorn. Ihre Fasern (2. Neuron) steigen gleichseitig und gekreuzt am ventrolateralen Rand des Rückenmarks zum Kleinhirn, dem sie *extero- und propriozeptive Impulse* zuführen. Beide Kleinhirnbahnen sind somatotopisch gegliedert: die sakralen Fasern liegen dorsal, die lumbalen und thorakalen liegen ventral davon.

Der **Tractus spinoolivaris** (**B15**) und der **Tractus spinovestibularis** (**B16**) entspringen den Hinterhornzellen des Zervikalmarks und leiten vorwiegend *propriozeptive Impulse* zur unteren Olive der Gegenseite und zu den Vestibulariskernen.

A–C17 Nervenzellen im Spinalganglion (1. Neuron) (S. 70 A7).

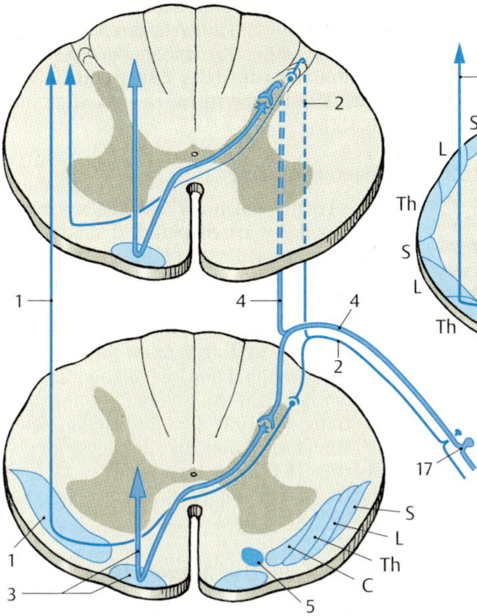

A Tractus spinothalamicus lateralis et ventralis

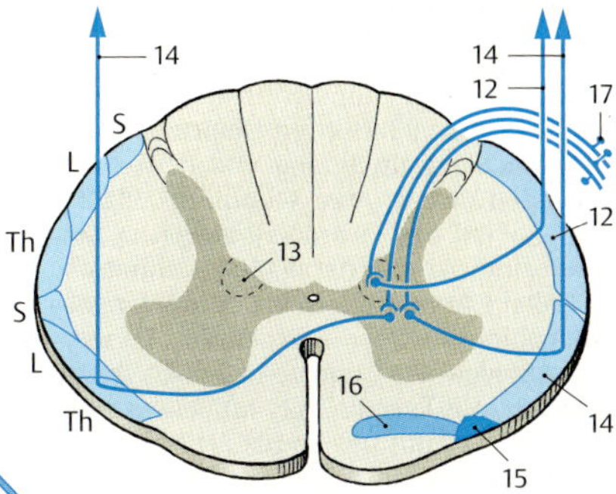

B Tractus spinocerebellaris ventralis et dorsalis

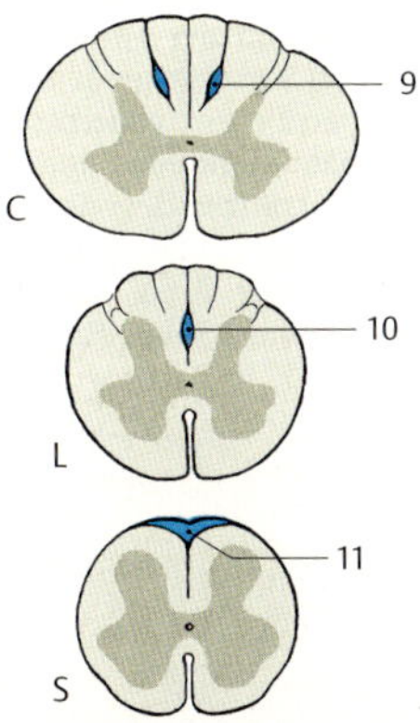

D Absteigende Fasern der Hinterstränge

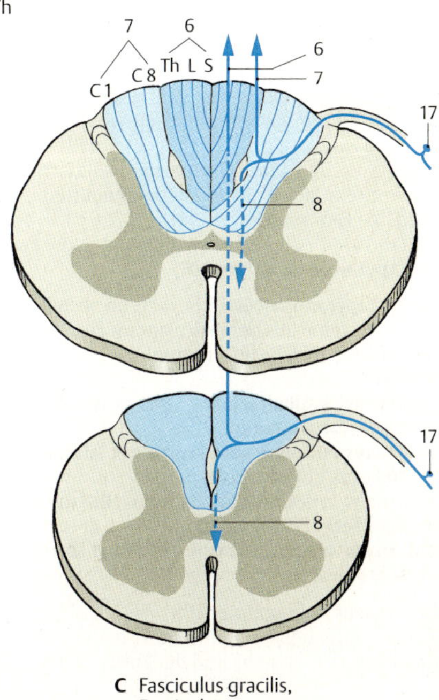

C Fasciculus gracilis, Fasciculus cuneatus

Absteigende Bahnen (A–C)

Tractus corticospinalis, Pyramidenbahn (A)

Die Fasern der Pyramidenbahn haben zum überwiegenden Teil ihren Ursprung in der vorderen Zentralwindung und dem davor liegenden Cortex, Area 4 und 6 (S. 308 A1, A2). Ein Teil der Fasern soll auch von Rindenbezirken des Parietallappens stammen. 80% aller Fasern kreuzen in der unteren Medulla oblongata auf die Gegenseite, **Decussatio pyramidum** (**A1**), und verlaufen als **Tractus corticospinalis lateralis** (**A2**) im *Seitenstrang*. Der Rest verläuft ungekreuzt als **Tractus corticospinalis anterior** (**A3**) im *Vorderstrang* und kreuzt gar nicht oder erst in Höhe seiner Endigung. Über die Hälfte der Pyramidenbahnfasern endet im Zervikalmark zur Versorgung der oberen Extremität, ein Viertel endet im Lumbosakralmark zur Versorgung der unteren Extremität. Im Seitenstrang ist eine somatotopische Gliederung erkennbar, nach der die Fasern für die untere Extremität außen, die Fasern für Rumpf und obere Extremität weiter innen liegen. Die Fasern enden zum größten Teil an Zwischenneuronen, die die Impulse für die willkürliche Motorik an die Vorderhornzellen weitergeben. Die Fasern leiten jedoch nicht nur Erregungen zu den Vorderhornzellen, sondern übermitteln auch über Zwischenneurone kortikale Hemmungen (S. 308 u. S. 316).

Extrapyramidale Bahnen (B)

Als extrapyramidale Bahnen werden absteigende Systeme aus dem Hirnstamm zusammengefaßt, welche die Motorik beeinflussen (S. 310):

- **Tractus vestibulospinalis** (**B4**) (*Gleichgewicht, Muskeltonus*),
- **Tractus reticulospinalis ventralis et lateralis** (**B5**) aus der Brücke,
- **Tractus reticulospinalis lateralis** (**B6**) aus der Medulla oblongata und
- **Tractus tegmentospinalis** (**B7**) aus dem Mittelhirn.

Der **Tractus rubrospinalis** (**B8**) (beim Menschen weitgehend durch den Tractus tegmentospinalis ersetzt) und der **Tractus tectospinalis** (**B9**) enden im Zervikalmark und beeinflussen nur die *differenzierte Motorik von Kopf und oberer Extremität*. Der Fasciculus longitudinalis medialis (**B10**) enthält verschiedene Fasersysteme des Hirnstammes (S. 142).

Vegetative Bahnen (C)

Die vegetativen Bahnen bestehen aus markarmen oder marklosen Fasern und bilden nur selten geschlossene Bündel. Der **Tractus parependymalis** (**C11**) verläuft beiderseits des Zentralkanals. Seine auf- und absteigenden Fasern sind bis in das Zwischenhirn (Hypothalamus) zu verfolgen und sollen Impulse für die *Genitalfunktion*, die *Miktion* und *Defäkation* leiten. Ventral vom Pyramidenseitenstrang verläuft die absteigende Bahn für *Vasokonstriktion* und *Schweißsekretion* (*Foerster*) (**C12**) mit einer der Pyramidenseitenstrangbahn entsprechenden somatotopischen Gliederung.

Darstellung der Bahnen (D, E)

Die verschiedenen Bahnensysteme sind auf dem normalen Rückenmarksquerschnitt nicht zu erkennen. Nur unter besonderen Bedingungen, bei experimentellen Durchschneidungen, bei Rückenmarksverletzungen oder während der *Entwicklung*, wenn die Bahnen zu verschiedener Zeit markreif werden, heben sie sich voneinander ab, wie z. B. die spät markreife Pyramidenbahn (**D2**). Bei *Verletzungen* degenerieren die distalen, vom Perikaryon abgetrennten Fasern, wodurch ihr Areal im Rückenmark sichtbar wird, wie z. B. der Fasciculus gracilis (**E13**).

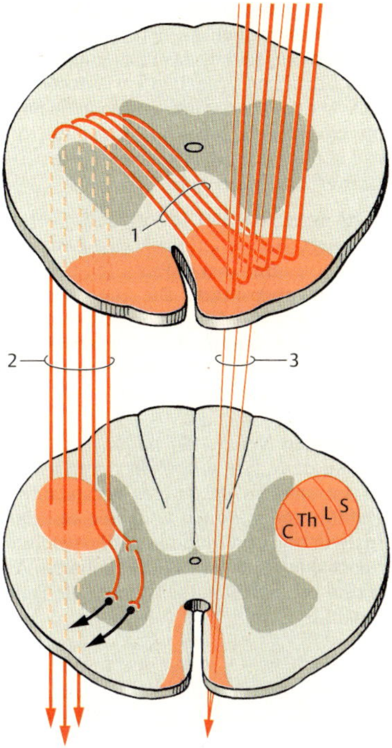

A Tractus corticospinalis anterior et lateralis (Pyramidenbahn)

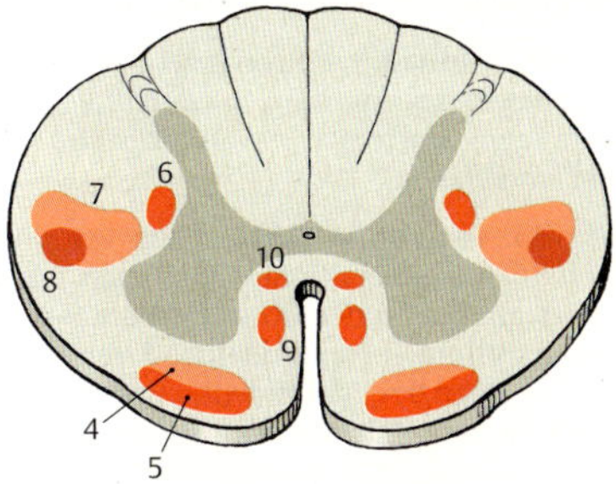

B Absteigende Bahnen

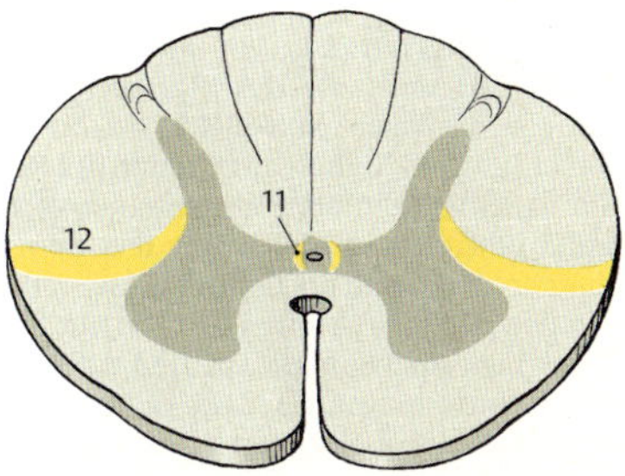

C Vegetative Bahnen

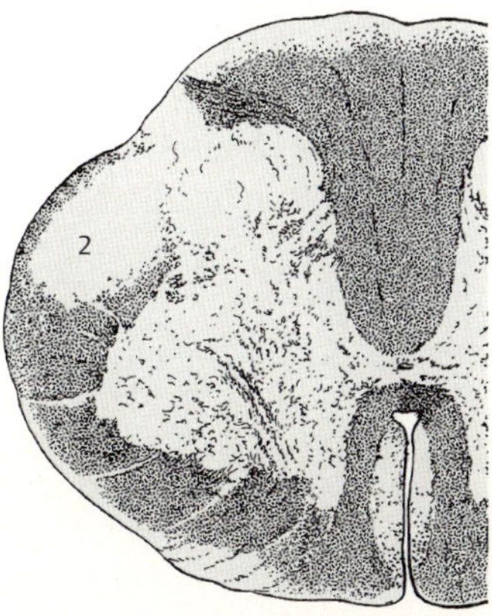

D Marklose Pyramidenbahn beim Säugling

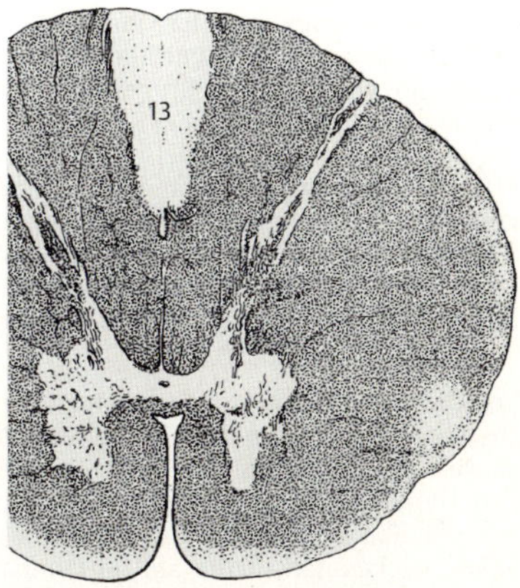

E Degeneration des Fasciculus gracilis bei Rückenmarksverletzung

Gefäße des Rückenmarks (A–E)

Das Rückenmark wird von zwei Quellen mit Blut versorgt: von den *Aa. vertebrales* und den *Segmentarterien (Aa. intercostales* und *Aa. lumbales).*

Die **Aa. vertebrales** (**A1**) geben vor ihrer Vereinigung zwei dünne *Aa. spinales posteriores* ab, die an der Dorsalfläche des Rükkenmarks einen Plexus kleiner Arterien bilden. In Höhe der Pyramidenkreuzung gehen zwei weitere Äste von den Aa. vertebrales ab, die sich zur *A. spinalis ventralis* (**AD2**) vereinigen. Sie verläuft an der Vorderfläche des Rückenmarks, am Eingang des Sulcus ventralis.

Segmentarterien (**C3**). Von ihren dorsalen Ästen (**C4**) und von den Aa. vertebrales zweigen die **Rami spinales** (**C5**) ab, die zur Versorgung der Spinalwurzeln und der Rükkenmarkshäute in die Foramina intervertebralia eintreten und sich mit den Spinalwurzeln in dorsale und ventrale Äste teilen. Von den 31 Spinalarterien dringen nur 8 bis 10 bis zum Rückenmark vor und tragen zu seiner Blutversorgung bei. Die Höhen, in denen die Radikulararterien an das Rückenmark herantreten, variieren wie auch die Größe der Gefäße. Das größte tritt in Höhe der Intumescentia lumbalis zwischen Th12 und L3 an das Rückenmark heran (**A. radicularis magna**) (**A6**).

Die **A. spinalis ventralis** hat ihre größte Weite in Höhe der zervikalen und lumbalen Anschwellung. Im mittleren Brustmark ist ihr Umfang stark reduziert. Da es sich zugleich um ein Grenzgebiet zwischen zwei versorgenden Radikulararterien handelt, ist dieser Rückenmarksabschnitt bei Störungen der Durchblutung besonders gefährdet (**A**, Pfeil). Je nach Variation der Radikulararterien kann das auch für andere Rückenmarksabschnitte zutreffen.

Von der A. spinalis ventralis gehen zahlreiche kleine Arterien in den Sulcus ventralis ab, **Aa. sulcocommissurales** (**D7**). Im Zervikal- und Thorakalmark biegen sie an der Commissura alba alternierend zur rechten oder linken Rückenmarkshälfte ab; im Lumbal- und Sakralmark teilen sie sich in zwei Äste. Außerdem gehen von der vorderen Spinalarterie Anastomosen zu den hinteren Spinalarterien ab, so daß das Rückenmark von einem Gefäßring umgeben ist (**Vasocorona**) (**D8**), von dem aus Gefäße in die weiße Substanz einstrahlen. Injektionspräparate zeigen, daß die graue Substanz viel stärker vaskularisiert ist als die weiße (**D**).

Versorgungsgebiete (**E**). Die A. spinalis ventralis versorgt die Vorderhörner, die Basis der Hinterhörner und den größten Teil des Vorderseitenstranges (**E9**). Die Hinterstränge und den Rest der Hinterhörner versorgen die **Aa. spinales dorsales** (**E10**). Die Randzone des Vorderseitenstranges wird vom Plexus der Vasocorona versorgt (**E11**).

Die **spinalen Venen** (**B**) bilden ein Netzwerk, an dem eine *V. spinalis anterior* und zwei *Vv. spinales posteriores* hervortreten. Die abführenden Venen verlaufen mit den Spinalwurzeln und münden in den *epiduralen Venenplexus* (s. Bd. 2). Die spinalen Venen sind bis zum Durchtritt durch die Dura klappenlos.

C12 Aorta

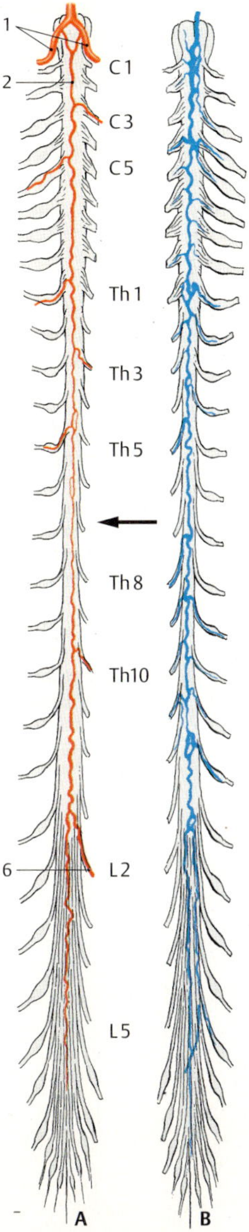

Arterien und Venen des Rückenmarks

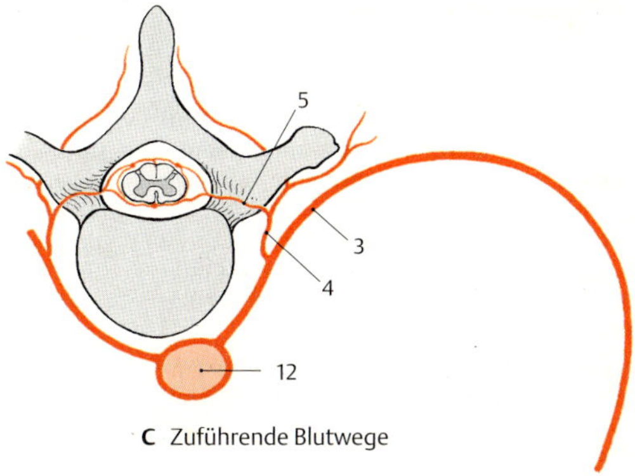

C Zuführende Blutwege

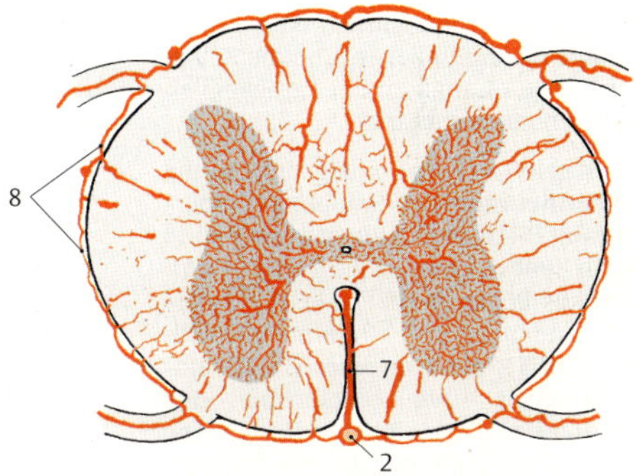

D Vaskularisation des Rückenmarks

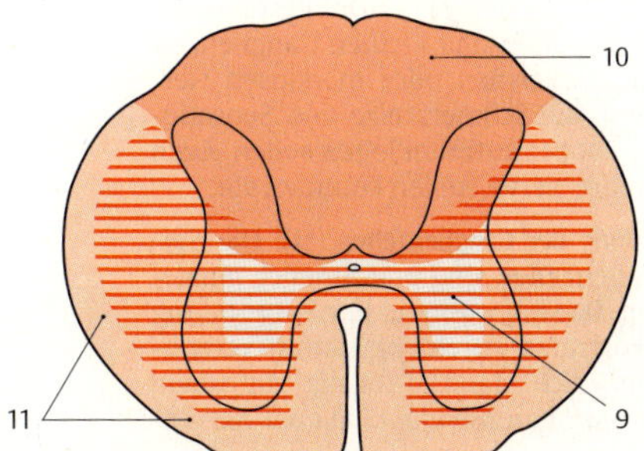

E Versorgungsgebiete der Rückenmarksarterien (nach Gillilan)

Spinalganglion und Hinterwurzel (A–H)

Die hintere Spinalwurzel enthält als spindelförmige Auftreibung das **Spinalganglion** (**A**), eine Anhäufung der Zellkörper sensibler Neurone, deren zweigeteilte Fortsätze den einen Ast in die Peripherie und den anderen in das Rückenmark entsenden (S. 70 A7). Sie liegen als Zellnester oder als Zellreihen zwischen den Bündeln der Nervenfasern.

Entwicklung der Ganglien (**C**). Die Zellen stammen aus dem lateralen Bezirk der **Neuralplatte** (**C1**), beteiligen sich jedoch nicht an der Bildung des Neuralrohres, sondern bleiben zu beiden Seiten als **Neuralleiste** (**C2**) liegen. Man kann daher die Spinalganglien als in die Peripherie verlagerte graue Substanz des Rückenmarks bezeichnen. Weitere Abkömmlinge der Neuralleiste sind die Zellen der vegetativen Ganglien, der Paraganglien und des Nebennierenmarks.

Von der Kapsel (**A3**) des Spinalganglions, die in das Perineurium des Spinalnervs übergeht, strahlt Bindegewebe in das Innere und bildet für jedes Neuron eine Hülle (*endoganglionäres Bindegewebe*) (**B4**). Die innerste Hülle bilden jedoch ektodermale *Satellitenzellen* (**BE5**), die von einer Basalmembran umgeben sind, vergleichbar den Schwann-Zellen der peripheren Nerven. Die großen Nervenzellen (**B6**, **E**) mit bemarktem und zu einem *Glomerulus* zusammengeknäuelten Fortsatz machen nur ein Drittel der Zellen aus. Sie leiten Impulse der *epikritischen Sensibilität* (S. 322). Der Rest besteht aus mittelgroßen und kleinen Ganglienzellen mit markarmen oder marklosen Nervenfasern, die Schmerzreize und Sensationen aus dem Intestinum leiten sollen. Auch multipolare Nervenzellen kommen vor.

Entwicklung der Ganglienzellen (**D**). Die Spinalganglienzellen sind ursprünglich *bipolare Zellen*. Da sich während der Entwicklung beide Fortsätze zu einem Stamm vereinigen, der sich dann T-förmig aufgabelt, spricht man von *pseudounipolaren Nervenzellen*.

Die **Hinterwurzel** ist dicker als die Vorderwurzel. Sie enthält Fasern von verschiedenem Kaliber, zu zwei Dritteln markarme und marklose Fasern. Die dünnen markarmen und marklosen Fasern, die Impulse der *protopathischen Sensibilität* (S. 324) leiten, treten durch den lateralen Teil der Wurzel in das Rückenmark (**F7**). Die dicken markhaltigen Fasern vermitteln Impulse der *epikritischen Sensibilität* und treten durch den medialen Teil der Wurzel in das Rückenmark ein (**F8**).

Am Eintritt in das Rückenmark sind in einem schmalen Streifen die Markscheiden verdünnt, so daß die Fasern marklos erscheinen. Diese Stelle wird als *Grenze zwischen zentralem und peripherem Nervensystem* angesehen (**Redlich-Obersteiner-Zone**) (**G**). Im elektronenmikroskopischen Bild (**H**) deckt sich die Grenze jedoch nicht genau mit der Redlich-Obersteiner-Zone. Die Grenze ist für jedes Axon der letzte Ranvier-Knoten vor dem Eintritt in das Rückenmark. Bis zu diesem ist die periphere Markscheide von einer *Basalmembran* (in H blau dargestellt) umgeben. Das folgende Internodium besitzt keine Basalmembran mehr. Auch für die marklosen Fasern wird die Grenze durch die Basalmembran der umhüllenden Schwann-Zelle markiert. Die Basalmembran bildet eine Grenze, durch die nur Axone hindurchtreten.

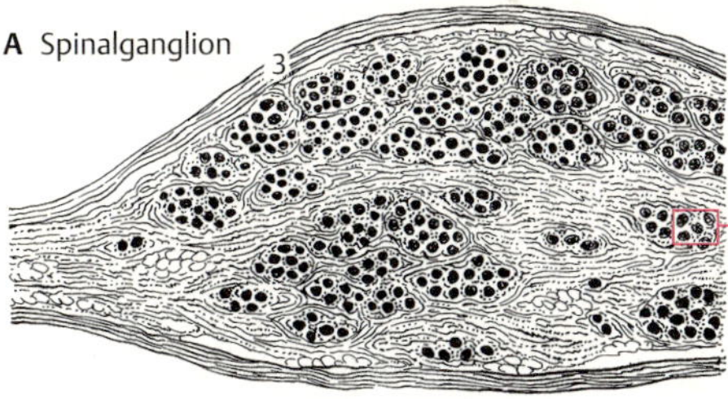

A Spinalganglion

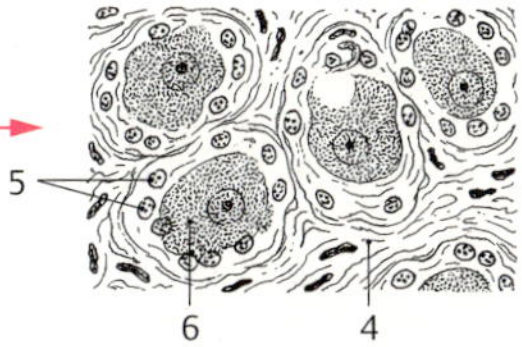

B Vergrößerung aus A

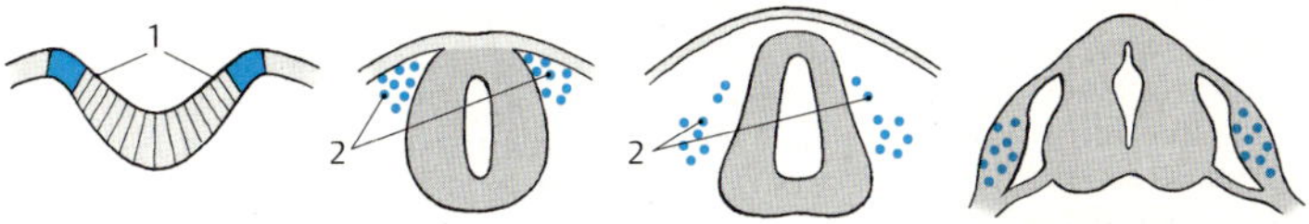

C Spinalganglion, Entwicklung

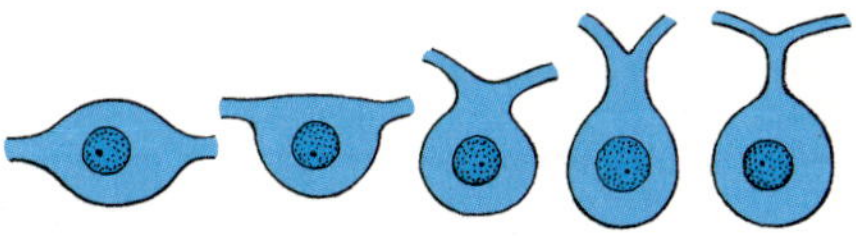

D Entwicklung der pseudounipolaren Ganglienzelle

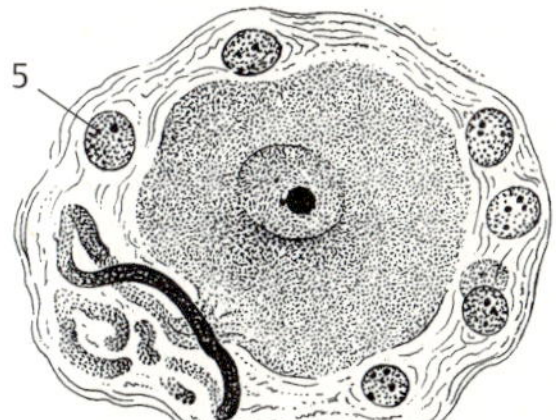

E Spinalganglienzelle

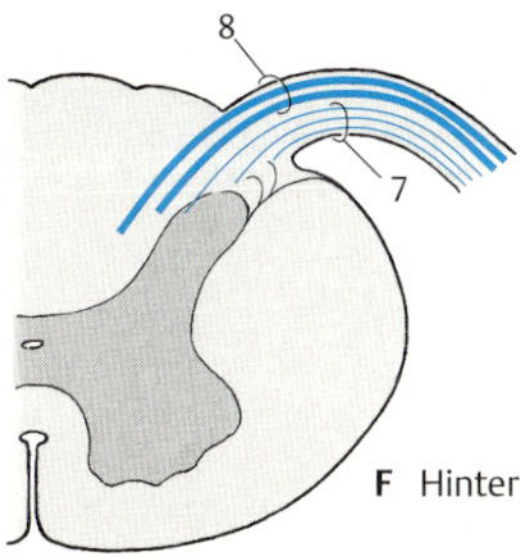

F Hinterwurzel

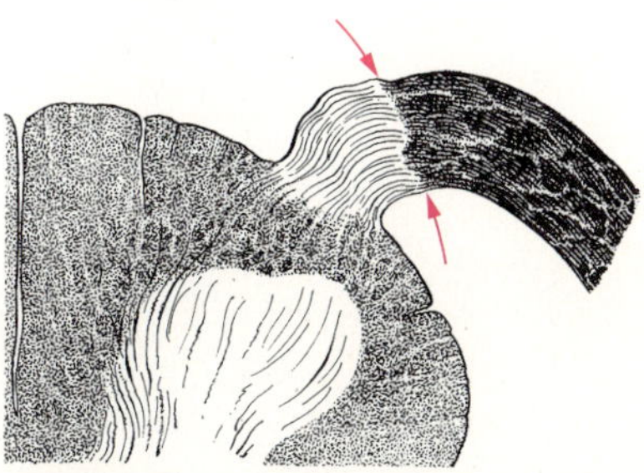

G Redlich-Obersteiner-Zone

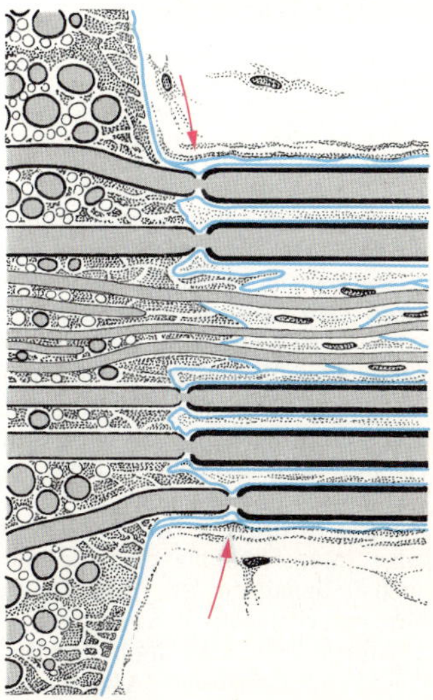

H Hinterwurzel, elektronenmikroskopisches Schema (nach Andres)

Rückenmarkshäute (A–D)

Das Rückenmark ist im Wirbelkanal von drei bindegewebigen Hüllen umgeben: der *harten Rückenmarkshaut* (*Pachymeninx*) oder **Dura mater spinalis** (**A1**), und der *weichen Rückenmarkshaut* (*Leptomeninx*) oder **Arachnoidea spinalis** (**A2**) und **Pia mater spinalis** (**A3**).

Die **Dura mater spinalis** bildet die äußere Hülle, die von der periostartigen Auskleidung des Wirbelkanals, der **Endorhachis** (**A4**), durch einen Zwischenraum, **Cavum epidurale** (Epiduralraum) (**A5**), getrennt ist. Der Raum ist mit Fettgewebe ausgefüllt und enthält einen starken Venenplexus, *Plexus venosus vertebralis internus* (s. Bd. 2). Die Dura bildet kaudal den *Duralsack* (**B6**), der die *Cauda equina* (**B7**) umhüllt, und zieht schließlich als dünner Strang mit dem Filum terminale bis zum Periost des Steißbeins (*Filum terminale durae matris spinalis*) (**B8**). Nur am oralen Ende, am *Foramen magnum* (Os occipitale), ist der Duralsack am Knochen angehefet. Der Epiduralraum bildet ein verschiebbares Polster für den Duralsack, der bei Bewegungen der Wirbelsäule und des Kopfes mitbewegt wird. Bei einer Beugung des Kopfes wird der Duralsack nach oben gezogen, wobei auch das Zervikalmark mechanisch beansprucht wird: bei der Kopfbeugung werden Wurzeln und Gefäße gestreckt (**D9**), bei Rückwärtsneigung des Kopfes werden sie gestaucht (**D10**).

Der Innenfläche der Dura liegt die **Arachnoidea** dicht an. Sie begrenzt den mit *Liquor cerebrospinalis* gefüllten *Subarachnoidalraum*, **Cavum subarachnoideale** (**AC11**). Zwischen Durainnenfläche und Arachnoidea liegt ein kapillarer Spalt, der *Subduralraum*, **Spatium subdurale**, der nur unter pathologischen Bedingungen (Subduralblutung) zu einem wirklichen Raum erweitert wird. Dura und Arachnoidea begleiten die *Spinalwurzeln* (**AC12**), treten mit ihnen in die Foramina intervertebralia ein und umhüllen auch die *Spinalganglien* (**AC13**). Die trichterförmigen Wurzeltaschen enthalten in ihrem proximalen Teil noch Liquor. Die Dura geht dann in das *Epineurium* (**A14**), die Arachnoidea in das *Perineurium* (**A15**) der Spinalnerven über. Der aus dem Wirbelkanal austretende Teil der Wurzel, der *Radikularnerv* (**AC16**), nimmt im Zervikal- und Lumbosakralmark einen schräg abwärts gerichteten Verlauf, im mittleren Thorakalmark hingegen einen schräg nach oben gerichteten Verlauf (**C**).

Die **Pia mater spinalis** grenzt direkt an die marginale Gliaschicht des Rückenmarks. Hier liegt die Grenze zwischen mesodermalen Hüllen und ektodermalem Nervengewebe. Die Pia enthält eine Vielzahl kleiner Gefäße, die von der Oberfläche aus in das Rükkenmark eindringen. Zu beiden Seiten des Rückenmarks zieht von der Pia eine Bindegewebsplatte, das **Lig. denticulatum** (**A17**), zur Dura und setzt an ihr mit einzelnen Zakken an. Das Ligament reicht vom Zervikalmark bis in das mittlere Lumbalmark und hält das im Liquor schwimmende Rückenmark in seiner Position fest.

Klinischer Hinweis: Aus dem unteren Abschnitt des Duralsackes, der nur die Fasern der Cauda equina enthält, kann unter sterilen Bedingungen gefahrlos Liquor zur Untersuchung entnommen werden. Zu diesem Zweck geht man beim nach vorn gebeugten Patienten mit der Nadel zwischen den Fortsätzen des zweiten bis fünften Lendenwirbels in die Tiefe, bis Liquor abtropft (*Lumbalpunktion*) (**E**).

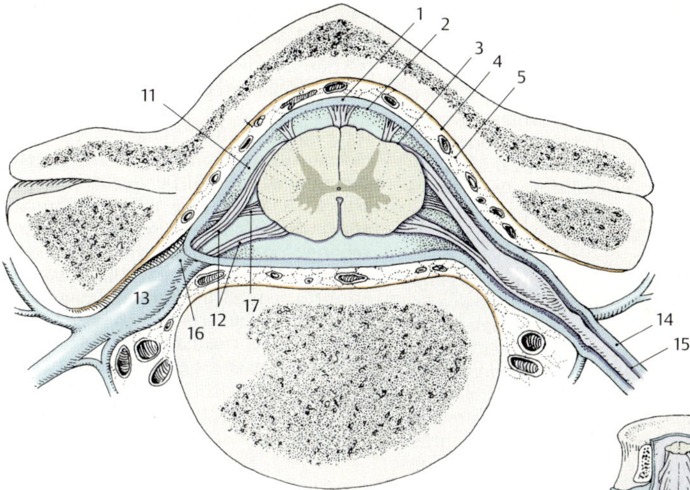

A Lage des Rückenmarks im Wirbelkanal, Querschnitt (nach Rauber-Kopsch)

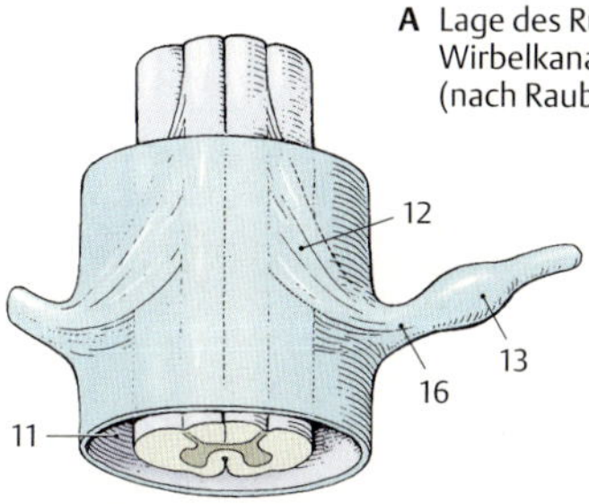

C Wurzel, Radikularnerv und Spinalganglion von dorsal

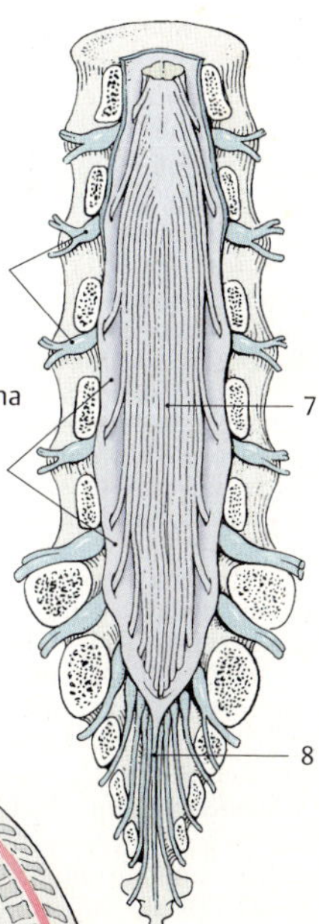

B Cauda equina

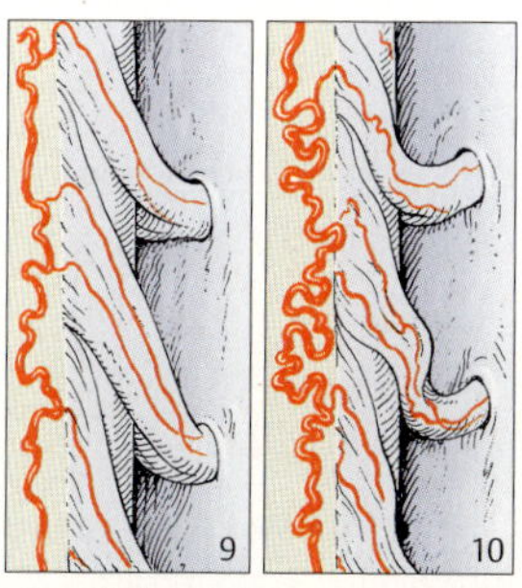

D Zervikalmark bei Beugung und Streckung des Halses (nach Breig)

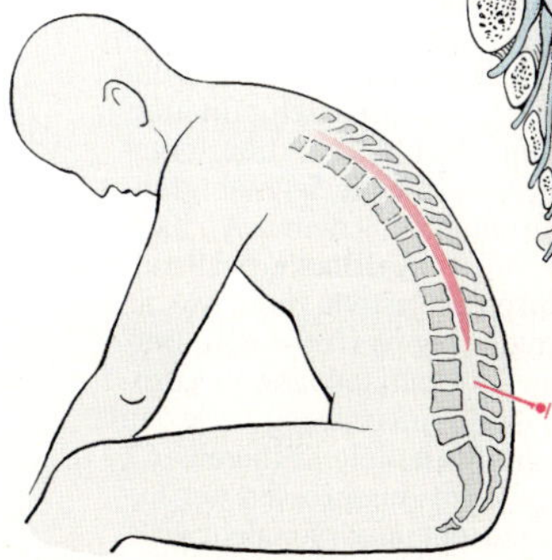

E Lumbalpunktion

Radikuläre Innervation (A–C)

Der Wirbeltierkörper ist, mit Ausnahme des Kopfes, ursprünglich in *Segmente* oder *Metamere* aufgeteilt. Als Reste einer solchen segmentalen Gliederung können beim Menschen noch die Wirbel, die Rippen und die Interkostalmuskeln gelten. Die Metamerie betrifft nur die Gewebe des Mesoderms (**Myotome, Sklerotome**), nicht jedoch die Abkömmlinge des Ektoderms. Es gibt also keine Rückenmarkssegmente, sondern lediglich Ein- und Austrittshöhen der einzelnen Spinalwurzeln. Da sich aber die spinalen Fasern beim Austritt durch die metameren Intervertebrallöcher zu Spinalnerven zusammenschließen, entsteht eine *scheinbare, sekundäre Segmentierung*. Die sensiblen Fasern der Spinalnerven versorgen streifenförmige Bezirke der Haut, die man in Analogie zu Myotomen und Sklerotomen als **Dermatome** bezeichnet, obwohl es sich auch bei ihnen um eine sekundäre segmentale Gliederung handelt. Sie ist Ausdruck der radikulären Innervation.

Klinischer Hinweis: Die Dermatome sind von großer Bedeutung für die *Höhendiagnostik von Rückenmarksschäden*. Der Ausfall der Sensibilität in bestimmten Dermatomen weist auf eine bestimmte Höhe der Schädigung im Rückenmark hin. Vereinfachte Anhaltspunkte sind die Linie durch die Brustwarzen, die als Grenze zwischen Th4 und Th5 gelten kann, und die Leistenbeuge, die als Grenze zwischen L1 und L2 gelten kann. Der erste zervikale Spinalnerv besitzt keine sensible Vertretung an der Körperoberfläche, denn das Spinalganglion seiner Hinterwurzel fehlt oder ist nur rudimentär angelegt.

Für die verschiedenen Qualitäten, Berührungsempfindung, Schmerzempfindung, Schweißsekretion oder Piloreaktion, ergeben sich etwas abweichende Segmentgrenzen. Das nebenstehende Schema (**A**), nach *Sensibilitätsausfällen* (**Hypästhesie**) bei Bandscheibenprolapsen aufgestellt, zeigt, wie die am Rumpf ringförmig verlaufenden Dermatome an den Extremitäten lang ausgezogen werden. Dabei können sie teilweise den Anschluß an die Mittellinie verlieren (C7, L5). Sie werden beim Aussprossen der Extremität während der Embryonalentwicklung an die distalen Extremitätenabschnitte verlagert (**C**).

Die Dermatome überlagern sich dachziegelartig, wie die gegeneinander verschobenen Grenzen zeigen, die nach der Ausdehnung von Arealen bei *Hinterwurzelschmerz* (Schmerzüberempfindlichkeit, **Hyperalgesie**) bestimmt wurden (**B**). Der Ausfall einer einzelnen Hinterwurzel ist für Berührungsempfindung nicht nachweisbar, da das zugehörige Dermatom auch von den benachbarten Dermatomen versorgt wird. Die Dermatome für Schmerz- und Temperaturempfindung sind schmäler, so daß bei der Prüfung dieser Qualitäten der Ausfall eines Dermatoms noch festgestellt werden kann.

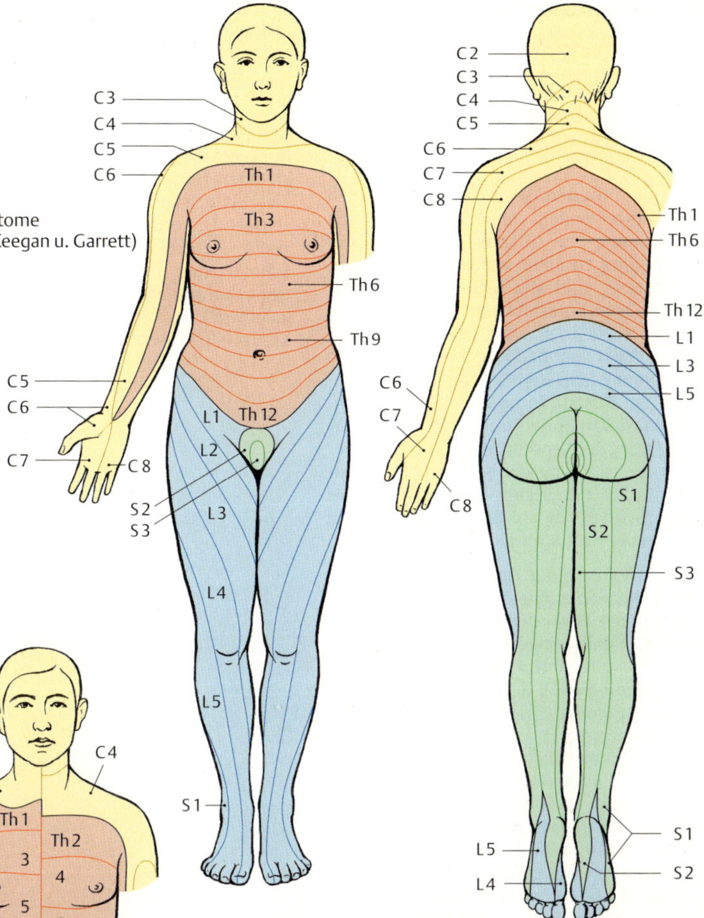

A Dermatome (nach Keegan u. Garrett)

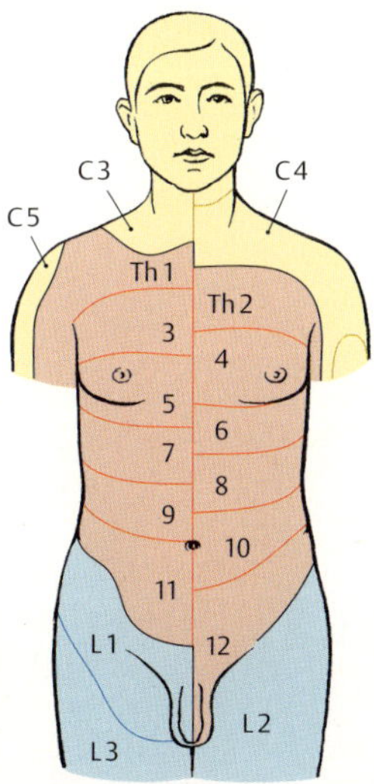

B Überlappung der Dermatome (nach Förster)

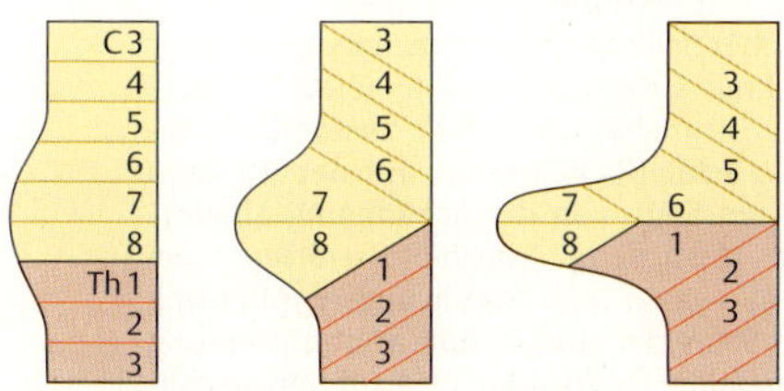

C Entwicklung der Dermatome an den Extremitäten (nach Bolk)

Rückenmarkssyndrome (A – C)

Der anatomische Aufbau des Rückenmarks bedingt bei einer Schädigung ganz bestimmte Ausfallserscheinungen. Je nach dem Ort der Schädigung fallen unterschiedliche Bahnen und damit auch verschiedene Funktionen aus.

Bei einem **totalen Querschnitt** (**A**) werden alle absteigenden motorischen Bahnen durchtrennt, und es kommt unterhalb der Schädigung zu einer *kompletten Lähmung*. Gleichzeitig sind alle aufsteigenden sensiblen Bahnen unterbrochen, und es tritt unterhalb der Schädigung ein vollständiger *Verlust aller Empfindungen* ein. Wenn die Schädigung über dem Sakralmark liegt, besteht ein Ausfall der willkürlichen Blasen- und Mastdarmentleerung. Liegt die Schädigung über der Lendenanschwellung, so betrifft die Lähmung die beiden unteren Extremitäten (**Paraplegie**), liegt sie über der Halsanschwellung, so betrifft sie auch die beiden oberen Extremitäten (**Tetraplegie**).

Kommt es zu einer **Halbseitendurchtrennung** des Rückenmarks (**B**), so finden wir das Bild des **Brown-Séquard-Symptomkomplexes**. Eine linksseitige Halbseitenläsion unterbricht z.B. den Pyramidenseiten- und Vorderstrang (**B1**): Es resultiert eine linksseitige *Lähmung*. Die Durchtrennung der Vasomotorenbahn bedingt eine gleichseitige Vasomotorenlähmung. Die Durchtrennung der Hinterstränge (**B2**) und Kleinhirnseitenstränge (**B3**) führt zu einer schweren *Störung der Tiefensensibilität* (Lageempfindung). Außerdem besteht auf der geschädigten Seite eine **Hyperästhesie** (Berührung wird als Schmerz empfunden). Sie soll durch den Ausfall der epikritischen Sensibilität (Hinterstränge) bei erhaltener protopathischer Sensibilität (kreuzende und auf der intakten Gegenseite aufsteigende Vorderseitenstrangbahnen) (**B4**) zustande kommen. Schließlich besteht auf der intakten rechten Seite von der Schädigung abwärts eine *dissoziierte Sensibilitätsstörung*: bei kaum gestörter Berührungsempfindung sind Schmerz- und Temperaturempfindung ausgefallen (kreuzende und auf der geschädigten Seite unterbrochene Vorderseitenstrangbahn) (**B5**). Die anästhetische Zone (**B6**) oberhalb des Querschnittes auf der betroffenen Seite wird auf die Zerstörung der Hinterwurzeleintrittszone in Höhe der Rükkenmarksschädigung bezogen.

Bei einer **zentralen Schädigung** (**C**) der Rückenmarkssubstanz tritt in den entsprechenden Höhen ebenfalls eine *dissoziierte Sensibilitätsstörung* auf: Die über die gleichseitigen Hinterstränge (**C2**) geleitete epikritische Sensibilität bleibt erhalten. Die Schmerz- und Temperaturempfindung hingegen ist ausgefallen (**Analgesie** und **Thermanästhesie**): ihre über die Commissura alba kreuzenden Fasern sind unterbrochen (**C5**).

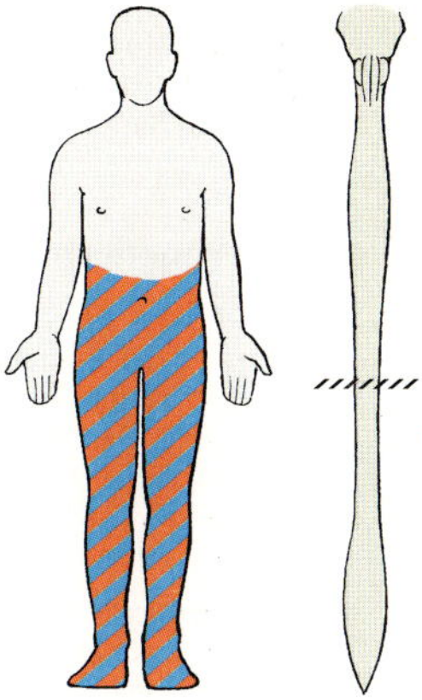

A Totale Querschnittsdurchtrennung des Rückenmarks

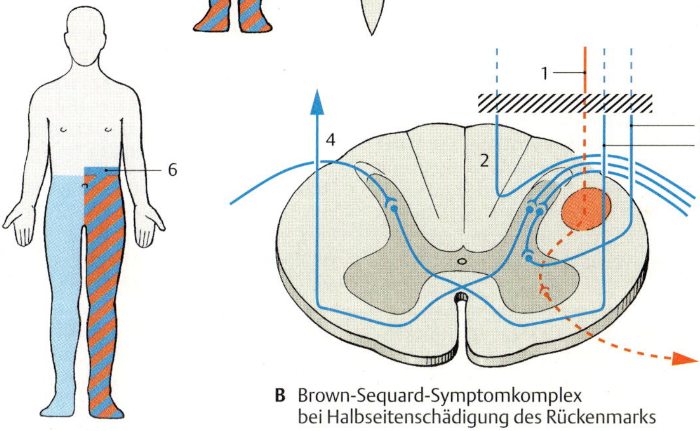

B Brown-Sequard-Symptomkomplex bei Halbseitenschädigung des Rückenmarks

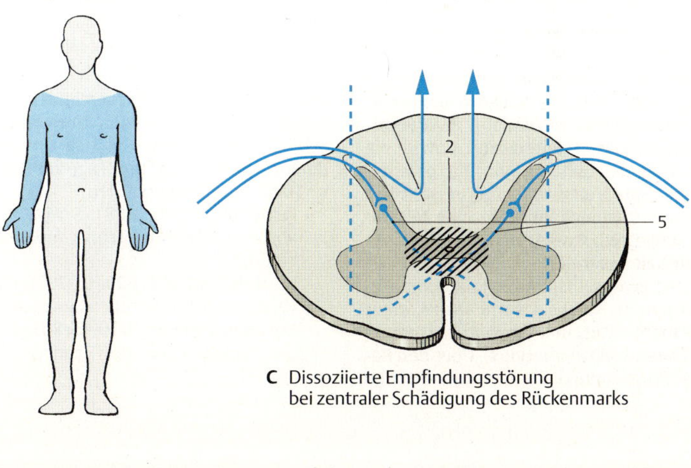

C Dissoziierte Empfindungsstörung bei zentraler Schädigung des Rückenmarks

Periphere Nerven (A)

Die **peripheren Nerven** können vier verschiedene Faserarten enthalten:

- **somatomotorische** (efferente) Fasern (**A1**) für die quergestreifte Muskulatur,
- **somatosensible** (afferente) Fasern (**A2**) für die Hautsensibilität,
- **viszeromotorische** Fasern (**A3**) für die glatte Muskulatur und
- **viszerosensible** Fasern (**A4**) für die inneren Organe.

Die Rückenmarksnerven enthalten im allgemeinen mehrere Faserarten: sie sind *gemischte Nerven*.

Die verschiedenen Fasern verlaufen folgendermaßen: Die *somatomotorischen Fasern* ziehen von den Vorderhornzellen (**A5**) durch die Vorderwurzel (**A6**), die *somatosensiblen* und *viszerosensiblen* Fasern stammen von den Nervenzellen der Spinalganglien (**A7**), die *viszeromotorischen* Fasern der Seitenhornzellen (**A8**) ziehen überwiegend durch die Vorderwurzel. Vordere und hintere Wurzel (**A9**) vereinigen sich zum Spinalnerv (**A10**), der alle Faserarten enthält. Dieser kurze Nervenstamm teilt sich in vier Äste auf:

- *Ramus meningeus* (**A11**), ein rückläufiger sensibler Ast, der zu den Rückenmarkshäuten zieht,
- *Ramus dorsalis* (**A12**),
- *Ramus ventralis* (**A13**) und
- *Ramus communicans* (**A14**).

Der **Ramus dorsalis** versorgt motorisch die tiefe (autochthone) Rückenmuskulatur und sensibel die Hautregion beiderseits der Wirbelsäule (S. 84). Der **Ramus ventralis** versorgt motorisch die Muskulatur der Rumpfvorderwand und -seitenwand sowie die Muskulatur der Extremitäten; die entsprechenden Hautareale versorgt er sensibel. Der **Ramus communicans** stellt eine Verbindung zum Grenzstrangganglion (**A15**) (vegetatives Nervensystem, S. 292) her. Er bildet meist zwei selbständige Rami communicantes, den *Ramus communicans albus* (**A16**) (markhaltig) und den *Ramus communicans griseus* (**A17**) (marklos). Über den Ramus albus ziehen die viszeromotorischen Fasern zum Grenzstrangganglion, wo sie auf Neurone umgeschaltet werden, deren Axone als *postganglionäre Fasern* (S. 296 A) z.T. über den Ramus griseus wieder in den Spinalnerv eintreten.

Nervengeflechte (B)

In Höhe der Extremitäten bilden die *Rami ventrales* der Spinalnerven Geflechte (**Plexus**), in denen ein Austausch von Fasern stattfindet. Die Nervenstämme, die dann in die Peripherie ziehen, besitzen einen neu geordneten Faserbestand aus verschiedenen Spinalnerven.

Plexus cervicalis (S. 72). Das *Halsgeflecht* bildet sich aus den Rami ventrales der ersten vier Spinalnerven. Es gehen folgende Nerven ab: N. occipitalis minor (**B18**), N. auricularis magnus (**B19**), N. transversus colli (**B20**), Nn. supraclaviculares (**B21**), N. phrenicus (**B22**), außerdem die Wurzeln der Ansa cervicalis profunda (**B23**).

Plexus brachialis (S. 74). Das *Armgeflecht* wird von den Rami ventrales der Spinalnerven C5 bis C8 und von einem Teil des Ramus Th1 gebildet. Man unterscheidet einen über dem Schlüsselbein gelegenen Abschnitt, **Pars supraclavicularis**, und einen darunter gelegenen Abschnitt, **Pars infraclavicularis**. Die Rami ventrales treten durch die Skalenuslücke in das äußere Halsdreieck, wo sie oberhalb des Schlüsselbeins *drei Primärstämme* bilden:

- **Truncus superior** (**B24**) (C5, C6),
- **Truncus medius** (**B25**) (C7) und
- **Truncus inferior** (**B26**) (C8, Th1).

Die hier abgehenden Nerven bilden die Pars supraclavicularis (S. 74). Unterhalb des Schlüsselbeins formieren sich *drei Sekundärstränge*, die nach ihrer Lage zur A. axillaris (**B27**) bezeichnet werden:

- **Fasciculus lateralis** (**B28**) (S. 74) (aus den vorderen Ästen der Trunci superior und medius),
- **Fasciculus medialis** (**B29**) (S. 78) (aus dem vorderen Ast des Truncus inferior) und
- **Fasciculus posterior** (**B30**) (S. 80) (aus den dorsalen Ästen der drei Trunci).

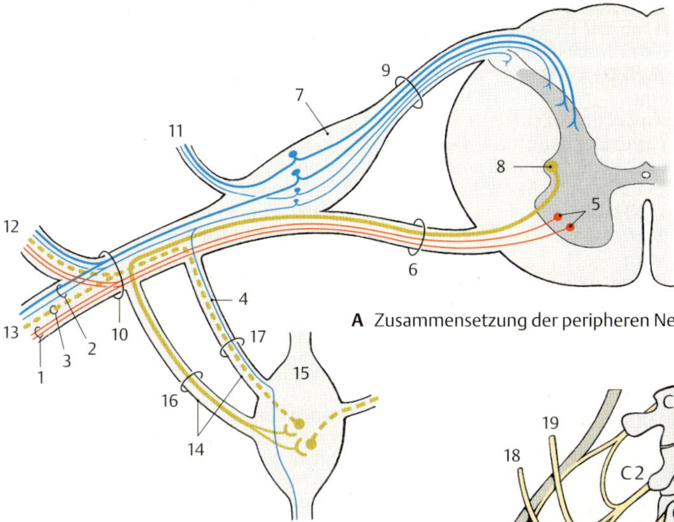

A Zusammensetzung der peripheren Nerven

B Plexus cervicalis und Plexus brachialis (Präparat Prof. Platzer)

Plexus cervicalis

Plexus brachialis

Anteile des Fasciculus lateralis

Anteile des Fasciculus medialis

Anteile des Fasciculus posterior

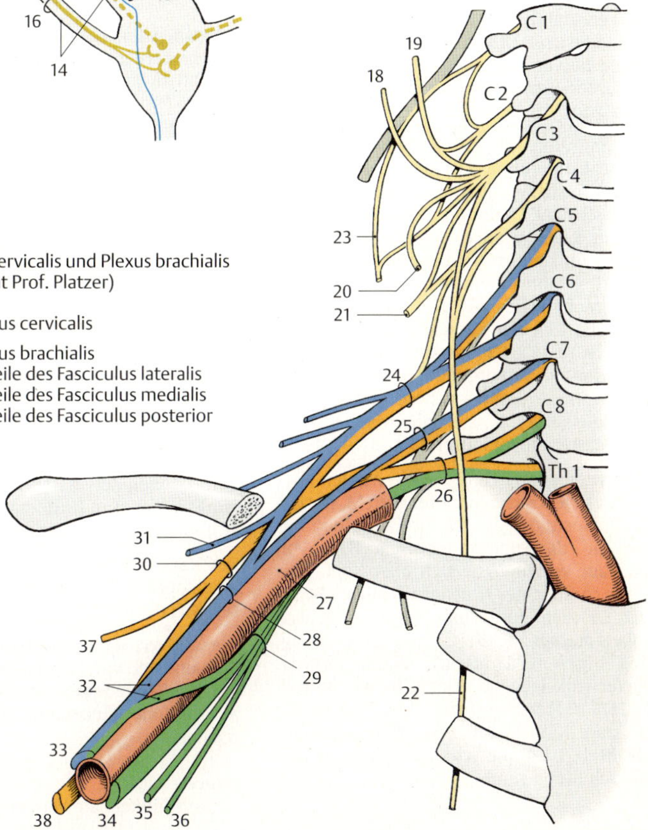

Vom Fasciculus lateralis geht der *N. musculocutaneus* (**B31**) ab. Die übrigen Fasern bilden mit Fasern des Fasciculus medialis die **Medianusschlinge** (**B32**) (S. 76 AC1) und vereinigen sich zum *N. medianus* (**B33**). Aus dem Fasciculus medialis gehen der *N. ulnaris* (**B34**), der *N. cutaneus antebrachii medialis* (**B35**) und der *N. cutaneus brachii medialis* (**B36**) hervor. Der Fasciculus posterior gibt den *N. axillaris* (**B37**) ab und geht in den *N. radialis* (**B38**) über.

Plexus cervicalis (C1 – C4) (A – D)

Muskelversorgung (**A**). Aus den **Rami ventrales** treten kurze Nerven direkt zu den tiefen Halsmuskeln: Mm. recti capitis anterior (**A1**) et lateralis (**A2**), M. longus capitis und M. longus colli (**A3**). Aus dem Vorderast C4 gehen Nerven zum oberen Teil des M. scalenus anterior (**A4**) und zum M. scalenus medius (**A5**).

Die ventralen Äste C1 – C3 bilden die Ansa cervicalis profunda (**C6**): Fasern von C1 und C2 lagern sich vorübergehend an den N. hypoglossus (**AC7**) an und verlassen ihn wieder als **Radix superior** (anterior) (**AC8**) (die Fasern für den M. thyrohyoideus [**A9**] und den M. geniohyoideus verlaufen weiter mit dem N. hypoglossus). Die Radix superior vereinigt sich mit der **Radix inferior** (posterior) (**AC10**) (C2, C3) zur Ansa cervicalis, von der Äste zur Versorgung der unteren Zungenbeinmuskulatur abgehen: zum M. omohyoideus (**A11**), M. sternothyroideus (**A12**) und M. sternohyoideus (**A13**).

Hautversorgung (**B, C**). Die sensiblen Nerven des Plexus treten hinter dem M. sternocleidomastoideus durch die Faszie und bilden hier das **Punctum nervosum** (**B14**). Von hier aus verteilen sie sich über Kopf, Hals und Schulter: der **N. occipitalis minor** (**BC15**) (C2, C3) zieht zum Hinterhaupt, der **N. auricularis magnus** (**BC16**) (C3) in die Umgebung des Ohres (Ohrmuschel, Warzenfortsatz, Kieferwinkelgegend). Der **N. transversus colli** (**BC17**) (C3) versorgt die obere Halsregion bis zum Kinn und die **Nn. supraclaviculares** (**BC18**) (C3, C4) die Schlüsselbeingrube und die Schultergegend.

Versorgungsgebiet des N. phrenicus (**C, D**). Der **N. phrenicus** (**CD19**) (C3, C4) erhält Fasern des vierten und häufig auch des dritten Spinalnervs. Er überkreuzt den M. scalenus anterior und tritt vor der A. subclavia in die obere Thoraxapertur ein. Durch das Mediastinum zieht er bis zum Zwerchfell und gibt auf seinem Wege feine Äste zur sensiblen Versorgung des Perikards ab, **Rami pericardiaci** (**D20**). An der Oberfläche des Zwerchfells zweigt er sich auf und versorgt die gesamte Zwerchfellmuskulatur (**D21**). Feine Äste versorgen sensibel die dem Zwerchfell anliegenden Häute, kranial die Pleura und kaudal das Peritoneum des Zwerchfells sowie den peritonealen Überzug der Oberbauchorgane.

Klinischer Hinweis: Eine Schädigung des Zervikalmarks oder seiner Wurzeln in Höhe von C3 – C5 führt zu einer Lähmung des Zwerchfells und zu einer Beeinträchtigung der Atmung. Bei einer Lähmung der Thoraxmuskulatur kann andererseits die Atemtätigkeit vom Zervikalmark aus über den N. phrenicus noch aufrechterhalten werden.

Rami dorsales (C1 – C8)

Die *hinteren Zervikaläste*, **Rami dorsales**, versorgen motorisch die zur autochthonen Rückenmuskulatur gehörenden Nackenmuskeln und sensibel die Nackenhaut.

Der erste dorsale Zervikalast ist rein motorisch und zieht als *N. suboccipitalis* zu den kleinen Muskeln im Bereich von Os occipitale, Atlas und Axis.

Vom zweiten Zervikalnerv zieht der *N. occipitalis major* zum Hinterhaupt, dessen Haut er bis zur Scheitellinnie versorgt (S. 84).

Der Ramus dorsalis des dritten zervikalen Spinalnerven, *N. occipitalis tertius*, versorgt sensibel die Nackengegend.

Die übrigen Rami dorsales der zervikalen Spinalnerven versorgen sensibel das kaudal anschließende Hautareal und motorisch die autochthone Rückenmuskulatur dieses Bereiches.

Hautversorgung (**B**): Autonomgebiet der Nerven dunkelblau, Maximalgebiet hellblau.

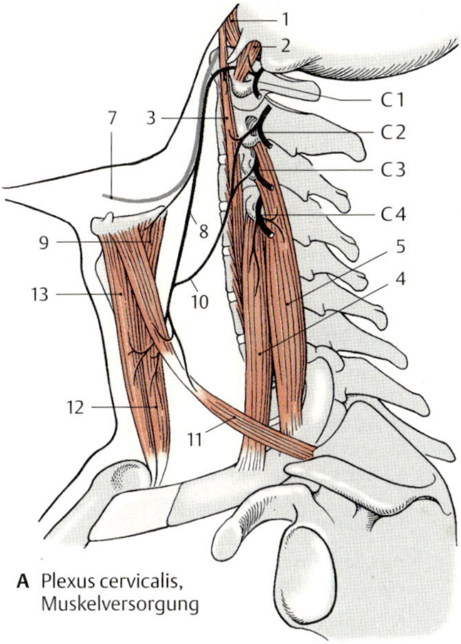

A Plexus cervicalis, Muskelversorgung

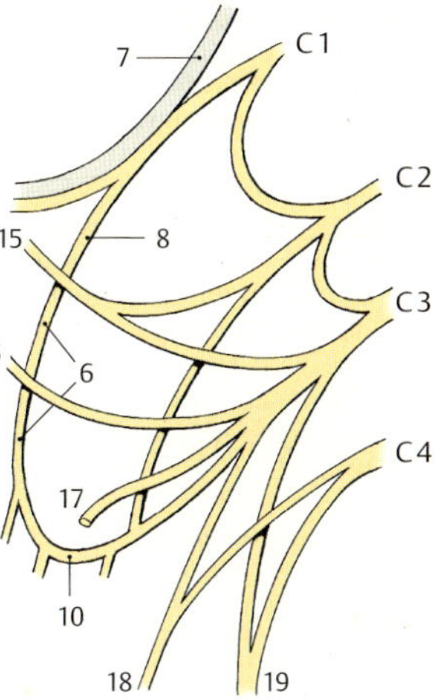

C Plexus cervicalis

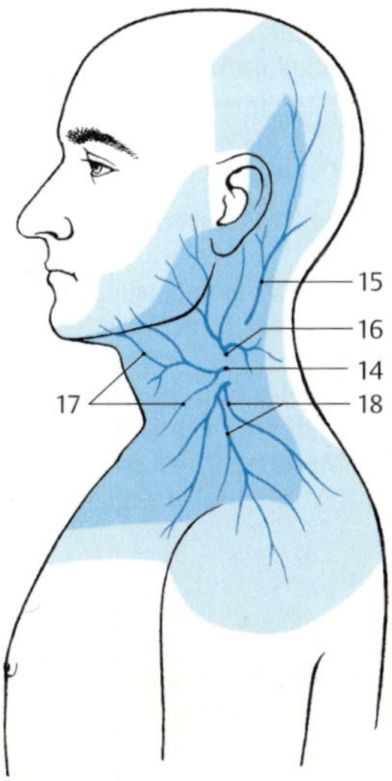

B Plexus cervicalis, Hautversorgung (nach Lanz-Wachsmuth)

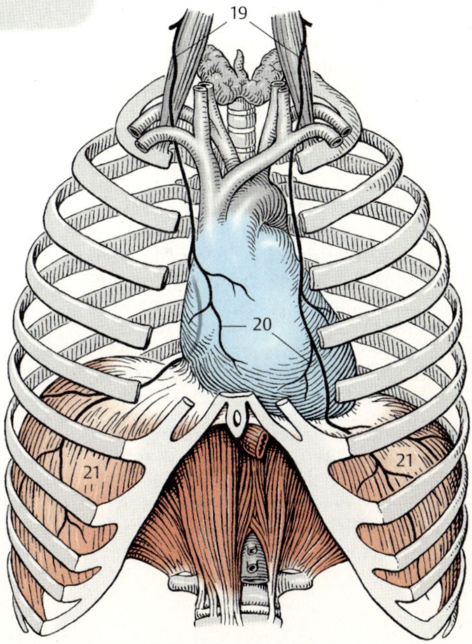

D Versorgungsgebiet des N. phrenicus

Plexus brachialis (C5 – Th1)

Periphere sensible Innervation. Die Hautversorgung durch die aus den Plexus hervorgehenden peripheren Nerven weicht von der radikulären Innervation (S. 66) ab. Die Versorgungsgebiete der einzelnen Nerven überdecken sich in ihren Randbezirken. Das von einem Nerven allein innervierte Gebiet ist das *Autonomiegebiet* (dunkelblau), das gesamte vom Nerven versorgte Areal einschließlich des von den Nachbarnerven mitversorgten Bereiches ist das *Maximalgebiet* (hellblau).

Klinischer Hinweis: Bei Unterbrechung eines Nerven besteht im Autonomgebiet völlige Empfindungslosigkeit (*Anästhesie*), in den Randbezirken dagegen eine nur abgeschwächte Empfindungsfähigkeit (*Hypästhesie*).

Pars supraclavicularis (A – C)

Aus der Pars supraclavicularis gehen motorische Nerven hervor, welche die *Schultergürtelmuskulatur* innervieren.

Zur *dorsalen und seitlichen Thoraxfläche* ziehen: der **N. dorsalis scapulae** (**A1**) (C5) zum M. levator scapulae (**C2**) und zu den Mm. rhomboidei minor (**C3**) et major (**C4**), der **N. thoracicus longus** (**A5**) (C5 – C7), dessen Äste an der seitlichen Thoraxwand in den Zacken des M. serratus anterior (**B6**) enden, und der **N. thoracodorsalis** (**A7**) (C7, C8), der den M. latissimus dorsi (**C8**) versorgt. Die Muskulatur des Schulterblattes wird an der dorsalen Schulterblattfläche (M. supraspinatus [**C9**] und M. infraspinatus [**C10**]) vom **N. suprascapularis** (**A11**) (C5, C6), und an der ventralen Fläche von den Nn. subscapulares (**A12**) (C5 – C7) innerviert, die zum M. subscapularis und zum M. teres major (**C13**) ziehen.

An die *Vorderfläche des Thorax* gelangen der **N. subclavius** (**A14**) (C4 – C6) (zum M. subclavius) (**B15**), der **N. pectoralis lateralis** (**A16**) (C5 – C7) und der **N. pectoralis medialis** (**A17**) (C7 – Th1), welche die Mm. pectoralis major (**B18**) et pectoralis minor (**B19**) versorgen.

Klinischer Hinweis: Eine Schädigung der Pars supraclavicularis, die zu einer Lähmung der Schultergürtelmuskulatur führt, macht eine Hebung des Oberarms unmöglich. Zu einer solchen *oberen Plexuslähmung* (*Erb-Lähmung*) kann es durch Auskugelung des Schultergelenkes bei der Geburt oder bei falscher Lagerung des Arms während der Narkose kommen. Aus einer Schädigung der Pars infraclavicularis des Plexus brachialis resultiert eine *untere Plexuslähmung* (*Klumpke-Lähmung*). Bei ihr sind vorwiegend die kleinen Handmuskeln, evtl. auch die Beugemuskeln des Unterarms betroffen.

Pars infraclavicularis (D – F)

Aus drei Hauptstämmen der Rami ventrales, *Truncus superior*, *medius* und *inferior*, bilden sich drei Faszikel, *Fasciculus lateralis*, *medialis* und *posterior*, die nach ihrer Lage zur A. axillaris benannt sind.

Fasciculus lateralis

Aus dem Fasciculus lateralis stammen der *N. musculocutaneus* und der *N. medianus*.

N. musculocutaneus (C5 – C7) (**D – F**). Der Nerv tritt durch den M. coracobrachialis und verläuft zwischen dem M. biceps und dem M. brachialis bis zur Ellenbeuge. Er gibt Äste (**E20**) zur Beugemuskulatur des Oberarms ab: zum M. coracobrachialis (**D21**), zum M. biceps brachii, Caput breve (**D22**) et Caput longum (**D23**), und zum M. brachialis (**D24**).

Die sensiblen Fasern des Nerven kommen in der Ellenbeuge durch die Faszie an die Oberfläche und versorgen als **N. cutaneus antebrachii lateralis** (**D – F25**) die Haut im lateralen Bereich des Unterarms. Bei einer Schädigung des Nerven findet man einen Verlust der Sensibilität in einem kleinen Bezirk der Ellenbeuge; eine Minderung der Sensibilität dehnt sich bis zur Mitte des Unterarms aus.

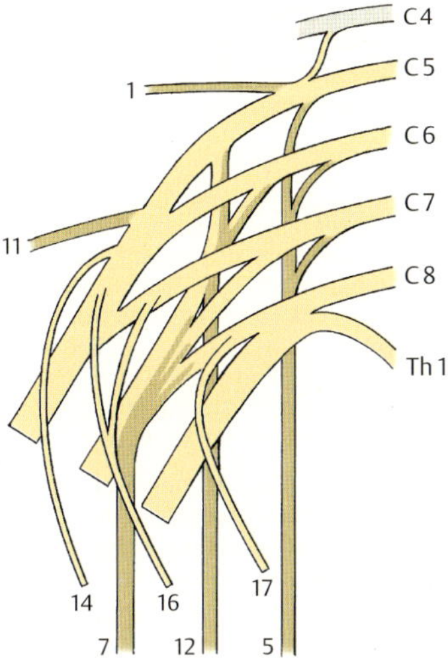

A Pars supraclavicularis des Plexus brachialis

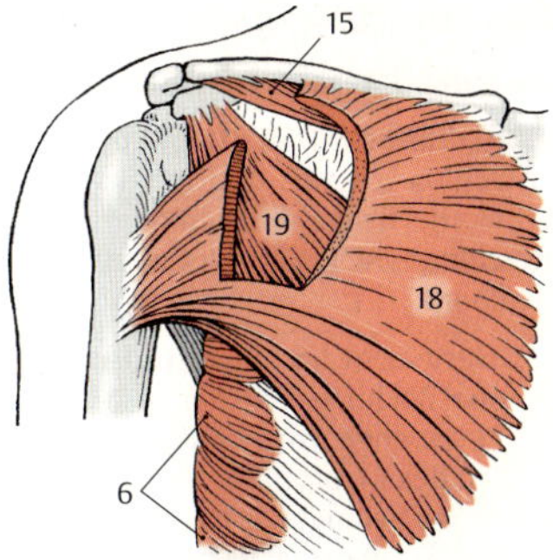

B Muskelversorgung der Pars supraclavicularis, Ansicht von vorn

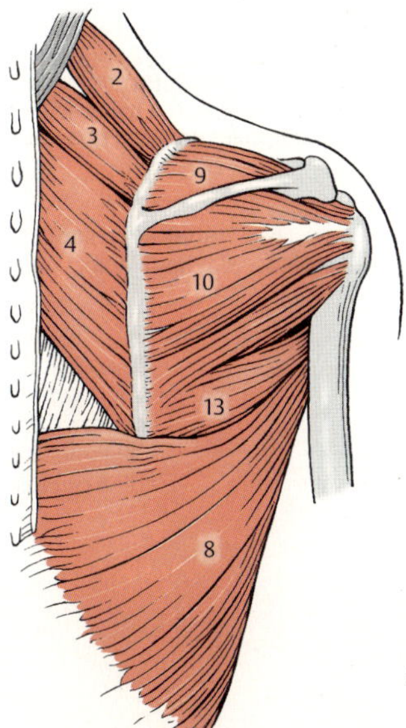

C Muskelversorgung der Pars supraclavicularis, Ansicht von dorsal

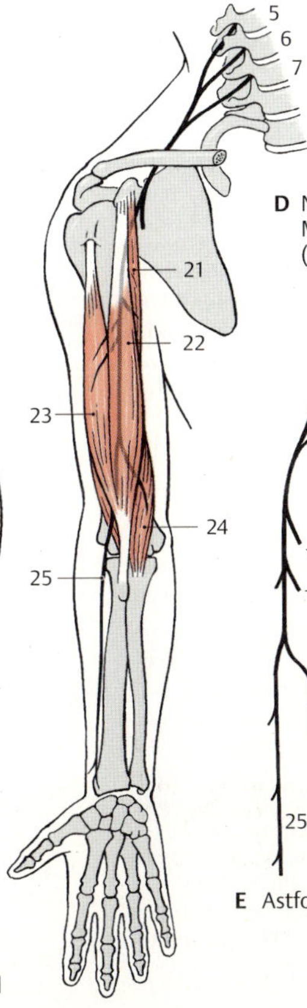

D N. musculocutaneus, Muskelversorgung (nach Lanz-Wachsmuth)

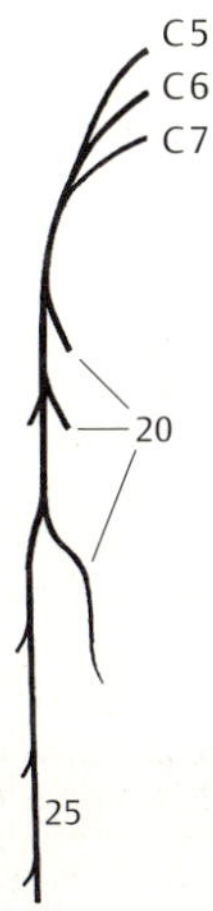

E Astfolge

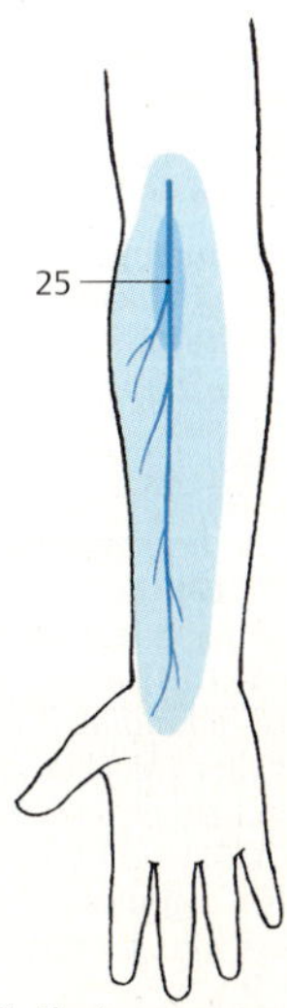

F Hautversorgung

Pars infraclavicularis

Fasciculus lateralis, Fortsetzung (A–D)

N. medianus (C6–Th1) (**A–C**). Anteile des Fasciculus lateralis und medialis bilden an der Vorderfläche der A. axillaris die **Medianusschlinge** (**AC1**) und vereinigen sich zum *N. medianus.*

Der Nerv zieht im Sulcus bicipitalis medialis, oberflächlich von der A. brachialis, bis zur Ellenbeuge, wo er zwischen den beiden Köpfen des M. pronator teres hindurch zum Unterarm gelangt. Zwischen dem M. flexor digitorum superficialis und M. flexor digitorum profundus verläuft er bis zum Handgelenk. Vor seinem Durchtritt durch den *Canalis carpi* liegt er oberflächlich zwischen den Sehnen des M. flexor carpi radialis und des M. palmaris longus. Im Canalis carpi zweigt er sich in seine Endäste auf.

Die **Rami musculares** (**C2**) des Nerven versorgen die *Pronatoren* und den größten Teil der *Unterarmbeuger*: den M. pronator teres (**A3**), den M. flexor carpi radialis (**A4**), den M. palmaris longus (**A5**) und den M. flexor digitorum superficialis, Caput radiale (**A6**) und Caput humeroulnare (**A7**). In der Ellenbeuge zweigt der **N. interosseus antebrachii anterior** (**AC8**) ab und verläuft auf der Membrana interossea zum M. pronator quadratus (**A9**). Er gibt Äste an den M. flexor pollicis longus (**A10**) und an den radialen Anteil des M. flexor digitorum profundus ab.

Im unteren Drittel des Unterarms geht der sensible **Ramus palmaris n. mediani** (**A–C11**) zur Haut des Daumenballens, der radialen Seite der Handwurzel und der Hohlhand ab.

Nach seinem Durchtritt durch den Canalis carpi teilt sich der N. medianus in drei Äste: die **Nn. digitales palmares communes I–III** (**AC12**), die sich in Höhe der Fingergrundgelenke in je zwei **Nn. digitales palmares proprii** (**A–C13**) aufgabeln. Vom *N. digitalis palmaris communis I* geht ein Ast zum Daumenballen (M. abductor pollicis brevis [**A14**], Caput superficiale des M. flexor pollicis brevis [**A15**] und M. opponens pollicis [**A16**]). Die *Nn. digitales palmares communes* versorgen die Mm. lumbricales I–III (**A17**). Sie verlaufen zu den Fingerzwischenräumen und gabeln sich derart auf, daß jedes Paar *Nn. digitales palmares proprii* die Seitenflächen eines Fingerzwischenraumes sensibel versorgt. Das erste Nervenpaar versorgt also die Ulnarseite des Daumens und die Radialseite des Zeigefingers, das zweite die Ulnarseite des Zeigefingers und die Radialseite des Mittelfingers, das dritte die Ulnarseite des Mittelfingers und die Radialseite des Ringfingers. Das Versorgungsgebiet der Nn. proprii schließt dorsal das Endglied des Daumens und die End- und Mittelglieder vom Zeigefinger und Mittelfinger sowie des radialen Teils des Ringfingers ein (**B**).

Der N. medianus gibt Äste zum Periost, Ellbogengelenk, Radiokarpalgelenk und Mediokarpalgelenk ab. In Höhe der Handwurzel besteht regelmäßig eine Anastomose mit dem N. ulnaris.

Klinischer Hinweis: Bei einer Schädigung des Nerven ist die Pronation des Unterarms aufgehoben und die Beugung stark eingeschränkt. An der Hand können Daumen, Zeige- und Mittelfinger in den End- und Mittelphalangen nicht mehr gebeugt werden, wodurch als charakteristisches Merkmal der Medianuslähmung die sog. **Schwurhand** (**D**) resultiert. Beim Durchtritt des Nerven durch den Canalis carpi kann es im höheren Alter zu einer Druckschädigung kommen (*Karpaltunnelsyndrom*).

Hautversorgung (**B**): Autonomgebiet der Nerven dunkelblau, Maximalgebiet hellblau.

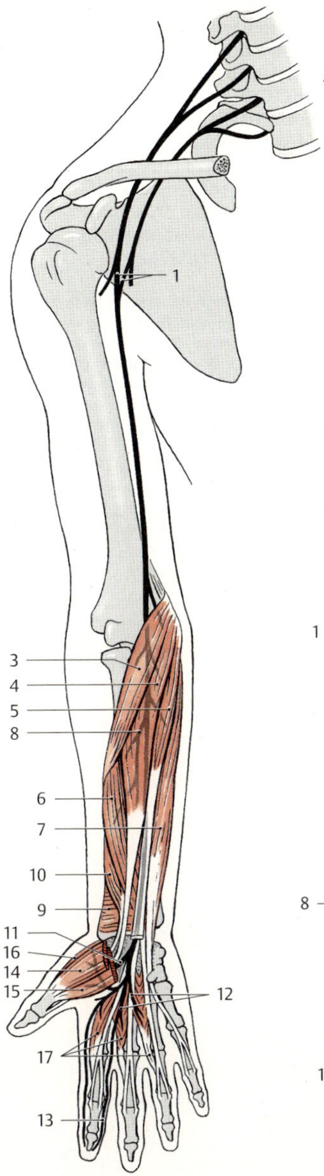

A N. medianus, Muskelversorgung (nach Lanz-Wachsmuth)

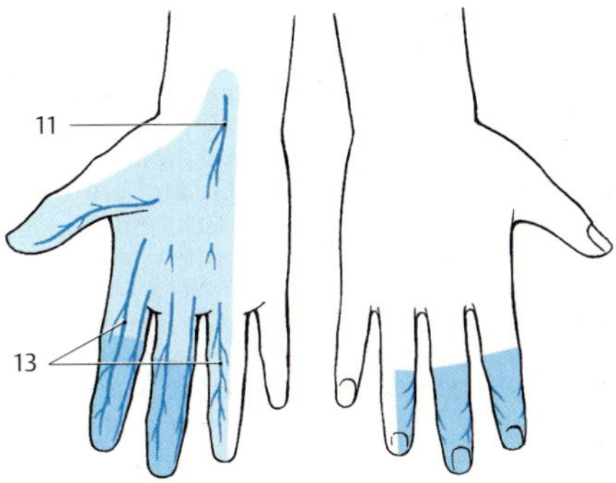

B N. medianus, Hautversorgung

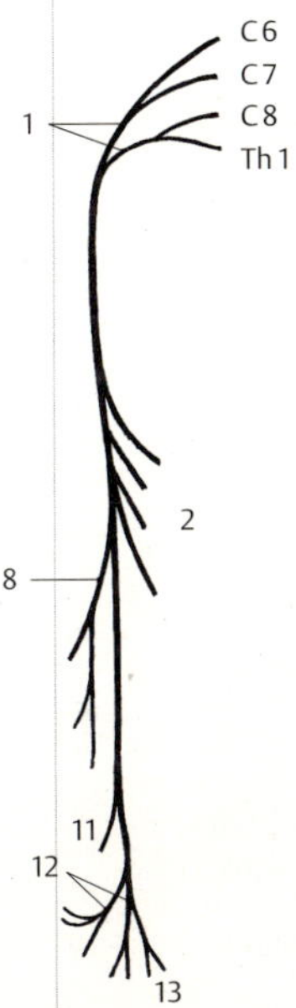

C Astfolge

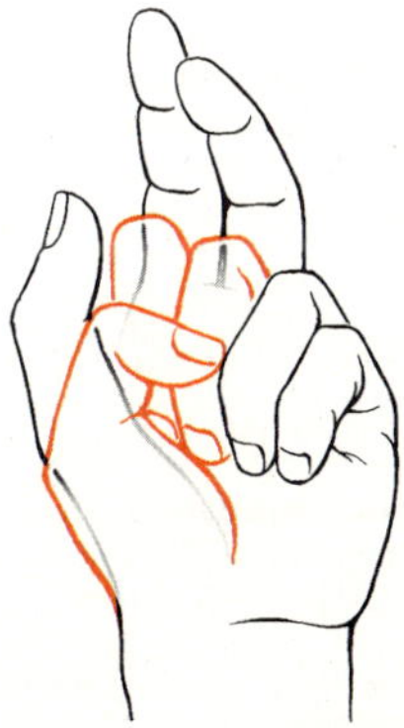

D Lähmung des N. medianus (nach Lanz-Wachsmuth)

Pars infraclavicularis, Fortsetzung

Fasciculus medialis (A–D)

N. ulnaris (C8–Th1) (**A–C**). Er verläuft am *Oberarm* anfangs im Sulcus bicipitalis medialis, ohne einen Ast abzugeben.

In der ulnaren Seite des Oberarms zieht er hinter dem Septum intermusculare mediale abwärts, bedeckt vom Caput mediale des M. triceps. Er überquert das Ellenbogengelenk auf der Streckseite, eingebettet in einer Knochenrinne, Sulcus nervi ulnaris, am Epicondylus medialis humeri. Hier ist der Nerv zu tasten, und der Druck verursacht einen elektrisierenden Schmerz, der in die ulnare Seite der Hand ausstrahlt. Der Nerv tritt dann zwischen den beiden Köpfen des M. flexor carpi ulnaris auf die Beugeseite des Unterarms und verläuft unter diesem Muskel bis zum Handgelenk. Er zieht nicht durch den Canalis carpi, sondern über das Retinaculum flexorum hinweg zur Palmarfläche der Hand, wo er sich in einen *Ramus superficialis* und einen *Ramus profundus* aufteilt.

Im *Unterarm* gibt er Äste (**C1**) zum M. flexor carpi ulnaris (**A2**) und zur ulnaren Hälfte des M. flexor digitorum profundus (**A3**) ab. In der Mitte des Unterarms zweigt ein sensibler Ast, **Ramus dorsalis n. ulnaris** (**BC4**), ab und verläuft zur ulnaren Seite des Handrückens, deren Haut er versorgt. Am übrigen Handrücken überlagert sich sein Versorgungsgebiet mit dem des N. radialis. Ein weiterer sensibler Ast, **Ramus palmaris n. ulnaris** (**BC5**), geht im distalen Drittel des Unterarms ab. Er zieht zur Hohlhand und versorgt die Haut des Kleinfingerballens.

Der **Ramus superficialis** läuft als **N. digitalis palmaris communis IV** (**BC6**) auf den Zwischenraum zwischen Ringfinger und Kleinfinger zu und teilt sich in die **Nn. digitales palmares proprii** (**BC7**), die die Volarflächen des Kleinfingers und die Ulnarseite des Ringfingers sensibel versorgen und an der Streckseite beider Finger auch auf die Endphalangen übergreifen. Es besteht eine Verbindung zu einem Ast des N. medianus, Ramus communicans cum N. mediano (**C8**).

Der **Ramus profundus** (**AC9**) senkt sich in die Tiefe der Hohlhand und beschreibt einen Bogen in Richtung auf den Daumenballen. Er gibt Äste ab für alle Muskeln des Kleinfingerballens (**C10**) (M. abductor digiti V [**A11**], M. flexor brevis digiti V [**A12**], M. opponens digiti V [**A13**]), für alle Mm. interossei dorsales et palmares (**A14**), für die Mm. lumbricales III und IV (**A15**) und schließlich am Daumenballen für den M. adductor pollicis (**A16**) und für das Caput profundum des M. flexor pollicis brevis (**A17**).

Klinischer Hinweis: Bei einer Schädigung des N. ulnaris kommt es zur Ausbildung einer sog. **Krallen**- oder **Klauenhand** (**D**), bei der die Finger in den Grundgelenken gestreckt, in den Mittel- und Endgelenken aber gebeugt gehalten werden. Diese charakteristische Fingerhaltung kommt durch die Lähmung der Mm. interossei und lumbricales zustande, die die Fingerglieder im Grundgelenk beugen, in den Mittel- und Endgelenken aber strecken. Beim Ausfall der Beuger werden die Finger durch die nun überwiegende Streckmuskulatur in dieser Stellung gehalten. Da außerdem der Kleinfinger und die Adduktoren des Daumens gelähmt sind, können sich Daumen und Kleinfinger nicht mehr berühren.

Hautversorgung (**B**): Autonomgebiet der Nerven dunkelblau, Maximalgebiet hellblau.

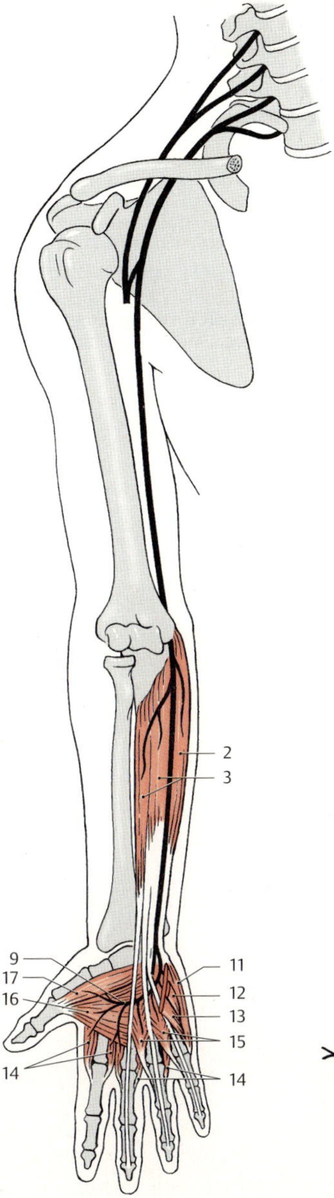

A N. ulnaris, Muskelversorgung (nach Lanz-Wachsmuth)

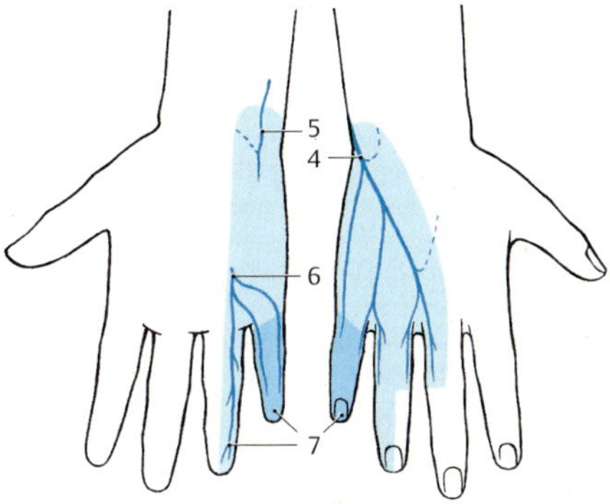

B N. ulnaris, Hautversorgung (nach Lanz-Wachsmuth)

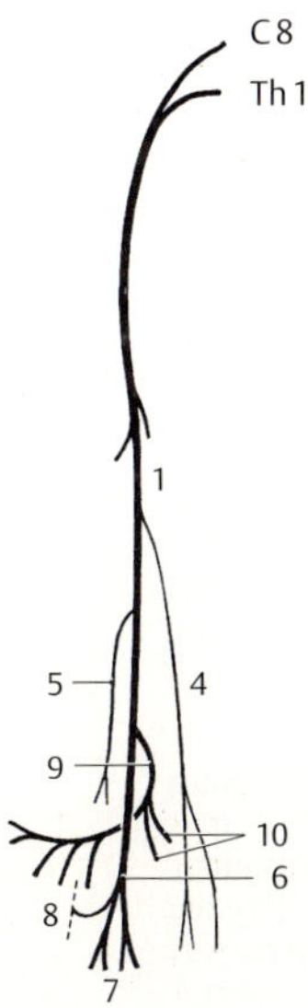

C Astfolge

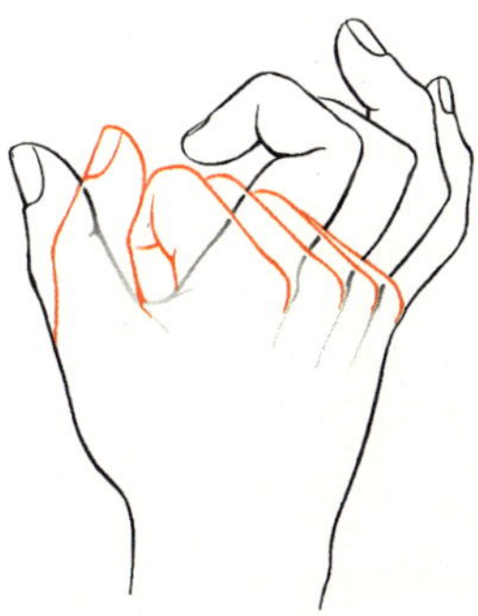

D Lähmung des N. ulnaris (nach Lanz-Wachsmuth)

Pars infraclavicularis

Fasciculus medialis, Fortsetzung (A–C)

Aus dem Fasciculus medialis gehen außer dem N. ulnaris der *N. cutaneus brachii medialis* und der *N. cutaneus antebrachii medialis* ab, beides rein sensible Nerven, welche die Haut an der Medianseite des Arms versorgen.

N. cutaneus brachii medialis (C8–Th1) (**AB**). Er tritt unterhalb der Achselhöhle an die Vorderfläche des Oberarms. Hier verzweigt er sich und versorgt die Haut an der medialen Fläche, zwischen Achselhöhle und Ellenbogengelenk. Dabei greift er mit ventralen Ästen auf die Beugeseite und mit dorsalen Ästen auf die Streckseite des Oberarms über. Sehr häufig bestehen Anastomosen zum N. intercostobrachialis.

N. cutaneus antebrachii medialis (C8–Th1) (**AC**). Er verläuft subfaszial an der Ulnarseite des Oberarms und tritt im unteren Drittel mit zwei Ästen, dem **Ramus anterior** (**AC1**) und dem **Ramus ulnaris** (**AC2**), durch die Faszie. Der Ramus anterior versorgt die mediale Beugeseite des Unterarms fast bis zur Mittellinie, der Ramus ulnaris die obere Region der medialen Streckseite fast bis zur Mittellinie. Der Versorgungsbezirk des N. cutaneus antebrachii medialis greift etwas auf den Oberarm und auf die Hand über.

Fasciculus posterior (D, E)

Aus dem Fasciculus posterior gehen der *N. axillaris* und der *N. radialis* hervor.

N. axillaris (C5–C6). Er verläuft in der Tiefe der Achselhöhle und über die Kapsel des Schultergelenkes um das Collum chirurgicum an die Rückseite des Humerus. Dabei tritt er durch die laterale Achsellücke und zieht unter dem M. deltoideus bis zu dessen vorderem Rand.

Vor dem Durchtritt des Nervenstammes durch die laterale Achsellücke geht ein motorischer Ast (**DF3**) für den M. teres minor (**D4**) ab, der ebenfalls durch die laterale Achsellücke zieht. In gleicher Höhe zweigt der *N. cutaneus brachii lateralis superior* (**DEF5**) ab und gelangt am Hinterrand des M. deltoideus zur Haut, die er an der Seitenfläche von Schulter und Oberarm versorgt. Vom Nervenstamm, der unter dem Deltamuskel nach vorn zieht, gehen zahlreiche Äste (**D6**) zum M. deltoideus (**D7**) ab und versorgen seine verschiedenen Portionen.

Klinischer Hinweis: Infolge seiner Lage auf der Kapsel des Schultergelenkes kann der Nerv bei einer Luxation des Humerus oder bei einer Oberarmhalsfraktur geschädigt werden. Es resultiert dann eine Anästhesie im Hautbezirk über dem Deltamuskel.

Hautversorgung (**BCE**): Autonomgebiet der Nerven dunkelbau, Maximalgebiet hellblau.

A Astfolge des N. cutaneus brachii medialis und des N. cutaneus antebrachii medialis

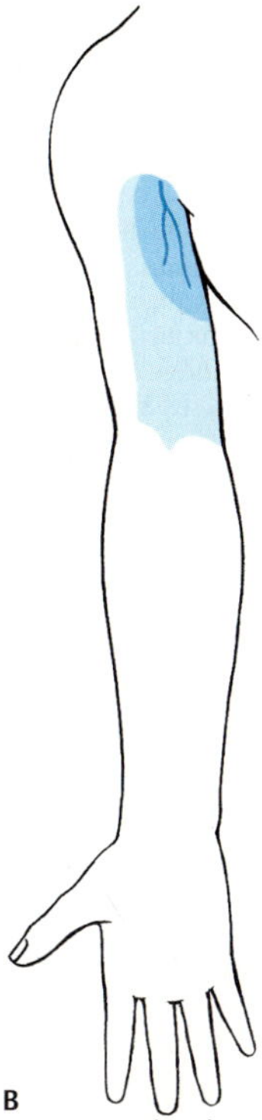

B N. cutaneus brachii medialis (nach Lanz-Wachsmuth)

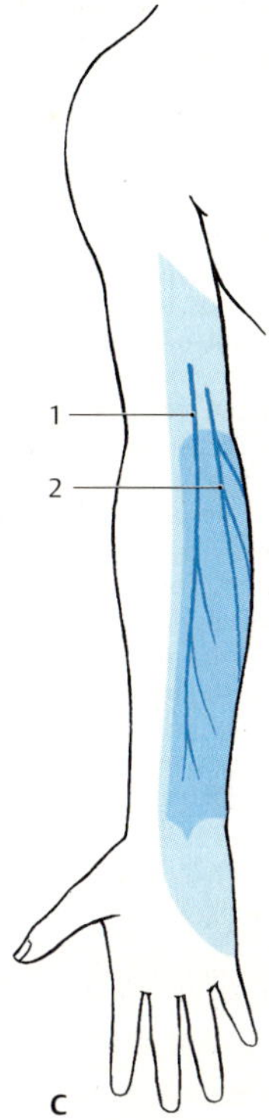

C N. cutaneus antebrachii medialis (Lanz-Wachsmuth)

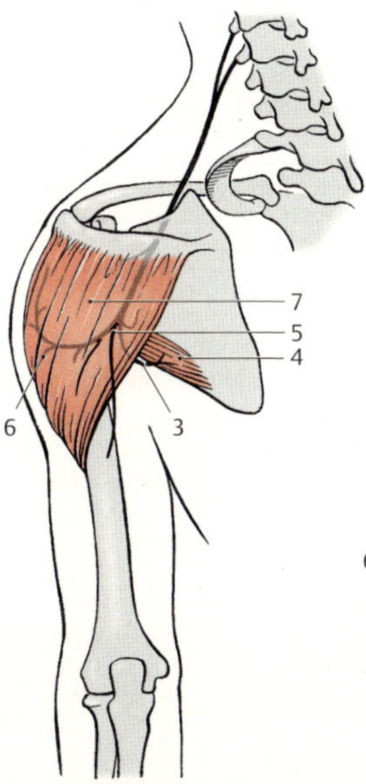

D N. axillaris, Muskelversorgung (nach Lanz-Wachsmuth)

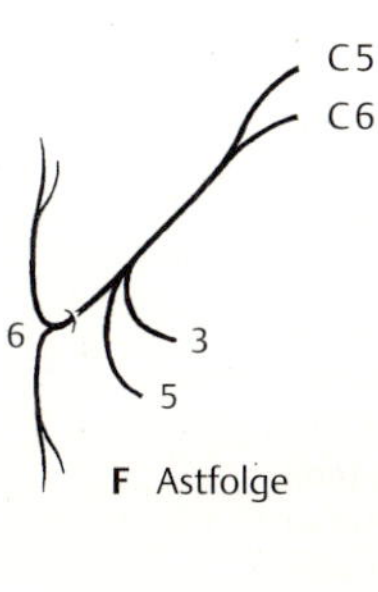

F Astfolge

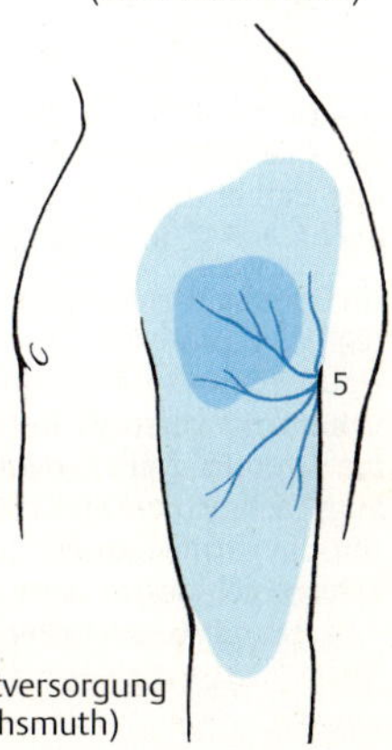

E N. axillaris, Hautversorgung (nach Lanz-Wachsmuth)

Pars infraclavicularis

Fasciculus posterior (A–D), Fortsetzung

N. radialis (C5–C8) (**A–C**). Der Hauptnerv des Fasciculus posterior versorgt die *Streckmuskulatur des Ober- und Unterarms.*

Der Nervenstamm zieht von der Axilla in das proximale Drittel des Sulcus bicipitalis medialis und von dort in einem spiraligen Verlauf um die Dorsalfläche des Humerus, dem er im *Sulcus n. radialis* direkt anliegt. Er gelangt im distalen Drittel des Oberarms auf die Beugeseite zwischen M. brachialis und M. brachioradialis. Im Sulcus n. radialis ist der Nerv auf der knöchernen Unterlage durch Druck oder bei Knochenbrüchen leicht zu verletzen. Auf der Beugeseite überquert er das Ellenbogengelenk und teilt sich in Höhe des Caput radii in seine beiden Endäste, in den *Ramus superficialis* und den *Ramus profundus*. Der Ramus superficialis verläuft am Unterarm weiter an der medialen Fläche des M. brachioradialis und zieht dann im unteren Drittel zwischen M. brachioradialis und Radius auf die Streckseite, um auf den Handrücken zu gelangen. Der Ramus profundus durchdringt schräg den M. supinator, gibt zahlreiche Muskeläste ab und zieht als dünner *N. interosseus antebrachii posterior* weiter bis zum Handgelenk.

Für den Oberarm gibt der N. radialis den **N. cutaneus brachii posterior** (**A–C1**), der einen Hautbezirk an der Streckseite des Oberarms sensibel versorgt, und den **N. cutaneus brachii lateralis inferior** (**A–C2**) ab. Im mittleren Drittel des Oberarms gehen die *Rami musculares* (**AC3**) für den M. triceps (**A4**) ab, für das Caput longum, das Caput laterale und das Caput mediale. Vom letzteren zweigt auch der Ast für den M. anconaeus ab (**A5**).

Im Oberarmbereich geht der *N. cutaneus antebrachii posterior* (**A–C6**) ab, der einen Hautstreifen an der radialen Streckseite des Unterarms versorgt. In Höhe des Epicondylus lateralis ziehen *Rami musculares* (**C7**) zum M. brachioradialis (**A8**) und zum M. extensor carpi radialis longus (**A9**). Dann zweigt sich der Nervenstamm in seine beiden Hauptäste am Unterarm auf.

Der **Ramus superficialis** (**A–C10**) gibt am Handrücken die **Nn. digitales dorsales** (**A–C11**) ab, die den radialen Handrücken, die Streckseite des Daumens, der Grundglieder des Zeige- und Mittelfingers und der radialen Hälfte der Ringfingerstreckseite sensibel versorgen. Verbindung zum N. ulnaris durch den Ramus communicans cum N. ulnare (**C12**).

Der **Ramus profundus** (**AC13**) gibt beim Durchtritt durch den M. supinator *Rami musculares* zum M. extensor carpi radialis brevis (**A14**) und zum M. supinator ab. Danach zweigen motorische Äste für die Handstrecker ab: für den M. extensor digitorum communis (**A15**), den M. extensor digiti minimi (**A16**), M. extensor carpi ulnaris (**A17**), den M. abductor pollicis longus (**A18**) und den M. extensor pollicis brevis (**A19**). Der Endast des Ramus profundus, der **N. interosseus posterior**, gibt schließlich noch Zweige an den M. extensor pollicis longus (**A20**) und an den M. extensor indicis (**A21**) ab.

Der Nerv schickt sensible Äste zum Schulter- und Handgelenk.

Klinischer Hinweis: Eine Schädigung des Hauptstammes im Oberarmbereich führt zu einem Ausfall der Streckmuskulatur, was sich vor allem an der Hand auswirkt und zur sog. **Fallhand** (**D**) führt, die für die Radialislähmung charakteristisch ist: weder im Handgelenk noch in den Fingergelenken ist eine Streckung möglich; die Hand fällt infolgedessen schlaff nach unten.

Hautversorgung (**B**): Autonomgebiet der Nerven dunkelblau, Maximalgebiet hellblau.

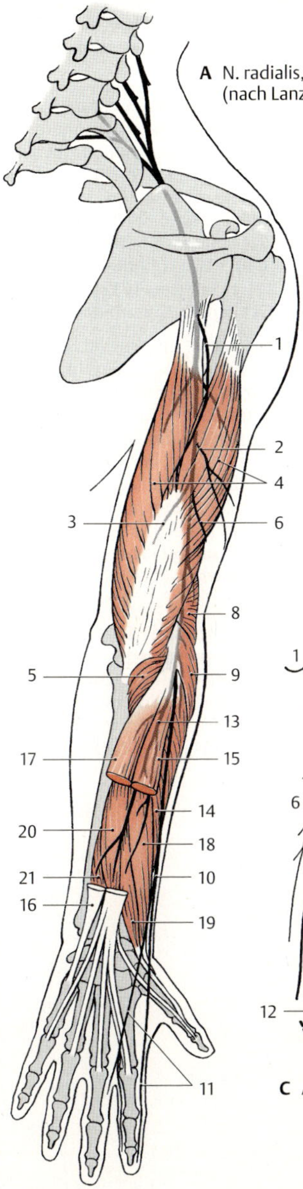

A N. radialis, Muskelversorgung (nach Lanz-Wachsmuth)

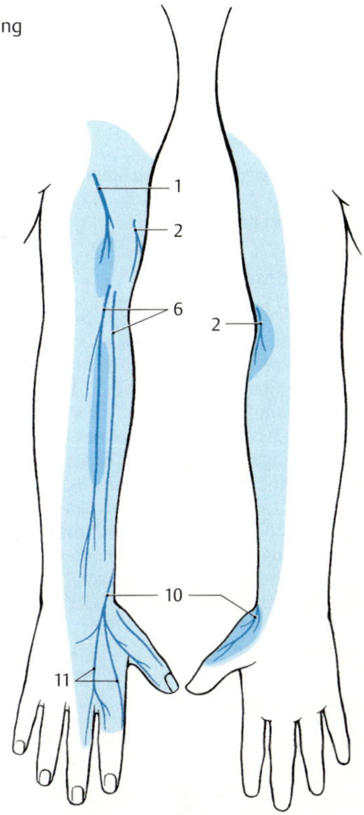

B N. radialis, Hautversorgung (nach Lanz-Wachsmuth)

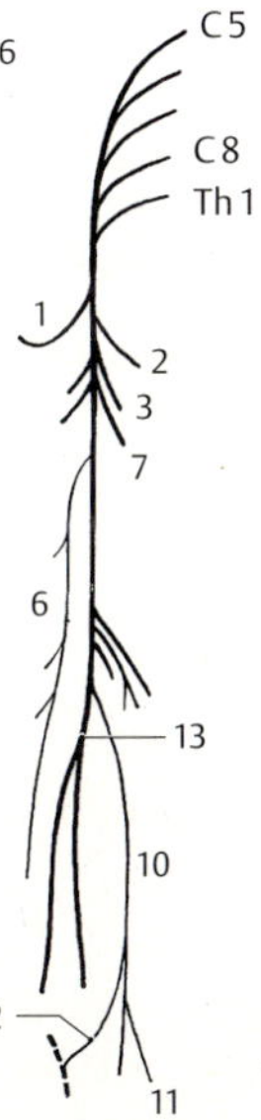

C Astfolge

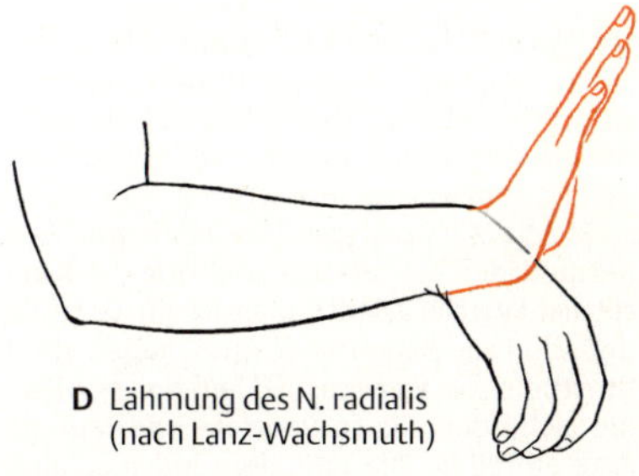

D Lähmung des N. radialis (nach Lanz-Wachsmuth)

Nerven des Rumpfes (A – D)

Im Bereich des Rumpfes ist die ursprüngliche Metamerie des Körpers in der Anordnung der Rippen und der dazwischenliegenden Interkostalmuskulatur noch deutlich zu erkennen. In diesen segmentalen Aufbau fügen sich auch die thorakalen Nerven ein.

Jeder der zwölf *thorakalen Spinalnerven* teilt sich in einen **Ramus dorsalis** (**A1**) und einen **Ramus ventralis** (**A2**).

Rami dorsales (A, D)

Jeder Ramus dorsalis zerfällt in einen *medialen* und einen *lateralen Ast.* Beide versorgen motorisch die tiefe authochthone Rükkenmuskulatur. Die sensible Versorgung des Rückens übernehmen vorwiegend die lateralen Äste der Rami dorsales (**AD3**). Das Versorgungsgebiet der zervikalen Rami dorsales dehnt sich weit aus und schließt das Hinterhaupt mit ein (**N. occipitalis major**) (**D4**). Im Beckenbereich wird die sensible Versorgung des Rückens von den Rami dorsales der lumbalen Spinalnerven L1 – L3 und der sakralen Spinalnerven S1 – S3 übernommen (**Nn. clunium superiores** [**D5**] und **Nn. clunium medii** [**D6**]).

Rami ventrales (A – D)

Die Rami ventrales der Spinalnerven verlaufen als **Nn. intercostales** zwischen den Rippen, anfangs an der Innenfläche des Thorax, später innerhalb der Mm. intercostales interni. Man kann eine obere und eine untere Gruppe von Interkostalnerven unterscheiden.

Die **Nerven der oberen Gruppe** (Th1 – Th6) (**A – D**) verlaufen bis zum Sternum und versorgen die Mm. intercostales (**C7**), die Mm. serrati posteriores superior et inferior und den M. transversus thoracis. Sie geben sensible Äste zur Haut des Thorax ab: am Vorderrand des M. serratus anterior die **Rami cutanei laterales** (**AD8**), die sich in ventrale und dorsale Äste teilen, und neben dem Brustbein die **Rami cutanei anteriores** (**AD9**), die sich ebenfalls in ventrale und laterale Äste aufteilen. Die lateralen und medialen Hautäste der Rami ventrales 4 – 6, die zur Gegend der Brustdrüse ziehen, werden als *Rami mammarii laterales et mediales* bezeichnet.

Die **Nerven der unteren Gruppe** (Th7 – Th12) (**B, C**), deren Interkostalräume nicht mehr am Sternum enden, ziehen über die Rippenknorpel bis zur Linea alba. Sie nehmen dabei einen zunehmend schräg abwärts gerichteten Verlauf und versorgen die Muskulatur der Bauchwand (M. transversus abdominis [**C10**], Mm. obliquii abdominis externus [**C11**] et internus [**C12**], M. rectus abdominis [**C13**] und M. pyramidalis).

Besonderheiten: Der N. intercostalis 1 beteiligt sich an der Bildung des Plexus brachialis und sendet nur einen dünnen Ast zum Zwischenrippenraum. Der N. intercostalis 2 (oft auch 3) gibt seinen *Ramus cutaneus lateralis* an den Oberarm ab (**N. intercostobrachialis**) (**B14**), wo er Verbindungen mit dem *N. cutaneus brachii medialis* eingeht. Der letzte Interkostalnerv, der unter der 12. Rippe verläuft, wird als **N. subcostalis** bezeichnet. Er verläuft schräg abwärts über die Darmbeinkante.

Die Gegend von Leiste und Hüfte wird sensibel von den obersten Ästen des Plexus lumbalis versorgt: vom **N. iliohypogastricus** (**D15**) (Ramus lateralis und Ramus anterior), vom **N. ilioinguinalis** (**D16**) und vom **N. genitofemoralis** (Ramus genitalis [**D17**], Ramus femoralis [**D18**]).

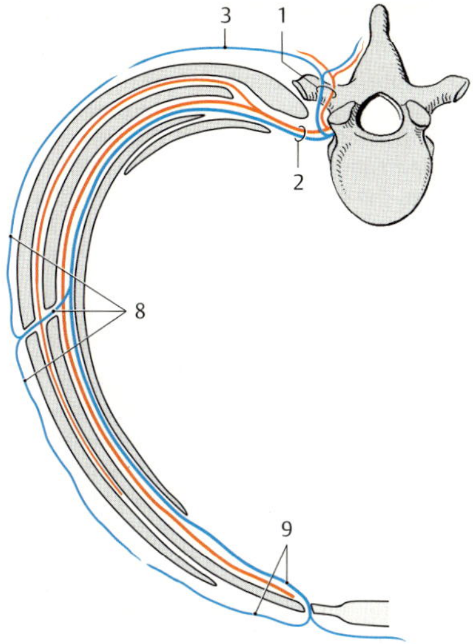

A Verlauf eines Thorakalnerven, schematisch

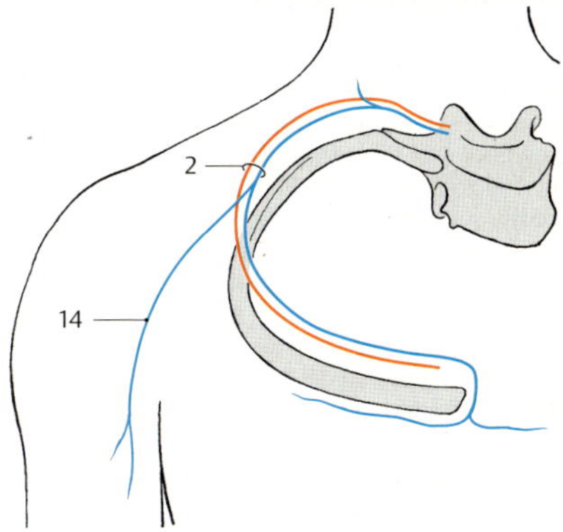

B N. intercostobrachialis

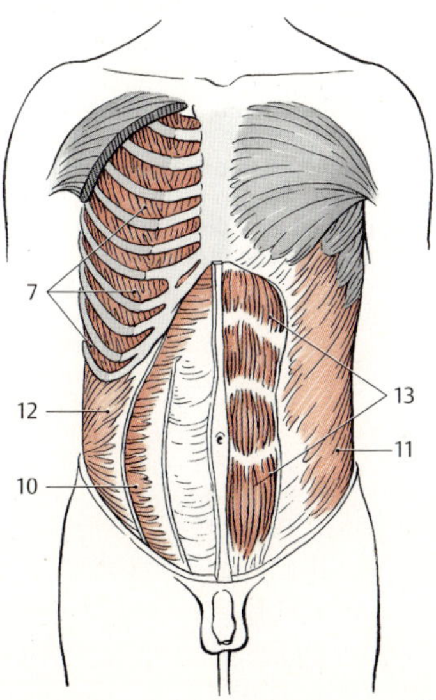

C Interkostalnerven, Muskelversorgung

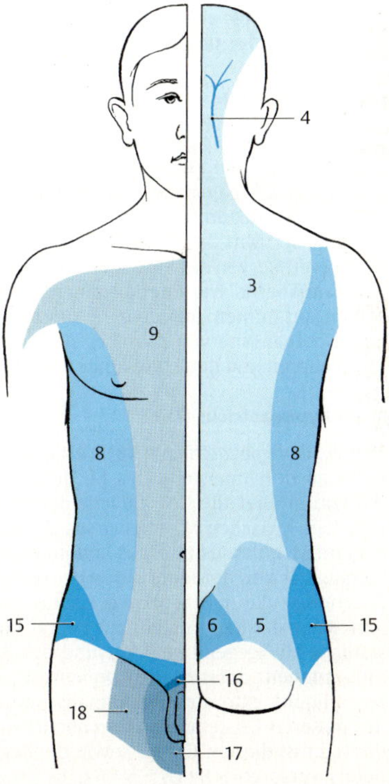

D Hautversorgung des Rumpfes

Plexus lumbosacralis (A)

Er wird von den *Rami ventrales* der lumbalen und sakralen Spinalnerven gebildet. Seine Äste versorgen die untere Extremität sensibel und motorisch. Die Äste von L1 – L3 und ein Teil von L4 bilden den **Plexus lumbalis**, der mit seinen Wurzeln innerhalb des M. psoas liegt. Außer mehreren kurzen Muskelästen entspringen aus ihm unter anderem der **N. obturatorius** (**A1**) und der **N. femoralis** (**A2**). Der Rest des vierten Lumbalastes und der Ast L5 vereinigen sich zum **Truncus lumbosacralis** (**A3**), der sich im kleinen Becken mit den sakralen Ästen 1 – 3 zum **Plexus sacralis** vereinigt. Die sakralen Äste treten aus den Foramina sacralia pelvina des Kreuzbeins aus und bilden zusammen mit dem Truncus lumbosacralis den Plexus sacralis, von dem als Hauptnerv der **N. ischiadicus** (**A4**) abgeht (**N. peronaeus communis** [**A5**] und **N. tibialis** [**A6**]).

Plexus lumbalis

Der Plexus lumbalis gibt direkte kurze *Rami musculares* an die Hüftmuskulatur ab: an die Mm. psoas major und psoas minor (L1 – L5), den M. quadratus lumborum (Th12 – L3) und die Mm. intercostales lumborum. Die oberen Nerven des Plexus verhalten sich noch annähernd wie Interkostalnerven. Sie stellen zusammen mit dem *N. subcostalis* (**A7**) Übergangsnerven zwischen den Interkostalnerven und den Lumbalnerven dar.

N. iliohypogastricus (Th12, L1)

Der *N. iliohypogastricus* (**A8**) verläuft anfangs an der Innenseite des M. quadratus lumborum über die Dorsalfläche der Niere und dann zwischen M. transversus abdominis und M. obliquus internus abdominis. Er beteiligt sich an der Innervation der breiten Bauchmuskulatur. Er gibt zwei Hautäste ab, von denen der Ramus cutaneus lateralis die seitliche Hüftgegend versorgt und der Ramus cutaneus anterior die Aponeurose des M. obliquus externus abdominalis kranial des äußeren Leistenringes durchbohrt und die Haut in diesem Gebiet sowie die Regio pubica versorgt (S. 84 D15, S. 96 C16).

N. ilioinguinalis (L1)

Der *N. ilioinguinalis* (**A9**) zieht entlang des Leistenbandes und im Leistenkanal mit dem Samenstrang bis zum Scrotum resp. mit dem Lig. teres uteri bei der Frau bis zu den Labia majora. Er beteiligt sich an der Innervation der breiten Bauchmuskeln und versorgt sensibel die Haut des Mons pubis und den oberen Teil des Scrotum resp. der Labia majora (S. 84 D16).

N. genitofemoralis (L1, L2)

Der *N. genitofemoralis* (**A10**) teilt sich bereits in oder auf dem M. psoas in zwei Äste, den **Ramus genitalis** und den **Ramus femoralis.** Der *Ramus genitalis* verläuft in der Bauchwand über dem Leistenband durch den Leistenkanal und gelangt mit dem Samenstrang zum Scrotum, bei der Frau mit dem Lig. teres uteri zu den Labia majora. Er innerviert den M. cremaster und versorgt sensibel die Haut des Scrotum resp. der Labia majora und den gegenüberliegenden Hautbezirk des Oberschenkels (S. 84 D17, S. 96 C15). Der *Ramus femoralis* verläuft unterhalb des Leistenbandes und wird im Hiatus saphenus subkutan. Er versorgt die Haut des Oberschenkels lateral vom Gebiet des Ramus genitalis (S. 84 D18).

A11 N. cutaneus femoralis lateralis (S. 88 A),
A12 N. cutaneus femoris posterior (S. 90 D),
A13 N. pudendus (S. 96 AB1),
A14 N. glutaeus superior (S. 90 E).

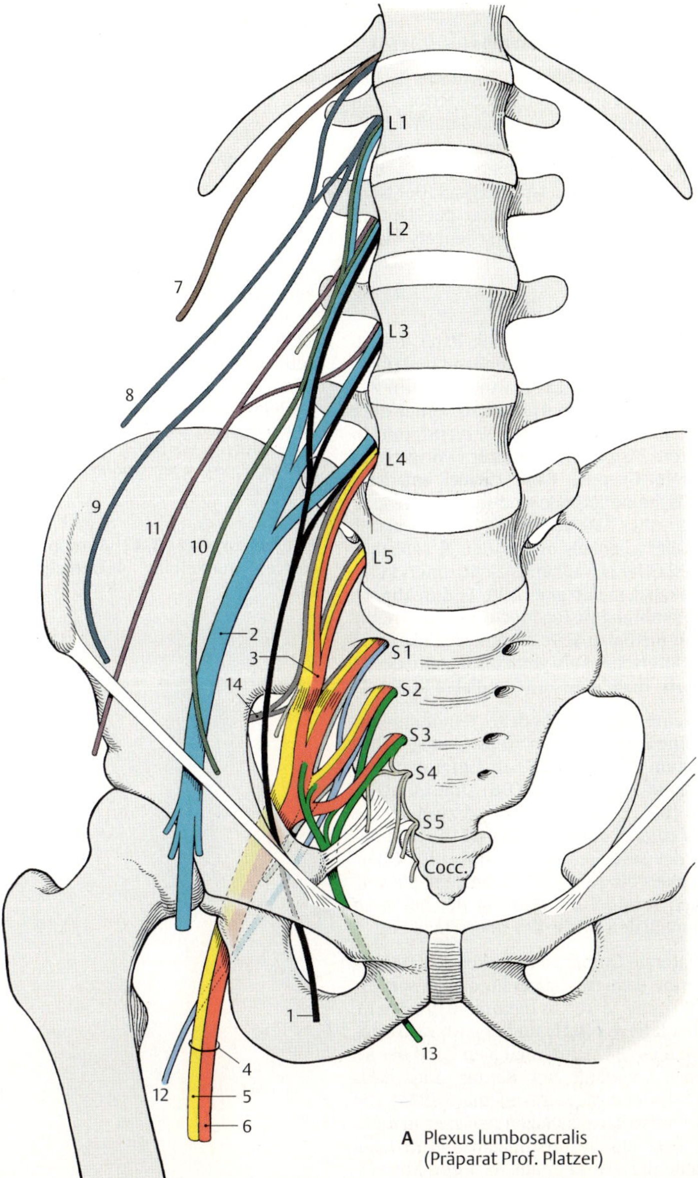

A Plexus lumbosacralis
(Präparat Prof. Platzer)

Plexus lumbalis, Fortsetzung

N. cutaneus femoris lateralis (L2–L3) (A)

Der Nerv verläuft über den M. iliacus bis unter die Spina iliaca anterior superior. Dann zieht er unter dem Leistenband duch den lateralen Abschnitt der Lacuna musculorum zur Außenfläche des Oberschenkels und tritt durch die Fascia lata zur Haut. Der Nerv ist rein sensibel und versorgt die Haut an der Seitenfläche des Oberschenkels bis in Kniehöhe.

N. femoralis (L1–L4) (B–D)

Der Nerv zieht am lateralen Rand des M. psoas major bis zum Leistenband und unter diesem durch die Lacuna musculorum zur Vorderseite des Oberschenkels. Unter dem Leistenband teilt sich der Nervenstamm in mehrere Äste: eine ventrale, vorwiegend sensible Gruppe, **Rami cutanei anteriores** (**B–D1**), eine laterale und mediale Gruppe motorischer Äste für die Streckmuskulatur des Oberschenkels und in den *N. saphenus* (**B–D2**). Der N. saphenus zieht zum Adduktorenkanal, in den er eintritt. Er durchbricht die Membrana vastoadductoria und verläuft an der medialen Seite des Kniegelenkes und des Unterschenkels gemeinsam mit der V. saphena magna bis zum medialen Knöchel.

Im kleinen Becken gibt der N. femoralis einige feine Äste (**D3**) zum M. psoas major (**B4**) und zum M. iliacus (**B5**) ab. Unter dem Leistenband zieht ein Ast (**D6**) zum M. pectineus (**B7**). Etwas weiter distal zweigen die *Rami cutanei anteriores* (**B–D1**) ab, von denen der stärkste auf der Mitte des Oberschenkels bis zum Knie herabzieht. Sie versorgen sensibel die Haut an der vorderen und medialen Fläche des Oberschenkels.

Die laterale Gruppe der Muskeläste (**D8**) besteht aus **Rami musculares** für den M. sartorius (**B9**), den M. rectus femoris (**B10**), den M. vastus lateralis (**B11**) und den M. vastus intermedius (**B12**). Am medialen Rand des M. sartorius verläuft der Ramus muscularis (**D13**) für den M. vastus medialis (**B14**). Die Rami musculares zweigen sich stets in mehrere Äste für die proximalen und distalen Anteile der Muskeln auf. Von den Muskelästen gehen außerdem noch feine sensible Zweige zur Kapsel des Kniegelenkes und zum Periost der Tibia ab. Vom Nervenast für den M. vastus medialis ziehen Zweige zur A. und V. femoralis.

Der **N. saphenus** (**CD2**) ist ein rein sensibler Nerv. Er gibt unterhalb des Kniegelenkes den *Ramus infrapatellaris* (**B–D15**) ab, der die Haut unterhalb der Kniescheibe versorgt. Die übrigen Zweige, *Rami cutanei cruris mediales*, versorgen die Haut an der vorderen und medialen Fläche des Unterschenkels. Der Versorgungsbezirk erstreckt sich an der Vorderseite über die Tibiakante und kann am medialen Fußrand bis zur Großzehe reichen.

Klinischer Hinweis: Bei einer Lähmung des N. femoralis kann das Bein im Kniegelenk nicht mehr gestreckt werden. Die Beugung im Hüftgelenk ist abgeschwächt und der Patellarsehnenreflex fehlt.

Hautversorgung (**A, C**): Autonomgebiet der Nerven dunkelblau, Maximalgebiet hellblau.

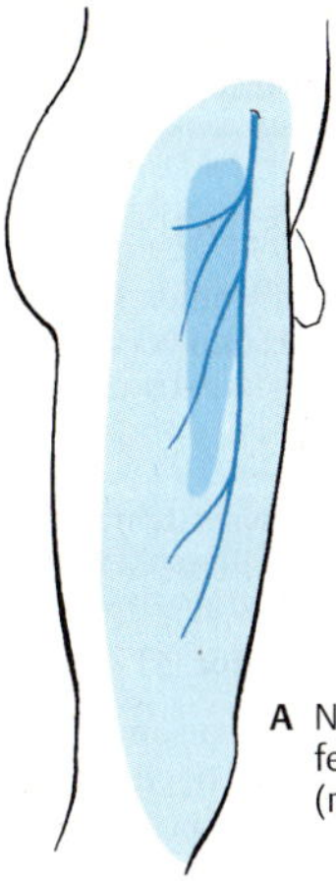

A N. cutaneus femoris lateralis (nach Lanz-Wachsmuth)

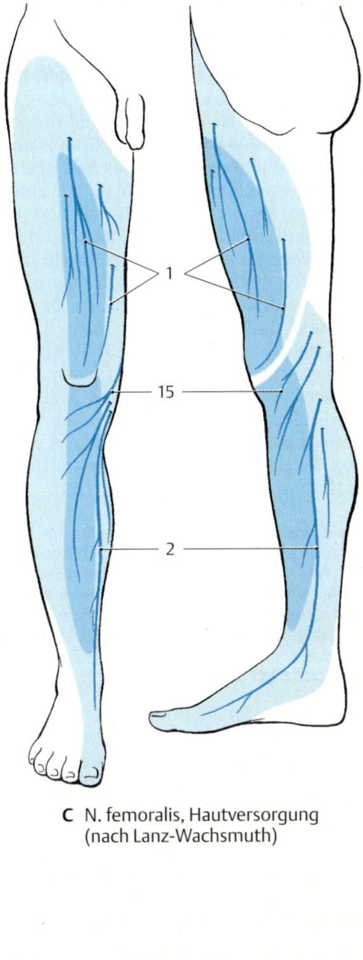

C N. femoralis, Hautversorgung (nach Lanz-Wachsmuth)

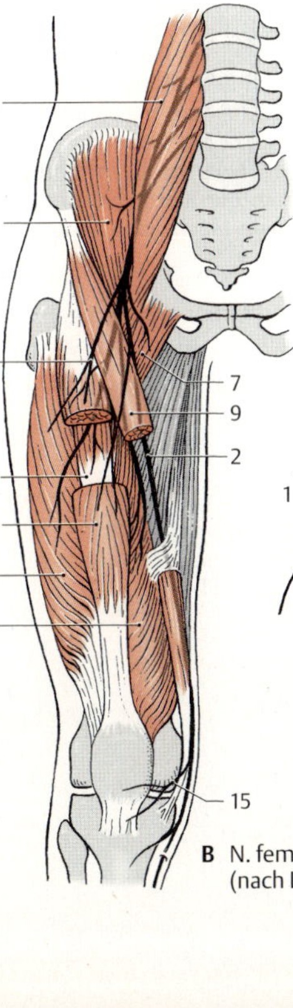

B N. femoralis, Muskelversorgung (nach Lanz-Wachsmuth)

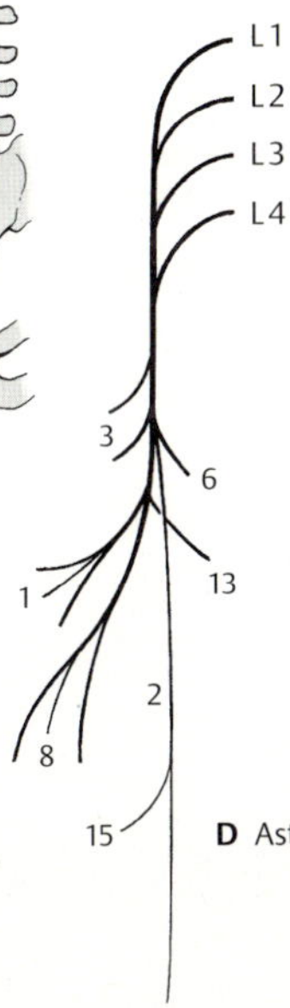

D Astfolge

Plexus lumbalis, Fortsetzung (A – C)

N. obturatorius (L2 – L4)

Der Nerv versorgt motorisch die **Adduktoren** des Oberschenkels. Medial vom M. psoas major zieht er an der Seitenwand des kleinen Beckens abwärts bis zum Canalis obturatorius, durch den er auf das Bein gelangt. Er gibt einen Ramus muscularis für den M. obturatorius externus (**AB1**) ab und teilt sich dann in einen oberflächlichen und einen tiefen Ast. Der **Ramus superficialis** (**AB2**) verläuft zwischen M. adductor longus (**A3**) und M. adductor brevis (**A4**), die er beide versorgt. Er gibt außerdem Äste zum M. pectineus und M. gracilis (**A5**) ab und entsendet schließlich als Endast einen *Ramus cutaneus* (**A – C6**) zum distalen Bezirk der medialen Oberschenkelfläche. Der **Ramus profundus** (**AB7**) verläuft über den M. obturatorius externus hinweg und dann in die Tiefe zum M. adductor magnus (**A8**).

Klinischer Hinweis: Die Lähmung des N. obturatorius (z. B. infolge eines Beckenbruchs) hat den Ausfall der Adduktorenmuskulatur zur Folge. Dadurch werden Stand und Gang beeinträchtigt und das betroffene Bein kann nicht mehr über das andere geschlagen werden.

Plexus sacralis (D – F)

Der *Truncus lumbosacralis* (ein Teil von L4 und L5) und die Rami ventrales S1 bis S3 vereinigen sich auf der Vorderfläche des M. piriformis zum Plexus sacralis. Von ihm gehen direkte Äste zu Muskeln im Beckenbereich: zum M. piriformis, zu den Mm. gemelli (**F9**), zum M. obturatorius internus und zum M. quadratus femoris (**F10**).

N. glutaeus superior (L4 – S1) (E)

Der Nerv zieht über den oberen Rand des M. piriformis dorsalwärts durch das Foramen suprapiriforme zu den Mm. glutaeus medius (**E11**) und glutaeus minimus (**E12**), die er beide motorisch versorgt. Zwischen beiden Muskeln verläuft er weiter bis zum M. tensor fasciae latae (**E13**).

Klinischer Hinweis: Bei einer Lähmung des Nerven wird die Abduktion des Beins geschwächt. Beim Stand auf dem betroffenen Bein und beim Anheben des gesunden Beins sinkt die andere Beckenseite ab (*Trendelenburg-Zeichen*).

N. glutaeus inferior (L5 – S2) (F)

Der Nerv tritt durch das Foramen infrapiriforme aus dem Becken aus und versorgt mit mehreren Ästen den M. glutaeus maximus (**F14**).

Klinischer Hinweis: Bei einer Lähmung des Nerven ist die Streckung im Hüftgelenk (z. B. beim Aufstehen oder Treppensteigen) geschwächt.

N. cutaneus femoris posterior (S1 – S3) (D)

Der Nerv verläßt das Becken zusammen mit dem N. ischiadicus und dem N. glutaeus inferior durch das Foramen infrapiriforme und gelangt unter dem M. glutaeus maximus an die Rückfläche des Oberschenkels. Direkt unter der Fascia lata gelegen, zieht er an der Mitte des Oberschenkels bis in die Kniekehle. Der rein sensible Nerv gibt Äste an den Unterrand des Gesäßes, **Nn. clunium inferiores**, und an die Dammgegend, **Rami perineales**, ab. Er versorgt sensibel die Rückseite des Oberschenkels von der unteren Gesäßgegend bis in die Kniekehle und greift auf die proximale Fläche des Unterschenkels über.

Hautversorgung (**C, D**): Autonomgebiet der Nerven dunkelblau, Maximalgebiet hellblau.

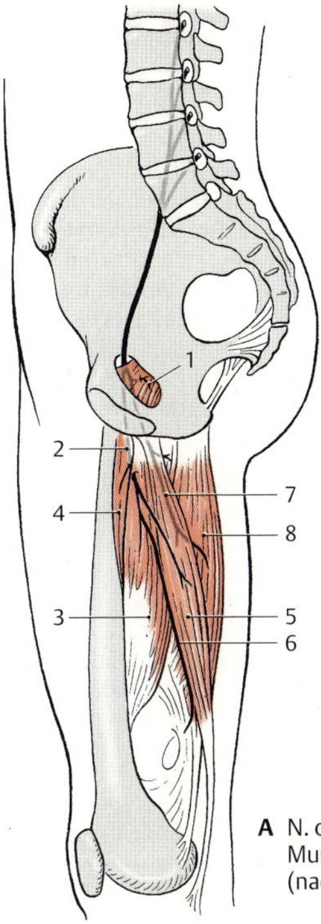

A N. obturatorius, Muskelversorgung (nach Lanz-Wachsmuth)

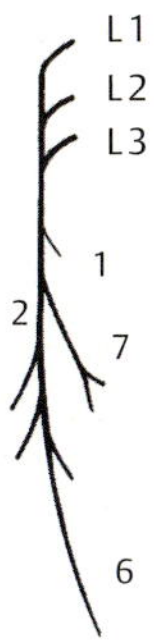

B Astfolge

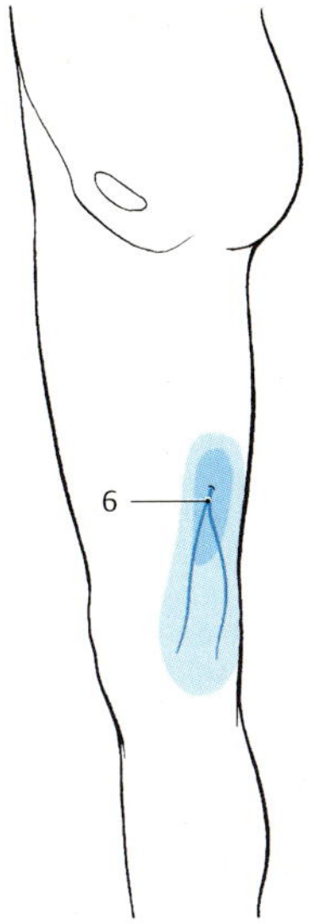

C N. obturatorius, Hautversorgung (Lanz-Wachsmuth)

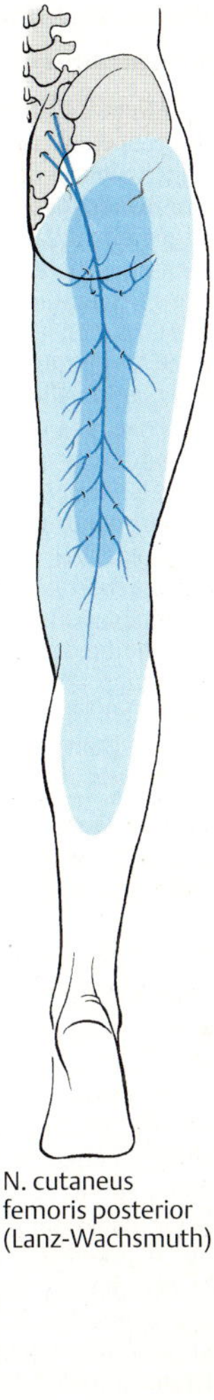

D N. cutaneus femoris posterior (Lanz-Wachsmuth)

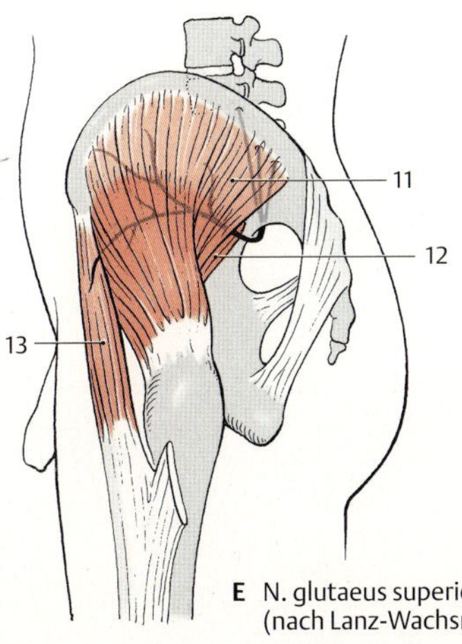

E N. glutaeus superior (nach Lanz-Wachsmuth)

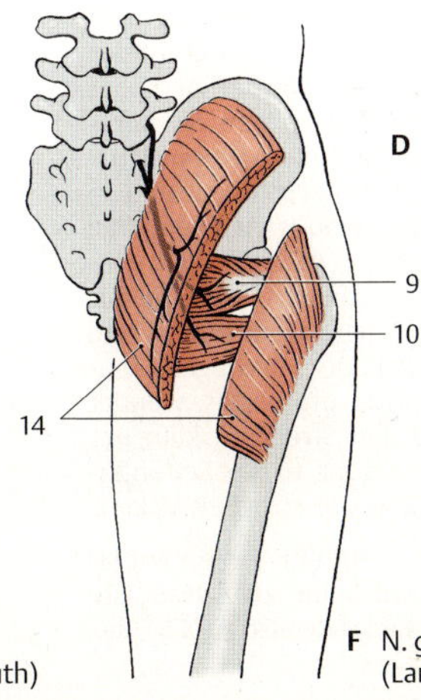

F N. glutaeus inferior (Lanz-Wachsmuth)

Plexus sacralis (A–C), Fortsetzung

N. ischiadicus (L4–S3) (AC 1)

Der Nerv besteht aus zwei Komponenten, dem **N. peronaeus communis** (*N. fibularis*), und dem **N. tibialis**, die im kleinen Becken und im Oberschenkel von einer gemeinsamen Bindegewebshülle umgeben sind und daher als ein einheitlicher Nervenstamm imponieren. Der N. ischiadicus verläßt das Becken durch das Foramen infrapiriforme und zieht unter dem M. glutaeus maximus und dem M. biceps, auf der Rückseite des M. obturatorius internus, des M. quadratus femoris und des M. adductor magnus in Richtung Kniegelenk. Über dem Kniegelenk trennen sich der N. peronaeus und der N. tibialis. Im Becken liegt innerhalb der Bindegewebshülle der N. peronaeus oben, der N. tibialis unten. Im Oberschenkel liegt dann der N. peronaeus lateral und der N. tibialis medial. Beide können auch völlig getrennt verlaufen, wobei dann der N. tibialis allein durch das Foramen infrapiriforme austritt, während der N. peronaeus den M. piriformis durchbohrt.

N. peronaeus communis (N. fibularis) (L4–S2) (**AC2**). Im Oberschenkel geht vom Peronaeusanteil des N. ischiadicus ein Ramus muscularis zum Caput breve M. bicipitis femoris (**A3**) ab.

Nach der Teilung des N. ischiadicus zieht der N. peronaeus communis entlang dem M. biceps am lateralen Rand der Kniekehle zum Caput fibulae. Er wendet sich dann um das Collum fibulae herum zur Vorderfläche des Unterschenkels und tritt in den M. peronaeus (fibularis) longus ein. In diesem Muskel teilt sich der N. peronaeus communis in den *N. peronaeus superficialis* (**AC4**) und den *N. peronaeus profundus* (**AC5**). Der vorwiegend sensible N. peronaeus superficialis verläuft zwischen M. peronaeus longus und Fibula zum Fußrücken. Der vorwiegend motorische N. peronaeus profundus wendet sich nach vorn zu den Streckmuskeln des Unterschenkels und zieht an der Seitenfläche des M. tibialis anterior zum Fußrücken.

Vom N. peronaeus communis gehen am lateralen Rand der Kniekehle zwei Hautäste ab, der **N. cutaneus surae lateralis** (**A–C6**), der die Haut an der lateralen Fläche des Unterschenkels versorgt, und der **Ramus communicans peronaeus** (**C7**), der sich mit dem *N. cutaneus surae medialis* zum *N. suralis* vereinigt.

Der **N. peronaeus superficialis** gibt *Rami musculares* (**AC8**) zu den Mm. peronaei (longus [**A9**] et brevis [**A10**] ab. Der Rest des Nerven ist rein sensibel: er teilt sich in seine Endäste auf, in den **N. cutaneus dorsalis medialis** (**BC11**) und in den **N. cutaneus dorsalis intermedius** (**BC12**), welche die Haut des Fußrückens mit Ausnahme des Zwischenzehenraumes zwischen Großzehe und zweiter Zehe versorgen.

Der **N. peronaeus profundus** gibt mehrere *Rami musculares* (**AC13**) an die Streckmuskeln des Unterschenkels und des Fußes ab, an den M. tibialis anterior (**A14**), die Mm. extensores digitorum (longus [**A15**] et brevis [**A16**] und die Mm. extensores hallucis (longus [**A17**] et brevis [**A18**]). Der Endast ist sensibel und versorgt die einander zugekehrten Hautflächen des Zwischenzehenraumes der Großzehe und der zweiten Zehe (**B19**).

Klinischer Hinweis: Eine Schädigung des Nerven betrifft die Fußstrecker. Der Fuß kann im Sprunggelenk nicht mehr angehoben werden. Beim Gehen hängt er nach unten und die Zehen schleifen am Boden. Das Bein muß daher übermäßig angehoben werden, und es resultiert der sog. *Hahnentritt.*

Hautversorgung (**B**): Autonomgebiet der Nerven dunkelblau, Maximalgebiet hellblau.

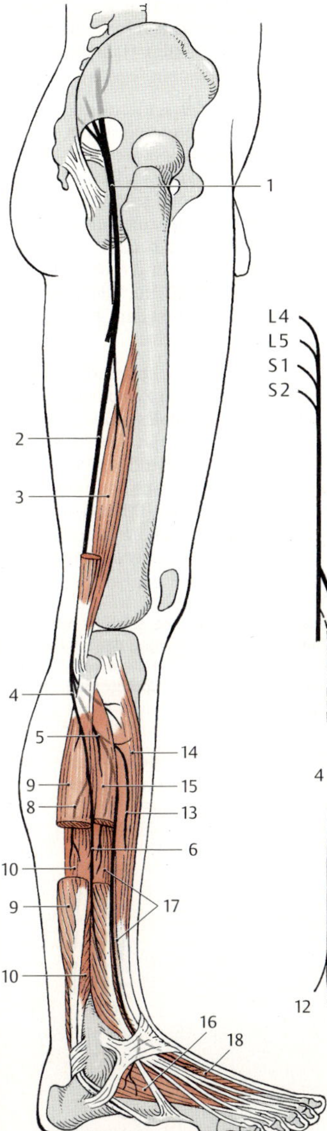

A N. peronaeus communis, Muskelversorgung (nach Lanz-Wachsmuth)

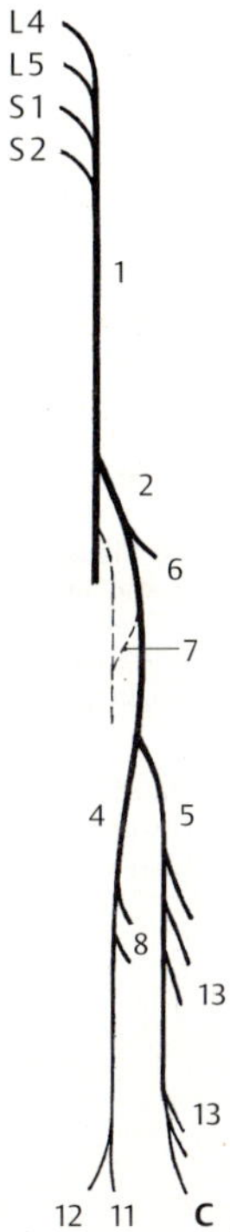

C Astfolge

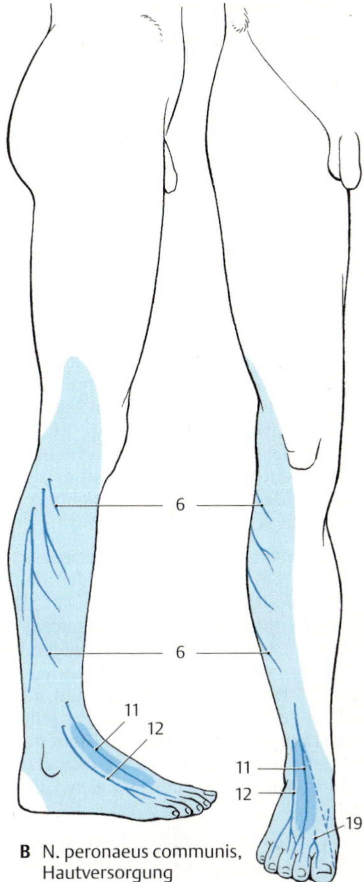

B N. peronaeus communis, Hautversorgung (nach Lanz-Wachsmuth)

Plexus sacralis (A – D)

N. ischiadicus, Fortsetzung

N. tibialis (L4 – S3) (**A – D**). Aus dem Tibialisanteil des N. ischiadicus gehen mehrere *motorische Äste* (**AC1**) ab: für den proximalen und distalen Teil des M. semitendinosus (**A2**), für das Caput longum M. bicipitis (**A3**) und ein sich teilender Ast für den M. semimembranosus (**A4**) und den medialen Teil des M. adductor magnus (**A5**).

Nach der Teilung des N. ischiadicus zieht der N. tibialis senkrecht durch die Mitte der Kniekehle unter den M. gastrocnemius. Er liegt dann unter dem Arcus tendineus des M. soleus und weiter distal zwischen dem M. flexor hallucis longus und dem M. flexor digitorum longus. Zwischen den Sehnen der beiden Muskeln gelangt er an die Rückseite des medialen Knöchels und zieht um ihn herum. Unter dem Knöchel teilt er sich in seine beiden Endäste, den *N. plantaris medialis* und den *N. plantaris lateralis*.

In der Kniekehle zweigt der **N. cutaneus surae medialis** (**C6**) ab, der zwischen den beiden Köpfen des M. gastrocnemius abwärts läuft und sich mit dem Ramus communicans peronaeus zum **N. suralis** (**BC7**) vereinigt. Dieser zieht lateral von der Achillessehne hinter den lateralen Knöchel und um diesen herum zum lateralen Fußrand. Er gibt die **Rami calcanei laterales** (**BC8**) zur Haut der lateralen Fersenseite und den **N. cutaneus dorsalis lateralis** (**BC9**) zum lateralen Fußrand ab.

In der Kniekehle gehen außerdem *motorische Äste* (**AC10**) zu den Beugern am Unterschenkel ab: zu den beiden Köpfen des M. gastrocnemius (**A11**), zum M. soleus (**A12**), zum M. plantaris und zum M. popliteus (**A13**). Vom *Ramus popliteus* zweigt der *N. interosseus cruris* (**C14**) ab, der an der Rückfläche der Membrana interossea verläuft und das Periost der Tibia, das obere Sprunggelenk und das Tibiofibulargelenk sensibel versorgt. Der N. tibialis gibt während seines Verlaufes unter dem M. soleus *Rami musculares* (**C15**) zum M. tibialis posterior (**A16**), zum M. flexor digitorum longus (**A17**) und zum M. flexor hallucis longus (**A18**) ab. Bevor sich der Nervenstamm in seine Endäste aufgabelt, schickt er die **Rami calcanei mediales** (**BC19**) zum medialen Hautbezirk der Ferse.

Der mittlere der beiden Endäste, der **N. plantaris medialis** (**CD20**), innerviert den M. abductor hallucis (**D21**), den M. flexor digitorum brevis (**D22**) und den M. flexor hallucis brevis (**D23**). Er teilt sich schließlich in die drei **Nn. digitales plantares communes** (**BC24**), die die Mm. lumbricales 1 und 2 (**D25**) versorgen und sich weiter in die Nn. digitales plantares proprii (**BC26**) für die Haut der Zwischenzehenräume von der Großzehe bis zur vierten Zehe aufgabeln.

Der zweite Endast, **N. plantaris lateralis** (**CD27**) teilt sich in einen **Ramus superficialis** (**C28**) mit den *Nn. digitales plantares communes* (**C29**) und *Nn. proprii* (**BC30**) für die Haut der Kleinzehengegend und in einen **Ramus profundus** (**CD31**) mit *Rami musculares* für die Mm. interossei (**D32**), den M. adductor hallucis (**D33**) und die lateralen drei Mm. lumbricales. **D34** M. flexor digiti minimi brevis.

Klinischer Hinweis: Eine Schädigung des N. tibialis führt zu einer Lähmung der Zehen- und Fußbeuger. Der Fuß kann nicht mehr plantarwärts bewegt werden: der Zehenstand ist unmöglich.

Hautversorgung (**B**): Autonomgebiet der Nerven dunkelblau, Maximalgebiet hellblau.

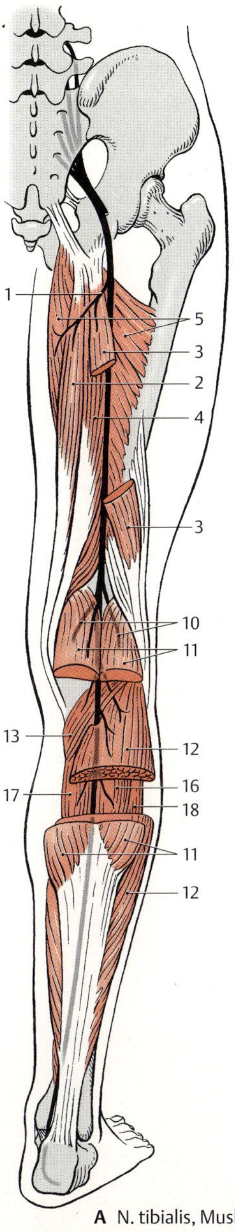

A N. tibialis, Muskelversorgung

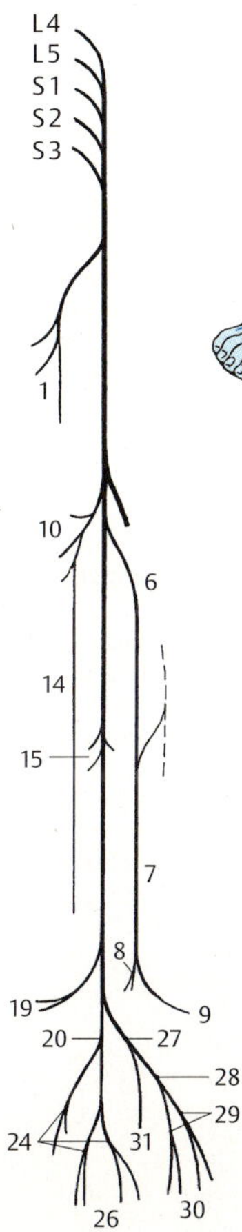

C Astfolge

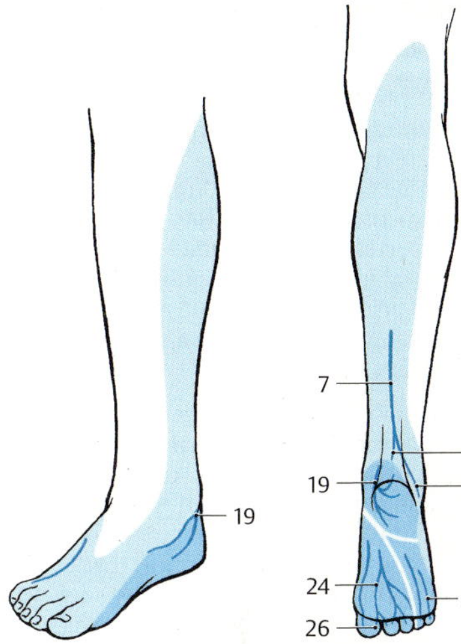

B N. tibialis, Hautversorgung (nach Lanz-Wachsmuth)

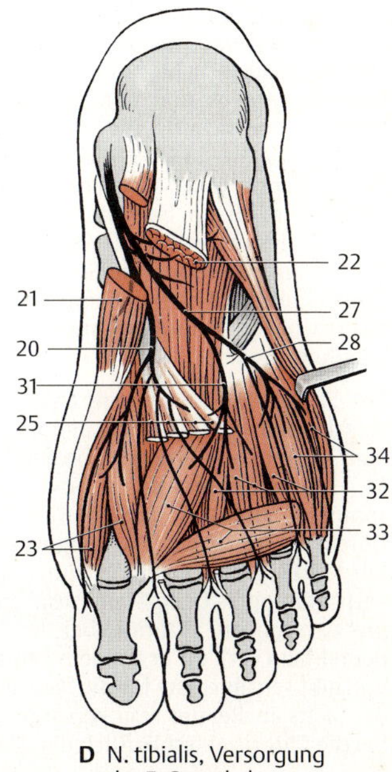

D N. tibialis, Versorgung der Fußmuskeln (nach Lanz-Wachsmuth)

Plexus sacralis (A–C), Fortsetzung

N. pudendus (S2–S4) (A, B)

Der N. pudendus (**AB1**) tritt durch das Foramen infrapiriforme (**AB2**) aus dem Becken aus, zieht dorsal um die Spina ischiadica (**AB3**) herum und tritt durch das Foramen ischiadicum minus (**AB4**) in die Fossa ischiorectalis ein. Er verläuft dann an deren Seitenwand im *Canalis pudendalis* (*Alcock-Kanal*) bis unter die Symphyse und mit seinem Endast auf die Dorsalseite des Penis resp. der Clitoris.

Im Canalis pudendalis gehen zahlreiche Äste ab: Die **Nn. rectales inferiores** (**A–C5**), die auch direkt vom 2. bis 4. Sakralnerven abgehen können, treten durch die Wand des Kanals zum Damm und versorgen motorisch den M.sphincter ani externus (**AB6**) und sensibel die Haut um den Anus sowie die unteren Zweidrittel des Canalis analis.

Die **Nn. perineales** (**AB7**) gliedern sich in tiefe und oberflächliche Äste. Die tiefen Äste beteiligen sich an der Innervation des M. sphincter ani externus. Weiter oberflächlich versorgen sie den M. bulbospongiosus, M. ischiocavernosus und den M. transversus perinei superficialis. Die oberflächlichen Äste versorgen sensibel die hintere Partie des Scrotum (Nn. scrotales posteriores) (**AC8**) beim Mann bzw. der Labia majora (Nn. labiales posteriores) (**BC9**) bei der Frau; beim Mann weiterhin die Schleimhaut der Urethra und den Bulbus penis, bei der Frau das Ostium externum urethrae und das Vestibulum vaginae.

Der Endast, **N. dorsalis penis** (**A10**), resp. **N. dorsalis clitoris** (**B11**), sendet motorische Äste zum M. transversus perinei profundus, zum M. sphincter profundus und zum M. sphincter urethrae (**B12**). Nach seinem Durchtritt durch das Diaphragma urogenitale (**AB13**) gibt er einen Ast zum Corpus cavernosum penis beim Mann resp. zum Corpus cavernosum clitoridis bei der Frau ab. Beim Mann verläuft er auf dem Penisrücken und gibt sensible Äste für die Penishaut und die Glans ab. Bei der Frau versorgt er sensibel die Clitoris einschließlich der Glans.

Rami musculares (S3, S4)

Der M. levator ani und der M. coccygeus werden durch Nervenäste direkt aus dem Plexus sacralis versorgt.

Plexus coccygeus (S4–Co) (A–C)

Die Rami ventrales des 4. und 5. Sakralnerven und des N. coccygeus bilden auf dem M. coccygeus ein feines Geflecht, den Plexus coccygeus (**AB14**). Von ihm gehen die **Nn. anococcygei** ab, die sensibel die Haut über dem Steißbein und zwischen Steiß und Anus versorgen (**C14**).

Sensible Versorgung von Becken und Damm (C)

Es beteiligen sich außer den sakralen und kokzygealen Nerven der *N. ilioinguinalis* und der *N. genitofemoralis* (**C15**), der *N. iliohypogastricus* (**C16**), der *N. obturatorius* (**C17**), der *N. cutaneus femoris posterior* (**C18**), die *Nn. clunium inferiores* (**C19**) und die *Nn. clunium medii* (**C20**).

Äußere Genitalien-, Blasen- und Mastdarmöffnung sind Grenzgebiete zwischen unwillkürlicher glatter Eingeweidemuskulatur und willkürlicher quergestreifter Muskulatur. Dementsprechend sind hier vegetative und somatomotorische Fasern miteinander verflochten. Der N. pudendus enthält außer sensiblen, somatomotorischen und sympathischen Fasern auch parasympathische Fasern aus dem Sakralmark. Sympathische Fasern gehen auch als Nn. splanchnici pelvini (Nn. erigentes) vom 2. bis 4. Sakralnerven ab.

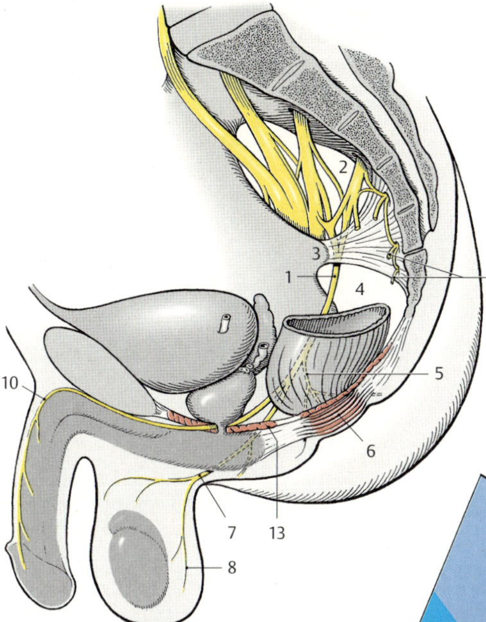

A N. pudendus beim Mann

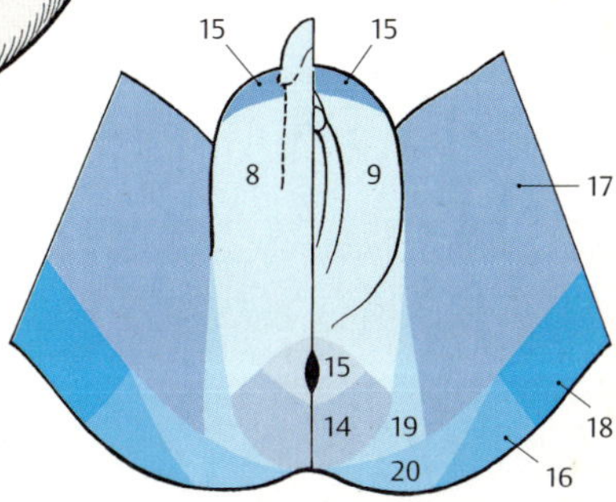

C Sensible Versorgung des Dammes (nach Haymaker u. Woodhall)

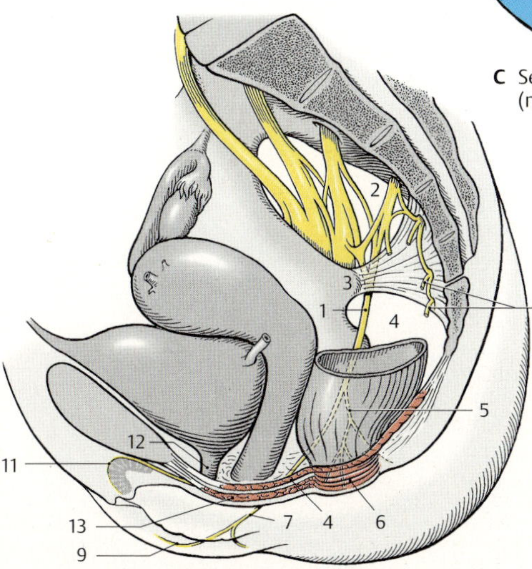

B N. pudendus bei der Frau

Hirnstamm und Hirnnerven

Übersicht (A–D)

Den **Hirnstamm**, **Truncus cerebri**, gliedern wir in drei Abschnitte: in die *Medulla oblongata* (verlängertes Mark) (**C1**), in den *Pons* (Brücke) (**C2**) und in das *Mesencephalon* (Mittelhirn) (**C3**).

Es handelt sich um den Teil des Gehirns, der während der Embryonalentwicklung von der Chorda dorsalis unterlagert wird und von dem zehn echte periphere Nervenpaare (Hirnnerven III–XII) abgehen. Das *Kleinhirn (Cerebellum)*, das entwicklungsgeschichtlich dazugehört, besprechen wir wegen seiner besonderen Struktur gesondert (S. 152).

Das **verlängerte Mark**, die **Medulla oblongata**, bildet zwischen der Pyramidenkreuzung und dem Unterrand des Pons den Übergang vom Rückenmark zum Gehirn. Bis zum Pons laufen die *Fissura mediana anterior*, unterbrochen von der *Pyramidenkreuzung* (**A4**) und beiderseits der *Sulcus ventrolateralis* (**AD5**). Die Vorderstränge verdicken sich unterhalb der Brücke zu den *Pyramiden, Pyramides* (**A6**). Lateral von ihnen wölbt sich beiderseits die *Olive, Oliva* (**AD7**), vor.

Die **Brücke**, der **Pons**, bildet einen breiten gewölbten Wulst mit einer ausgeprägten Querfaserung. In ihm werden absteigende Bahnen aus dem Großhirn auf Neurone umgeschaltet, die zum Kleinhirn ziehen.

Die dorsale Fläche des Hirnstamms ist vom **Kleinhirn**, **Cerebellum** (**C8**), überdeckt. Bei seiner Entfernung werden die *Kleinhirnschenkel* beiderseits durchschnitten: *Pedunculus cerebellaris inferior* (*Corpus restiforme*) (**BD9**), *Pedunculus cerebellaris medius* (*Brachium pontis*) (**BD10**) und *Pedunculus cerebellaris superior* (*Brachium conjunctivum*) (**BD11**). Dabei wird der *IV. Ventrikel* (**C12**) eröffnet, dessen zeltförmiges Dach vom *Velum medullare superius* (**C13**) und *Velum medullare inferius* (**C14**) gebildet wird. Es liegt dann der Boden des IV. Ventrikels, die *Fossa rhomboidea* (*Rautengrube*) (**B**), frei. Nach ihr werden Medulla und Pons auch als **Rhombencephalon** (*Rautenhirn*) zusammengefaßt. Die Hinterstränge (vgl. S. 56) verdicken sich beiderseits zum *Tuberculum nuclei cuneati* (**B15**) und *Tuberculum nuclei gracilis* (**B16**), begrenzt durch den *Sulcus medianus posterior* (**B17**) und beiderseits durch den *Sulcus posterolateralis* (**B18**).

Der **IV. Ventrikel** bildet beiderseits den *Recessus lateralis* (**B19**), der sich zum äußeren Liquorraum öffnet, *Apertura lateralis* (*Foramen Luschkae*) (**B20**). Eine unpaare Öffnung liegt unter dem Velum medullare inferius, *Apertura mediana* (*Foramen Magendii*) (S. 282 D14). Der Boden der **Rautengrube** zeigt neben dem *Sulcus medianus* (**B21**) Vorwölbungen, die durch Hirnnervenkerne hervorgerufen werden: *Eminentia medialis* (**B22**), *Colliculus facialis* (**B23**), *Trigonum n. hypoglossi* (**B24**), *Trigonum n. vagi* (**B25**) und *Area vestibularis* (**B26**). Die Rautengrube wird von markhaltigen Nervenfasern, *Striae medullares* (**B27**), überquert. Die pigmenthaltigen Nervenzellen des *Locus caeruleus* (**B28**) schimmern bläulich durch den Boden der Rautengrube. Sie sind überwiegend noradrenerg und projizieren in den Hypothalamus, das limbische System und zum Neocortex. Daneben enthält der Locus caeruleus auch peptiderge Neurone (Enkephalin, Neurotensin).

Die Ventralfläche des **Mittelhirns**, **Mesencephalon**, wird von den *Hirnschenkeln*, *Pedunculi cerebri* (**A29**) (absteigende Großhirnbahnen), gebildet. Zwischen ihnen liegt die *Fossa interpeduncularis* (**A30**), deren Boden von zahlreichen Gefäßen durchlöchert wird, *Substantia perforata posterior*. An der Dorsalfläche des Mittelhirns liegt die *Vierhügelplatte*, *Lamina tecti* (*Lamina quadrigemina*) (**BD31**), mit zwei oberen Hügeln, *Colliculi superiores* (**D32**), Schaltstelle im optischen System, und zwei unteren Hügeln, *Colliculi inferiores* (**D33**), Schaltstelle im akustischen System.

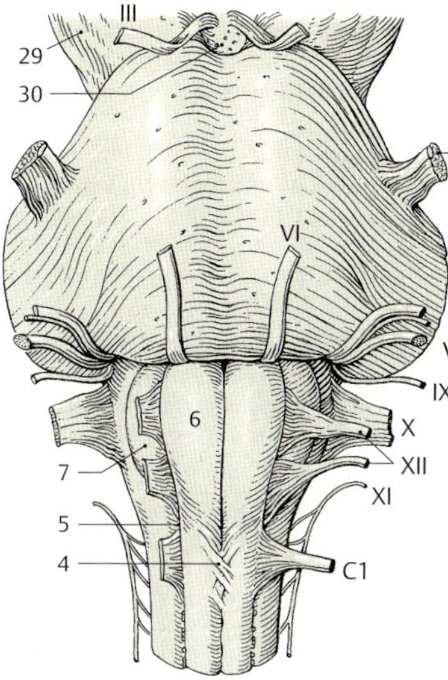

A Hirnstamm von basal

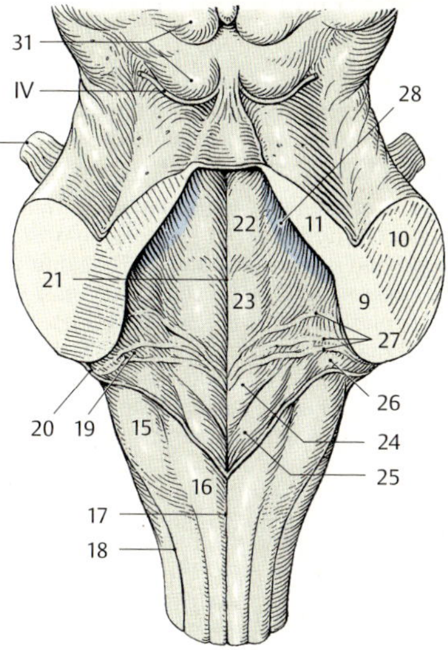

B Hirnstamm von dorsal, Rautengrube

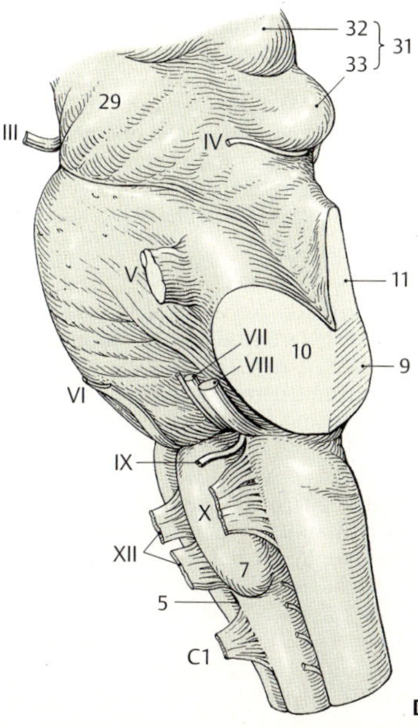

D Hirnstamm von lateral

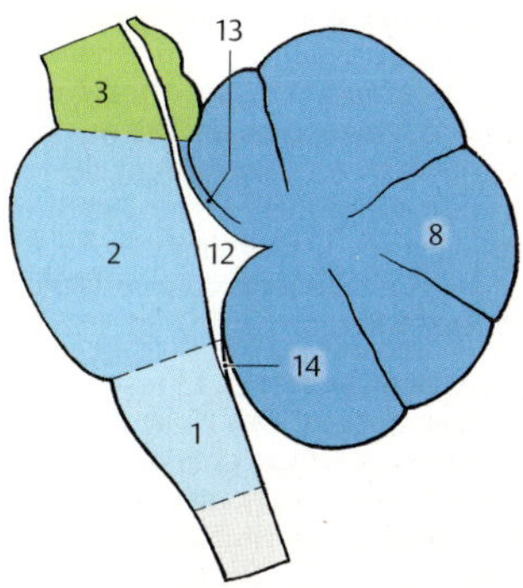

C Gliederung des Hirnstamms

Längszonengliederung (A)

Im Hirnstamm ist die Längszonengliederung des *Neuralrohres* (**A1**) noch erkennbar. Sie wird jedoch durch die Erweiterung des Zentralkanals zum IV. Ventrikel verändert (**A2**, **A3**).

Die ventrodorsale Anordnung von motorischer **Grundplatte** (**A4**), viszeromotorischer (**A5**) und viszerosensibler (**A6**) Region und sensibler **Flügelplatte** (**A7**) wird beim Auseinanderklappen des Neuralrohres zu einer mediolateralen Anordnung am Boden der Rautengrube (**A2**): die *somatomotorische Zone* liegt medial, daneben die *viszeromotorische Zone*; die *viszerosensible* und *somatosensible Zone* werden nach lateral verlagert. Nach diesem Bauplan sind die Hirnnervenkerne in der Medulla oblongata angeordnet (**A3**) (S. 106, S. 108).

Hirnnerven (B)

Den alten Anatomen folgend unterscheiden wir *12 Hirnnervenpaare*, obwohl die beiden ersten Paare keine peripheren Nerven sind. Der **N. olfactorius** (I) besteht aus den Nn. olfactorii, den **gebündelten Fortsätzen der Sinneszellen im Riechepithel**, die in den Riechkolben (**B8**) eintreten (S. 228 A). Der **N. opticus** (II) ist eine **Leitungsbahn des Gehirns**: das Ursprungsgebiet der Optikusfasern, die Retina, ist zusammen mit dem Pigmentepithel des Augapfels eine Ausstülpung des Zwischenhirns (S. 342 A). *Chiasma opticum* (**B9**), *Tractus opticus* (**B10**).

Die **Augenmuskelnerven** (S. 138) sind somatomotorische Nerven: Der **N. oculomotorius** (III) verläßt das Gehirn am Boden der *Fossa interpeduncularis* (**B11**); der **N. trochlearis** (IV) tritt an der Dorsalfläche des Mittelhirns aus und zieht um die Pedunculi cerebri zur Basalfläche (S. 101 BD IV); der **N. abducens** (VI) geht vom Unterrand der Brücke ab.

Fünf Nerven haben sich aus den **Kiemenbogennerven** der niederen Vertebraten entwikkelt: **N. trigeminus** (V) (S. 124), **N. facialis** (VII) (S. 122), **N. glossopharyngeus** (IX) (S. 118), **N. vagus** (X) (S. 114) und **N. accessorius** (XI) (S. 112). Die von diesen Nerven versorgte Muskulatur gehörte als Kiemenbogenmuskulatur zum Kopfdarm. Die Nerven waren also ursprünglich viszeromotorische Nerven. Bei den Säugetieren wandelten sich die Kiemembogenmuskeln zur quergestreiften Muskulatur von Schlund, Mundhöhle und Gesicht um. Sie ist im Gegensatz zur echten quergestreiften Muskulatur nicht völlig dem Willen unterworfen (affektabhängige mimische Reaktion der Gesichtsmuskulatur).

Der **N. vestibulocochlearis** (VIII) (S. 120) ist mit seinem vestibulären Anteil eine phylogenetisch alte **Verbindung zum Gleichgewichtsapparat**, die schon bei niederen Wirbeltieren vorhanden ist.

Der N. trigeminus (V) tritt im lateralen Abschnitt der Brücke aus. Seine *Radix sensoria* zieht zum *Ganglion trigeminale* (*Ganglion semilunare, Ganglion Gasseri*) (**B12**); seine *Radix motoria* (**B13**) verläuft am Ganglion vorbei. Im Kleinhirnbrückenwinkel verlassen die Nn. facialis (VII) und vestibulocochlearis (VIII) die Medulla. Die Geschmacksfasern des N. facialis treten als selbständiger Nerv, *N. intermedius* (**B14**), aus. Die Nn. glossopharyngeus (IX) und vagus (X) gehen dorsal von der Olive ab. *Ganglion superius nervi vagi* (**B15**). Die zervikalen Wurzeln des N. accessorius (XI) schließen sich zur *Radix spinalis* (**B16**) zusammen. Die oberen aus der Medulla oblongata stammenden Fasern, *Radix cranialis*, treten nach kurzem Verlauf im Nerven als *Ramus internus* (**B17**) zum N. vagus über.

Der **N. hypoglossus** (XII) (S. 112), ein somatomotorischer Nerv, ist entwicklungsgeschichtlich der **Rest einiger Zervikalnerven**, die sekundär in den Hirnbereich einbezogen wurden und deren sensible Wurzeln verkümmert sind.

B18 Tractus olfactorius,
B19 Stria olfactoria lateralis,
B20 Substantia perforata anterior,
B21 Hypophysenstiel,
B22 Bochdalek-Blumenkörbchen (S. 282 D15).

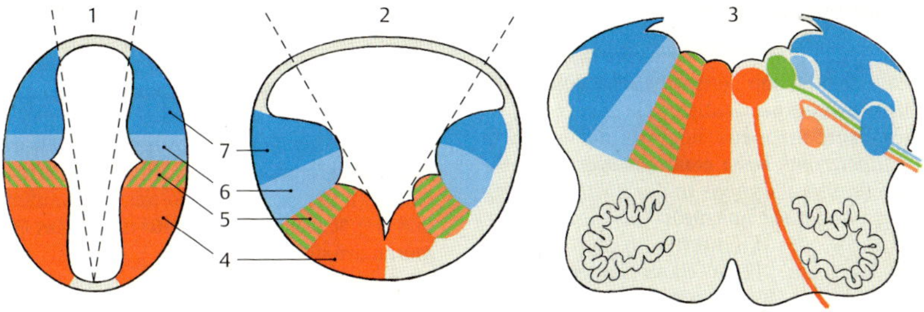

A Längszonengliederung der Medulla oblongata (nach Herrick)

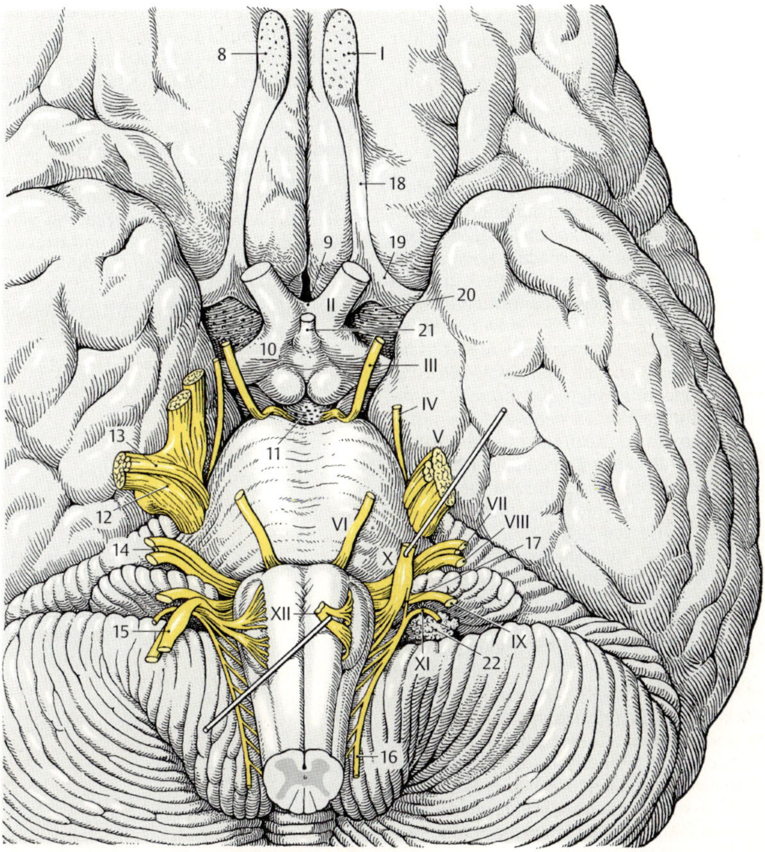

B Hirnnerven, Hirnbasis

Schädelbasis (A)

Die Schädelbasis trägt das Gehirn. Den basalen Hirnflächen entsprechen beiderseits drei knöcherne Gruben: die basale Fläche des Frontallappens liegt in der *vorderen Schädelgrube*, **Fossa cranii anterior** (**A1**), die des Temporallappens in der *mittleren Schädelgrube*, **Fossa cranii media** (**A2**), und die Unterfläche des Kleinhirns in der *hinteren Schädelgrube*, **Fossa cranii posterior** (**A3**). (Knöcherne Zusammensetzung und Abgrenzung der Schädelgruben: s. Bd. 1, S. 296.) Der Schädelinnenraum ist von der harten Hirnhaut, *Dura mater* (S. 288), ausgekleidet, die mit zwei Blättern sowohl Hirnhülle als auch Periost bildet. Eingescheidet in diese beiden Blätter verlaufen die großen venösen Blutleiter (S. 288). Durch die zahlreichen Foramina der Schädelbasis ziehen Nerven und Blutgefäße (s. Bd. 1, S. 300).

Am Boden der vorderen Schädelgrube, dicht neben der Mittellinie, treten die *Nervi olfactorii* durch die Öffnungen der dünnen *Lamina cribrosa* zum *Riechkolben* (**A4**). Zwischen den beiden mittleren Schädelgruben erhebt sich die *Sella turcica* (Türkensattel), in deren Grube die mit dem Zwischenhirnboden verbundene *Hypophyse* (**A5**) eingebettet ist. Seitlich von der Sella zieht die *A. carotis interna* (**A6**) durch den *Canalis caroticus* in den Schädelinnenraum. Bei ihrem S-förmigen Verlauf passiert sie den *Sinus cavernosus* (**A7**). Im medialen Bezirk der Grube tritt der **N. opticus** (**A8**) durch den Canalis n. optici in die Schädelhöhle ein, während die Augenmuskelnerven sie durch die Fissura orbitalis superior verlassen (vgl. Bd. 1, S. 306 A10). Der Verlauf der **Nn. abducens** (**A9**) und **trochlearis** (**A10**) ist durch ihre intradurale Lage gekennzeichnet. Der N. abducens tritt in mittlerer Höhe des Clivus in die Dura ein, der N. trochlearis an der Klivuskante am Ansatz des Tentorium. Der **N. oculomotorius** (**A11**) und der N. trochlearis verlaufen durch die laterale Wand des Sinus cavernosus, der N. abducens durch den Sinus laterobasal von der A. carotis interna (s. Bd. 2). Der **N. trigeminus** (**A12**) gelangt unter einer Durabrükke in die mittlere Schädelgrube, wo das **Ganglion trigeminale** (**A13**) in einer von den beiden Durablättern gebildeten Tasche, dem *Cavum trigeminale*, liegt. Die drei Trigeminusäste verlassen die Schädelhöhle durch verschiedene Pforten: der **N. ophthalmicus** (**A14**) zieht nach seinem Verlauf durch die Wand des Sinus cavernosus mit seinen Ästen durch die *Fissura orbitalis*, der **N. maxillaris** (**A15**) durch das *Foramen rotundum* und der **N. mandibularis** (**A16**) durch das *Foramen ovale*.

Die beiden hinteren Schädelgruben umschließen das *Foramen magnum* (**A17**), zu dem der *Clivus* (**A18**) von der Sella turcica steil abfällt. Dem Clivus liegt der Hirnstamm auf, und in die beiden basalen Gruben fügen sich die Kleinhirnhemisphären ein. Vom *Confluens sinuum* (**A19**) aus umgreift der *Sinus transversus* (**A20**) die hintere Schädelgrube und mündet in die *V. jugularis interna* (**A21**). Die **Nn. facialis** (**A22**) und **vestibulochochlearis** (**A23**) treten gemeinsam an der Facies posterior des Felsenbeins in den inneren Gehörgang, *Meatus acusticus internus*, ein. Basal davon ziehen die **Nn. glossopharyngeus** (**A24**), **vagus** (**A25**) und **accessorius** (**A26**) durch den vorderen Abschnitt des *Foramen jugulare*. Die Faserbündel des **N. hypoglossus** (**A27**) treten zum Nerv vereinigt durch den *Canalis nervi hypoglossi*.

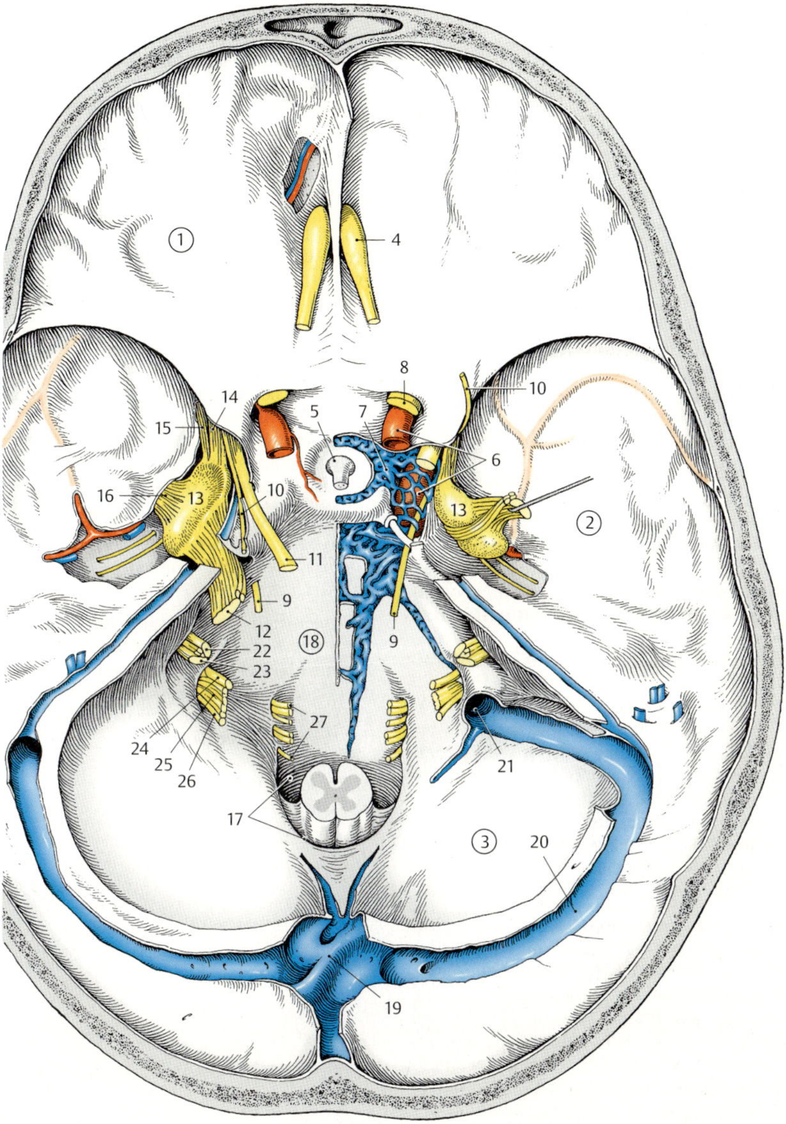

A Schädelbasis von oben (Präparat Prof. Platzer)

Hirnnervenkerne (A, B)

Entsprechend den Verhältnissen im Rükkenmark, wo das Vorderhorn Ursprungsgebiet der motorischen Fasern und das Hinterhorn Endigungsgebiet der sensiblen Fasern ist, finden wir in der Medulla *Ursprungskerne*, **Nuclei origines** (mit den Zellen der efferenten Fasern), und *Endkerne*, **Nuclei terminales** (für die Endigungen afferenter Fasern), deren pseudounipolare Zellen in sensiblen Ganglien außerhalb des Hirnstammes liegen.

Die **somatomotorischen Kerne** liegen neben der Mittellinie:

- **Nucleus n. hypoglossi** (**AB1**) (*Zungenmuskulatur*),
- **Nucleus n. abducentis** (**AB2**),
- **Nucleus n. trochlearis** (**AB3**) und
- **Nucleus n. oculomotorii** (**AB4**) (*Augenmuskeln*).

Lateral schließen sich die *viszeromotorischen Kerne* an: die echten viszeromotorischen zum Parasympathicus gehörigen Kerne und die ehemals viszeromotorischen Kerne der umgewandelten Kiemenbogenmuskulatur. Zu den **parasympathischen Kernen** gehören der

- **Nucleus dorsalis n. vagi** (**AB5**) (*Eingeweide*),
- **Nucleus salivatorius inferior** (**AB6**) (präganglionäre Fasern für die *Parotis*),
- **Nucleus salivatorius superior** (**AB7**) (präganglionäre Fasern für die *Submandibular-* und *Sublingualdrüse*) und
- **Nucleus Edinger-Westphal (Nucleus oculomotorius accessorius)** (**AB8**) (präganglionäre Fasern für den *M. sphincter pupillae* u. *M. ciliaris*).

Die Kernreihe der **motorischen Kiemenbogennerven** beginnt kaudal mit dem **Nucleus spinalis n. accessorii** (**AB9**) (*Schultermuskeln*), der sich bis in das Zervikalmark erstreckt. Sie setzt sich kranial fort mit dem **Nucleus ambiguus** (**AB10**), dem motorischen Kern des *N. vagus* u. *N. glossopharyngeus* (*Schlund-* und *Kehlkopfmuskulatur*), und dem **Nucleus n. facialis** (**AB11**) (*Gesichtsmuskulatur*). Der Fazialiskern liegt, wie alle motorischen Kerne der Kiemembogennerven, in der Tiefe. Seine Fasern beschreiben einen dorsalwärts gerichteten Bogen, verlaufen am Boden der Rautengrube (Colliculus facialis) um den Abduzenskern herum (*inneres Fazialisknie, Genu internum n. facialis*) (**A12**), um dann wieder zum unteren Brückenrand abzusteigen, wo sie aus der Medulla austreten. Der kranialste motorische Kern der Kiemembogennerven ist der **Nucleus motorius n. trigemini** (**AB13**) (*Kaumuskulatur*).

Lateral liegen die **sensiblen Kerne:** medial der viszerosensible **Nucleus solitarius** (**AB14**), in dem die sensiblen Fasern des *N. vagus* und des *N. glossopharyngeus* sowie alle *Geschmacksfasern* enden. Weiter lateral erstreckt sich das Kerngebiet des *N. trigeminus*, das mit dem

- **Nucleus pontinus n. trigemini** (**Nucleus principalis**) (**AB15**), dem
- **Nucleus mesencephalicus n. trigemini** (**AB16**) und dem
- **Nucleus spinalis n. trigemini** (**AB17**)

die größte Ausdehnung aller Hirnnervenkerne besitzt. In ihm enden alle Fasern der *exterozeptiven Sensibilität von Gesicht, Mund und Kieferhöhlen.*

Am weitesten lateral liegt schließlich das Areal der **Nuclei vestibulares** (**B18**) und der **Nuclei cochleares** (**B19**), in denen die Fasern der *Radix vestibularis* (Gleichgewichtsorgan) und der *Radix cochlearis* (Hörorgan) des *N. vestibulocochlearis* enden.

A20 Nucleus ruber,
A21 Oliva.

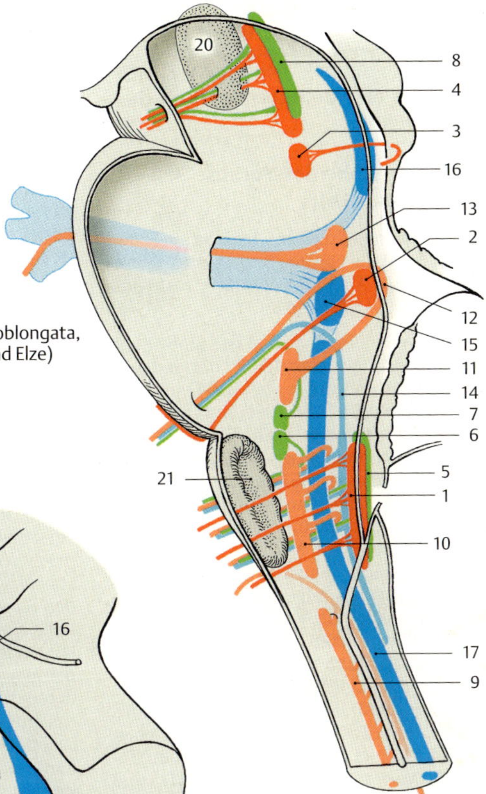

A Kerne der Hirnnerven,
Medianschnitt durch die Medulla oblongata,
Ansicht von medial (nach Braus und Elze)

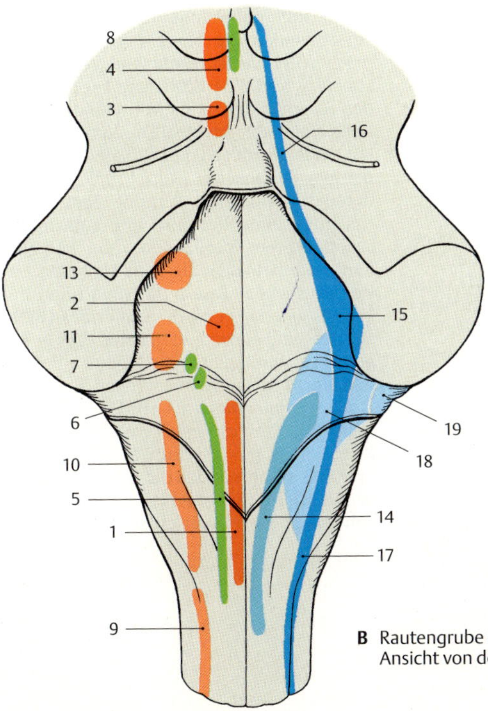

B Rautengrube mit Hirnnervenkernen,
Ansicht von dorsal

Medulla oblongata

Die halbschematisch dargestellten Querschnitte zeigen links Zellfärbungen (Nissl) und rechts die entsprechenden Markscheidenfärbungen.

Schnitt in Höhe des Nervus hypoglossus (A)

Im dorsalen Abschnitt, *Tegmentum* oder *Haube*, sind die Hirnnervenkerne zu sehen, im ventralen Abschnitt die *Olive* (**AB1**) und die *Pyramidenbahn* (**AB2**).

In der Haube liegen medial der großzellige *Nucleus nervi hypoglossi* (**AB3**), dorsal davon der *Nucleus dorsalis n. vagi* (**AB4**) und der *Nucleus solitarius* (**AB5**), der eine große Zahl peptiderger Neurone enthält. Dorsolateral enden die Hinterstränge des Rückenmarks im *Nucleus gracilis* (**A6**) und im *Nucleus cuneatus* (**AB7**), in denen die sekundäre sensible Bahn, der *Lemniscus medialis*, entspringt. Ventral vom Nucleus cuneatus liegt der Kern der spinalen Trigeminuswurzel, *Nucleus spinalis n. trigemini* (**AB8**). Im mittleren Feld fallen die großen Zellen des *Nucleus ambiguus* (**AB9**) auf. Sie liegen im Bereich der *Formatio reticularis*, von der sich nur der etwas dichtere *Nucleus reticularis lateralis* (**AB10**) abgrenzen läßt. Die *Olive* (**AB1**), deren Fasern zum Kleinhirn ziehen (S. 164 A11), ist von zwei Nebenkernen begleitet: *Nucleus olivaris dorsalis* (**AB11**) und *Nucleus olivaris medialis* (**AB12**). An der Ventralfläche der Pyramiden zieht sich der *Nucleus arcuatus* (**AB13**) hin, in dem Kollateralen der Pyramidenbahn umgeschaltet werden (*Tractus arcuatocerebellaris*, S. 164 C18).

Fasern des *N. hypoglossus* (**A14**) durchqueren die Medulla bis zu ihrem Austritt zwischen Pyramide und Olive. Dorsal vom Hypoglossuskern ist der *Fasciculus longitudinalis dorsalis* (Schütz-Bündel) (**AB15**) (S. 144 B), lateral der *Tractus solitarius* (**AB16**) (S. 114 B12 u. S. 118 B10) und ventral der *Fasciculus longitudinalis medialis* (**AB17**) (S. 142 A) getroffen. Von den Hinterstrangkernen strahlen in breiter Fläche die *Fibrae arcuatae internae* (**AB18**) in den *Lemniscus medialis* (**AB19**) (S. 140 B) ein. Lateral verläuft der *Tractus spinalis n. trigemini* (**AB20**) (S. 124 B5), und dorsal vom Olivenhauptkern steigt die zentrale Haubenbahn, *Tractus tegmentalis centralis* (**A21**) (extrapyramidal-motorisch, S. 144 A), abwärts. Durch den Hilus der Olive ziehen die Fasern des *Tractus olivocerebellaris* (**AB22**) und um den lateralen Rand die *Fibrae arcuatae superficiales* (**AB23**) (Nucleus arcuatus, Cerebellum). Der ventrale Bezirk wird von der *Pyramidenbahn* (**AB2**) (S. 140 A) eingenommen.

Schnitt in Höhe des Nervus vagus (B)

Der IV. Ventrikel hat sich erweitert. An seinem Boden sind die gleichen Kernsäulen wie in A getroffen. Ventral vom *Hypoglossuskern* (**B3**) erscheint der *Nucleus Roller* (**B24**) und dorsal der *Nucleus intercalatus* (*Staderini*) (**B25**); Faserverbindungen beider Kerne sind unbekannt. Im lateralen Feld verschwinden die Hinterstrangkerne und machen den *Nuclei vestibulares* (*Nucleus vestibularis medialis*) (**B26**) Platz. Die kreuzenden Fasern bilden in der Mittellinie der Medulla eine Naht, *Raphe* (**B27**). Zu beiden Seiten der Raphe liegen die schmalen Zellgruppen der Raphekerne (*Nuclei raphes*) (**B28**), deren serotoninerge Neurone zum Hypothalamus, zum Riechhirn und zum limbischen System projizieren. Am lateralen Rand sammeln sich die zum Kleinhirn ziehenden spinalen Fasern im *Pedunculus cerebellaris inferior* (*Corpus restiforme*) (**B29**). Die aus- und eintretenden Fasern des *N. vagus* (**B30**) durchqueren die Medulla. Ventral von ihnen steigen am lateralen Rand der *Tractus spinothalamicus* (**B31**) (S. 140 B8) und der *Tractus spinocerebellaris* (**B32**) (S. 164 A1, S. 166 B14) aufwärts. Dorsal von der Olive sammeln sich die *Fibrae olivocerebellares* (**B33**) (S. 144 A12), um zum Pedunculus cerebellaris inferior zu ziehen.

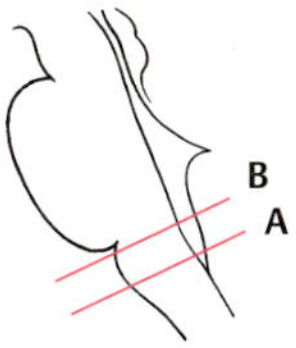

Schnittlagen

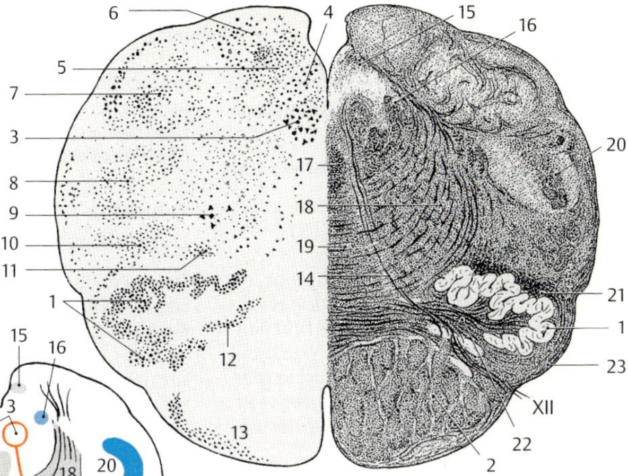

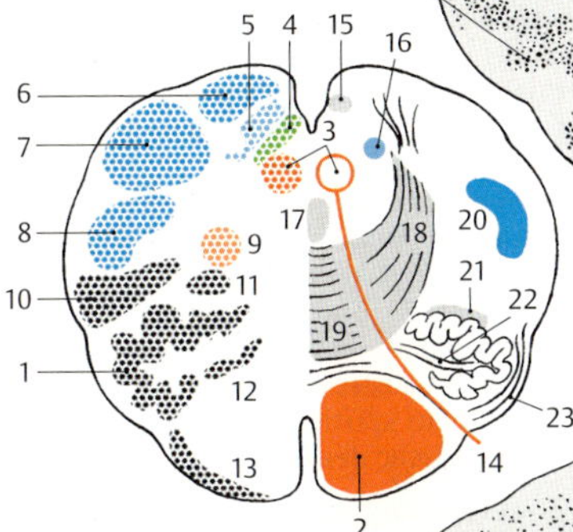

A Querschnitt durch die Medulla oblongata in Höhe des N. hypoglossus (XII)

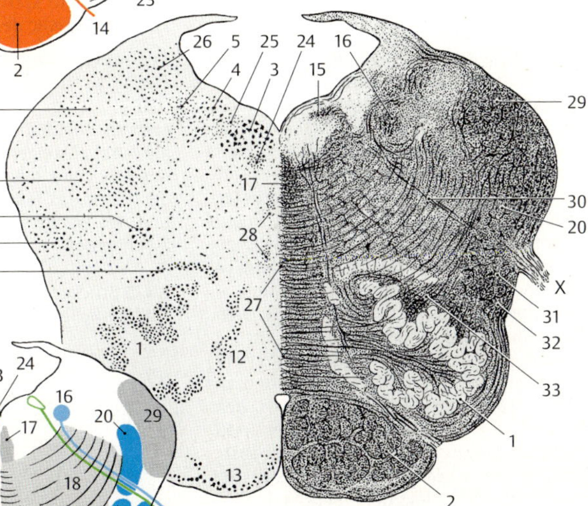

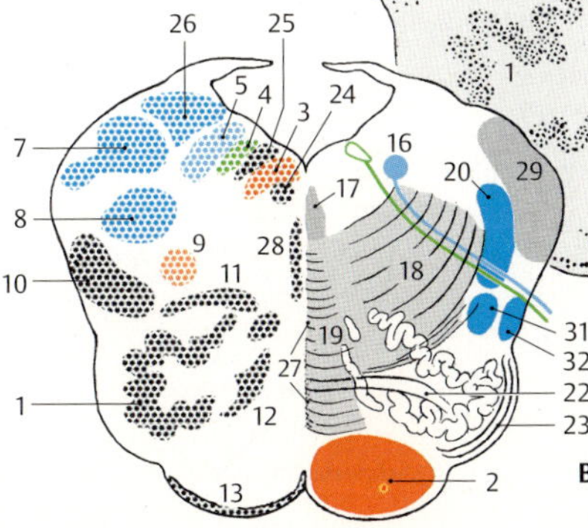

B Querschnitt durch die Medulla oblongata in Höhe des N. vagus (X)

Hirnstamm

Pons

Die halbschematischen Querschnitte zeigen links Zellfärbungen (Nissl) und rechts die entsprechenden Markscheidenfärbungen.

Schnitt in Höhe des Fazialisknies (A)

Unter dem Boden der Rautengrube liegt der großzellige *Nucleus n. abducentis* (**A1**), ventrolateral davon der *Nucleus n. facialis* (**A2**). Zwischen Abduzens- und Fazialiskern erkennt man den viszeroeffenten *Nucleus salivatorius superior* (**A3**). Das laterale Feld nehmen die sensiblen Endkerne des *N. vestibularis* und *N. trigeminus* ein, *Nucleus vestibularis medialis* (Schwalbe) (**A4**), *Nucleus vestibularis lateralis* (Deiters) (**A5**) und der *Nucleus spinalis n. trigemini* (**A6**).

Um den Abduzenskern (**A1**) schlagen die Fasern des N. facialis einen Bogen und bilden den *Colliculus facialis* (**A7**). Man unterscheidet einen aufsteigenden (**A8**) und einen kranial vom abgebildeten Schnitt liegenden absteigenden Schenkel. Der Scheitel ist das innere Fazialisknie, *Genu internum n. facialis* (**A9**). Die Fasern des *N. abducens* (**A10**) ziehen durch das mediale Feld der Haube abwärts. Medial vom Abduzenskern ist der *Fasciculus longitudinalis medialis* (**AB11**) getroffen, dorsal der *Fasciculus longitudinalis dorsalis* (Schütz-Bündel) (**AB12**). In der Tiefe der Brückenhaube verlaufen der *Tractus tegmentalis centralis* (**AB13**) und der *Tractus spinothalamicus* (**A14**). Vom ventralen Cochleariskern sammeln sich die sekundären Fasern der Hörbahn als breite Faserplatte, *Corpus trapezoideum* (**AB15**), und kreuzen ventral vom *Lemniscus medialis* (**A16**) zur Gegenseite, wo sie im *Lemniscus lateralis* (**B17**) aufsteigen. Sie werden teilweise in den angelagerten Kernen des Trapezkörpers, dem *Nucleus anterior corporis trapezoidei* (**A18**) und dem *Nucleus corporis trapezoidei posterior* (*Oliva superior*) (**AB19**), umgeschaltet. Im lateralen Feld liegt der *Tractus spinalis n. trigemini* (**A20**).

Der Brückenfuß wird von den querverlaufenden Brückenfasern, *Fibrae pontis transversae* (**A21**), gebildet. Es sind kortikopontine Fasern, die in den Brückenkernen, *Nuclei pontis* (**A22**), umgeschaltet werden, und pontozerebelläre Fasern, die bereits umgeschaltet sind und im *Pedunculus cerebellaris medius* (*Brachium pontis*) (**A23**) zum Kleinhirn ziehen. Inmitten der längsgetroffenen Fasermassen liegt die quer getroffene Faserplatte der *Pyramidenbahn* (**A24**).

Schnitt in Höhe des Nervus trigeminus (B)

Das mediale Feld der Brückenhaube wird von den Nuclei tegmenti eingenommen. Die Kerne, von denen sich nur der *Nucleus tegmentalis centralis inferior* (*Nucleus papilliformis*) (**B25**) gut abgrenzen läßt, gehören zur Formatio reticularis. Im lateralen Feld hat der Trigeminuskomplex seine größte Ausdehnung gewonnen: lateral der *Nucleus pontinus n. trigemini* (Nucleus principalis) (**B26**), medial davon der *Nucleus motorius n. trigemini* (**B27**) und dorsal der Kern der mesenzephalen Trigeminuswurzel (**B28**). Die ein- und austretenden Fasern sammeln sich zu einem kräftigen Stamm, der an der ventralen Fläche der Brücke austritt.

Ventral von den Trigeminuskernen liegt der *Lemniscus lateralis* (**B17**), der *Trapezkörper* (**B15**), und an ihn angelagert der *Nucleus corporis trapezoidei posterior* (**B19**). Von den auf- und absteigenden langen Bahnen sind der *Fasciculus longitudinalis dorsalis* (**B12**), der *Fasciculus longitudinalis medialis* (**B11**) und der *Tractus tegmentalis centralis* (**B13**) zu erkennen.

AB29 Brückenhaube,
AB30 Brückenfuß.

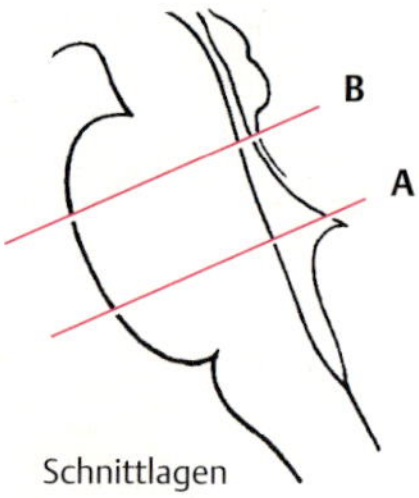

Schnittlagen

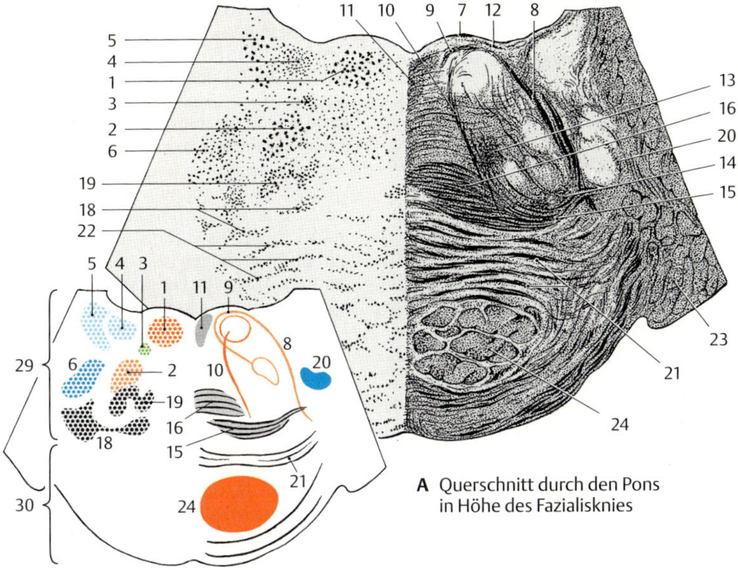

A Querschnitt durch den Pons in Höhe des Fazialisknies

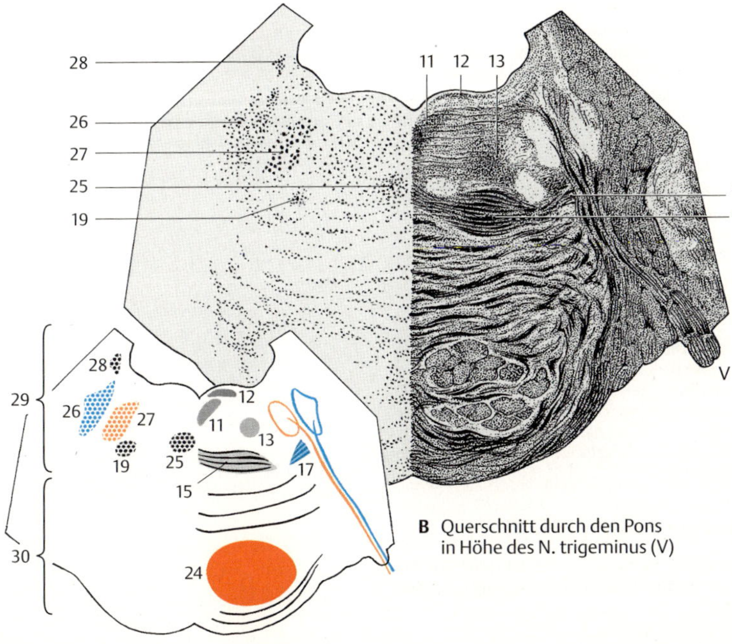

B Querschnitt durch den Pons in Höhe des N. trigeminus (V)

Hirnnerven (V, VII–XII)

Nervus hypoglossus (A, B)

Der **XII. Hirnnerv** ist ein **rein somatomotorischer Nerv** für die Zungenmuskulatur. Sein Kern, **Nucleus n. hypoglossi** (**B1**), bildet eine Säule von großen multipolaren Nervenzellen am Boden der Rautengrube (**Trigonum n. hypoglossi**). Er besteht aus einer Anzahl von Zellgruppen, von denen jede einen bestimmten Zungenmuskel innerviert. Die Nervenfasern treten zwischen Pyramide und Olive aus und bilden zwei Bündel, die sich zum Nervenstamm vereinigen.

Durch den *Canalis n. hypoglossi* (**B2**) verläßt der Nerv den Schädel und zieht lateral vom N. vagus und der A. carotis interna abwärts. Dabei beschreibt er einen Bogen, **Arcus n. hypoglossi** (**A3**), und erreicht etwas oberhalb des Zungenbeins zwischen *M. hyoglossus* und *M. mylohyoideus* die Zungenwurzel, wo er sich in seine Endäste aufteilt.

An den Nerven lagern sich Faserbündel des 1. und 2. Zervikalnerven an. Sie bilden die **Ansa cervicalis profunda** (Äste für die untere Zungenbeinmuskulatur), indem sie als **Radix superior** (**A4**) wieder abzweigen und sich mit der **Radix inferior** (**A5**) (2. und 3. Zervikalnerv) vereinigen. Die zervikalen Fasern für den *M. geniohyoideus* (**A6**) und den *M. thyrohyoideus* (**A7**) verlaufen weiter im N. hypoglossus. Der N. hypoglossus gibt Äste, **Rami linguales**, an den *M. hyoglossus* (**A8**), *M. genioglossus* (**A9**), *M. styloglossus* (**A10**) und an die Eigenmuskeln des Zungenkörpers (**A11**) ab. Die Versorgung der Zungenmuskulatur ist streng gleichseitig.

Klinischer Hinweis: Bei Schädigungen des N. hypoglossus kommt es zu einer halbseitigen Schrumpfung der Zunge (*Hemiatrophie*). Beim Herausstrecken weicht die Zunge nach der geschädigten Seite ab, da der M. genioglossus, der die Zunge nach vorn bewegt, auf der intakten Seite überwiegt.

Nervus accessorius (C, D)

Der **XI. Hirnnerv** ist ein **rein motorischer Nerv**, dessen Ramus externus die **Mm. sternocleidomastoideus** (**D12**) und **trapezius** (**D13**) versorgt. Sein Kern, **Nucleus spinalis nervi accessorii** (**C14**), bildet eine schmale Zellsäule von C1 bis C5 oder C6. Die großen multipolaren Nervenzellen liegen am lateralen Rand des Vorderhorns. Die Zellen des kaudalen Abschnittes versorgen den M. trapezius, die des kranialen Abschnittes den M. sternocleidomastoideus. Die Nervenfasern treten aus der Seitenfläche des Zervikalmarks zwischen Vorder- und Hinterwurzel aus und vereinigen sich zu einem Strang, der neben dem Rückenmark durch das Foramen magnum als **Radix spinalis** (**C15**) in den Schädel eintritt. Hier schließen sich Faserbündel aus dem kaudalen Teil des *Nucleus ambiguus* als **Radix cranialis** (**C16**) an den Nerven an. Beide Komponenten ziehen durch das *Foramen jugulare* (**C17**). Gleich nach dem Durchtritt treten die Fasern aus dem Nucleus ambiguus als **Ramus internus** (**C18**) zum *N. vagus* (**C19**) über. Die Fasern aus dem Zervikalmark bilden den **Ramus externus** (**C20**), der als *N. accessorius* den M. sternocleidomastoideus und den M. trapezius versorgt. Er zieht durch den M. sternocleidomastoideus und erreicht mit seinen Endästen den M. trapezius.

Klinscher Hinweis: Bei einer Schädigung des N. accessorius tritt eine Kopfschiefhaltung auf. Der Arm kann nicht mehr über die Horizontale gehoben werden.

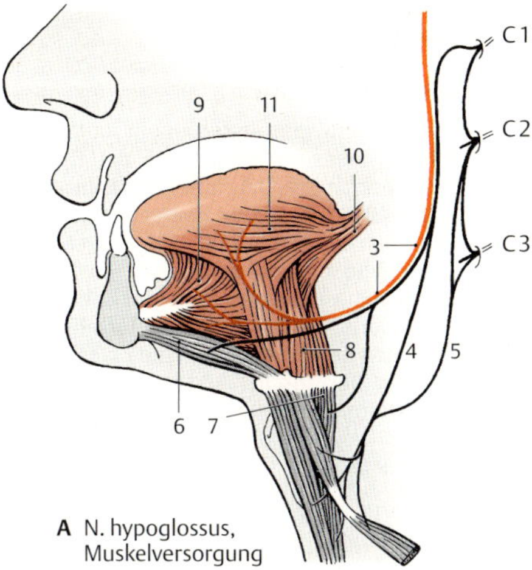

A N. hypoglossus, Muskelversorgung

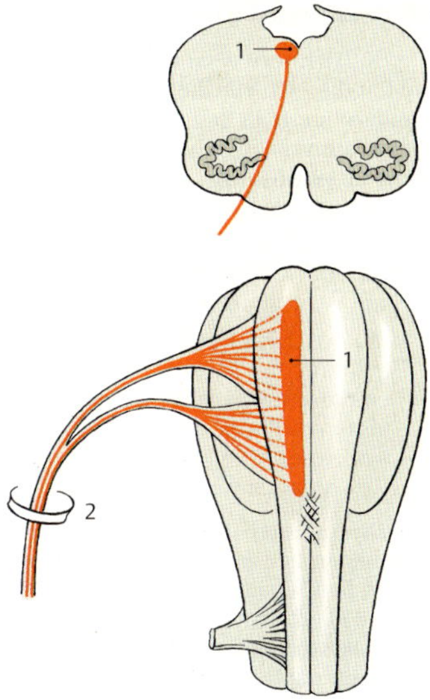

B Kerngebiet und Austritt des N. hypoglossus

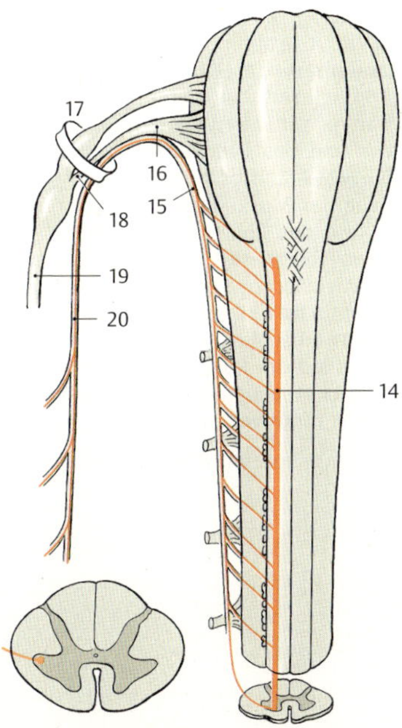

C Kerngebiet und Austritt des N. accessorius

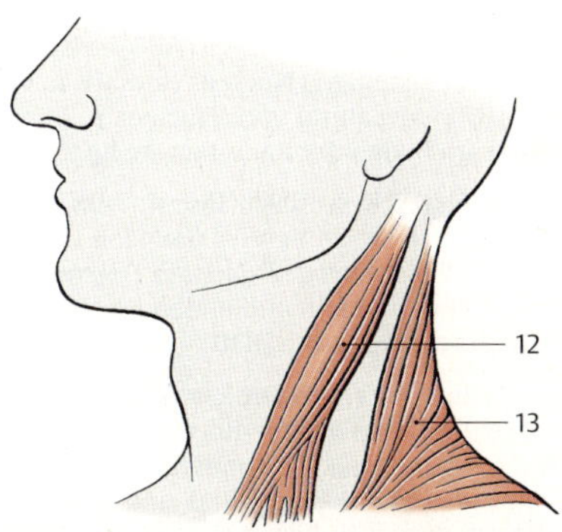

D N. accessorius, Muskelversorgung

Nervus vagus (A – F)

Der **X. Hirnnerv** versorgt nicht nur Bezirke im Kopfbereich wie die übrigen Hirnnerven, sondern steigt in den Thorakal- und Abdominalraum hinab, wo er sich in den Eingeweiden plexusartig aufzweigt. Er ist der **stärkste parasympathische Nerv** des vegetativen Nervensystems und damit der **wichtigste Antagonist des Sympathicus** (S. 292).

Er enthält folgende Komponenten:
- motorische Fasern (Kiemenbogenmuskulatur),
- exterozeptiv sensible Fasern,
- viszeromotorische und
- viszerosensible Fasern sowie
- Geschmacksfasern.

Die Fasern treten direkt hinter der Olive aus, vereinigen sich zum Nervenstamm und verlassen den Schädel durch das *Foramen jugulare* (**B1**). Im Foramen bildet der Nerv das **Ganglion superius n. vagi** (*Ganglion jugulare*) (**B2**) und nach dem Durchtritt das wesentlich größere **Ganglion inferius n. vagi** (*Ganglion nodosum*) (**B3**).

Die **motorischen Fasern** für die Kiemenbogenmuskulatur (**AB4**) gehen von großen multipolaren Nervenzellen des **Nucleus ambiguus** (**AB5**) ab.

Die **viszeromotorischen Fasern** (**AB6**) entspringen im kleinzelligen **Nucleus dorsalis n. vagi** (**AB7**), der lateral vom Nucleus n. hypoglossi am Boden der Rautengrube liegt.

Die **exterozeptiv sensiblen Fasern** (**AB8**) entstammen Nervenzellen im *Ganglion superius*. Sie steigen mit der *spinalen Trigeminuswurzel* (**B9**) abwärts und enden im **Nucleus spinalis n. trigemini** (**B10**).

Die Zellen der **viszerosensiblen Fasern** (**AB11**) liegen im *Ganglion inferius* (*nodosum*). Die Fasern ziehen als Bestandteil des *Tractus solitarius* (**B12**) kaudalwärts und enden in verschiedenen Höhen des **Nucleus solitarius** (**AB13**). Der Kern ist reich an peptidergen Neuronen (VIP, Corticoliberin, Dynorphin).

Die **Geschmacksfasern** (**AB14**) gehen ebenfalls von Zellen des *Ganglion inferius* ab und enden im kranialen Abschnitt des *Nucleus solitarius* (S. 328 B7).

Kopfbereich (B – D)

Der N. vagus gibt außer einem *Ramus meningeus* (sensible Versorgung der Dura in der hinteren Schädelgrube) den **Ramus auricularis** (**B15**) ab. Dieser zweigt am Ganglion superius ab, zieht durch den *Canaliculus mastoideus* und erreicht durch die *Fissura tympanomastoidea* den äußeren Gehörgang. Er versorgt dessen Haut im dorsalen und kaudalen Bereich (**D**) und einen kleinen Bezirk der Ohrmuschel (**C**) (exterozeptiv sensible Komponente des Nerven).

Halsteil (B, E, F)

Der Nerv steigt mit der A. carotis interna, der A. carotis communis und der V. jugularis interna, in eine gemeinsame Bindegewebshülle eingeschlossen, am Hals abwärts und tritt mit ihnen durch die obere Thoraxapertur.

Er gibt vier Äste ab:

1. **Rami pharyngei** (**B16**) in Höhe des Ganglion inferius. Sie vereinigen sich im Pharynx mit Fasern des *N. glossopharyngeus* und des *Sympathicus* zum **Plexus pharyngeus**. Dieser bildet an der Außenfläche der Muskulatur und in der Submukosa des Pharynx ein Geflecht aus feinen Fasern mit Nervenzellgruppen. Die Vagusfasern versorgen sensibel die Schleimhaut der Trachea und des Oesophagus einschließlich der Epiglottis (**E, F**). Die auf der Epiglottis gelegenen Geschmacksknospen (**E**) werden ebenfalls vom N. vagus versorgt.

N. laryngeus superior (**B17**) (S. 116 A2).

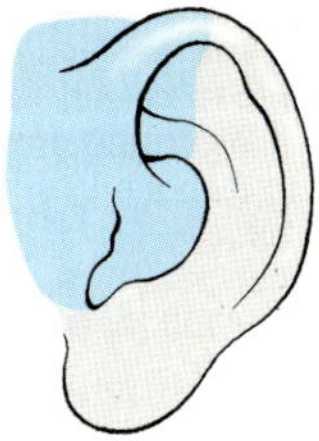

C Sensible Versorgung des äußeren Ohres

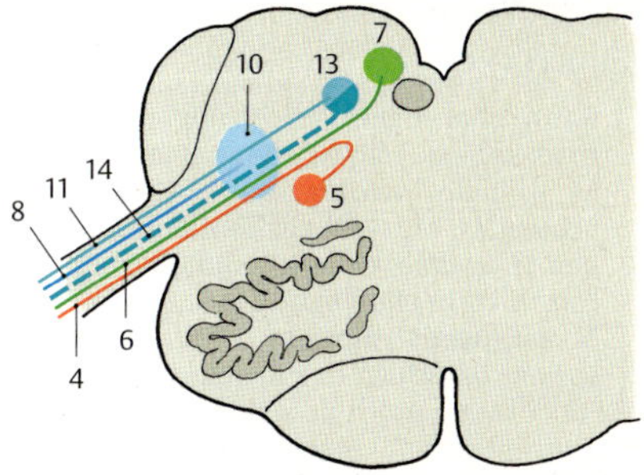

A Kerngebiet des N. vagus

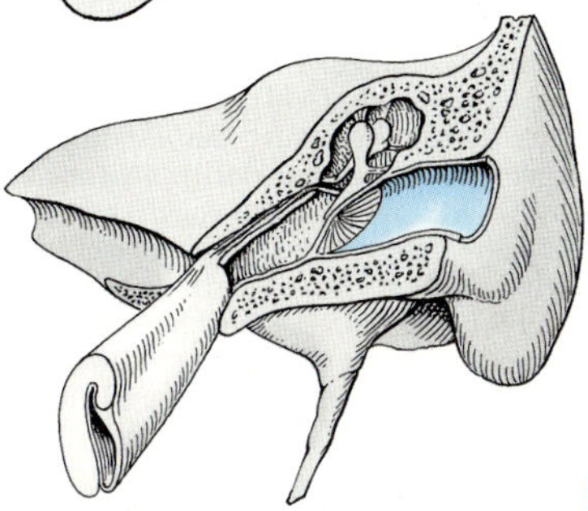

D Sensible Versorgung des äußeren Gehörganges

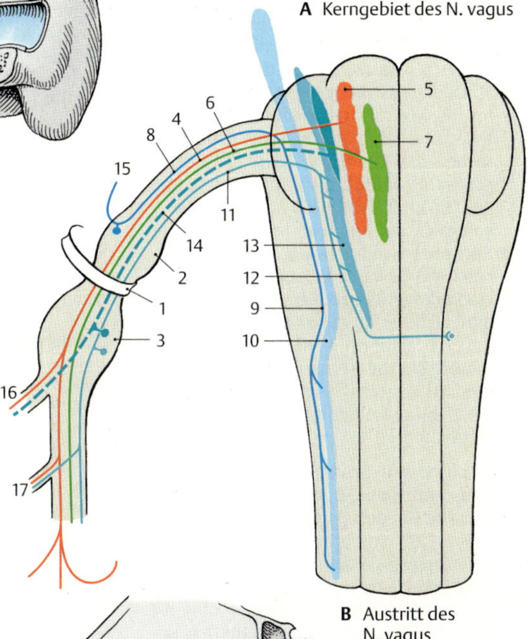

B Austritt des N. vagus

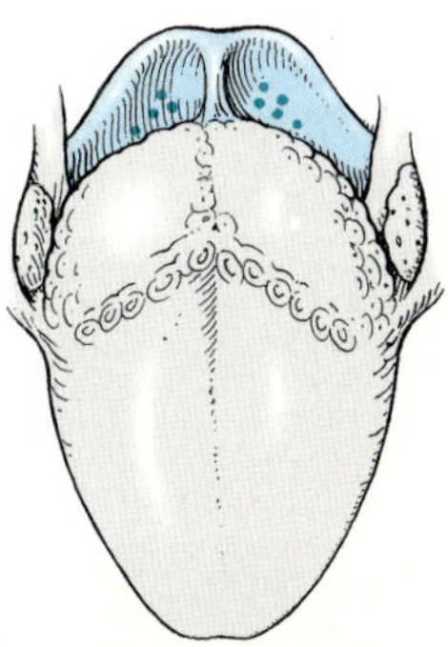

E Zunge, sensible Versorgung und Geschmack

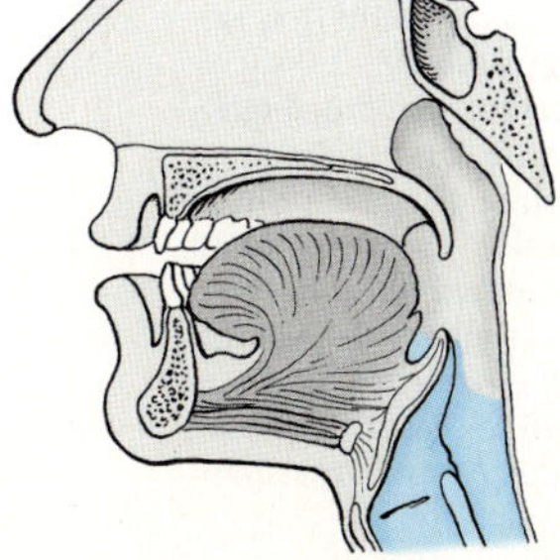

F Sensible Versorgung des Rachens

Nervus vagus

Halsteil (A – C)

1. **Rami pharyngei**, Fortsetzung (**B**). Die motorischen Vagusfasern innervieren Muskeln des weichen Gaumens und des Schlundes: Muskeln der Tonsillarnische, den *M. levator veli palatini* und die *Mm. constrictores pharyngis* (**B1**).
2. **N. laryngeus superior** (**A2**). Er entspringt unterhalb des Ganglion inferius (nodosum) und teilt sich in Höhe des Zungenbeins in einen *Ramus externus* (motorischer Ast für den M. cricothyroideus) und einen *Ramus internus* (sensibler Ast für die Schleimhaut des Kehlkopfes bis herab zu den Stimmlippen).
3. **N. laryngeus recurrens** (**A3**). Er zweigt im Thorax ab, nachdem der N. vagus links über den *Aortenbogen* (**A4**) und rechts über die *A. subclavia* (**A5**) gezogen ist. Er läuft links um die Aorta und das Lig. arteriosum und rechts um die A. subclavia herum und steigt an ihrer Rückseite wieder empor. Zwischen Trachea und Oesophagus, an die er die **Rami tracheales** (**A6**) und **Rami oesophagei** abgibt, zieht er bis zum Kehlkopf. Sein Endast, **N. laryngeus inferior** (**A7**), versorgt motorisch alle Kehlkopfmuskeln außer dem M. cricothyroideus und sensibel die Kehlkopfschleimhaut unterhalb der Stimmlippen.

Die *motorischen Fasern* entstammen dem **Nucleus ambiguus**, dessen Zellgruppen eine topische Gliederung erkennen lassen: Im kranialen Teil entspringen Fasern des *N. glossopharyngeus*. Darunter entspringen Fasern für den *N. laryngeus superior* und kaudal für den *N. laryngeus inferior*, wobei die Neurone für Abduktion und Adduktion untereinander angeordnet sind (**C**).

4. **Rami cardiaci cervicales** (*präganglionäre parasympathische Fasern*). Die *Rami superiores* (**A8**) gehen in wechselnder Höhe ab und verlaufen mit den großen Gefäßen zum Herzen, wo sie in den parasympathischen Ganglien des *Plexus cardiacus* enden. In einem der Äste verlaufen viszerosensible Fasern, welche Meldungen über die Aortenwandspannung leiten. Ihre Reizung verursacht Blutdruckabfall (*Depressornerv*). Die *Rami cardiaci cervicales inferiores* (**A9**) gehen vom N. laryngeus recurrens oder vom Hauptstamm ab und enden in den Ganglien des *Plexus cardiacus*.

Thorakaler und abdominaler Teil (A, D)

Der N. vagus verliert seinen Charakter als einheitlicher Nerv und verbreitet sich geflechtartig als Eingeweidenerv. Er bildet den *Plexus pulmonalis* (**A10**) am Lungenhilus, den er dorsal überkreuzt, den *Plexus oesophageus* (**A11**), von dem der *Truncus vagalis anterior* (**A12**) und *Truncus vagalis posterior* (**A13**) zur vorderen und hinteren Fläche des Magens ziehen, *Rami gastrici anteriores* (**A14**) *et posteriores*. Die *Rami hepatici* (**A15**) ziehen zum *Plexus hepaticus*, die *Rami coeliaci* (**A16**) zum *Plexus coeliacus* und die *Rami renales* (**A17**) zum *Plexus renalis*.

Die *viszeromotorischen* (präganglionär parasympathischen) Fasern entspringen aus dem **Nucleus dorsalis n. vagi**, in dem sich eine topische Gliederung der Eingeweideversorgung nachweisen läßt (**D**).

Klinischer Hinweis: Bei einer Schädigung des N. vagus (**F**) findet man Ausfälle in Rachen und Kehlkopf (s. Bd. 2): bei einseitiger Lähmung des *M. levator veli palatini* (**F18**) werden das Gaumensegel und das Zäpfchen zur gesunden Seite gezogen. Das Stimmband der betroffenen Seite (**F19**) bleibt infolge der Lähmung der inneren Kehlkopfmuskeln in *Kadaverstellung* unbeweglich (*Rekurrenslähmung*).

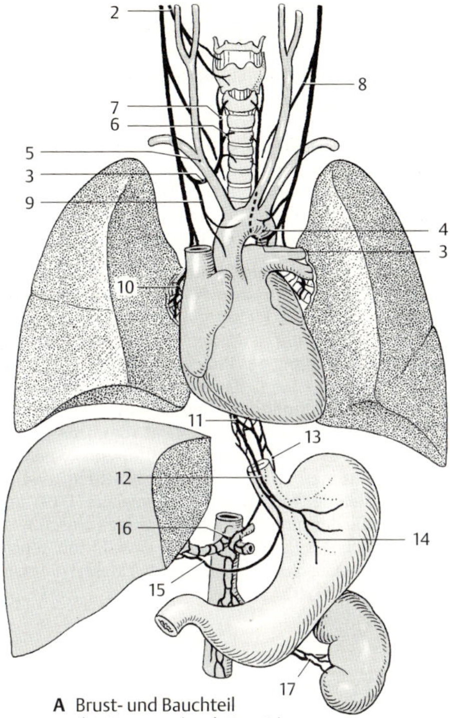

A Brust- und Bauchteil des N. vagus (nach Feneis)

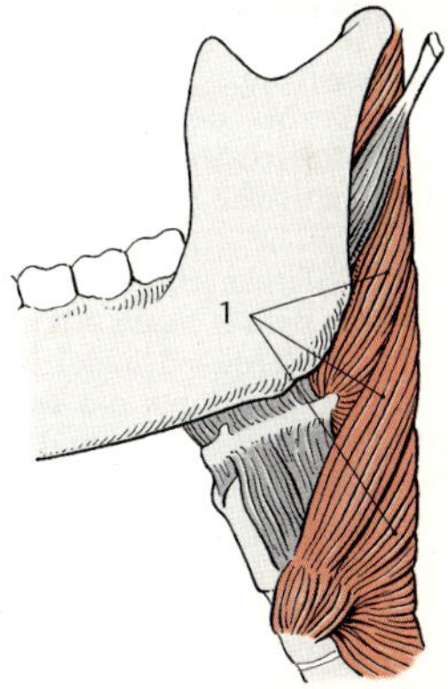

B N. vagus, Muskelversorgung

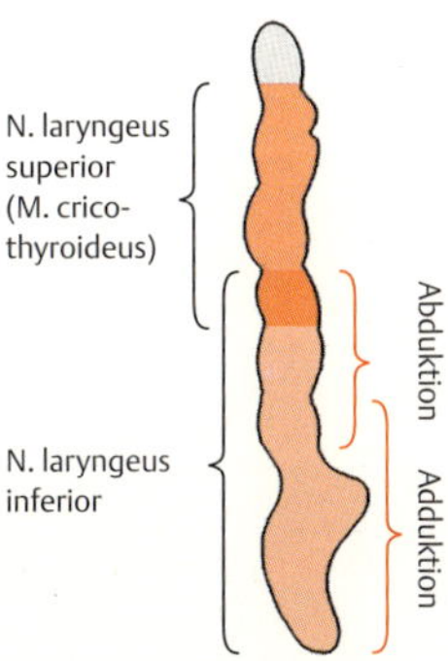

C Somatotopik des Nucleus ambiguus (nach Crosby, Humphrey, Lauer)

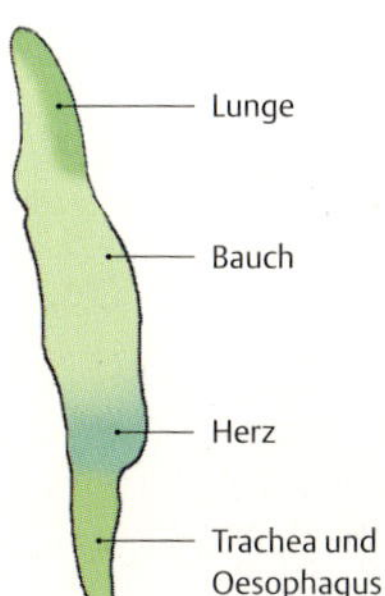

D Somatotopik des Nucleus dorsalis n. vagi (nach Getz u. Sienes)

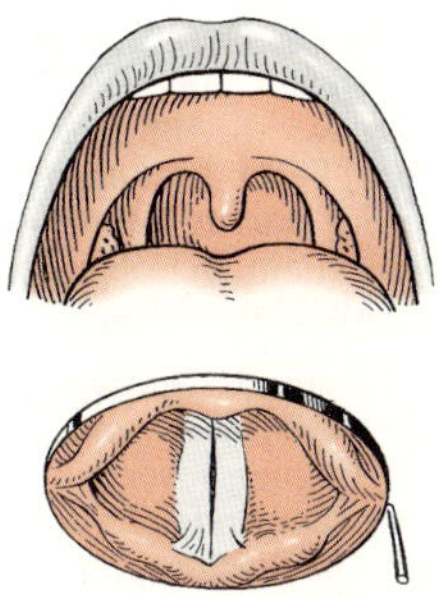

E Gaumensegel und Stimmbänder (normal)

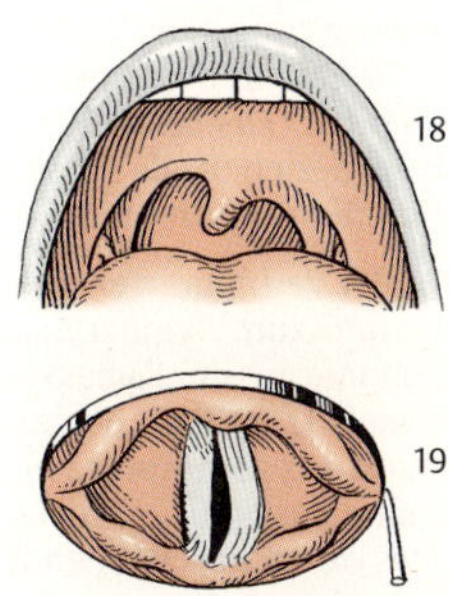

F Gaumensegel und Stimmbänder bei linksseitiger Vaguslähmung

Hirnstamm

Nervus glossopharyngeus (A–E)

Der **IX. Hirnnerv** versorgt sensibel das *Mittelohr*, Bezirke der *Zunge* und des *Pharynx* und motorisch Muskeln des *Pharynx*. Er enthält motorische, viszeromotorische (parasympathische), viszerosensible und Geschmacksfasern. Hinter der Olive tritt er direkt über dem N. vagus aus der Medulla aus und verläßt den Schädel zusammen mit dem N. vagus durch das *Foramen jugulare* (**B1**). Im Foramen bildet er das **Ganglion superius** (**B2**) und nach dem Durchtritt das größere **Ganglion inferius** (*Ganglion petrosum*) (**B3**). Lateral von der A. carotis interna und dem Pharynx zieht er bogenförmig zum Zungengrund, wo er sich in mehrere Endäste aufzweigt.

Die **motorischen Fasern** (**AB4**) stammen aus dem kranialen Abschnitt des **Nucleus ambiguus** (**AB5**), die **viszeroefferenten** (sekretorischen) (**AB6**) aus dem **Nucleus salivatorius inferior** (**AB7**). Die Zellen der **viszerosensiblen** Fasern (**AB8**) und der **Geschmacksfasern** (**AB9**) liegen im *Ganglion inferius* und steigen im **Tractus solitarius** (**B10**) abwärts, um in bestimmten Höhen des **Nucleus solitarius** (**AB11**) zu enden.

Der erste Ast, **N. tympanicus** (**B12**), geht mit viszerosensiblen und präganglionären sekretorischen Fasern in der Fossula petrosa vom Ganglion inferius ab. Er zieht durch den *Canaliculus tympanicus* in die *Paukenhöhle* , wo er sympathische Fasern aus dem Plexus der A. carotis interna über den *N. caroticotympanicus* empfängt und den **Plexus tympanicus** bildet. Er versorgt sensibel die Schleimhaut der Paukenhöhle und der *Tuba auditiva* (*Eustachii*) (**C**). Die sekretorischen Fasern ziehen als N. petrosus minor zum Ganglion oticum (S. 130).

Außer Verbindungen zum N. vagus, N. facialis und zum Sympathicus geht vom Ganglion inferius der **Ramus sinus carotici** (viszerosensibel) (**B13**) ab, der zur Teilungsstelle der A. carotis communis herabzieht und in der Wand des *Sinus caroticus* (**B14**) und im *Glomus caroticum* (**B15**) endet (s. Bd. 2).

Der Nerv leitet die Impulse der *Mechanorezeptoren* des Sinus und der *Chemorezeptoren* des Glomus zur Medulla und über Kollateralen zum dorsalen Vaguskern (afferenter Schenkel des Sinusreflexes). Vom Vaguskern laufen präganglionäre Fasern zu Nervenzellgruppen in den Vorhöfen des Herzens, deren Axone (postganglionäre parasympathische Fasern) am Sinusknoten und Atrioventrikularknoten enden (efferenter Schenkel des Sinusreflexes). Durch dieses System werden Blutdruck und Schlagfrequenz des Herzens registriert und reguliert.

Weiterhin gehen ab die **Rami pharyngei** (**B16**), die zusammen mit dem Anteil des N. vagus den Plexus pharyngeus bilden und sich an der sensiblen (**E**) und motorischen Versorgung des Pharynx beteiligen. Ein motorischer Ast, **Ramus musculi stylopharyngei** (**B17**), innerviert den *M. stylopharyngeus*, und einige sensible **Rami tonsillares** (**D18**) ziehen zu den Tonsillen und zum weichen Gaumen. Unterhalb der Tonsillen zweigt sich der Nerv in die **Rami linguales** (**D19**) auf, die das hintere Drittel der Zunge einschließlich der Papillae vallatae sowohl mit sensiblen als auch mit Geschmacksfasern versorgen (**D20**).

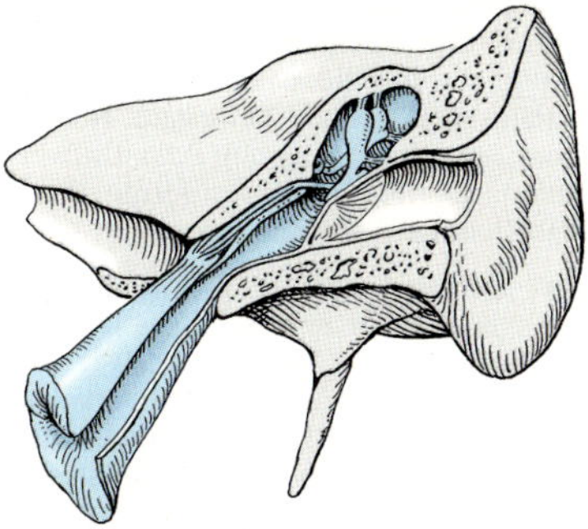

C Sensible Versorgung des Mittelohrs

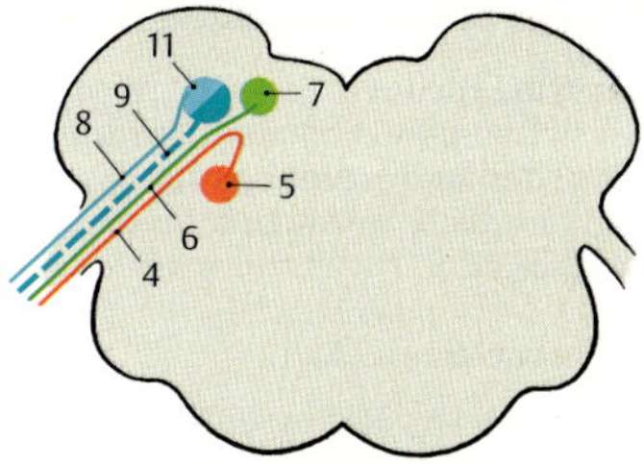

A Kerngebiet des N. glossopharyngeus

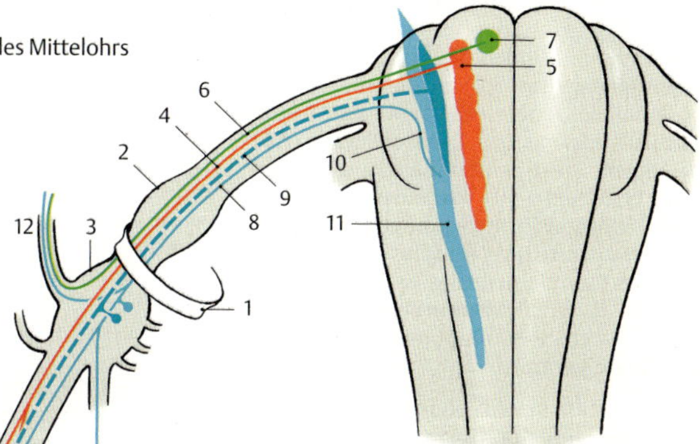

B Austritt des N. glossopharyngeus

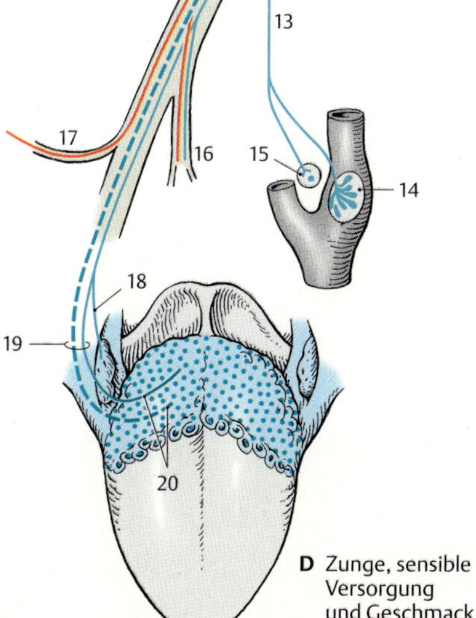

D Zunge, sensible Versorgung und Geschmack

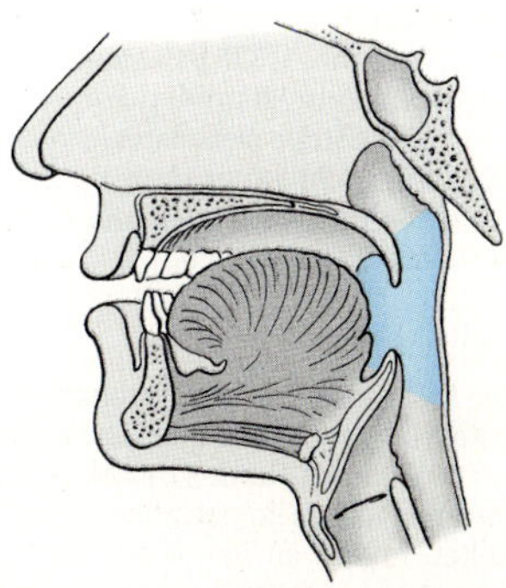

E Sensible Versorgung des Rachens

Nervus vestibulocochlearis (A, B)

Der **VIII. Hirnnerv** ist ein *afferenter Nerv*, der sich aus zwei Komponenten zusammensetzt: der *Radix cochlearis* für das **Hörorgan** und der *Radix vestibularis* für das **Gleichgewichtsorgan**.

Radix cochlearis (A)

Die Fasern des Nerven entspringen den bipolaren Nervenzellen des **Ganglion spirale** (**A1**), das als Zellband dem spiraligen Verlauf der Cochlea folgt. Die peripheren Fortsätze der Zellen enden an den Haarzellen des *Corti-Organs*; die zentralen Fortsätze bilden kleine Bündel, die sich zum **Tractus spiralis foraminosus** (**A2**) formieren und sich am Boden des inneren Gehörganges, *Meatus acusticus internus*, zur **Radix cochlearis** (**A3**) vereinigen. Diese zieht, zusammen mit der *Radix vestibularis* (**B**) von einer gemeinsamen Bindegewebshülle umgeben, durch den *Meatus acusticus internus* in die Schädelhöhle. Beim Eintritt des VIII. Hirnnerven in die Medulla im Kleinhirnbrückenwinkel liegt die kochleäre Komponente dorsal, die vestibuläre ventral.

Die Kochlearisfasern enden im **Nucleus cochlearis anterior** (**A4**) und im **Nucleus cochlearis posterior** (**A5**). Vom ventralen Kern kreuzen die sekundären Fasern zur Gegenseite (**Corpus trapezoideum**) (**A6**) (S. 110 AB15) und steigen, z. T. in den *Trapezkernen* (**A7**) umgeschaltet, als *laterale Schleifenbahn*, **Lemniscus lateralis** (**A8**), aufwärts (zentrale Hörbahn, S. 378). Die aus dem dorsalen Kochleariskern stammenden Fasern kreuzen z. T. als **Striae medullares** (*Striae acusticae dorsales*) dicht unter dem Boden der Rautengrube und steigen ebenfalls im Lemniscus lateralis nach oben.

Radix vestibularis (B)

Die Fasern des Nerven stammen von den bipolaren Nervenzellen des **Ganglion vestibulare** (**B9**), das im Fundus des *Meatus acusticus internus* liegt. Die peripheren Fortsätze der Zellen enden an den Sinnesepithelien der *Bogengänge* (**B10**), des *Sacculus* (**B11**) und des *Utriculus* (**B12**) (S. 376 D). Die zentralen Fortsätze vereinigen sich zur **Radix vestibularis** (**B13**) und enden nach Aufgabelung in auf- und absteigende Äste in den Nuclei vestibulares der Medulla oblongata. Nur ein kleiner Teil gelangt über den *Pedunculus cerebellaris inferior* (Corpus restiforme) direkt in das Kleinhirn.

Die Vestibulariskerne liegen am Boden der Rautengrube unter dem Recessus lateralis: **Nucleus superior** (*Bechterew*) (**B14**), **Nucleus medialis** (*Schwalbe*) (**B15**), **Nucleus lateralis** (*Deiters*) (**B16**) und **Nucleus inferior** (**B17**). Die primären Vestibularisfasern enden vorwiegend im Nucleus medialis. Von den Vestibulariskernen laufen sekundäre Fasern zum Kleinhirn, zu den Augenmuskelkernen und in das Rückenmark (**Tractus vestibulospinalis**) (**B18**).

Die **Funktion des Vestibularapparates** ist von entscheidender Bedeutung für das *Gleichgewicht* und die *aufrechte Haltung*. Diesem Zwecke dienen die Bahnen zum Kleinhirn und zum Rückenmark. Die vestibulospinale Bahn beeinflußt den *Muskeltonus* in den verschiedenen Körperpartien. Unter der Kontrolle des Vestibularapparates stehen besonders die *Kopfbewegungen* und die *Fixierung des Blickes* bei Bewegungen (Bahnen zu den Augenmuskelkernen) (S. 382).

A N. vestibulocochlearis, Kerngebiet und Eintritt der Radix cochlearis

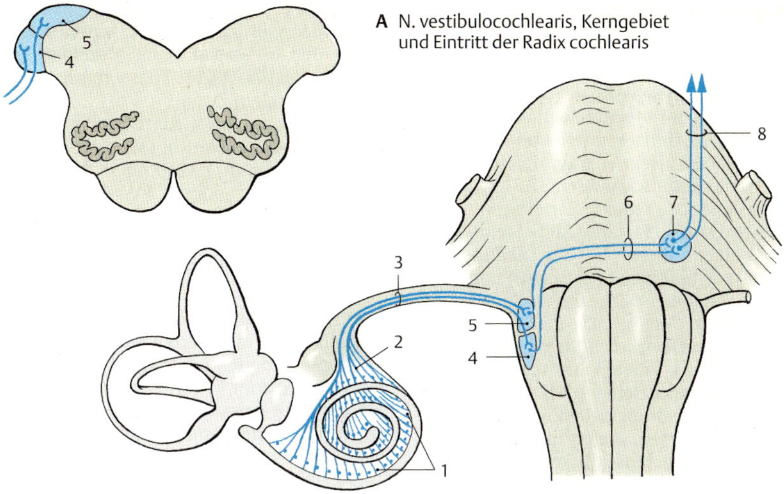

B N. vestibulocochlearis, Kerngebiet und Eintritt der Radix vestibularis

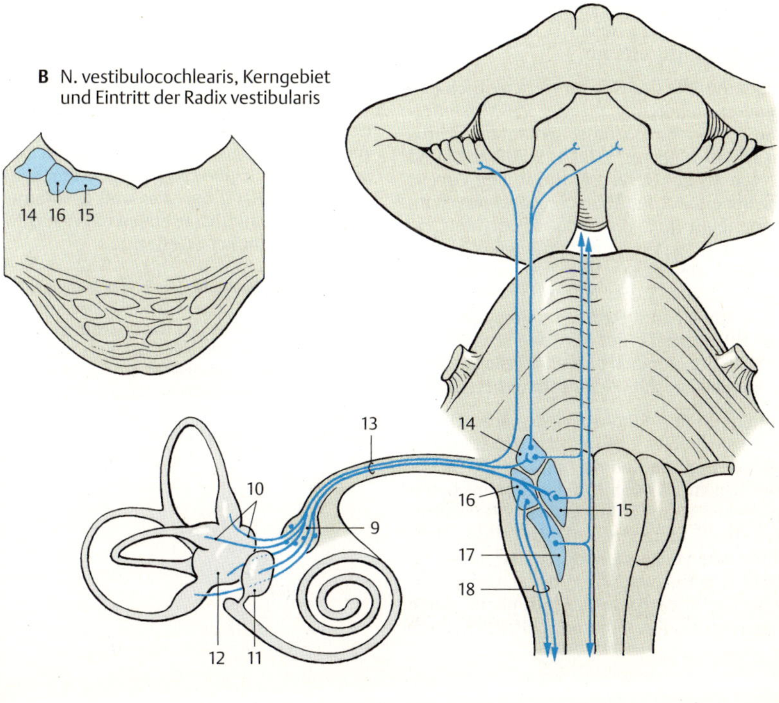

Nervus facialis (A–F)

Der **VII. Hirnnerv** führt motorische Fasern für die mimische Muskulatur des Gesichtes und in einem separat aus dem Hirnstamm austretenden Nervenbündel, dem N. intermedius, Geschmacksfasern und viszeroefferente sekretorische (parasympathische) Fasern. Die **motorischen Fasern** (**AB1**) entstammen den großen multipolaren Nervenzellen des **Nucleus n. facialis** (**AB2**). Sie beschreiben einen Bogen um den *Abduzenskern* (**AB3**) (*Genu internum n. facialis*) und treten an der lateralen Fläche der Medulla am Unterrand des Pons aus. Die Zellen der **präganglionären sekretorischen Fasern** (**AB4**) bilden den **Nucleus salivatorius superior** (**AB5**). Die **Geschmacksfasern** (**AB6**), deren pseudounipolare Ursprungszellen im **Ganglion geniculi** (**BC7**) liegen, enden im kranialen Abschnitt des **Nucleus solitarius** (**AB8**). Viszeroefferente und gustatorische Fasern bilden keinen Bogen um den Abduzenskern, sondern schließen sich dem absteigenden Schenkel des Nerven an und treten als **N. intermedius** (**B9**) zwischen N. facialis und N. vestibulocochlearis aus.

Beide Anteile des Nerven ziehen durch den inneren Gehörgang, *Meatus acusticus internus* (Pars petrosa ossis temporalis, Porus acusticus internus, s. Bd. 1, S. 296 A34) und treten als ein Nervenstamm in den *Canalis facialis* ein. An der Abbiegung des Nerven im Felsenbein (*äußeres Fazialisknie*, Genu externum n. facialis) liegt das *Ganglion geniculi* (**BC7**). Der Kanal verläuft dann über der Paukenhöhle (S. 366 A10) und wendet sich nach kaudal zum *Foramen stylomastoideum* (**BC10**), durch das der Nerv den Schädel verläßt. In der *Glandula parotidea* teilt er sich in seine Endäste auf (**Plexus parotideus**) (**E11**).

Innerhalb des *Canalis facialis* gehen der N. petrosus major (**BC12**), der N. stapedius (**BC13**) und die Chorda tympani ab (**BC14**): Der **N. petrosus major** (präganglionäre sekretorische Fasern für Tränendrüse, Nasendrüsen und Gaumendrüsen) zweigt vom Ganglion geniculi ab, zieht durch den *Hiatus canalis n. petrosi majoris* in die Schädelhöhle, über die Vorderfläche des Felsenbeins durch das *Foramen lacerum* und schließlich durch den *Canalis pterygoideus* zum *Ganglion pterygopalatinum* (**C15**). Der **N. stapedius** versorgt den M. stapedius im Mittelohr. Die **Chorda tympani** (**BC14**) (Geschmacksfasern für die vorderen Zweidrittel der Zunge [**D**], präganglionäre Fasern für die Submandibular- und Sublingualdrüse sowie verschiedene Zungendrüsen) zweigt oberhalb des Foramen stylomastoideum ab, verläuft unter der Schleimhaut durch die Paukenhöhle (S. 364 A22) und weiter durch die Fissura petrotympanica, um sich schließlich dem *N. lingualis* (**C16**) anzuschließen.

Vor seinem Eintritt in die Parotis gibt der N. facialis den **N. auricularis posterior** (**E17**) und Äste zum hinteren Bauch des *M. digastricus* (**CE18**) und zum *M. stylohyoideus* (**C19**) ab. Vom Plexus parotideus gehen ab die *Rami temporales* (**E20**), *Rami zygomatici* (**E21**), *Rami buccales* (**E22**), der *Ramus marginalis mandibulae* (**E23**) und der *Ramus colli* (**E24**) für das *Platysma* (s. Bd. 1, S. 322 B12). Die Äste versorgen die gesamte *mimische Muskulatur*.

Die unter dem Platysma liegenden Verzweigungen des Ramus colli bilden durch Anastomosen mit den Ästen des sensiblen N. transversus colli (S. 72, BC17) die *Ansa cervicalis superficialis*. Die von ihr abgehenden Ästchen sind gemischte sensibel-motorische Nerven. Endverzweigungen der Rami temporales, Rami buccales und des Ramus marginalis mandibulae bilden mit Ästen des Trigeminus ähnliche Geflechte.

Klinischer Hinweis: Bei einer Schädigung des Nerven resultiert eine schlaffe Lähmung aller Muskeln auf der betroffenen Gesichtshälfte. Die Mundpartie hängt herab und das Auge kann nicht mehr geschlossen werden (**F**). Es besteht eine erhöhte Schallempfindlichkeit, *Hyperakusis* (S. 366).

C25 Ganglion trigeminale

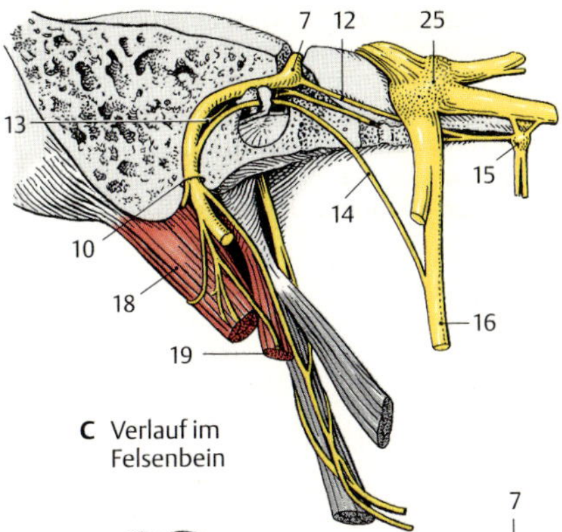

C Verlauf im Felsenbein

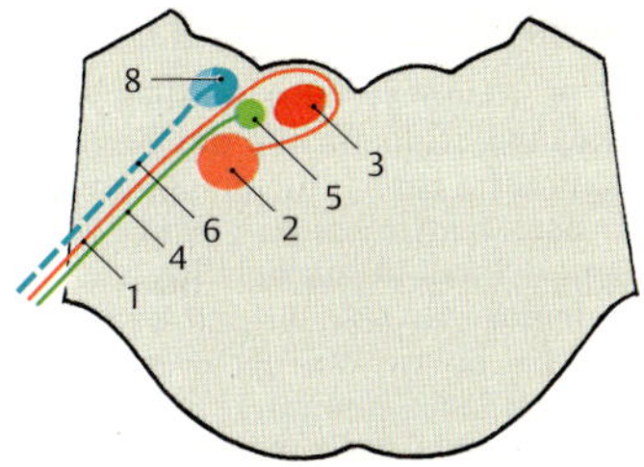

A Kerngebiet des N. facialis

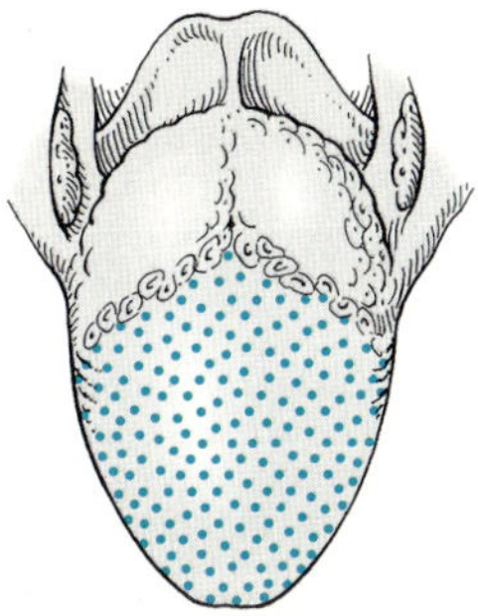

D Zunge, Geschmack

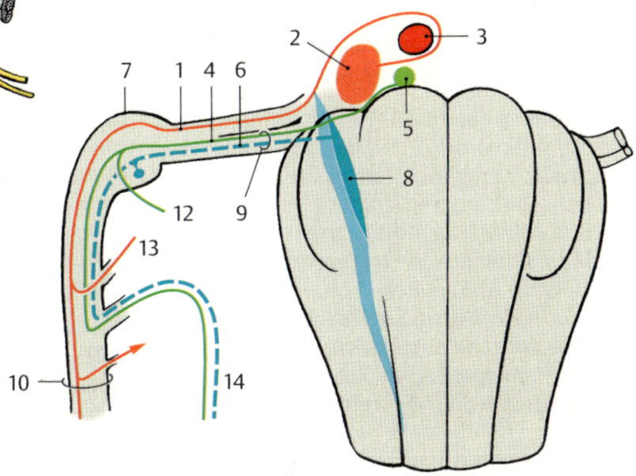

B Austritt des N. facialis

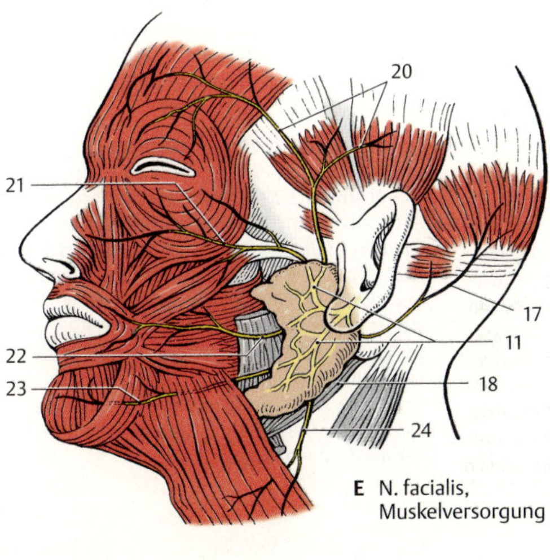

E N. facialis, Muskelversorgung

F Linksseitige Lähmung des N. facialis

Nervus trigeminus (A–F)

Der **V. Hirnnerv** führt sensible Fasern für Haut und Schleimhäute des Gesichtes und motorische Fasern für die Kaumuskulatur, für den *M. mylohyoideus, Venter anterior m. digastrici* und wahrscheinlich auch für den *M. tensor veli palatini* und den *M. tensor tympani*. Er tritt aus der Brücke mit einer dickeren **Radix sensoria** (*Portio major*) und einer dünneren **Radix motoria** (*Portio minor*) und zieht nach vorn über das Felsenbein. Das Ganglion trigeminale (Ganglion semilunare Gasseri) liegt in einer Duratasche, Cavum trigeminale, und gibt drei Hauptäste ab: *N. ophthalmicus, N. maxillaris* und *N. mandibularis* (vgl. S. 104 A14–A16).

Die **sensiblen Fasern** (**B1**) entstammen den pseudounipolaren Zellen des **Ganglion trigeminale** (Ganglion semilunare, Ganglion Gasseri) (**BE2**), deren zentrale Fortsätze in den sensiblen Trigeminuskernen enden. Im **Nucleus pontinus n. trigemini** (*Nucleus principalis*) (**AB3**) enden vorwiegend die Fasern der **epikritischen Sensibilität** (S. 322), im **Nucleus spinalis n. trigemini** (**BC4**) die Fasern der **protopathischen Sensibilität** (S. 324). Als **Tractus spinalis** (**B5**) steigen Fasern bis in das obere Zervikalmark herab und enden in somatotopischer Anordnung (**C**): Die Fasern für die periorale Region enden kranial, die Fasern für die anschließenden Hautbezirke weiter kaudal. Die Fasern für den äußersten Halbkreis enden am weitesten kaudal (zwiebelschalenförmige Anordnung der zentralen sensiblen Versorgung). Der **Tractus mesencephalicus** (**B6**) leitet *propriozeptiv-sensible* Impulse aus der Kaumuskulatur.

Der **Nucleus mesencephalicus n. trigemini** (**AB7**) besteht aus pseudounipolaren Nervenzellen, deren Fortsätze ohne Unterbrechung durch das Ganglion trigeminale laufen. Es handelt sich um die einzigen sensiblen Fasern, deren Ursprungszellen nicht in einem Ganglion außerhalb des ZNS, sondern in einem Kern des Hirnstammes liegen, der gewissermaßen ein im Gehirn liegengebliebenes sensibles Ganglion darstellt.

Die **motorischen Fasern** stammen von großen multipolaren Nervenzellen des **Nucleus motorius n. trigemini** (**AB8**).

Schleimhautversorgung (D)

Der *N. ophthalmicus* versorgt Stirn- und Keilbeinhöhlen sowie die Nasenscheidewand (**D9**), der *N. maxillaris* Kieferhöhlen, Nasenmuscheln, Gaumen und Gingiva (**D10**), der *N. mandibularis* den unteren Bereich der Mundhöhle (**D11**) und die Wangen.

N. ophthalmicus (E)

Der N. ophthalmicus (**E12**) gibt einen rückläufigen *Ramus tentorii* ab und teilt sich auf in den *N. lacrimalis* (**E13**), *N. frontalis* (**E14**) und *N. nasociliaris* (**E15**). Diese Äste ziehen durch die Fissura orbitalis superior in die Augenhöhle; der N. nasociliaris tritt durch den medialen Abschnitt der Fissur, die bei den anderen Äste durch den lateralen Abschnitt.

Der **N. lacrimalis** verläuft zur Tränendrüse (**E16**) und innerviert die Haut des lateralen Augenwinkels. Über einen Ramus communicans werden ihm vom *N. zygomaticus* postganglionäre parasympathisch-sekretorische Fasern zur Innervation der Tränendrüse zugeführt.

Der **N. frontalis** teilt sich in den **N. supratrochlearis** (**E17**) (medialer Augenwinkel) und den **N. supraorbitalis** (**E18**), der durch die *Incisura supraorbitalis* tritt (Conjunctiva, Oberlid und Stirnhaut).

Der **N. nasociliaris** verläuft zum medialen Augenwinkel, den er mit seinem Endast, **N. infratrochlearis** (**E19**), versorgt. Er gibt folgende Äste ab: einen Ramus communicans zum *Ganglion ciliare* (**E20**), die **Nn. ciliares longi** (**E21**) zum Augapfel, den **N. ethmoidalis posterior** (**E22**) (Keilbeinhöhle und Siebbeinzellen) und den **N. ethmoidalis anterior** (**E23**), der durch das *Foramen ethmoidale anterius* zur Siebbeinplatte und durch diese in die Nasenhöhle zieht. Sein Endast, *Ramus nasalis externus*, versorgt die Haut von Nasenrücken und Nasenspitze.

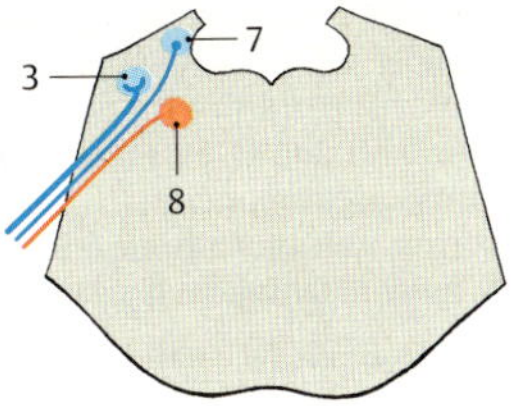

A Kerngebiet des N. trigeminus

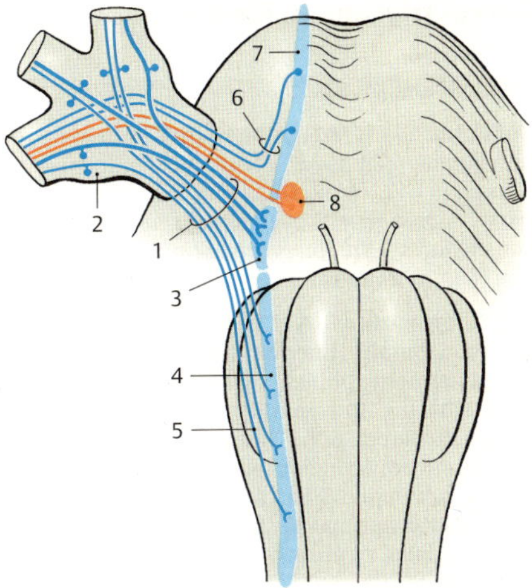

B Austrittdes N. trigeminus

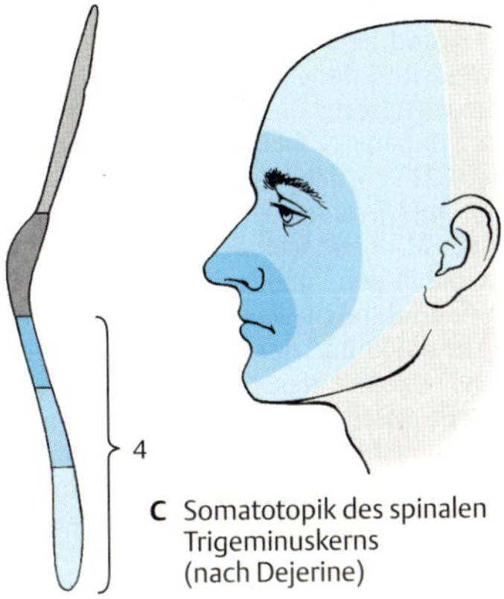

C Somatotopik des spinalen Trigeminuskerns (nach Dejerine)

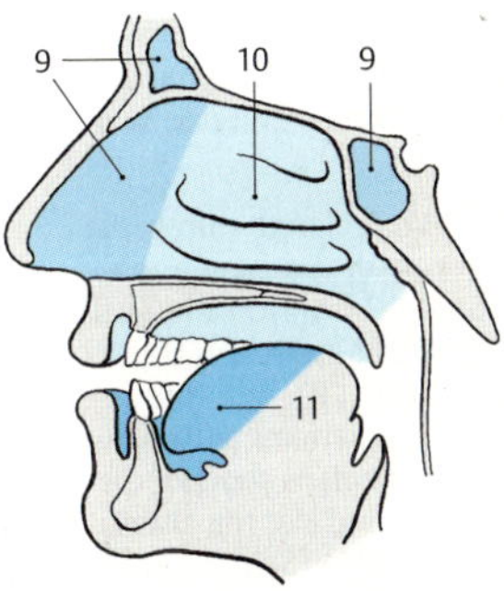

D Sensible Versorgung der Schleimhaut

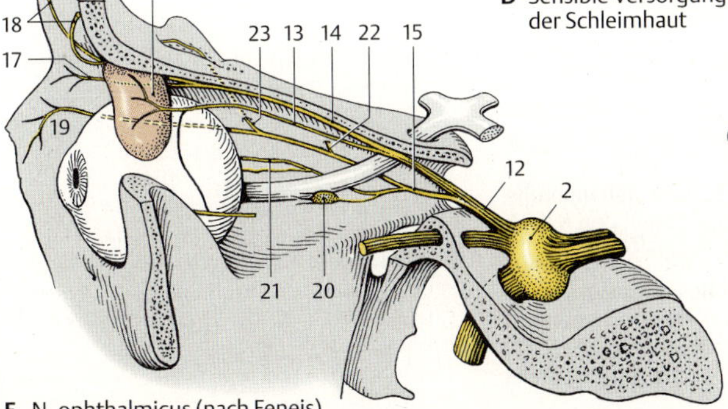

E N. ophthalmicus (nach Feneis)

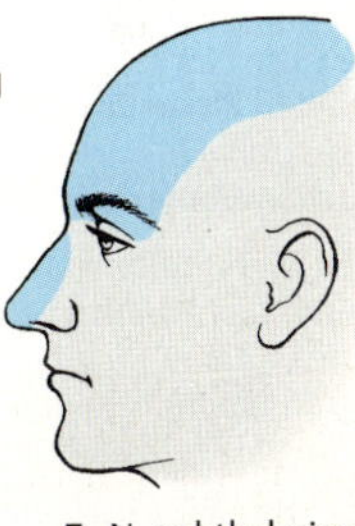

F N. ophthalmicus, Hautversorgung

Nervus trigeminus, Fortsetzung (A – E)

N. maxillaris (A, B)

Der N. maxillaris (**A1**) zieht, nach Abgabe eines *Ramus meningeus*, durch das *Foramen rotundum* (**A2**) in die *Fossa pterygopalatina*, wo er sich in den *N. zygomaticus*, die *Rami ganglionares* (*Nn. pterygopalatini*) und in den *N. infraorbitalis* teilt.

Der **N. zygomaticus** (**A3**) gelangt durch die Fissura orbitalis inferior an die laterale Wand der Augenhöhle. Er gibt einen Ramus communicans (postganglionäre parasympathisch-sekretorische Fasern für die Tränendrüse vom Ganglion pterygopalatinum) zum N. lacrimalis ab und teilt sich in den **Ramus zygomaticotemporalis** (**A4**) (Schläfe) und in den **Ramus zygomaticofacialis** (**A5**) (Haut über dem Jochbogen).

Die **Rami ganglionares** (**A6**) sind zwei bis drei feine Fäden, die zum Ganglion pterygopalatinum ziehen (S. 128 A10). Die Fasern versorgen sensibel den oberen Pharynx, die Nasenhöhle sowie den harten und den weichen Gaumen.

Der **N. infraorbitalis** (**A7**) gelangt durch die Fissura orbitalis inferior in die Augenhöhle und durch den Canalis infraorbitalis (**A8**) zur Wange, wo er die Haut zwischen Unterlid und Oberlippe versorgt (**B**). Von ihm gehen ab die **Nn. alveolares superiores posteriores** (**A9**) (Molaren), der **N. alveolaris superior medius** (**A10**) (Prämolaren) und die **Nn. alveolares superiores anteriores** (**A11**) (Schneidezähne). Die Nerven bilden oberhalb der Alveolen den **Plexus dentalis superior**.

N. mandibularis (C – F)

Der Nerv teilt sich nach dem Durchtritt durch das *Foramen ovale* und nach Abgabe eines *Ramus meningeus* (**C12**) in der *Fossa infratemporalis* in den *N. auriculotemporalis*, *N. lingualis* , *N. alveolaris inferior*, den *N. buccalis* und die rein *motorischen Äste*.

Die **rein motorischen Äste** verlassen den N. mandibularis kurz nach seinem Durchtritt durch das Foramen: der **N. massetericus** (**C13**) für den *M. masseter* (**F14**), die **Nn. temporales profundi** (**C15**) für den *M. temporalis* (**F16**), die **Nn. pterygoidei** (**C17**) für die *Mm. pterygoidei* (**F18**). Motorische Fasern für den *M. tensor tympani* und für den *M. tensor veli palatini* ziehen zum Ganglion oticum (S. 130 AB1) und verlassen es als **N. musculi tensoris tympani** und als **N. musculi tensoris veli palatini**.

Der **N. auriculotemporalis** (**C19**) (Haut der Schläfe, äußerer Gehörgang und Trommelfell) entspringt meist mit zwei Wurzeln, die die A. meningea media umgreifen (S. 130 A15) und sich dann zum Nerven vereinigen. Der **N. lingualis** (**C20**) steigt im Bogen zum Zungengrund herab. Er versorgt die vorderen Zweidrittel der Zunge sensibel (**D**). Die Geschmacksfasern empfängt er von der Chorda tympani (N. facialis). Der **N. alveolaris inferior** (**C21**) enthält motorische Fasern für den *M. mylohyoideus* und den vorderen Bauch des *M. digastricus*, außerdem sensible Fasern, die in den *Canalis mandibularis* eintreten und zahlreiche **Rami dentales inferiores** (**C22**) für die Zähne des Unterkiefers abgeben. Der Hautast des Nerven, **N. mentalis** (**C23**), tritt durch das *Foramen mentale* und versorgt sensibel das Kinn, die Unterlippe und die Haut über dem Corpus mandibulae (**E**). Der **N. buccalis** (**C24**) zieht durch den M. buccinator (**C25**) und versorgt die Schleimhaut der Wange.

BC26 Ganglion trigeminale.

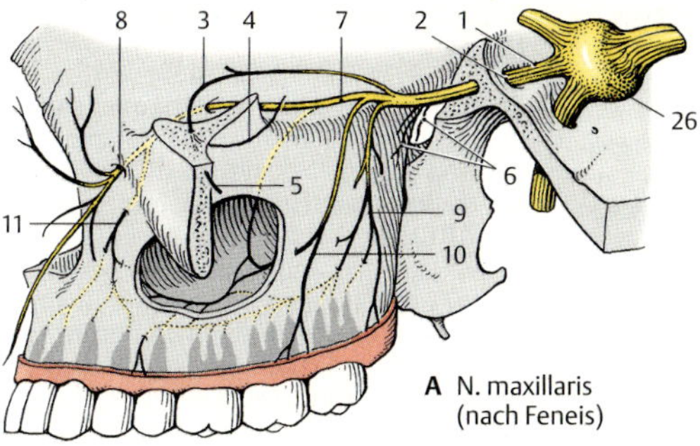

A N. maxillaris (nach Feneis)

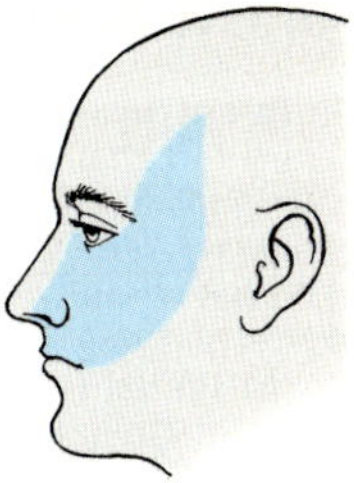

B Hautversorgung

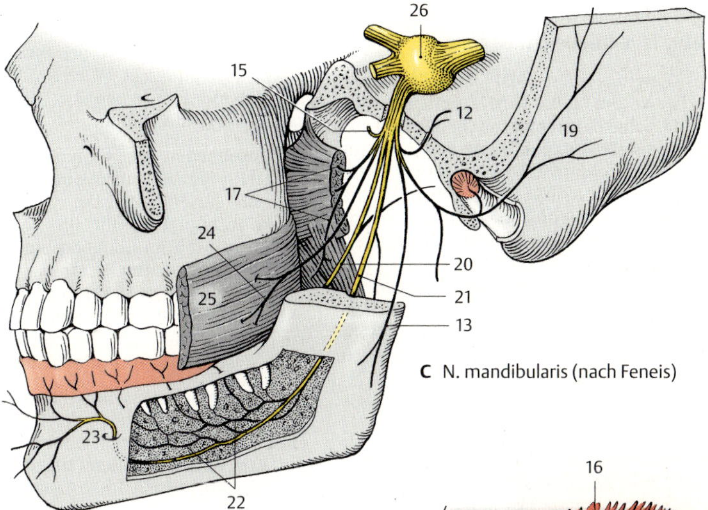

C N. mandibularis (nach Feneis)

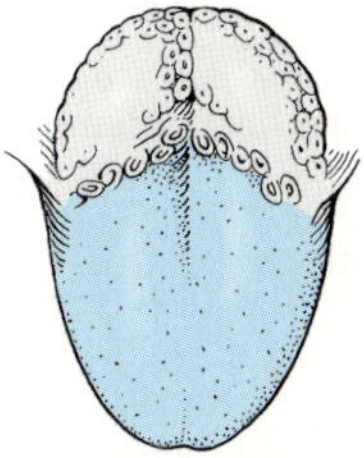

D Zunge, sensible Versorgung

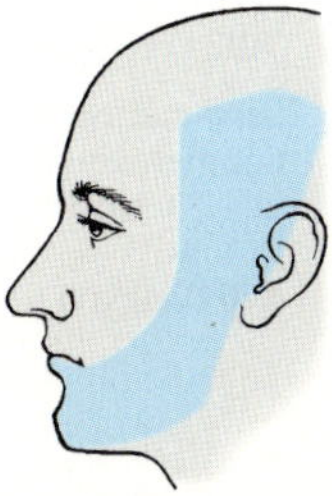

E Hautversorgung

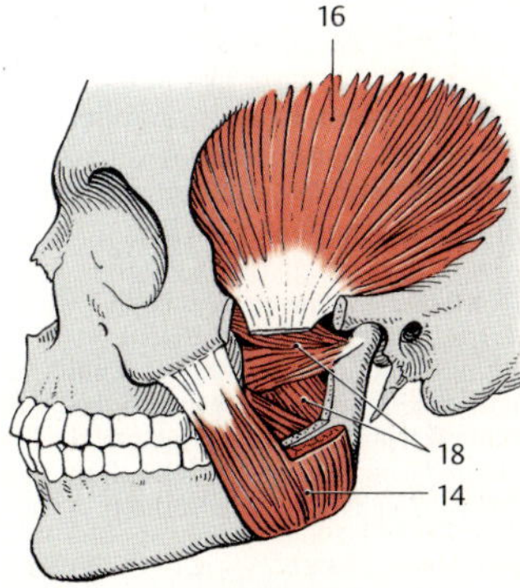

F Muskelversorgung

Parasympathische Ganglien

Die Fasern der viszeroefferenten Kerne (viszeromotorisch und sekretorisch) werden in parasympathischen Ganglien auf postganglionäre Fasern umgeschaltet. Jedes Ganglion besitzt außer der *parasympathischen Wurzel* (präganglionäre Fasern) eine *sympathische Wurzel* (Umschaltung in den Ganglien des Grenzstranges, S. 296) und eine *sensible Wurzel*, deren Fasern die Ganglien ohne Unterbrechung durchlaufen. Die abgehenden Äste eines Ganglion enthalten dann sympathische, parasympathische und sensible Fasern.

Ganglion ciliare (A, B)

Das Ganglion ciliare (**AB1**) liegt als kleiner flacher Körper lateral vom N. opticus in der Orbita. Seine parasympathischen Fasern aus dem Edinger-Westphal-Kern verlaufen im *N. oculomotorius* (**AB2**) und treten als Radix oculomotoria (**AB3**) (*parasympathische Wurzel*) zum Ganglion über. Die präganglionären sympathischen Fasern entspringen im Seitenhorn des Rückenmarks C8–Th2 (**Centrum ciliospinale**) (**B4**) und werden im *Ganglion cervicale superius* (**B5**) umgeschaltet. Die postganglionären Fasern steigen im Plexus caroticus (**B6**) aufwärts und ziehen als *Radix sympathica* (**B7**) zum Ganglion ciliare. Sensible Fasern stammen vom *N. nasociliaris* (Radix nasociliaris) (**AB8**).

Vom Ganglion ziehen die **Nn. ciliares breves** (**AB9**) zum Augapfel und treten durch die Sclera in das Innere des Bulbus. Ihre parasympathischen Fasern innervieren den *M. ciliaris* (Akkommodation) und den *M. sphincter pupillae*, ihre sympathischen den *M. dilatator pupillae* (S. 358).

Klinischer Hinweis: Die Pupille wird antagonistisch von parasympathischen (Pupillenverengerung) und sympathischen (Pupillenerweiterung) Fasern innerviert. Bei Schädigung des Centrum ciliospinale oder der Spinalwurzeln C8, Th1 (untere Plexuslähmung, S. 74), kommt es zu einer *gleichseitigen Pupillenverengerung*.

Ganglion pterygopalatinum (A, B)

Das Ganglion pterygopalatinum (**AB10**) liegt an der Vorderwand der Fossa pterygopalatina unterhalb des N. maxillaris (**AB11**), der die **Rami ganglionares** (*Nn. pterygopalatini*) (**AB12**) an das Ganglion abgibt (*sensible Wurzel*). Die parasympathischen sekretorischen Fasern aus dem Ncl. salivatorius superior ziehen im N. facialis (N. intermedius) (**AB13**) bis zum Fazialisknie, wo sie als **N. petrosus major** (**AB14**) abzweigen. Der Nerv gelangt durch das *Foramen lacerum* an die Schädelbasis und durch den *Canalis pterygoideus* zum Ganglion (*parasympathische Wurzel*). Sympathische Fasern vom Plexus caroticus bilden den **N. petrosus profundus** (**AB15**) (*sympathische Wurzel*) und vereinigen sich mit dem N. petrosus major zum **N. canalis pterygoidei** (**AB16**).

Die abgehenden Äste führen sekretorische Fasern für die Tränendrüse und für die Drüsen der Nasenhöhle. Die parasympathischen Fasern (**B17**) für die Tränendrüse (**AB18**) werden im Ganglion umgeschaltet. Die postganglionären Fasern ziehen in den Rami ganglionares (**AB12**) zum N. maxillaris (**AB11**) und erreichen über den N. zygomaticus (**AB19**) und seine Anastomose (**A20**) zum N. lacrimalis (**A21**) die Tränendrüse.

Die übrigen parasympathisch-sekretorischen Fasern verlaufen in den **Rami orbitales** (**B22**) zu den hinteren Siebbeinzellen, in den **Rami nasales posteriores laterales** (**B23**) zu den Nasenmuscheln, im **N. nasopalatinus** (incisivus) über die Nasenscheidewand und durch den *Canalis incisivus* zum vorderen Bezirk des Gaumens und in den **Nn. palatini** (**AB24**) zum harten und weichen Gaumen.

Geschmacksfasern (**B25**) für den weichen Gaumen verlaufen in den Nn. palatini und im N. petrosus major.

A26 Ganglion trigeminale.

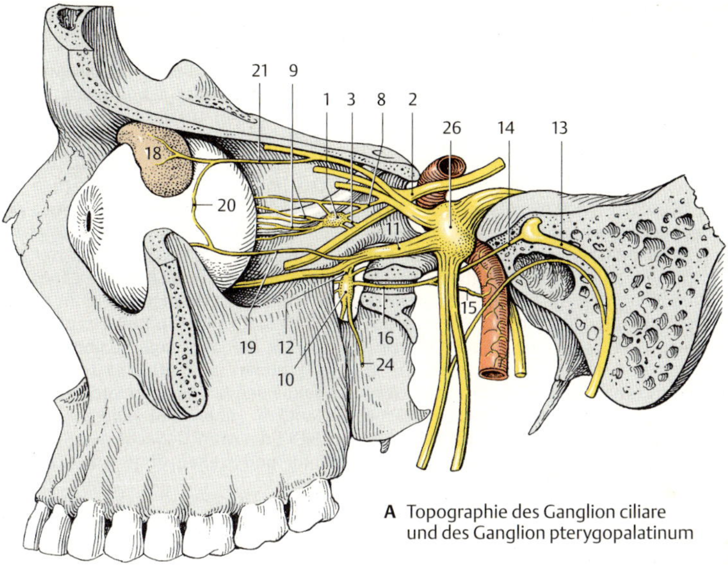

A Topographie des Ganglion ciliare und des Ganglion pterygopalatinum

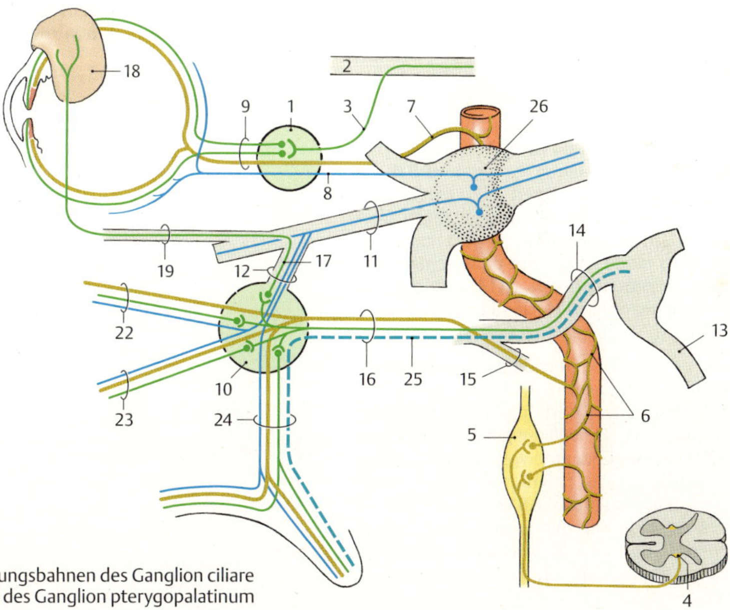

B Leitungsbahnen des Ganglion ciliare und des Ganglion pterygopalatinum

Ganglion oticum (A, B)

Das Ganglion oticum (**A**, **B1**) liegt als flacher Körper unterhalb des Foramen ovale an der medialen Seite des *N. mandibularis* (**A2**), von dem sensible und motorische Fasern (*sensibel-motorische Wurzel*) (**AB3**) in das Ganglion eintreten und ohne Umschaltung hindurchziehen. Die präganglionären parasympathischen Fasern entstammen dem *Nucleus salivatorius inferior*. Sie verlaufen im N. glossopharyngeus und zweigen mit dem N. tympanicus vom Ganglion inferius n. glossopharyngei in der Fossula petrosa zur Paukenhöhle ab. Als feiner Ast, **N. petrosus minor** (**AB4**) (*parasympathische Wurzel*), verlassen die Fasern die Paukenhöhle durch den Hiatus canalis petrosi minoris. Der Nerv verläuft unter der Dura an der Oberfläche des Felsenbeins und erreicht nach Durchtritt durch das Foramen lacerum das Ganglion oticum. Die Fasern der *sympathischen Wurzel* (**AB5**) stammen vom Plexus der A. meningea media.

Die motorischen Fasern der Radix motoria n. trigemini, die das Ganglion durchlaufen, verlassen es im **N. tensoris veli palatini** (**B6**) (Gaumensegel) und im **N. tensoris tympani** (**B7**) (für den M. tensor tympani, der das Trommelfell spannt). *Motorische Fasern* (**B8**) für den *M. levator veli palatini* aus dem N. facialis (VII) sollen in der Chorda tympani (**AB9**) verlaufen und über den *Ramus communicans cum Chorda tympani* (**AB10**) in das Ganglion übertreten. Sie ziehen ohne Umschaltung hindurch und gelangen über einen Ramus communicans (**A11**) in den *N. petrosus major* (**A12**), mit dem sie das *Ganglion pterygopalatinum* (**A13**) erreichen. In den *Nn. palatini* (**A14**) ziehen sie zum Gaumen.

Die postganglionären parasympathisch-sekretorischen Fasern treten zusammen mit sympathischen Fasern über eine Anastomose in den *N. auriculotemporalis* (**AB15**) ein und von ihm über eine weitere Anastomose in den *N. facialis* (**AB16**), mit dessen Ästen sie sich in der *Parotis* (**AB17**) verzweigen. Sie versorgen außer der Parotis über den *N. buccalis* und den *N. alveolaris inferior* die Glandulae buccales et labiales.

Ganglion submandibulare (A, B)

Das Ganglion submandibulare (**AB18**) liegt mit einigen kleinen Nebenganglien im Mundboden über der *Glandula submandibularis* (**AB19**) an der Unterseite des *N. lingualis* (**AB20**), mit dem es durch mehrere Rami ganglionares verbunden ist. Seine präganglionären *parasympathischen Fasern* (**B21**), die dem *Nucleus salivatorius superior* entstammen, verlaufen im N. facialis (N. intermedius) und verlassen ihn mit den Geschmacksfasern (**B22**) in der *Chorda tympani* (**B9**). In ihr gelangen sie zum N. lingualis (**B20**) und ziehen in ihm zum Mundboden, wo sie in das Ganglion übertreten. Postganglionäre *sympathische Fasern* aus dem Plexus der A. carotis externa erreichen das Ganglion über den *Ramus sympathicus* (**B23**), der vom Geflecht der A. facialis abgeht, und ziehen ohne Umschaltung hindurch.

Die postganglionären parasympathischen und sympathischen Fasern treten in den *Rami glandulares* teilweise zur *Submandibulardrüse* über, teilweise ziehen sie im N. lingualis weiter zur *Sublingualdrüse* (**AB24**) und zu den Drüsen in den vorderen Zweidrittel der Zunge.

A25 Ganglion ciliare,
A26 Ganglion trigeminale.

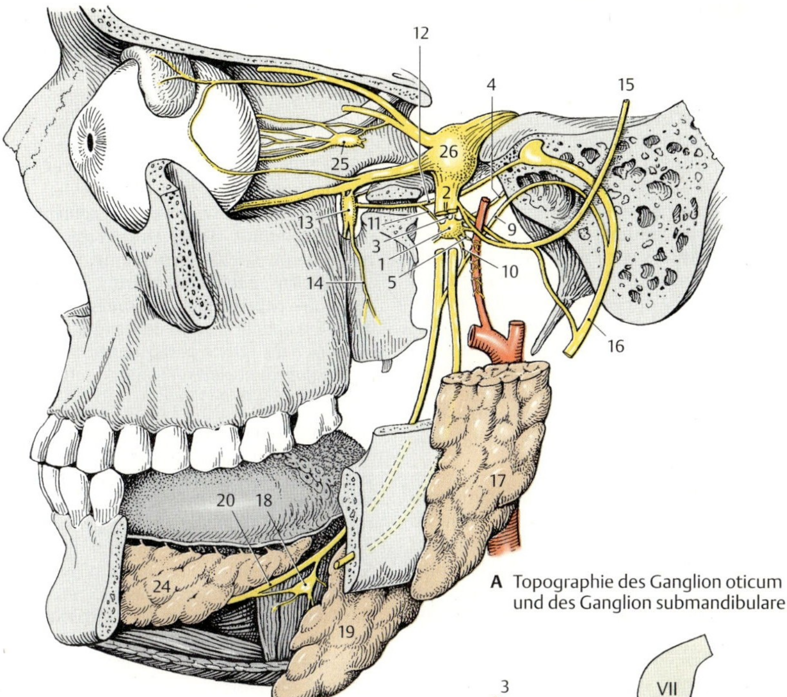

A Topographie des Ganglion oticum und des Ganglion submandibulare

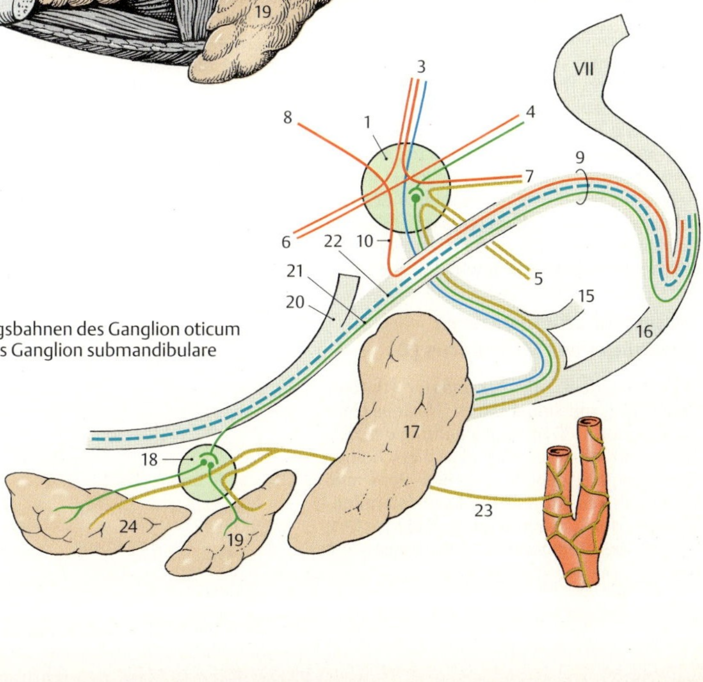

B Leitungsbahnen des Ganglion oticum und des Ganglion submandibulare

Mittelhirn

Gliederung (A–C)

Der Hirnstamm besitzt mit gewissen Abwandlungen in *Medulla oblongata* (**A1**), *Pons* (**A2**) und *Mesencephalon* (**A3**) einen gleichartigen Aufbau. Der entwicklungsgeschichtlich alte Teil des Hirnstammes, der allen drei Abschnitten gemeinsam ist und die Hirnnervenkerne enthält, ist das **Tegmentum** (*Haube*) (**A4**). Es wird in Höhe der Medulla und des Pons vom Kleinhirn überlagert und im Mittelhirn vom **Tectum** (*Lamina quadrigemina, Vierhügelplatte*) (**A5**) bedeckt. Die basale Etage des Hirnstammes enthält vor allem die großen vom Endhirn absteigenden Bahnen; sie bilden in der Medulla die *Pyramiden* (**A6**), im Pons den *Brückenfuß* (**A7**) und im Mesencephalon die *Pedunculi cerebri* (**A8**).

Das Ventrikelsystem erfährt im Mittelhirn eine hochgradige Verengerung, **Aquaeductus cerebri** (*Sylvii*) (**A–D9**). Der Hohlraum des Neuralrohres wird während der Entwicklung durch die Volumenzunahme der Mittelhirnhaube zunehmend eingeengt (**B**). Der alte Bauplan des Neuralrohres bleibt dabei erhalten: ventral liegen die motorischen Abkömmlinge der **Grundplatte**, *Nucleus n. oculomotorii* (**BC10**), *Nucleus trochlearis* (Augenmuskeln), *Nucleus ruber* (**C11**) und *Substantia nigra* (**C12**) (bestehend aus einem äußeren Teil, Pars reticulata, und einem inneren Teil, Pars compacta); dorsal liegen die sensiblen Abkömmlinge der **Flügelplatte**, *Tectum mesencephali* (Lamina quadrigemina) (**C13**) (Schaltstätte für akustische und optische Bahnen).

Schnitt durch die unteren Zweihügel des Mittelhirns (D)

Dorsal ist der *Colliculus inferior* (unterer Zweihügel) mit seinem Kern (Nucleus colliculi inferioris) (**D14**) (Umschaltung der zentralen Hörbahn) getroffen. Basal erscheinen das Übergangsgebiet zwischen Pons und Pedunculi cerebri und die kaudalsten Zellgruppen der *Substantia nigra* (**D15**). Im Mittelfeld des Tegmentum fällt unter dem Aquädukt der großzellige *Nucleus n. trochlearis* (**D16**) auf, über dem der *Nucleus dorsalis tegmenti* (**D17**) liegt. Weiter lateral befinden sich die Zellen des *Locus caeruleus* (**D18**) (bis in das Mittelhirn reichendes pontines Atemzentrum mit noradrenergen Neuronen, S. 100 B28). Über ihm sind relativ große Zellen verstreut, die den *Nucleus mesencephalicus n. trigemini* (**D19**) bilden. Das laterale Feld wird vom *Nucleus tegmenti pedunculopontinus* (**D20**) eingenommen. An der unteren Grenze des Tegmentum liegt der *Nucleus interpeduncularis* (**D21**), der reich an peptidergen Neuronen (vorwiegend Enkephalin) ist. In ihm endet der vom *Nucleus habenularis* herabsteigende *Tractus habenulopeduncularis* (Tractus retroflexus Meynert) (S. 176 A11).

In den Nucleus colliculi inferioris (**D14**) strahlt ventral der *Lemniscus lateralis* (**D22**) ein (S. 378 A5). Am lateralen Rand sammeln sich die Fasern des *Pedunculus colliculi inferioris* (**D23**), um zum *Corpus geniculatum mediale* zu ziehen (zentrale Hörbahn, S. 378). Im medialen Feld sind der *Fasciculus longitudinalis medialis* (**D24**) (S. 142) und die Kreuzung der oberen Kleinhirnschenkel, *Decussatio pedunculorum cerebellarium superiorum* (**D25**) (S. 166 B5), getroffen. Lateral liegt die Faserplatte des *Lemniscus medialis* (**D26**) (S. 140 B). Die Fasern des *Pedunculus cerebri* (**D27**) sind quergetroffen und von wenigen querverlaufenden Brückenfasern unterbrochen.

D28 Zentrales Höhlengrau, *Griseum centrale*,
C29 Nucleus Edinger-Westphal (Nucleus oculomotorius accessorius).

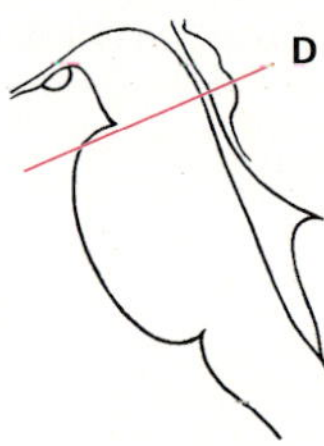

Schnittlage

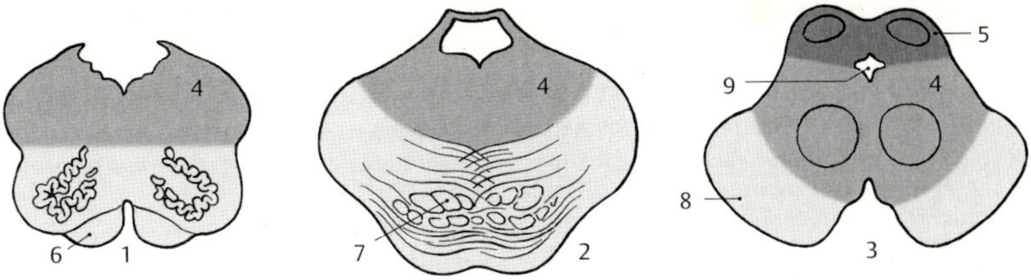

A Aufbau von Medulla oblongata, Pons und Mittelhirn

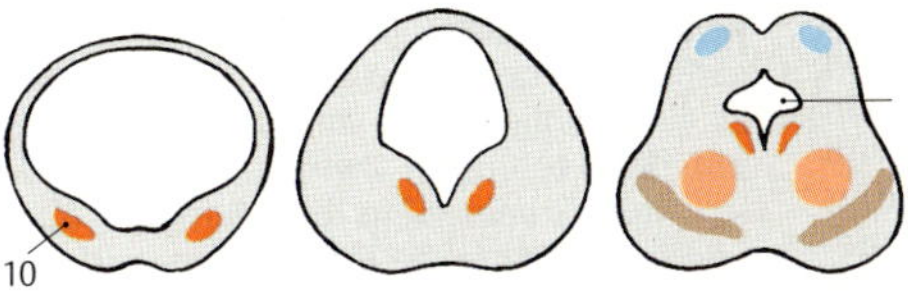

B Entwicklung des Mittelhirns

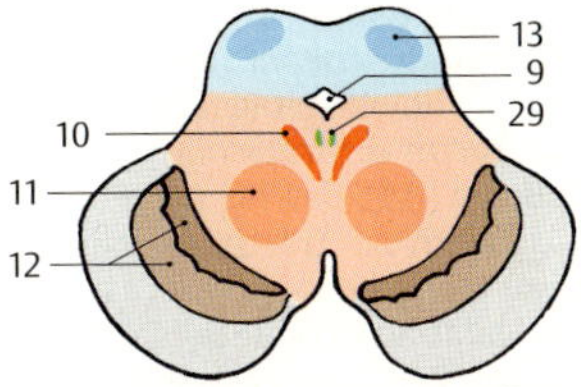

C Gliederung des Mittelhirns in Grund- und Flügelplatte

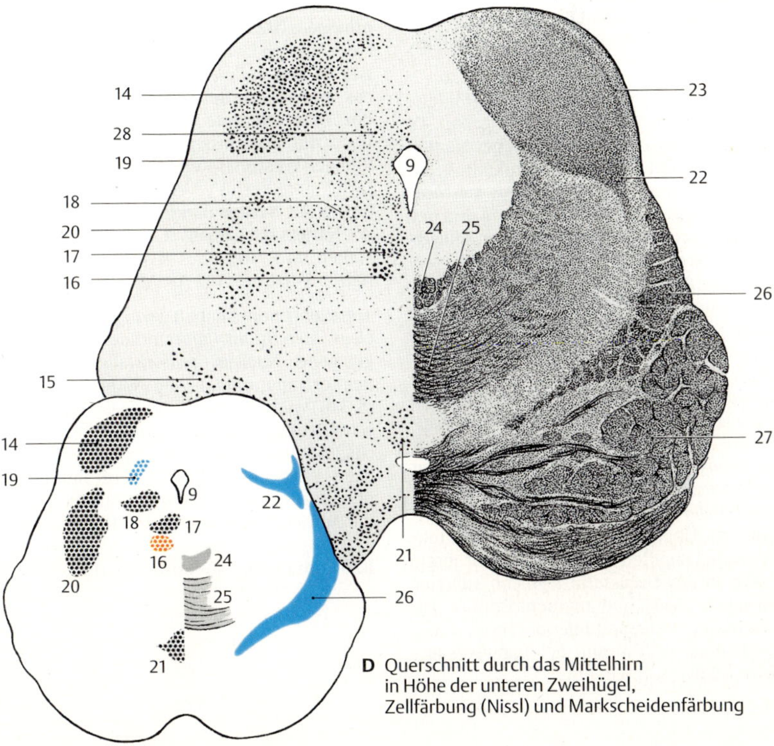

D Querschnitt durch das Mittelhirn in Höhe der unteren Zweihügel, Zellfärbung (Nissl) und Markscheidenfärbung

Schnitt durch die oberen Zweihügel des Mittelhirns (A)

Dorsal sind die beiden oberen Zweihügel, *Colliculi superiores* (**A1**), getroffen. Sie sind bei niederen Vertebraten das wichtigste optische Zentrum mit mehreren Zell- und Faserschichten. Beim Menschen sind sie nur noch eine Schaltstelle für Reflexbewegungen der Augen und für Pupillenreflexe. Sie haben eine rudimentäre Schichtenstruktur. Im *Stratum griseum superficiale* (**A2**) enden Fasern von okzipitalen Feldern der Hirnrinde (*Tractus corticotectalis*) (**A3**). Das *Stratum opticum* (**A4**), das bei niederen Vertebraten aus Fasern des Tractus opticus besteht, wird beim Menschen von Fasern aus dem Corpus geniculatum laterale gebildet. Die tiefer liegenden Zell- und Faserschichten kann man als *Stratum lemnisci* (**A5**) zusammenfassen. In ihm enden der Tractus spinotectalis (S. 56 A5), Fasern des medialen und lateralen Lemniscus und Faserbündel der Colliculi inferiores.

Der Aquädukt ist vom zentralen Höhlengrau, *Griseum centrale* (**AB6**), umgeben. Es enthält eine große Zahl peptiderger Neurone (VIP, Enkephalin, Cholecystokinin u.a.). Lateral von ihm liegt der **Nucleus mesencephalicus n. trigemini** (**A7**), ventral von ihm der **Nucleus n. oculomotorii** (**A8**) und der **Edinger-Westphal-Kern** Nucleus oculomotorius accessorius (**A9**) (S. 138 AD19). Dorsal von beiden Kernen verläuft der *Fasciculus longitudinalis dorsalis* (Schütz-Bündel) (S. 144 B) und ventral von ihnen der *Fasciculus longitudinalis medialis* (**A10**) (S. 142). Der Hauptkern des Tegmentum ist der **Nucleus ruber** (**AB11**) (S. 136, 148 A2), der durch eine Kapsel aus ein- und austretenden Fasern (u.a. *Fasciculus dentatorubralis*) (**A12**) begrenzt wird. An seinem medialen Rand ziehen die *Faserbündel des N. oculomotorius* (**A13**) ventralwärts. Über die Mittellinie kreuzen tektospinale (Pupillenreflex) und tektorubrale Fasern in der *Decussatio tegmenti superior* (*Meynert*) (**A14**) und tegmentospinale Fasern in der *Decussatio inferior* (*Forel*) (**A15**). Das laterale Feld nimmt der **Lemniscus medialis** (**AB16**) (S. 140 B) ein.

Ventral grenzt an das Tegmentum die **Substantia nigra** (*Pars compacta* [**A17**] und *Pars reticulata* [**AB18**], S. 136, S. 148 A1). Die Basis bilden zu beiden Seiten die kortikofugalen Fasermassen der **Pedunculi cerebri** (**AB19**). Dorsal aufgelagert ist das *Corpus geniculatum mediale* (**AB20**).

Schnitt durch die prätektale Region des Mittelhirns (B)

Die vor den Colliculi superiores gelegene **Regio praetectalis** (**B21**) stellt den Übergang vom Mittelhirn zum Zwischenhirn dar. Es sind infolgedessen auf dem Schnitt bereits Strukturen des Zwischenhirns getroffen: dorsal beiderseits der *Pulvinar* (**B22**) und in der Mitte die *Commissura epithalamica* (**B23**), basal die *Corpora mamillaria* (**B24**). Dorsolateral erstreckt sich die Regio praetectalis mit dem **Nucleus praetectalis principalis** (**B25**). Er ist eine wichtige Schaltstelle für den Lichtreflex der Pupillen (S. 358 A2). In ihm enden Fasern des Tractus opticus und Fasern der okzipitalen Rindenfelder. Eine efferente Bahn des Kerns zieht über die Commissura epithalamica zum Edinger-Westphal-Kern (Nucleus oculomotorius accessorius). Ventral vom Aquädukt liegen der **Nucleus Darkschewitsch** (**B26**) und der **Nucleus interstitialis** (*Cajal*) (**B27**), Schaltstellen im System des Fasiculus longitudinalis medialis (S. 142 A8, A9).

Tierexperimente haben gezeigt, daß der *Nucleus interstitialis Cajal* und der weiter oral gelegene *Nucleus praestitialis* innerhalb des extrapyramidal-motorischen Systems (S. 310) wichtige Schaltstellen für automatische Bewegungsabläufe sind (S. 192 B). Im Nucleus interstitialis liegen die wesentlichen Schaltungen für Körperdrehung um die Längsachse, im Nucleus praestitialis für die Aufrichtung von Kopf und Oberkörper.

B28 Commissura supramamillaris.

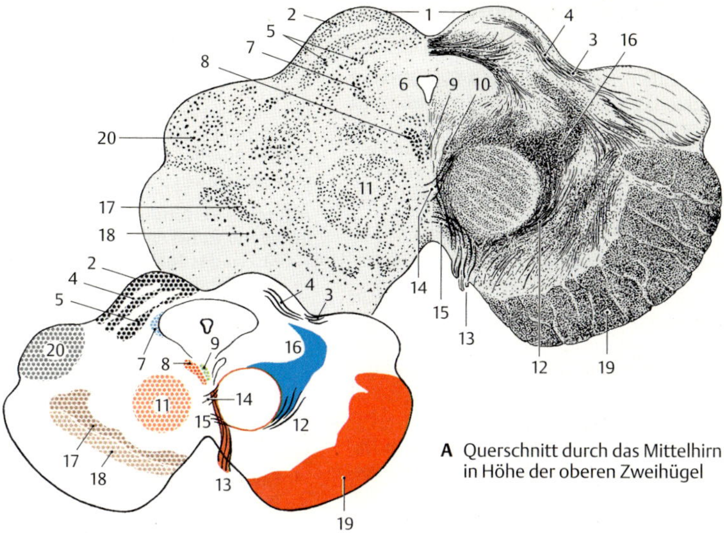

A Querschnitt durch das Mittelhirn in Höhe der oberen Zweihügel

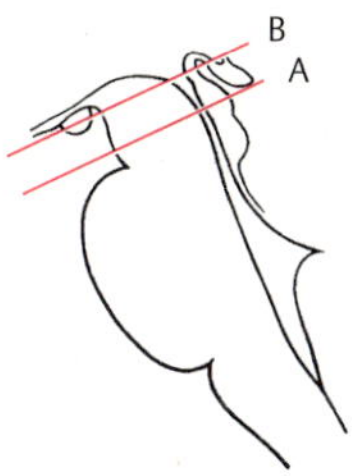

Schnittlagen

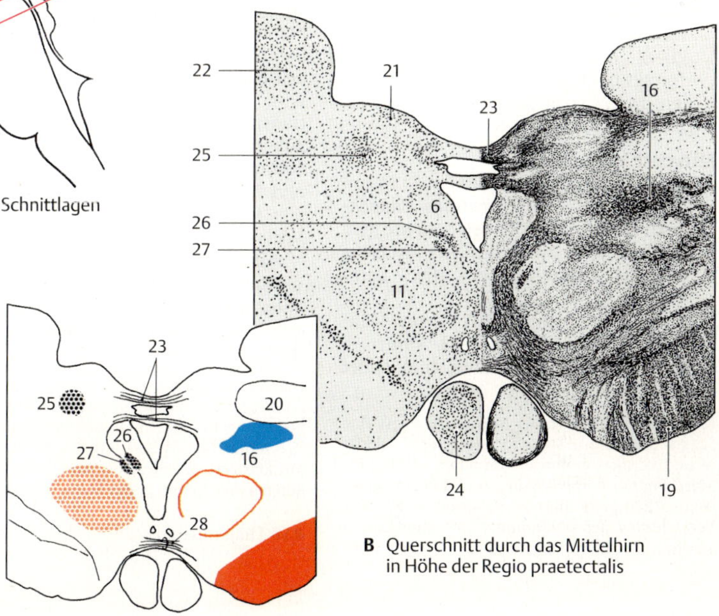

B Querschnitt durch das Mittelhirn in Höhe der Regio praetectalis

Nucleus ruber und Substantia nigra

Seitenansicht des Hirnstamms (A)

Die beiden großen Kerne schieben sich weit gegen das Zwischenhirn vor. Die **Substantia nigra** (**AB1**) reicht von der oralen Partie der *Brücke* (**A2**) bis zum *Pallidum* (**AB3**) im Zwischenhirn. Beide Kerne sind wichtige Schaltstätten des extrapyramidalen Systems (S. 310).

Nucleus ruber (AB4)

Der Kern hat auf dem frischen Hirnschnitt eine rötliche Farbe (hoher Eisengehalt, S. 148 A). Er besteht aus dem kleinzelligen *Neorubrum* und dem großzelligen, ventrokaudal gelegenen *Palaeorubrum*.

Afferente Verbindungen:

- *Fasciculus dentatorubralis* (**B5**) vom *Nucleus dentatus* (**B6**) des Kleinhirns, verläuft im *Pedunculus cerebellaris sup.* und endet im kontralateralen roten Kern,
- *Tractus tectorubralis* (**B7**) von den oberen Zweihügeln, endet im homo- und kontralateralen Palaeorubrum,
- *Tractus pallidorubralis* (**B8**), pallidotegmentale Bündel vom inneren Pallidumglied,
- *Tractus corticorubralis* (**B9**) vom frontalen und präzentralen Cortex, endet im gleichseitigen roten Kern.

Efferente Verbindungen:

- *Rubroretikuläre* und *rubrooliväre Fasern* (**B10**) verlaufen in der *zentralen Haubenbahn* (S. 144 A) und enden überwiegend in der *Olive* (Neuronenkreis: Nucleus dentatus – Nucleus ruber – Olive – Cerebellum),
- *Tractus rubrospinalis* (**B11**) (beim Menschen schwach entwickelt), kreuzt in der Forel-Haubenkreuzung und endet im Zervikalmark.

Funktionelle Bedeutung. Der Nucleus ruber ist eine Schalt- und Kontrollstelle für zerebelläre, pallidäre und kortikal-motorische Impulse, wichtig für *Muskeltonus*, *Körperhaltung* und *Gehbewegung*. Seine Schädigung führt zu Ruhetremor (Zittern), Veränderung des Muskeltonus und choreatisch-athetotischer Bewegungsunruhe.

Substantia nigra (A–C)

Sie besteht aus der dunklen **Pars compacta** (Nervenzellen mit schwarzem Melaninpigment) (**C**) und der **Pars reticulata** (rötlich gefärbt und besonders eisenhaltig). Die Bahnen der Substantia nigra bilden keine kompakten Bündel, sondern schwer nachweisbare lockere Züge feiner Fasern.

Afferente Verbindungen:

Im **anterioren Teil** enden

- Fasern des Nucleus caudatus, *Fasciculus strionigralis* (**B12**), und
- Fasern der frontalen Rinde (Area 9 bis 12), *Fibrae corticonigrales* (**B13**).

Im **kaudalen Teil** des Kerns enden

- Fasern des Putamen (**B14**) und
- Fasern der präzentralen Rinde (Area 4 und 6) (**B15**).

Efferente Verbindungen:

- **Fibrae nigrostriatales** (**B16**) ziehen von der Pars compacta zum Striatum.
- Fasern von der Pars reticulata ziehen zum Thalamus.

Die Hauptmasse der efferenten Fasern steigt zum Striatum auf, mit dem die Substantia nigra durch das **nigrostriatale System** funktionell eng verbunden ist. In den Axonen der **dopaminergen Nigerneurone** (Pars compacta) wird Dopamin in das Caudatoputamen transportiert und dort von den Axonendigungen freigesetzt. Es besteht zwischen Substantia nigra und Striatum (Caudatum und Putamen) eine korrespondierende Topik: kraniale und kaudale Abschnitte des Nucleus niger sind mit entsprechenden Abschnitten des Caudatum und des Putamen verbunden. Caudatum und Putamen stehen unter der Kontrolle massiver Eingänge von ganz verschiedenen neokortikalen Arealen (**B17**).

Funktionelle Bedeutung. Die Substantia nigra soll besondere Bedeutung für die unwillkürliche Mitbewegungen und den raschen Bewegungsbeginn (*Starterfunktion*) haben. Ihre Schädigung führt zu Muskelstarre, Ruhetremor, Wegfall der Mitbewegungen und zu mimischer Starre (*Maskengesicht*).

B18 Thalamus dorsalis.

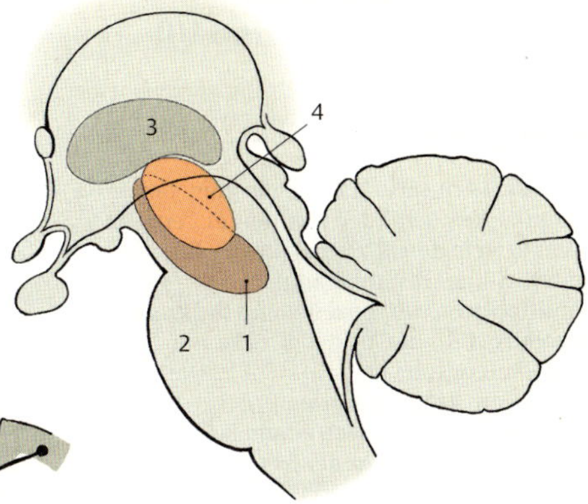

A Lage des Nucleus ruber und der Substantia nigra im Hirnstamm, Ansicht von lateral

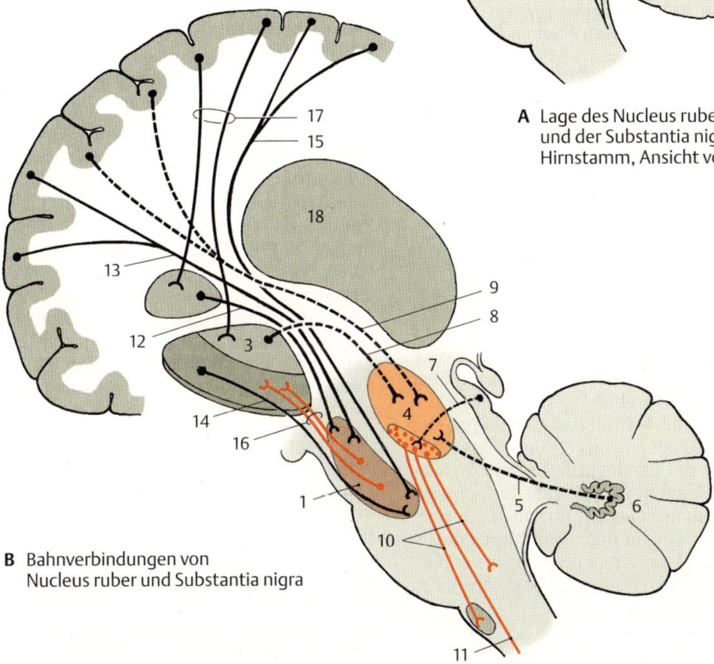

B Bahnverbindungen von Nucleus ruber und Substantia nigra

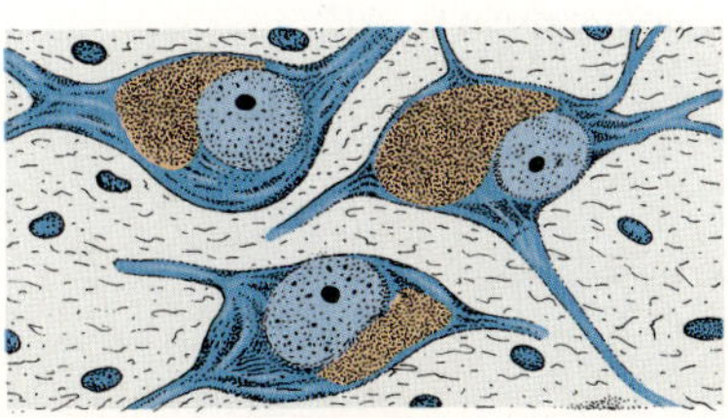

C Melaninhaltige Nervenzellen der Substantia nigra

Augenmuskelnerven (Hirnnerven III, IV und VI) (A–F)

N. abducens (C, E)

Der **VI. Hirnnerv** (**C1**) ist ein rein *somatomotorischer Nerv*, der von den *äußeren Augenmuskeln* den **M. rectus lateralis** (**E2**) innerviert. Seine Fasern stammen von großen multipolaren Nervenzellen des **Nucleus n. abducentis** (**C3**), der in der Brücke am Boden der Rautengrube liegt (S. 110 A1). Die Fasern treten am Unterrand der Brücke oberhalb der Pyramide aus. Nach einem langen extraduralen Verlauf zieht der Nerv durch den Sinus cavernosus und verläßt die Schädelhöhle durch die *Fissura orbitalis superior*.

N. trochlearis (B, C, E)

Der **IV. Hirnnerv** (**BC4**) (rein *somatomotorisch*) innerviert von den *äußeren Augenmuskeln* den **M. obliquus superior** (**E5**). Seine Fasern nehmen von großen multipolaren Nervenzellen des **Nucleus n. trochlearis** (**BC6**) (S. 132 D16) ihren Ursprung. Dieser liegt im Mittelhirn unter dem Aquädukt, und zwar in Höhe der unteren Zweihügel. Die Fasern steigen im Bogen nach dorsal, kreuzen über dem Aquädukt und verlassen das Mittelhirn am Unterrand der unteren Zweihügel. Der Nerv verläßt als einziger Hirnnerv den Hirnstamm an der Dorsalfläche. Er zieht im Subarachnoidalraum (S. 288 A13) zur Schädelbasis herab, wo er am Rande des Tentorium in die Dura eintritt und weiter durch die laterale Wand des Sinus cavernosus verläuft. Er tritt durch die *Fissura orbitalis superior* in die Orbita ein.

N. oculomotorius (A, C–F)

Der **III. Hirnnerv** (**AC7**) enthält *somatomotorische* und *viszeromotorische* (parasympathische) (**A8**) Fasern. Er innerviert die *restlichen äußeren Augenmuskeln* (**E**) und mit seinem viszeromotorischen Anteil die *inneren Augenmuskeln*. Die Fasern treten aus dem Boden der Fossa interpeduncularis am medialen Rande des Pedunculus cerebri im Sulcus oculomotorius aus. Lateral von der Sella turcica durchbohren sie die Dura, durchlaufen das Dach und dann die laterale Wand des Sinus cavernosus und gelangen durch die *Fissura orbitalis superior* in die Orbita. Hier teilt sich der Nerv in einen *Ramus superior*, der den *M. levator palpebrae superioris* und den *M. rectus superior* (**E9**) versorgt, und in einen *Ramus inferior*, der den *M. rectus inferior* (**E10**), den *M. rectus medialis* (**E11**) und den *M. obliquus inferior* (**E12**) versorgt.

Die somatomotorischen Fasern gehen von großen multipolaren Nervenzellen des **Nucleus n. oculomotorii** (**AC13**) (S. 134 A8) ab, der im Mittelhirn unter dem Aquädukt in Höhe der oberen Zweihügel liegt.

Die longitudinal angeordneten Zellgruppen innervieren bestimmte Muskeln. Zellen für den M. rectus inferior (**D14**) liegen dorsolateral, für den M. rectus superior (**D15**) dorsomedial, darunter die für den M. obliquus inferior (**D16**), ventral die für den M. rectus medialis (**D17**), dorsokaudal die für den M. levator palpebrae superioris (Nucleus oculomotorius caudalis centralis) (**D18**). Zwischen den beiden paarigen Hauptkernen liegt im mittleren Drittel meist eine unpaare Zellgruppe, der *Kern von Perlia*, der für die Konvergenz (S. 358 C) von Bedeutung sein soll.

Die präganglionären parasympathisch-viszeromotorischen Fasern stammen vom kleinzelligen **Edinger-Westphal-Kern**, *Nucleus oculomotorius accessorius* (**ACD19**). Sie ziehen vom N. oculomotorius zum Ganglion ciliare, wo sie umgeschaltet werden. Die postganglionären Fasern treten durch die Sclera in den Bulbus ein und innervieren den *M. ciliaris* (**F20**) und den *M. sphincter pupillae* (**F21**) (S. 358 A, B).

(Augenmuskeln, S. 340.)

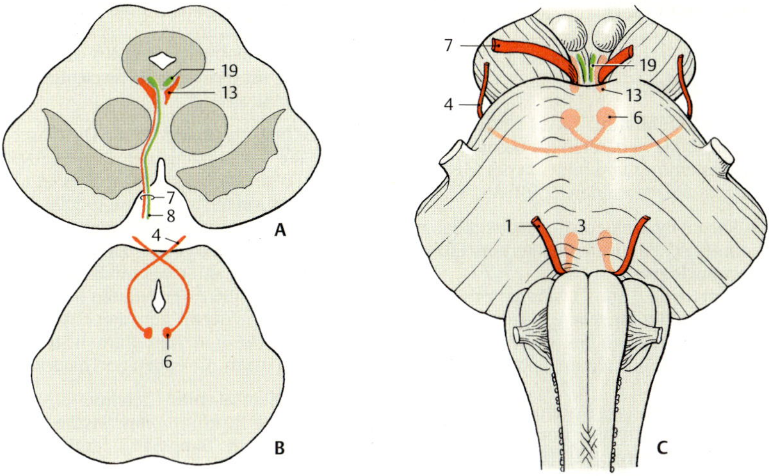

A – C Kerngebiet und Austritt des N. abducens, N. trochlearis und N. oculomotorius

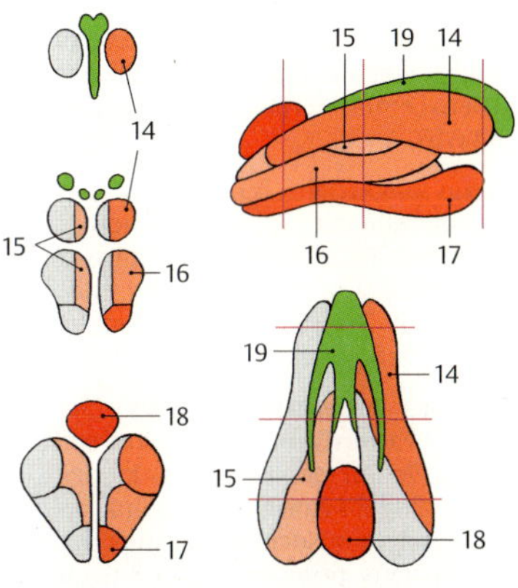

D Somatotopik des Okulomotoriuskerns (nach Warwick)

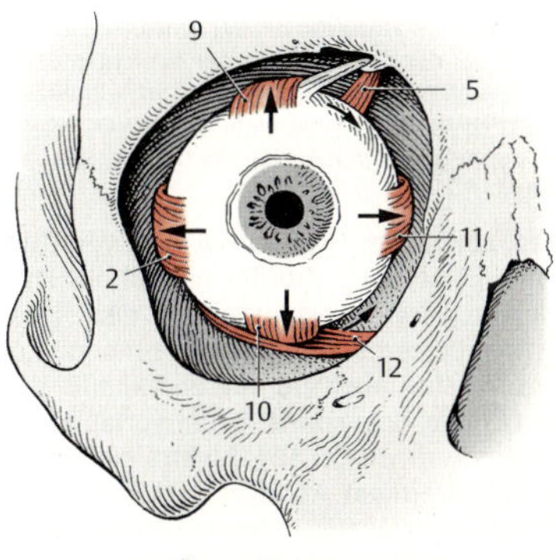

E Äußere Augenmuskeln

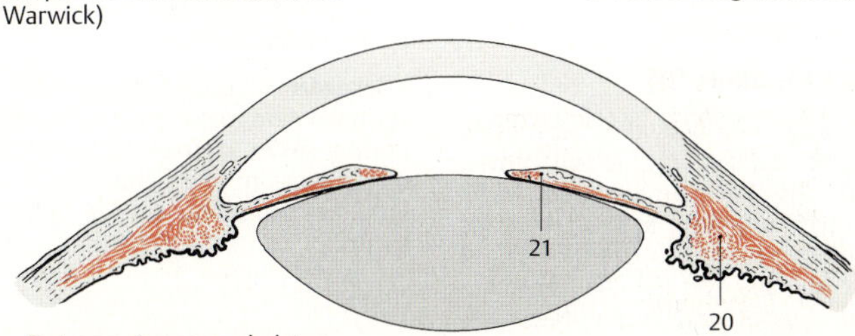

F Innere Augenmuskulatur

Lange Bahnen

Tractus corticospinalis und Fibrae corticonucleares (A)

Die **Pyramidenbahn**, **Tractus corticospinalis** (S. 58 A, S. 308), verläuft in der basalen Etage des Hirnstammes und bildet in der Medulla oblongata die Pyramiden (S. 100 A6).

Eine Anzahl Pyramidenbahnfasern endet an den motorischen Hirnnervenkernen (**Fibrae corticonucleares**):

- *Doppelseitig* am Okulomotoriuskern (III), am motorischen Trigeminuskern (V), am kaudalen Teil des Fazialiskerns (VII) (Stirnmuskulatur) und am Nucleus ambiguus (X).
- *Gekreuzt* am gegenseitigen Kern: am Abduzenskern (VI), am rostralen Teil des Fazialiskerns (VII) (Gesichtsmuskulatur mit Ausnahme der Stirnmuskulatur) und am Hypoglossuskern (XII).
- *Ungekreuzt* am gleichseitigen Kern: Trochleariskern (IV).

Klinischer Hinweis: Bei der *zentralen Fazialisparese*, bei der die Lähmung der Gesichtsmuskulatur durch eine Schädigung der kortikobulbären Fasern zustande kommt, bleibt die Beweglichkeit der doppelseitig versorgten Stirnmuskulatur erhalten.

Fibrae aberrantes (*Déjérine*) (**A1**). In verschiedenen Höhen des Mittelhirns und des Pons zweigen feine Faserbündel von den Fibrae corticonucleares ab und vereinigen sich zum *Tractus aberrans mesencephali* und *Tractus aberrans pontis*. Beide verlaufen im *Lemniscus medialis* (**A2**) abwärts und enden im gegenseitigen Abduzens- (VI) und Hypoglossuskern (XII), in beiden Nuclei ambigui (X) und im spinalen Akzessoriuskern (XI).

Lemniscus medialis (B)

Das Fasersystem umfaßt die *wichtigsten aufsteigenden Bahnen der exterozeptiven Sensibilität* aus Rückenmark und Hirnstamm. Es wird unterteilt in den *Lemniscus spinalis* und den *Lemniscus trigeminalis*. Im Lemniscus spinalis werden die sensiblen Bahnen für Rumpf und Extremitäten zusammengefaßt (Tractus bulbothalamicus, Tractus spinothalamicus, Tractus spinotectalis), im Lemniscus trigeminalis die sensiblen Fasern für das Gesicht (Fasciculus tegmentalis ventralis).

1. Tractus bulbothalamicus (**B3**). Die Fasern stellen die Fortsetzung der Rückenmark-Hinterstränge (**B4**) (*epikritische Sensibilität*) dar. Sie entspringen im Nucleus gracilis (**B5**) und Nucleus cuneatus (**B6**), kreuzen als Fibrae arcuatae (Decussatio lemnisci) (**B7**) und bilden den Lemniscus medialis im engeren Sinne (S. 108 A19). Anfangs liegen die Kuneatusfasern dorsal von den Grazilisfasern, in Brücke und Mittelhirn liegen sie medial von ihnen. Sie enden im Thalamus.

2. Tractus spinothalamicus (*lateralis et anterior*) (**B8**). Die Fasern (*protopathische Sensibilität*: Schmerz, Temperatur, grobe Tastempfindung) sind bereits in den verschiedenen Rückenmarkshöhen auf die Gegenseite gekreuzt und bilden in der Medulla etwas verstreute, lockere Bündel (Lemniscus spinalis). Erst im Mittelhirn schließen sie sich dem Lemniscus medialis an (S. 132 D26, S. 134 A16).

3. Tractus spinotectalis (**B9**). Seine Fasern verlaufen mit denen des Tractus spinothalamicus lateralis. Sie bilden im Mittelhirn die laterale Spitze des Lemniscus und enden in den oberen Zweihügeln (*Pupillenreaktion bei Schmerzempfindung*).

4. Fasciculus tegmentalis ventralis (*Spitzer*) (**B10**). Die Fasern (*protopatische und epikritische Sensibilität des Gesichtes*) kreuzen in kleinen Bündeln vom Nucleus spinalis n. trigemini und vom Nucleus pontinus n. trigemini (Nucleus principalis) zur Gegenseite (Lemniscus trigeminalis) und schließen sich in Höhe des Pons dem Lemniscus medialis an. Sie enden im Thalamus.

5. Sekundäre Geschmacksfasern (**B11**). Sie entspringen dem rostralen Teil des Nucleus solitarius (**B12**), kreuzen wahrscheinlich auf die Gegenseite und nehmen den medialen Rand des Lemniscus ein. Sie enden im Thalamus.

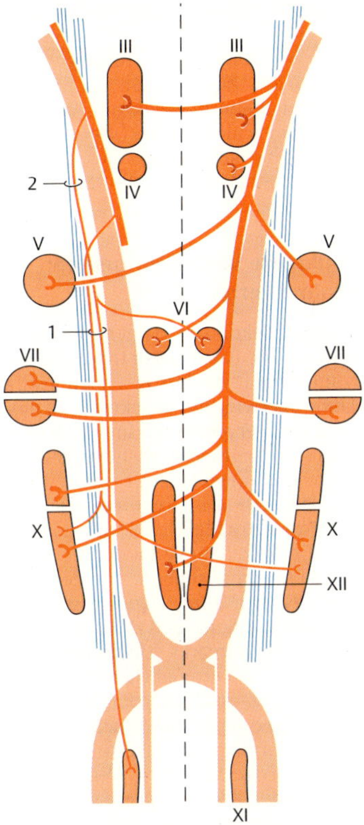

A Pyramidenbahnsystem:
Tractus corticospinalis
und Fibrae corticonucleares

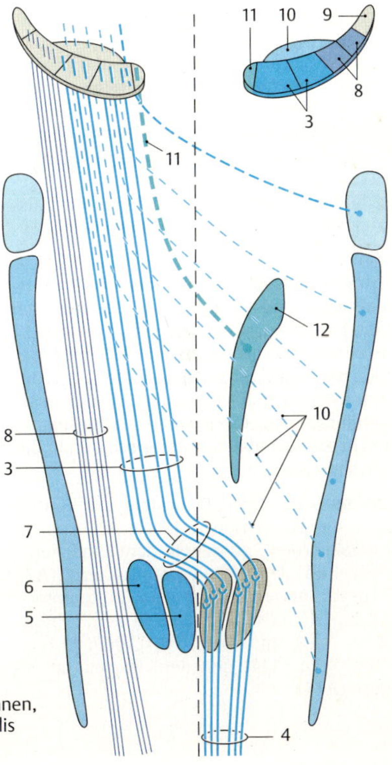

B Aufsteigende Bahnen,
Lemniscus medialis

Fasciculus longitudinalis medialis (A)

Das **mediale Längsbündel** ist keine einheitliche Faserbahn, sondern enthält verschiedene Fasersysteme, die in unterschiedlichen Höhen ein- und austreten. Es reicht vom rostralen Mittelhirn bis in das Rückenmark und verknüpft zahlreiche Kerne des Hirnstammes miteinander. Auf den Querschnitten durch den Hirnstamm ist es im Mittelfeld der Haube, ventral vom zentralen Höhlengrau, zu finden (S. 108 AB17, 110 A11, 132 D24).

Vestibulärer Anteil. Vom lateralen (**A1**), medialen (**A2**) und unteren (**A3**) Vestibulariskern ziehen gekreuzte und ungekreuzte Fasern im Längsbündel zum Abduzenskern (**A4**) und zu den motorischen Vorderhornzellen des Zervikalmarks. Vom oberen Vestibulariskern (**A5**) steigen Fasern zum gleichseitigen Trochlearis- (**A6**) und Okulomotoriuskern (**A7**) auf. Vestibularisfasern enden schließlich im gleichseitigen und gegenseitigen Nucleus interstitialis Cajal (**A8**) und im Nucleus Darkschewitsch (**A9**) (Kreuzung in der Commissura epithalamica [**A10**]). Durch das Längsbündel wird der Vestibularapparat mit den Augen- und Halsmuskeln und dem extrapyramidalen System verknüpft (S. 382).

Extrapyramidaler Anteil. Der Nucleus interstitialis Cajal und der Nucleus Darkschewitsch sind in den Verlauf des Längsbündels eingeschaltet. Sie erhalten Fasern aus dem Striatum und Pallidum und gekreuzte Fasern aus dem Kleinhirn. Im Längsbündel senden sie einen Faserzug, *Fasciculus interstitiospinalis* (**A11**), zum kaudalen Hirnstamm und in das Rückenmark.

Internukleärer Anteil. Er besteht aus Verbindungsfasern zwischen motorischen Hirnnervenkernen: zwischen dem Abduzens- (**A4**) und dem Okulomotoriuskern (**A7**), dem Fazialis- (**A12**) und dem Okulomotoriuskern, dem Fazialiskern und dem motorischen Trigeminuskern (**A13**), dem Hypoglossuskern (**A14**) und dem Nucleus ambiguus (**A15**).

Durch die Verknüpfung der motorischen Hirnnervenkerne wird ein funktionelles Zusammenspiel bestimmter Muskelgruppen möglich, so die Koordination der Augenmuskeln bei Bulbusbewegungen, der Lidmuskeln beim Schließen und Öffnen der Lider, der Kaumuskulatur und der Zungen- und Schlundmuskulatur beim Schlucken und Sprechen.

Internukleäre Verbindungen der Trigeminuskerne

Nur wenige sekundäre Trigeminusfasern treten in das mediale Längsbündel ein. Die Mehrzahl verläuft im dorsolateralen Bezirk der Haube überwiegend ungekreuzt zu motorischen Hirnnervenkernen und bildet die Grundlage für zahlreiche wichtige Reflexe. Gekreuzte und ungekreuzte Fasern ziehen zum Fazialiskern als Grundlage für den *Kornealreflex* (Lidschluß bei Berührung der Cornea). Es bestehen Verbindungen zum Nucleus salivatorius superior für den *Tränenreflex*. Fasern zum Hypoglossuskern, zum Nucleus ambiguus und zu Vorderhornzellen des Zervikalmarks (Ursprungszellen des N. phrenicus) ermöglichen den *Niesreflex*. Der *Würg-* und *Schluckreflex* beruht auf Faserverbindungen zum Nucleus ambiguus, zum dorsalen Vaguskern und zum motorischen Trigeminuskern. Verknüpfungen mit dem dorsalen Vaguskern stellen die Bahn für den *okulokardialen Reflex* dar (Verlangsamung des Herzschlages bei Druck auf die Bulbi).

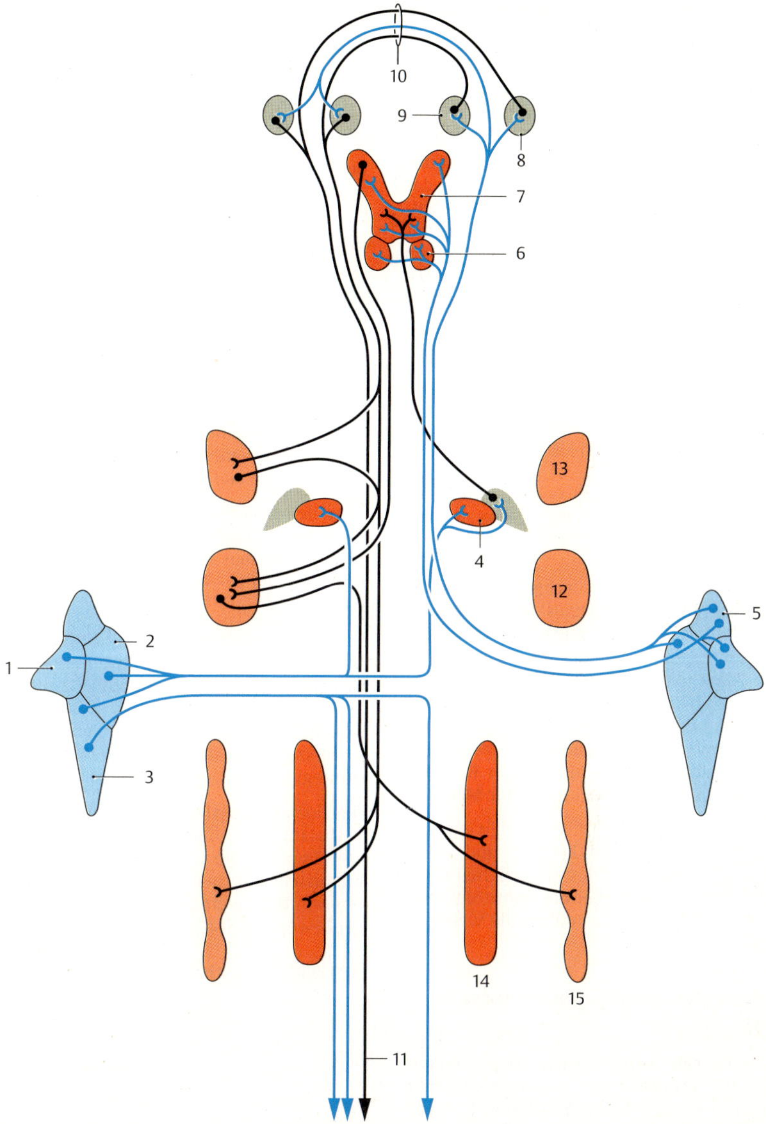

A Fasciculus longitudinalis medialis, mediales Längsbündel (nach Crosby, Humphrey u. Lauer)

Tractus tegmentalis centralis (A)

Die **zentrale Haubenbahn** ist der wichtigste efferente Weg des extrapyramidal motorischen Systems (S. 310). Sie verläuft vom Mittelhirn bis zur unteren **Olive** (**A1**), wo der Hauptanteil endet. Der Rest soll sich über kurze nacheinander geschaltete Neurone (*Fibrae reticuloreticulares*) (**A2**) bis in das Rückenmark fortsetzen. Im kaudalen Mittelhirn liegt die Bahn dorsolateral von der Kreuzung der oberen Kleinhirnschenkel; im Pons bildet sie im Mittelfeld der Haube eine große, unscharf begrenzte Faserplatte (S. 110 AB13).

Sie setzt sich aus drei Komponenten zusammen:

- **Fibrae pallidoolivares** (**A3**) aus dem *Striatum* (**A4**) und dem *Pallidum* (**A5**), die im pallidotegmentalen Bündel (**A6**) zur Kapsel des roten Kerns (**A7**) und weiter zur Olive ziehen. Ihnen schließen sich Fasern aus der *Zona incerta* (**A8**) an.
- **Fibrae rubroolivares** (**A9**) aus dem kleinzelligen Anteil (Neorubrum) des roten Kerns, die beim Menschen einen starken Faserzug, *Fasciculus rubroolivaris* (*Probst-Gamper*) bilden, die wichtigste absteigende Bahn des roten Kerns.
- **Fibrae reticuloolivares** (**A10**) treten aus verschiedenen Höhen in die Haubenbahn ein: aus der Umgebung des roten Kerns, dem zentralen Höhlengrau des Aquädukts (**A11**) und aus der Formatio reticularis der Brücke und der Medulla.

Die Impulse, die der Olive von den extrapyramidal motorischen Zentren und wahrscheinlich auch von der motorischen Rinde zufließen, werden über die *Fibrae olivocerebellares* (**A12**) zur Kleinhirnrinde weitergeleitet.

Fasciculus longitudinalis dorsalis (B)

Das **dorsale Längsbündel** (*Schütz-Bündel*, S. 196 B11) enthält auf- und absteigende Fasersysteme, die den Hypothalamus mit verschiedenen Kernen des Hirnstammes verknüpfen und eine Verbindung zwischen den viszeroefferenten parasympathischen Kernen herstellen. Ein großer Teil der Fasern ist peptiderg (Somatostatin u.a.). Sie entspringen bzw. enden im *Septum*, im *oralen Hypothalamus*, im *Tuber cinereum* (**B13**) und in den *Corpora mamillaria* (**B14**). Sie sammeln sich im Mittelhirn unter dem Ependym (S. 284) des Aquädukts und bilden das Längsbündel, das am Boden des IV. Ventrikels subependymal bis zur unteren Medulla zieht (S. 108 AB15, S. 110 AB12).

Fasern gehen ab zu den zwei *oberen Hügeln* (**B15**) und zu den parasympathischen Kernen: *Nucleus Edinger-Westphal* (Nucleus oculomotorius accessorius) (**B16**), *Nucleus salivatorius superior* (**B17**) und *inferior* (**B18**) und zum *dorsalen Vaguskern* (**B19**). Andere Fasern enden in Hirnnervenkernen: im motorischen *Trigeminuskern* (**B20**), *Fazialis-* (**B21**) und *Hypoglossuskern* (**B22**). Ein Faseraustausch besteht auch mit den Kernen der Formatio reticularis.

Über den *Nucleus dorsalis tegmenti* werden dem Längsbündel olfaktorische Impulse zugeführt (Nucleus habenularis – Nucleus interpeduncularis – Nucleus dorsalis tegmenti).

Lange aufsteigende Bahnen. Vom *Nucleus solitarius* (**B23**) steigen Fasern, wahrscheinlich Geschmacksfasern, zum Hypothalamus auf. Vom *Nucleus dorsalis raphes* (**B24**) lassen sich die Fasern der serotoninergen Neurone fluoreszenzmikroskopisch bis in die Septumregion verfolgen.

Das dorsale Längsbündel empfängt u.a. hypothalamische, olfaktorische und gustatorische Impulse, die den motorischen und sekretorischen Kernen des Hirnstammes weitervermittelt werden (reflektorische Zungenbewegung, Speichelsekretion).

A25 Nucleus subthalamicus.

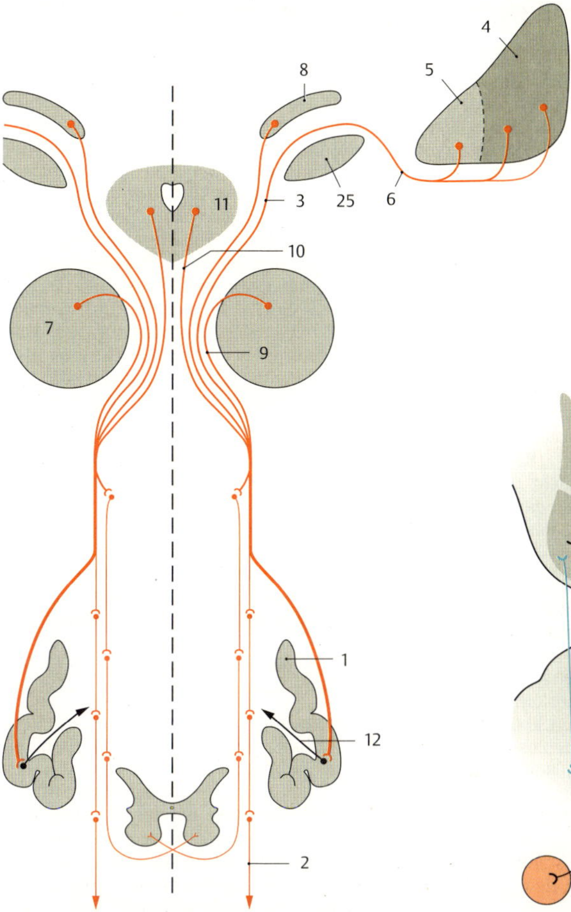

A Tractus tegmentalis centralis, zentrale Haubenbahn (nach Spatz)

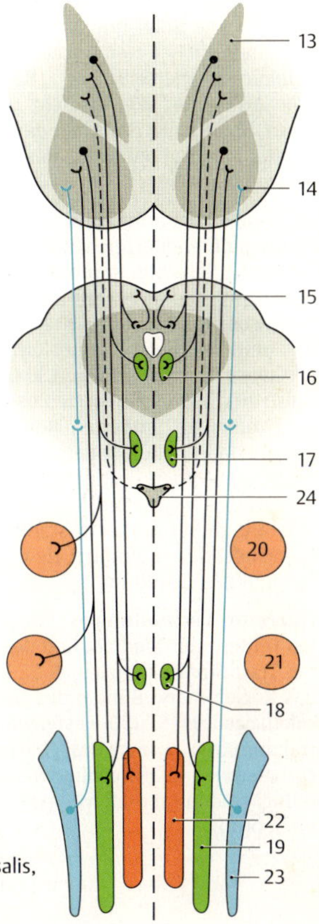

B Fasciculus longitudinalis dorsalis, dorsales Längsbündel

Formatio reticularis (A – D)

Die verstreuten Nervenzellen des Tegmentum und ihre neztartig verknüpften Fortsätze werden als **Formatio reticularis** bezeichnet. Sie nimmt den mittleren Bezirk des Tegmentum ein und erstreckt sich von der Medulla bis in das rostrale Mittelhirn. Es lassen sich mehrere unterschiedlich gebaute Areale abgrenzen (**A**). Im *medialen Feld* liegen großzellige Kerne, von denen lange **auf- und absteigende Faserzüge** entspringen. Der kleinzellige *laterale Streifen* gilt als **Assoziationsareal**.

Zahlreiche Nervenzellen besitzen lange auf- oder absteigende Axone oder solche, die sich in einen auf- und absteigenden Ast aufzweigen. Die Golgi-Imprägnation zeigt, daß von einer solchen Nervenzelle (**B1**) zugleich *kaudale Hirnnervenkerne* (**B2**) und *Zwischenhirnkerne* (**B3**) erreicht werden. Die Formatio reticularis enthält eine große Zahl peptiderger Nervenzellen (u.a. Enkephalin, Neurotensin).

Afferente Verbindungen. Erregungen *aller Sinnesqualitäten* erreichen die Formatio reticularis. Sensible spinoretikuläre Fasern enden im medialen Feld von Medulla und Pons, ebenso sekundäre Fasern der Trigeminus- und Vestibulariskerne. Kollateralen des Lemniscus lateralis führen akustische Impulse zu, Fasern des Fasciculus tectoreticularis optische Impulse. Reizexperimente zeigen, daß Retikularisneurone mehr durch sensible (Schmerz), akustische und vestibuläre als durch optische Reize erregt werden. Weitere afferente Fasern stammen aus der Hirnrinde, dem Kleinhirn, dem Nucleus ruber und dem Pallidum.

Efferente Verbindungen. Von den medialen Feldern der Medulla und des Pons zieht der **Tractus reticulospinalis** (S. 58 B5 u. B6) in das Rückenmark. Bündel des **Fasciculus reticulothalamicus** (S. 180 B) steigen zu den intralaminären Kernen des Thalamus (Truncothalamus) auf. Faserbündel aus dem Mittelhirn enden im oralen Hypothalamus und im Septum.

Atem- und Kreislaufzentrum. Gruppen von Nervenzellen regulieren Atmung (**C**), Herzschlag und Blutdruck (Änderung bei körperlicher Arbeit oder seelischer Erregung). Man lokalisiert die Neurone für die *Inspiration* in das Mittelfeld der unteren Medulla (**C4**), die für die *Exspiration* weiter dorsal und lateral (**C5**). Im Pons liegen übergeordnete Schaltstätten für Hemmung und Erregung (*Locus caeruleus*) der Atmung. In die Regelung von Herzfrequenz und Blutdruck (**D**) sind die vegetativen Kerne des N. glossopharyngeus und N. vagus eingeschaltet. Die elektrische Reizung im kaudalen Mittelfeld der Medulla führt zum Absinken des Blutdrucks (*Depressorenzentrum*) (**D6**), in der übrigen Formatio reticularis der Medulla dagegen zu einem Ansteig des Blutdrucks (**D7**).

Beeinflussung der Motorik. Die spinale Motorik wird von der Formatio reticularis in differenzierter Weise beeinflußt. Im medialen Feld der Medulla liegt ein *Hemmungszentrum*, bei dessen Reizung der Muskeltonus absinkt, die Reflexe erlöschen und die elektrische Reizung der motorischen Hirnrinde keine Reaktionen mehr auslöst. Die Formatio reticularis in Pons und Mittelhirn übt dagegen einen *fördernden Einfluß* auf die Motorik aus.

Aufsteigendes Aktivierungssystem. Über die Verbindungen mit den intralaminären Kernen des Thalamus übt die Formatio reticularis einen Einfluß auf den Wachzustand aus. Wenn Impulse der sensorischen oder kortikalen Zuflüsse sie verstärkt erregen, wird der Organismus schlagartig in einen hellen Wachzustand versetzt, eine Vorbedingung für Aufmerksamkeit und Wahrnehmung. Bei elektrischer Reizung der Formatio reticularis läßt sich diese **Weckfunktion** in der Veränderung des Hirnstrombildes (Elektroenzephalogramm, EEG) objektivieren.

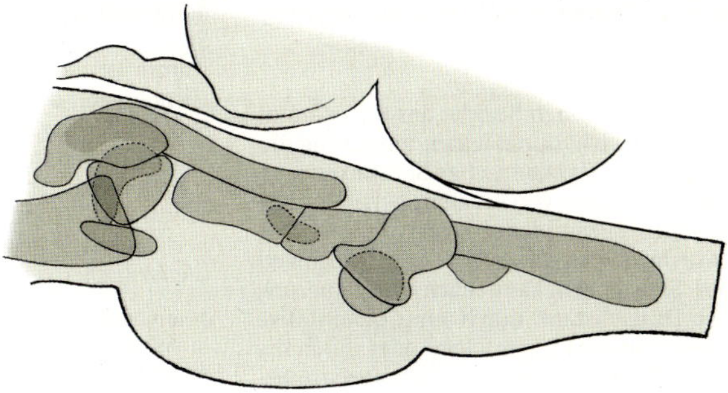

A Ausdehnung und Gliederung der Formatio reticularis beim Menschen (nach Olszewski)

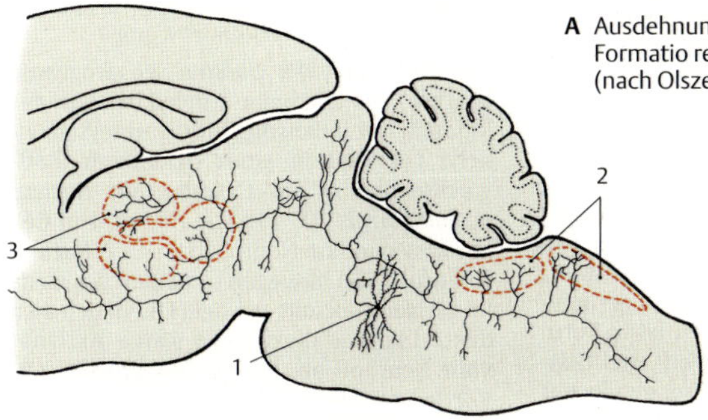

B Nervenzelle mit Dendritenverzweigung: Formatio reticularis der Ratte (nach Scheibel u. Scheibel)

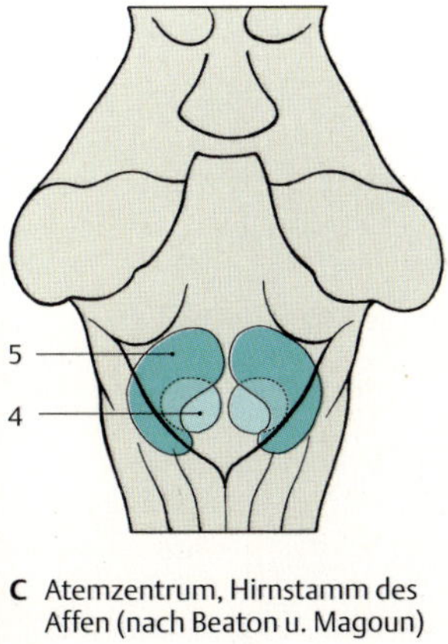

C Atemzentrum, Hirnstamm des Affen (nach Beaton u. Magoun)

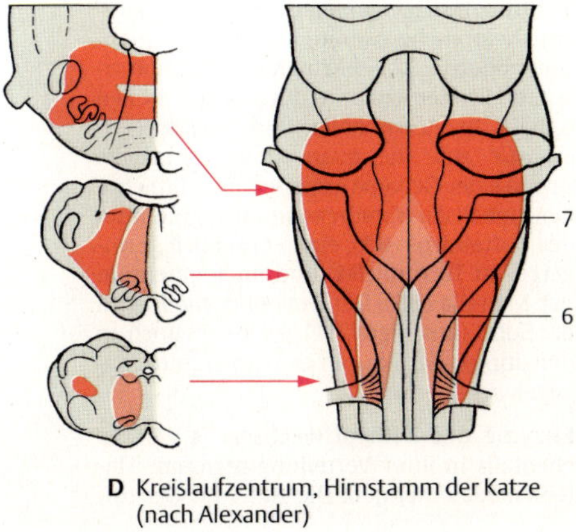

D Kreislaufzentrum, Hirnstamm der Katze (nach Alexander)

Histochemie des Hirnstamms (A–C)

Die verschiedenen Bezirke des Hirnstamms zeichnen sich durch einen unterschiedlichen Gehalt an chemischen Substanzen aus. Die Abgrenzung von Arealen nach ihrer chemischen Zusammensetzung wird als **Chemoarchitektonik** bezeichnet. Der Nachweis der Substanzen kann nach Zerkleinerung der Hirnsubstanz durch eine quantitative chemische Analyse erfolgen oder durch die Behandlung histologischer Schnitte mit bestimmten Reagenzien, was eine genaue Lokalisierung der Substanz im Gewebe ermöglicht. Beide Methoden ergänzen einander.

Eine der ersten Substanzen, deren unterschiedliche Verteilung nachgewiesen wurde, war das **Eisen**. Mit der Berliner-Blau-Reaktion läßt sich in der Substantia nigra (**A1**) und im Pallidum ein hoher Eisengehalt, im Nucleus ruber (**A2**), im Nucleus dentatus des Kleinhirns und im Striatum ein geringerer sichtbar machen. Das Eisen ist in Form von kleinen Partikeln in Nerven- und Gliazellen enthalten. Der hohe Eisengehalt gilt als Merkmal der zum extrapyramidal-motorischen System (S. 310) zusammengefaßten Kerne.

Transmittersubstanzen und Enzyme, die für ihren Auf- und Abbau erforderlich sind, zeigen ausgeprägte regionale Differenzen. Während *katecholaminerge* und *serotoninerge Neurone* bestimmte Kerne im Tegmentum bilden (S. 32), zeichnen sich die motorischen Hirnnervenkerne durch einen hohen Gehalt an *Acetylcholin* und *Acetylcholinesterase* aus. Die quantitative chemische Analyse der Gewebe ergibt einen relativ hohen Gehalt an *Noradrenalin* im Tegmentum des Mittelhirns (**B3**), einen erheblich geringeren im Tectum (**B4**) und im Tegmentum der Medulla (**B5**). Der *Dopamingehalt* ist in der Substantia nigra (**B1**) besonders hoch, in den übrigen Strukturen des Hirnstamms dagegen sehr gering.

Enzyme des Zellstoffwechsels (**C**) lassen ebenfalls in ihrer Verteilung regionale Unterschiede erkennen. Die Aktivität der *oxidativen Enzyme* ist generell in der grauen Substanz höher als in der weißen. Im Hirnstamm ist die Aktivität in den Kernen der Hirnnerven, der unteren Olive und den Brückenkernen besonders hoch. Die Differenzen beziehen sich nicht nur auf die einzelnen Areale, sondern auch auf die Lokalisation der Enzymaktivität in den Zellkörpern (*somatischer Typ*) oder im Neuropil (*dendritischer Typ*).

Neuropil. Die zwischen den Zellkörpern gelegene, in der Nissl-Färbung amorph erscheinende Zwischensubstanz wird als das Neuropil bezeichnet. Es besteht vor allem aus Dendriten, weiterhin aus Axonen und Gliazellfortsätzen. Die Mehrzahl aller synaptischen Kontakte liegt im Neuropil.

Die Verteilung der *Succinatdehydrogenase* (Enzym des Zitronensäurezyklus) in der Medulla ist ein Beispiel für die unterschiedliche Lokalisation eines oxidativen Stoffwechselenzyms im Gewebe: im *Nucleus oculomotorius* (**C6**) ist die Aktivität in den Perikarya und im Neuropil stark, im *Nucleus solitarius* (**C7**) hingegen in beiden schwach. Im *Nucleus dorsalis n. vagi* (**C8**) heben sich die Zellkörper durch ihre starke Aktivität vom Neuropil ab. Im *Nucleus gracilis* (**C9**) wiederum läßt das stark aktive Neuropil die schwach reagierenden Perikarya als helle Flecken erscheinen. Die Faserzüge (z. B. der *Tractus solitarius*) (**C10**) zeigen eine sehr geringe Aktivität. Die Verteilung der Enzyme ist für jedes Kerngebiet typisch und wird als **Enzymmuster** bezeichnet.

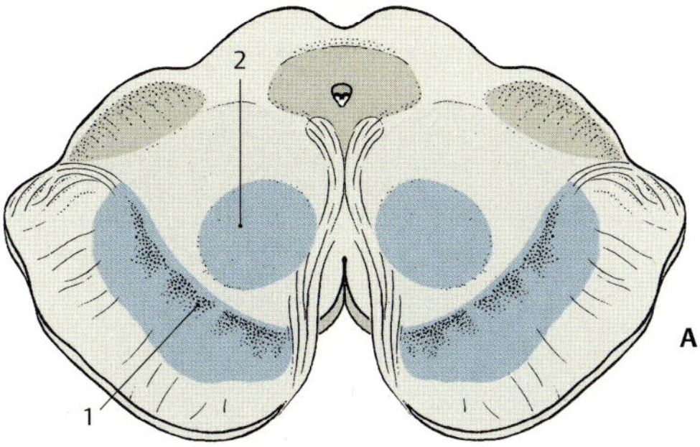

A Eisengehalt von Nucleus ruber und Substantia nigra beim Menschen (nach Spatz)

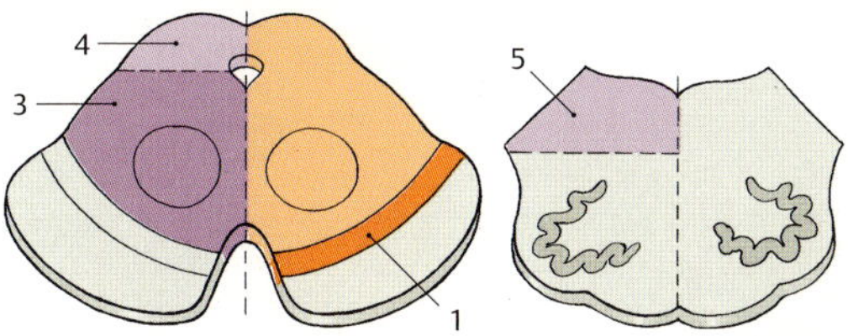

B Verteilung von Noradrenalin und Dopamin im Hirnstamm beim Menschen (nach Bertler)

C Succinatdehydrogenaseaktivität in der Medulla oblongata beim Kaninchen (nach Friede)

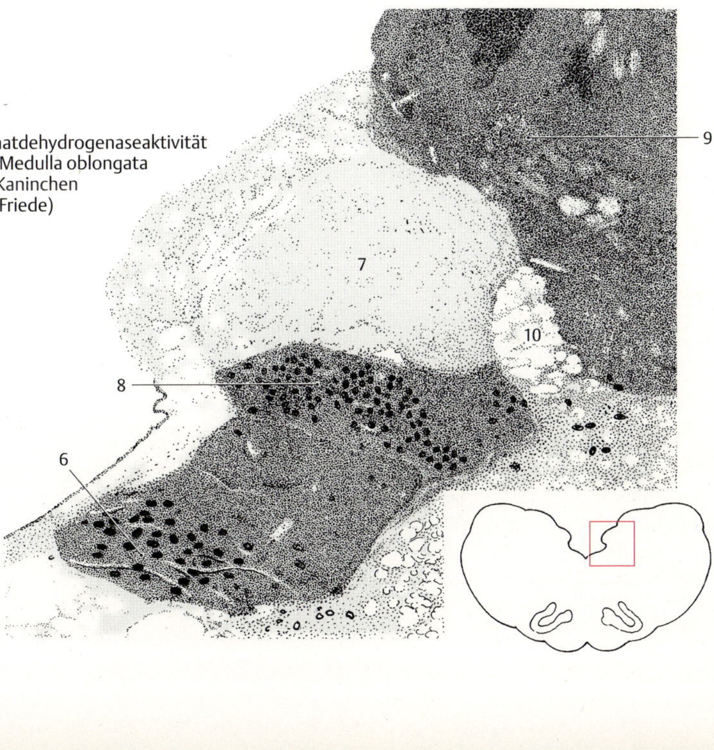

Kleinhirn

Aufbau

Gliederung (A–D)

Das *Kleinhirn*, **Cerebellum**, ist das Integrationsorgan für die *Koordination und Feinabstimmung der Körperbewegungen* und für die *Regulierung des Muskeltonus*. Es entwickelt sich aus der Flügelplatte des Hirnstammes und bildet das Dach des IV. Ventrikels. Seine obere Fläche, **Facies superior** (**C**), wird vom Großhirn überdeckt. In seine untere Fläche, **Facies inferior** (**D**), ist die Medulla oblongata eingelagert (vgl. S. 100 C). Man unterscheidet einen unpaaren Mittelteil, den *Wurm*, **Vermis cerebelli** (**ACD1, B**), und die beiden **Kleinhirnhemisphären**. Diese Dreiteilung ist nur an der Facies inferior deutlich. Hier bildet der Wurm den Boden einer Furche, *Vallecula cerebelli* (**D2**). Die Kleinhirnoberfläche weist eine Vielzahl schmaler, annähernd parallel verlaufender Windungen, *Folia cerebelli*, auf.

Aufgrund phylogenetischer Studien unterscheidet man am Kleinhirn alte (früh entwickelte, bei allen Wirbeltieren vorhandene) und neue (spät entwickelte, nur bei Säugetieren vorhandene) Anteile. Danach zerfällt das Kleinhirn in zwei Teile: in den **Lobus flocculonodularis** und das **Corpus cerebelli** (**A3**). Beide werden durch die *Fissura posterolateralis* (**A4**) getrennt. Das Corpus cerebelli wiederum wird durch die *Fissura prima* (**AC5**) in einen **Lobus anterior** und einen **Lobus posterior** unterteilt.

Lobus flocculonodularis (A6)

Er ist zusammen mit der *Lingula* (**AB7**) der älteste Anteil (**Archicerebellum**). Durch seine Faserverbindungen ist er funktionell mit den Vestibulariskernen verbunden (**Vestibulocerebellum**) (S. 164 B).

Lobus anterior corporis cerebelli (A8)

Er ist ein alter Bestandteil, der mit seinen mittleren, zum Wurm gehörigen Abschnitten (*Lobulus centralis* [**A–C9**], *Culmen* [**A–C10**), und anderen Abschnitten des Wurms (*Uvula* [**ABD11**], *Pyramis* [**ABD12**]) das **Palaeocerebellum** bildet. Dieses nimmt die spinozerebellären Bahnen für die propriozeptive Sensibilität aus der Muskulatur auf (**Spinocerebellum**) (S. 164 A).

Lobus posterior corporis cerebelli (A13)

Er ist der neue Anteil (**Neocerebellum**), dessen starke Vergrößerung bei den Primaten wesentlich zur Ausbildung der Kleinhirnhemisphären beiträgt. Er nimmt über die Brückenkerne die großen kortikozerebellären Leitungen von der Großhirnrinde auf (**Pontocerebellum**) und stellt den Apparat für die Feinabstimmung der willkürlichen Bewegungen dar.

Traditionelle Nomenklatur

Die einzelnen Abschnitte des Kleinhirns tragen traditionelle Namen, die nichts über deren Entwicklung oder Funktion aussagen. Bei dieser Gliederung hängen die meisten Abschnitte des Wurms jeweils mit einem Lappenpaar der Hemisphären zusammen: der *Lobulus centralis* (**A–C9**), beiderseits mit der *Ala lobuli centralis* (**A14**), das *Culmen* (**A–C10**) mit dem *Lobulus quadrangularis* (**AC15**), das *Declive* (**A–C16**) mit dem *Lobulus simplex* (**AC17**), das *Folium* (**A–C18**) mit dem *Lobulus semilunaris superior* (**ACD19**), das *Tuber* (**ABD20**) mit dem *Lobulus semilunaris inferior* (**AD21**) und einem Teil des *Lobulus gracilis* (**AD22**), *Pyramis* (**ABD12**) mit einem Teil des *Lobulus gracilis* und dem *Lobulus biventer* (**AD23**), die *Uvula* (**AB11**) mit der *Tonsilla* (**A24**) und dem *Paraflocculus* (**A25**), und der *Nodulus* (**AB26**) mit dem *Flocculus* (**AD27**). Lediglich die *Lingula* (**AB7**) ist mit keinem Seitenlappen verbunden.

Der blaßrote Pfeil A in Abb. **B** zeigt die Blickrichtung der auf S. 155 in Abb. A dargestellten Ansicht der Kleinhirnvorderfläche.

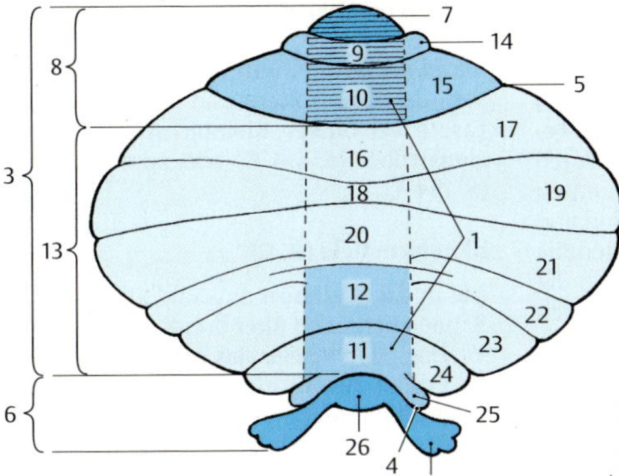

A Gliederung des Kleinhirns

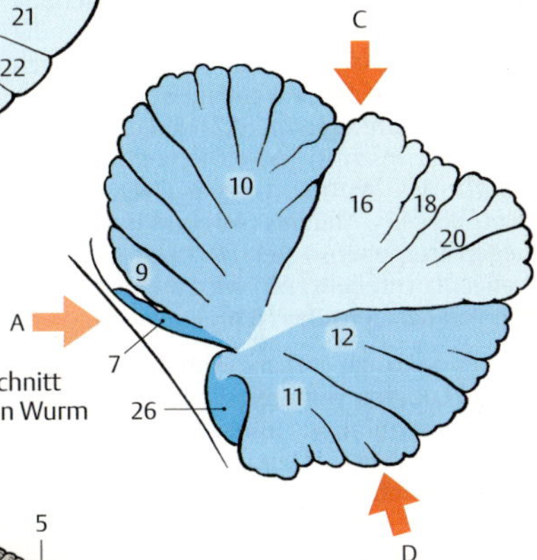

B Medianschnitt durch den Wurm

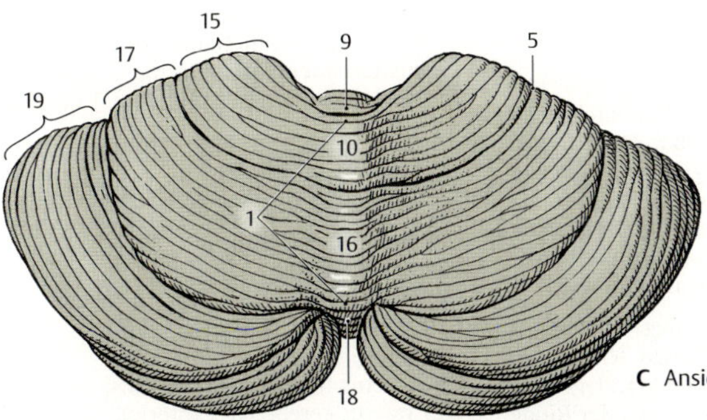

C Ansicht von oben

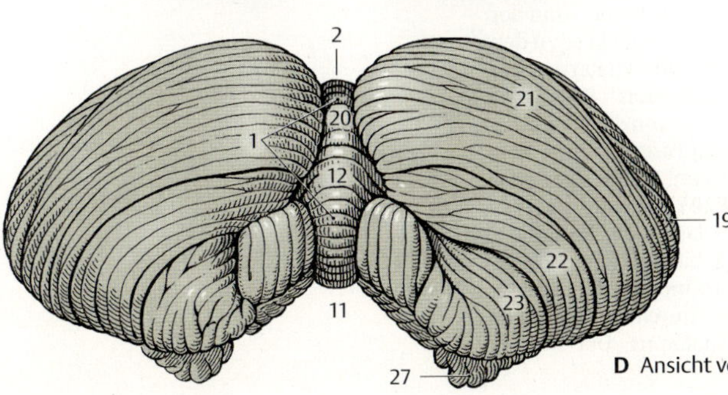

D Ansicht von unten

Kleinhirnstiele und Kerne (A–C)

Vorderfläche (A)

Das Kleinhirn ist mit dem Hirnstamm zu beiden Seiten durch die *Kleinhirnstiele*, **Pedunculi cerebellares** (**A1**), verbunden. Durch sie verlaufen alle afferenten und efferenten Bahnen. Erst nach ihrer Durchtrennung und nach der Entfernung von Pons und Medulla wird die Kleinhirnvorderfläche vollständig sichtbar. Zwischen den Kleinhirnstielen liegt das Dach des IV. Ventrikels mit dem *Velum medullare superius* (**A2**) und dem *Velum medullare inferius* (**A3**). Die ventralen Abschitte des Wurms, *Lingula* (**A4**), *Lobulus centralis* (**A5**), *Nodulus* (**A6**) und *Uvula* (**A7**), liegen frei, ebenso der *Flocculus* (**A8**). Die Vallecula cerebelli (**A9**) wird an beiden Seiten von den *Tonsillen* (**A10**) eingefaßt.

Ferner sind zu sehen: Lobulus biventer (**A11**), Lobulus semilunaris superior (**A12**), Lobulus semilunaris inferior (**A13**), Lobulus simplex (**A14**), Lobulus quadrangularis (**A15**), Ala lobuli centralis (**A16**).

Kerne (B)

Auf dem Querschnitt werden Rinde und Kerne des Kleinhirns sichtbar. Die Furchen geben zahlreiche Abzweigungen ab, so daß eine blattartige Konfiguration der angeschnitten Windungen resultiert. Auf dem Sagittalschnitt entsteht so das Bild eines Baumes, *Arbor vitae* („Lebensbaum") (**C17**).

In der Tiefe des Marklagers liegen die Kleinhirnkerne: der **Nucleus fastigii** (*Dachkern*) (**B18**) nahe der Mittellinie im Marklager des Wurms. Er empfängt Fasern von der Rinde des Wurms, den Vestibulariskernen und der unteren Olive. Seine Fasern schickt er zu den Vestibulariskernen und anderen Kernen der Medulla. Der **Nucleus globosus** (*Kugelkern*) (**B19**) soll ebenfalls Fasern von der Rinde des Wurms empfangen und Fasern zu den Kernen der Medulla schicken. Im **Nucleus emboliformis** (*Propfkern*) (**B20**), am Hilus des Nucleus dentatus, sollen Fasern der Kleinhirnrinde aus dem Grenzgebiet zwischen Wurm und Hemisphäre (Pars intermedia) enden. Seine Fasern ziehen durch den oberen Kleinhirnstiel zum Thalamus. Der **Nucleus dentatus** (*Zahnkern*) (**B21**) ist ein stark gefaltetes Band, das medial offen bleibt (*Hilus nuclei dentati*). In ihm enden die Rindenfasern der Hemisphäre und von ihm ziehen Fasern als oberer Kleinhirnstiel zum Nucleus ruber (S. 136 B) und zum Thalamus (S. 184 A).

Kleinhirnstiele (A, C)

Die in das Kleinhirn ein- und austretenden Bahnen verlaufen über drei Kleinhirnstiele:

- Über den **Pedunculus cerebellaris inferior**, Corpus restiforme, (**AC22**), der von der unteren Medulla aufsteigt. Er enthält die spinozerebellären Bahnen und die Verbindungen mit den Vestibulariskernen.
- Über den **Pedunculus cerebellaris medius** (Brachium pontis) (**AC23**) mit den Fasermassen aus dem Pons. Sie entspringen von den Brückenkernen und bilden die Fortsetzung der kortikopontinen Bahnen.
- Über den **Pedunculus cerebellaris superior**, Brachium conjunctivum, (**AC24**), der die austretenden Fasersysteme enthält, die zum Nucleus ruber und zum Thalamus ziehen.

C25 Lamina tecti,
C26 Lemniscus medialis,
C27 Lemniscus lateralis,
C28 N. trigeminus,
C29 N. facialis,
C30 N. vestibulocochlearis,
C31 Oliva inferior,
C32 Tractus tegmentalis centralis,
C33 Tractus cerebellaris anterior.

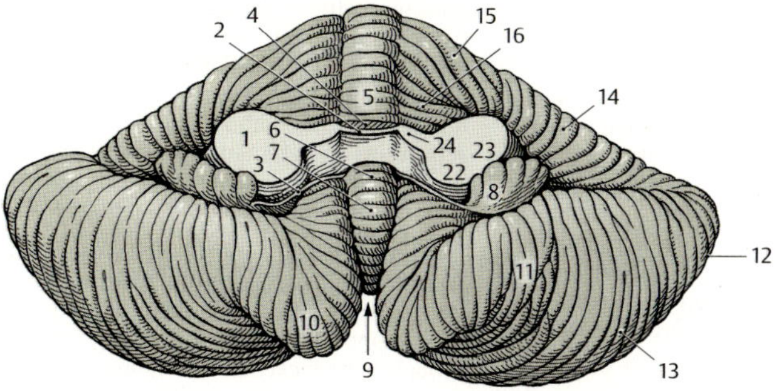

A Ansicht von vorn

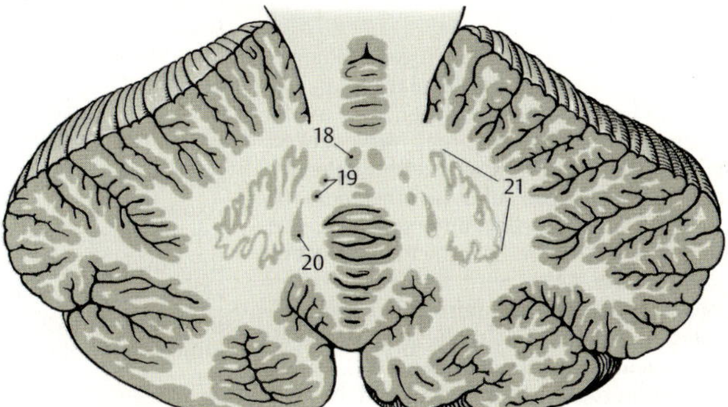

B Kleinhirnkerne

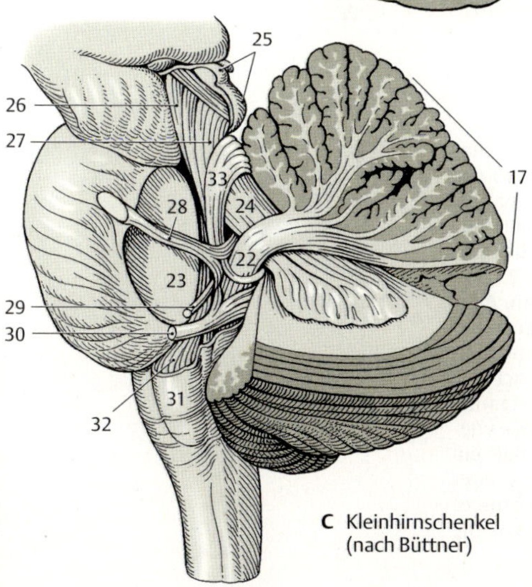

C Kleinhirnschenkel (nach Büttner)

Kleinhirnrinde (A – D)

Übersicht (A)

Die Rinde liegt direkt unter der Oberfläche und folgt dem Verlauf der Furchen und Windungen. Wenn man die Oberfläche dieses Windungsreliefs auf eine Ebene projiziert, so ergibt sich für das menschliche Kleinhirn eine orokaudale Ausdehnung (von der Linguala bis zum Nodulus) von 1 m Länge. Die Rinde ist in allen Regionen des Kleinhirns gleichmäßig gebaut. Sie besteht aus drei Schichten:

- der Molekularschicht,
- der Purkinje-Zellschicht und
- der Körnerschicht.

Die unter der Oberfläche gelegene Molekularschicht, **Stratum moleculare** (**A1**), ist zellarm und besteht vorwiegend aus marklosen Fasern. Unter ihren Nervenzellen kann man die *äußeren Sternzellen* (nahe der Oberfläche gelegen) und die *inneren Sternzellen* oder *Korbzellen* unterscheiden. Die schmale Purkinje-Zellschicht, **Stratum ganglionare** (**A2**), wird von den großen Nervenzellen des Kleinhirns, den *Purkinje-Zellen*, gebildet. An sie schließt sich die Körnerschicht, **Stratum granulare** (**A3**), an. Sie ist außerordentlich zellreich und besteht aus dichtgepackten kleinen Nervenzellen, den *Körnerzellen*. Vereinzelt liegen hier auch größere Elemente, die *Golgi-Zellen*.

Purkinje-Zellen (B – D)

Die Purkinje-Zelle ist die größte und charakteristischste Zelle des Kleinhirns. In der Nissl-Färbung stellt sich lediglich der birnenförmige, mit groben Nissl-Schollen angefüllte Zellkörper (**B4**) dar. Auch der Abgang von zwei oder drei Dendriten (**B5**) am oberen Pol der Zelle ist zu erkennen. Aber ihre gesamte Ausdehnung mit allen ihren Fortsätzen ist nur mit der Golgi-Imprägnation oder intrazellulärer Färbung sichtbar zu machen. Die primären Dendritenstämme zweigen sich in weitere Äste und diese wieder in feine Verästelungen auf, so daß ein **Dendritenbaum** (**B6**) entsteht. Dieser breitet sich wie die Zweige eines Spalierbaumes zweidimensional in einer Ebene aus. Die Purkinje-Zellen zeigen eine streng geometrische Anordnung: sie bilden in relativ regelmäßigen Abständen eine Reihe zwischen Körner- und Molekularschicht und schicken ihren Dendritenbaum in die Molekularschicht bis an deren äußere Oberfläche. Die flachen Dendritenbäume stehen dabei ausnahmslos quer zum Längsverlauf der Kleinhirnwindungen (**D**).

Die initialen Abschnitte des Dendritenbaumes (primäre und sekundäre Dendriten) haben eine *glatte Oberfläche* (**C7**), die mit Synapsen bedeckt ist. Die feinen Endverzweigungen sind übersät mit kurzgestielten Dornen (Spines) (**C8**). Eine Purkinje-Zelle trägt ca. 60 000 solcher *Dornsynapsen*. Am glatten und am dornigen Abschnitt der Zelle enden verschiedene Fasersysteme: am glatten Abschnitt die *Kletterfasern* und am dornigen Abschnitt die *Parallelfasern* (S. 160).

Von der Basis der Purkinje-Zelle geht das Axon (**B9**) ab und zieht durch die Körnerschicht in die weiße Substanz. Die Axone der Purkinje-Zellen enden an den Nervenzellen der Kleinhirnkerne (S. 160 D). Sie geben rückläufige Kollateralen ab. Die Purkinje-Zellen benutzen GABA als Transmitter.

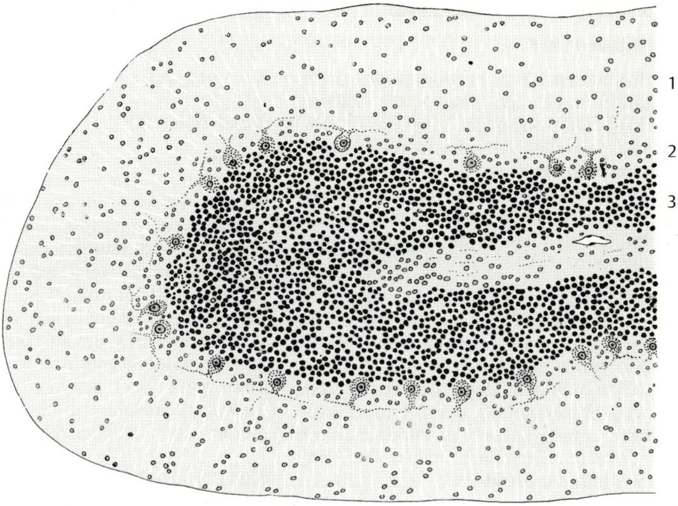

A Kleinhirnwindung, Nissl-Färbung

B Purkinje-Zelle, Silberimprägnation (nach Fox) und Nissl-Färbung

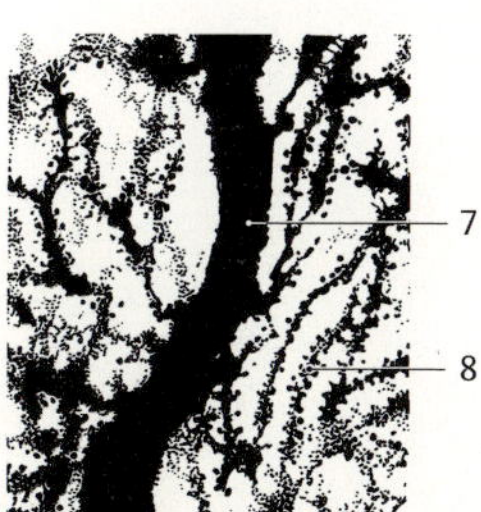

C Ausschnitt aus B

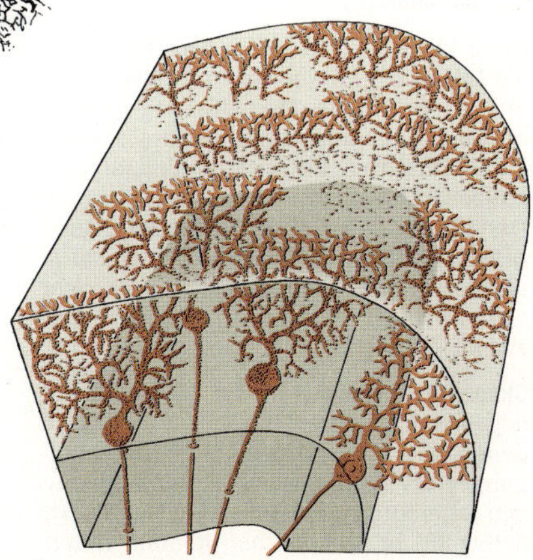

D Anordnung der Pukinje-Zellen in einem Folium

Kleinhirnrinde, Fortsetzung

Sternzellen (A, B)

In der oberen Hälfte der Molekularschicht (Stratum moleculare) liegen die **äußeren Sternzellen**. Die Dendriten einer dieser kleinen Nervenzellen verlaufen in alle Richtungen und erstrecken sich über ca. 12 Purkinje-Dendritenbäume. Ihre Axone enden an den Körpern der Purkinje-Zellen oder verlaufen horizontal unter der Windungsoberfläche.

Im unteren Drittel der Molekularschicht liegen die etwas größeren *inneren Sternzellen*, auch **Korbzellen** (**A1**) genannt, mit einem langen horizontal oberhalb der Purkinje-Zellkörper verlaufenden Axon. Von diesem gehen Kollateralen ab, deren Endverzweigungen um die Körper der Purkinje-Zellen ein Geflecht (einen Korb) bilden. Das elektronenmikroskopische Bild zeigt, daß die Korbfasern mit der Purkinje-Zelle zahlreiche synaptische Kontakte (**B2**) eingehen, und zwar an der Basis des Zellkörpers und am initialen Abschnitt des Axons bis zum Beginn der Markscheide. Der übrige Körper der Purkinje-Zelle ist von *Bergmann-Glia* (**B3**) eingehüllt. Die Lokalisation am Axonabgang deutet auf den *hemmenden Charakter* der Korbzellen hin.

Körnerzellen (C)

Diese kleinen, dicht gelagerten Nervenzellen bilden die Körnerschicht (Stratum granulare). Bei starker Vergrößerung erkennt man in der Golgi-Imprägnation drei bis fünf kurze Dendriten, die an ihren Endaufzweigungen klauenartige Verdickungen tragen. Das dünne Axon (**C4**) der Körnerzelle steigt senkrecht durch die Purkinje-Zellschicht in die Molekularschicht empor, wo es sicht rechtwinkling in zwei *Parallelfasern* aufzweigt (S. 160, C5).

Glomeruli cerebellosi. In der Körnerschicht liegen kleine zellfreie Inseln (Glomeruli), in denen die klauenartigen Dendritenendigungen der Körnerzellen mit den Endigungen afferenter Nervenfasern (*Moosfasern*, S. 160 B3) in synaptischen Kontakt treten. Außerdem enden hier auch die kurzen Axone der *Golgi-Zellen*. Das elektronenmikroskopische Bild zeigt komplexe, große Synapsen (glomerulusartige Synapsen), die von Gliafortsätzen eingehüllt werden.

Golgi-Zellen (E)

Sie sind wesentlich größer als die Körnerzellen und liegen verstreut in der Körnerschicht, vorwiegend etwas unterhalb der Purkinje-Zellen (S. 160, C9). Ihr Dendritenbaum, der sich hauptsächlich in der Molekularschicht verzweigt und bis an die Oberfläche des Kleinhirns reicht, ist nicht flach wie der der Purkinje-Zellen, sondern breitet sich allseitig im Raum aus. Die Zellen haben kurze Axone, die entweder in einem Glomerulus enden oder sich in ein dichtes feines Faserwerk aufsplittern. Die Golgi-Zellen gehören zu den *inhibitorischen Interneuronen*.

Glia (D)

Außer bekannten Gliaformen, *Oligodendrozyten* (**D5**) und protoplasmatischen *Astrozyten* (**D6**), die besonders in der Körnerschicht häufig sind, trifft man für das Kleinhirn typische Formen an: die *Bergmann-Glia* und die gefiederten *Fañanas-Zellen*.

Die **Bergmann-Stützzellen** (**D7**) liegen zwischen den Purkinje-Zellen und schicken lange Fasern senkrecht zur Oberfläche, wo sie mit kleinen Endfüßchen eine gliöse Grenzmembran gegen die Hirnhäute bilden. Die Stützfasern tragen blattartige Fortsätze und bilden ein dichtes Gerüst. Wo Purkinje-Zellen zugrunde gehen, beginnt die Bergmann-Glia zu wuchern. Die **Fañanas-Zellen** (**D8**) besitzen mehrere kurze Fortsätze, die in charakteristischer Weise gefiedert sind.

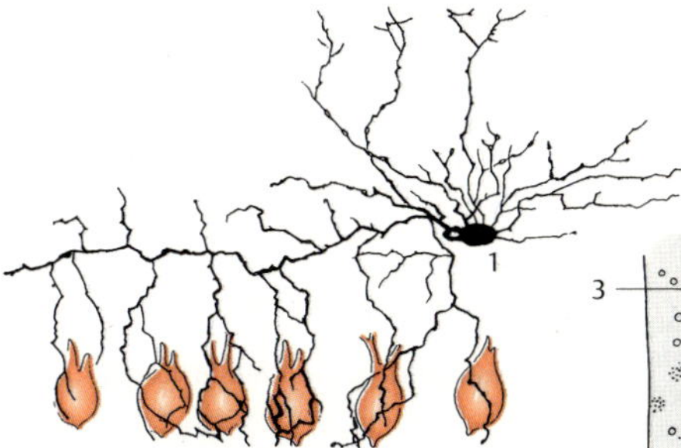

A Korbzelle (nach Jakob)

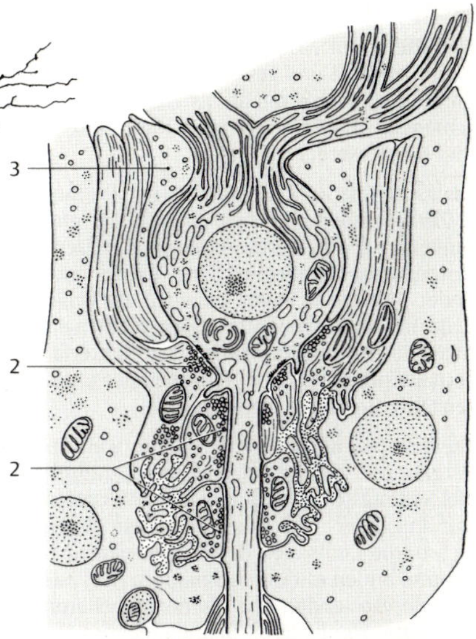

B Purkinje-Zelle mit Korbzellsynapsen, elektronenmikroskopisches Schema (nach Hámori u. Szentágothai)

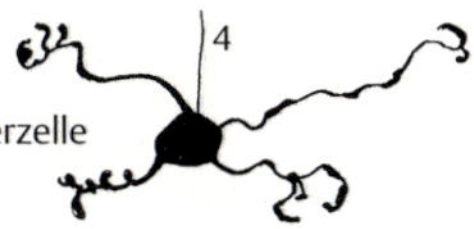

C Körnerzelle

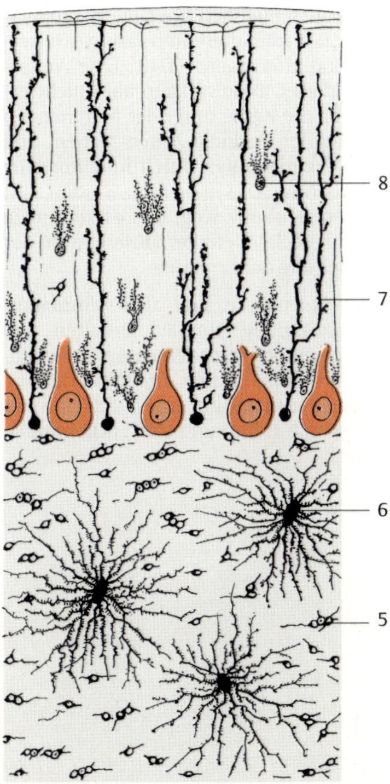

D Gliazellen des Kleinhirns

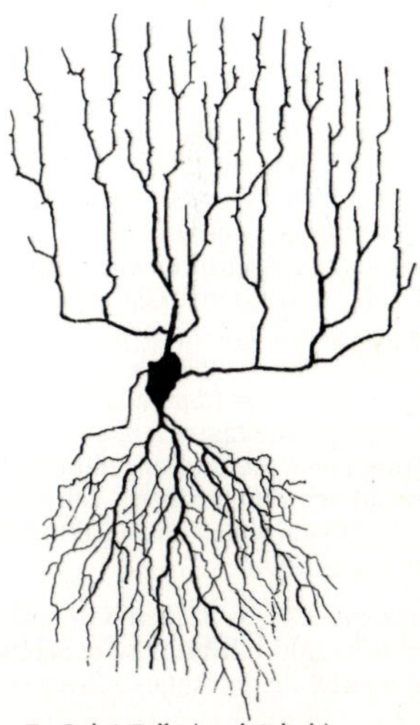

E Golgi-Zelle (nach Jakob)

Neuronenschaltung

Afferente Fasern (A, B)

Die afferenten Fasersysteme enden in der Kleinhirnrinde und geben Axonkollateralen an die Kleinhirnkerne ab. Es gibt zwei verschiedene Endigungstypen: Kletterfasern und Moosfasern.

Die **Kletterfasern** (**AC1**) enden an den Purkinje-Zellen, indem sie sich aufsplittern und rankenartig den Verzweigungen des Dendritenbaumes anliegen. Eine Kletterfaser endet jeweils an einer einzigen *Purkinje-Zelle* und über Axonkollateralen noch an einigen Stern- und Korbzellen. Die Kletterfasern stammen von den Neuronen der unteren Olive und ihren Nebenkernen.

Die **Moosfasern** (**BC2**) teilen sich in weit divergierende Zweige auf und geben zahlreiche Seitenäste ab, an denen kleine Rosetten mit kugeligen Enden sitzen. Diese fügen sich in die Endklauen der *Körnerzelldendriten* und bilden mit ihnen Synapsen (**B3**). Als Moosfasern enden die spinozerebellären und pontozerebellären Bahnen, ebenso Fasern aus Kernen der Medulla.

Cortex (C)

Der Bau der Kleinhirnrinde wird bestimmt durch die querstehenden flachen Dendritenbäume der Purkinje-Zellen (**ACD4**) und die längsverlaufenden **Parallelfasern** der Körnerzellen (**B–D5**), die mit den Purkinje-Dendriten Synapsen bilden. Die Purkinje-Zellen sind die efferenten Elemente der Rinde. **Erregungen** werden ihnen durch die Kletterfaser (**C1**) in direktem Kontakt und durch die Moosfasern (**C2**) indirekt unter Zwischenschaltung auf Körnerzellen (**CD6**) zugeleitet. Die Axone der Körnerzellen zweigen sich in der Molekularschicht in jeweils zwei Parallelfasern auf, die zusammen ca. 3 mm lang sind und ungefähr 350 Dendritenbäume durchziehen. Durch jeden Dendritenbaum sollen ca. 200000 Parallelfasern verlaufen.

Sternzellen (**C7**), Korbzellen (**C8**) und Golgi-Zellen (**C9**) sind **inhibitorische Schaltneurone**, welche die Purkinje-Zellen hemmen. Sie werden von jedem einlaufenden Impuls miterregt, entweder über Synapsen in den Glomeruli, über Synapsen von Golgi-Zellen mit Moosfasern oder über Axonkollateralen afferenter Fasern. Auf diese Weise werden bei der Erregung einer Reihe Purkinje-Zellen alle benachbarten Purkinje-Zellen gehemmt: es kommt zu einer Abgrenzung der Erregung (Kontrastbildung).

Funktionsprinzip des Kleinhirns (D)

Die Axone der Purkinje-Zellen (**D4**), die an den Neuronen der subkortikalen Kerne (**D10**) (Kleinhirnkerne und Vestibulariskerne) enden, wirken nicht erregend, sondern hemmend. *Purkinje-Zellen sind inhibitorische Neurone* mit einem hohen Gehalt an GABA, die einen stark hemmenden Einfluß auf die Nervenzellen der Kleinhirnkerne ausüben. Letztere empfangen ständige Erregungen ausschließlich über die Axonkollateralen (**D11**) der afferenten Fasern (Kletterfasern und Moosfasern) (**D12**). Eine Weiterleitung dieser Impulse kann aber nicht erfolgen, da die Kerne unter der hemmenden Kontrolle der Purkinje-Zellen stehen. Erst wenn Purkinje-Zellen durch inhibitorische Schaltneurone (**D13**) gehemmt werden, fällt ihre Bremswirkung weg, und es kommt in den entsprechenden Kernabschnitten zur Weiterleitung der Erregung.

Die Kleinhirnkerne sind also *selbständige Schaltzentren*, die Impulse erhalten und weitergeben und in denen eine ständige tonische Erregung besteht. Die Weiterleitung wird von der Kleinhirnrinde durch eine fein abgestimmte Hemmung und Enthemmung reguliert.

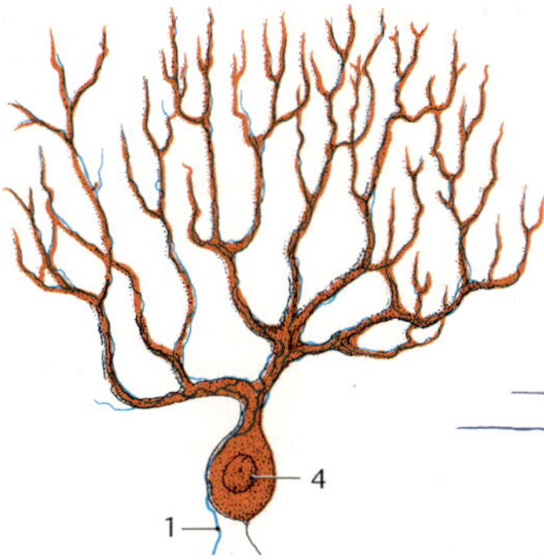

A Endigung einer Kletterfaser

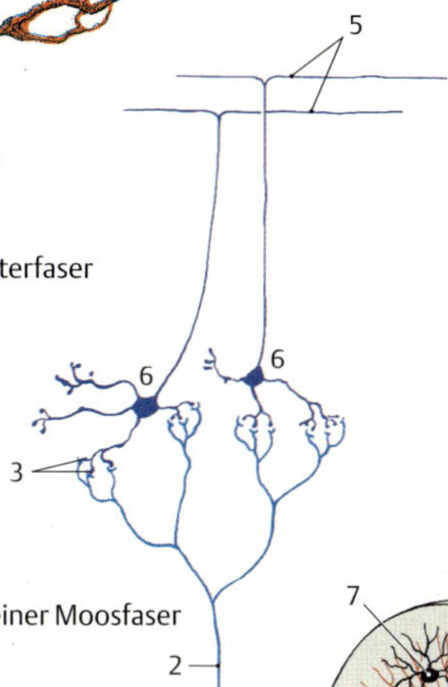

B Endigung einer Moosfaser

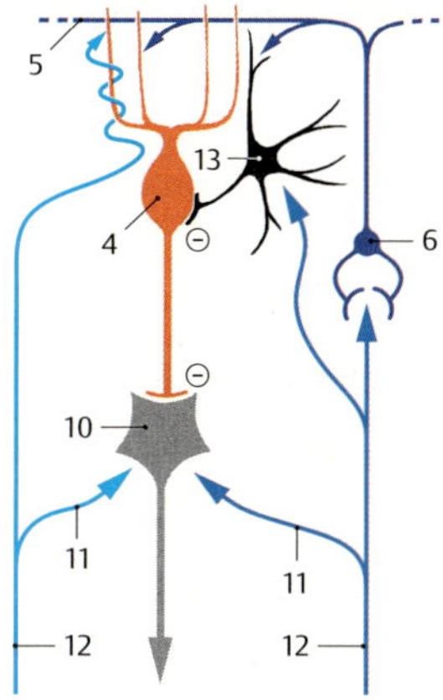

D Neuronenverbindung zwischen Rinde und Kern (nach Eccles, Ito, Szentágothal)

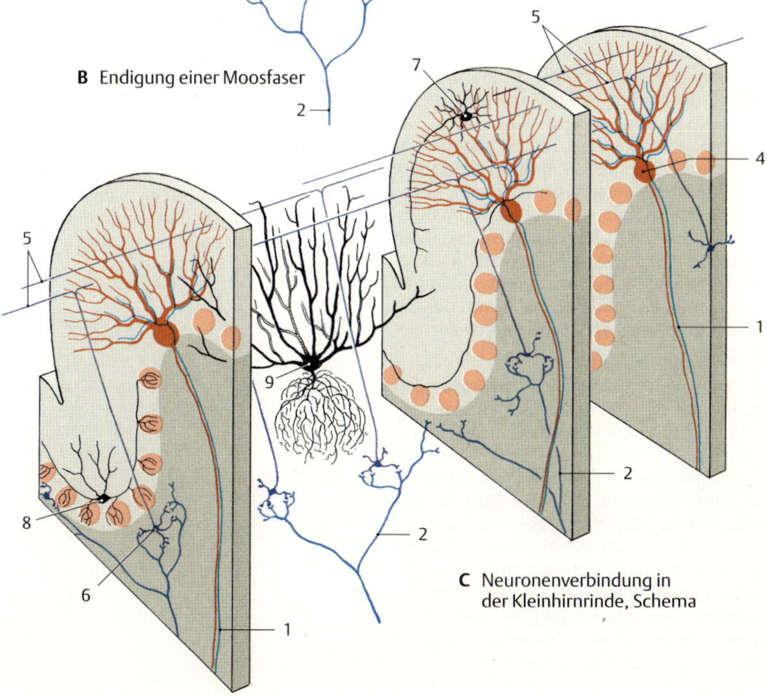

C Neuronenverbindung in der Kleinhirnrinde, Schema

Funktionelle Gliederung (A–E)

Die afferenten Fasersysteme enden in umschriebenen Bezirken der Rinde und die kortikofugalen Fasern der verschiedenen Rindenbezirke ziehen wiederum zu bestimmten Abschnitten der Kleinhirnkerne. Die Faserprojektion stellt die Grundlage für die funktionelle Gliederung dar. Die Verhältnisse sind durch Untersuchungen an Versuchstieren (Kaninchen, Katzen, Affen) aufgeklärt worden.

Faserprojektion (A, B)

Die Endigungsweise der **afferenten Fasersysteme** läßt eine funktionale Dreiteilung des Kleinhirns in *Wurm*, *Hemisphäre* und in eine zwischen beide liegende Zone, *Zona intermedia*, erkennen. Die **spinozerebellären Fasern**, *Tractus spinocerebellaris posterior*, *Tractus cuneocerebellaris* (S. 164 A1 u. A2) und *Tractus spinocerebellaris anterior* (S. 166 B14), enden als Moosfasern im Wurm des Vorderlappens, in Pyramis, Uvula und der lateral davon liegenden Zona intermedia (**A1**). Die **kortikopontozerebellären Fasern**, die durch den Brückenarm eintreten, enden als Moosfasern in der Kleinhirnhemisphäre (**A2**). Die **vestibulozerebellären Axone** schließlich enden im Lobus flocculonodularis und in der Uvula (**A3**). Die in der Olive und ihren Nebenkernen und im Nucleus reticularis lateralis umgeschalteten afferenten Bahnen enden entsprechend ihrer Herkunft: die spinalen im Wurm, die kortikalen in der Hemisphäre.

Auch bei der Projektion der **kortikofugalen Axone** auf die Kleinhirnkerne wird die erwähnte Dreiteilung deutlich. In den Vestibulariskernen (**B4**) enden Fasern aus dem Wurm (Lobus anterior, Pyramis, Uvula u. Nodulus) und dem Flocculus (**B5**). Im Nucleus fastigii (**B6**) enden Fasern aus dem gesamten Wurm (**B7**). Der Nucleus emboliformis und Nucleus globosus (bei Versuchstieren ein Komplex) (**B8**) empfangen die Fasern der Zona intermedia (**B9**), und im Nucleus dentatus (**B10**) schließlich enden die Fasermassen der Hemisphäre (**B11**).

Reizergebnisse (C, D)

Die Bahnen enden in einer gesetzmäßigen Anordnung, wobei untere Extremität, Rumpf, obere Extremität und Kopfgebiet nacheinander angeordnet sind. Diese *somatotopische Gliederung* wurde durch Reizexperimente bestätigt. Bei elektrischer Reizung der Kleinhirnrinde am dezerebrierten Tier erhält man Kontraktionen und Tonusveränderungen in den Extensoren und Flexoren der Extremitäten, konjugierte Augenbewegungen und Kontraktionen in Gesichts- und Halsmuskeln (**C**) (obere und untere Fläche des Kleinhirns sind auf eine Ebene projiziert).

Entsprechende Ergebnisse erzielt man durch taktile Reize in den verschiedenen Körperpartien bei gleichzeitiger elektrischer Ableitung der dadurch hervorgerufenen Potentiale in der Kleinhirnrinde (*evoked potentials*) (**D**). Die Lokalisation der Potentiale ergibt ebenfalls die Repräsentation der gleichseitigen Körperhälfte im Lobus anterior und Lobulus simplex (**D12**) und die doppelseitige Vertretung im Lobulus paramedianus (**D13**).

Da diese somatotopische Organisation bei Kaninchen, Katze, Hund und Affe nachgewiesen ist, kann man annehmen, daß sie in gleicher Weise bei allen Säugetieren vorhanden ist. Die für das menschliche Kleinhirn zu erwartende Somatotopik ist in **E** wiedergegeben.

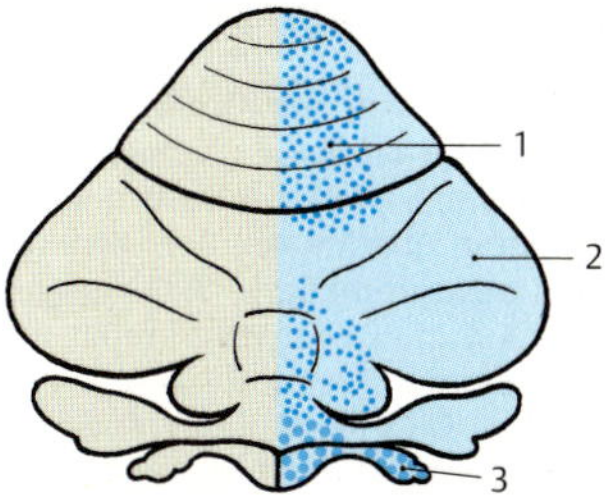

A Endigung des Tractus vestibulocerebellaris und der Tractus spinocerebellares (nach Brodal)

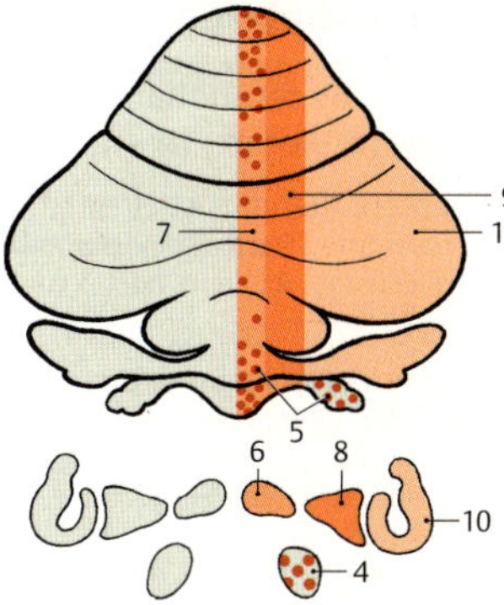

B Projektion der Rinde auf die Kleinhirnkerne und den Nucleus vestibularis (nach Jansen u. Brodal)

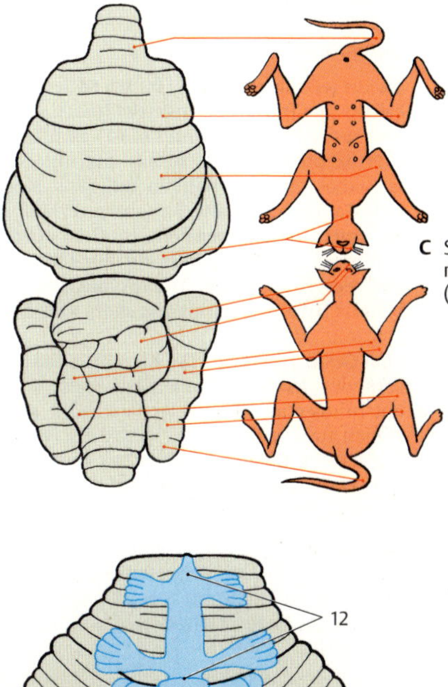

C Somatotopik der Rinde, motorische Effekte bei der Katze (nach Hampson, Harrison u. Woolsey)

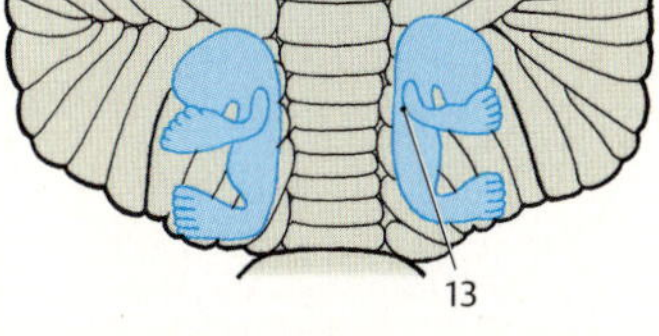

D Somatotopik der Rinde, „evoked potentials" bei sensibler Reizung (nach Snider)

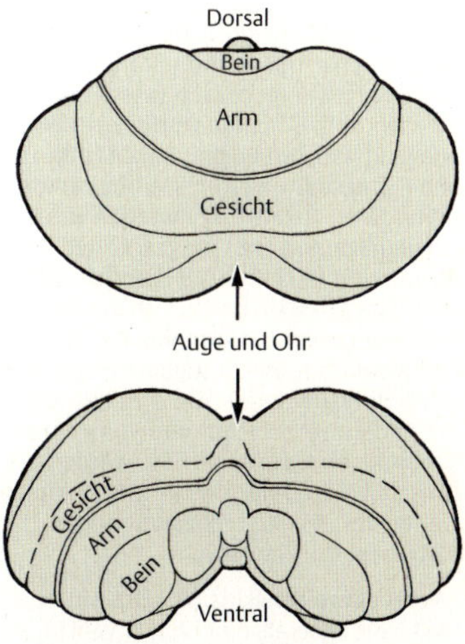

E Hypothetische Somatotopik der Rinde beim Menschen (nach Hampson, Harrison u. Woolsey)

Leitungsbahnen

Pedunculus cerebellaris inferior
(Corpus restiforme) **(A–C)**

Der **untere Kleinhirnstiel** enthält folgende Fasersysteme: **Tractus spinocerebellaris posterior** (Flechsig) (**A1**) und **Tractus cuneocerebellaris** (**A2**).

Die Fasern nehmen ihren Ursprung von den Zellen der *Clarke-Säule* (Nucleus dorsalis spinalis) (**A3**), in der die afferenten Fasern der propriozeptiven Sensibilität (Sehnenorgane, Muskelspindeln, S. 312, 314) enden. Das Versorgungsgebiet der dorsalen Kleinhirnbahn beschränkt sich auf die unteren Extremitäten und den unteren Rumpf. Ihre Fasern enden als Moosfasern im Wurm und in der Zona intermedia des Lobus anterior sowie in der Pyramide. Die entsprechenden Fasern für die obere Extremität und den oberen Teil des Rumpfes sammeln sich im *Nucleus cuneatus lateralis* (*Monakow*) (**A4**) und ziehen als Tractus cuneocerebellaris zu den gleichen Bezirken. Der Tractus spinocerebellaris anterior erreicht das Kleinhirn über den Pedunculus cerebellaris superior (Brachium conjunctivum) (S. 166 B).

Tractus vestibulocerebellaris (**B**). Zum Kleinhirn ziehen primäre und sekundäre vestibuläre Fasern. Die primären Fasern (**B5**) stammen aus dem *Ganglion vestibulare* (**B6**) (vorwiegend von den Bogengängen) und ziehen ohne Umschaltung zur Kleinhirnrinde. Die sekundären Fasern (**B7**) werden in den *Vestibulariskernen* (**B8**) umgeschaltet. Alle Fasern enden in Nodulus, Flocculus (**B9**), Nucleus fastigii (**B10**) und z. T. in der Uvula. Die Verbindung mit den Vestibulariskernen enthält auch zerebellofugale Fasern (*Tractus cerebellovestibularis*), die aus den genannten Endigungsgebieten und vom Wurm des Lobus anterior stammen. Sie werden z. T. im lateralen Vestibulariskern umgschaltet und ziehen im *Tractus vestibulospinalis* (S. 382 A9) in das Rückenmark.

Tractus olivocerebellaris (**A**). Die untere Olive (**A11**), die man als einen nach ventral verlagerten Kleinhirnkern ansehen kann, sendet alle Fasern zum Kleinhirn. Sie und ihre Nebenkerne empfangen aufsteigende Fasern aus dem Rückenmark (*Tractus spinoolivaris*) (**A12**), Fasern von der Großhirnrinde und von extrapyramidalen Kernen (*zentrale Haubenbahn*, S. 144). Die Fasern werden in bestimmten Abschnitten der Olive auf den Tractus olivocerebellaris (**A13**) umgeschaltet, der auf die Gegenseite kreuzt und zur kontralateralen Kleinhirnhälfte zieht. Die Fasern des Olivenkomplexes enden in der Kleinhirnrinde als Kletterfasern. Die Fasern der Nebenolive (Endstätte der spinoolivären Bahn) ziehen zur Rinde von Wurm und Zona intermedia des Lobus anterior, die Fasern des Hauptkerns (Endstätte der kortikalen und der Haubenbahnfasern) zur Rinde der Kleinhirnhemisphären.

Tractus reticulocerebellaris, **Tractus nucleocerebellaris** und **Tractus arcuatocerebellaris** (**C**). Der *Nucleus reticularis lateralis* (**C14**) empfängt exterozeptive sensible Fasern, die mit den spinothalamischen Bahnen aufwärts steigen. Die nachgeschalteten Fasern verlaufen als *Tractus reticulocerebellaris* (**C15**) durch den gleichseitigen Kleinhirnstiel zu Wurm und Hemisphäre. Der Tractus nucleocerebellaris (**C16**) vermittelt vor allem von den Trigeminuskernen (**C17**) taktile Impulse aus dem Gesichtsbereich zum Kleinhirn. Die Fasern des *Tractus arcuatocerebellaris* (**C18**) entspringen im Nucleus arcuatus (**C19**) und ziehen zum Boden des IV. Ventrikels, wo sie als *Striae medullares* erscheinen. Sie verlaufen gekreuzt und ungekreuzt und sollen im Flocculus enden.

Der *Fasciculus uncinatus*, eine zerebellospinale Bahn, die im gegenseitigen Nucleus fastigii ihren Ursprung hat, ist beim Menschen nicht sicher nachgewiesen.

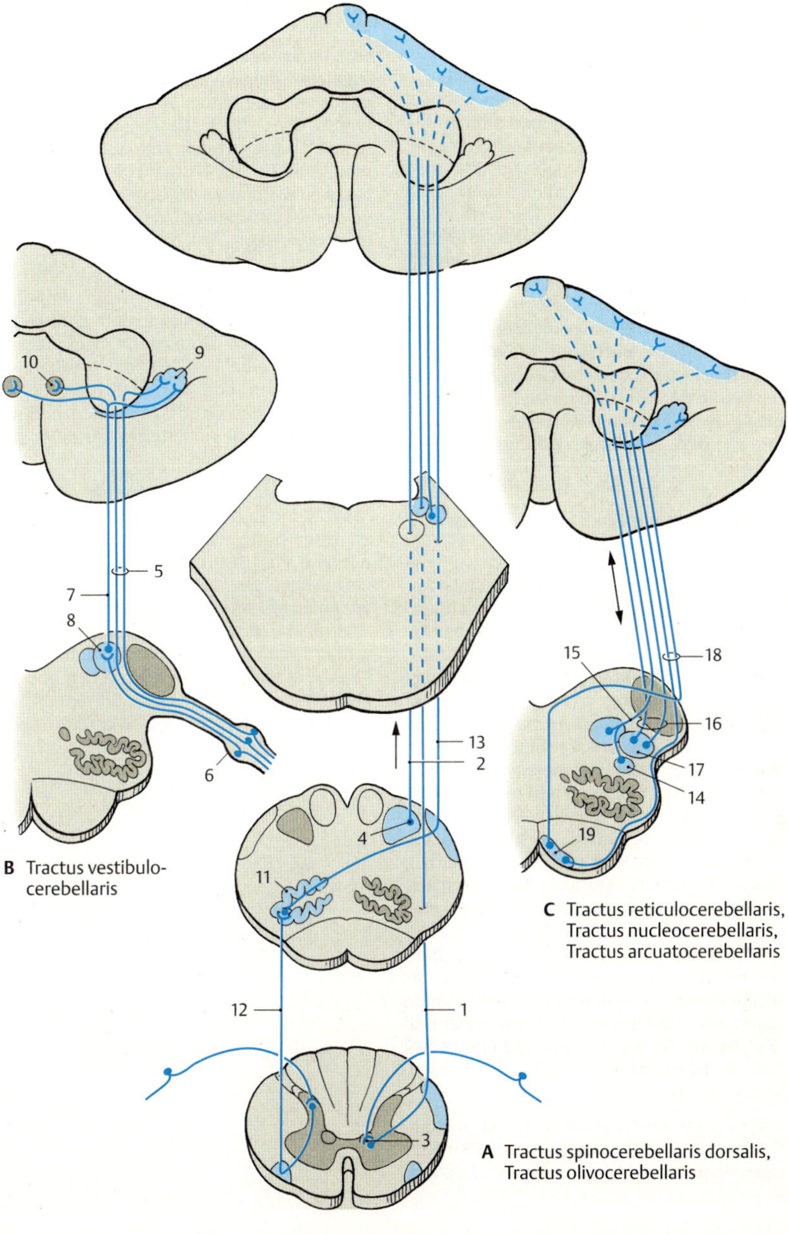

B Tractus vestibulo-cerebellaris

C Tractus reticulocerebellaris, Tractus nucleocerebellaris, Tractus arcuatocerebellaris

A Tractus spinocerebellaris dorsalis, Tractus olivocerebellaris

Pedunculus cerebellaris medius
(Brachium pontis) **(A)**

Von der Großhirnrinde, dem Frontallappen und dem Temporallappen, ziehen Bahnen zum Pons. Sie bilden zusammen mit der Pyramidenbahn die Hirnschenkel, *Pedunculi cerebri* (**A1**), wobei sie die lateralen und medialen Abschnitte einnehmen; lateral der *Tractus temporopontinus* (Türck-Bündel) (**A2**), medial der *Tractus frontopontinus* (Arnold-Bündel) (**A3**). Die Fasern (1. Neuron) enden in den Brückenkernen (**A4**). Von den Brückenkernen kreuzen Fasern (2. Neuron) zur Gegenseite und bilden als *Tractus pontocerebellaris* den **mittleren Kleinhirnstiel**. Die Fasern enden als Moosfasern zum größten Teil in der kontralateralen Kleinhirnhemisphäre und zu einem geringen Teil bilateral in den mittleren Abschnitten des Wurms.

Pedunculus cerebellaris superior
(Brachium conjunctivum) **(B)**

Durch den **oberen Kleinhirnstiel** läuft der größte Teil der efferenten Kleinhirnbahnen. Das einzige afferente Bündel, das durch ihn eintritt, ist der *Tractus spinocerebellaris anterior*. Die efferenten Fasern des oberen Kleinhirnstiels treten in Höhe der unteren Zweihügel in die Mittelhirnhaube ein und kreuzen in der **Decussatio pedunculorum cerebellarium superiorum** (*Wernekinck*) (**B5**) auf die Gegenseite, wo sie sich in einen absteigenden (**B6**) und einen aufsteigenden Schenkel (**B7**) aufspalten. Die absteigenden Faserbündel stammen von Nucleus fastigii (**B8**) und Nucleus globosus (**B9**). Sie enden in den medialen Kernen der Formatio reticularis (**B10**) in Pons und Medulla, wo eine Umschaltung auf den *Tractus reticulospinalis* erfolgt. Die Kleinhirnimpulse werden also über zwei Bahnen zum Rückenmark geleitet: über den *Tactus reticulospinalis* und den *Tractus vestibulospinalis*, von denen aus über Schaltneurone die Vorderhornzellen beeinflußt werden.

Die Fasern des stärkeren aufsteigenden Schenkels stammen überwiegend vom Nucleus dentatus (**B11**), z.T. auch vom Nucleus emboliformis. Sie enden (1.) im Nucleus ruber (**B12**), in seiner Umgebung und in verschiedenen Kernen der Mittelhirnhaube (Nucleus Edinger-Westphal, Nucleus oculomotorius accessorius, Nucleus Darkschewitsch u.a.), durch die das Kleinhirn Anschluß an das extrapyramidale System gewinnt und (2.) im Thalamus dorsalis (**B13**), von wo die Impulse zur Großhirnrinde, vorwiegend zum motorischen Cortex, weitergeleitet werden.

Durch diese Bahnenverbindung entsteht ein großer Neuronenkreis: zerebelläre Impulse beeinflussen über das Brachium conjunctivum und den Thalamus den Cortex. Dieser wiederum beeinflußt über die kortikopontozerebellären und kortikoolivozerebellären Systeme das Kleinhirn. Motorische Rinde und Kleinhirn stehen so unter einer gegenseitigen Kontrolle.

Tractus spinocerebellaris anterior (*Gowers*) (**B14**). Seine Fasern nehmen ihren Ursprung im Hinterhorn, wo die Umschaltung vorwiegend von Fasern aus den Sehnenorganen erfolgt. Die nachgeschalteten Bündel verlaufen gekreuzt und ungekreuzt, treten aber nicht in den unteren Kleinhirnstiel ein, sondern ziehen bis zum Oberrand der Brükke, wo sie umbiegen und durch den oberen Kleinhirnstiel eintreten (**C**). Sie enden als Moosfasern in Wurm und Zona intermedia des Lobus anterior und in der Uvula.

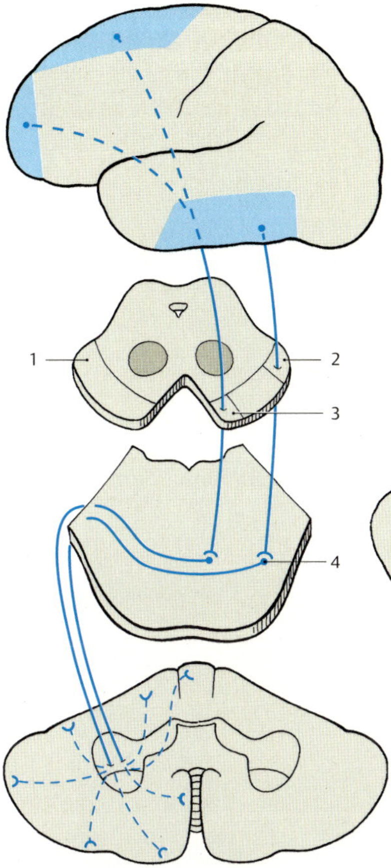

A Tractus corticopontinus,
Tractus pontocerebellaris

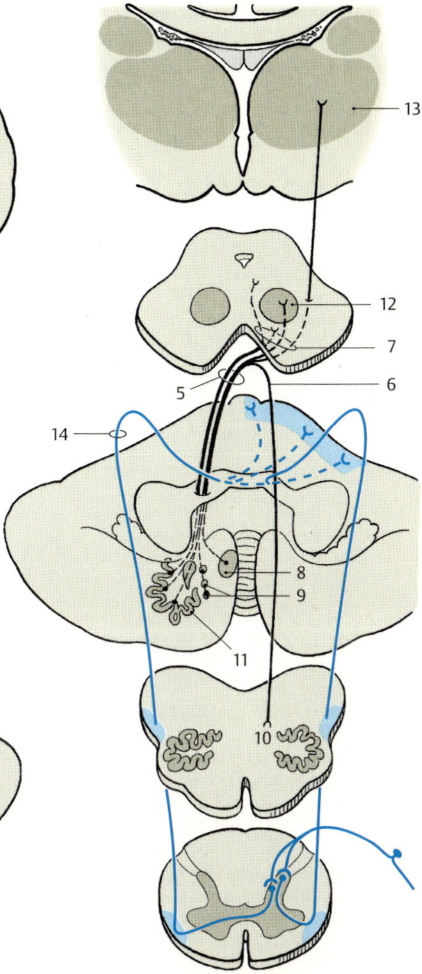

B Tractus cerebelloreticularis,
Tractus cerebellorubralis,
Tractus cerebellothalamicus,
Tractus spinocerebellaris ventralis

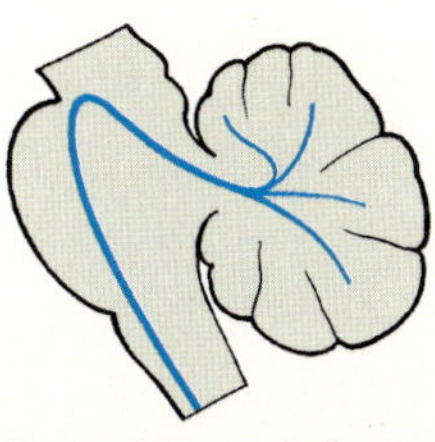

C Tractus spinocerebellaris ventralis

Zwischenhirn

Entwicklung des Prosencephalon (A–E)

Gehirn und Rückenmark entwickeln sich aus dem Neuralrohr, in dessen vorderem Abschitt (dem zukünftigen Gehirn) sich mehrere Bläschen bilden: das *Rautenhirn-* (**A1**), *Mittelhirn-* (**A2**), *Zwischenhirn-* (**A3**) und *Endhirnbläschen* (**A4**). Die Seitenwände der Bläschen verdicken sich und werden zur eigentlichen Hirnsubstanz, in der sich die Nervenzellen und ihre Fortsätze differenzieren. Der Entwicklungsprozeß beginnt im Rautenhirnbläschen und greift auf das Mittelhirn- und Zwischenhirnbläschen über. Die Entwicklung des Endhirnbläschens ist stark verzögert. In seinem Bereich bilden sich zu beiden Seiten zwei dünnwandige Blasen, so daß man im Endhirnabschnitt drei Teile unterscheiden kann; die beiden symmetrischen *Hemisphärenblasen* (**A5**) und den unpaaren Mittelteil (*Telencephalon impar*) (**A6**), der die Vorderwand des III. Ventrikels bildet (*Lamina terminalis*).

Die Endhirnblasen überdecken mehr und mehr den Zwischenhirnabschnitt. Da sie sich besonders stark kaudalwärts ausdehnen, kommt es zu einer Verschiebung der *telodienzephalen Grenze* (Zwischenhirn-Endhirn-Grenze). Sie verläuft ursprünglich als frontale Grenzlinie (**A7**), nimmt aber mehr und mehr einen schrägen Verlauf (**A8**) und wird schließlich zur seitlichen Grenze (**A9**) des Zwischenhirns. Dieses kommt dadurch zwischen beide Hemisphären zu liegen und besitzt kaum noch eine äußere Oberfläche. Die ursprünglich hintereinander liegenden Hirnabschnitte Mittelhirn, Zwischenhirn (rot) und Endhirn (gelb) sind im reifen Gehirn weitgehend ineinandergeschoben.

Telodiencephale Grenze (B–E)

An der Oberfläche des Gehirns erscheint lediglich der Zwischenhirnboden, der an der Hirnbasis (S. 12 A) das *Chiasma*, das *Tuber cinereum* und die *Corpora mamillaria* bildet. Das Zwischenhirndach wird erst sichtbar, wenn man durch einen Horizontalschnitt (**B**) den Balken entfernt. Man blickt dann auf das Dach des III. Ventrikels und die beiden Thalami. Der ganze Bezirk ist von einer gefäßführenden Bindegwebsplatte, der *Tela choroidea* (**D10**) bedeckt, bei deren Entfernung der III. Ventrikel eröffnet wird (**C**). Die Hirnsubstanz ist über dem III. Ventrikel und an der medialen Hemisphärenwand hochgradig verdünnt und wird durch vordringende Gefäßschlingen in den Ventrikelhohlraum eingestülpt (S. 282 A). Die im Ventrikel liegenden Gefäßkonvolute bilden den *Plexus choroideus* (**D11**) (Liquorproduktion). Entfernt man Tela und Plexus choroideus, so reißt man die dünnen Hirnwände mit weg und es bleibt eine Abrißlinie zurück, die *Taenia choroidea* (**C12**). Bis zu dieser Abrißlinie liegt dann die Oberfläche des *Thalamus* frei (**C13**). Lateral davon wird sie noch von der verdünnten Hemisphärenwand bedeckt. Der Abschnitt der verdünnten Hemisphärenwand zwischen Plexusansatz und *V. thalamostriata* (**C–E14**) wird als **Lamina affixa** (**CD15**) bezeichnet. Diese legt sich der dorsalen Fläche des Thalamus an und ist im reifen Gehirn mit ihr verwachsen (**E16**). Beim Blick von oben markiert die zwischen Thalamus und Nucleus caudatus (**C–E17**) verlaufende V. thalamostriata (**C–E14**) die Grenze zwischen Diencephalon und Telencephalon.

B, C, E18 Fornix,
B, C19 Epiphyse,
C20 Vierhügelplatte,
C21 Habenula,
D22 Fissura telodiencephalica,
B, C, E23 Corpus callosum.

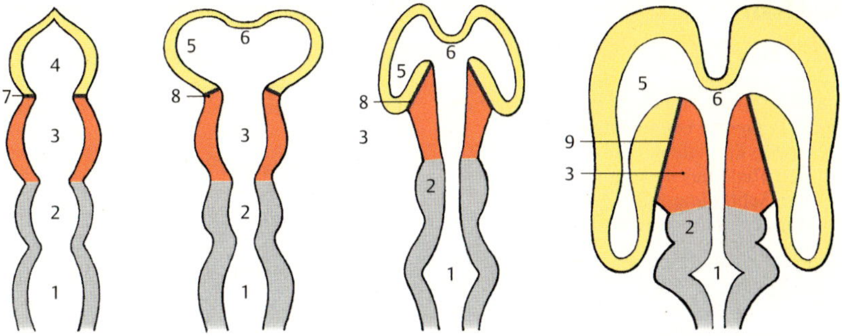

A Entwicklung des Zwischenhirns (nach Schwalbe)

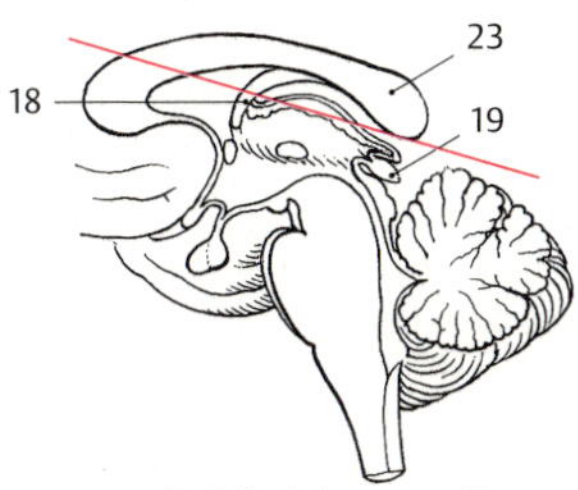

B Schnittlage von C

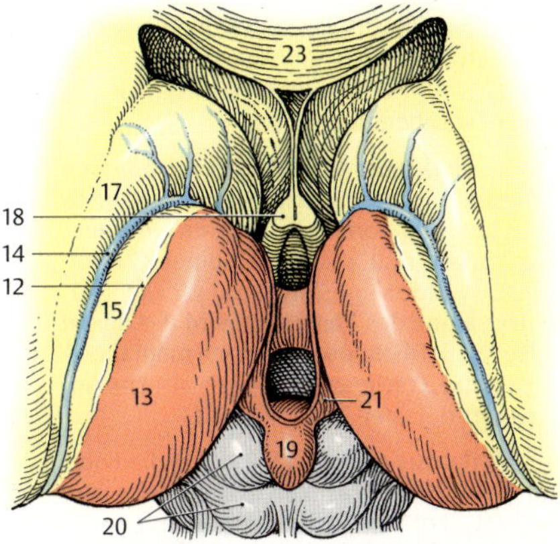

C Zwischenhirn von oben, Horizontalschnitt nach Entfernung von Balken, Fornix und Plexus choroideus

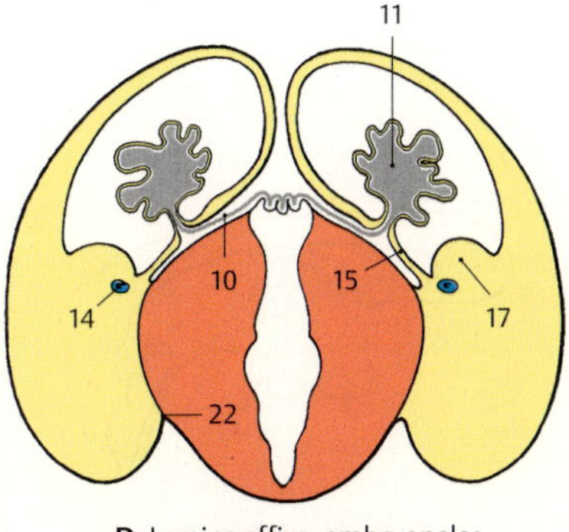

D Lamina affixa, embryonales Gehirn, Frontalschnitt

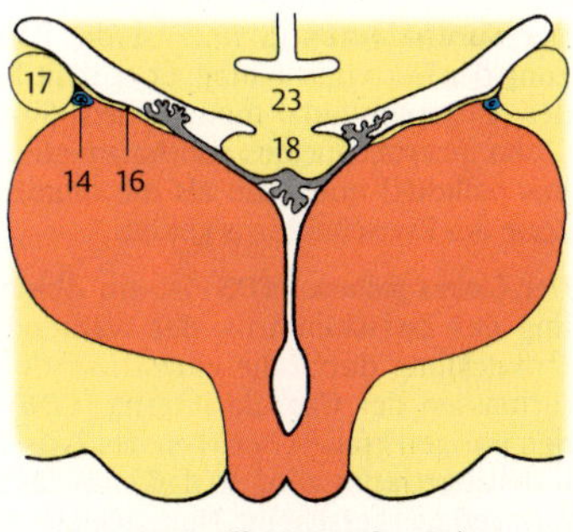

E Lamina affixa im reifen Gehirn, Frontalschnitt

Aufbau

Gliederung (A–D)

Das Zwischenhirn läßt sich in vier übereinander gelagerte Etagen einteilen:
- in den *Epithalamus* (**A–C1**),
- den *Thalamus dorsalis* (**A–C2**),
- den *Subthalamus* (**A–C3**) und
- den *Hypothalamus* (**A–C4**).

Im embryonalen Gehirn ist die einfache Anordnung dieser Etagen noch deutlich erkennbar. Im Verlauf der Entwicklung wird sie jedoch durch das regional unterschiedliche Wachstum erheblich abgeändert. Vor allem die außerordentliche Massenzunahme des dorsalen Thalamus und die Ausdehnung des Hypothalamus im Bereich des Tuber cinereum bestimmen den Aufbau des reifen Zwischenhirns.

Der **Epithalamus** (S. 176) besteht aus den *Habenulae*, einer Schaltstätte für Bahnen zwischen olfaktorischen Zentren und dem Hirnstamm, und aus der *Epiphyse* (Zirbeldrüse, Glandula pinealis). Durch die Größenzunahme des Thalamus wird der dorsal gelegene Epithalamus (**B1**) nach medial verlagert und erscheint nur noch als ein Anhang des dorsalen Thalamus (**C1**).

Der **Thalamus dorsalis** (S. 178) ist die Endigungsstätte der sensiblen und sensorischen Bahnen (kutane Sensibilität, Geschmack, optische, akustische und vestibuläre Bahnen). Er ist durch efferente und afferente Fasersysteme mit der Großhirnrinde verbunden.

Der **Subthalamus** (S. 192) ist die Fortsetzung der Mittelhirnhaube. Er enthält Kerne des extrapyramidal-motorischen Systems (Zona incerta, Nucleus subthalamicus, Globus pallidus) und kann als die motorische Zone des Zwischenhirns gelten.

Der **Globus pallidus** (**CD5**) ist ein Abkömmling des Zwischenhirns, der während der Entwicklung durch die einwachsenden Fasermassen der Capsula interna (**CD6**) von den übrigen grauen Bezirken des Zwischenhirns abgetrennt wird, so daß er in das Endhirn verlagert erscheint. Nur ein kleiner Rest des Pallidum verbleibt medial im Verband des Zwischenhirns; es ist der Nucleus entopeduncularis. Als Bestandteil des extrapyramidalen Systems sollte der Globus pallidus folgerichtig zum Subthalamus gerechnet werden.

Der **Hypothalamus** (S. 194) bildet die unterste Etage und den Boden des Zwischenhirns, aus dem sich die Neurohypophyse ausstülpt (**A7**). Er ist das oberste Regulationszentrum des vegetativen Nervensystems.

Schnitt in Höhe des Chiasma opticum (D)

Bei einem Schnitt durch die Vorderwand des III. Ventrikels werden Anteile des Zwischenhirns und des Endhirns getroffen. Ventral liegt die Faserplatte der Sehnervenkreuzung, *Chiasma opticum* (**D8**). Darüber öffnet sich eine rostrale Ausbuchtung des III. Ventrikels, der *Recessus praeopticus* (**D9**). Lateral von der inneren Kapsel erscheint der Globus pallidus (**D5**). Alle übrigen Strukturen gehören zum Endhirn: die beiden Seitenventrikel (**D10**) und das vom *Septum pellucidum* (**D11**) umschlossene *Cavum septi pellucidi* (**D12**), der *Nucleus caudatus* (**D13**), das *Putamen* (**CD14**) und an der Basis die *Area olfactoria* (**D15**) (Substantia perforata anterior). Der Balken, *Corpus callosum* (**D16**), und die *Commissura anterior* (**D17**) verbinden beide Hemisphären. Weitere getroffene Fasersysteme sind der *Fornix* (**D18**) und die *Stria olfactoria lateralis* (**D19**).

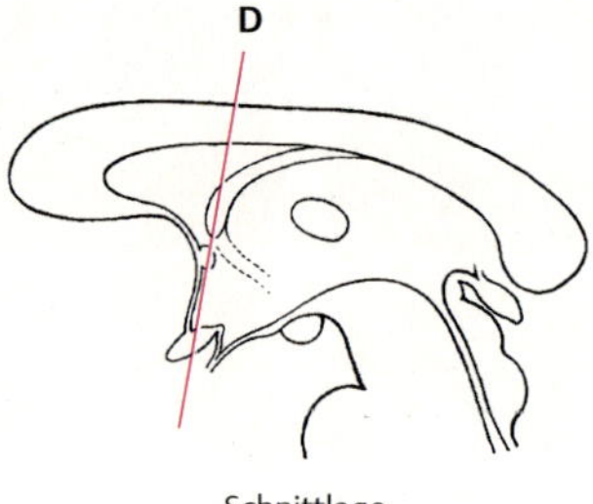

Schnittlage

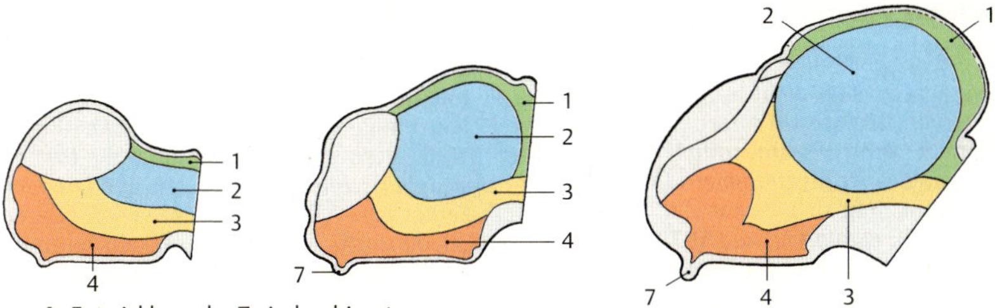

A Entwicklung der Zwischenhirnetagen

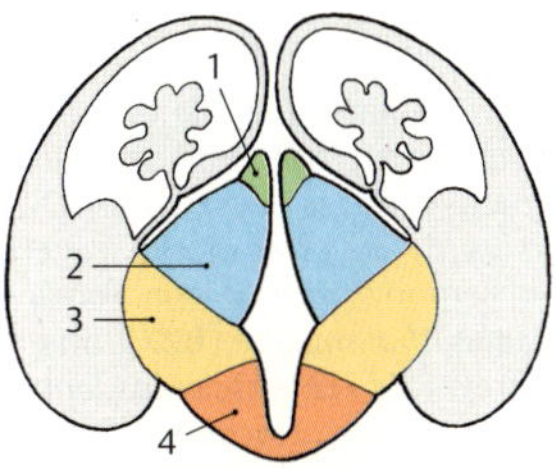

B Aufbau des Zwischenhirns im embryonalen Gehirn

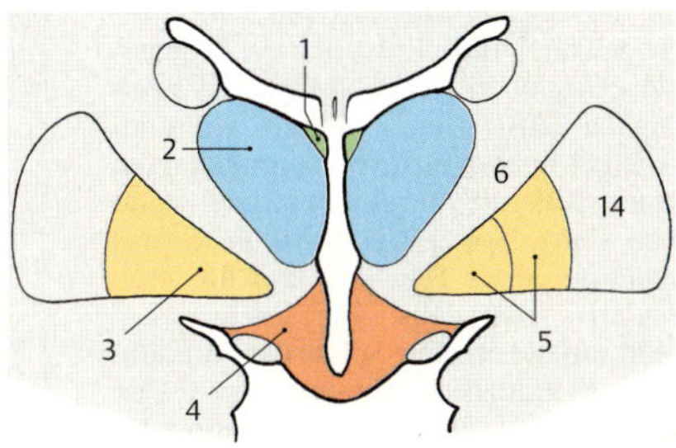

C Aufbau des Zwischenhirns beim Erwachsenen

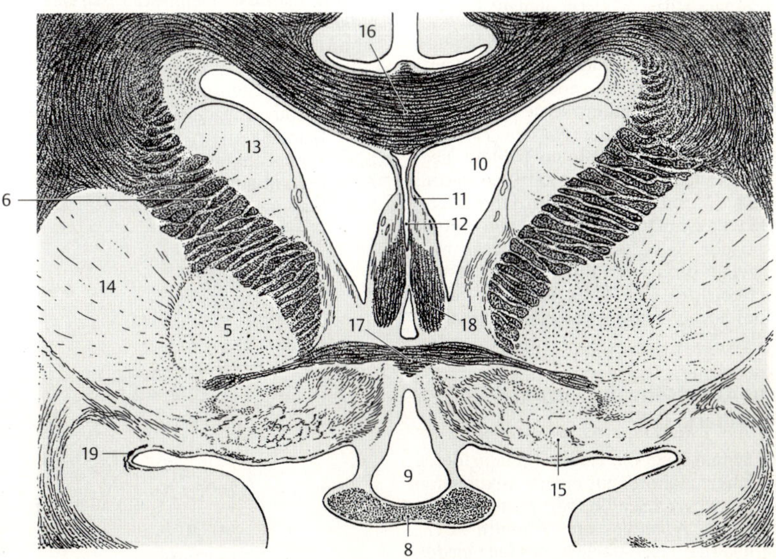

D Frontalschnitt durch die rostrale Wand des III. Ventrikels (nach Villiger und Ludwig)

Schnitt durch das Tuber cinereum (A)

Der Schnitt liegt dicht hinter dem Foramen interventriculare (Monroi). Seitenventrikel und III. Ventrikel sind durch den dünnen Ansatz des *Plexus choroideus* (**A1**) getrennt. Von ihm zieht sich bis zur *V. thalamostriata* (**AB2**) die *Lamina affixa* (**AB3**). Sie bedeckt die dorsale Fläche des **Thalamus** (**A4**), von dem lediglich die anteriore Kerngruppe erscheint. Ventrolateral von ihm, getrennt durch die *Capsula interna* (**AB5**), liegt der **Globus pallidus** (**AB6**). Er ist in zwei Teile gegliedert, das *innere* (**A7**) und das *äußere Pallidumglied* (**A8**). Durch seinen größeren Markgehalt hebt er sich vom angrenzenden *Putamen* (**AB9**) ab. An seinem basalen Rand und an seiner Spitze treten der *Fasciculus lenticularis* (Forels Feld H2) und die *Ansa lenticularis* (**A10**) aus. Die letztere beschreibt um die mediale Spitze des Pallidum einen nach dorsal gerichteten Bogen. Den ventralen Teil des Zwischenhirns nimmt der Hypothalamus (*Tuber cinereum* [**A11**] und *Infundibulum* [**A12**]) ein, der hier ausgesprochen markarm erscheint, im Gegensatz zum stark markhaltigen *Tractus opticus* (**AB13**).

Zu beiden Seiten wird das Zwischenhirn vom Endhirn eingeschlossen, ohne daß eine deutliche Grenze zu erkennen ist. Die nächstliegenden Endhirnkerne sind das *Putamen* (**AB9**) und der *Nucleus caudatus* (**AB14**). Ventral vom Globus pallidus liegt ein zum Endhirn gehöriger Kern, der **Nucleus basalis** (*Meynert, Substantia innominata*) (**A15**). Er empfängt Fasern aus der Mittelhirnhaube. Seine großen cholinergen Nervenzellen projizieren diffus in den gesamten Neocortex. Der *Fornix* (**AB16**) ist infolge seines bogenförmigen Verlaufs zweimal getroffen (S. 233C).

Schnitt in Höhe der Corpora mamillaria (B)

Der Schnitt zeigt die beiden Thalami, deren Volumenzunahme zu einem sekundären Zusammenwachsen in der Mittelinie geführt hat, *Adhaesio interthalamica* (**B17**). Markhaltige Faserlamellen, *Laminae medullares thalami*, unterteilen den Thalamus in mehrere große Kernkomplexe. Dorsal liegt der *anteriore Kernbezirk* (**B18**), ventral davon die *mediale Kerngruppe* (**B19**), die medial an einige kleinere paraventrikuläre Kerne (**B20**) grenzt und lateral durch die *Lamina medullaris interna* (**B21**) von der *lateralen Kerngruppe* (**B22**) getrennt wird. Deren Gliederung in ein dorsales und ein ventrales Areal ist weniger deutlich markiert. Der ganze Komplex wird von einem schmalen schalenförmigen Kern, *Nucleus reticularis thalami* (**B23**), eingeschlossen, der durch die *Lamina medullaris externa* (**B24**) vom lateralen Kerngebiet abgesetzt ist.

Ventral vom Thalamus liegt der **Subthalamus** mit der *Zona incerta* (**B25**) und dem Nucleus subthalamicus (Corpus Luysi) (**B26**). Die Zona incerta wird von zwei markhaltigen Faserplatten begrenzt, dorsal von *Forels Feld H1* (*Fasciculus thalamicus*) (**B27**), und ventral von *Forels Feld H2* (*Fasciculus lenticularis*) (**B28**). Unter dem Nucleus subthalamicus erscheint der rostrale Pol der *Substantia nigra* (**B29**). Den Zwischenhirnboden bilden die beiden **Corpora mamillaria** (**B30**). Vom Corpus mamillare steigt der *Fasciculus mamillothalamicus (Vicq d'Azyr-Bündel)* (**B31**) zum Thalamus auf.

AB32 Corpus callosum,
A33 Corpus amygdaloideum (Amygdala, Mandelkern),
B34 Hippocampus,
A35 Commissura anterior,
B36 Stria medullaris (S. 176 A2).

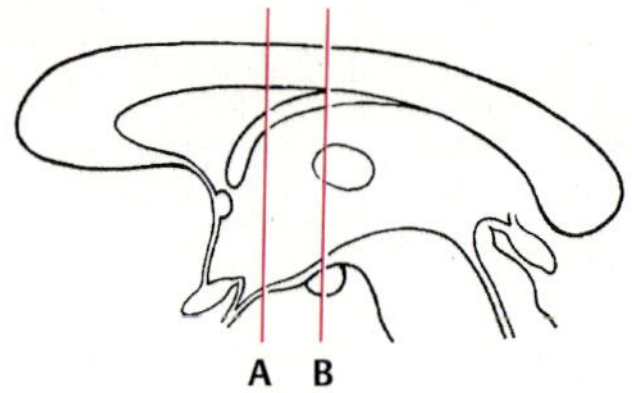

Schnittlagen

Zwischenhirn

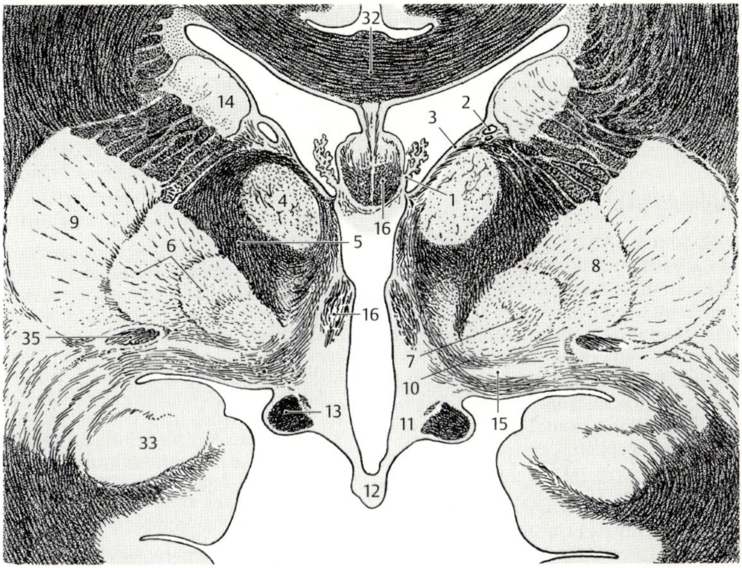

A Schnitt durch das Zwischenhirn in Höhe des Tuber cinereum (nach Villiger und Ludwig)

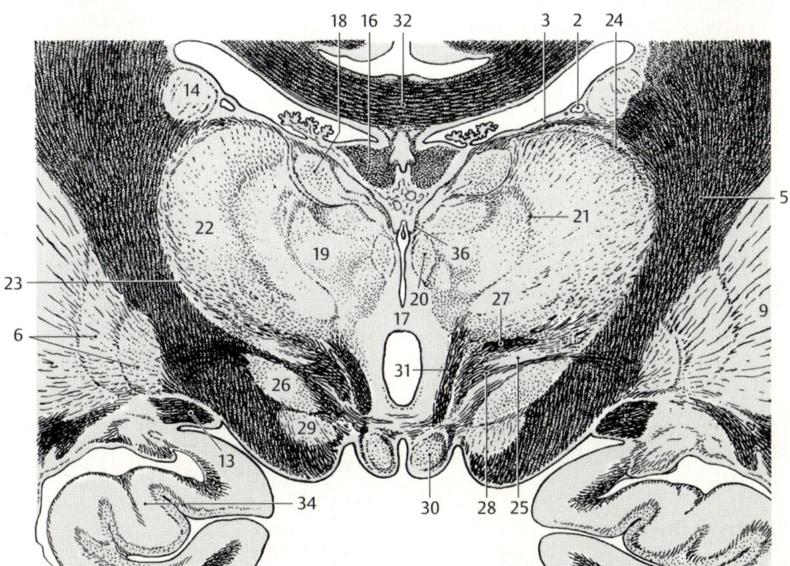

B Schnitt durch das Zwischenhirn in Höhe der Corpora mamillaria (nach Villiger und Ludwig)

Epithalamus (A – D)

Zum Epithalamus rechnen wir die *Habenula* mit den *Nuclei habenulae*, der *Commissura habenularum* und der *Stria medullaris*, die *Epiphyse* und die *Commissura epithalamica (posterior)*.

Habenula (A)

Die **Habenula** (**A1**) (S. 170 C21) bildet mit ihren afferenten und efferenten Bahnen ein Schaltsystem, in dem olfaktorische Impulse zu efferenten (salivatorischen und motorischen) Kernen des Hirnstammes übermittelt werden. Auf diesem Wege soll der Einfluß der Riechempfindung auf die Nahrungsaufnahme zustande kommen. Der Nucleus habenularis besitzt zahlreiche peptiderge Nervenzellen.

Die afferenten Bahnen erreichen die Habenulakerne über die **Stria medullaris thalami** (**A2**). Diese enthält Fasern aus den *Septumkernen* (**A3**), der *Substantia perforata anterior* (Area olfactoria) (**A4**) und der *Regio praeoptica* (**A5**). Weiterhin empfängt sie Fasern aus dem *Corpus amygdaloideum* (Mandelkern) (**A6**), die aus der *Stria terminalis* (**A7**) übertreten.

Die efferenten Bahnen ziehen in das Mittelhirn. Der **Tractus habenulotectalis** (**A8**) führt den oberen Zweihügeln olfaktorische Impulse zu. Der **Tractus habenulotegmentalis** (**A9**) endet im *Nucleus dorsalis tegmenti* (**A10**), wo ein Anschluß an das dorsale Längsbündel (Fasciculus longitudinalis dorsalis) (S. 144 B) mit Verbindungen zu den salivatorischen und den motorischen Kernen der Kau- und Schluckmuskulatur besteht (Riechreize führen zu Speichel- und Magensaftsekretion). Der **Tractus habenulopeduncularis**, *Tractus retroflexus Meynert* (**A11**), endet im *Nucleus interpeduncularis* (**A12**) (S. 132 D21), der mit verschiedenen Kernen der Formatio reticularis in Verbindung steht.

Epiphyse (B – D)

Die *Epiphyse*, **Glandula pinealis** (*Zirbeldrüse*) (**A13, B**) liegt als kleiner zapfenförmiger Körper an der Hinterwand des III. Ventrikels und über der Vierhügelplatte (S. 170 B, C 19). Ihre Zellen, die *Pinealozyten*, werden von bindegewebigen Septen zu Läppchen zusammengefaßt. Sie besitzen in der Silberimprägnation lange Fortsätze mit kolbigen Endauftreibungen (**C**), die vorwiegend an Gefäßen enden (**D**). Beim Erwachsenen enthält die Epiphyse größere *Verkalkungen* (**B14**), die im Röntgenbild zu erkennen sind.

Die Epiphyse ist bei *niederen Vertebraten* ein lichtempfindliches Organ, das entweder durch ein spezielles Parietalauge oder nur durch das Hindurchschimmern des Lichtes durch die dünne Schädeldecke den Wechsel von hell und dunkel registriert. Dadurch ist sie in den Tag/Nacht-Rhythmus des Organismus eingeschaltet und reguliert z. B. bei Amphibien den Wechsel der Hautpigmentierung (tags Dunkelpigmentierung, nachts Abblassung) und einen entsprechenden Wechsel in der Verhaltensweise der Tiere. Sie registriert auch den Wechsel von heller Sommer- und dunkler Winterzeit und beeinflußt die jahreszeitlichen Veränderungen der Gonaden.

Bei *höheren Vertebraten* durchdringt das Licht nicht die dicke Schädeldecke. Der Hell-Dunkel-Rhythmus wird der Epiphyse über folgende Verbindung mitgeteilt: Über *retinale Fasern* zum **Nucleus suprachiasmaticus** im Hypothalamus, über *efferente Hypothalamusfasern* zum **Nucleus intermediolateralis** und schließlich über *postganglionäre Fasern des Halsgrenzstrangs* zur **Epiphyse**.

Beim Menschen soll die Epiphyse die Ausreifung der Genitalien bis zur Pubertät hemmen. Sie soll wie bei den Tieren eine antigonadotrope Funktion haben. In einigen Fällen von Zerstörung der Epiphyse bei Kindern wurde ein Hypergenitalismus beobachtet.

Commissura epithalamica (posterior) (**B**). Nicht alle Fasersysteme, die durch die Commissura epithalamica (**B15**) hindurchziehen, sind bekannt. Es kreuzen in ihr habenulotektale Fasern. Von den verschiedenen prätektalen Kernen, die Fasern durch die Kommissur schicken, sind der Nucleus interstitialis Cajal und der Nucleus Darkschewitsch die wichtigsten. Auch vestibuläre Fasern sollen in ihr kreuzen (S. 134 B23).

A16 Bulbus olfactorius,
A17 Chiasma,
A18 Hypophyse,
B19 Recessus pinealis,
B20 Commissura habenularum.

Zwischenhirn

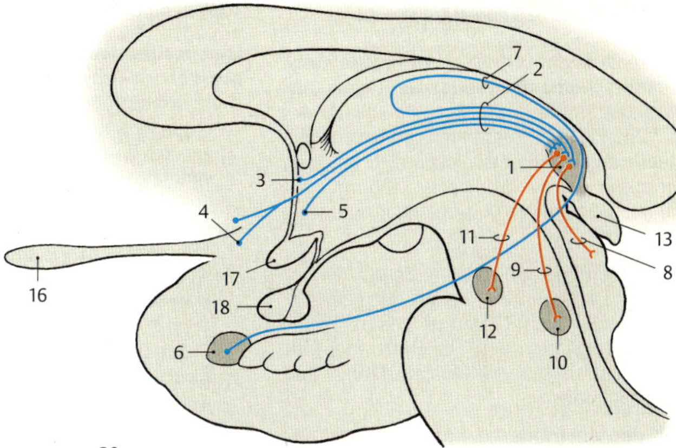

A Ganglion habenulae, Bahnenverbindungen

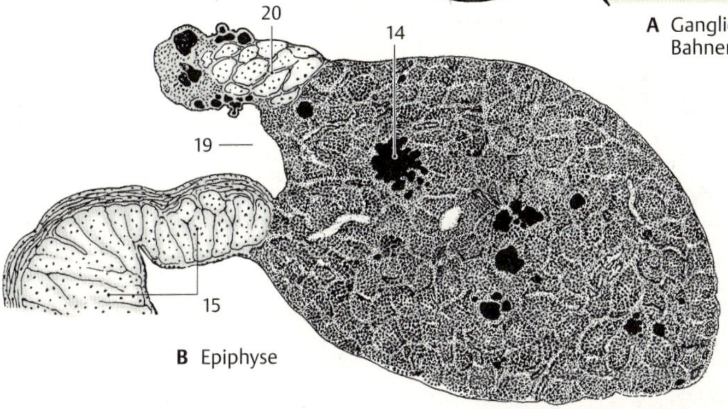

B Epiphyse

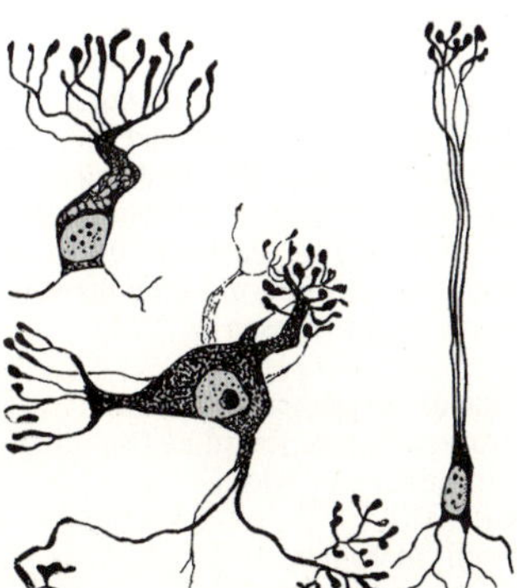

C Pinealozyten, Silberimprägnation (nach Hortega)

D Gewebsbild der Epiphyse, Silberimprägnation (nach Hortega)

Thalamus dorsalis (A–D)

Die Thalami dorsales sind zwei große Kernkomplexe von annähernd ovaler Gestalt. Ihre medialen Flächen bilden die Wände des III. Ventrikels, ihre lateralen grenzen an die innere Kapsel. Sie erstrecken sich von den Foramina interventricularia (Monroi) bis zur Vierhügelplatte (Lamina quadrigemina) des Mittelhirns.

Die beiden Thalami sind die *Endstätten der meisten Sinnesbahnen*, die fast alle gekreuzt im gegenseitigen Thalamus enden. Faserbündel verbinden den Thalamus auch mit Kleinhirn, Globus pallidus, Striatum und Hypothalamus.

Mit der Hirnrinde ist der Thalamus (**A1**) durch den Stabkranz, **Radiatio thalami** (**A 2–4**), verbunden. Die Fasern verlaufen schräg durch die innere Kapsel zur Hirnrinde. Als stärkere Bündel heben sich der **Pedunculus thalami anterior** (**A2**) (zum Frontallappen), der **Pedunculus superior** (**A3**) (zum Parietallappen), der **Pedunculus posterior** (**A4**) (zum Okzipitallappen) und der **Pedunculus inferior** (zum Temporallappen) ab.

Die vielfältigen Faserverbindungen weisen auf die zentrale Funktion des Thalamus hin, der in die meisten Systeme direkt oder indirekt eingeschaltet ist. Dementsprechend ist er auch kein einheitliches Gebilde, sondern ein mannigfaltig gegliederter Komplex unterschiedlich gebauter Kerngruppen.

Aufgrund der Faserverbindungen unterscheidet man zwei Arten von Thalamuskernen: Kerne, die Faserbeziehungen zur Hirnrinde haben, werden als *Palliothalamus* oder als **spezifische Thalamuskerne** zusammengefaßt; Kerne, die keine Beziehung zur Rinde haben, sondern mit dem Hirnstamm verbunden sind, bilden den *Truncothalamus* oder die **unspezifischen Thalamuskerne**.

Klinischer Hinweis: Da Bewegungsstörungen und Schmerzzustände durch stereotaktische Operationen am Thalamus behandelt werden, ist die Kenntnis seines elementaren Aufbaus von praktischer Bedeutung.

Palliothalamus (B–D)

Die **spezifischen** (*rindenabhängigen*) **Thalamuskerne** werden in Kerngruppen (Territorien) zusammengefaßt:

- Anteriore Kerngruppe, **Nuclei anteriores** (grün) (**B–D5**),
- mediale Kerngruppe, **Nuclei mediales** (rot) (**BD6**),
- laterale Kerngruppe, **Nuclei ventrolaterales** (blau) (**CD7**), die in eine laterale Gruppe, *Nuclei laterales*, und eine ventrale Gruppe, *Nuclei ventrales*, gegliedert wird,
- Corpus geniculatum laterale, **Nucleus geniculatus lateralis** (**BC8**),
- Corpus geniculatum mediale, **Nucleus geniculatis medialis** (**BC9**),
- **Pulvinar** (**BC10**) und
- **Nucleus reticularis** (**D11**).

Die Kerngebiete werden durch Faserschichten getrennt: durch die **Lamina medullaris interna** (**D12**) (zwischen der medialen Kerngruppe und dem lateralen und anterioren Kerngebiet) und durch die **Lamina medullaris externa** (**D13**) (zwischen dem lateralen Kerngebiet und dem Nucleus reticularis thalami, der den Thalamus an der lateralen Fläche umgibt).

Der Nucleus reticularis und die unspezifischen Kerne mit Ausnahme des *Nucleus centromedianus* (**B14**) sind bei der Rekonstruktion der Kerngebiete weggelassen worden. Das vorderste Kerngebiet sind die Nuclei anteriores (**B5**), an die sich kaudal die Nuclei mediales (**B6**) anschließen. Im lateralen Territorium unterscheiden wir eine dorsal gelegene Kerngruppe, die Lateralkerne, *Nucleus lateralis dorsalis* (**C15**) und *Nucleus lateralis posterior* (**C16**), und eine ventral gelegene, die Ventralkerne, *Nucleus ventralis anterior* (**C17**), *Nucleus ventralis lateralis* (**C18**) und *Nucleus ventralis posterior* (**C19**).

BC20 Nucleus dorsalis superficialis,
B21 Foramen interventriculare (Monroi),
C22 Commissura anterior,
C23 Chiasma,
C24 Corpus mamillare,
C25 Tractus opticus,
A26 Schnittfläche des Balkens.

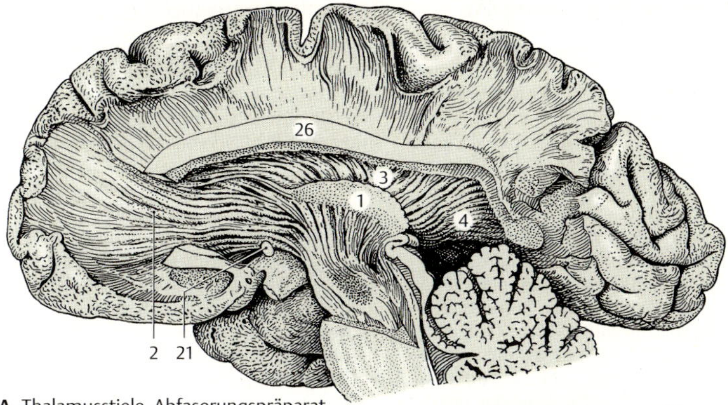

A Thalamusstiele, Abfaserungspräparat (nach Ludwig u. Klingler)

B, **C** Rekonstruktion der Thalamusterritorien

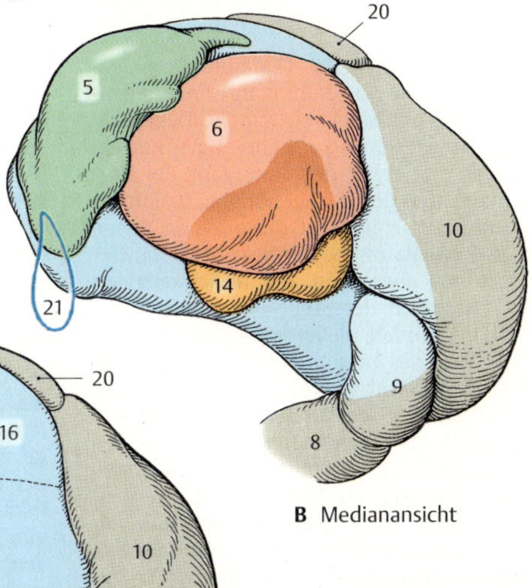

B Medianansicht

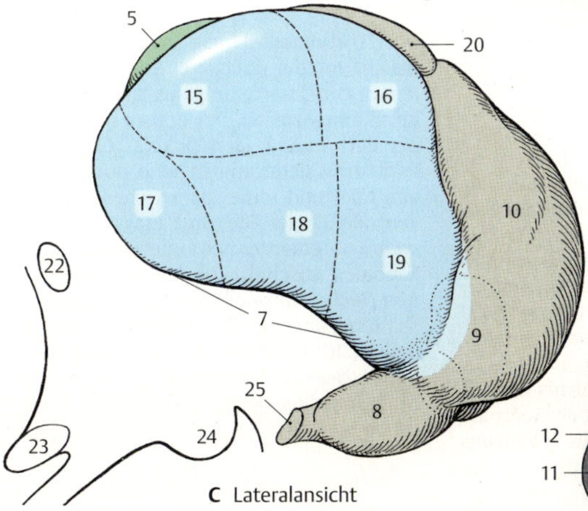

C Lateralansicht

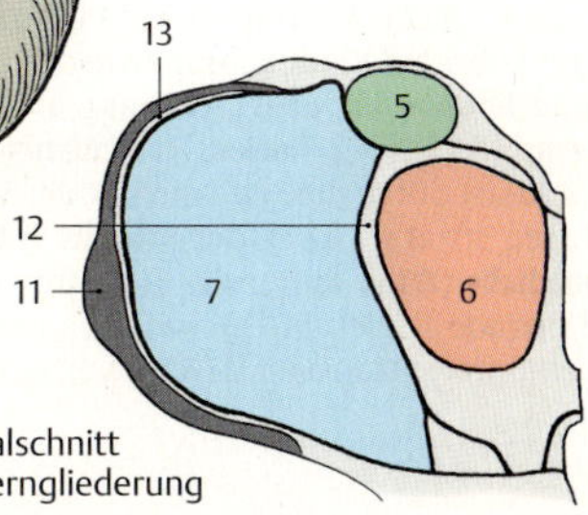

D Frontalschnitt mit Kerngliederung

Palliothalamus, Fortsetzung (A)

Jede Kerngruppe ist mit einem bestimmten Bezirk (*Projektionsfeld*) der Hirnrinde verknüpft. Man spricht daher von **spezifischen Thalamuskernen**. In diesem System projizieren die Kerne auf ihre Kortexareale und die Kortexbezirke umgekehrt auf die entsprechenden Thalamuskerne. Es besteht also ein Neuronenkreis mit einem thalamokortikalen und einem kortikothalamischen Schenkel. Die Neurone der Thalamuskerne übermitteln dem Cortex Erregungen und werden rückläufig von den betreffenden Kortexbezirken beeinflußt. Man kann also die Funktion eines Rindenareals nicht ohne den dazugehörigen Kern und die Funktion eines Thalamuskerns nicht ohne das dazugehörige Rindenareal betrachten.

Die Nervenzellen der Thalamuskerne reagieren auf die Abtrennung ihrer Axonenendigungen mit einer retrograden Degeneration. Die Zerstörung umschriebener Kortexbezirke hat daher den Untergang der Nervenzellen in den dazugehörigen Thalamuskernen zur Folge. Auf diese Weise lassen sich die thalamischen Projektionsfelder der Hirnrinde abgrenzen. Die **Nuclei anteriores** (**A1**) sind mit der Rinde des *Gyrus cinguli* (**A2**) verbunden, die **Nuclei mediales** (**A3**) mit der Rinde des *Frontallappens* (**A4**). Die **Lateralkerne** (**A5**) projizieren auf die *dorsale und mediale Rinde des Parietallappens* (**A6**), wobei der Nucleus dorsolateralis teilweise den retrosplenialen Abschnitt des Gyrus cinguli versorgen soll. Von den Ventralkernen ist der **Nucleus ventralis anterior** (**A7**) mit der *prämotorischen Rinde* (**A8**), der **Nucleus ventralis lateralis** (**A9**) mit der *motorischen Präzentralregion* (**A10**) und der **Nucleus ventralis posterior** (**A11**) mit der *sensiblen Postzentralregion* (**A12**) verknüpft. Das **Pulvinar** (**A13**) projiziert auf Rindenabschnitte des *Parietal- und Temporallappens* (**A14**) und auf den *Cuneus* (**A15**). Der **Nucleus geniculatus lateralis** (**A16**) ist durch die Sehbahn mit der *Sehrinde* (Area striata) (**A17**), der **Nucleus geniculatus medialis** (**A18**) durch die Hörbahn mit der *Hörrinde* (Heschl-Querwindungen, Gyri temporales transversi) (**A19**) verbunden.

Truncothalamus (B,C)

Die Kerne haben Faserbeziehungen zum *Hirnstamm*, zu *Zwischenhirnkernen* und zum *Corpus striatum*, jedoch keine anatomisch nachweisbare direkte Verbindung zur Hirnrinde. Ihre Nervenzellen bleiben auch nach Abtragung der gesamten Hirnrinde unbeschädigt; sie sind *rindenunabhängig*. Wir unterscheiden zwei Gruppen:

- *Kerne des zentralen thalamischen Höhlengraus* (**Nuclei mediani**) (**B20**), die als kleine Zellhaufen entlang der Wand des dritten Ventrikels liegen, und
- *intralaminäre Kerne* (**Nuclei intralaminares**) (**B21**), die in die Lamina medullaris interna eingelagert sind. Der größte von ihnen ist der **Nucleus centromedianus** (**B22**).

Die elektrische Reizung der Kerne führt nicht zur Erregung einzelner Rindenbezirke, sondern zur Veränderung der elektrischen Aktivität der gesamten Hirnrinde. Man bezeichnet die Kerne deshalb als **unspezifische Kerne**. Die Bahnen, auf denen die Beeinflussung der Rindenaktivität erfolgt, sind nicht bekannt. In den intralaminären Kernen enden aufsteigende Bahnen der Formatio reticularis (aufsteigendes Aktivierungssystem, S. 146).

Die **Thalamusgliederung nach Hassler** (**C**) weicht von der üblichen Gliederung vor allem in der Unterteilung des lateroventralen Kernkomplexes ab. Der oralste Kern ist dabei der *Nucleus lateropolaris* (**C23**). Dann folgt die Gliederung in eine dorsale, eine ventrale und eine dazwischen liegende zentrale Etage. Die drei Etagen zerfallen weiter in einen oralen, intermediären und kaudalen Abschnitt, so daß man dorsal einen *Nucleus dorsooralis* (**C24**), *Nucleus dorsointermedius* (**C25**) und *Nucleus dorsocaudalis* (**C26**) unterscheiden kann, ventral einen *Nucleus ventrooralis* (**C27**), *Nucleus ventrointermedius* (**C28**) und *Nucleus ventrocaudalis* (**C29**).

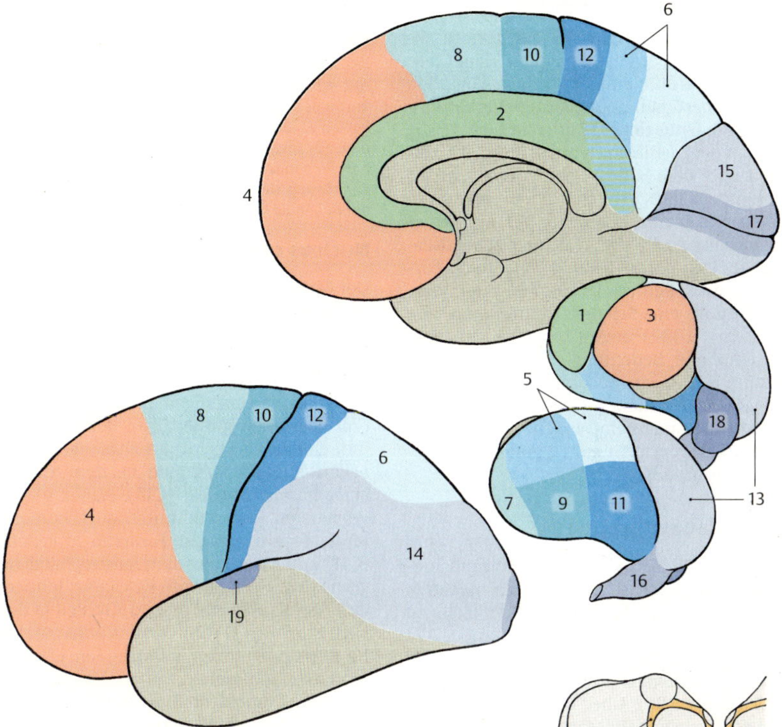

A Rindenprojektion des Thalamus (nach Walker)

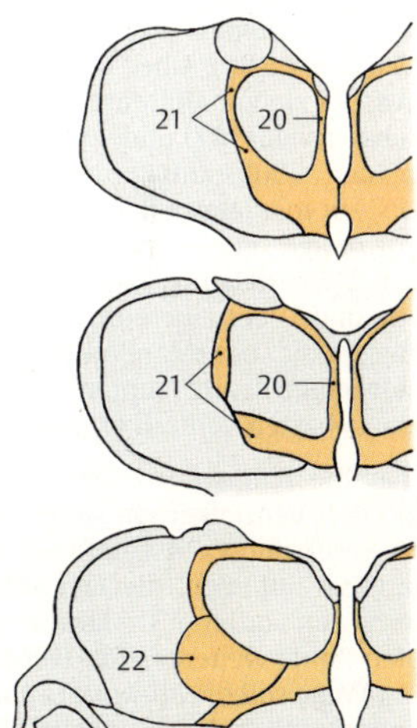

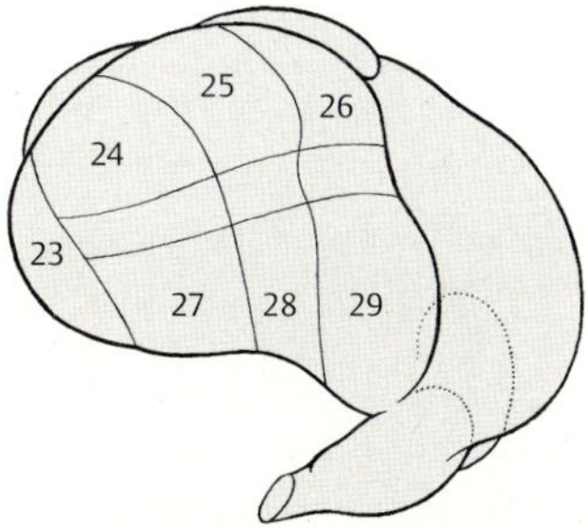

C Korngliederung (nach Hassler)

B Trunkothalamische Kerne

Anteriore Kerngruppe (A)

Die anteriore Kerngruppe (Territorium anterius) (**A1**) besteht aus einem Hauptkern und mehreren kleineren Kernen. Von allen Kernen bestehen doppelläufige Verbindungen zum **Gyrus cinguli** (Gyrus limbicus) (**A2**), der an der medialen Hemisphärenfläche direkt über dem Balken liegt. Vorwiegend afferente Fasern erreichen den anterioren Kern vom Corpus mamillare (**A3**) als starkes markhaltiges Bündel, **Tractus mamillothalamicus** (*Vicq d'Azyr-Bündel*) (**A4**). Auch Fornixfasern sollen im anterioren Kern enden. Er wird als eine Schaltstätte im limbischen System (S. 332) angesehen. Die genauere funktionelle Bedeutung ist jedoch unbekannt. Elektrische Reizungen führen zu vegetativen Reaktionen (Veränderungen von Blutdruck und Atemfrequenz), die auf die Verbindungen mit dem Hypothalamus zurückzuführen sind.

Mediale Kerngruppe (B)

Die mediale Kerngruppe (Territorium mediale) (**B5**) setzt sich aus einem medialen großzelligen, einem lateralen kleinzelligen und einem kaudalen Kern zusammen. Alle Kerne projizieren zum **Frontallappen**, und zwar zur *prämotorischen*, *polaren* und *orbitalen Rinde* (**B6**). Über den unteren Thalamusstiel ziehen afferente Faserbündel vom **Globus pallidus** (**B7**) und vom *Nucleus basalis Meynert* (Substantia innominata) (S. 174 A15) zur medialen Kerngruppe. Der mediale großzellige Bezirk hat Faserbeziehungen zum Hypothalamus (**B8**) (präoptische Region und Tuber cinereum) und zum Corpus amygdaloideum (Mandelkern). Der laterale kleinzellige Bezirk empfängt Fasern aus den benachbarten Ventralkernen des Thalamus.

Über die Bahnen aus dem Hypothalamus und den Ventralkernen sollen dem medialen Kernkomplex viszerale und somatische Impulse zufließen, die hier integriert und durch den vorderen Thalamusstiel zur frontalen Rinde weitergeleitet werden. Auf diesem Wege soll die *affektive Grundstimmung*, die wesentlich durch unbewußte Reize aus der viszeralen und somatischen Sphäre mitbestimmt wird, bewußt werden.

Klinischer Hinweis: Man hat bei Patienten mit schweren Erregungszuständen die thalamokortikalen Bahnen durchtrennt (präfrontale Leukotomie) und danach eine Beruhigung, aber auch eine allgemeine Gleichgültigkeit und Verflachung der Persönlichkeit gesehen. Die stereotaktische Zerstörung des medialen Kernbezirkes führt zu ähnlichen Resultaten.

Nucleus centromedianus (C)

Der Nucleus centromedianus (Centre médian Luys) (**C9**) ist *der größte der trunkothalamischen Kerne* und gehört zu den intralaminären Kernen, die das mediale Kerngebiet einhüllen. Er zerfällt in einen ventrokaudal gelegenen kleinzelligen und einen dorsooral gelegenen großzelligen Bezirk. Die in ihm endenden Fasern des *Pedunculus cerebellaris superior* stammen aus dem *Nucleus emboliformis cerebelli* (**C10**). Außer diesen gekreuzten Fasern nimmt er auch homolaterale Fasern aus der *Formatio reticularis* (**C11**) auf. Fasern aus dem **inneren Pallidumglied** (**C12**) zweigen vom Fasciculus lenticularis (Forels Feld H2) ab und strahlen in den Kern ein. Auch Fasern von der präzentralen Rinde (Area 4) sollen in ihm enden. Efferente Faserbündel ziehen vom großzelligen Bezirk zum **Nucleus caudatus** (**C13**) und vom kleinzelligen zum **Putamen** (**C14**). Durch diese Bahnen wird eine Verbindung zwischen Kleinhirn und Striatum hergestellt.

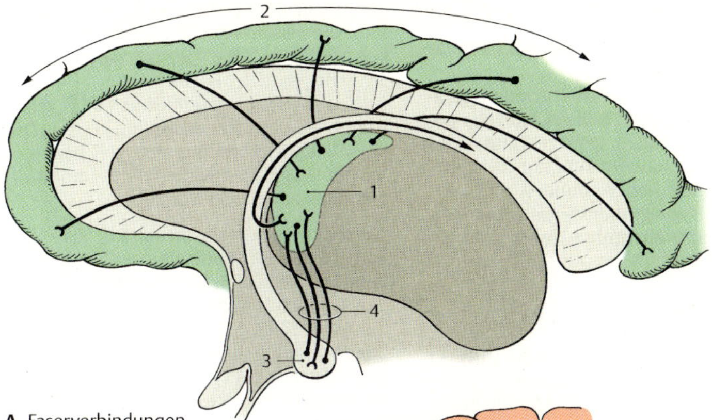

A Faserverbindungen des Territorium anterius (Nuclei anteriores thalami)

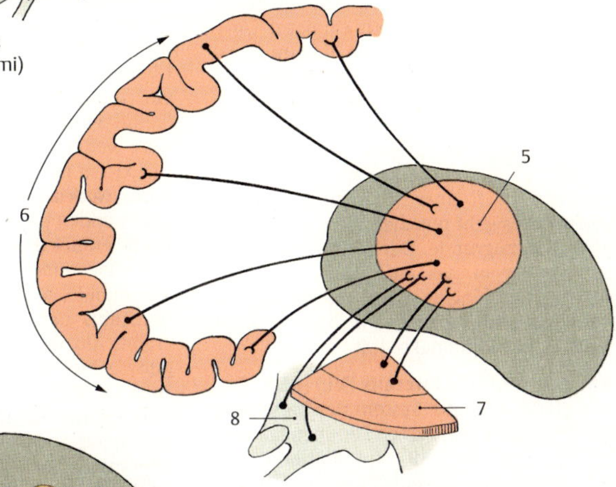

B Faserverbindungen des Territorium mediale (Nuclei mediales thalami)

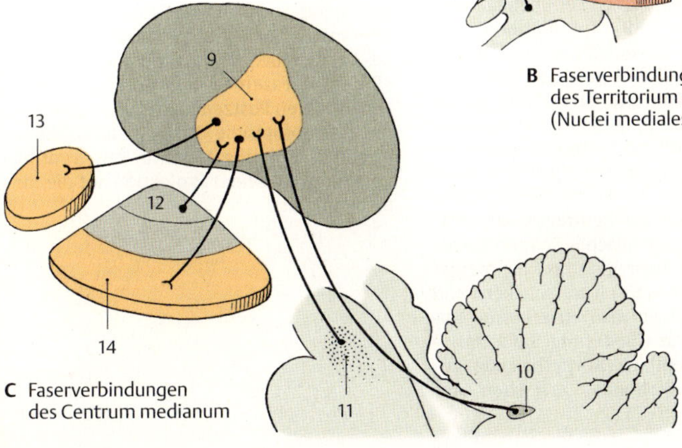

C Faserverbindungen des Centrum medianum

Laterale Kerngruppe (A)

Die Lateralkerne, Nuclei laterales, bilden die dorsale Etage des lateroventralen Kernkomplexes. Beide Lateralkerne, **Nucleus lateralis dorsalis** (**A1**) und **Nucleus lateralis posterior** (**A2**), erhalten keine extrathalamischen Zuflüsse, sondern sind nur mit anderen Thalamuskernen verbunden und werden daher als *Integrationskerne* angesehen. Sie senden ihre efferenten Fasern zum Parietallappen (**A3**).

Ventrale Kerngruppe (A, B)

Nucleus ventralis anterior (**VA**) (**A4**). Er empfängt seine afferenten Fasern vor allem vom inneren Pallidumglied (**A5**) (Ursprung wahrscheinlich im Nucleus caudatus [**A6**]) und von den unspezifischen Thalamuskernen. Weitere Fasern sollen von der Substantia nigra, dem Nucleus interstitialis Cajal und von der Formatio reticularis stammen. Der Kern projiziert zur prämotorischen Rinde (**A7**), ist aber nur teilweise rindenabhängig, denn nach einer Schädigung des Rindenbezirkes geht nur die Hälfte seiner Nervenzellen zugrunde. Der Nucleus ventralis anterior ist in das aufsteigende Aktivierungssystem eingebunden; die Reizung im Kerngebiet führt zu einer Veränderung der elektrischen Rindenaktivität.

Nucleus ventralis lateralis (**VL**) (**AB8**). Das wichtigste afferente System des Kerns sind die Fasern des gekreuzten Pedunculus cerebellaris superior (**A9**). Im vorderen Abschnitt des Nucleus ventralis lateralis enden Fasern aus dem Globus pallidus (Fasciculus thalamicus) (**A10**). Die efferenten Fasern (**A11**) ziehen zur Rinde des Gyrus praecentralis (**A12**). In diesem System tritt eine somatotopische Ordnung des Nucleus ventralis lateralis zutage: die Fasern des lateralen Kernareals ziehen zur Beinregion der präzentralen Rinde, die anschließenden Areale zur Rumpf- und Armregion und die medialen zur Kopfregion (**B8**). Thalamuskern und Rindenbezirk zeigen also eine korrespondierende topische Gliederung. Informationen aus dem Kleinhirn (Körperhaltung, Koordination, Muskeltonus) erreichen auf dem Wege über den Nucleus ventralis lateralis die motorische Rinde; das Kleinhirn beeinflußt so die Willkürmotorik. Ein schmaler kaudaler Bezirk des Kerns wird als *Nucleus ventralis intermedius* (**B13**) abgetrennt, in dem der Fasiculus tegmentalis dorsolateralis Forel aus den gleichseitigen Vestibulariskernen endet (Kopf- und Blickwendung zur gleichen Seite).

Nucleus ventralis posterior (**VP**) (**A14**). Der Kern ist die Endstätte der gekreuzten, sekundären sensiblen Bahnen (**A15**). Der von den Hinterstrangkernen ausgehende Lemniscus medialis (S. 140 B) strahlt in den lateralen Abschnitt des Kerns, **Nucleus ventralis posterolateralis** (**VPL**) (**B16**) ein. Dabei liegen die Fasern des Nucleus gracilis lateral, die Fasern des Nucleus cuneatus medial. Auf diese Weise kommt eine somatotopische Gliederung des Kerns zustande, die auch elektrophysiosologisch nachgewiesen ist: lateral wird die untere Extremität repräsentiert, weiter medial der Rumpf und die obere Extremität. Im medialen Abschnitt des Kerns, **Nucleus ventralis posteromedialis** (**VPM**) (**B17**), enden die sekundären Trigeminusfasern, Lemniscus trigeminalis. Sie leiten die sensiblen Empfindungen von Kopf und Mundhöhle, so daß sich insgesamt ein Homunculus der gegenseitigen Körperhälfte ergibt. Am weitesten medial ist das Endigungsgebiet der sekundären Geschmacksbahn (S. 328) gelegen. Die Bahnen der protopathischen Sensibilität (vgl. S. 324), Tractus spinothalamicus und Schmerzfasern des Trigeminus, sollen in den basalen Bezirken des Kerns enden, und zwar doppelseitig. Die efferenten Fasern des Kerns (**A18**) ziehen zur sensiblen Postzentralregion (S. 250), deren somatotopische Ordnung durch die topische Gliederung des Nucleus ventralis posterior und seiner Projektion auf die Rinde bedingt ist.

Zwischenhirn

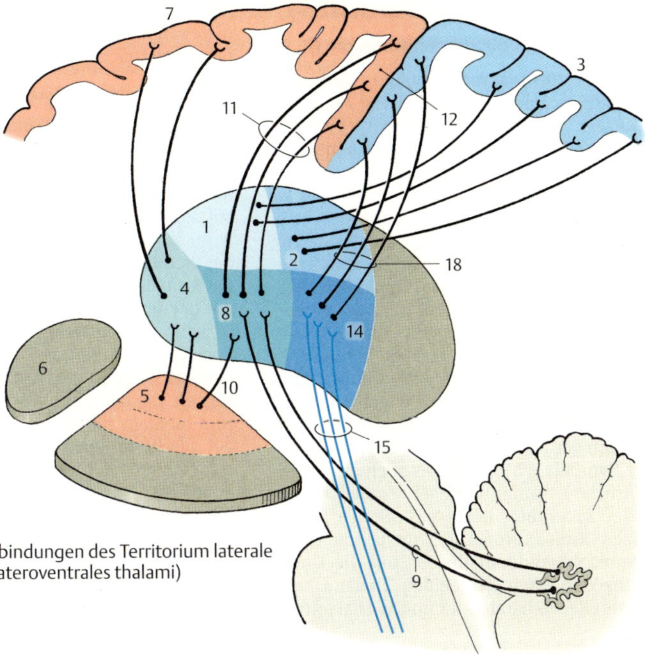

A Faserverbindungen des Territorium laterale (Nuclei lateroventrales thalami)

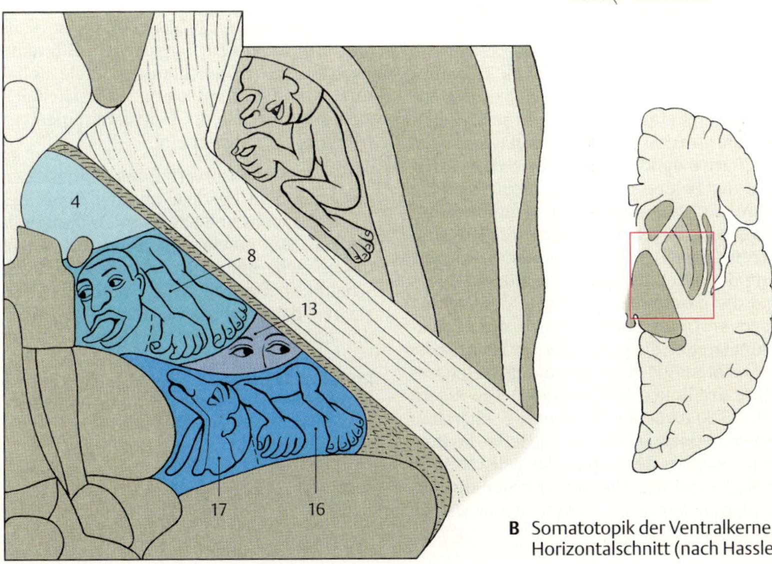

B Somatotopik der Ventralkerne, Horizontalschnitt (nach Hassler)

Ventrale Kerngruppe, Fortsetzung

Funktionelle Topik der Ventralkerne (A, B)

Die Kenntnis der funktionellen Gliederung erlaubt es, durch stereotaktische Ausschaltungen im *Nucleus ventralis posterior* schwere Schmerzen ohne Beeinträchtigung der Berührungsempfindung zu beseitigen. Durch Ausschaltung im *Nucleus ventralis lateralis* werden Bewegungsstörungen (Hyperkinesen) behoben, ohne daß gleichzeitig Lähmungen auftreten. Die bei den Ausschaltungen erforderlichen Reizkontrollen ergeben Hinweise auf die Vertretung der verschiedenen Körperregionen. Wie die Reizkarte (rote Symbole) (**A**) zeigt, verläuft das Körperschema schräg von dorsolateral (Beinregion |, Armregion —) nach mediobasal (Kopfregion, Kreise). Bei den Reizkontrollen des Nucleus ventralis lateralis (orange Symbole) (**B**) kommt es auch zu unwillkürlichen Lautäußerungen (volle Kreise) oder zu eruptiv hervorgestoßenen Sätzen (leere Kreise), wobei sich entsprechend der Hemisphärendominanz (S. 262) die Dominanz des einen der beiden Thalami zeigt (beim Rechtshänder des linken Thalamus).

Corpus geniculatum laterale (C)

Der Kern (**C1**) liegt etwas abgesondert an der ventrokaudalen Fläche des Thalamus und stellt ein relativ selbständiges Gebilde dar. Er zeigt eine Schichtung in sechs Zellagen, die von den einstrahlenden Faserzügen des **Tractus opticus** getrennt werden. In jedem der beiden Corpora geniculata enden gekreuzte und ungekreuzte Optikusfasern in gesetzmäßiger Anordnung (S. 256 A). Im linken Corpus geniculatum laterale ist die temporale Netzhauthälfte des linken Auges und die nasale Netzhauthälfte des rechten Auges vertreten, im rechten Corpus geniculatum laterale die temporale Netzhauthälfte des rechten Auges und die nasale Netzhauthälfte des linken Auges (S. 354). Die Fasern aus der *Macula*, der Region des schärfsten Sehens, enden in einem mittleren keilförmigen Bezirk, der durch alle Zellschichten reicht (S. 190 A9). Die Nervenzellen des Geniculatum laterale schicken ihre Fortsätze zur Sehrinde, der **Area striata** (**C2**) an der medialen Hemisphärenfläche des Okzipitallappens (*zentrale Sehstrahlung* oder *Radiatio optica*).

Corpus geniculatum mediale (D)

Der Kern (**D3**) ist die *dienzephale Schaltstätte der Hörbahn*. Medial vom lateralen Geniculatum erscheint er als ein äußerlich sichtbarer Höcker. Die afferenten Fasern bilden das **Brachium colliculi inferioris** vom gleichseitigen *Colliculus inferior* (**D4**). Einige Faserbündel der Hörbahn kommen vom *Nucleus corporis trapezoidei* und den gleichseitigen Kochleariskernen, die Mehrzahl jedoch stammt von den gegenseitigen Kochleariskernen. Die efferenten Fasern des Geniculatum mediale ziehen zur Hörrinde (**D5**), die auf den **Heschl-Querwindungen, Gyri temporales transversi** (S. 252 C1), des Temporallappens liegt.

Pulvinar

Das Pulvinar (S. 178 BC10) nimmt das kaudale Drittel des Thalamus ein und läßt sich in mehrere Kerne unterteilen. Seine funktionelle Bedeutung ist unklar. Da es keine extrathalamischen Zuflüsse erhält, ist es als ein *Integrationskern* anzusehen. Afferente Fasern aus dem Geniculatum laterale, Kollateralen von Optikusfasern, wahrscheinlich auch Fasern aus dem Geniculatum mediale, treten in das Pulvinar ein.

Doppelläufige Faserverbindungen bestehen zwischen dem Pulvinar und der Rinde des Parietallappens und des dorsalen Temporallappens. Das Pulvinar ist also nicht nur in das optische und akustische System eingeschaltet, sondern auch mit den für die Sprache und das symbolische Denken wichtigen Rindenbezirken (S. 250) verknüpft.

Klinischer Hinweis: Eine Schädigung (oder elektrische Reizung des Pulvinar) verursacht beim Menschen Sprachstörungen.

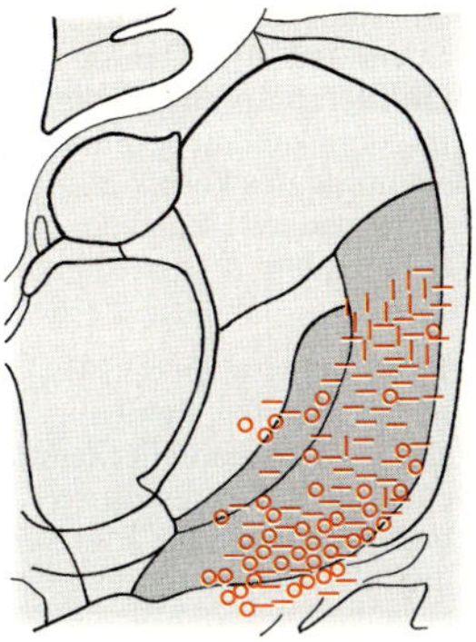

A Motorische Effekte bei Reizung des lateralen Ventralkerns
(nach Schaltenbrand, Spuler, Wahren u. Rümler)

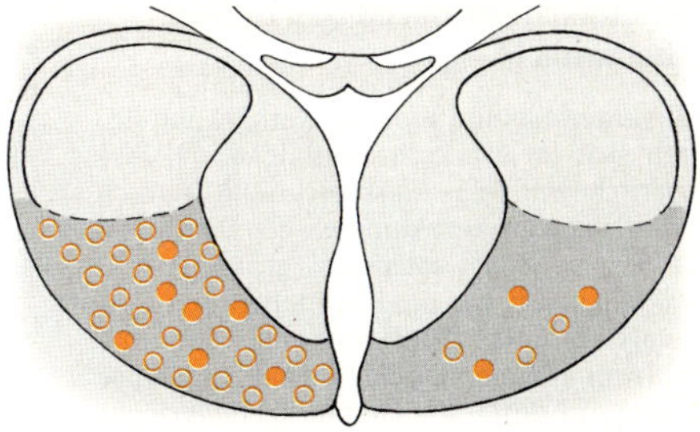

B Sprach- und Lautäußerung bei Reizung des lateralen Ventralkerns
(nach Schaltenbrand, Spuler, Wahren u. Rümler)

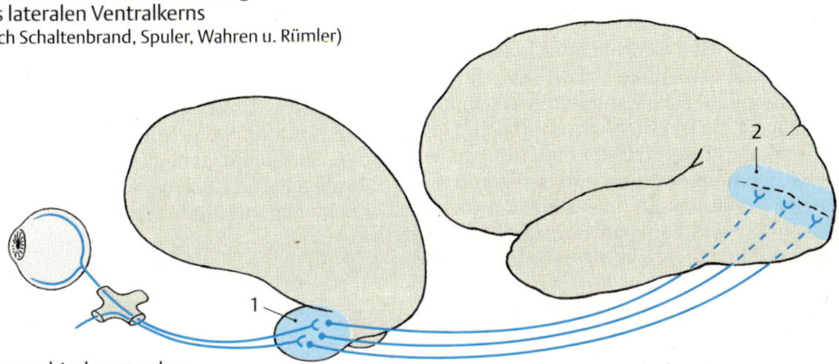

C Faserverbindungen des Corpus geniculatum laterale

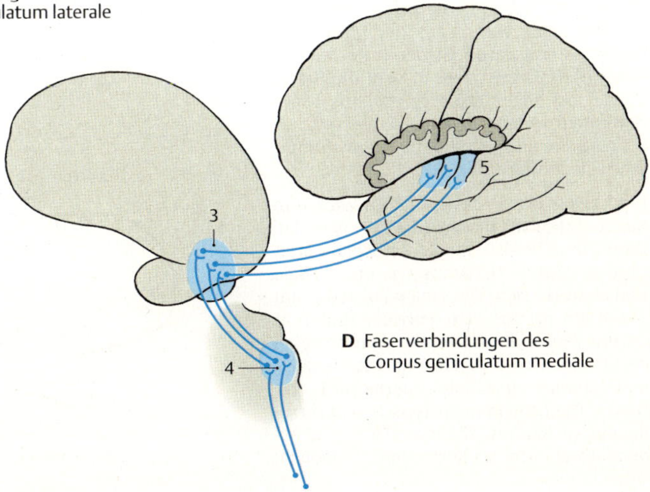

D Faserverbindungen des Corpus geniculatum mediale

Frontalschnitt durch den oralen Thalamus (A – C)

Die anteriore und mediale Kerngruppe heben sich im Markscheidenbild durch ihre spärliche und feine Markzeichnung deutlich vom lateralen Kernkomplex ab. Die dorsal gelegenen **Nuclei anteriores** (grün) (**A – C1**) wölben sich gegen das Foramen interventriculare (Monroi) (**AB2**) vor und bilden die *Eminentia thalami*. Die **mediale Kerngruppe** (rot) wird durch die *Lamina medullaris interna* (**B3**) und die intralaminären Kerne (**C4**) eingehüllt und von der lateralen Region abgegrenzt. Man kann an ihr einen inneren großzelligen Anteil (**AC5**) und einen äußeren, lateral um den inneren liegenden, kleinzelligen Anteil (**AC6**) unterscheiden.

Den größten Teil des Thalamus macht die **lateroventrale Kerngruppe** (blau) aus, die sich als eine breite Schale um den medialen Bezirk lagert. Sie ist erheblich markreicher und läßt im Markfaserbild (**B**) einen Unterschied zwischen dem dorsalen und dem ventralen Bezirk erkennen. Der ventrale Kernbezirk fbesitzt gegenüber dem dorsalen (Nucleus lateralis dorsalis) (**A – C7**) eine stärkere und auch gröbere Markfaserung. Er zeigt bereits im Übersichtsbild eine Gliederung in eine innere und eine äußere Abteilung. Auf dem Schnitt ist der *Nucleus ventralis lateralis* getroffen. In seinem medialen Abschnitt (**A – C8**) enden Fasern aus der Mittelhirnhaube. Lateral davon ist der orale Teil des Kerns (**A – C9**) getroffen, in dem die Faserbündel des Pedunculus cerebellaris superior enden und der in seiner Projektion zur Präzentralregion (Area 4) eine somatotopische Gliederung aufweist.

Die laterale Fläche des Thalamus wird vom **Nucleus reticularis thalami** (**A – C10**) gebildet. Dieser umgibt als schmale Zellschicht lateral den ganzen Thalamus wie eine Schale und erstreckt sich vom oralen Pol, wo er am breitesten ist, bis zum Pulvinar und zum Corpus geniculatum laterale. Vom lateralen Kernbezirk ist er durch eine Markfaserlamelle, *Lamina medullaris externa* (**B11**), getrennt. Die Beziehungen zwischen Hirnrinde und Nucleus reticularis sind für verschiedene Abschnitte des Kerns unterschiedlich: die frontale Rinde steht mit dem oralen Bezirk des Kerns in Verbindung, die temporale Rinde mit dem mittleren Anteil und die okzipitale Rinde mit dem kaudalen Anteil. Die funktionelle Bedeutung des Kerns ist unbekannt. Seine Nervenzellen schicken eine Vielzahl von Kollateralen zu den übrigen Thalamuskernen.

Die Faserbeziehungen zwischen den Thalamuskernen und bestimmten Rindenbezirken werden durch experimentelle Zerstörung von Rindenabschnitten oder durch Faserdurchtrennungen aufgedeckt. Die Nervenzellen der betreffenden Kerne erleiden nach Durchtrennung ihrer Axone eine retrograde Degeneration. Bei den Nervenzellen des Nucleus reticularis soll es sich jedoch nicht um eine retrograde, sondern um eine transneuronale Zelldegeneration handeln, d. h., daß die Zellen nicht wegen Durchtrennung ihres Axons, sondern wegen des Ausfalls der afferenten Fasern, die an ihnen enden, zugrunde gehen. Danach würde die Rinde auf den Nucleus reticularis, dieser jedoch nicht zur Rinde projizieren.

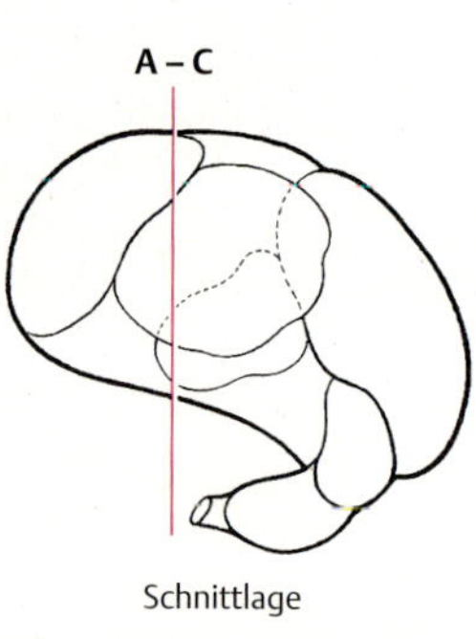

Schnittlage

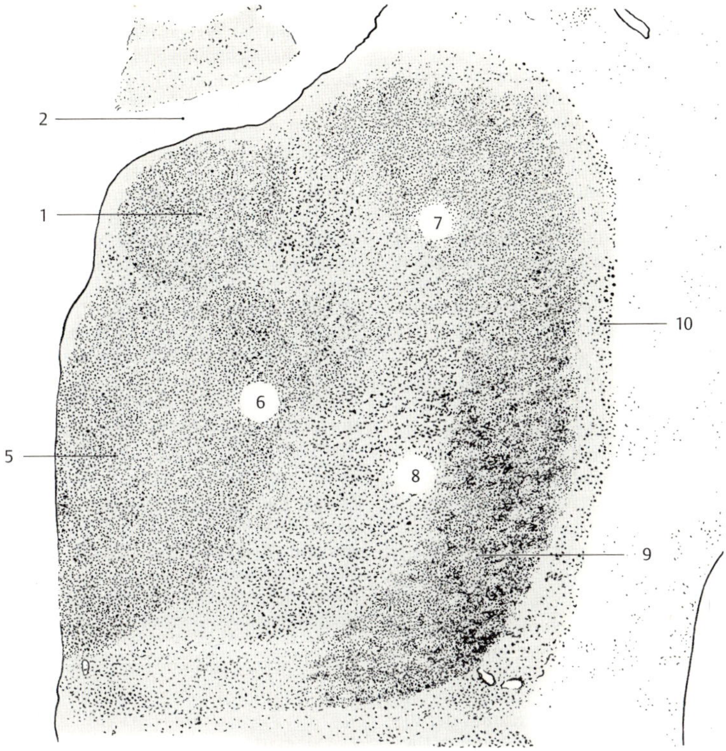

A Zellfärbung (Nissel)

A – C Frontalschnitt durch den rostralen Thalamus; halbschematisch

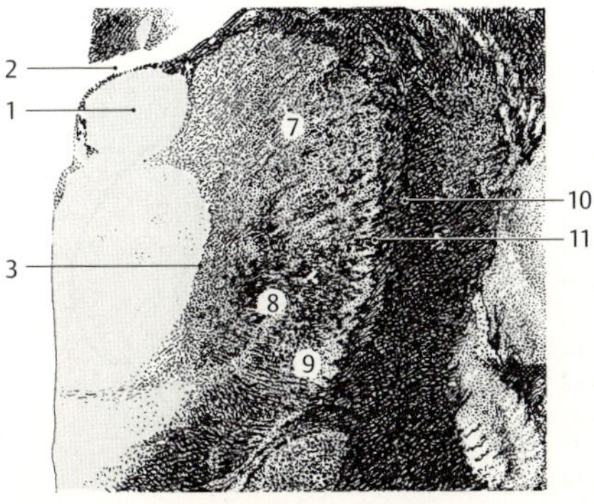

B Markscheidenfärbung

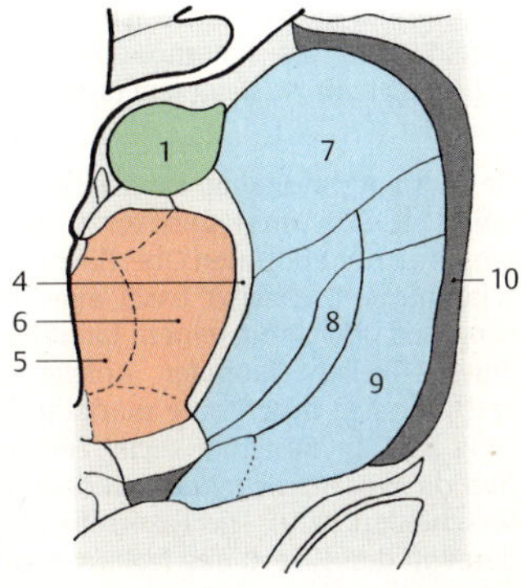

C Kerngliederung (nach Hassler)

Frontalschnitt durch den kaudalen Thalamus (A–C)

In dieser Höhe sind wiederum die **mediale** (rot) (**A–C1**) und die **lateroventrale Kerngruppe** (blau) (**A–C2**) getroffen. Es sind die am weitesten kaudal gelegenen Bezirke des medialen Kerns. Dorsal werden sie durch eine schmale Marklamelle vom *Nucleus dorsalis superficialis* (**A–C3**) getrennt. Lateral sind sie von der Lamina medullaris interna und den intralaminären Kernen umgeben. Diese trunkothalamischen Anteile erreichen hier mit dem *Nucleus centromedianus* (**A–C4**) eine besondere Ausdehnung.

Dorsal schieben sich die oralsten Kernbezirke des **Pulvinar** (**A–C5**) zwischen die mediale und laterale Kerngruppe. Der orale Bezirk des Pulvinar projiziert zu den oberen Windungen des Temporallappens und soll Fasern aus dem *Lemniscus lateralis* empfangen, also ein Integrationskern im akustischen System sein.

Im lateroventralen Gebiet ist der *Nucleus ventralis posterior* (**A–C6**) getroffen, in dem der *Lemniscus medialis*, die spinothalamischen Bahnen und die sekundären Trigeminusfasern einstrahlen. Der äußere Abschnitt, in dem die Fasern für Extremitäten und Rumpf enden, ist markfaserreich und zellärmer als der innere Abschnitt, der die Fasern für den Kopfbereich aufnimmt. Dieser zeichnet sich durch einen größeren Zellreichtum und eine feinere Markfaserung aus. Er umschließt den Nucleus centralis ventral und lateral und erscheint im Markscheidenbild als halbmondförmige Figur, daher auch als *Nucleus semilunaris* (**B7**) bezeichnet.

Das **Corpus geniculatum laterale** (**A–C8**) liegt etwas abseits vom Gesamtkomplex des Thalamus an der ventralen Oberfläche des Zwischenhirns. Es besitzt basal eine Einbuchtung und bildet mit seinem lateralen Anteil einen Buckel (*lateraler Kniehöcker*). Es zeichnet sich durch eine markante Schichtung aus, an der man sechs Zellagen und fünf dazwischenliegende Faserlamellen unterscheiden kann. Die Faserschichten werden von den Fasern des *Tractus opticus* gebildet, die sich in gesetzmäßiger Weise aufteilen und an den Nervenzellen der verschiedenen Schichten enden (S. 256 A). Von diesen Schichten sind die oberen vier kleinzellig, die unteren zwei großzellig. In der zweiten, dritten und fünften Schicht enden Fasern von der Netzhaut des gleichseitigen Auges (ungekreuzte Optikusfasern), in der ersten, vierten und sechsten Schicht Fasern vom gegenseitigen Auge (gekreuzte Optikusfasern). Die Fasern aus dem Ort des schärfsten Sehens, der Macula, enden in einem mittleren keilförmigen Gebiet (**A9**). Wenn die Macula zerstört wird, kommt es in diesem Gebiet zu einer transneuronalen Degeneration der Geniculatumzellen. Das Geniculatum laterale wird von einer dichten Markfaserkapsel umgeben. Es sind die dorsal und lateral austretenden Fasern der *zentralen Sehstrahlung* (*Radiatio optica*) (S. 258 C).

Medial vom Corpus geniculatum laterale ist die kaudale Partie des *Corpus geniculatum mediale* (**A–C10**) angeschnitten. Der *Nucleus reticularis* (**AC11**) bildet die laterale Kapsel. Er verbreitert sich ventral und umschließt auch das Geniculatum laterale.

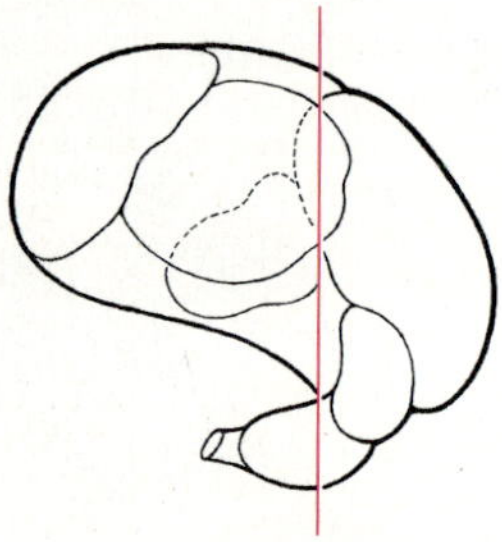

Schnittlage

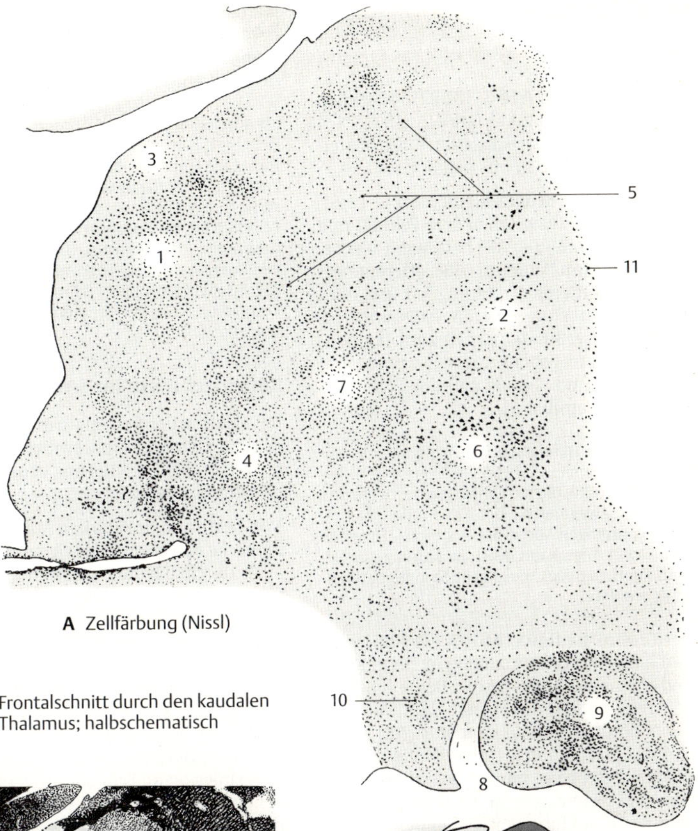

A Zellfärbung (Nissl)

A – C Frontalschnitt durch den kaudalen Thalamus; halbschematisch

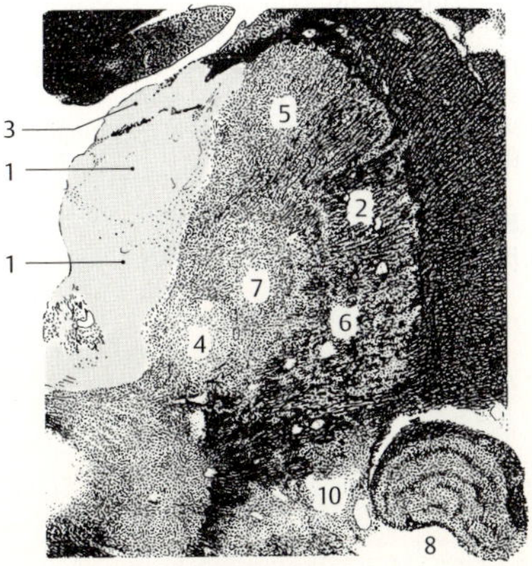

B Markscheidenfärbung

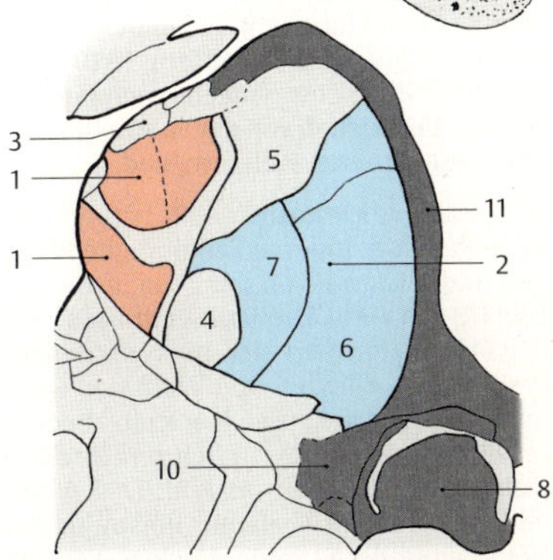

C Kerngliederung (nach Hassler)

Subthalamus

Gliederung (A)

Die **Zona incerta** (**A1**) (S. 174 B25) zwischen *Forels Feld H1* (**A2**) und *Feld H2* (**A3**) (S. 174 B27, B28) soll eine Schaltstätte für absteigende Fasern des Globus pallidus sein.

Der **Nucleus subthalamicus** (*Corpus Luysi*) (**A4**) (S. 174 B26) zwischen dem Feld H2 und der *Capsula interna* (**A5**) hat enge Faserbeziehungen zum Pallidum (**A6**): afferente Fasern vom äußeren Pallidumglied und efferente Fasern zum inneren Pallidumglied. Doppelläufige Bündel ziehen zum Tegmentum und zum gegenseitigen Nucleus subthalamicus und Globus pallidus (Commissura supramamillaris).

Klinischer Hinweis: Eine Schädigung des Nucleus subthalamicus führt beim Menschen zu Bewegungsunruhe, die sich anfallsweise zu starken Schleuderbewegungen eines Armes oder der ganzen gegenseitigen Körperhälfte steigert (*Hemiballismus*). Bei Affen kann durch Zerstörung des Nucleus subthalamicus die gleiche Symptomatik erzeugt werden.

Der **Globus pallidus** (**A6**) (S. 174 AB6) wird durch eine Markfaserlamelle in ein äußeres und ein inneres Glied geteilt. Beide Teile stehen miteinander sowie mit dem *Putamen* (**A7**) und dem *Nucleus caudatus* (**A8**) in enger Faserverbindung. Doppelläufige Beziehungen bestehen zum *Nucleus subthalamicus* (**A4**), wobei die *subthalamopallidalen Fasern* (**A9**) im inneren Glied enden, und die *pallidosubthalamischen Fasern* (**A10**) dem äußeren Glied entspringen. *Nigropallidale Fasern* (**A11**) ziehen von der *Substantia nigra* (**A12**) zum inneren Pallidumglied.

Der **Fasciculus lenticularis** (**A13**) tritt am dorsalen Rand des inneren Pallidumgliedes aus und bildet ventral von der Zona incerta das *Feld H2 von Forel*. Die **Ansa lenticularis** (**A14**) (S. 174 A10) formiert sich im ventralen Teil des inneren Gliedes und zieht im Bogen durch die innere Kapsel. Fasciculus und Ansa lenticularis vereinigen sich zum **Fasciculus thalamicus** (**A15**), der das *Feld H1 von Forel* bildet und in den Thalamus einstrahlt (Nucleus ventralis anterior, Nucleus ventralis lateralis, Nucleus medialis). Fasern vom inneren Pallidumglied ziehen als pallidotegmentale Bündel (**A16**) in das Tegmentum des Mittelhirns.

Klinischer Hinweis: Entgegen der alten Ansicht, daß der *Parkinsonismus* (Schüttellähmung) Ausdruck einer Pallidumschädigung sei, hat die Zerstörung des Pallidum zu keinerlei Bewegungsstörungen geführt. Einseitige Ausschaltung des Pallidum bei Parkinsonpatienten beseitigt auf der Gegenseite die Muskelsteifheit und verringert den Tremor. Doppelseitige Ausschaltung führt zu psychischen Störungen (Hirnleistungsschwäche: Reizbarkeit, rasche Ermüdbarkeit, Konzentrationsmangel).

Reizergebnisse im Subthalamus (B)

Bei elektrischer Reizung tritt *eine Erhöhung des Muskeltonus*, eine erhöhte *Reflexerregbarkeit* und eine Förderung von *kortikal ausgelösten Bewegungen* ein.

Von bestimmten Bezirken lassen sich *automatische Bewegungsabläufe* hervorrufen. Da auch durchziehende Faserbündel getroffen werden, geben die Reizeffekte keine Auskunft über die Funktion einzelner Kerne. Kopfsenkung ⓘ erfolgt bei Reizung in Höhe der Commissura posterior (Faserbereich des Nucleus interstitialis), Kopfhebung ⓘ medial im prärubralen Feld. Das Feld der Raddrehung und Wälzbewegungen ⓘ entspricht dem Faserbereich des Pedunculus cerebellaris superior. Im Feld der ipsiversiven Wendebewegungen ⓘ wird der Fasciculus tegmentalis dorsolateralis (vestibulothalamische Bahn) getroffen. Das Areal der kontraversiven Wendebewegungen ⓘ entspricht der Zona incerta.

B17 Fornix,
B18 Tractus mamillothalamicus.

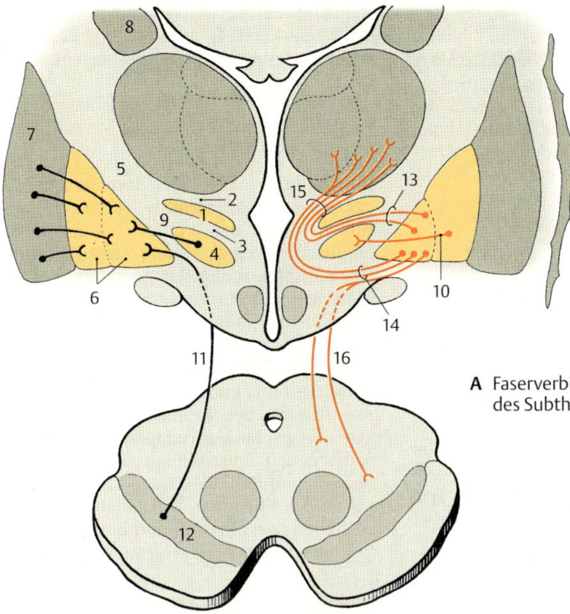

A Faserverbindungen des Subthalamus

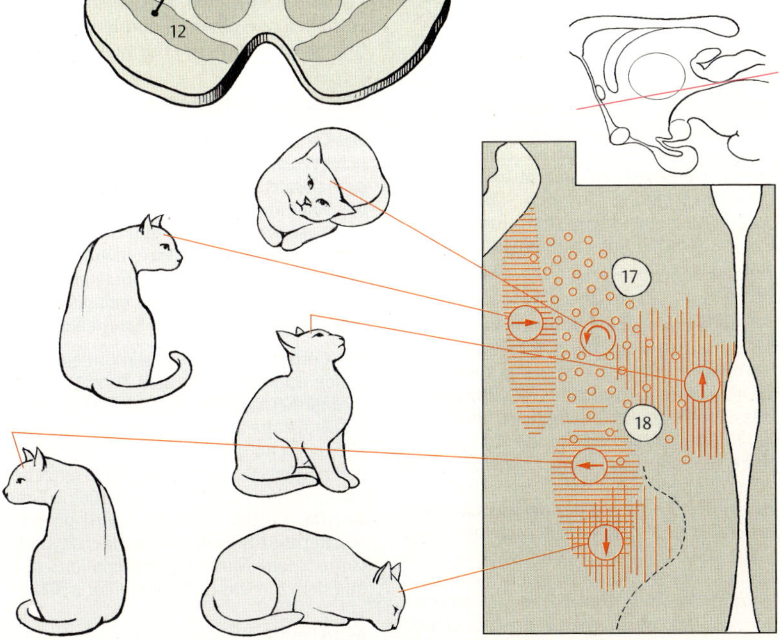

B Motorische Reaktionen bei Reizung von Subthalamus und Tegmentum, Horizontalschnitt durch das Zwischenhirn der Katze (nach Hess)

Hypothalamus

Der Hypothalamus bildet die unterste Etage und den Boden des Zwischenhirns mit dem *Chiasma opticum*, dem *Tuber cinereum*, das trichterförmig in das Infundibulum (Hypophysenstiel) übergeht, und den *Corpora mamillaria*. Er ist die zentrale Region für die Steuerung der vegetativen Funktionen und beeinflußt nicht nur das vegetativ-nervöse System, sondern über seine Verbindungen zur Hypophyse auch das endokrin-vaskuläre System und koordiniert beide. Wir gliedern den Hypothalamus in zwei Abschnitte: den *markarmen* und den *markreichen Hypothalamus*.

Markarmer Hypothalamus (A – C)

Er umfaßt die vor dem Chiasma liegende *Regio praeoptica*, das *Tuber cinereum*, das vom Tuber dorsolateral gelegene *laterale Feld* (**A1**) und die *Area dorsocaudalis* (**B2**) über den Corpora mamillaria. Der markarme Hypothalamus ist die an peptidergen Neuronen reichste Hirnregion. Die verschiedenen Neuropeptide sind hier in diffus verstreuten Zellen (Luliberin, Cholecystokinin, Thyroliberin), in periventrikulären Zellansammlungen (Somatostatin) und in wechselnder Zusammensetzung in den Kernarealen nachweisbar. Peptiderg sind eine Vielzahl von Faserverbindungen innerhalb des Hypothalamus und einige lange Projektionsbahnen.

Die **Regio praeoptica** (**C3**) erstreckt sich von der *Commissura anterior* (**C4**) bis zum *Chiasma opticum* (**C5**) als kleinzelliges Feld, das die rostralste Ausbuchtung des III. Ventrikels, den Recessus praeopticus, umrahmt. Die Region enthält eine große Zahl peptiderger Neurone (vor allem Enkephalin). An sie schließen sich kaudal zwei markante großzellige Kerne an: der **Nucleus supraopticus** (**AC6**) und der **Nucleus paraventricularis** (**AC7**). Der Nucleus supraopticus ist dem Tractus opticus (**A8**) angelagert. Seine Zellen enthalten u.a. Cholecystokinin und Dynorphin. Der Nucleus paraventricularis liegt nahe der Wand des III. Ventrikels, nur durch eine Gliafaserschicht vom Ependym (einschichtige Zellage der Wandung des Ventrikelsystems, S. 284) getrennt, und erstreckt sich als schmales Band schräg nach oben bis in die Gegend der Zona incerta. In seinen peptidergen Nervenzellen sind Corticoliberin, Neurotensin, Cholecystokinin u.a. Neuropeptide nachweisbar.

Der Hauptkern des **Tuber cinereum** (**A9**) ist der **Nucleus ventromedialis** (**AC10**), der als runder Körper den größten Teil des Tuber einnimt. Er besitzt mittelgroße Nervenzellen, darunter zahlreiche peptiderge Zellen (vorwiegend Neurotensin), und ist von einer feinen Faserkapsel, Fasern des Fasciculus pallidohypothalamicus, umgeben. Der **Nucleus dorsomedialis** (**AC11**) ist schwächer entwickelt und enthält kleine Nervenzellen. Am Abgang des Infundibulum liegt der kleinzellige **Nucleus infundibularis** (**AC12**). Seine Zellen umschließen ringförmig den Recessus infundibularis und reichen direkt bis an das Ependym. Die Zellen des Kerns enthalten vor allem Endorphin und ACTH (adrenocorticotrophes Hormon).

Markreicher Hypothalamus (B – C)

Das **Corpus mamillare** (**BC13**) bildet als rundliche Wulst den kaudalen Abschnitt des Hypothalamus. Es ist ein markhaltiges Gebiet, das von einer starken Markkapsel umgeben ist. Diese wird von den ein- und austretenden Faserbahnen gebildet: medial von Fasern des *Fasciculus mamillothalamicus* (*Vicq d'Azyr*) und des *Fasciculus mamillotegmentalis* (*Gudden*), lateral von Fasern des Fornix.

Das Corpus mamillare zerfällt in einen medialen und einen lateralen Kern. Der große *mediale Kern* (**B14**) besitzt kleine Nervenzellen. Er hat die Gestalt einer Kugel und bildet allein den an der Hirnbasis sichtbaren runden Körper. Der *laterale Kern* (**B15**) sitzt dem medialen Kern dorsolateral als kleine Kappe auf. Das Corpus mamillare wird umgeben von Kernbezirken des markarmen Hypothalamus: dem *Nucleus praemamillaris* (**C16**) und dem *Nucleus tuberomamillaris* (**B17**).

AC18 Fornix.

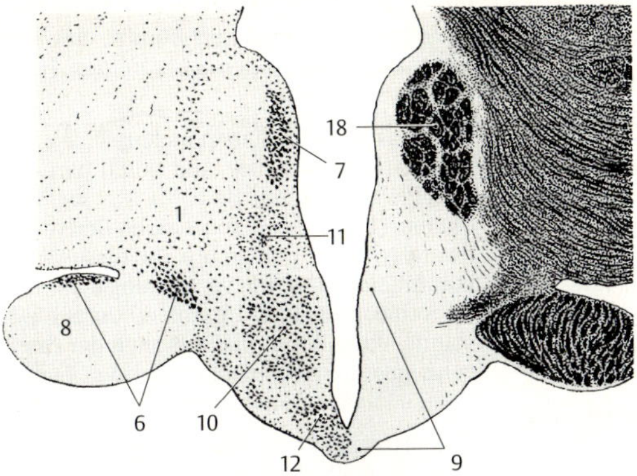

A Frontalschnitt durch das Tuber cinereum (markarmer Hypothalamus)

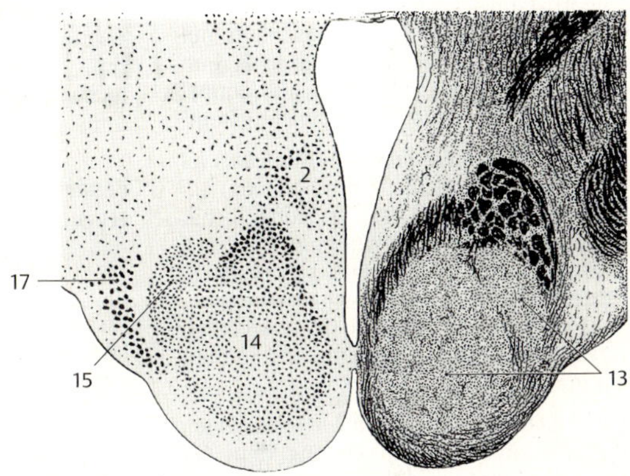

B Frontalschnitt durch das Corpus mamillare (markreicher Hypothalamus)

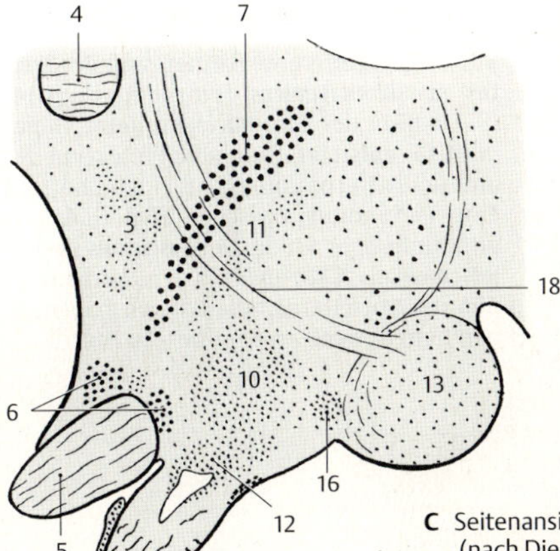

C Seitenansicht des Hypothalamus (nach Diepen)

Gefäßversorgung (A)

Die enge Verknüpfung zwischen Nervensystem und endokrinem System findet ihren Ausdruck in der ungewöhnlich starken Gefäßversorgung einzelner hypothalamischer Kerne. Der *Nucleus supraopticus* (**A1**) und der *Nucleus paraventricularis* (**A2**) sind ca. sechsfach stärker vaskularisiert als die übrige graue Substanz. Ihre Nervenzellen haben einen engen Kontakt zu den Kapillaren, die sie vereinzelt sogar umschließen (endozelluläre Kapillaren).

Faserbeziehungen des markarmen Hypothalamus (B)

Eine Vielzahl von Verbindungen leitet dem Hypothalamus olfaktorische, gustatorische, viszerosensible und somatosensible Impulse zu. Es handelt sich meist um lockere divergierende Systeme, die fast alle doppelläufig sind. Folgende sind die wichtigsten:

Das **mediale Vorderhirnbündel** (*Fasciculus telencephalicus medialis*), Fibrae olfactohypothalamotegmentales (**B3**), verbindet fast alle hypothalamischen Kerne mit den Riechzentren und mit der Formatio reticularis des Mittelhirns. Das Bündel enthält eine große Zahl peptiderger Fasern (VIP [vasoaktives intestinales Peptid], Enkephalin, Somatostatin).

Die **Stria terminalis** (**B4**) verbindet in einem bogenförmigen Verlauf entlang dem Nucleus caudatus das *Corpus amygdaloideum* (**B5**) (S. 226, 228) mit der *Regio praeoptica* (**B6**) und dem *Nucleus ventromedialis* (**B7**). Sie ist reich an peptidergen Fasern.

Die Fasern des **Fornix** (**B8**) (S. 232 B15, C) stammen von den Pyramidenzellen des Hippocampus (**B9**) und des Subiculums (S. 232 A12) und enden im Corpus mamillare (**B10**). Ein großer Teil der Fornixfasern ist peptiderg. In Höhe der Commissura anterior zweigen vom Fornix Fasern zur Regio praeoptica und zu den *Tuberkernen* (**B7**) ab.

Der **Fasciculus longitudinalis dorsalis**, das Schütz-Bündel (S. 144 B) (**B11**), ist der wichtigste Bestandteil eines ausgedehnten periventrikulären Fasersystems. Seine Fasern formieren sich am Übergang zum Mittelhirn zu einem geschlossenen Bündel, das den Hypthalamus mit den Kernen des Hirnstammes verbindet.

Thalamus- und Pallidumverbindungen. Die hypothalamischen Kerne sind durch periventrikuläre Fasern mit dem *Nucleus medialis thalami* (**B12**) verbunden, dessen Fasern zur frontalen Rinde projizieren. Auf diese Weise kommt eine indirekte Verbindung zwischen Hypothalamus und frontalem Cortex zustande. Vom Globus pallidus zieht der *Fasciculus pallidohypothalamicus* zu den Tuberkernen (Nucleus ventromedialis).

Kommissuren. Die im Bereich des Hypothalamus liegenden Kommissuren enthalten kaum Fasern hypothalamischer Kerne: in der Commissura supraoptica dorsalis (Ganser) und der Commissura supraoptica ventralis (Gudden) kreuzen Fasern aus Mittelhirn und Pons, in der Commissura supramamillaris Fasern subthalamischer Kerne.

Faserbeziehungen des markreichen Hypothalamus (C)

Vorwiegend afferente Bahnen des Corpus mamillare (**C10**) sind der **Fornix** (**C8**), dessen Fasern zum größten Teil im Corpus mamillare enden, und der **Pedunculus corporis mamillaris** (**C13**) aus den Haubenkernen des Mittelhirns, der auch Geschmacksfasern, Vestibularisfasern und Fasern aus dem Lemniscus medialis enthalten soll.

Vorwiegend efferente Bahnen sind der **Tractus mamillothalamicus** (*Vicq d'Azyr*) (**C14**) (S. 174 B31), der zum *Nucleus anterior thalami* (**C15**) aufsteigt. Durch die Projektion des anterioren Kerns zum Gyrus cinguli besteht eine Verbindung zwischen Hypothalamus und limbischer Rinde. Der **Fasciculus mamillotegmentalis** (**C16**) endet in den Haubenkernen des Mittelhirns. Alle Bahnen haben einen hohen Anteil an peptidergen Fasern.

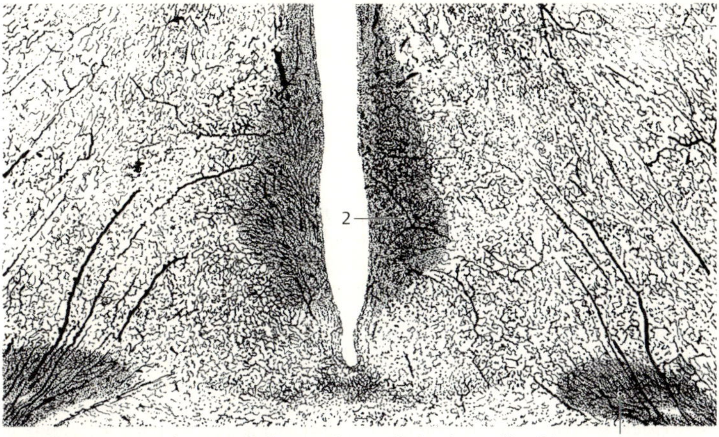

A Gefäßversorgung des Hypothalamus, Rhesusaffe (nach Engelhardt)

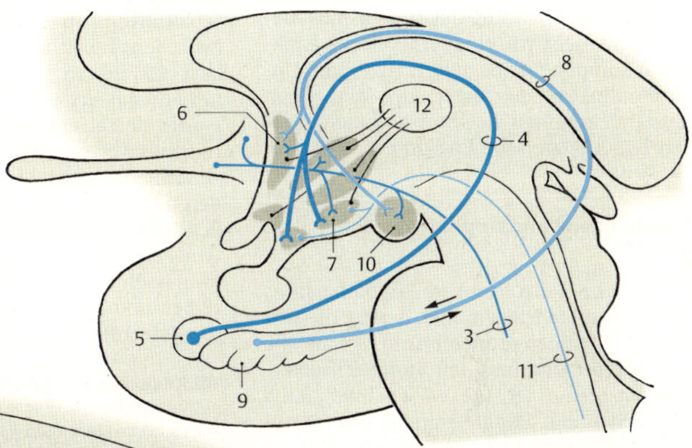

B Faserverbindungen des markarmen Hypothalamus

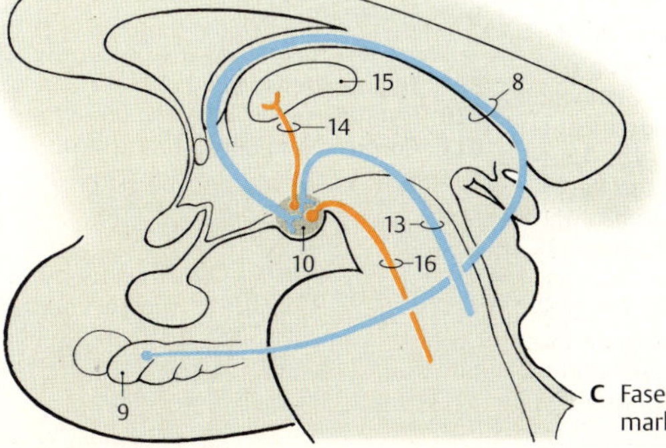

C Faserverbindungen des markreichen Hypothalamus

Funktionelle Topik des Hypothalamus (A–F)

Die Zentren des Hypothalamus beeinflussen alle für das *innere Milieu* des Körpers wichtigen Vorgänge und regulieren die Leistungen der Organe entsprechend der jeweiligen körperlichen Belastung: Wärme-, Wasser- und Elektrolythaushalt, Herzaktivität, Kreislauf und Atmung, Stoffwechsel, Schlaf- und Wachrhythmus werden von ihnen kontrolliert.

Vitale Funktionen wie Nahrungsaufnahme, Magen-Darm-Tätigkeit und Defäkation, Flüssigkeitsaufnahme und Miktion werden von hier aus genauso gesteuert wie die der Arterhaltung dienenden Prozesse der Fortpflanzung und Sexualität. Die vitalen Aktivitäten werden ausgelöst durch körperliche Bedürfnisse, die als Hunger, Durst oder Sexualtrieb erlebt werden. Die Triebhandlungen, die der Erhaltung des Organismus dienen, sind meist von einer erheblichen affektiven Komponente begleitet: Lust- oder Unlustgefühl, Freude, Angst oder Wut. Beim Zustandekommen dieser Emotionen spielen hypothalamische Erregungen eine große Rolle.

Dynamogene und trophotrope Zone (A, B)

Elektrische Reizungen im Hypothalamus rufen vegetative Reaktionen hervor, die sich in zwei Gruppen ordnen lassen: Solche, die der **Regeneration** und den Stoffwechselvorgängen dienen (**A**) (gekennzeichnet durch blaue Symbole: Pupillenverengung 0, Atemverlangsamung ∼, Blutdruckabfall U, Miktion ≀, Defäkation ⁝) und solche, die der umweltorientierten **Leistungssteigerung** dienen (gekennzeichnet durch rote Symbole: Pupillenerweiterung O, Atembeschleunigung ⩘, Blutdruckanstieg ∩). Die Häufung der Reizeffekte in bestimmten Regionen ergibt für die *leistungssteigernden Mechanismen* eine dorsokaudal und lateral gelegene **dynamogene** oder **ergotrope Zone** (**B1**) und für die *regenerationsfördernden Mechanismen* eine mehr ventrooral gelegene **trophotrope Zone** (**B2**). Die beiden Zonen entsprechen der Gliederung des peripheren vegetativen Nervensystems in Sympathicus und Parasympathicus (Sympathicus: dynamogen; Parasympathicus: trophotrop) (S. 292). Reizkontrollen im kaudalen Hypothalamus des Menschen (**C**) ergeben die gleichen Resultate: Pupillenerweiterung (**C3**), Blutdruckanstieg (**C4**), Atembeschleunigung (**C5**).

Reiz- und Ausschaltungsexperimente (D–F)

Versuche dieser Art zeigen die Bedeutung umschriebener Bezirke für die Steuerung bestimmter Prozesse: Zerstörung des Tuber im Bereich des Nucleus infundibularis (**D6**) führt bei juvenilen Tieren zur *Atrophie der Keimdrüsen*. Läsionen zwischen Chiasma und Tuber bewirken dagegen bei infantilen Ratten *sexuelle Frühreife*. Brunstphasen und Sexualverhalten werden durch Ausschaltungen im Hypothalamus beeinflußt. Ausschaltungen im kaudalen Hypothalamus zwischen Tuber und Nucleus praemamillaris (**E7**) führen zu *Adipsie* (Ausfall spontaner Flüssigkeitsaufnahme). Ausschaltungen weiter dorsal ergeben eine *Aphagie* (Nahrungsverweigerung), Reizungen (**F8**) dagegen eine *Hyperphagie* (Freßsucht). Im vorderen Hypothalamus, in Höhe des Chiasma, liegt ein für die *Körpertemperatur* verantwortlicher Bezirk. In der Umgebung des Fornix lassen sich durch Reizungen Wutreaktionen und aggressives Verhalten erzeugen (*perifornikale Wutzone*).

Klinischer Hinweis: Beim Menschen führen pathologische Prozesse im Hypothalamus zu ähnlichen Veränderungen (*sexuelle Frühreife, Fettsucht, Magersucht*).

A9 Hypophysenstiel,
B10 Hypophyse,
B11 Corpus mamillare.

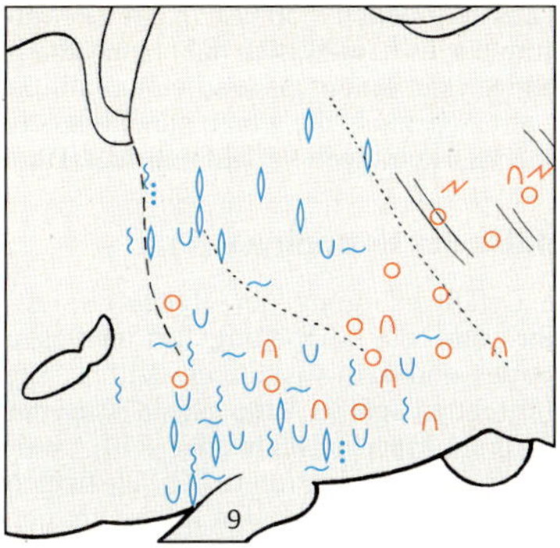

A Trophotrope und ergotrope Zone im Zwischenhirn der Katze, Längsschnitt, Reizkarte (nach Hess)

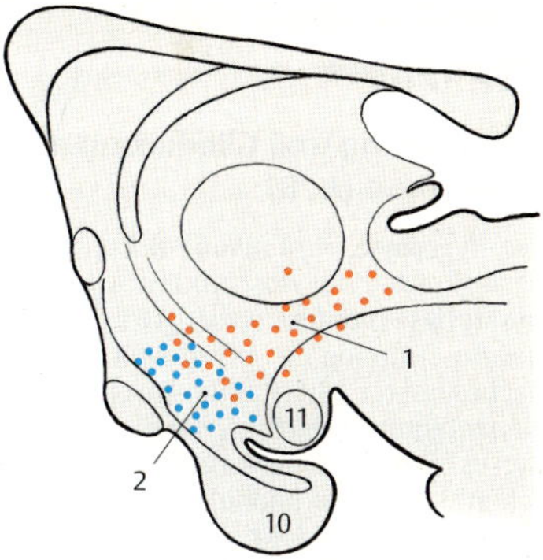

B Trophotrope und ergotrope Zone bei der Katze, Längsschnitt

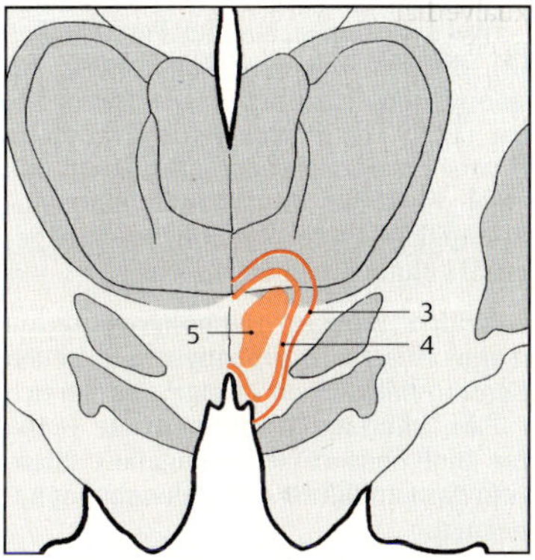

C Reizeffekte im kaudalen Hypothalamus beim Menschen, Frontalschnitt (nach Sano, Yoshioka, Ogishiwa u. a.)

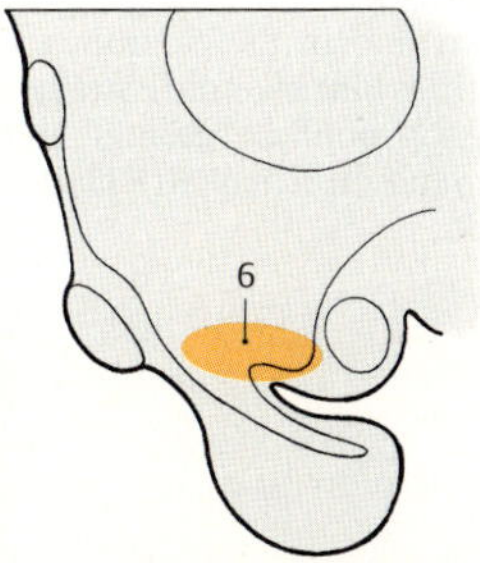

D Gonadotrope Region bei Katze und Kaninchen (nach Spatz, Bustamante und Weisschedel)

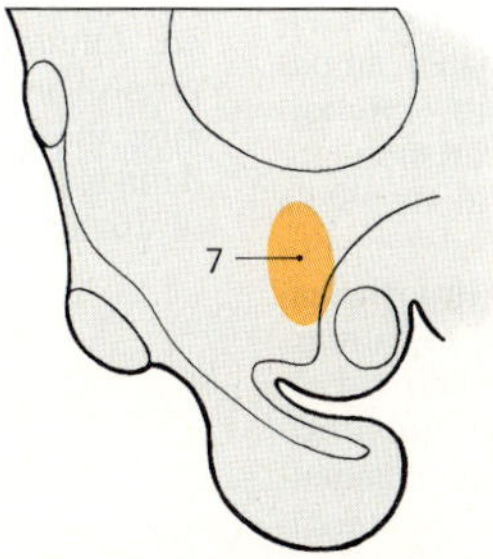

E Adipsie, Ausschaltungs-experimente bei der Ratte (nach Stevenson)

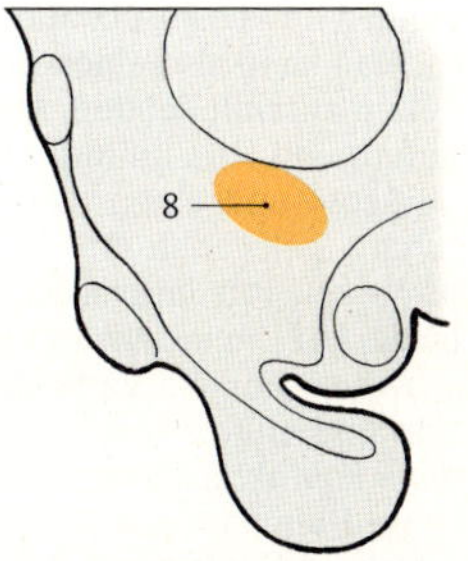

F Hyperphagie, Reizexperiment bei der Katze (nach Brügge)

Hypothalamus und Hypophyse

Entwicklung und Gliederung der Hypophyse (A, B)

Die **Hypophyse**, *Hirnanhangsdrüse* (s. Bd. 2), besteht aus zwei Abschnitten: der **Adenohypophyse** (*Vorderlappen*) (**AB1**), die aus einer Ausstülpung des primitiven Kopfdarmdaches hervorgeht (Rathke-Tasche), und der **Neurohypophyse** (*Hinterlappen*) (**AB2**), bei der es sich um eine Ausstülpung des Zwischenhirnbodens handelt. Die Adenohypophyse ist eine endokrine Drüse, die Neurohypophyse ein Hirnabschnitt, der Nervenfasern, ein Kapillarnetz und eine spezielle Gliaform, die Pituizyten, enthält. Beide Hypophysenteile grenzen mit einer Kontaktfläche aneinander, in deren Bereich das Nervensystem und das endokrin-vaskuläre System miteinander verknüpft sind.

Infundibulum (A–D)

Das Tuber cinereum verjüngt sich basal zum **Infundibulum** (*Trichter* oder *Hypophysenstiel*) (**A3**) und dem **Recessus infundibularis** (**A4**). Der trichterförmige Abgang des Infundibulum, in dessen Bereich es zu einem Kontakt zwischen nervösem und endokrinem System kommt (*neurohämale Zone*), wird auch als **Eminentia mediana tuberis** bezeichnet. Die Adenohypophyse reicht mit einer dünnen Gewebsschicht bis zum Tuber und bedeckt die Vorderseite des Infundibulum (**Pars infundibularis adenohypophyseos**) (**A5**) und mit einigen Gewebsinseln auch dessen Rückseite. Man kann also einen proximalen, an das Tuber anschließenden Abschnitt (Infundibulum und Pars infundibularis adenohypophyseos) und einen distalen, in der Sella turcica gelegenen Abschnitt (Adenohypophyse mit **Pars intermedia** [**A6**], **Hypophysenhöhle** [**A7**] und Neurohypophyse) unterscheiden. Für die Verflechtung von nervösem und endokrinem System ist die *proximale Kontaktfläche* von besonderer Bedeutung. Hier fehlt die äußere *Gliafaserdeckschicht* (**A8**), die sonst die übrige Hirnoberfläche abdichtet, und es treten *Spezialgefäße* (**C**) aus der Adenohypophyse in das Infundibulum ein. Es handelt sich dabei um Gefäßschlingen mit einem zu- und einem abführenden Schenkel, die einen gewundenen, manchmal spiraligen Verlauf nehmen (**D**).

Gefäße der Hypophyse (E)

Die Gefäßversorgung der Hypophyse gewährleistet die Koppelung des nervösen und des endokrin-vaskulären Anteils. Die zuführenden Gefäße, **A. hypophysialis superior** (**E9**) und **A. hypophysialis inferior** (**E10**), zweigen von der A. carotis interna ab. Die beiden oberen Hypophysenarterien bilden um den proximalen Teil des Infundibulum einen arteriellen Ring, von dem aus kleine Arterien durch den adenohypophysären Belag in das Infundibulum ziehen und sich als **Spezialgefäße** (**E11**) aufsplittern. Deren rückläufige Schenkel sammeln sich in den **Portalgefäßen** (**E12**), die das Blut dem Kapillarnetz der Adenohypophyse zuführen. Die **Trabekelarterien** (**E13**) ziehen zur Adenohypophyse und versorgen von kaudal aufsteigend den distalen Abschnitt des Infundibulum. Aus dem Kapillarnetz der Adenohypophyse gelangt das Blut dann in die Venen.

Die beiden unteren Hypophysenarterien versorgen die Neurohypophyse und bilden außerdem mit einigen Zweigen im Bereich der Pars intermedia Spezialgefäße (**E14**), deren Blut über kurze Portalgefäße ebenfalls in das Kapillarnetz der Adenohypophyse gelangt.

Die Adenohypophyse erhält also keinen direkten arteriellen Zufluß. Dieser erfolgt in das Infundibulum und in die Neurohypophyse, von denen das Blut über die Portalgefäße in die Adenohypophyse gelangt und dann erst in den venösen Schenkel (**E15**) der Blutbahn abfließt.

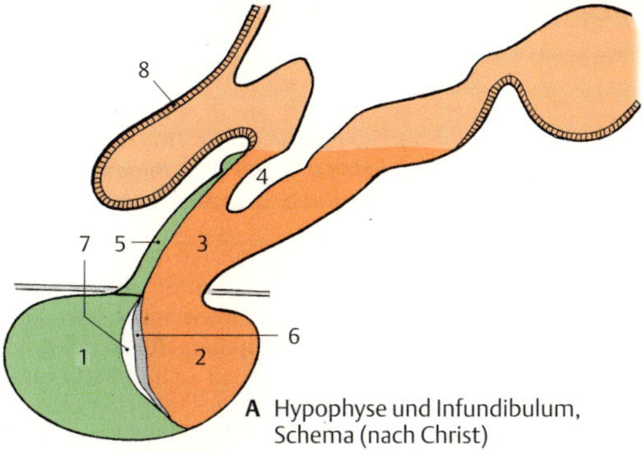

A Hypophyse und Infundibulum, Schema (nach Christ)

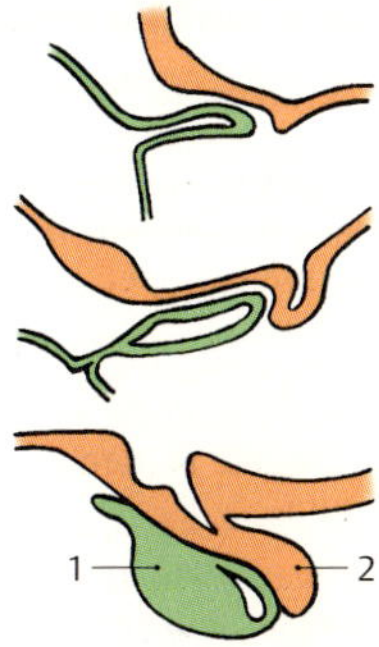

B Entwicklung

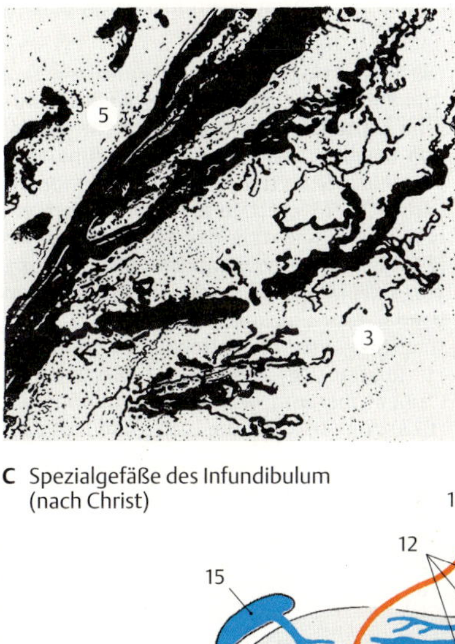

C Spezialgefäße des Infundibulum (nach Christ)

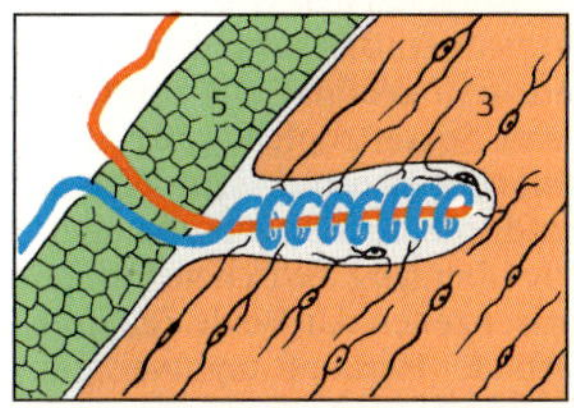

D Spezialgefäß, Schema (nach Sloper)

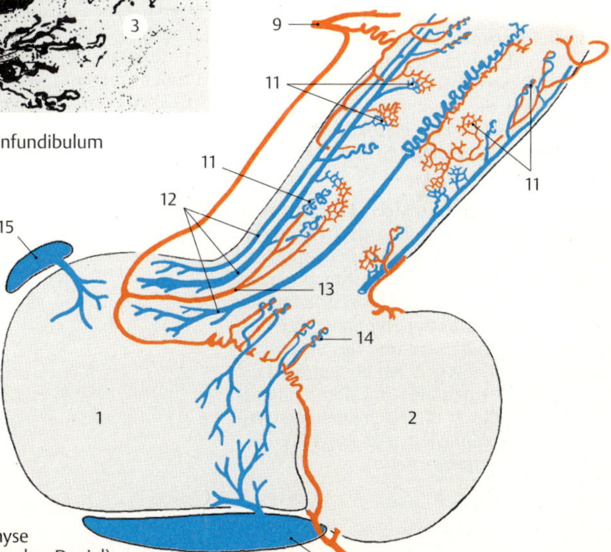

E Gefäße der Hypophyse (nach Xuereb, Prichard u. Daniel)

Neuroendokrines System (A–D)

Die Hypophyse steht unter der Kontrolle hyopothalamischer Zentren. Marklose Faserbündel ziehen vom Hypothalamus in den Hypophysenstiel und in den Hypophysenhinterlappen. Nach Durchtrennung des Hypophysenstiels kommt es zu retrograden Zellveränderungen, bei hochsitzender Unterbrechung zu ausgedehntem Nervenzellschwund in den Kernen des Tuber cinereum.

Nervenzellen im Hypothalamus produzieren Substanzen, die in den Axonen bis in die Hypophyse wandern und dort in die Blutbahn übertreten. Diese endokrine Funktion von Nervenzellen wird als **Neurosekretion** bezeichnet. Die Substanzen werden in den Perikarya gebildet und erscheinen dort als kleine Sekrettröpfchen (**B1**). Die Zellen, bei denen es sich um echte Nervenzellen mit Dendriten und Axonen handelt, stellen einen Übergang zwischen Nervenzellen und Drüsenzellen dar. Beide Zellarten sind ektodermaler Herkunft und weisen in Physiologie und Metabolismus verwandtschaftliche Beziehungen auf. Sie produzieren beide eine bestimmte Substanz, die sie auf einen nervalen oder humoralen Reiz hin ausscheiden: die Nervenzellen (**A2**) die Überträgersubstanz (Transmitter), die Drüsenzellen (**A3**) ihr Sekret. Übergangsformen zwischen beiden sind die neurosekretorischen Nervenzellen (**A4**) und die endokrinen Drüsenzellen (**A5**), die beide ihr Sekret in die Blutbahn abgeben.

Hypothalmo-hypophysäre Faserbahnen. Entsprechend dem Aufbau der Hypophyse aus einem Vorderlappen (Adenohypophyse) und einem Hinterlappen (Neurohypophyse) gibt es zwei verschiedene Fasersysteme, die vom Hypothalamus zur Hypophyse ziehen, das *tuberoinfundibuläre* und das *hypothalamohypophysäre System*. Bei beiden wird die Koppelung des neuralen mit dem endokrinen System durch die Nacheinanderschaltung von Nervenfasern und Kapillaren erreicht (*neurovaskuläre Kette*).

Tuberoinfundibuläres System (C, D)

Das *tuberoinfundibuläre System*, **Tractus tuberoinfundibularis** (**D**), besteht aus dünnen Nervenfasern, die in den Tuberkernen, dem **Nucleus ventromedialis** (**D6**), dem **Nucleus dorsomedialis** (**D7**) und dem **Nucleus infundibularis** (**D8**) ihren Ursprung haben und in den Hypophysenstiel ziehen. Die in den Perikarya gebildeten Substanzen treten von den Axonenendigungen in die Spezialgefäße (**D9**) über und gelangen in den Portalgefäßen (**D10**) in das Kapillargeflecht der Adenohypophyse. Es handelt sich um stimulierende Substanzen, *Releasing factors*, die in der Adenohypophyse die Freisetzung glandotroper Hormone (Botenstoffe, die andere endokrine Drüsen beeinflussen) bewirken (s. Bd. 2).

Die Produktion bestimmter Releasing factors kann nicht auf einzelne hypothalamische Kerne bezogen werden. Die Regionen, von denen durch elektrische Reizung eine vermehrte Sekretion hervorgerufen werden kann (**C**), entsprechen nicht den Tuberkernen. Die Stimulation der Regio praeoptica (**C11**) bewirkt eine vemehrte Ausscheidung von *luteotropem Hormon*. Die Stimulation kaudal vom Chiasma (**C12**) führt zur Ausschüttung von *thyreotropem Hormon*, die Stimulation des ventralen Hypothalamus (Tuber cinereum bis Recessus mamillaris) (**C13**) zur Ausschüttung von *gonadotropem Hormon*.

CD14 Chiasma,
CD15 Corpus mamillare.

Zwischenhirn

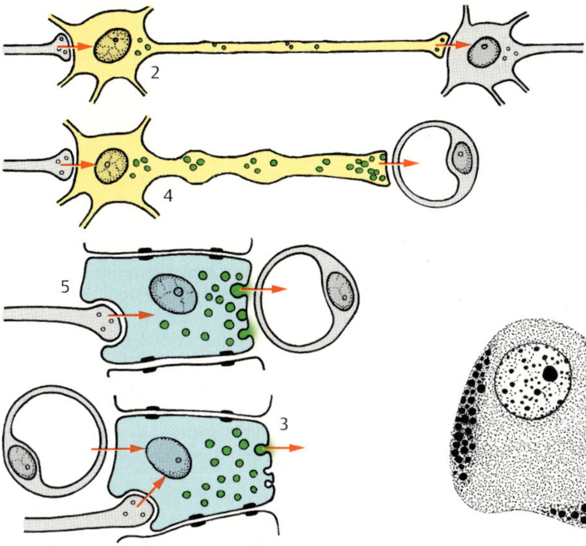

A Nervenzellen und Drüsenzellen

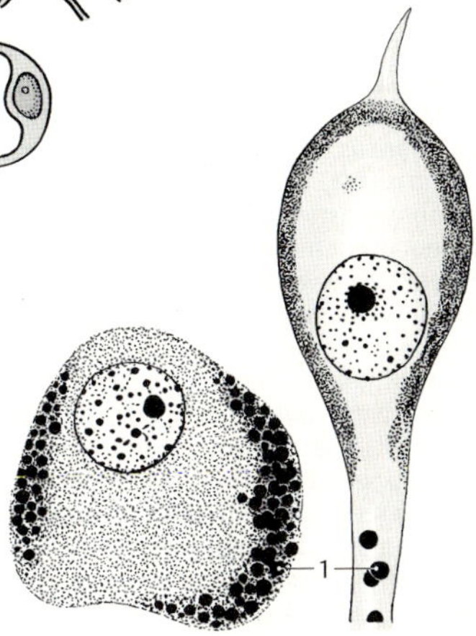

B Neurosekretorische Zellen beim Menschen (nach Gaupp u. Scharrer)

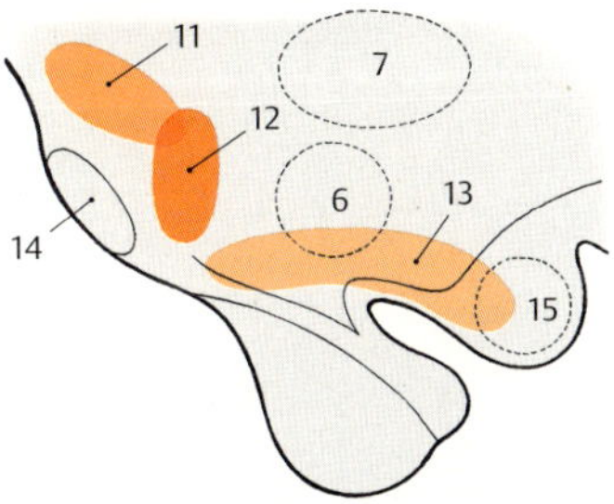

C Reizorte, von denen Hormonsekretion der Hypophyse ausgelöst wird (nach Harris)

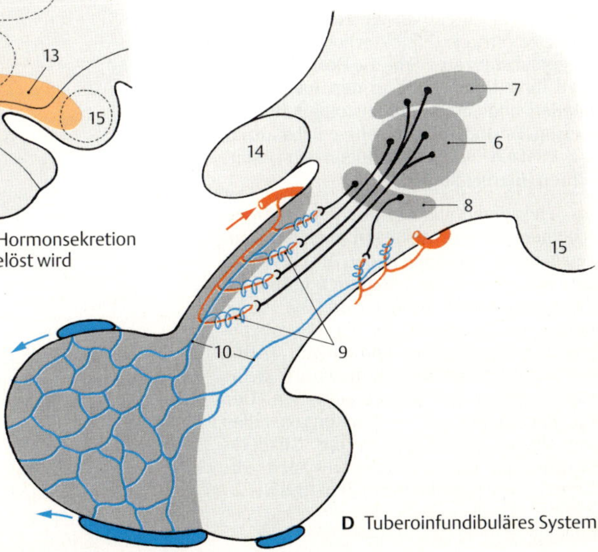

D Tuberoinfundibuläres System

Neuroendokrines System, Fortsetzung

Hypothalamohypophysäres System (A – D)

Die zweite Verbindung, das *hypothalamohypophysäre System*, **Tractus supraopticohypophysialis et paraventriculohypophysialis** (**D**), nimmt seinen Ursprung im *Nucleus supraopticus* (**D1**) und im *Nucleus paraventricularis* (**D2**). Die Fasern ziehen durch den Hypophysenstiel in den Hypophysenhinterlappen und enden hier an Kapillaren. Auf diesem Wege wandern die Hormone, die in den Nervenzellen der beiden hypothalamischen Kerne gebildet werden, bis zu den Axonendigungen und treten von diesen in die Blutbahn über. Die *elektrische Reizung* im Bereich des Nucleus supraopticus (**C3**) führt zu einer vermehrten Ausschüttung von *Adiuretin* (antidiuretisches Hormon, Vasopressin), die Reizung im Bereich des Nucleus paraventricularis (**C4**) zu einer vermehrten Absonderung von *Oxytocin*. In diesem System geben die Nervenzellen nicht stimulierende Substanzen ab, die in einer endokrinen Drüse die Abgabe von Hormonen bewirken (wie die glandotropen Hormone oder Releasing factors des tuberoinfundibulären Systems), sondern sie produzieren selbst direkt auf die Zielorgane wirkende Hormone (Effektorhormone). Die Trägersubstanzen, an die die Hormone während ihrer Wanderung in den Axonen gebunden sind, lassen sich histologisch nachweisen. Es sind gomoripositive Substanzen, die vielfach zu Auftreibungen der Axone führen (**Herring-Körper**) (**B5**).

Im elektronenmikroskopischen Bild erscheinen die neurosekretorischen Substanzen in den Axonen und in den Anschwellungen als Granula, die wesentlich größer als die synaptischen Vesikel sind. Die Axone bilden an den Kapillaren der Neurohypophyse kolbenförmige Endigungen (**AD6**), die außer den großen Granula auch kleine klare synaptische Vesikel enthalten. Den Kapillarwänden fehlt an den Kontaktstellen mit den Axonendigungen die Gliadeckschicht, die im Zentralnervensystem die Grenze zwischen ektodermalem und mesodermalem Gewebe bildet und alle Gefäße einhüllt (S. 44). Hier findet der Übertritt des Neurosekrets in die Blutbahn statt. An den Endkolben der neurosekretorischen Zellen liegen auch Synapsen (**A7**), deren Herkunft unbekannt ist, die aber zweifellos die Sekretabgabe beeinflussen.

Man nimmt an, daß die **Regulation der Neurosekretion** nicht nur über synaptische Kontakte, sondern auch über den Blutweg erfolgt. Die ungewöhnlich starke Vaskularisierung der hypothalamischen Kerne und das Vorkommen von endozellulären Kapillaren sprechen für diese Annahme. Auf diese Weise besteht ein humoraler Weg der Rückmeldung und es wird ein Regelkreis zur Kontrolle der Hormonproduktion und der Ausscheidung gebildet, der einen neuralen Schenkel (Tractus supraopticohypohysialis) und einen humoralen Schenkel (Blutbahn) besitzt.

CD8 Chiasma,
CD9 Corpus mamillare.

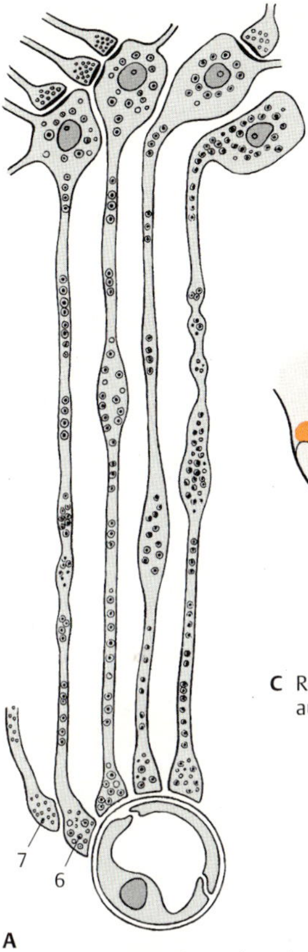

A
Tractus supraopticohypophysialis, elektronenmikroskopisches Schema (nach Bargmann)

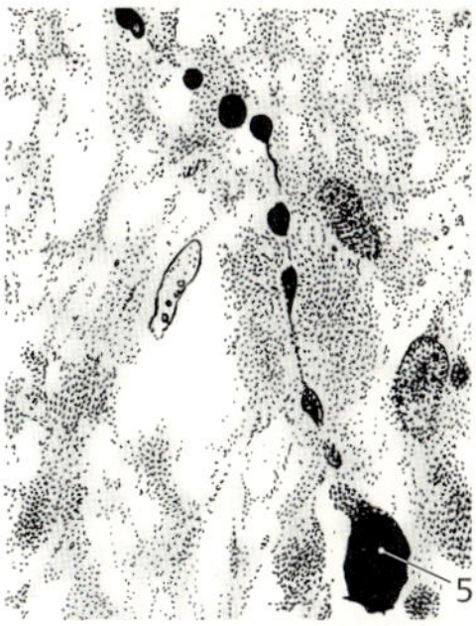

B Herring-Körper (nach Hild)

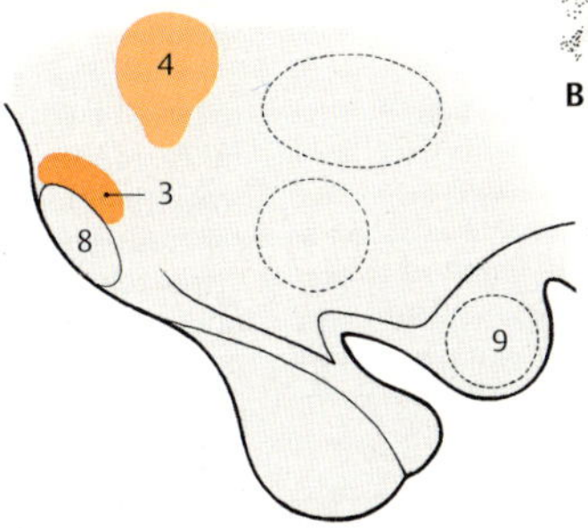

C Reizorte, von denen Hormonsekretion ausgelöst wird (nach Harris)

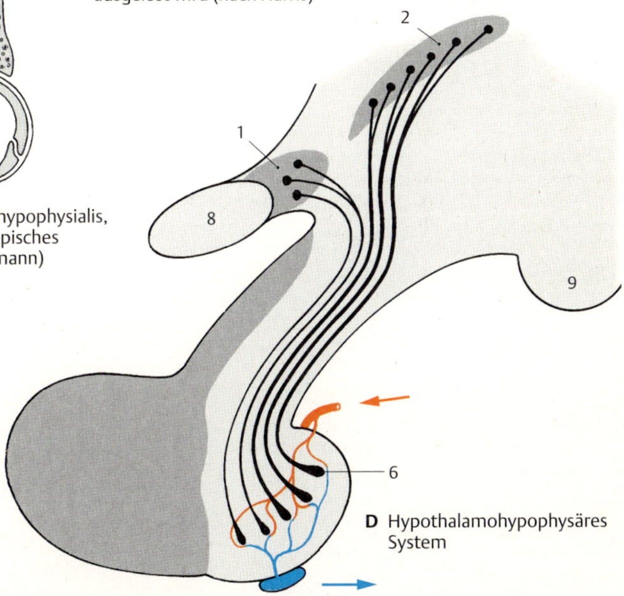

D Hypothalamohypophysäres System

Endhirn

Übersicht

Gliederung der Hemisphäre (A, B)

An der embryonalen Hemisphärenblase (**A**) erkennt man am klarsten den Aufbau des Telencephalon aus vier Abschnitten, von denen sich einige früh entwickeln (alte Anteile), andere hingegen spät (neue Anteile). Die vier Abschnitte sind das *Palaeopallium*, das *Striatum*, das *Neopallium* und das *Archipallium*.

Als **Pallium**, **Hirnmantel**, bezeichnet man die Wand der Hemisphäre, weil sie Zwischenhirn und Hirnstamm überdeckt und wie ein Mantel umhüllt.

Das **Palaeopallium** (blau) (**AB1**) ist der älteste Abschnitt der Hemisphäre. Es bildet ihren Boden und entspricht mit dem *Bulbus olfactorius* (**A2**) und dem anschließenden **Palaeocortex** (S. 224 ff) dem Riechhirn, *Rhinencephalon*, im engeren Sinne. Über dem Palaeopallium entwickelt sich das **Striatum** (gelbbraun, S. 236) (**AB3**), das auch ein Abschnitt der Hemisphärenwand ist, obwohl es nicht an der Außenfläche der Hemisphäre erscheint.

Den größten Teil nimmt das **Neopallium** (gelb) ein. Der an seiner Außenfläche gelegene **Neocortex** (S. 240 ff) (**AB4**) entwickelt sich sehr spät. Ventral schließt er ein Übergangsgebiet zum Palaeocortex ein, das über dem Striatum liegt: die **Insel** (S. 238) (**B14**).

Die mediale Hemisphärenwand wird vom **Archipallium** (rot) (**AB5**) gebildet, einem alten Anteil, der später mit seinem Rindenband, dem **Archicortex** (S. 230 ff), zum *Ammonshorn* eingerollt wird.

Die Verhältnisse am reifen Gehirn werden durch die starke Entfaltung des Neocortex bestimmt, der den Palaeocortex und den Übergangscortex der Insel in die Tiefe abgedrängt hat. Der Archicortex ist nach kaudal verlagert worden und erscheint nur noch als eine dünne Schicht an der Oberfläche des Balkens (**B5**).

Rotation der Hemisphäre (C–E)

Während der Entwicklung dehnt sich die Hemisphärenblase nicht gleichmäßig nach allen Richtungen aus, sondern erweitert sich vorwiegend in kaudaler und basaler Richtung. Auf diese Weise bildet sich der Temporallappen, der schließlich in oraler Richtung umbiegt. Es kommt so eine Kreisbewegung (**C**) zustande, die in geringerem Ausmaß auch am Frontallappen zu beobachten ist. Die Achse, um welche die Hemisphärenblase rotiert, ist die Inselregion, die sich ebenso wie das darunter gelegene *Putamen* (**E6**) nicht an der Bewegung beteiligt. Andere Strukturen der Hemisphäre jedoch folgen ihr und besitzen schließlich im reifen Gehirn eine bogenförmige Gestalt. Der *Seitenventrikel* (**D7**) bildet mit seinem Vorder- und Unterhorn einen solchen Kreisbogen. Der weiter außen gelegene Anteil des Striatum, der *Nucleus caudatus* (**E8**), nimmt ebenfalls an der Rotation teil und folgt genau der Bogenform des Seitenventrikels. Der Hauptteil des Archipallium, der *Hippocampus* (**F9**), wandert aus seiner ursprünglich dorsalen Lage nach basal und liegt dann im Temporallappen. Der archipalliale Rest auf der Balkenoberfläche, *Indusium griseum* (**F10**), und der *Fornix* (**F11**) zeigen die bogenförmige Ausdehnung des Archipalliums. Auch der *Balken* (**F12**) dehnt sich nach kaudal aus, folgt aber der Rotation nur unvollständig, da er sich erst spät, gegen Ende dieses Prozesses, entwickelt.

D13 III. Ventrikel.

A, B Gliederung der Hemisphären

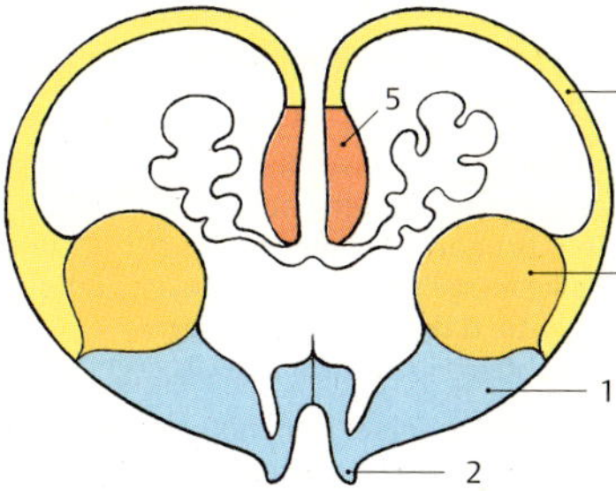

A Embryonales Gehirn

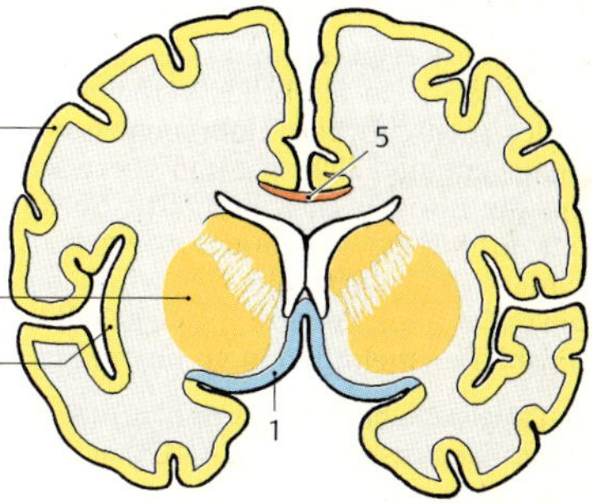

B Erwachsenengehirn

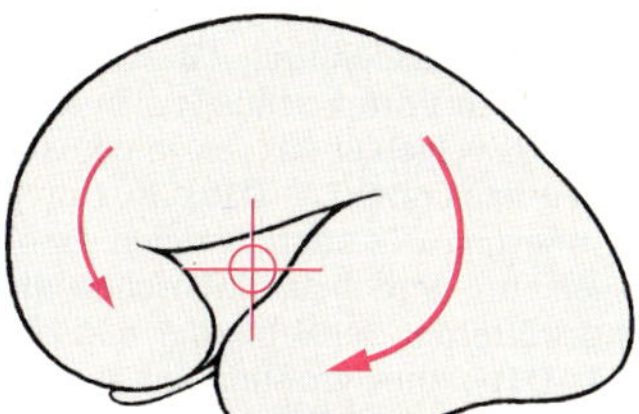

C Rotation der Hemisphären (nach Chr. Jakob u. Spatz)

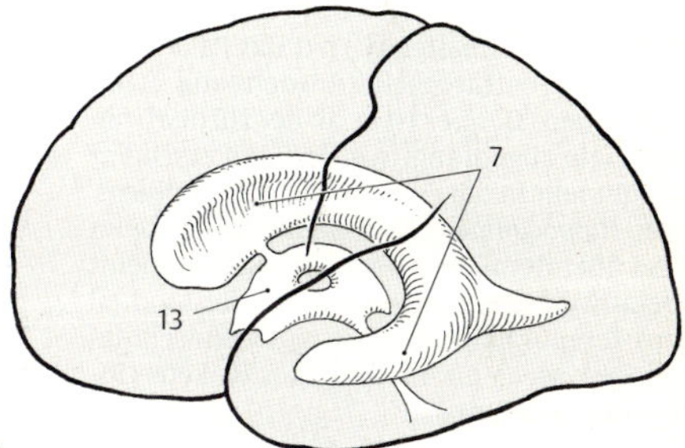

D Ventrikel

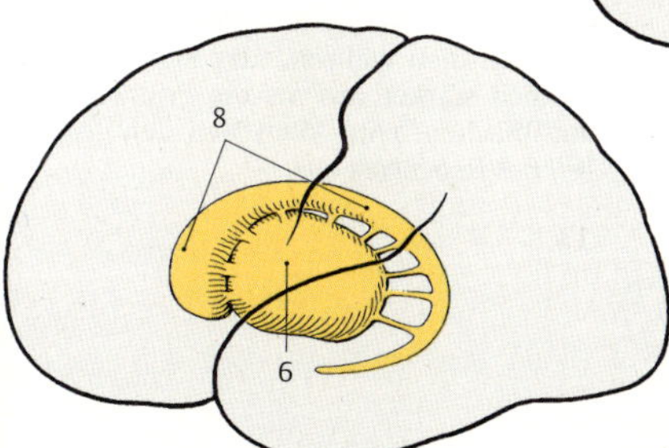

E Nucleus caudatus und Putamen

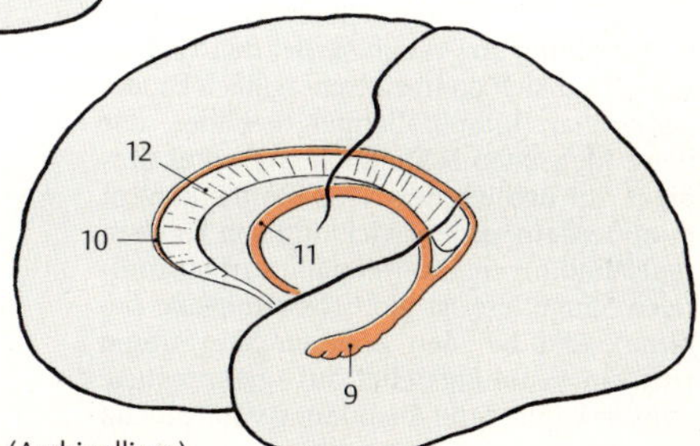

F Hippocampus (Archipallium)

Evolution (A–D)

Das Endhirn zeigt während der Evolution der Primaten ein ähnliches Verhalten wie bei der menschlichen Embryonalentwicklung: es entfaltet sich spät und überwächst dann die übrigen Hirnabschnitte. So liegt beim primitiven Säugergehirn (Igel) das Kleinhirn (**A1**) noch völlig frei, wird jedoch dann in der Primatenreihe von den Endhirnhemisphären mehr und mehr überdeckt.

Das **Palaeopallium** (Riechhirn, blau) (**A–C2**) mit dem *Bulbus olfactorius* (**A–C3**) und dem *Lobus piriformis* (**A–C4**) bildet im primitiven Säugergehirn (**A**) den größten Hemisphärenabschnitt. Das **Archipallium** (rot) (**A–D5**) hat hier noch seine ursprüngliche dorsale Position über dem Zwischenhirn inne. Die beiden alten Hemisphärenbestandteile werden im Verlauf der Evolution vom **Neopallium** (gelb) (**A–D6**) überwachsen. Noch beim Halbaffen (**C**) hat das Palaeopallium eine beträchtliche Ausdehnung. Beim Menschen (**D**) aber ist es an der Hirnbasis in die Tiefe abgedrängt worden und erscheint nicht mehr in der Seitenansicht des Gehirns. Der *Hippocampus* (Archipallium), der beim Igel über dem Zwischenhirn liegt, erscheint beim Menschen (**D5**) basal als Bestandteil des Temporallappens. Nur noch ein schmaler Rest verbleibt oberhalb des Balkens (Indusium griseum).

Die Lageveränderungen entsprechen weitgehend der Rotation der Hemisphäre während der Embryonalentwicklung und führen ebenfalls zur Ausbildung des Temporallappens (**B–D7**). Er fehlt noch am Gehirn des Igels, ist aber am Gehirn von Tupaja (Baumhörnchen), dem primitivsten Primaten (**B**), schon als eine nach ventral gerichtete Ausladung zu erkennen. Bei den Halbaffen (**C**) hat sich dann ein schräg nach kaudal gerichteter Temporallappen gebildet, der beim Menschen schließlich nach oral umbiegt. Im Bereich des Neopalliums kommt es außerdem zur Entwicklung von Furchen und Windungen. Das Neopallium der primitiven Säugetiere ist glatt (*lissenzephale Gehirne*). Erst bei den höheren Säugetieren tritt ein Windungsrelief auf (*gyrenzephale Gehirne*). Durch die Ausbildung von Furchen und Windungen wird die Fläche der Hirnrinde stark vergrößert. Nur ein Drittel der Rindenfläche liegt an der Oberfläche der Hemisphäre, zwei Drittel liegen in der Tiefe der Furchen.

Am Neocortex kann man zwei Arten von Rindenbezirken unterscheiden:
- die primären **Ursprungs-** (hellrot) und **Endigungsgebiete** (grün) langer Bahnen und die dazwischen liegenden
- sekundären **Assoziationsgebiete** (gelb).

Das Ursprungsgebiet der motorischen Bahnen, der *motorische Cortex* (**A–D8**), macht beim Igel den gesamten Frontallappen aus. Ein Assoziationsgebiet erscheint zuerst bei Tupaja und gewinnt beim Menschen eine ungewöhnliche Ausdehnung (**B–D9**). An den motorischen Cortex schließt sich kaudal das Endigungsgebiet der sensiblen Bahnen, der *sensible Cortex* (**A–D10**), an. Durch die Vergrößerung des angrenzenden Assoziationsgebietes wird beim Menschen die Endigungsstätte der Sehbahn, der *optische Cortex* (**A–D11**), zum größten Teil auf die mediale Hemisphärenfläche verlagert. Das Endigungsgebiet der Hörbahn, der *akustische Cortex* (**CD12**), wird durch die Ausdehnung der temporalen Assoziationsbezirke in die Tiefe des Sulcus lateralis (Fissura sylvii) verlagert. Die Assoziationsgebiete dehnen sich also während der Evolution wesentlich stärker aus als die Primärgebiete und machen beim Menschen den größten Teil des Neocortex aus.

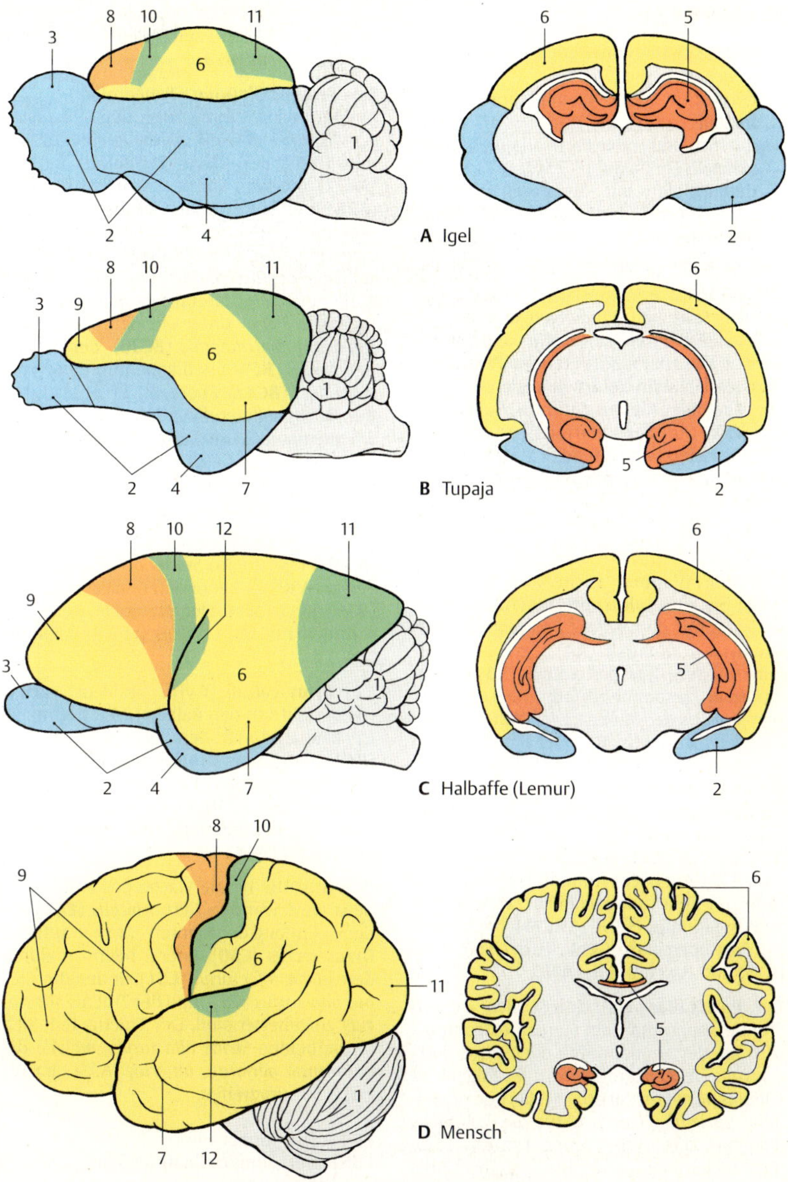

A – D Evolution des Endhirns (in Anlehnung an Edinger, Elliot Smith u. Le Gros-Clark)

Hirnlappen (A–C)

Die Hemisphäre wird in vier Hirnlappen, **Lobi cerebri**, gegliedert: in

- den Stirn- oder Frontallappen, **Lobus frontalis** (rot) (S. 246),
- den Scheitel- oder Parietallappen, **Lobus parietalis** (hellblau) (S. 250),
- den Schläfen- oder Temporallappen, **Lobus temporalis** (dunkelblau) (S. 252) und
- den Hinterhaupts- oder Okzipitallappen, **Lobus occipitalis** (violett) (S. 254).

Die Hemisphärenoberfläche besteht aus *Furchen*, **Sulci**, und *Windungen*, **Gyri**. Wir unterscheiden *Primär-*, *Sekundär-* und *Tertiärfurchen*. Die zuerst auftretenden Primärfurchen sind in allen Gehirnen in gleicher Weise ausgebildet (Sulcus centralis, Sulcus calcarinus). Die Sekundärfurchen variieren, und die zuletzt auftretenden Tertiärfurchen verlaufen regellos und sind in jedem Gehirn verschieden. So hat jedes Gehirn sein eigenes Oberflächenrelief, das wie die Gesichtszüge Ausdruck der Individualität ist.

Der **Frontallappen** reicht vom *Frontalpol* (**AC1**) bis zum **Sulcus centralis** (**A2**), der zusammen mit dem *Sulcus praecentralis* (**A3**) den **Gyrus praecentralis** (**A4**) begrenzt. Dieser wird mit dem **Gyrus postcentralis** (**A5**) als **Zentralregion** zusammengefaßt. Sie erstreckt sich jenseits der *Mantelkante* (**AB6**) auf den *Gyrus paracentralis* (**B7**). Der Frontallappen enthält außerdem drei große Windungszüge: den *Gyrus frontalis superior* (**A8**), *Gyrus frontalis medius* (**A9**) und *Gyrus frontalis inferior* (**A10**), getrennt durch den *Sulcus frontalis superior* (**A11**) und *Sulcus frontalis inferior* (**A12**). Am Gyrus frontalis inferior lassen sich drei Teile unterscheiden, welche den Sulcus lateralis (sylvii) (**AC13**) begrenzen: die *Pars opercularis* (**A14**), *Pars triangularis* (**A15**) und *Pars orbitalis* (**A16**).

Der **Parietallappen** schließt sich an den Frontallappen mit dem Gyrus postcentralis (**A5**) an, der kaudal durch den *Sulcus postcentralis* (**A17**) begrenzt wird. Es folgen der *Lobulus parietalis superior* (**A18**) und der *Lobulus parietalis inferior* (**A19**), die der *Sulcus intraparietalis* (**A20**) trennt. Um das Ende des Sulcus lateralis herum liegt der *Gyrus supramarginalis* (**A21**) und ventral der **Gyrus angularis** (**A22**). Die mediale Fläche bildet der *Praecuneus* (**B23**).

Der **Temporallappen** (*Temporalpol*) (**AC24**) enthält drei Windungszüge: den *Gyrus temporalis superior* (**A25**), *Gyrus temporalis medius* (**A26**) und *Gyrus temporalis inferior* (**AC27**), die vom *Sulcus temporalis superior* (**A28**) und *Sulcus temporalis inferior* (**A29**) getrennt werden. Die *Gyri temporales transversi* (Heschl-Querwindungen) auf der Dorsalfläche des Temporallappens liegen in der Tiefe des Sulcus lateralis (S. 252 C). An der medialen Fläche unterscheiden wir den *Gyrus parahippocampalis* (**BC30**), der oral in den *Uncus* (**BC31**) und kaudal in den *Gyrus lingualis* (**BC32**) übergeht. Er wird durch den *Sulcus collateralis* (**BC33**) vom *Gyrus occipitotemporalis medialis* (**BC34**) getrennt. Ventral liegt der *Gyrus occipitotemporalis lateralis* (**BC35**), begrenzt vom *Sulcus occipitotemporalis* (**BC36**).

Der **Okzipitallappen** (*Okzipitalpol*) (**A–C37**) wird vom *Sulcus occipitalis transversus* (**A38**) und vom tiefen **Sulcus calcarinus** (**B39**) durchzogen. Der letztere begrenzt zusammen mit dem *Sulcus parietooccipitalis* (**B40**) den *Cuneus* (**B41**).

Der **Gyrus cinguli** (Gyrus limbicus) (grün) (**B42**) zieht um den Balken (**B43**) herum. Er ist kaudal durch den *Sulcus hippocampi* (**B44**) vom *Gyrus dentatus* (Fascia dentata) (**B45**) getrennt und läuft oral in den *Gyrus paraterminalis* (**B46**) und in die *Area subcallosa* (Area parolfactoria) (**B47**) aus. *Isthmus gyri cinguli* (**B48**).

Hirnbasis: Die basale Fläche des Frontallappens wird von den *Gyri orbitalis* (**C49**) bedeckt. Entlang der Mantelkante verläuft der *Gyrus rectus* (**C50**), lateral begrenzt durch den *Sulcus olfactorius* (**C51**), in den der *Bulbus olfactorius* (**C52**) und der *Tractus olfactorius* eingebettet sind. Der Tractus teilt sich in die beiden *Striae olfactoriae*, welche die *Substantia perforata anterior* (Area olfactoria) (**C53**) umgreifen.

C54 Sulcus hippocampi,
C55 Fissura longitudinalis cerebri.

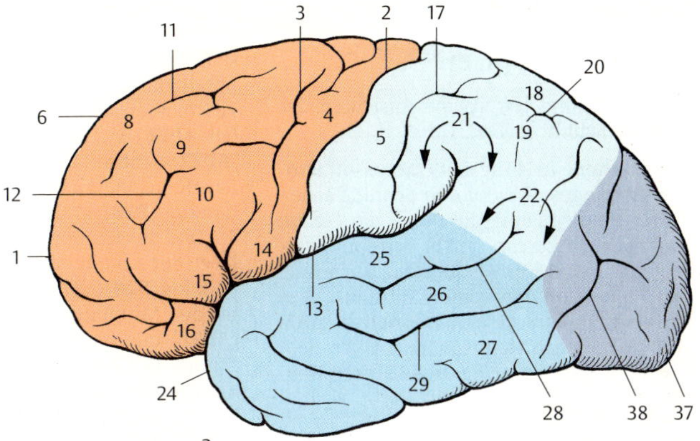

A Seitenansicht der Hemisphäre

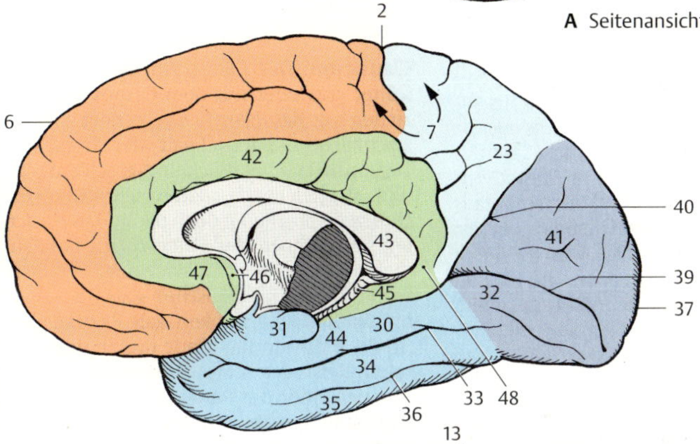

B Medianansicht der Hemisphäre

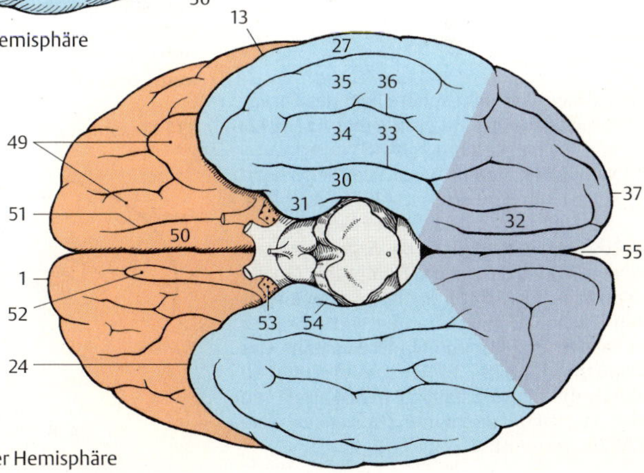

C Basalansicht der Hemisphäre

Endhirnschnitte

Frontalschnitte (A, B)

Dargestellt sind jeweils die Ansichten der hinteren Schnittflächen.

Schnittebene in Höhe des Tractus-olfactorius-Abganges (A). Auf den Schnittflächen beider Hemisphären, die durch die *Fissura longitudinalis cerebri* (**AB1**) getrennt werden, läßt sich die graue Substanz, Hirnrinde und Kerne, von der weißen Substanz, dem Marklager, unterscheiden. Der *Balken* (**AB2**) verbindet beide Hemisphären. Über dem Balken ist der *Gyrus cinguli* (**AB3**) getroffen.

An der Seitenfläche senkt sich der *Sulcus lateralis* (**AB4**) ein. Dorsal von ihm liegt der Frontallappen mit dem *Gyrus frontalis superior* (**AB5**), *Gyrus frontalis medius* (**AB6**) und *Gyrus frontalis inferior* (**AB7**). Sie werden voneinander durch den Sulcus frontalis superior (**AB8**) und den *Sulcus frontalis inferior* (**AB9**) getrennt. Ventral vom Sulcus lateralis liegt der Temporallappen mit dem *Gyrus temporalis superior* (**AB10**), *Gyrus temporalis medius* (**AB11**) und *Gyrus temporalis inferior* (**AB12**). Die temporalen Gyri werden durch den *Sulcus temporalis superior* (**AB13**) und *Sulcus temporalis inferior* (**AB14**) getrennt. In der Tiefe erweitert sich der Sulcus lateralis zur *Fossa lateralis* (*Fossa Sylvii*) (**AB15**), an deren innerer Fläche die Insel liegt. Die Inselrinde erstreckt sich basal fast bis zum Abgang des *Tractus olfactorius* (**A16**). Sie ist ein Übergangsgebiet zwischen Palaeocortex und Neocortex.

In der Tiefe der Hemisphäre liegt das *Corpus striatum*, das von der *Capsula interna* (**AB17**) in den *Nucleus caudatus* (**AB18**) und das *Putamen* (**AB19**) geteilt wird. Vom Seitenventrikel ist das *Vorderhorn* (**AB20**) getroffen. Seine laterale Wand bildet der Nucleus caudatus und seine mediale das *Septum pellucidum* (**AB21**), das einen Hohlraum, *Cavum septi pellucidi* (**AB22**), enthält. An der lateralen Fläche des Putamen liegt ein schmaler schalenartiger Streifen grauer Substanz, das *Claustrum* (**AB23**). Es wird vom Putamen durch die *Capsula externa* (**AB24**) und von der Inselrinde durch die *Capsula extrema* (**AB25**) getrennt.

Schnittebene in Höhe der Commissura anterior (B). In dieser Höhe sind der mittlere Bereich des Frontallappens und der Temporallappen getroffen. Die Fossa lateralis ist geschlossen, und die Insel wird vom frontalen (**AB26**) und vom temporalen Operculum (**AB27**) bedeckt. Den ventralen Bereich beider Hemisphären verbindet die *Commissura anterior* (**B28**), in der Fasern des Palaeocortex und des temporalen Neocortex kreuzen. Über der Kommissur erscheint der Globus pallidus (**B29**) (Zwischenhirnanteil) und nahe der Mittellinie das *Septum pellucidum* (**AB21**), und zwar sein breiter ventraler Abschnitt, der die Septumkerne enthält (auch als *Pedunculus septi pellucidi* bezeichnet). Die mediobasale Fläche der Hemisphäre ist vom *Palaeocortex*, der Riechrinde (**B30**), bedeckt.

Claustrum. Das Claustrum (**AB23**) wurde früher entweder mit dem Corpus striatum zu den sog. *Basalganglien* gerechnet oder als zusätzliche Rindenschicht der Inselrinde zugeordnet. Entwicklungsgeschichtliche und vergleichend anatomische Untersuchungen sprechen jedoch dafür, daß es sich um Zellgruppen des *Palaeocortex* handelt, die während der Entwicklung verlagert worden sind. Das Claustrum geht mit seiner breiten Basis in paläokortikale Bezirke über (in die präpiriforme Rinde und in den lateralen Kern des Corpus amygdaloideum). Von der Rinde des Parietal-, Temporal- und Okzipitallappens sollen marklose Nervenfasern in topischer Anordnung im Claustrum enden. Über die Funktion des Claustrum ist wenig bekannt.

B31 Chiasma opticum.

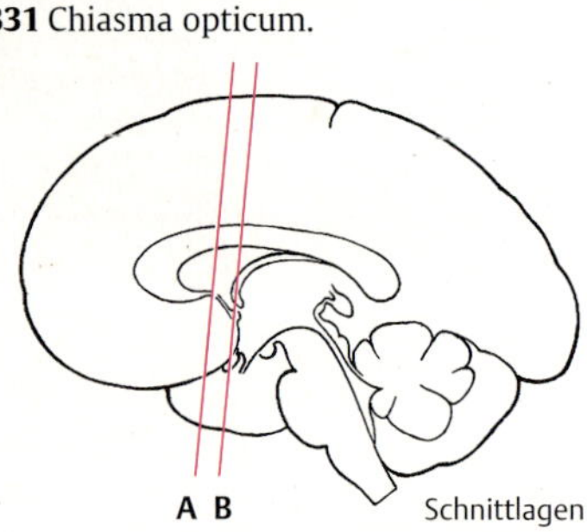

Schnittlagen

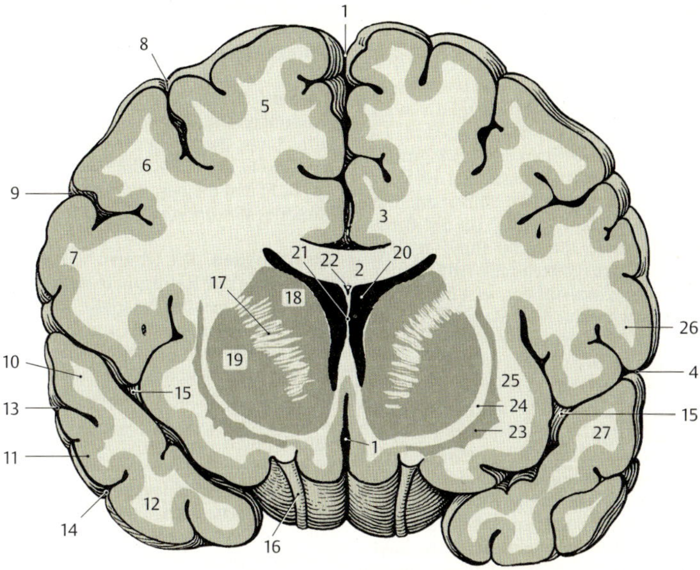

A Frontalschnitt, Abgang des Tractus olfactorius

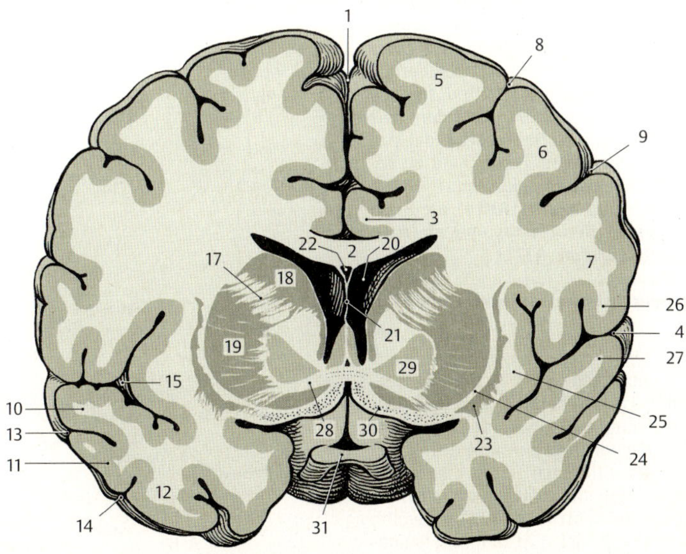

B Frontalschnitt, Höhe der Commissura anterior

Schnittebene in Höhe des Corpus amygdaloideum (A)

In dieser Höhe ist der **Sulcus centralis** (**AB1**), der schräg von dorsokaudal nach ventrooral verläuft, angeschnitten. Er ist relativ weit oral getroffen, so daß der dorsal von ihm liegende *Frontallappen* einen erheblich größeren Teil des Schnittes ausmacht als der ventral von ihm liegende Parietallappen. Die über ihm liegende Windung ist der **Gyrus praecentralis** (**AB2**), die unter ihm liegende Windung der **Gyrus postcentralis** (**AB3**). In der Tiefe des Temporallappens erscheint das **Corpus amygdaloideum** (**A4**) (Mandelkern). Es reicht an der medialen Seite des Temporallappens bis zur Oberfläche, so daß man es z.T. als Rinde, z.T. als Kern ansehen kann oder besser als eine Übergangsformation beider Strukturen. Da nicht nur die umgebende periamygdaläre Rinde, sondern auch seine kortikomediale Hälfte zu den primären olfaktorischen Zentren gehört, kann das Corpus amygdaloideum trotz seines Kerncharakters zum Palaeocortex gerechnet werden. Über ihm endet mit breiter Basis das *Claustrum* (**AB5**).

Zwischen den Hemisphären liegt jetzt das Zwischenhirn mit *Thalamus* (**AB6**), *Globus pallidus* (**AB7**) und *Hypothalamus* (**A8**). Den dienzephalen Kernen ist lateral das *Corpus striatum* mit *Putamen* (**AB9**) und *Nucleus caudatus* (**AB10**) angelagert. Unter dem *Balken* (**AB11**) ist das starke Faserbündel des *Fornix* (**AB12**) getroffen. Ferner sind zu sehen die *Fissura longitudinalis cerebri* (**AB13**), der *Sulcus lateralis cerebri* (**AB14**), die *Fossa lateralis* (**AB15**), der *Tractus opticus* (**A16**) und das *Infundibulum* (**A17**).

Schnittebene in Höhe des Hippocampus (B)

Nachdem das Corpus amygdaloideum auf weiter kaudal gelegenen Schnitten verschwunden ist, erscheint in der medialen Fläche des Temporallappens der **Hippocampus** (**B18**), der wichtigste Anteil des Archicortex. Er ist eine nach innen eingerollte Rindenformation, die sich gegen das Unterhorn des Seitenventrikels (**B23**) vorwölbt. Die *Fossa lateralis* (**B15**) ist in ihrem kaudalen Abschnitt getroffen. Hier zeigt die Innenfläche des temporalen Operculum ausgeprägte Windungen, bei denen es sich um die schräg angeschnittenen **Gyri temporales transversi** (**B19**) handelt, die Heschl-Querwindungen mit der Hörrinde. Im ventralen Bereich des Zwischenhirns sind das *Corpus subthalamicum* (**B20**), die *Corpora mamillaria* (**B21**) und die bereits zum Mittelhirn gehörende *Substantia nigra* (**B22**) zu sehen.

Basalganglien. Die grauen Kernkomplexe in der Tiefe der Hemisphäre werden als Basalganglien zusammengefaßt. Manche Autoren bezeichnen damit nur das Striatum und das Pallidum, andere schließen auch das Corpus amygdaloideum und das Claustrum ein, manche sogar den Thalamus. Da der Begriff Basalganglien vage und mangelhaft definiert ist, wird er in dieser Darstellung nicht verwendet. Von den alten Anatomen wurden Pallidum und Putamen als *Nucleus lentiformis*, Linsenkern, zusammengefaßt (noch erhalten in Ansa oder Fasciculus lentiformis). Die Bezeichnung Nucleus lentiformis wird nicht mehr verwendet.

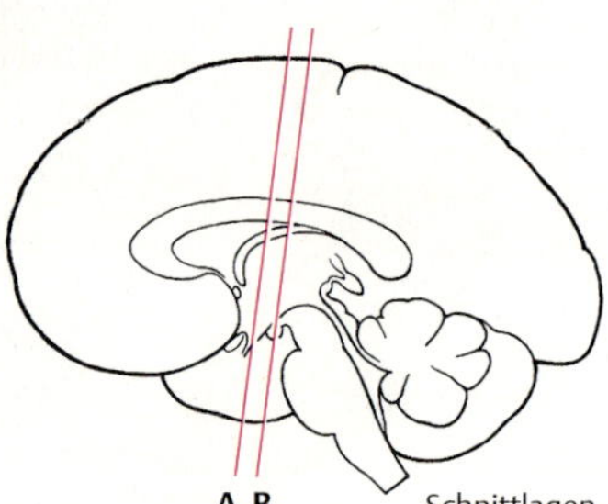

Schnittlagen

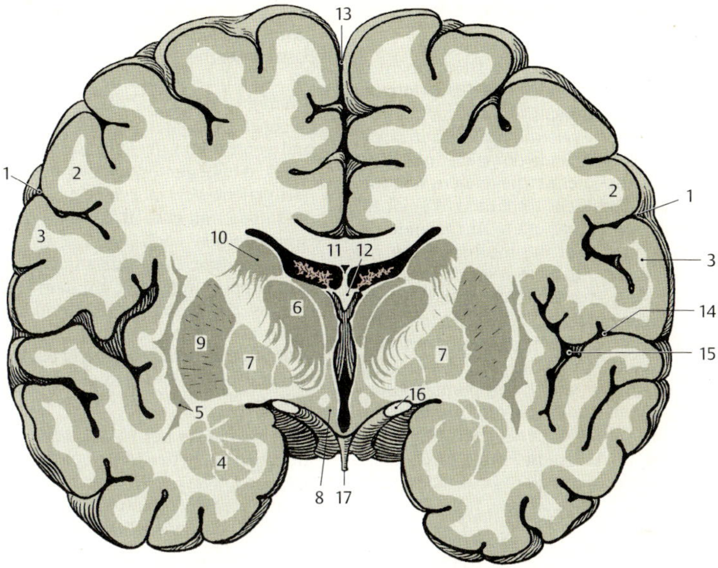

A Frontalschnitt in Höhe des Corpus amygdaloideum

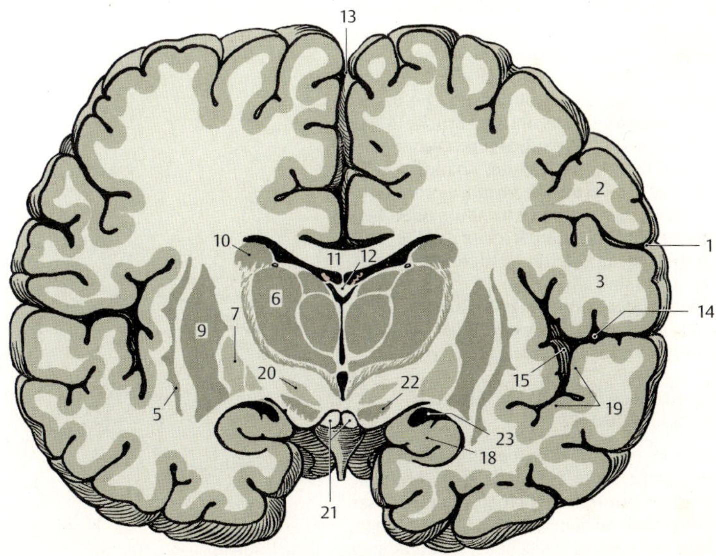

B Frontalschnitt, Hippocampus

Schnittebene in Höhe von Mittelhirn und Brücke (A)

An der lateralen Wand der Hemisphäre ist der kaudale Abschnitt der *Fossa lateralis* (**A1**) eröffnet. Dorsal vom *Sulcus lateralis* (**A2**) liegt der Parietallappen, ventral der Temporallappen. Seine dorsalen, in der Tiefe des Sulcus lateralis liegenden Windungen, *Gyri temporales transversi* (**A3**) (S. 252 C1), sind schräg getroffen. Am Grunde der Fossa lateralis liegt die Inselrinde, die von den kaudalen Ausläufern des *Claustrum* (**A4**) und des *Putamen* (**A5**) unterlagert ist. Der *Nucleus caudatus* (**A6**) erscheint an der lateralen Wand des Seitenventrikels (**A7**). An der medialen Fläche des Temporallappens, überlagert vom *Gyrus parahippocampalis* (**A8**), ist die Rinde zum *Ammonshorn* (**A9**) eingerollt. Über dem Plexus choroideus sind Balken (**A10**) und Fornix (**A11**) angeschnitten.

Zwischen beiden Hemisphären liegt das Übergangsgebiet von Zwischenhirn und Mittelhirn. Vom Thalamus (**A12**) sind die kaudalen Kerngebiete getroffen. Abgesondert vom Hauptkomplex liegt das *Corpus geniculatum laterale* (**A13**), medial an der Ventrikelwand der *Nucleus habenularis* (**A14**). Die Schnittlage orientiert sich an der Forel-Achse (S. 4 B), so daß Endhirn und Zwischenhirn frontal getroffen sind. Die Strukturen des Mittelhirns und der Brücke (Meynert-Achse, S. 4 B) sind dagegen schräg angeschnitten. Dorsal liegt der Aqädukt (**A15**), darunter die *Decussatio pedunculorum cerebellarium superiorum* (**A16**). Zu beiden Seiten zieht ein schmaler Streifen dunkler Zellen abwärts, die *Substantia nigra* (**A17**). Lateral davon sind die *Pedunculi cerebri* (**A18**) getroffen, deren Fasermassen in ihrem Verlauf von der inneren Kapsel bis in die Brücke (**A19**) zu verfolgen sind.

Schnittebene in Höhe des Splenium corporis callosi (B)

Auf dem Schnitt gehört der dorsale Teil der Hemisphäre zum Parietallappen, der ventrale Teil zum Temporallappen, der in dieser Schnitthöhe in den Okzipitallappen übergeht. Die Grenze zwischen Parietallappen und Temporallappen liegt im Bereich des *Gyrus angularis* (**B20**). Sulcus lateralis und Fossa lateralis sind nicht mehr getroffen. Die Schnittfläche des Balkens in Höhe des *Splenium* (**B21**) (S. 220 A6 u. S. 260 E14) zeichnet sich durch ihre Breite aus. Dorsal und ventral von ihr liegt der *Gyrus cinguli* (**B22**), der bogenförmig um das Splenium herumzieht. Ventral schließt sich der *Gyrus parahippocampalis* (**B23**) an. Weder der Hippocampus noch der Sulcus calcarinus sind getroffen. Der Schnitt liegt also hinter dem Hippocampus und vor dem Sulcus calcarinus. Die Seitenventrikel sind auffallend weit: es ist der vorderste Abschnitt der Hinterhörner am Übergang in die Unterhörner und in die Partes centrales (vgl. S. 281 BC7 – 9).

Der Unterfläche der Hemisphären liegt das Kleinhirn an. In der Mitte erscheint die Medulla oblongata, auf deren schrägem Abschnitt der vierte Ventrikel (**B24**), die *Oliven* (**B25**) und die *Pyramiden* (**B26**) zu erkennen sind.

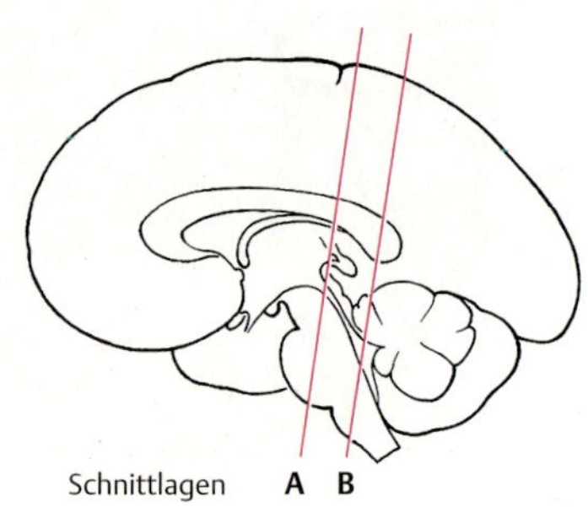

Schnittlagen **A B**

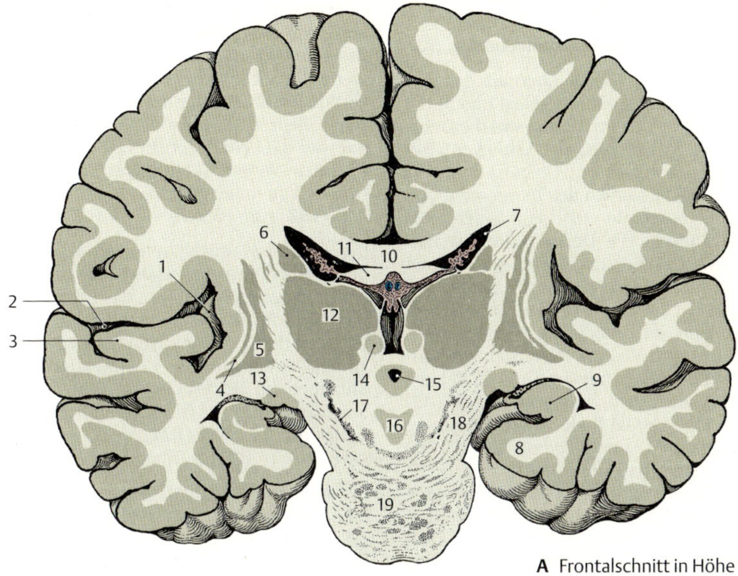

A Frontalschnitt in Höhe von Mittelhirn und Brücke

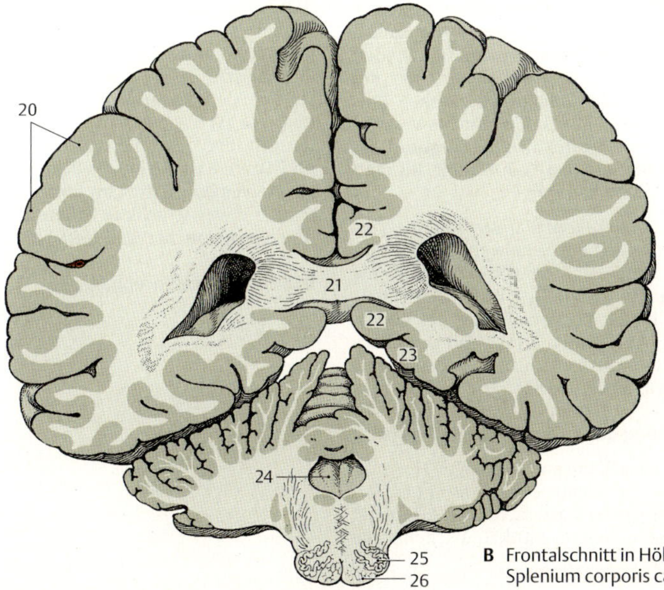

B Frontalschnitt in Höhe des Splenium corporis callosi

Horizontalschnitte

Balkenoberfläche und Seitenventrikel (A)

Durch das Gehirn wurde oberhalb des Balkens ein Horizontalschnitt gelegt und durch Entfernung des tiefen Marklagers die Oberfläche des Balkens und die Seitenventrikel zur Darstellung gebracht. Oben ist der Frontallappen (**A1**), seitlich der Temporallappen (**A2**) und unten der Okzipitallappen (**A3**) durchschnitten. Die Dorsalfläche des Balkens (**A4**) gehört zur freien von Pia und Arachnoidea bedeckten Oberfläche des Gehirns. In der Tiefe liegend wird sie von den Windungen der medialen Hemisphärenwand bedeckt. Rostral senkt sich die Balkenoberfläche ventralwärts und bildet die Rundung des *Genu corporis callosi* (**A5**) (S. 260 E11), kaudal bildet sie die Rundung des *Splenium corporis callosi* (**A6**) (S. 260 E14). Auf dem Balken verlaufen vier weiße Faserstränge: auf jeder Balkenhälfte eine *Stria longitudinalis lateralis* (**A7**) und eine *Stria longitudinalis medialis (Lancisii)* (**A8**) (vgl. S. 230). Sie enthalten Faserbahnen, die vom Hippocampus zur Area subcallosa ziehen. Zwischen beiden Striae longitudinales liegt eine dünne Schicht grauer Substanz, die eine schmale Lage von Nervenzellen enthält, das *Indusium griseum*. Es handelt sich dabei um einen Rindenabschnitt des Archicortex, der infolge der starken Entwicklung des Balkens (S. 6) und der Verlagerung des Archicortex in das Unterhorn des Seitenventrikels (vgl. S. 208) eine Rückbildung erfahren hat.

Im Bereich der Frontallappen sind die Vorderhörner (**A9**) der Seitenventrikel (S. 280) eröffnet, im Bereich der Okzipitallappen die Hinterhörner (**A10**). Den Boden des Unterhornes bildet die Vorwölbung des *Hippocampus* (**A11**). Pars centralis und Unterhorn des Seitenventrikels enthalten den *Plexus choroideus* (**A12**) (S. 282).

Darstellung des Zwischenhirndaches (B)

Es handelt sich um einen schrägen Horizontalschnitt unterhalb des Balkens mit Entfernung des ganzen Balkens. Mit der Eröffnung der beiden Seitenventrikel erscheint die Dorsalfläche des *Nucleus caudatus* (**B13**) und medial angrenzend die Dorsalfläche des *Thalamus* (**B14**). Vom Zwischenhirn ist weiterhin die *Epiphyse* (**B15**) und mit ihr verbunden die beiden *Habenulae* (**B16**) zu sehen. Zwischen den beiden Kaudatumköpfen sind die beiden *Fornices* (**B17**) in ihrem rostralen Verlauf (Columnae fornicis) getroffen. Von ihnen zieht das *Septum pellucidum* (**B18**) zum Balken.

Die seitliche Hemisphärenwand besitzt ein besonders breites, zwischen Rinde und Ventrikel gelegenes Marklager, das *Centrum semiovale* (**B19**). In dieses schneidet der *Sulcus centralis* (**B20**) ein und trennt den Frontallappen (in der Abbildung oben) vom Parietallappen (in der Abbildung unten). Vom Sulcus centralis ausgehend kann man den *Gyrus praecentralis* (**B21**) und den *Gyrus postcentralis* (**B22**) auffinden.

In der *Fissura longitudinalis cerebri* (**AB23**) ist kaudal das *Kleinhirn* (**B24**) zu erkennen. Der kaudale Teil der Hemisphäre wird vom Okzipitallappen gebildet. In seinem Bereich liegt die **Area striata** (**B25**), die Sehrinde. Sie nimmt vorwiegend den **Sulcus calcarinus** (**B26**) an der medialen Fläche des Okzipitallappens ein und erstreckt sich nur ein kleines Stück auf den Okzipitalpol. Schon makroskopisch ist sie durch einen weißen Streifen, den **Gennari-Streifen** (**B27**), der die Rinde in zwei graue Bänder teilt, von der übrigen Rinde zu unterscheiden. Der Gennari-Streifen ist ein breites Band markhaltiger Nervenfasern, dem im übrigen Neocortex der etwas schmälere äußere Baillarger-Streifen entspricht (vgl. S. 240 A16, S. 254).

B28 Tectum mesencephali.

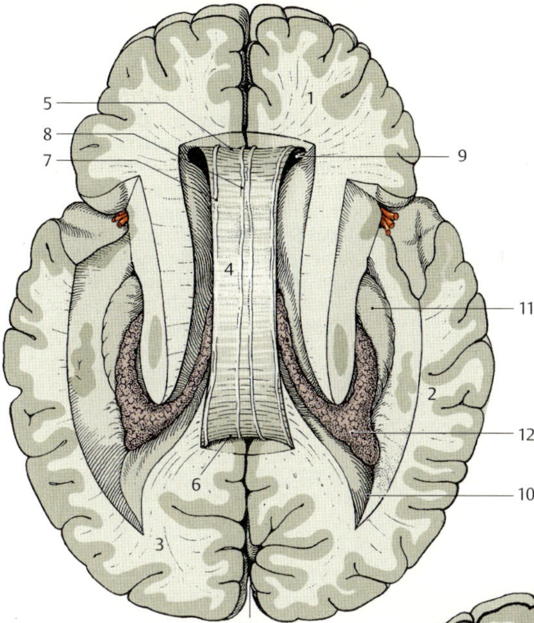

A Horizontalschnitt mit Balkenoberfläche

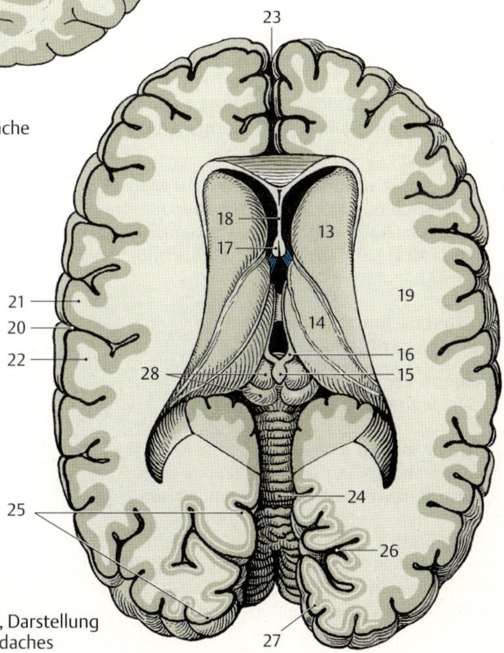

B Horizontalschnitt, Darstellung des Zwischenhirndaches

Horizontalschnitt durch das Striatum (A)

In dieser Höhe wird die *Fossa lateralis cerebri* (**AB1**) in ihrer Längsausdehnung eröffnet. Der *Sulcus lateralis* (**A2**) liegt relativ weit oral, vor ihm das *Operculum frontale* (**AB3**) und kaudal von ihm das langgestreckte *Operculum temporale* (**AB4**). Auch an den tiefen Strukturen des Endhirns, am *Claustrum* (**AB5**) und am *Putamen* (**AB6**), erkennt man die Längsausdehnung. Die bogenförmigen Strukturen sind zweimal getroffen: der *Balken* (**A7**) erscheint oral mit seinem vorderen Abschnitt, dem *Genu corporis callosi*, und kaudal mit seinem Ende, dem *Splenium*. Auch der *Nucleus caudatus* ist zweimal angeschnitten, oral das *Caput nuclei caudati* (**AB8**) und kaudal die *Cauda nuclei caudati* (**AB9**), seitlich vom *Thalamusanschnitt* (**AB10**). Der Thalamus wird vom *Globus pallidus* (**AB11**) durch die *Capsula interna* getrennt, die auf Horizontalschnitten die Form eines Hakens mit dem *Crus anterius* (**A12**) und dem *Crus posterius* (**A13**) hat. Der Seitenventrikel ist ebenfalls zweimal eröffnet: Im Bereich des Frontallappens ist sein *Vorderhorn* (**A14**) angeschnitten und kaudal der Übergang in das *Hinterhorn* (**A15**). Beide Vorderhörner werden durch das Septum pellucidum (**A16**) getrennt, das sich zwischen Balken und Fornix (**A17**) spannt.

Ferner sind zu sehen die Frontallappen (**AB18**), die Temporallappen (**A19**), die Okzipitallappen (**A20**), die Fissura longitudinalis cerebri (**AB21**) und die Area striata (Sehrinde) (**A22**).

Horizontalschnitt in Höhe der Commissura anterior (B)

Während der Frontallappen und der Temporallapen noch in ganzer Ausdehnung auf der Schnittfläche erscheinen, ist der Okzipitallappen nur in seinem vorderen Bereich am Übergang in den Temporallappen angeschnitten. Zwischen beide Hemisphären schiebt sich kegelförmig die Dorsalfläche des Kleinhirns (**B23**). Das Vorderhorn des Seitenventrikels und der Balken sind nicht mehr getroffen. Statt dessen erscheint als Verbindung zwischen beiden Hemisphären die *Commissura anterior* (**B24**). Die beiden *Columnae fornicis* (**B25**), die auf dem oberen Schnitt dicht beinander liegen, sind in Höhe der vorderen Kommissur auseinandergewichen. Von der *Capsula interna* besitzt nur noch das *Crus posterius* (**B13**) die übliche Breite, das *Crus anterius* (**B12**) ist lediglich mit einigen Faserzügen angedeutet. Infolgedessen ist das *Caput nuclei caudati* (**B8**) nicht mehr vom Putamen (**B6**) getrennt, so daß das Striatum einen einheitlichen Kernkomplex darstellt. Im Bereich des Temporallappens wird das eingerollte Rindenband des Ammonshorns (**B26**), überlagert vom *Gyrus parahippocampalis* (**B27**), sichtbar.

B28 Tectum mesencephali.

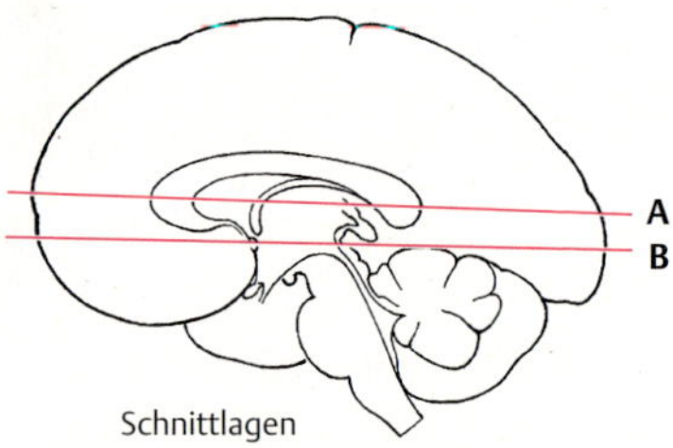

Schnittlagen

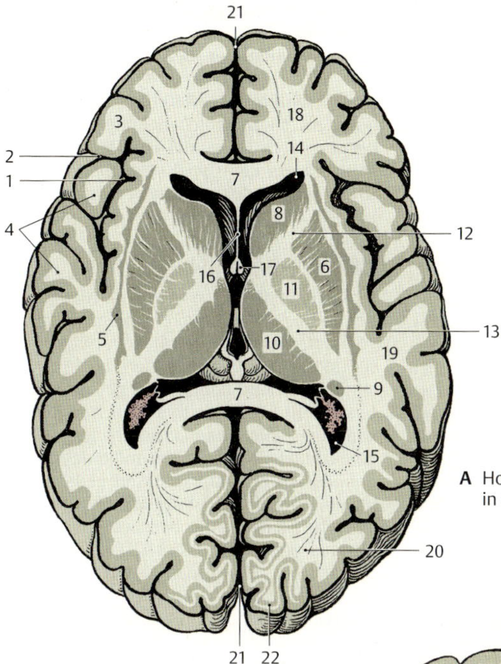

A Horizontalschnitt in Höhe des Striatum

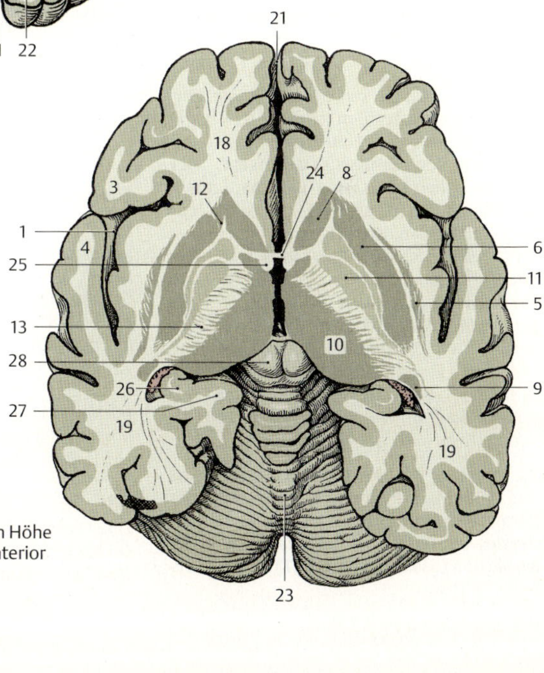

B Horizontalschnitt in Höhe der Commissura anterior

Palaeocortex und Corpus amygdaloideum

Palaeocortex (A–D)

Gliederung (A, B)

Der Palaeocortex (blau) ist der älteste Rindenbezirk des Endhirns. Er bildet zusammen mit dem Bulbus olfactorius und dem Tractus olfactorius das sog. *Riechhirn*, **Rhinencephalon**. Bei primitiven Säugetieren (Igel) (**A**) macht er den größten Teil des Endhirns aus. Rostral liegt ein großer massiger *Bulbus olfactorius* (**A1**), an den sich das *Tuberculum olfactorium* (**A2**), die Riechrinde, anschließt. Die übrige Hirnbasis nimmt der *Lobus piriformis* (**A3**) mit dem *Uncus* (**A4**) ein. Der Lobus piriformis enthält verschiedene Rindenbezirke: lateral die *Regio praepiriformis* (**A5**), medial das *Diagonale Band von Broca*, Bandeletta diagonalis (**A6**), und kaudal die *Regio periamygdalaris* (**A7**). Der kaudale Teil des *Lobus piriformis* wird von der *Regio entorhinalis* (**A8**), einem Übergangsgebiet (orange) zwischen Archicortex (rot) und Neocortex, eingenommen. Medial erscheint ein Anteil des Hippocampus, der Uncus mit der oberflächlichen *Fascia dentata* (Gyrus dentatus) (**A9**).

Beim Menschen (**B**) hat die starke Ausdehnung des Neocortex den Palaeocortex in die Tiefe verlagert, wo er nur noch einen kleinen Teil der Hirnbasis ausmacht. Der schmale *Bulbus olfactorius* (**B10**) wird durch den *Tractus olfactorius* (**B11**) mit der Riechrinde verbunden. Am *Trigonum olfactorium* (**B12**) teilen sich die Fasern des Tractus in zwei (oft auch drei oder mehr) Bündel auf: *Stria olfactoria medialis* (**B13**) und *Stria olfactoria lateralis* (**B14**). Sie umfassen das *Tuberculum olfactorium*, das beim Menschen in die Tiefe gesunken ist (*Substantia perforata anterior*) (**B15**). Sie wird kaudal vom *diagonalen Band Brocas* (**B16**) begrenzt, das afferente Fasern für den Bulbus führt.

Die übrigen Bezirke des *Lobus piriformis* sind beim Menschen durch die Rotation der Hemisphäre weitgehend auf die Medialfläche des Temporallappens verlagert worden, wo sie den *Gyrus ambiens* (**B17**) und den *Gyrus semilunaris* (**B18**) bilden. Der Gyrus ambiens wird von der *präpiriformen Rinde* (**B19**) eingenommen, der Gyrus semilunaris von der *periamygdalären Rinde* (**B20**). Ventrokaudal davon wölbt sich der *Uncus* (**B21**) mit dem oberflächlichen Ende der *Fascia dentata*, dem *Giacomini-Bändchen*, vor. Er geht über in den *Gyrus parahippocampalis* (**B22**), der von der *entorhinalen Rinde* (**B23**) bedeckt wird.

Bulbus olfactorius (C)

Der Bulbus olfactorius ist beim Menschen, der zu den *Mikrosmatikern* gehört, zurückgebildet. Säugetiere mit hochentwickeltem Geruchssinn (*Makrosmatiker*) besitzen einen großen und kompliziert gebauten Bulbus (S. 210 AB3). Am menschlichen Bulbus kann man eine *Lamina glomerulosa* (**C24**), eine *Lamina mitralis* (**C25**) und eine *Lamina granularis* (**C26**) unterscheiden. In der Lamina glomerulosa gehen die Mitralzellen synaptische Kontakte mit den Endigungen der Nervi olfactorii ein (S. 228 A). Die Axone der Mitralzellen ziehen durch den Tractus olfactorius zu den primären Riechzentren. Der Tractus olfactorius enthält in seiner ganzen Länge eine diskontinuierliche Ansammlung von mittelgroßen Nervenzellen, den *Nucleus olfactorius anterior*. Die Axone schließen sich den Fasern des Tractus olfactorius an und kreuzen teilweise zum Bulbus olfactorius der Gegenseite.

Substantia perforata anterior (D)

In der durch zahlreiche Gefäßeintritte (**D27**) gekennzeichneten Substantia perforata anterior liegt außen eine unregelmäßige Schicht kleiner Pyramiden, *Lamina pyramidalis* (**D28**), innen die lockere *Lamina multiformis* (**D29**) mit einzelnen Haufen dunkler Zellen, den *Callea-Inseln* (**D30**). Bulbus olfactorius, Tractus olfactorius und Substantia perforata anterior enthalten eine große Zahl von peptidergen Nervenzellen (Corticoliberin, Enkephalin u. a.).

D31 Kern des diagonalen Bandes,
D32 Fissura longitudinalis cerebri,
D33 Seitenventrikel,
D34 Gyrus paraterminalis.

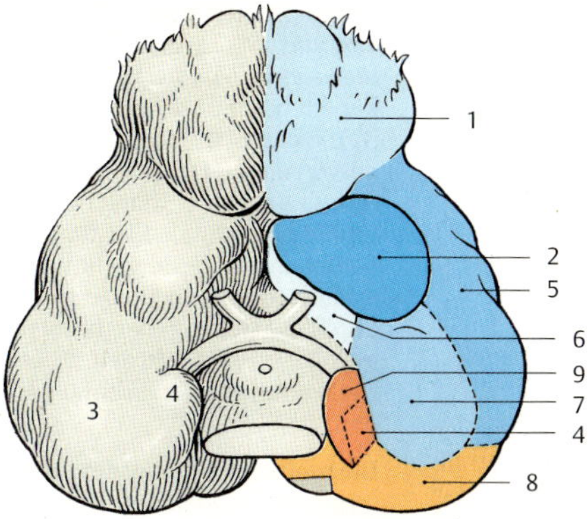

A Hirnbasis beim Igel (nach Stephan)

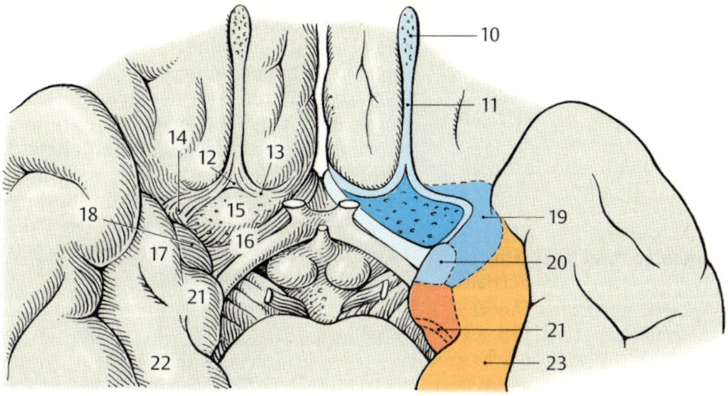

B Hirnbasis beim Menschen

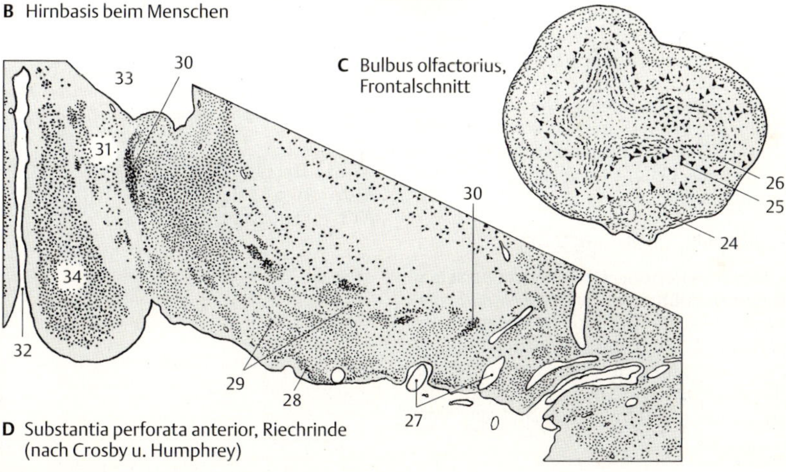

C Bulbus olfactorius, Frontalschnitt

D Substantia perforata anterior, Riechrinde (nach Crosby u. Humphrey)

Corpus amygdaloideum (A–E)

Der **Mandelkern** (Amygdala) liegt an der medialen Fläche des Temporallappens (**B**). Er besteht aus einem Rindenanteil, *Nucleus corticalis*, und einem in der Tiefe liegenden Kernanteil und ist als eine Übergangsformation zwischen Rinde und Kern anzusehen. Über dem Kernkomplex liegt die *periamygdaläre Rinde* (**A1**).

Subnuclei (A–D)

Der Komplex wird in mehrere Unterkerne gegliedert: in den oberflächlich gelegenen *Nucleus corticalis* (**A2**), den *Nucleus centralis* (**A3**), den *Nucleus basalis* (**CD4**), an dem man einen kleinzelligen *medialen Teil* (**A5**) und einen großzelligen *lateralen Teil* (**A6**) unterscheidet, und in den *Nucleus lateralis* (**A7**). Die Zugehörigkeit des Nucleus medialis (**A8**) zum Amygdalakomplex ist fraglich. Das Corpus amygdaloideum ist reich an peptidergen Nervenzellen. Im Nucleus centralis ist vor allem Enkephalin und Corticoliberin, im Nucleus lateralis VIP nachzuweisen.

Man faßt die Subnuclei in zwei Gruppen zusammen: in die phylogenetisch alte **kortikomediale Gruppe** (*Nucleus corticalis, Nucleus centralis*) und in die phylogenetisch jüngere **basolaterale Gruppe** (*Nucleus basalis, Nucleus lateralis*). Die kortikomediale Gruppe empfängt Fasern des Bulbus olfactorius und ist das Ursprungsgebiet der Stria terminalis. Die basolaterale Gruppe hat Faserbeziehungen mit der präpiriformen und entorhinalen Rinde. Elektrophysiologische Ableitungen haben gezeigt, daß nur die kortikomediale Gruppe olfaktorische Impulse empfängt, die basolaterale Gruppe hingegen optische und akustische Impulse.

Funktionelle Gliederung (C–E)

Elektrische Reizungen des Kerns und seiner Umgebung führen zu *vegetativen und emotionalen Reaktionen*. Wut (■) oder Fluchtverhalten (□) mit entsprechenden vegetativen Erscheinungen (Pupillenerweiterung, Blutdruckanstieg, Beschleunigung der Herz- und Atemfrequenz) sind aus dem Sammelgebiet der Stria-terminalis-Fasern auszulösen (**C**). An anderen Punkten erhält man eine *Aufmerksamkeitsreaktion* mit Kopfwendung. Reizungen können *Kauen* (○), *Lecken* (●) oder *Speichelsekretion* (▲) hervorrufen (**D**). Sie können auch Nahrungsaufnahme, Magensaftsekretion und erhöhte intestinale Motilität oder Freßsucht bewirken. Hypersexualität kann im Anschluß an Reizungen auftreten, aber auch durch Zerstörung der basolateralen Kerngruppe erzeugt werden. *Miktion* (△) oder Defäkation können ebenfalls ausgelöst werden.

Die topische Ordnung der Reizergebnisse ist schwierig, da viele Fasern den Kernkomplex durchziehen und die Reizeffekte nicht nur vom Reizort, sondern auch von den getroffenen Faserbündeln anderer Kerne herrühren. Man rechnet den medialen Teil des Nucleus basalis zur kortikomedialen Kerngruppe und versucht, beide Kerngruppen mit einem unterschiedlichen Verhalten zu korrelieren: die kortikomediale Kerngruppe (**E9**) soll einen fördernden Einfluß auf *aggressives Verhalten, Sexualtrieb, Freßtrieb* u.a. ausüben, die laterale Kerngruppe (**E10**) dagegen einen dämpfenden.

Klinischer Hinweis: Durch die Reizung des Corpus amygdaloideum beim Menschen (diagnostische Maßnahme bei Behandlung schwerer Epilepsie) können Wut oder Angst, aber auch das Gefühl der Ruhe und Entspannung ausgelöst werden. Die Patienten können sich „wie verwandelt" oder „wie in einer anderen Welt" fühlen. Die Reaktion wird wesentlich von der emotionalen Ausgangslage am Beginn der Reizung beeinflußt.

A–E11 Tractus opticus,
A12 Hypothalamus,
A13 Claustrum.

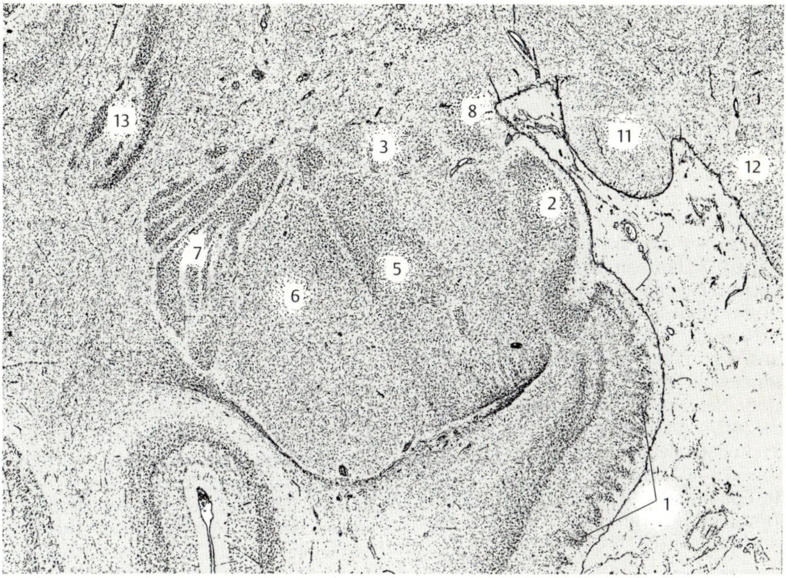

A Gliederung des Corpus amygdaloideum, Frontalschnitt, halbschematisch

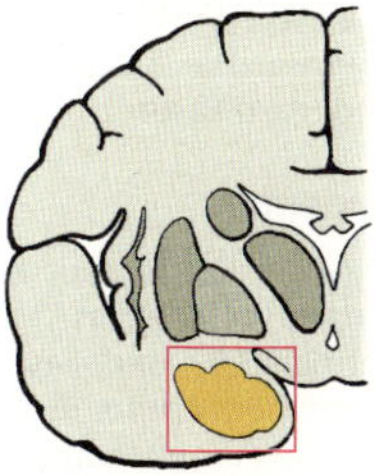

B Schnittlage

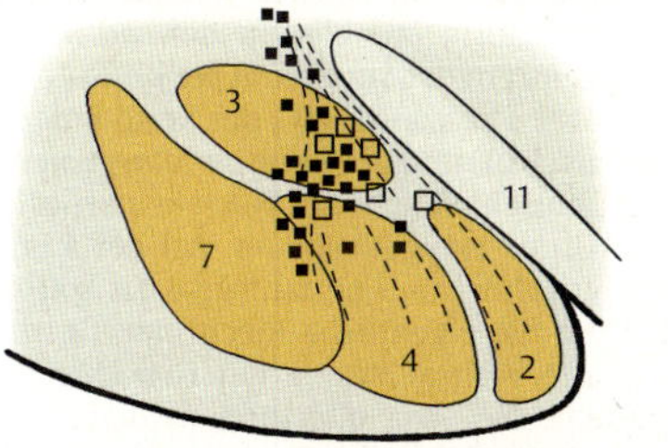

C Droh- und Fluchtreaktion, Reizexperiment bei der Katze (nach de Molina u. Hunsperger)

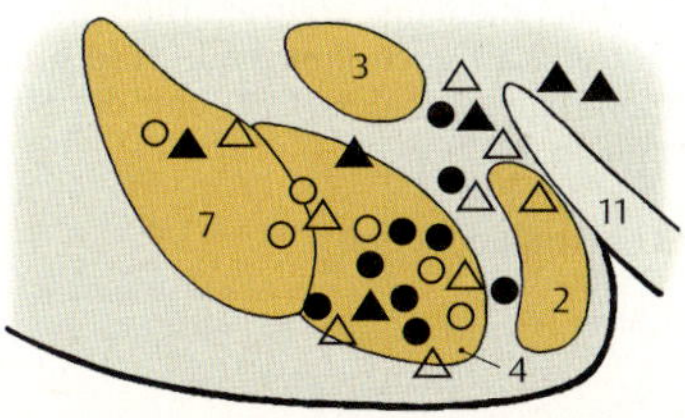

D Vegetative Reaktionen, Reizexperimente bei der Katze (nach Ursin u. Kaada)

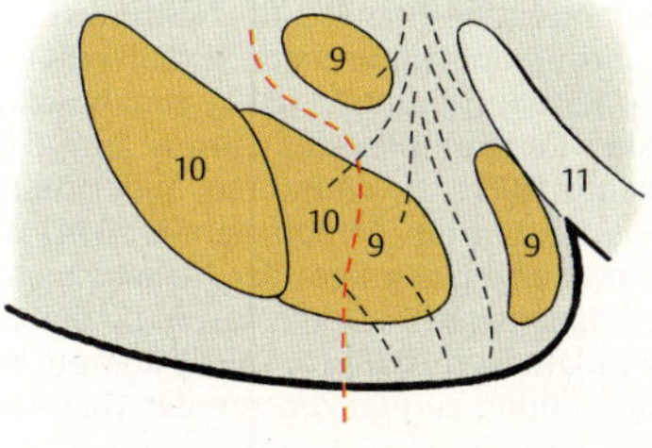

E Funktionelle Gliederung (nach Koikegami)

Faserverbindungen (A – C)

Bulbus olfactorius (A)

Die gebündelten Axone der Riechzellen (**A1**) (S. 330 C) ziehen als *Nn. olfactorii* (1. Neuron) durch die Öffnungen der Lamina cribrosa (**A2**) zum Bulbus olfactorius (**A3**). Hier enden sie an den Dendriten der **Mitralzellen** (**A4**), mit denen sie *Glomeruli* (**A5**) bilden. Im Glomerulussystem hat eine Vielzahl von Sinneszellen Kontakt mit einer Mitralzelle. Weitere Zellformen, *Körnerzellen* und *Büschelzellen*, gehören zum Integrationsapparat des Bulbus. Die Axone der Mitralzellen (2. Neuron) ziehen im **Tractus olfactorius** (**A6**) zu den primären Riechzentren. Entlang des Tractus olfactorius liegen verstreut mittelgroße Nervenzellen, **Nucleus olfactorius anterior** (**AC7**). An ihnen enden Axone oder deren Kollateralen von Mitralzellen. Die Fortsätze der Nervenzellen ziehen zum Teil über die Commissura anterior zum Bulbus olfactorius der Gegenseite, wo sie die *Stria olfactoria medialis* (**B8**) bilden.

Stria olfactoria lateralis (B)

Alle Fasern der Mitralzellen verlaufen in der Stria olfactoria lateralis zu den primären Riechzentren: der *Substantia perforata anterior* (Area olfactoria) (**B9**), der *Regio praepiriformis* (**B10**) und der *Regio periamygdalaris* (**B11**) einschließlich des Nucleus corticalis des Corpus amygdaloideum. Bei der Regio praepiriformis und periamygdalaris soll es sich um die eigentliche Riechrinde für die bewußte Wahrnehmung der Geruchsreize handeln. Die Stria olfactoria medialis soll ausschließlich von der Riechrinde zum Bulbus führende Fasern enthalten.

Von der Riechrinde verlaufen Fasersysteme (olfaktorische Impulse für Nahrungssuche, Nahrungsaufnahme und Sexualverhalten) zur Regio entorhinalis (**B12**), zum basolateralen Kernkomplex des Corpus amygdaloideum (**B13**), zu anterioren und lateralen Abschnitten des Hypothalamus (**B14**) und zum großzelligen Kern der Nucleus mediales thalami (**B15**). Durch Fasern zu den Habenulakernen (**B16**) (S. 176 A) kommt eine Verbindung zu den Zentren des Hirnstammes zustande. Diese Assoziationsbahnen gehören nicht mehr zum olfaktorischen System.

Corpus amygdaloideum (B)

Die basolaterale Kerngruppe empfängt Fasern von der prämotorischen, frontopolaren und temporalen Rinde, vom großzelligen Kern der Nuclei mediales thalami und von unspezifischen Thalamuskernen. Das wichtigste efferente Fasersystem des *Corpus amygdaloideum* ist die **Stria terminalis** (**B17**). Sie nimmt einen bogenförmigen Verlauf in der Grenzfurche zwischen dem Nucleus caudatus und dem Thalamus bis zur Commissura anterior. Dabei liegt sie unter der V. thalamostriata (S. 170 C14, S. 174 AB2). Ihre Fasern enden in den *Septumkernen* (**B18**), in der *Regio praeoptica* (**B19**) und in den Kernen des *Hypothalamus*. Faserbündel treten von der Stria terminalis in die Stria medullaris (**B20**) über und ziehen zu den Habenulakernen. Andere efferente Bündel aus dem basolateralen Anteil des Corpus amygdaloideum ziehen als ventrale **amygdalofugale Fasern** (**B21**) zur *entorhinalen Rinde*, zum *Hypothalamus* und zum *Nucleus medialis thalami*, von dem weitere Verbindungen zum Frontallappen führen. Die Stria terminalis ist reich an peptidergen Fasern.

Commisura anterior (C)

In der **Pars anterior** der Kommissur kreuzen Fasern des Tractus olfactorius (Nucleus olfactorius anterior) (**C7**) und Fasern der Riechrinde (**C9**) zur Gegenseite. Beim Menschen ist die Pars anterior nur schwach entwickelt. Den Hauptteil bildet die **Pars posterior**, in der Fasern des temporalen Cortex (**C22**), vorwiegend aus der Rinde des Gyrus temporalis medialis, kreuzen. Die Pars posterior enthält auch kreuzende Fasern der Corpora amygdaloidea (**C13**) und der Stria terminalis (**C17**).

B23 Chiasma opticum.

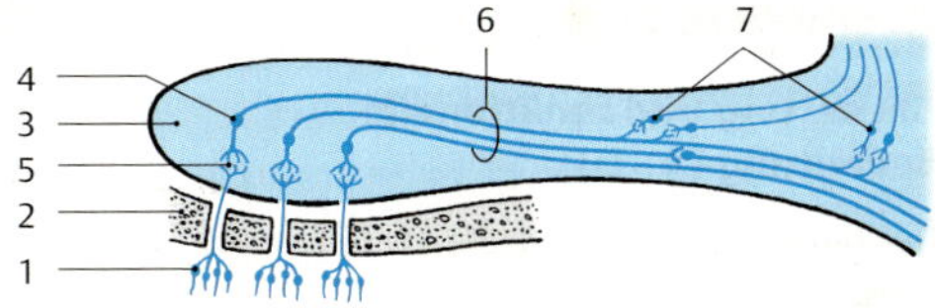

A Bulbus olfactorius

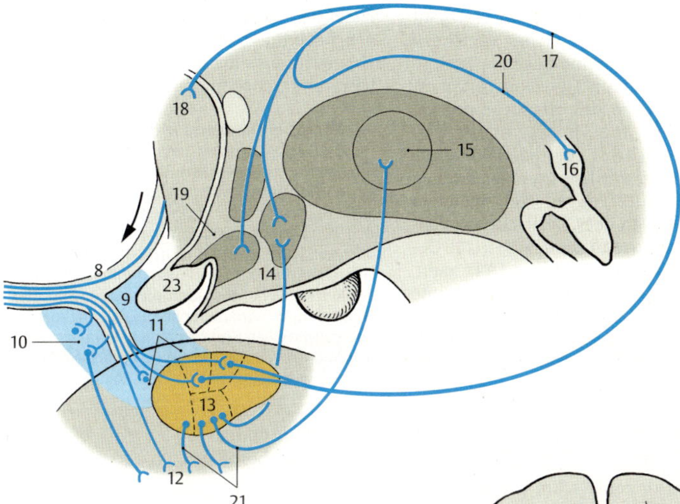

B Stria olfactoria lateralis

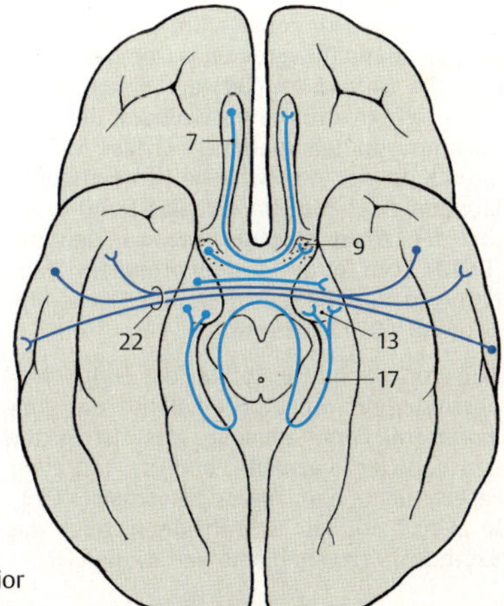

C Commissura anterior

Archicortex

Gliederung und funktionelle Bedeutung (A–D)

Der **Hippocampus** (**A1**) ist der Hauptteil des Archicortex. Er liegt an der medialen Fläche des Temporallappens, und zwar in der Tiefe, weitgehend überlagert vom Gyrus parahippocampalis. An dem Präparat (**A**) wurde die linke Hemisphäre entfernt (Schnittfläche des Balkens) (**A2**) und lediglich der linke Hippocampus stehen gelassen. Er erscheint als eine mit Klauen, *Digitationes*, versehene Tatze. Der im Hintergrund liegende Temporallappen der rechten Hemisphäre veranschaulicht die Lage des Hippocampus im Temporallappen. Die Hippocampusformation erstreckt sich bis zum kaudalen Ende des Balkens. Hier wird sie zu einer dünnen Schicht grauer Substanz reduziert, **Indusium giseum** (**A3**), die an der Oberfläche des Balkens bis zu seinem rostralen Ende in die Gegend der *Commissura anterior* (**A4**) zieht. Beiderseits verlaufen hier auch zwei dünne Faserbündel, **Stria longitudinalis lateralis** und **medialis** *Lancisii* (S. 220 A7 u. A8). Auf der Dorsalfläche des Hippocampus liegt ein starkes Faserband, **Fimbria hippocampi** (**A–D5**), das sich unter dem Balken von ihm trennt und als **Fornix** (Gewölbe) (**A6**) im Bogen bis zum *Corpus mamillare* (**A7**) zieht.

Auf einem Horizontalschnitt durch den Temporallappen werden das *Unterhorn* (**B8**) und das *Hinterhorn* (**B9**) des Seitenventrikels eröffnet und die Vorwölbung des Hippocampus in den Ventrikel sichtbar. Medial, bereits an der Außenfläche des Temporallappens, liegt die *Fimbrie* (**BC5**) und unter ihr der **Gyrus dentatus** (Fascia dentata) (**BC10**), vom *Gyrus parahippocampalis* (Area entorhinalis) (**BC11**) durch den *Sulcus hippocampi* (**BC12**) getrennt.

Auf Frontalschnitten bildet die Hippocampusrinde ein eingerolltes Band, das *Ammonshorn*, **Cornu ammonis**, das sich gegen den Ventrikel vorwölbt, bedeckt von einer Faserschicht, dem **Alveus hippocampi** (**C13**). In verschiedenen Schnitthöhen zeigt das Ammonshorn erhebliche Variationen (**D**).

Der Hippocampus, der früher zum Riechhirn gerechnet wurde, hat keine unmittelbare Beziehung zum Geruchssinn. Er ist bei Reptilien, die keinen Neocortex besitzen, das oberste Integrationsorgan des Endhirns. Elektrische Ableitungen vom Hippocampus der Säuger zeigen, daß er optische, akustische, taktile, viszerale und nur in geringem Maße olfaktorische Impulse empfängt. Er ist ein *Integrationsorgan*, das über seine Verbindungen mit dem Hypothalamus, den Septumkernen und dem Gyrus cinguli das *endokrine, viszerale und emotionale Geschehen* beeinflußt. Darüber hinaus spielt der Hippocampus eine entscheidende Rolle bei Lern- und Gedächtnisprozessen.

Klinischer Hinweis: Die doppelseitige Entfernung des Hippocampus beim Menschen (Behandlung schwerer *Epilepsien*) führt zu einem Verlust der Merkfähigkeit. Während die alten Erinnerungen erhalten bleiben, kann Neues nur für Sekunden behalten werden. Ein solches Sekundengedächtnis kann über Jahre bestehen bleiben. Die Hippokampusneurone besitzen eine sehr niedrige Reizschwelle für Krampfentladungen. Dem Hippocampus wird daher beim Zustandekommen von *epileptischen Krampfanfällen, Dämmerzuständen* und *Gedächtnislücken* eine besondere Bedeutung beigemessen.

C14 Tractus opticus,
C15 Plexus choroideus.

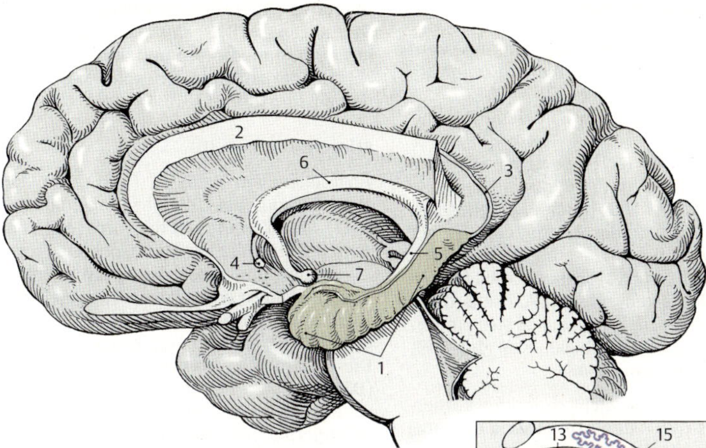

A Hippocampus nach Entfernung der übrigen linken Hemisphäre (nach Ludwig u. Klingler)

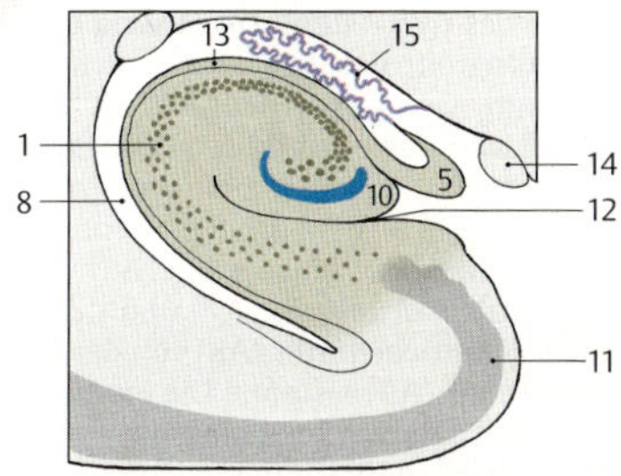

C Frontalschnitt durch den Hippocampus, Ammonshorn, Schema

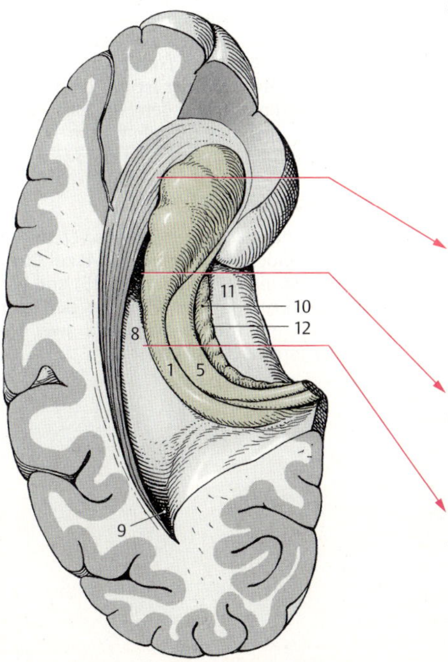

B Hippocampus von oben (nach Sobotta)

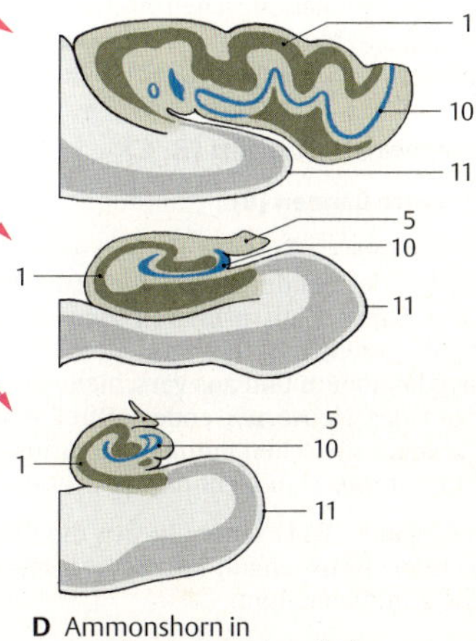

D Ammonshorn in verschiedenen Schnitthöhen

Cornu ammonis (A)

Das Rindenband des Hippocampus wird nach seiner Breite, Zellgröße und Zelldichte in vier Abschnitte unterteilt:
- Das *Feld CA1* (**A1**) enthält kleine Pyramidenzellen.
- Das *Feld CA2* (**A2**) ist durch ein schmales dichtes Band großer Pyramidenzellen,
- das *Feld CA3* (**A3**) durch ein breites lokkeres Band großer Pyramidenzellen gekennzeichnet.
- Das *Feld CA4* (**A4**) schließlich bildet den aufgelockerten Abschluß. Neuerdings wird in Zweifel gezogen, ob sich eine eigenständige CA4-Region von der CA3-Region abgrenzen läßt.

Das schmale Band dicht gepackter Körnerzellen des **Gyrus dentatus (Fascia dentata)** (**A5**) umgreift das auslaufende Pyramidenzellband. Der Gyrus dentatus ist mit der Oberfläche des eingerollten Ammonshorns verschmolzen und erscheint nur zu einem geringen Teil an der Hirnoberfläche. Er wird durch den *Sulcus hippocampi* (**A6**) vom *Gyrus parahippocampalis* (**A7**) und durch den *Sulcus fimbriodentatus* (**A8**) von der *Fimbria hippocampi* (**A9**) getrennt. Die innere an den Ventrikel grenzende Schicht ist der *Alveus hippocampi* (**A10**), in dem sich die efferenten Fasern sammeln, bevor sie den Hippocampus über die Fimbria verlassen. Das Übergangsgebiet zwischen Ammmonshorn und der angrenzenden entorhinalen Rinde (**A11**) wird als **Subiculum** (**A12**) bezeichnet.

Faserverbindungen (B, C)

Afferente Bahnen (B)

Als wichtiges afferentes System gelten die Faserbündel aus der **Regio entorhinalis** (**B13**), in der Bahnen aus primären Riechzentren (Regio praepiriformis), aus dem Corpus amygdaloideum und aus verschiedenen Bezirken des Neocortex enden. Direkte Verbindungen zwischen Bulbus olfactorius und Hippocampus sind nicht nachgewiesen.

Im **Cingulum** (**B14**) sammeln sich die Fasern aus dem Gyrus cinguli und ziehen vorwiegend zum Subiculum.

Im **Fornix** (**B15**) verlaufen Bündel aus den *Septumkernen* (**B16**), vor allem aber Fasern aus dem Hippocampus und der Regio entorhinalis der anderen Hemisphäre (über die *Commissura fornicis*).

Efferente Bahnen (B)

Abgesehen von wenigen Fasern, die den Hippocampus über die *Stria longitudinalis* (**B17**) verlassen, enthält der Fornix alle efferenten Bahnen. Er zerfällt in einen präkommissuralen und einen postkommissuralen Teil. Die Fasern des **präkommissuralen Fornix** (**B18**) enden im Septum, in der Regio praeoptica (**B19**) und im Hypothalamus (**B20**). Die Fasern des **postkommissuralen Fornix** (**B21**) enden im *Corpus mamillare* (**B22**) (überwiegend im *Nucleus medialis corporis mamillaris*), im *Nucleus anterior thalami* (**B23**) und im *Hypothalamus*. Einge Fornixfasern ziehen bis in das zentrale Höhlengrau des Mittelhirns.

In den Bahnensystemen ist ein großer Neuronenkreis erkennbar: Hippocampusimpulse verlaufen über den Fornix zum Nucleus anterior thalami. Dieser ist mit dem Gyrus cinguli verknüpft, von dem aus eine Rückmeldung über das Cingulum zum Hippocampus erfolgt (Papez-Kreis) (S. 332).

Fornix (Gewölbe) (C)

An der Unterfläche des Balkens vereinigen sich die beiden *Crura fornicis* (**C24**) zur *Commissura fornicis* (*Psalterium*) (**C25**) und bilden das *Corpus fornicis* (**C26**), das sich über dem Foramen Monroi wieder in zwei *Columnae fornicis* (**C27**) teilt.

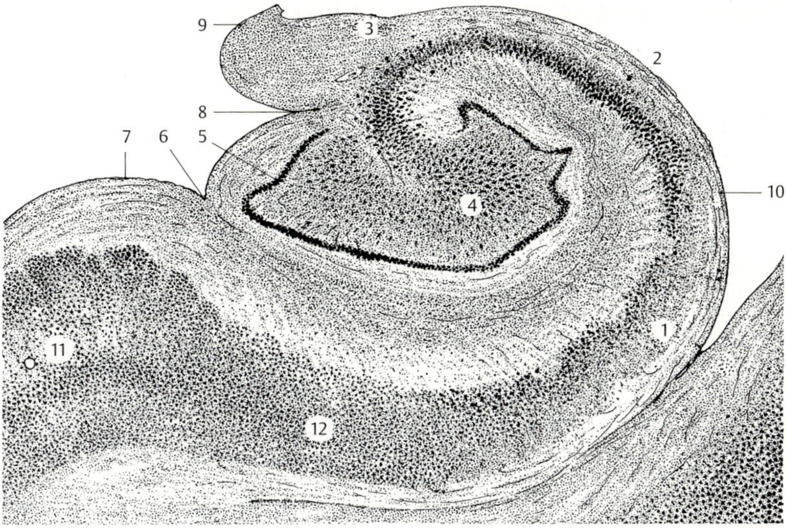

A Ammonshorn, Frontalschnitt durch den Hippocampus

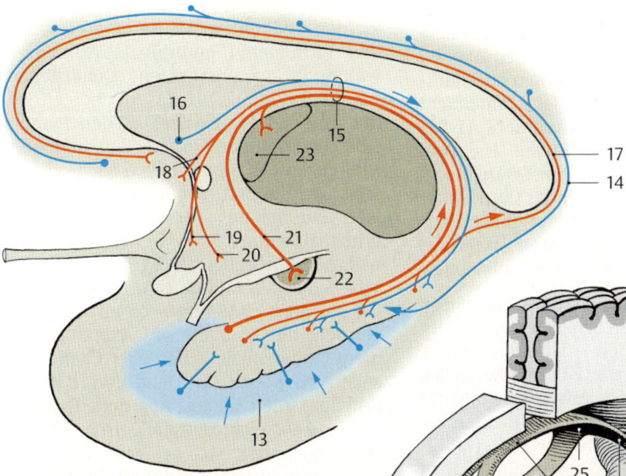

B Faserverbindungen des Hippocampus

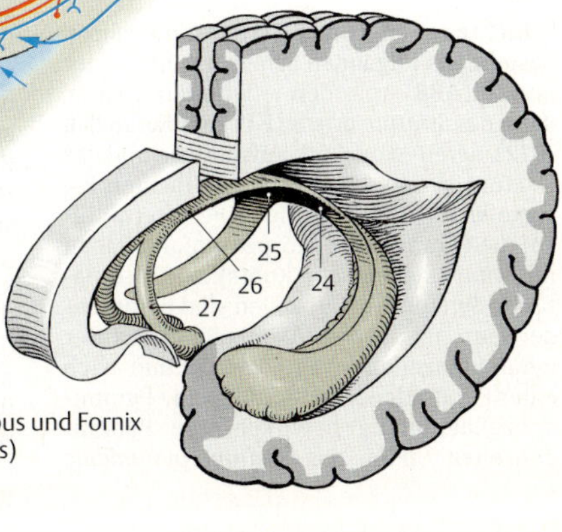

C Hippocampus und Fornix (nach Feneis)

Hippocampusrinde (A, B)

Der Aufbau des Archicortex ist einfacher als der des Neocortex, so daß Neuronenschaltungen hier leichter aufzuklären sind. Die Hippocampusrinde gehört zu den Gehirnbezirken, in denen hemmende und erregende Neurone histologisch und elektrophysiologisch identifiziert worden sind.

Die *Felder CA1* (**A1**), *CA2* (**A2**) und *CA3* (**A3**) zeigen in Organisation und Faserverbindungen Unterschiede. Die afferenten Fasern treten größtenteils über den **Tractus perforans** (**A4**) in das Ammonshorn ein, nur wenige über den Alveus. Sie enden an den Dendriten der **Pyramidenzellen** (**AB5**). Ein Großteil der Fasern (**AB6**) zieht zu den **Körnerzellen** (**AB22**) des Gyrus dentatus (Fascia dentata), deren Axone als *Moosfasern* (**AB7**) ebenfalls mit den Dendriten der Pyramidenzellen synaptische Kontakte haben. Moosfasern ziehen allerdings nur zum *Feld CA3*. Sie fehlen in *CA1* und *CA2*.

Die Pyramidenzellen sind die efferenten Elemente, deren Axone sich im **Alveus** (**AB8**) sammeln und durch die **Fimbria hippocampi** (**A9**) die Rinde verlassen. Von den Axonen der CA3-Pyramidenzellen gehen rückläufige Kollateralen ab (*Schaffer-Kollateralen*) (**AB10**), die mit den Dendriten der CA1-Pyramidenzellen Synapsen bilden. Die zum Septum ziehenden efferenten Fasern stammen aus *CA3*, die Fasern für das Corpus mamillare und den Nucleus anterior thalami aus *CA1*. Ein Großteil der efferenten Fasern des Hippocampus zieht jedoch zum Subiculum.

Schichtengliederung. Das Ammonshorn besteht aus folgenden Schichten: innen der *Alveus* (**AB8**) mit den efferenten Fasern, dann das *Stratum oriens* (**B11**) mit **Korbzellen** (**B12**), deren Axone sich aufsplittern und das Stratum pyramidale mit einem dichten Fasergeflecht (**B13**) ausfüllen. Die Fasern hüllen die Pyramidenzellkörper ein und haben mit ihnen synaptische Kontakte (axosomatische Synapsen). Korbzellen sind hemmende Neurone, die von Axonkollateralen der Pyramidenzellen erregt werden und nach einer Pyramidenzellentladung eine Pyramidenzellhemmung bewirken. Die Pyramidenzellen bilden das *Stratum pyramidale* (**B14**). Ihre Spitzen sind dem folgenden *Stratum radiatum* (**B15**) zugekehrt, ihre Basen dem *Stratum oriens*. In beide Richtungen schicken sie einen dichten Dendritenbaum. Der lange Apikaldendrit reicht mit seinen Verzweigungen bis in das *Stratum lacunosum-moleculare* (**B16**). In der CA3-Region läßt sich noch ein Stratum lucidum (**B20**) abgrenzen, in dem die Moosfasern verlaufen.

Die **afferenten Fasern** aus verschiedenen Herkunftsgebieten verlaufen in verschiedenen Schichten. Ein großer Teil der Kommissurenfasern aus dem kontralateralen Hippocampus zieht in das *Stratum oriens* (**B11**) und das Stratum radiatum (**B15**). Die Fasern der Regio entorhinalis (**B5**) ziehen in das *Stratum lacunosum-moleculare* (**B16**) und gehen Kontakte mit den äußersten Verzweigungen der Apikaldendriten ein (**B17**). Die Schaffer-Kollateralen (**B10**) haben Kontakt mit distalen Abschnitten der Apikaldendriten der CA1-Pyramidenzellen und die Moosfasern (**B7**) mit proximalen Abschnitten der CA3-Pyramidenzellen. Die Dendriten der Körnerzellen der Fascia dentata werden in ähnlicher Weise innerviert: Außen terminieren entorhinale Afferenzen, während an proximalen Dendritenabschnitten Kommissurenfasern endigen. Außer mit den Prinzipalzellen, den Pyramidenzellen und den Körnerzellen, bilden die Afferenzen des Hippocampus auch synaptische Kontakte mit hemmenden GABAergen Interneuronen aus (Vorwärtshemmung der Prinzipalneurone, S. 35 C). Neben den erwähnten Korbzellen (**B12**), die axosomatische Synapsen bilden, sind in den letzten Jahren auch GABAerge Zellen gefunden worden, die Kontakte am Axoninitialsegment (axo-axonale Zellen oder Chandelierzellen) (**B18**) oder an Dendriten (**B19**) der Prinzipalzellen bilden. Aus dem Faserverlauf und aus elektrophysiologischen Untersuchungen ergibt sich der Verlauf der Erregungsausbreitung im Hippocampus: Glutamaterge entorhinale Afferenzen aktivieren die Körnerzellen, die über die Moosfasern die CA3-Pyramidenzellen aktivieren. Diese aktivieren dann die CA1-Pyramidenzellen über die Schaffer-Kollateralen (trisynaptischer Erregungsweg des Hippocampus).

B21 Hilus fasciae dentatae

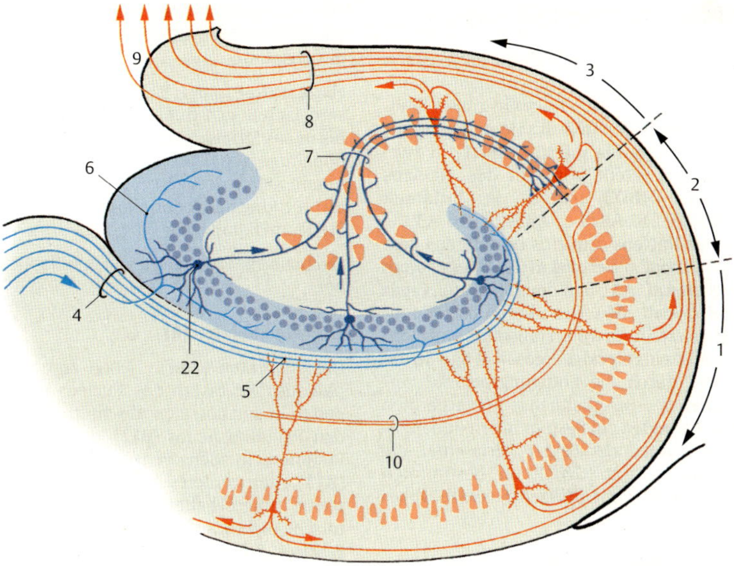

A Organisation des Hippocampus (nach Cajal)

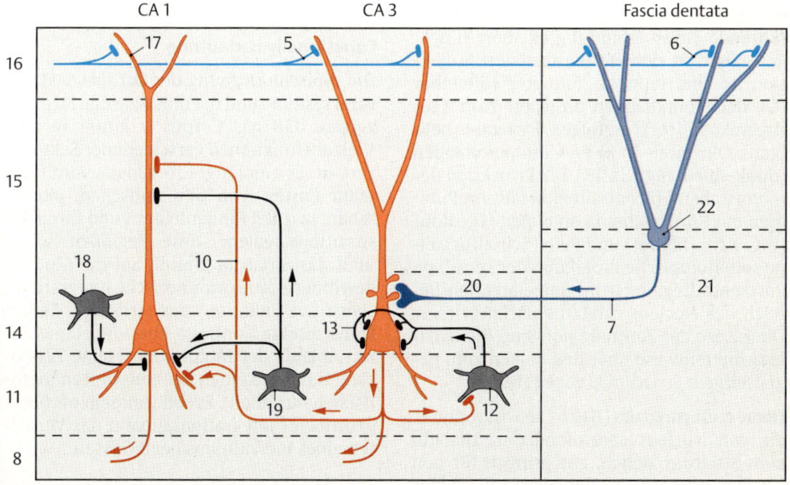

B Neuronenschaltung im Hippocampus

Corpus striatum (A – D)

Das Corpus striatum gilt als die *oberste Integrationsstelle des extrapyramidal-motorischen Systems* (S. 310). Es ist ein großer grauer Komplex in der Tiefe der Hemisphäre, der durch die Capsula interna (**ABD1**) in zwei Abschnitte geteilt wird: in den **Nucleus caudatus** (**ABD2**) und in das **Putamen** (**ABD3**) (S. 214 AB18 u. AB19, S. 216 AB9 u. 10). Der Nucleus caudatus besteht aus dem großen **Caput nuclei caudati** (**A4**), dem **Corpus nuclei caudati** (**A5**), und dem Schwanz, **Cauda nuclei caudati** (**A6**). Die immunhistochemische Darstellung von Transmittersubstanzen zeigt eine fleckige, mosaikartige Struktur, die durch die Endigungsbezirke verschiedener Faserbahnen hervorgerufen wird. Sie bilden ein System miteinander zusammenhängender Felder (*Striosome*), die sich durch ihren Gehalt an bestimmten Transmittern vom übrigen Gewebe abheben.

Afferente Bahnen (B – D)

Fibrae corticostriatales (**B8**). Von allen Arealen des Neocortex ziehen Fasern zum Corpus striatum. Es sind Axone von mittelgroßen und kleinen Pyramidenzellen der 5. Schicht (vgl. S. 240). Eine vom Striatum zum Cortex führende Faserverbindung existiert hingegen nicht. In der kortikostriatalen Projektion ist eine topische Ordnung erkennbar (**C**): der Frontallappen projiziert zum Kaudatumkopf (rot), es folgen Parietal- (hellblau), Okzipital- (lila) und Temporallappen (dunkelblau) (vgl. S. 213). Die Projektion der motorischen Präzentralregion läßt im Putamen ein Körperschema erkennen (**D**): Kopf (rot), Arm (hellrot) und Bein (Schraffur). Eine somatotopische Projektion der sensiblen Postzentralregion ist im dorsolateralen Bereich des Nucleus caudatus nachgewiesen. Die Fasern der Zentralregion sind die einzigen, die teilweise über den Balken zum gegenseitigen Striatum kreuzen (**B9**).

Fibrae centrostriatales (**B10**). Die Faserbündel, die von Nucleus centromedianus thalami zum Striatum ziehen, entspringen für den Nucleus caudatus im dorsalen Teil, für das Putamen im ventralen Teil des Kerns. Über sie erreichen Impulse vom Kleinhirn und von der Formatio reticularis des Mittelhirns das Striatum.

Fibrae nigrostriatales (**B11**). Nigrostriatale Fasern lassen sich fluoreszenzmikroskopisch bis in das Striatum verfolgen. Es sind Fasern dopaminerger Neurone, die in Gruppen die innere Kapsel kreuzen. Sie ziehen ohne Unterbrechung durch den Globus pallidus zum Striatum (S. 136 B16).

Serotoninerge Faserbündel von den Raphekernen.

Efferente Bahnen (B)

Die efferenten Fasern ziehen zum Globus pallidus. Die Fasern des Nucleus caudatus enden in den dorsalen Abschnitten der beiden Pallidumglieder (**B12**), die Fasern des Putamen in den ventralen Abschnitten (**B13**). Hier werden sie auf pallidofugale Systeme umgeschaltet: auf pallidosubthalamische Fasern, auf die Ansa lenticularis, den Fasciculus lenticularis und auf pallidotegmentale Fasern (S. 192 A16).

Fibrae strionigrales (**B14**). Fasern des Nucleus caudatus enden im oralen Abschnitt, Fasern des Putamen im kaudalen Abschnitt der Substantia nigra (S. 136 B12, B14).

Funktionelle Bedeutung

Die topische Ordnung der kortikostriatalen Fasersysteme und die mosaikartige Struktur zeigen, daß das Corpus striatum in eine Vielzahl funktionell verschiedener Sektoren zerfällt. Es empfängt Erregungen vom frontalen Cortex, von den optischen, akustischen, taktilen Rindenfeldern und ihren Assoziationsarealen. Diese Regionen sollen über das Striatum Einfluß auf die Motorik gewinnen („sensorimotorische Integration", „kognitive Funktion" des Striatum). Es übt keine direkte Kontrolle über die elementaren Abläufe der Motorik aus (seine Zerstörung führt zu keinen nennenswerten motorischen Ausfällen). Es soll vielmehr als übergeordneter Integrationsapparat das Verhalten eines Individuums beeinflussen.

A7 Corpus amydaloideum

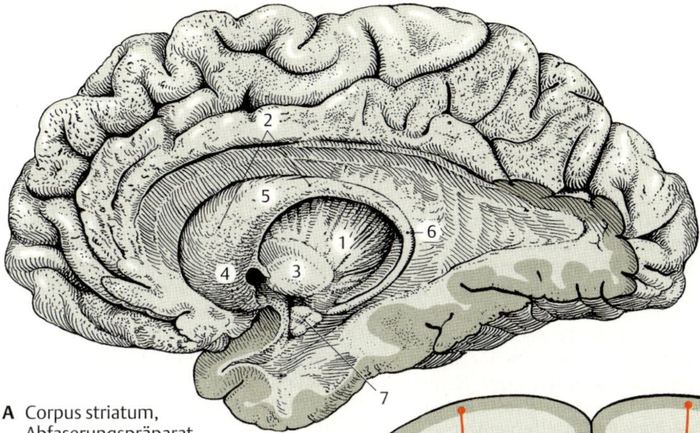

A Corpus striatum, Abfaserungspräparat (nach Ludwig u. Klingler)

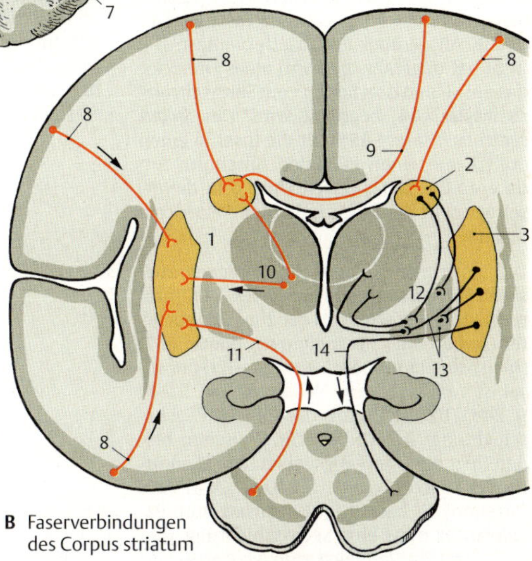

B Faserverbindungen des Corpus striatum

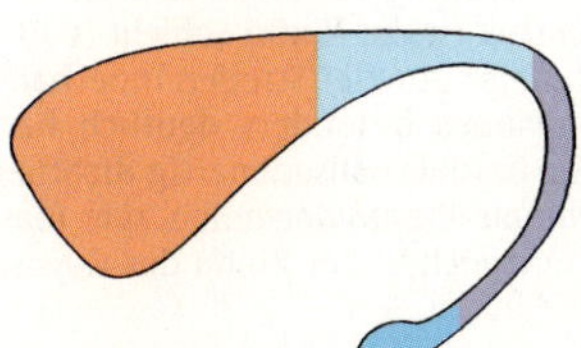

C Projektion des Cortex auf den Nucleus caudatus beim Affen (nach Kemp u. Powell)

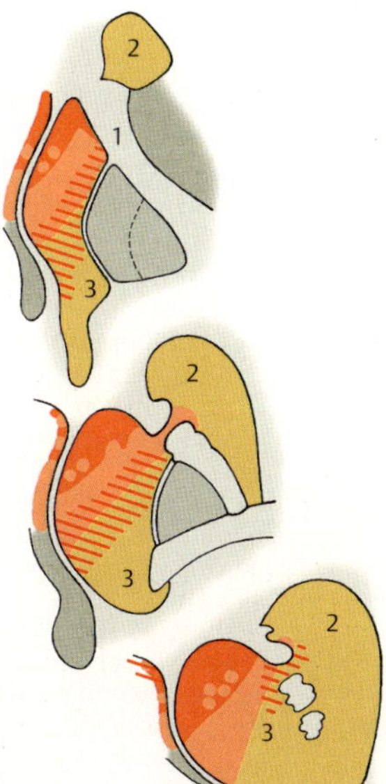

D Projektion der Präzentralregion auf das Putamen beim Affen (nach Künzle)

Insula (A–D)

Als **Insel** wird ein Bezirk an der lateralen Oberfläche der Hemisphäre bezeichnet, der während der Entwicklung im Wachstum zurückbleibt und von den stärker wachsenden Nachbargebieten der Hemisphäre überlagert wird. Die Hemisphärenanteile, welche die Insel überdecken, bezeichnen wir als **Opercula** (Deckel). Nach den angrenzenden Hirnlappen unterscheidet man das **Operculum frontale** (**A1**), das **Operculum parietale** (**A2**) und das **Operculum temporale** (**A3**). Die Opercula sind in Abb. **A** auseinandergedrängt, um die Insel zur Darstellung zu bringen. Normalerweise lassen sie nur einen Spalt frei, den **Sulcus lateralis cerebri** (*Fissura Sylvii*, S. 10 A4), der sich zur **Fossa lateralis** (S. 216 AB15) über der Insel erweitert. Die Insel hat ungefähr die Form eines Dreiecks, das auf seinen drei Seiten vom **Sulcus circularis insulae** (**A4**) begrenzt wird. Der *Sulcus centralis insulae* (**A5**) teilt die Insel in einen oralen und einen kaudalen Abschnitt. Am unteren Pol, **Limen insulae** (**A6**), geht die Inselregion in die Riechrinde, den Palaeocortex, über.

Die Inselrinde bildet einen *Übergang zwischen Palaeocortex und Neocortex*. Der untere Pol der Insel wird von der zum Palaeocortex gehörenden **präpiriformen Rinde** (**B7**) (blau) eingenommen. Der obere Teil der Insel ist vom Isocortex (Neocortex, vgl. S. 240 u. 244) (**B8**) (gelb) mit der üblichen Sechsschichtung (S. 240) bedeckt. Zwischen beiden liegt ein Übergangsgebiet, der **Mesocortex** (Proisocortex, vgl. S. 240 u. 244) (**B9**) (Streifen). Er besitzt im Gegensatz zum Palaeocortex zwar eine Sechsschichtung, diese ist aber im Vergleich zum Neocortex nur wenig ausgeprägt. Charakteristisch für den Mesocortex ist die fünfte Schicht (**C10**), die als schmaler dunkler Streifen innerhalb des Rindenbandes besonders deutlich hervortritt. Sie enthält palisadenartig dichtliegende, schmale Pyramidenzellen, wie man sie sonst nur noch in der Rinde des Gyrus cinguli findet.

Reizergebnisse (**D**). Die Reizung der Inselrinde, die wegen der versteckten Lage des Bezirkes sehr schwierig ist, wurde am Menschen bei der operativen Behandlung besonderer Epilepsieformen durchgeführt. Es resultierte eine vermehrte (+) oder verminderte (−) Peristaltik des Magens. An manchen Reizpunkten traten Übelkeit und Brechreiz auf (●), an anderen wurden Sensationen im Oberbauch bzw. in der Magengegend (×) oder im Unterbauch (○) empfunden. An einigen Reizpunkten wurden Geschmacksempfindungen wahrgenommen (▲). Wenn die Reizkarte auch keine topische Gliederung der Effekte wiedergibt, so weisen die Ergebnisse doch auf eine *viszerosensible und viszeromotorische Funktion* der Inselrinde hin. In Experimenten an Affen wurden außer Speichelsekretion auch motorische Reaktionen der Gesichts- und Extremitätenmuskulatur erzeugt. Beim Menschen führt die operative Entfernung der Inselregion zu keinen funktionellen Ausfällen.

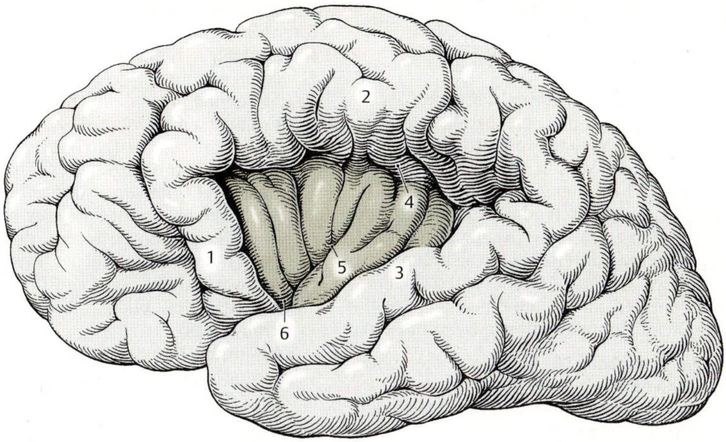

A Insel, Opercula auseinandergedrängt (nach Retzius)

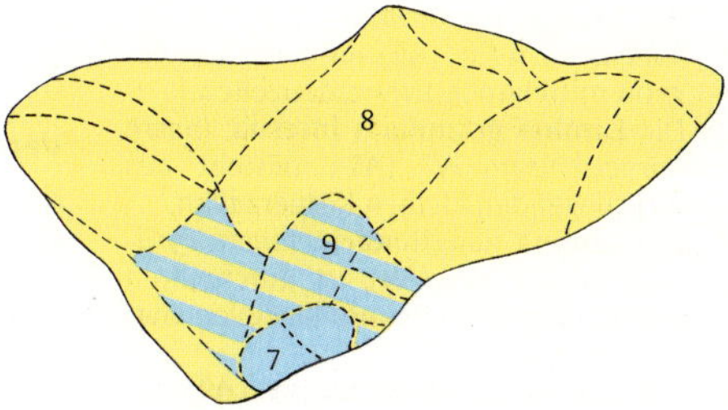

B Rindenfelder der Insel (nach Brockhaus)

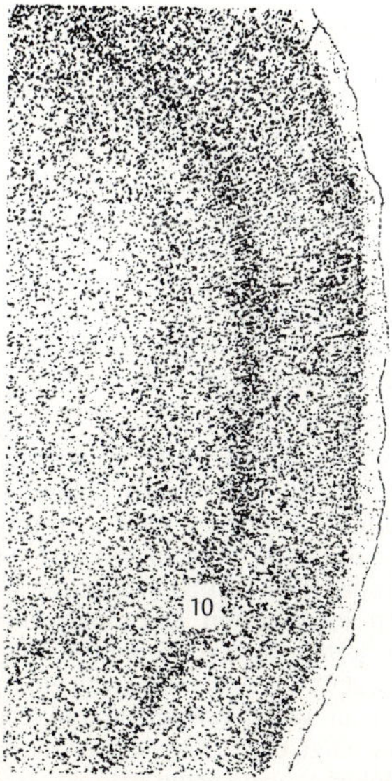

C Mesocortex

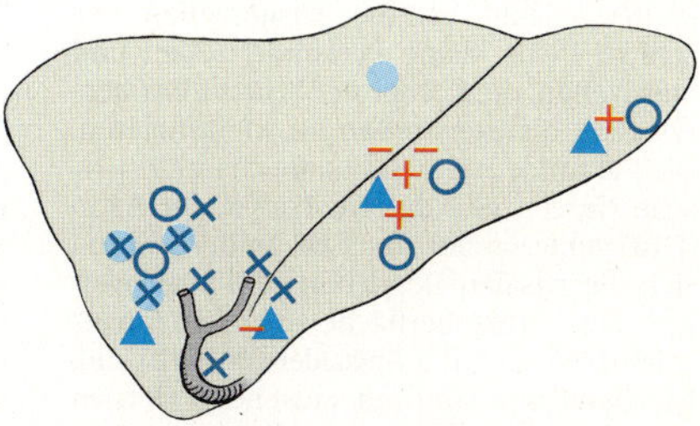

D Reizkarte der Inselrinde beim Menschen (nach Penfield u. Faulk)

Neocortex (A–D)

Rindenschichten (A–C)

Der Neocortex (Isocortex) läßt eine *Sechsschichtung* erkennen, die parallel zur Hemisphärenoberfläche verläuft. Die Schichtengliederung kommt in der Silberimprägnation (**A1**), in der Zellfärbung nach Nissl (**A2**), in der Markscheidenfärbung (**A3**) und in der Pigmentfärbung (**B**) zur Darstellung. Die Schichten unterscheiden sich durch die verschiedene Form, Größe und Zahl ihrer Nervenzellen und durch die unterschiedliche Dichte der markhaltigen Nervenfasern.

In der **Zellfärbung** (**A2**) erscheint die äußerste Schicht,

- die **Lamina molecularis**, *Molekularschicht* (I) (**A4**), zellarm.
- Die **Lamina granularis externa** (Lamina corpuscularis), *äußere Körnerschicht* (II) (**A5**), ist dicht mit kleinen Körnerzellen angefüllt.
- Die **Lamina pyramidalis**, *äußere Pyramidenschicht* (III) (**A6**), enthält überwiegend mittelgroße Pyramidenzellen.
- Die **Lamina granularis interna**, *innere Körnerschicht* (IV) (**A7**), besteht aus dichtliegenden kleinen Körnerzellen.
- Die **Lamina ganglionaris**, *innere Pyramidenschicht* (V) (**A8**), ist durch ihren Gehalt an großen Pyramidenzellen charakterisiert.
- Die **Lamina multiformis** (VI) (**A9**) mit locker liegenden unterschiedlichen Zellformen bildet den Abschluß.

Die **Silberimprägnation** (**A1**), welche die Nervenzellen mit allen Fortsätzen darstellt (S. 18), erlaubt es, die Körnerzellen der Schicht II als kleine Pyramidenzellen und Sternzellen, die Körner der Schicht IV überwiegend als Sternzellen zu identifizieren. Die Pyramidenzelle (**C**) ist die charakteristische Nervenzelle des Neocortex. Ihr Axon (**C10**) geht von der Basis ab, an deren Rand sich die basalen Dendriten (**C11**) verzweigen. Zur Cortexoberfläche steigt ein langer starker Dendrit, der **Apikaldendrit** (**C12**), auf. Die Dendriten sind mit tausenden Dornen bedeckt, an denen Synapsen liegen.

Die **Markscheidenfärbung** (**A3**) der Nervenfasern läßt infolge der unterschiedlichen Dichte der Tangentialfasern folgende Schichten erkennen:

- die *Lamina tangentialis* (**A13**),
- die *Lamina dysfibrosa* (**A14**),
- die *Lamina suprastriata* (**A15**),
- der sehr faserdichte äußere (**A16**) und innere (**A17**) *Baillarger-Streifen*. Der äußere Streifen kommt durch die Aufzweigung der afferenten Fasern, der innere durch Axonkollaterale der Pyramidenzellen zustande.
- Den Abschluß bildet die *Lamina substriata* (**A18**).
- Außerdem besteht eine vertikale Gliederung durch die Bündel der *Radiärfasern* (**A19**).

Pigmentfärbung (**B**). Die verschiedenen Nervenzellen sind unterschiedlich pigmentiert. Der unterschiedliche Pigmentgehalt führt zu einer charakteristischen Schichtung der Rinde, meist mit zwei pigmentarmen Streifen, die im allgemeinen den beiden Baillarger-Streifen entsprechen.

Vertikale Kolumnen (D)

Die elementaren Funktionseinheiten des Neocortex sind vertikale, durch alle Rindenschichten reichende Zellkolumnen, die einen Durchmesser von 200–300 μm besitzen. Elektrophysiologische Untersuchungen haben gezeigt, daß in den kortikalen Projektionsfeldern jede Zellsäule mit einem umschriebenen peripheren Bezirk von Sinneszellen verbunden ist. Bei Reizung des peripheren Feldes antwortet stets die ganze Kolumne.

Faserzüge verbinden kortikale Kolumnen miteinander (**D**): die Fasern einer Kolumne (**D20**) verlaufen entweder zu Kolumnen der gleichen Hemisphäre (Assoziationsfasern, vgl. S. 260) oder über den Balken zu meist symmetrisch lokalisierten Kolumnen der gegenseitigen Hemisphäre (Kommissurenfasern, vgl. S. 260). Die Aufzweigungen einer Faser enden an verschiedenen Kolumnen (**D21**). Man schätzt, daß der Neocortex aus 4 Millionen Kolumnen aufgebaut ist.

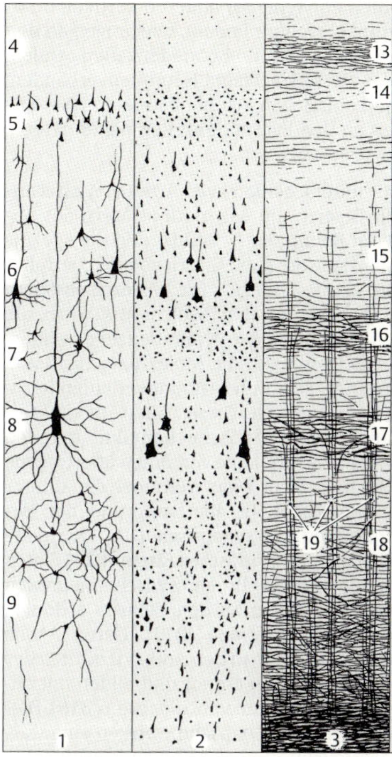

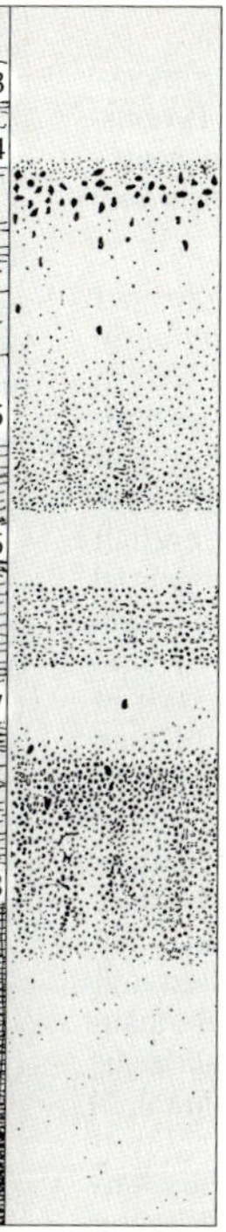

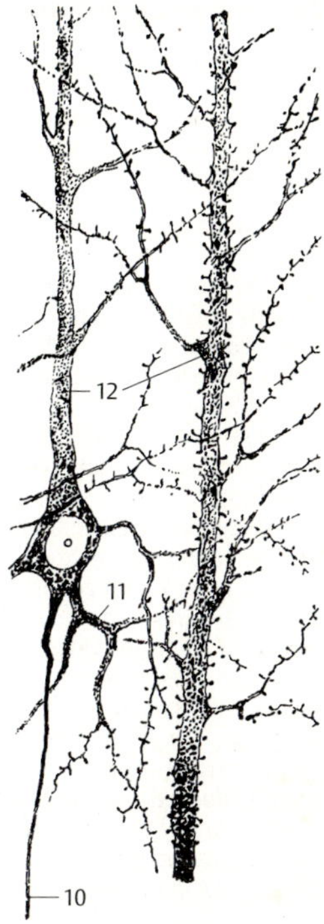

A Schichten des Neocortex,
1 Silberimprägnation, 2 Zellfärbung,
3 Markscheidenfärbung (nach Brodmann)

B Pigmentfärbung

C Pyramidenzelle und Apikaldendrit (nach Cajal)

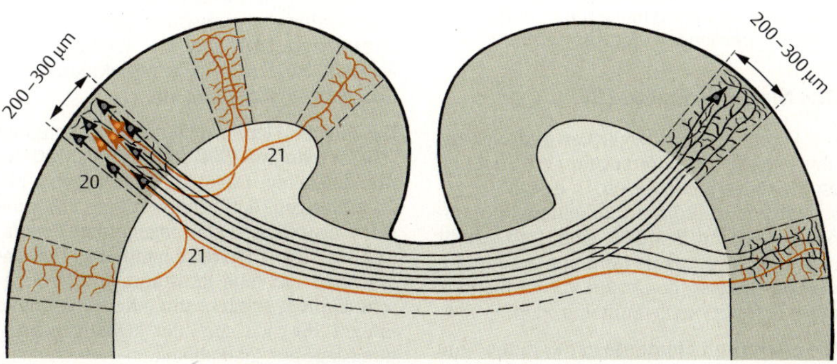

D Verbindung von vertikalen Kolumnen im Neocortex (Szentágothai nach Goldman u. Nauta)

Zellformen des Neocortex (A)

Prinzipiell werden **langaxonige Projektionsneurone** (exzitatorische glutamerge *Pyramidenzellen*) von **kurzaxonigen Zwischenneuronen** (hemmende GABAerge *Interneurone*) unterschieden.

Die *Pyramidenzelle* (**A1**) ist gekennzeichnet durch einen Apikaldendriten (**A2**), der bis in die Molekularschicht aufsteigt und sich in ihr aufzweigt, weiterhin durch ihre zahlreichen Basaldendriten (**A3**). Ihr Axon gibt zahlreiche rückläufige Kollateralen ab (**A4**). Die zellarme Lamina molecularis (I) enthält die *Cajal-Retzius-Zellen* (**A5**) mit tangential verlaufenden Axonen. Die verschiedenen Arten der Körner- oder Sternzellen sind überwiegend Zwischenneurone, die wir in unterschiedlicher Dichte in allen Schichten antreffen. Zu ihnen gehören die *Martinotti-Zellen* (**A6**) mit vertikal aufsteigenden Axonen, die sich in verschiedenen Rindenschichten aufsplittern und bis in die Molekularschicht reichen. Lange auf- oder absteigende Axone besitzen die Zellen mit zwei vertikal orientierten Dendritenbäumen, *Cellules à double bouquet dendritique* von Cajal (**A7**) (vorwiegend in Lamina II, III und IV). Bei manchen Sternzellen splittert sich das Axon nach kurzem Verlauf buschartig auf (**A8**) oder es teilt sich und endet mit korbartigen Geflechten (*Korbzellen*) (**A9**) an benachbarten Pyramidenzellen. Die Axonaufgabelungen können einen horizontalen Verlauf nehmen und an entfernten Pyramidenzellen enden (**A10**). Durch den Nachweis von GABA in den Synapsen der Korbzellen ist ihre hemmende Funktion gesichert.

Das Modul-Konzept (B)

Die Ergebnisse histologischer und elektrophysiologischer Untersuchungen erlauben es, Modelle zu entwerfen, in denen die geschilderten Zellformen zu einem funktionellen Verband geordnet sind. Dabei stellt man sich die vertikale Kolumne als ein Modul vor, d. h. als eine Gruppe von Elementen, die eine funktionelle Einheit bilden.

Die **efferenten Elemente** der Kolumne sind die *Pyramidenzellen* (**B11**). Ihre Axone verlaufen entweder zu anderen kortikalen Kolumnen, wo ihre Endaufzwiegungen an den Dornen anderer Pyramidenzellen enden, oder zu subkortikalen Neuronenverbänden. Die zahlreichen Axonkollateralen (**A4**) enden an den Pyramidenzellen näher gelegener Kolumnen.

Wir unterscheiden zwei Arten von **afferenten Fasern**: die Assoziationsfasern aus anderen Kolumnen (S. 240 D) und die spezifischen sensorischen Fasern von den peripheren Sinnesfeldern. Die **Assoziationsfasern** (**B12**) geben in allen Schichten Äste ab, die an den Dornen der Pyramidenzellen enden. Sie steigen bis in die Molekularschicht auf, in der sie sich in horizontal verlaufende Fasern aufzweigen. Diese haben im Umkreis von 3 mm synaptische Kontakte mit den Apikaldendriten. Die von ihnen übertragene Erregung reicht zwar weit über die Kolumne hinaus, bleibt aber aufgrund der beschränkten synaptischen Kontakte schwach. Die **spezifischen Fasern** (**B13**) enden in der Lamina IV an Zwischenneuronen (**B14**), vor allem an den Cellules à double bouquet dendritique (**B15**). Deren Axone steigen sekrecht an den Apikaldendriten der Pyramidenzellen empor und bilden mit deren Dornen Ketten von Synapsen (**B16**). Diese Serien von Synapsen bewirken eine starke Impulsübertragung. Die *Korbzellen* (**B17**), hemmende Zwischenneurone, schicken ihre Axone zu den Pyramidenzellen der benachbarten Kolumnen und hemmen sie. Auf diese Weise wird die Erregung begrenzt. Die Korbzellen selbst werden durch rückläufige Kollateralen der erregenden Pyramidenzellen aktiviert. Die Axone der Martinotti-Zellen (**B18**) steigen bis in die Molekularschicht und zweigen sich in ihr auf.

Die Zahl der Nervenzellen in einer Kolumne schätzt man auf 2500, darunter ca. 100 Pyramidenzellen. Dabei ist allerdings zu berücksichtigen, daß eine vertikale Kolumne keine histologisch klar abgegrenzte Formation ist. Möglicherweise handelt es sich dabei nicht um eine konstante morphologische Einheit, sondern um eine funktionelle Einheit, die sich nach der jeweiligen Erregungslage auf- und abbaut.

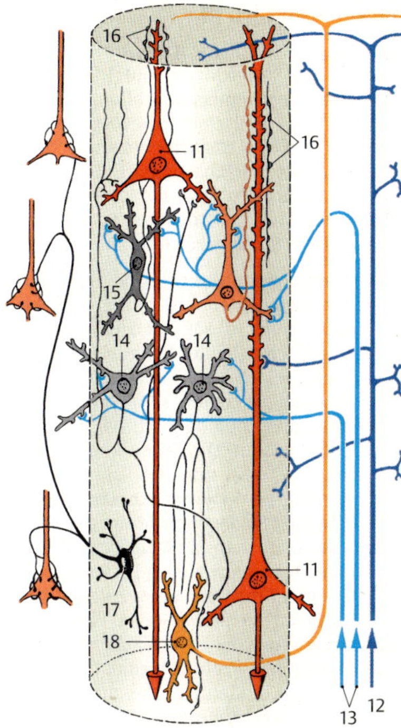

B Vereinfachtes Modell einer Kolumne (nach Szentágothai)

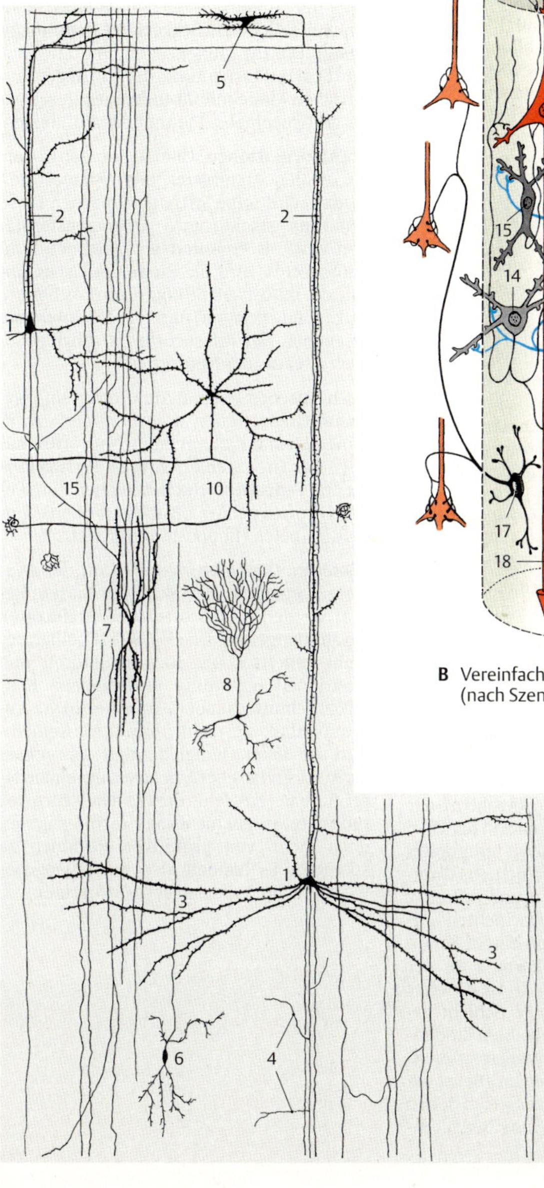

A Zellelemente des Neocortex (nach Colonnier)

Rindenfelder (A, B)

Alle Gebiete des Neocortex machen eine gleichartige Entwicklung durch: an der Oberfläche der Hemisphäre bildet sich zuerst eine breite Zellschicht, die *Rindenplatte*, die sich dann in sechs Schichten aufspaltet. Wegen dieser gleichartigen Entwicklung wird der Neocortex auch als *isogenetischer Cortex* oder kurz als **Isocortex** oder als *homogenetische Rinde* bezeichnet.

Trotzdem zeigt der Neocortex beim Erwachsenen in verschiedenen Regionen erhebliche Variationen, so daß man eine Anzahl unterschiedlich gebauter Bezirke, **Rindenfelder**, unterscheiden kann. In ihnen können die einzelnen Schichten sehr verschieden beschaffen sein: breit oder schmal, zelldicht oder locker gebaut. Die Zellen können verschieden groß sein oder es kann ein bestimmter Zelltyp vorherrschen. Die Abgrenzung einzelner Felder nach derartigen Kriterien bezeichnet man als **Architektonik**. Entsprechend der angewandten Färbemethode (S. 240) spricht man von einer *Zytoarchitektonik*, *Myeloarchitektonik* oder *Pigmentarchitektonik*. Auf der Oberfläche der Hemisphäre kann man ähnlich einer Landkarte eine Karte der Rindenfelder rekonstruieren. Die von Korbinian Brodmann entworfene zytoarchitektonische Karte der Rindenfelder (**AB**) ist vielfach bestätigt und allgemein anerkannt.

Rindentypen. Ein besonderes Kennzeichen der **Projektionsfelder** (Endstätten der aufsteigenden Sinnesbahnen) ist die starke Ausbildung der Körnerschichten. Sowohl in der sensiblen Rinde (Area 3) als auch in der Hörrinde (Area 41 und 42, Gyri temporales transversi) sind die Körnerschichten (Lamina II und IV) stark verbreitert und zellreich, während die Pyramidenzellschichten zurücktreten. Wir sprechen von einem *Koniocortex* (χονια: Sand, Sandkörner). In der Sehrinde (Area 17, Area striata) ist es sogar zu einer Verdoppelung der IV. Schicht gekommen (S. 255 A). Diese sensiblen Rindenfelder stehen als Endigungsgebiete afferenter Projektionen auch stärker im Dienst assoziativer Verarbeitungsprozesse, bei denen kurzaxonige Schaltneurone eine bedeutende Rolle spielen. Umgekehrt sind in der **motorischen Rinde** (Area 4 und 6) die Körnerschichten zugunsten der Pyramidenschichten weitgehend zurückgebildet (*agranuläre Rinde*). Die Pyramidenzellen sind langaxonige Projektionsneurone, die z. B. in der motorischen Rinde mit ihren Axonen den Tractus corticospinalis (Pyramidenbahn) bilden.

Grenzformationen. Überall, wo der Isocortex an den Archicortex oder Palaeocortex grenzt, wird seine Struktur einfacher. Diese einfacher strukturierte Übergangsformation wird als **Proisocortex** bezeichnet. Zum Proisocortex wird die Rinde des *Gyrus cinguli*, die *retrospleniale Rinde* (um das hintere Balkenende gelegen) und *Teile der Inselrinde* gerechnet. Der Proisocortex ist phylogenetisch älter als der Neocortex.

Auch Palaeocortex und Archicortex sind von einem Grenzstreifen umgeben, der sich in seiner Struktur etwas dem Neocortex nähert. Das Grenzgebiet wird als **Periarchicortex** und **Peripalaeocortex** bezeichnet. Zum Periarchicortex gehört z. B. die *entorhinale Rinde*, die an den Hippocampus grenzt.

Allocortex. Dem Isocortex wird oft der Allocortex gegenübergestellt. Unter diesem Begriff werden Palaeocortex und Archicortex zusammengefaßt. Da es sich bei beiden sowohl genetisch als auch strukturell und funktionell um völlig verschiedene Endhirnabschnitte handelt, ist eine solche Zusammenfassung nicht berechtigt. Gemeinsam ist ihnen lediglich, daß sie anders (αλλοζ) sind als der Isocortex. Ihr einfacherer Aufbau (z. B. fehlt die für den Neocortex typische Sechsschichtung) rechtfertigt jedoch nicht, von primitiven Regionen zu sprechen. Es handelt sich um phylogenetisch alte, hochspezialisierte Strukturen.

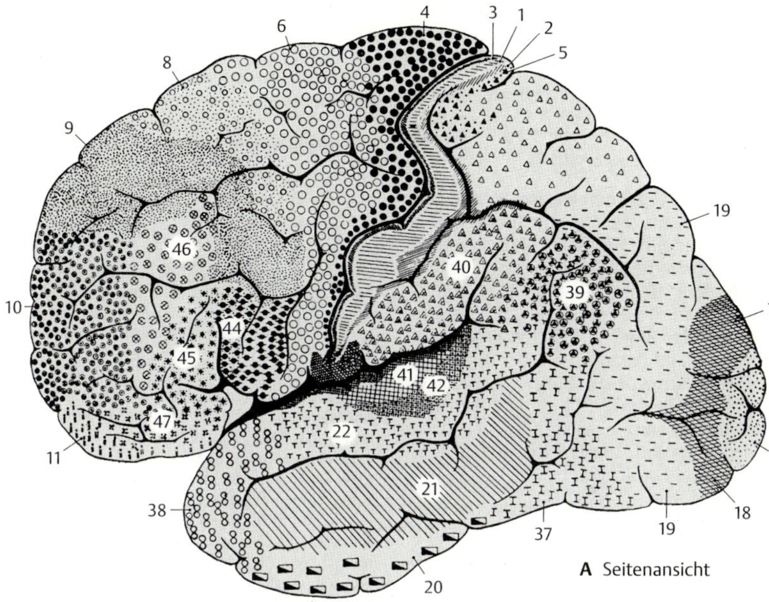

A Seitenansicht

A, B Rindenfelder der Hemisphäre (nach Brodmann)

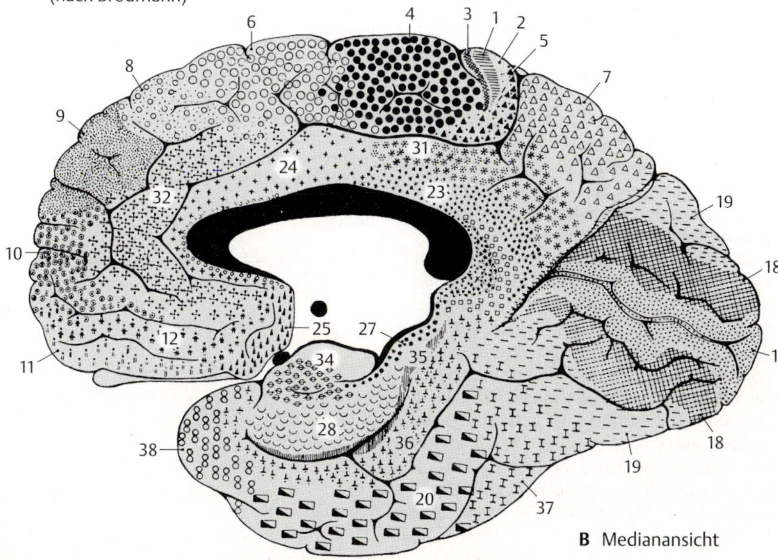

B Mediananansicht

Frontallappen (A–C)

Wir unterscheiden die Präzentralregion (die eigentliche motorische Rinde), die prämotorische, die polare und die orbitale (basale) Rindenregion.

Agranuläre Rinde (A–C)

Die Rinde der **Präzentralregion** (Area 4 und 6) (**C**) ist gekennzeichnet durch eine Reduzierung oder einen *Verlust der Körnerschichten* und durch die *Verbreiterung der Pyramidenschichten*. Charakteristisch sind außerdem die besondere Breite und der fließende Übergang der Rinde in das Marklager. Die Merkmale sind besonders in der Rinde der *Area 4* (**A**) ausgeprägt, deren V. Schicht in bestimmten Bezirken (▲) die **Betz-Riesenpyramidenzellen** (**A1**) enthält. Diese besitzen die stärksten und längsten Axone, die bis in das Sakralmark reichen.

Zum Vergleich ist die Rinde der prämotorischen *Area 9* (**B**) abgebildet. Sie ist nicht nur schmäler und durch eine betonte VI. Schicht besser vom Marklager abgesetzt, sondern sie besitzt auch gut ausgebildete Körnerschichten (II u. IV).

Die agranuläre Rinde (Area 4 und 6) ist das *Hauptursprungsgebiet der Pyramidenbahn* und gilt als Protoyp des **motorischen Cortex**. Es enden in ihr allerdings auch afferente Fasern und bei einer Reizung der Haut an der Streck- und der Beugeseite der Extremitäten lassen sich in der Präzentralregion elektrische Potentiale ableiten. Es handelt sich dabei wahrscheinlich um afferente Systeme zur Kontrolle und feineren Regulierung der Motorik. Umgekehrt kann man durch verstärkte Reizung an manchen Punkten der Postzentralregion (**C**) (somatosensorischer Cortex, blau) des Parietallappens und der prämotorischen frontalen Region motorische Reaktionen hervorrufen. Entsprechend finden sich langaxonige Pyramidenzellen der V. Hirnrindenschicht auch in diesen Arealen (△). Die Physiologen sprechen daher von einer *motorisch-sensorischen Region*, Ms I (überwiegend motorisch) und von einer *sensorisch-motorischen Region*, Sm I (überwiegend sensorisch). Diese Befunde ändern jedoch nichts an dem fundamentalen Tatbestand, daß der präzentrale Cortex die motorische Rinde und der postzentrale Cortex die somatosensorische (taktilsensible) Rinde repräsentieren.

Granuläre Rinde

Der **prämotorische polare** und **orbitale** (basale) **Cortex** besitzt gut entwickelte Körnerschichten (**B**).

Klinischer Hinweis: Eine Schädigung der granulären frontalen Rinde hat schwere Veränderungen der Persönlichkeit zur Folge. Dabei sind weniger die formalen intellektuellen Fähigkeiten als vielmehr Initiative, Zielstrebigkeit, Konzentration und Kritikfähigkeit betroffen. Die Patienten zeigen eine läppische selbstzufriedene Euphorie, interessieren sich nur für alltägliche Kleinigkeiten und sind unfähig, in die Zukunft zu planen.
Ähnliche Veränderungen wurden bei der *präfrontalen Leukotomie* beobachtet. Es handelt sich dabei um eine operative Durchtrennung der frontalen Faserverbindungen, die zur Behandlung von tobsüchtigen Geisteskranken und von Patienten mit schwersten Schmerzzuständen durchgeführt wurden (diese Behandlung ist jetzt durch Psychopharmaka überholt). Man erzielte dadurch eine dauernde Beruhigung und Gleichgültigkeit der Patienten. Dabei wurde eine eigenartige Veränderung in der emotionalen Sphäre beobachtet: Die Patienten nahmen ihre Schmerzen zwar noch wahr, sie empfanden sie aber nicht mehr als störend. Die vorher unerträglichen Schmerzen waren ihnen gleichgültig. Tiefgreifende Charakterveränderungen treten nach *Schädigung der orbitalen Rinde* (*basaler Neocortex*) auf. Bei bisher differenzierten und gebildeten Menschen kommt es zu einem Abbau von Anstand, Takt und Schamgefühl, was zu schweren sozialen Entgleisungen führen kann.

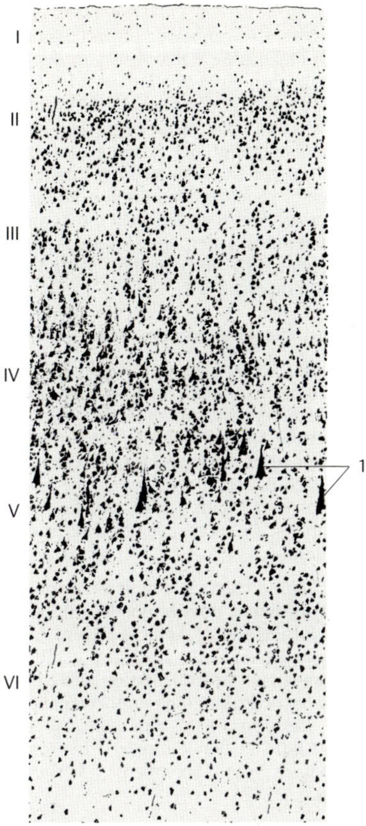

A Area 4, motorische Rinde

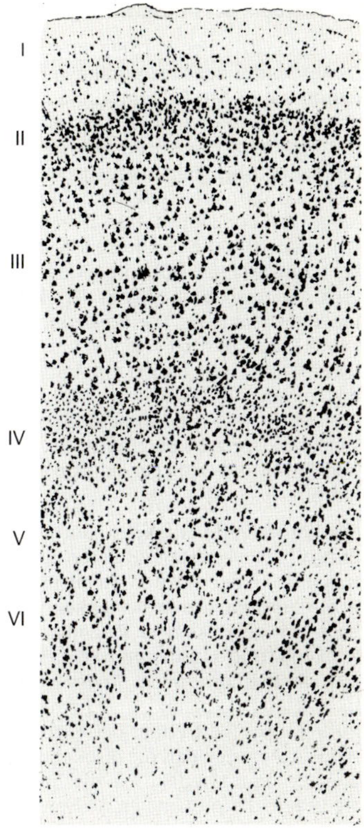

B Area 9

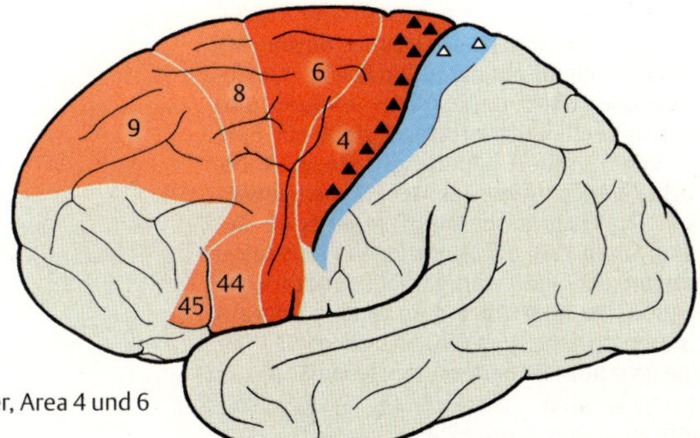

C Präzentrale Rindenfelder, Area 4 und 6 (nach von Bonin)

Somatotopik der Präzentralregion (A, B)

Bei der elektrischen Reizung einzelner Rindenabschnitte der Präzentralregion (**A, B1**) kommt es zu Muskelkontraktionen in bestimmten Körperregionen. Es ergibt sich eine somatotopische Gliederung, bei der die Kopfregion über dem Sulcus lateralis liegt, zuunterst die Vertretung für Schlund (**A2**), Zunge (**A3**) und Lippen. Dorsal folgen Hand, Arm, Rumpf und Bein, dessen Region über die Mantelkante auf die Medianfläche reicht. Es entsteht so ein auf dem Kopf stehender *Homunculus*. Die Areale für die einzelnen Körperpartien sind von unterschiedlicher Größe: die Körperabschnitte, deren Muskulatur differenzierte Bewegungen auszuführen hat, sind in besonders großen Arealen vertreten. Den größten Bezirk nehmen Finger und Hand ein, den kleinsten der Rumpf.

Jede Körperhälfte ist in der kontralateralen Hemisphäre vertreten, also die linke Körperhälfte in der rechten Hemisphäre, die rechte Körperhälfte in der linken. *Bilateral* reagieren bei einseitiger Reizung die Kau-, Kehlkopf- und Gaumenmuskeln, teilweise auch die Rumpfmuskeln. *Streng kontralateral* reagieren Gesichts- und Extremitätenmuskeln. Die Vertretung der Extremitäten ist so angeordnet, daß die distalen Extremitätenabschnitte in der Tiefe der Zentralfurche liegen, die proximalen Abschnitte weiter rostral auf der Präzentralwindung (**B1**).

Supplementäre motorische Felder (B)

Außer der Präzentralregion (Ms I) gibt es noch zwei zusätzliche motorische Felder. Die *zweite motorisch-sensorische Region*, Ms II (**B4**), liegt auf der medialen Fläche der Hemisphäre über dem Gyrus cinguli und nimmt den Bezirk der Area 4 und 6 ein. Eine somatotopische Gliederung ist beim Affen, nicht jedoch beim Menschen nachgewiesen. Die *zweite sensorisch-motorische Region*, Sm II (**B5**), die überwiegend eine taktil sensorische und weniger eine motorische Region ist, liegt über dem Sulcus lateralis und enstpricht ungefähr der Area 40. Welche funktionelle Bedeutung diesen Bezirken im gesamten motorischen System zukommt, ist noch ungeklärt.

Fontrales Blickzentrum (C)

Konjugierte Augenbewegungen lassen sich durch elektrische Reizungen von der Präzentralregion und vor allem von der Area 8 auslösen. Sie ist das frontale Blickzentrum für willkürliche Augenbewegungen. Im allgemeinen erfolgt bei Reizung eine Blickwendung zur Gegenseite, unter Umständen mit einer gleichzeitigen Kopfwendung. Die Fasern der Area 8 enden nicht direkt an den Augenmuskelkernen. Ihre Impulse werden wahrscheinlich im Nucleus interstitialis (Cajal) umgeschaltet.

Motorische Sprachregion (Broca-Feld) (D)

Bei einer Schädigung im Bereich der unteren Frontalwindung (Area 44 und 45) der dominanten Hemisphäre (S. 262) tritt eine **motorische Aphasie** auf. Die Patienten sind nicht mehr in der Lage, Worte zu formulieren und auszusprechen, obwohl die Sprechmuskulatur (Lippen, Zunge, Kehlkopf) nicht gelähmt ist. Das Sprachverständnis ist dabei erhalten.

Man kann sicherlich das Sprachvermögen nicht in einem umschriebenen Rindenbezirk lokalisieren („Sprachzentrum"). Die Sprache ist eine der höchsten zerebralen Leistungen, an deren Funktion weite Bereiche des Cortex beteiligt sind. Zweifellos ist aber das Broca-Feld eine entscheidende Schaltstätte in der komplexen neuronalen Grundlage des Sprechens (*Sensorische Aphasie*, S. 262).

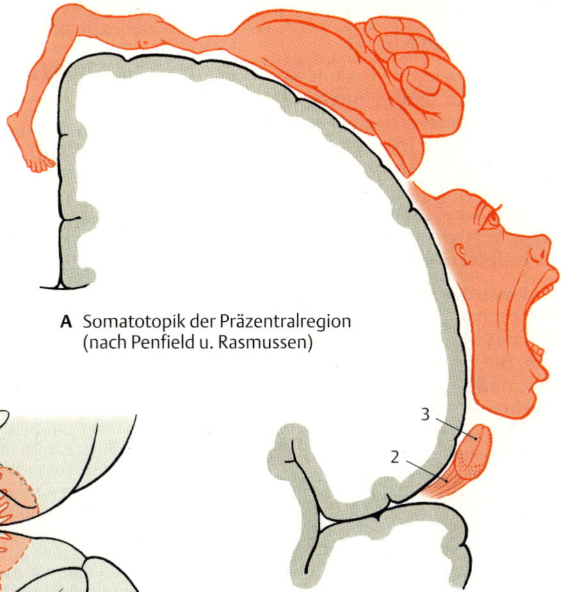

A Somatotopik der Präzentralregion (nach Penfield u. Rasmussen)

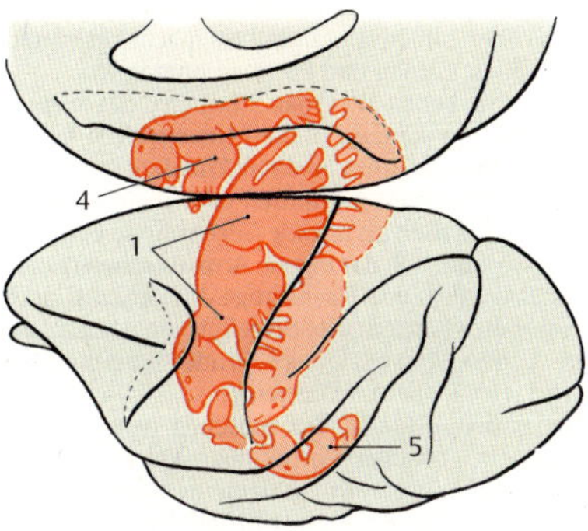

B Motorische Felder beim Affen (nach Woolsey)

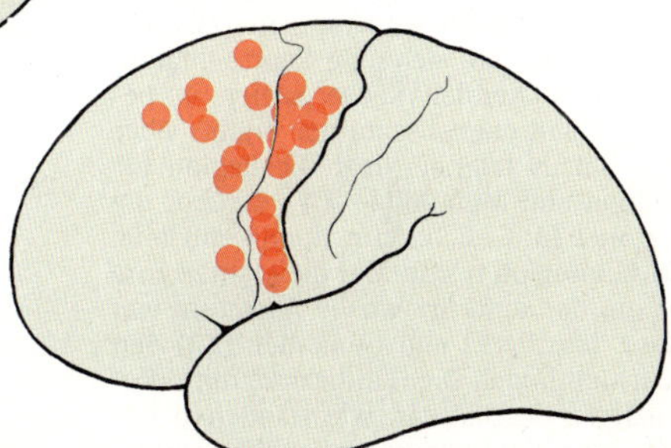

C Frontale Augenfelder (nach Penfield)

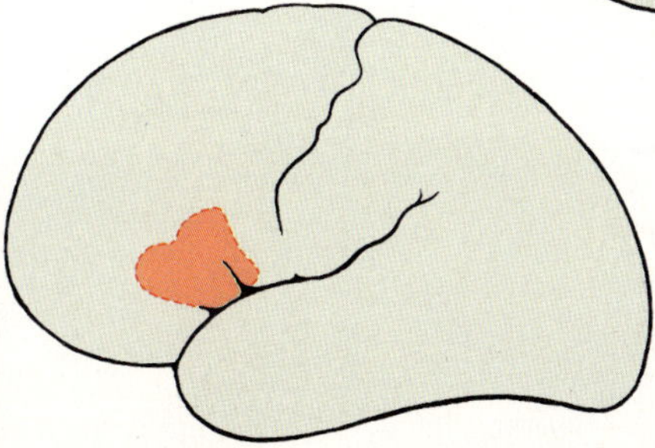

D Motorisches Sprachzentrum (Broca)

Parietallappen (A – C)

Postzentralregion (A – C)

Auf der vordersten Windung des Parietallappens, dem *Gyrus postcentralis*, liegt die Endstätte der sensiblen Bahnen, die **somatosensorische Rinde**. Es sind die Felder 3, 1 und 2, von denen die Area 3 auf der Vorderfläche des Gyrus und in der Tiefe der Zentralfurche liegt, die Area 1 als ein schmaler Streifen die Kuppe des Gyrus und die Area 2 die Rückfläche bedeckt (S. 245 A).

Die Rinde der Area 3 (**A**) ist gegenüber der motorischen Rinde hochgradig verschmälert und gegen das Marklager deutlich abgesetzt. Die Pyramidenschichten (III u. V) sind verschmälert und zellarm, die Körnerschichten (II und IV) dagegen stark verbreitert. Die Rinde gehört zum *Koniocortex* (S. 244). Zum Vergleich ist die Rinde der Area 40 (**B**) abgebildet, die den *Gyrus supramarginalis* bedeckt und als Prototyp der parietalen Rinde gelten kann. Hier sind sowohl Körner- als auch Pyramidenschichten gut ausgebildet und die durch alle Schichten verlaufende Radiärstreifung besonders deutlich.

Die somatosensorische Rinde empfängt ihre afferenten Fasern vom Nucleus ventralis posterior thalami in einer somatotopischen Ordnung, so daß sich eine Repräsentation der kontralateralen Körperpartien in bestimmten Rindenabschnitten ergibt: über dem Sulcus lateralis liegt die Region für Schlund und Mundhöhle (**C1**), darüber die Regionen für Gesicht, Arm, Rumpf und Bein. Die Beinregion reicht über die Mantelkante auf die Medianfläche, wo die Vertretung von Blase, Mastdarm und Genitalien (**C2**) den Abschluß bildet. Die Hautbezirke mit differenzierter Sensibilität, wie Hand und Gesicht, sind in besonders großen Rindenarealen vertreten. Die Regionen der distalen Extremitätenabschnitte sind allgemein größer als die der proximalen Abschnitte.

Nach klinischen und elektrophysiologischen Untersuchungen ist die *oberflächliche Hautsensibilität* in der Area 3, die *Tiefensensibilität* (vorwiegend Impulse der Gelenkrezeptoren) in der Area 2 vertreten. In der Area 2 werden Position und Bewegungen der Extremitäten ständig registriert.

Funktionelle Bedeutung der parietalen Rinde

Sie ist durch psychische Ausfälle bei Schädigung des Parietallappens bekannt geworden.

Klinischer Hinweis: Es können verschiedene Formen der *Agnosie* auftreten. Dabei werden die Sinneseindrücke zwar wahrgenommen, die Gegenstände in ihrer Bedeutung und Eigenart aber nicht erkannt. Solche Störungen können sich auf taktile, optische oder akustische Wahrnehmungen beziehen. Es kann zu Störungen des symbolischen Denkens kommen, wenn der Parietallappen (*Gyrus angularis*) der dominanten Hemisphäre (S. 262 A) betroffen ist: ein Verlust des Buchstaben- oder Zahlenverständnisses macht Lesen und Schreiben, Zählen und Rechnen unmöglich.
Weiterhin beobachtet man Störungen des *Körperschemas*. Sie können in dem Unvermögen bestehen, rechts und links zu unterscheiden. Es können auch die eigenen gelähmten oder nicht gelähmten Gliedmaßen als fremde Gegenstände empfunden werden, z. B. der eigene Arm als schwere, auf der Brust liegende Eisenstange. Die Störung kann eine ganze Körperhälfte betreffen, die dann als eine andere Person, „mein Bruder", empfunden wird (*Hemidepersonalisation*).
Die parietale Rinde, die zwischen dem taktilen und dem optischen Cortex liegt und mit beiden durch enge Faserverbindungen verknüpft ist, soll eine besondere Bedeutung für das Zustandekommen der dreidimensionalen *Raumvorstellung* haben. Bei einer Schädigung des Parietallappens kann diese gestört sein.

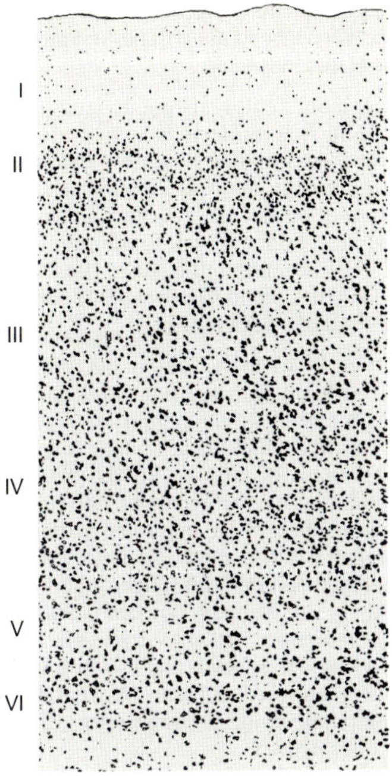

A Area 3, sensible Rinde

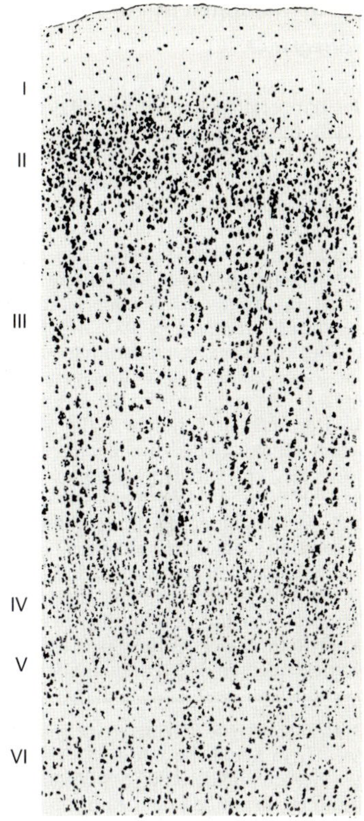

B Area 40

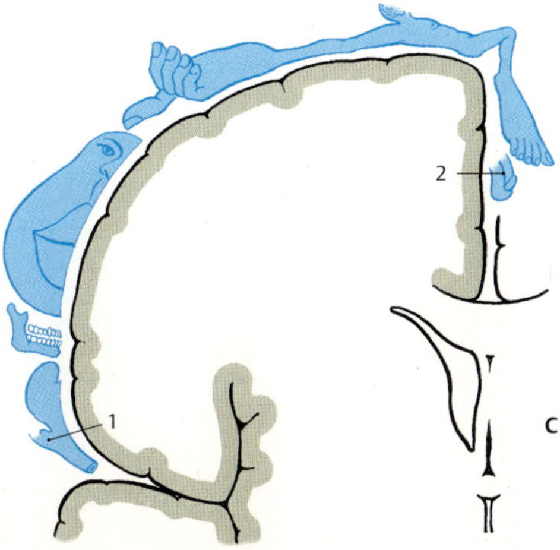

C Somatotopische Gliederung der Postzentralregion (nach Penfield u. Rasmussen)

Temporallappen (A–C)

Hörregion (A–C)

Die Hauptwindungen an der Seitenfläche des Temporallappens nehmen überwiegend einen Längsverlauf. Demgegenüber fallen an der Dorsalfläche zwei querverlaufende Windungen auf, die **Gyri temporales transversi**, die *Heschl-Querwindungen* (**C1**). Sie liegen in der Tiefe des Sulcus lateralis und werden erst sichtbar, wenn man das darüberliegende parietale Operculum enfernt. In der Rinde der vorderen Querwindung endet die *Hörstrahlung* (S. 380), die ihren Ursprung im Corpus geniculatum mediale hat. Die Rinde beider Querwindungen, die der Area 41 (**A**) und der Area 42 entspricht, ist die *Hörrinde*. Sie gehört wie alle rezeptorischen Rindenareale zum *Koniocortex*. Die äußere (II) und vor allem die innere Körnerschicht (IV) sind zellreich und stark verbreitert. Die Pyramidenschichten (III und V) dagegen sind schmal und enthalten nur kleine Pyramidenzellen. Zum Vergleich ist die Rinde der Area 21 (**B**) abgebildet, die den *Gyrus temporalis medius* bedeckt. Es ist ein typischer temporaler Cortex mit markanten Körnerschichten, breiten Pyramidenschichten und einer deutlichen Radiärstreifung.

Durch elektrische Reizungen im Bereich der Area 22 in Nachbarschaft der Querwindungen werden akustische Sensationen, wie Summen, Brummen oder Klingeln, hervorgerufen. Der akustische Cortex ist nach Tonfrequenzen organisiert (*tonotopische Gliederung*, S. 380). Man nimmt an, daß in der Hörrinde des Menschen die höchsten Frequenzen medial, die tiefsten Frequenzen lateral registriert werden.

Funktionelle Bedeutung der temporalen Rinde

Bei der elektrischen Reizung des übrigen Temporallappens (während der operativen Behandlung von Temporallappenepilepsie durchgeführt) treten *Halluzinationen* auf, deren Inhalt bruchstückhafte vergangene Erlebnisbilder sind. Die Patienten hören Stimmen bekannter Personen aus ihrer Jugendzeit. Sie durchleben nochmals momentane Episoden ihrer eigenen Vergangenheit. Es sind vorwiegend akustische, seltener optische Halluzinationen.

Während der Temporallappenreizung kann es aber auch zu *Fehleinschätzungen* der gegenwärtigen Situation kommen. So können neue Eindrücke als altbekannt erscheinen (*Déjà-vu-Erlebnis*). Die Gegenstände der Umgebung können sich entfernen oder auch näher kommen. Die ganze Umgebung kann einen unheimlichen oder bedrohlichen Charakter annehmen.

Derartige Phänomene treten nur bei Reizung des Temporallappens auf und sind von keiner anderen Rindenregion zu erzielen. Man nimmt an, daß die temporale Rinde eine besondere Bedeutung für die bewußte und unbewußte *Verfügbarkeit der eigenen Vergangenheit* und der in ihr gemachten Erfahrungen hat. Nur wenn die in der Vergangenheit gemachten Erfahrungen ständig gegenwärtig sind, können wir *neue Eindrücke richtig beurteilen* und interpretieren. Ohne diese Fähigkeit würden wir uns in unserer Umwelt nicht zurechtfinden. Man hat daher die temporale Rinde auch als *interpretativen Cortex* bezeichnet.

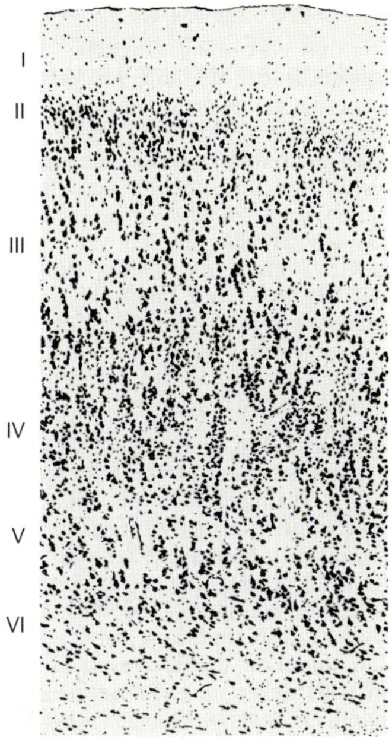

A Area 41, Hörrinde

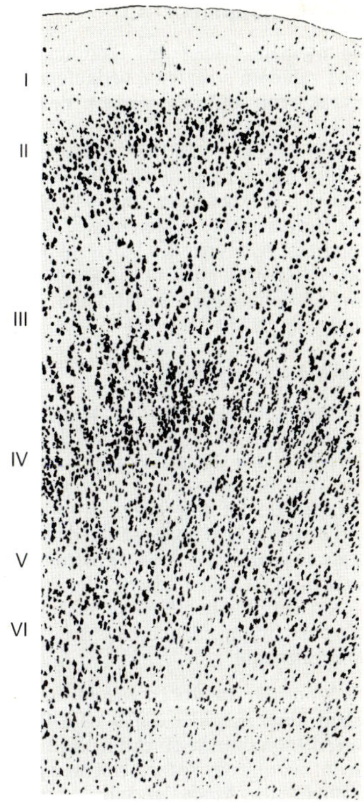

B Area 21

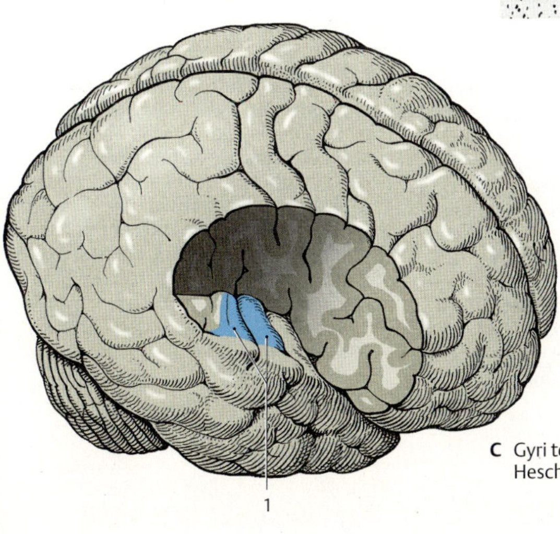

C Gyri temporales transversi, Heschl-Querwindungen

Okzipitallappen (A – C)

Die mediale Fläche des Okzipitallappens wird von dem horizontal verlaufenden **Sulcus calcarinus** (**BC1**) durchzogen, dessen tiefer Einsenkung ein Wulst an der Ventrikelwand, der **Calcar avis** (**B2**), entspricht. Auf Frontalschnitten durch den Okzipitallappen hebt sich im Marklager eine Faserplatte ab, das **Tapetum** (**B3**). Es handelt sich dabei um Kommissurenfasern des Balkens, die durch das Splenium ziehen und bogenförmig in den Okzipitallappen ausstrahlen (*Forceps major*, vgl. S. 260 F16).

Sehrinde (Area striata)

Die Area 17 (**AC4**) ist die *Endigungsstätte der Sehstrahlung*. Die Rinde liegt auf der medialen Fläche des Okzipitallappens und greift nur am Pol etwas auf die Konvexität über. Sie kleidet den Sulcus calcarinus aus und erstreckt sich noch auf die dorsale und ventrale Lippe. Die Area 17 wird von der Area 18 (**A5**) (linke Bildseite; der Pfeil zeigt die Grenze zwischen Area 17 und 18 an) und der Area 19 umgeben, die *optische Integrationsfelder* sind.

Die Rinde der Area 17 ist wie alle rezeptorischen Rindenbezirke durch eine Reduzierung der Pyramidenschichten und eine starke Ausbildung der Körnerschichten gekennzeichnet. Die Rinde ist sehr schmal und durch eine zellreiche Lamina VI vom Marklager abgesetzt. Die innere Körnerschicht (IV) wird durch eine zellarme Zone (IVb), die dem *Gennari-Streifen* (**B6**) im Markscheidenbild entspricht, geteilt. In dieser zellarmen Zone liegen auffallend große Zellen, Riesensternzellen oder *Meynert-Zellen*. Die beiden zellreichen Lagen der inneren Körnerschicht (IVa und IVc) enthalten sehr kleine Körnerzellen. Sie gehören zu den zelldichtesten Schichten der ganzen Hirnrinde. Die Area 18 besitzt eine einheitliche Körnerschicht aus großen Körnerzellen, und die Area 19 schließlich bildet einen Übergang zur parietalen und temporalen Rinde.

Funktionelle Organisation der Sehrinde

Aufgrund elektrophysiologischer Untersuchungen an der Sehrinde von Versuchstieren unterscheidet man zwei Hauptarten von Nervenzellen in der Area striata: *einfache Zellen* und *komplexe Zellen*. Eine **einfache Zelle** empfängt ihre Impulse von einer Zellgruppe der Netzhaut. Sie reagiert am stärksten auf schmale Streifen von Licht, auf dunkle Streifen vor hellem Hintergrund oder auf geradlinige Hell/Dunkel-Grenzen. Entscheidend ist die Orientierung der Streifen: einige Zellen reagieren nur auf horizontale Lichtstreifen, andere dagegen nur auf vertikale oder schräge.

Komplexe Zellen reagieren ebenfalls auf Lichtstreifen mit einer bestimmten Orientierung. Während aber eine einfache Zelle nur von ihrem rezeptiven Feld erregt wird, antwortet eine komplexe Zelle auf bewegliche Lichtstreifen, die über die Retina wandern: jede komplexe Zelle wird von einer großen Anzahl einfacher Zellen stimuliert. Man nimmt an, daß die Axone zahlreicher einfacher Zellen an einer komplexen Zelle enden. Die inneren Körnerschichten bestehen fast nur aus einfachen Zellen, während die komplexen Zellen gehäuft in der äußeren Körnerschicht vorkommen. In der Area 18 und 19 sind mehr als die Hälfte aller Nervenzellen komplexe oder **hyperkomplexe Zellen**. Ihnen wird eine besondere Bedeutung für die *Gestaltwahrnehmung* beigemessen.

Bei elektrischer Reizung der Sehrinde werden Lichtfunken oder Blitze wahrgenommen. Bei Reizung der Area 18 und 19 sollen auch Figuren und Gestalten erscheinen. Außerdem kommt es dabei zu Blickwendungen (**okzipitales Blickzentrum**). Die vom Okzipitallappen ausgelösten Augenbewegungen sind rein reflektorisch, im Gegensatz zu den willkürlichen Bewegungen, die vom *frontalen Blickzentrum* (S. 248 C) dirigiert werden.

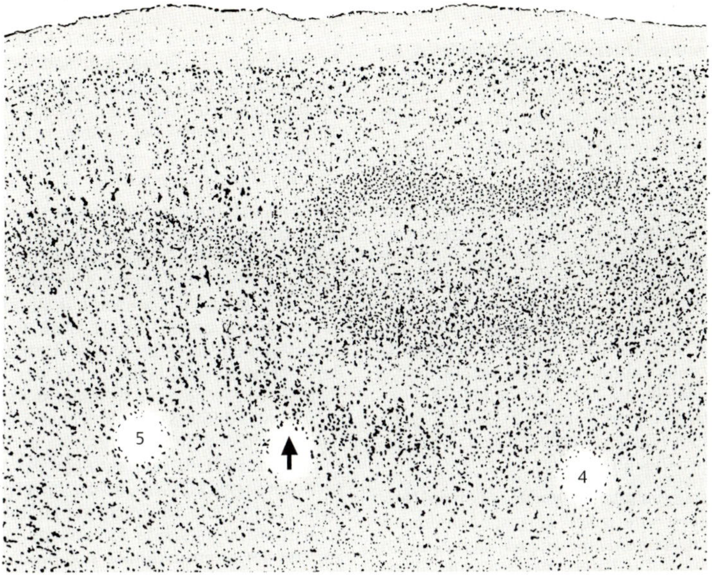

A Area 18 und 17 (nach Brodmann)

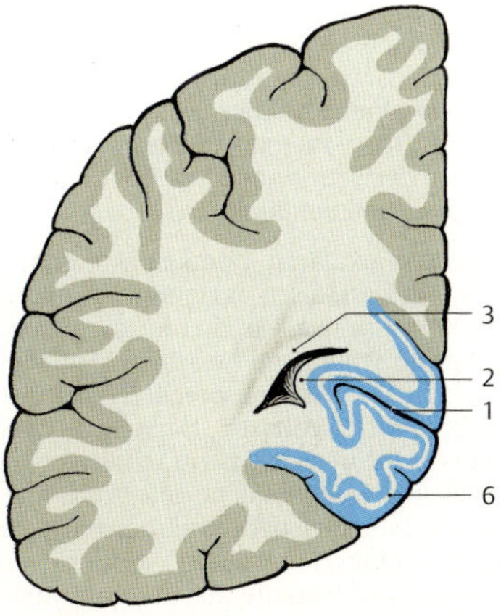

B Okzipitallappen, Frontalschnitt

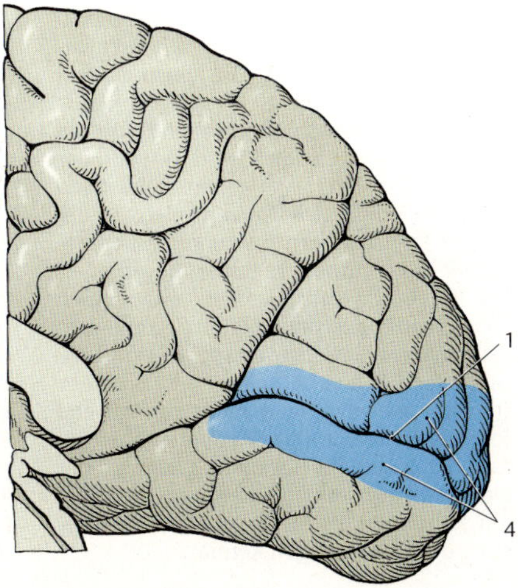

C Medianschnitt mit Area 17

Funktionelle Organisation der Sehrinde, Fortsetzung

Kolumnengliederung der Sehrinde (A, B). In der Sehrinde besteht neben dem Aufbau aus Zellschichten eine funktionelle Gliederung in Kolumnen, die vertikal zu den Zellschichten durch die ganze Breite des Cortex verlaufen und einen Durchmesser von 0,3 bis 0,5 mm haben. Jede Kolumne ist mit einem umschriebenen Bezirk der Netzhaut verknüpft. Bei Erregung der Sinneszellen eines solchen Bezirkes reagieren stets alle Nervenzellen der betreffenden Kolumne. Jede Kolumne ist mit einem peripheren Feld in nur einer der beiden Retinae verbunden. In der Sehrinde (**A1**) reihen sich abwechselnd eine Kolumne für die rechte Retina und eine für die linke aneinander (*Kolumnen der okulären Dominanz*). Die Erregungen beider Retinae verlaufen also in der gesamten Sehbahn getrennt.

Im **Corpus geniculatum laterale** enden die Nervenfasern von zwei korrespondierenden Netzhauthälften: Im linken Geniculatum (**A2**) enden die Fasern aus den linken Retinahälften beider Augen (rechte Gesichtsfeldhälften), im rechten Geniculatum die Fasern aus den rechten Retinahälften (linke Gesichtsfeldhälften). Die Fasern für korrespondierende Bezirke in beiden Netzhauthälften enden in verschiedenen Zellschichten des Geniculatums: Die ungekreuzten Fasern (**A3**) von der gleichseitigen Retina ziehen zur zweiten, dritten und fünften Schicht, die gekreuzten Fasern (**A4**) von der gegenseitigen Retina zur ersten, vierten und sechsten Schicht. Die Nervenzellen, an denen die Opticusfasern zweier korrespondierender Netzhautpunkte enden, liegen in einer durch alle Zellschichten verlaufenden Linie (*Projektionskolumne*). Ihre Axone projizieren über die Sehstrahlung (**A5**) zur Sehrinde. Jede Geniculatumfaser soll sich sehr stark verzweigen und an mehreren tausend Sternzellen der Lamina IV enden. Dabei ziehen die Fasern, welche die Erregung der gleichseitigen Retina weiterleiten, zu anderen Kolumnen als die Fasern für die Erregung der gegenseitigen Retina.

Die **Gliederung der Sehrinde in vertikale Kolumnen** kann sichtbar gemacht werden, indem man Versuchstieren radioaktiv markierte ^{14}C-Desoxyglucose verabreicht und die unterschiedliche Verteilung der Substanz autoradiographisch nachweist. Erregte Nervenzellen nehmen bei einem erhöhten Stoffwechsel rasch ^{14}C-Desoxyglucose auf, ruhende Zellen dagegen nicht.

Die Sehrinde eines Versuchstieres (Rhesusaffe), dessen beide Augen geöffnet sind, zeigt eine streifenförmige Verteilung der Substanz, die der bekannten Zellschichtung entspricht (**B6**). Die Laminae I, II, III und V haben einen geringen Glucosegehalt, die Lamina VI einen stärkeren und die Lamina IV den stärksten. Sind beide Augen des Versuchstieres geschlossen, so findet man keine Schichtendifferenz, sondern eine weitgehend gleichförmige Konzentration im ganzen Cortex (**B7**). Ist nun ein Auge des Versuchstieres geschlossen und das andere geöffnet, so tritt eine senkrecht zur laminären Schichtung verlaufende Kolumnenbildung auf, bei der intensiv dunkle Kolumnen mit hellen abwechseln (**B8**). In den hellen Kolumnen, deren Nervenzellen keine neue Glucose aufgenommen haben, ist die Retina des geschlossenen Auges repräsentiert. Die dunklen Kolumnen mit neu eingebauter ^{14}C-Desoxyglucose empfangen dagegen die Erregungen von der Retina des geöffneten Auges. Auch hier tritt die Lamina IV infolge ihrer intensiven Schwärzung besonders hervor. In einem kleinen Bezirk fehlen die Kolumnen (**B9**). Hier sind die monokulären Regionen der Retina vertreten, der äußerste Retinarand und der blinde Fleck.

Neben den okulären Dominanzkolumnen lassen sich periodisch angeordnete Zellpopulationen nachweisen, die auf die Orientierung von Streifen im Gesichtsfeld in charakteristischer Weise ansprechen (*Orientierungskolumnen*). Mit der Darstellung des Enzyms Cytochromoxidase in Schnitten, die parallel zur Hirnoberfläche gelegt wurden, konnten schließlich periodisch angeordnete Flecken („blobs") gefunden werden, die Neurone darstellen, die auf über ein Auge vermittelte Farbreize antworten (*Farbkolumnen*).

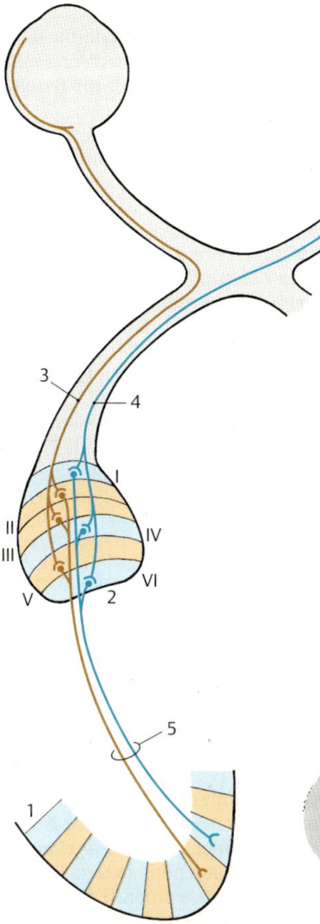

A Faserbeziehung zwischen Corpus geniculatum und Sehrinde (Nach W. B. Spatz)

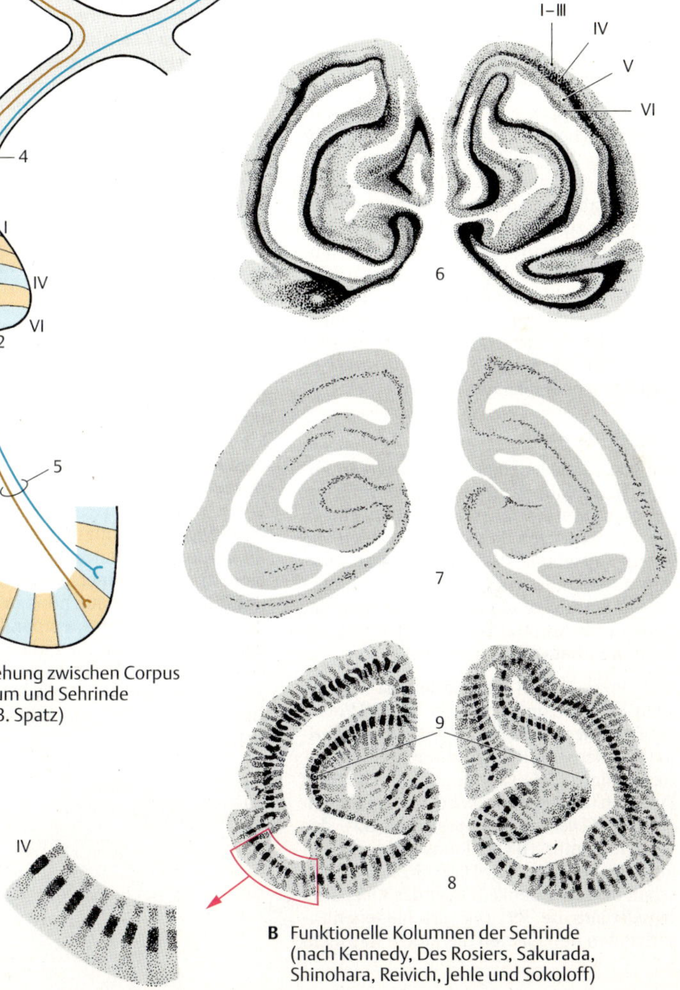

B Funktionelle Kolumnen der Sehrinde (nach Kennedy, Des Rosiers, Sakurada, Shinohara, Reivich, Jehle und Sokoloff)

Faserbahnen (A – C)

Zwischen der Hirnrinde und den in der Tiefe gelegenen grauen Kernen liegt eine breite Schicht weißer Substanz, das **Marklager**. Es handelt sich dabei um Fasermassen, die entweder von Nervenzellen der Rinde abgehen oder zur Rinde ziehen und an kortikalen Nervenzellen enden. Man unterscheidet drei verschiedene Arten von Fasersystemen:

- Projektionsfasern,
- Assoziationsfasern,
- Kommissurenfasern.

Die *Projektionsfasern* stellen eine Verbindung zwischen der Hirnrinde und den subkortikalen Zentren her, entweder als aufsteigende Systeme, die in der Rinde enden, oder als absteigende Systeme, die von der Hirnrinde zu tiefer liegenden Zentren ziehen. Die *Assoziationsfasern* stellen Verbindungen zwischen den verschiedenen Rindenbezirken derselben Hemisphäre her. Die *Kommissurenfasern* schließlich verknüpfen die Cortices beider Hemisphären. Sie sind also eigentlich nichts anderes als interhemisphärische Assoziationsfasern.

Projektionsfasern

Die von verschiedenen Kortexbezirken absteigenden Bahnen treten fächerförmig zusammen, um die innere Kapsel zu bilden. Die aufsteigenden Fasern durchlaufen die innere Kapsel und strahlen dann fächerförmig auseinander. Auf diese Weise bilden auf- und absteigende Fasern unterhalb des Cortex eine Art Strahlenkranz, den man als **Corona radiata** (**A1**) bezeichnet.

Die innere Kapsel, **Capsula interna** (**A2, B**), stellt auf Horizontalschnitten einen Winkel dar mit einem *vorderen Schenkel*, **Crus anterius** (**B3**), der vom Kaudatumkopf (Caput nuclei caudati) (**B4**), Globus pallidus (**B5**) und Putamen (**B6**) begrenzt wird, und mit einem *hinteren Schenkel*, **Crus posterius** (**B7**), der vom Thalamus (**B8**), Globus pallidus und Putamen begrenzt wird (vgl. S. 222 A). Zwischen beiden Schenkeln liegt das *Knie*, **Genu capsulae internae** (**B9**). Die verschiedenen Faserbahnen durchlaufen die innere Kapsel in bestimmten Abschnitten. Durch den vorderen Schenkel ziehen die *frontopontine Bahn* (**B10**) (rote Striche) und der *vordere Thalamusstiel* (**B11**) (blaue Striche). Im Bereich des Genu capsulae internae liegen die Fibrae corticonucleares für die Versorgung der Hirnnervenkerne. Daran schließen sich im hinteren Schenkel die Fasern der *Tractus corticospinalis* (rote Punkte) an, und zwar in somatotopischer Ordnung: obere Extremität, Rumpf und untere Extremität. Durch den gleichen Abschnitt ziehen die thalamokortikalen Fasern zur Area 4 und die aus der Area 6 stammenden kortikorubralen und kortikotegmentalen Fasern. Der kaudale Teil der hinteren Schenkels wird von Fasern des *dorsalen Thalamusstiels* (blaue Punkte) (**B12**) eingenommen, die zur Postzentralregion ziehen. Durch das kaudale Ende ziehen in schrägem Verlauf die Fasern des *hinteren Thalamusstiels* (**B13**) (hellblaue Punkte) und des *Tractus temporopontinus* (hellrote Punkte) (**B14**).

Zu den wichtigsten Projektionsbahnen gehören die **Hörstrahlung** und die **Sehstrahlung**. Die Fasern der Hörstrahlung entspringen im Corpus geniculatum mediale, ziehen über das Geniculatum laterale hinweg und kreuzen am Unterrand des Putamens die innere Kapsel. Im Marklager des Temporallappens steigen sie dann fast senkrecht zur vorderen Heschl-Querwindung empor (S. 252, 380). Die Sehstrahlung hat ihren Ursprung im Corpus geniculatum laterale. Die Fasern fächern sich zu einer breiten Marklamelle (**A15**) auf und verlaufen bis in den Temporallappen, wo sie das temporale Knie (**C16**) der Sehbahn bilden. Sie ziehen dann bogenförmig um das Unterhorn des Seitenventrikels herum und durch das Marklager des Okzipitallappens zum Sulcus calcarinus (**C17**).

A18 Corpus callosum,
A19 Pedunculus cerebri.

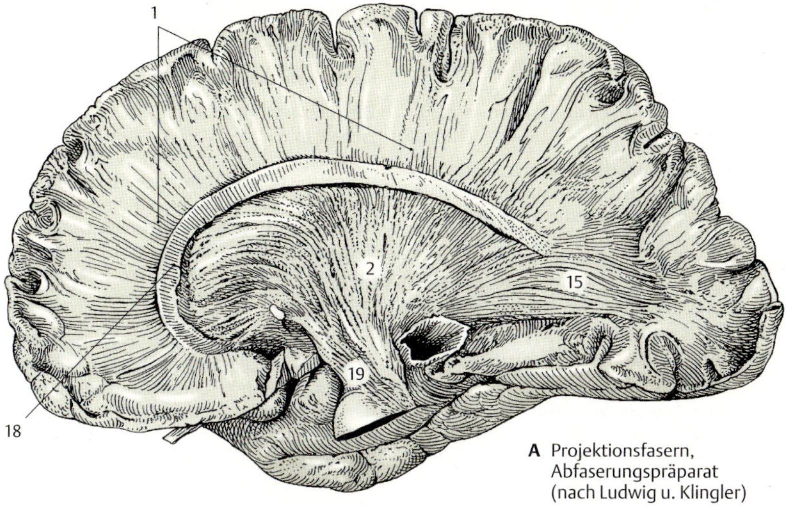

A Projektionsfasern, Abfaserungspräparat (nach Ludwig u. Klingler)

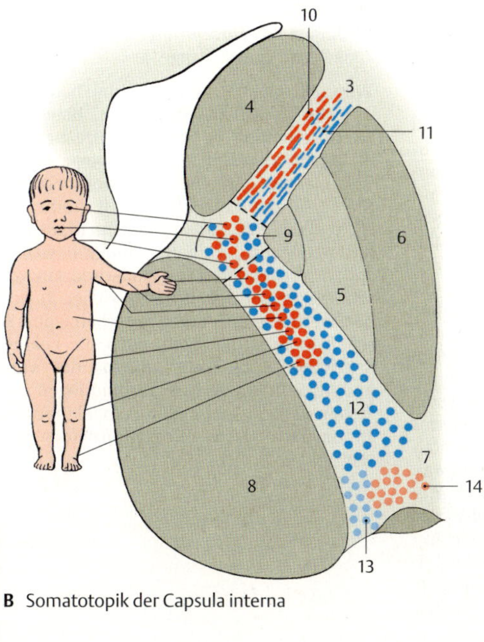

B Somatotopik der Capsula interna

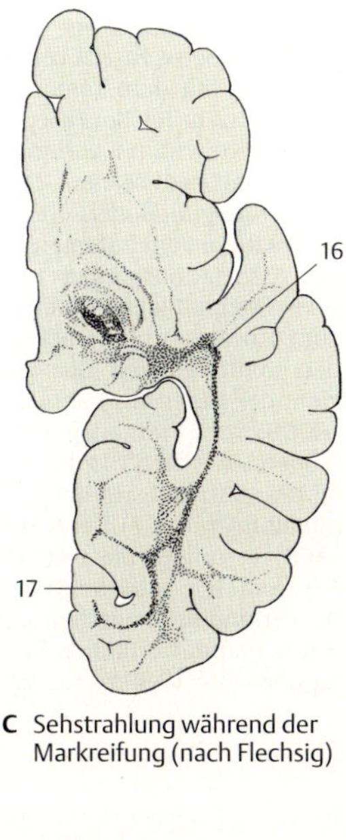

C Sehstrahlung während der Markreifung (nach Flechsig)

Assoziationsfasern (A–D)

Die Verbindungen zwischen verschiedenen Kortexbezirken sind von sehr unterschiedlicher Länge. Man unterscheidet einfacherweise zwischen kurzen und langen Assoziationsfasern.

Die **kurzen Assoziationsfasern**, *Fibrae arcuatae* (**B**), stellen Beziehungen innerhalb eines Hirnlappens (**B1**) oder von einer Windung zur nächsten her (**B2**). Die kürzesten Fasern verbinden direkt benachbarte Rindenabschnitte. Sie treten nach einem kurzen Verlauf in der weißen Substanz wieder in die Rinde ein. Man bezeichnet sie als *U-Fasern*. Die Schicht der U-Fasern liegt direkt unter dem Cortex.

Die **langen Assoziationsfasern** verknüpfen die verschiedenen Hirnlappen und bilden makroskopisch darstellbare, geschlossene Bündel. Das **Cingulum** (**D3**) ist ein starkes, unter dem Gyrus cinguli liegendes System von kürzeren und längeren Fasern, das dem ganzen Verlauf des Gyrus cinguli folgt. Die langen Fasern erstrecken sich von der parolfaktorischen Region und dem Rostrum des Balkens bis zur Regio entorhinalis. Der *Fasciculus subcallosus* (**CD4**) liegt dorsolateral vom Nucleus caudatus unter der Balkenstrahlung. Seine Fasern verbinden den Frontallappen mit dem Temporal- und Okzipitallappen. Ein Teil der Fasern zieht zur Inselregion, ein anderer verbindet den Frontallappen mit dem Nucleus caudatus. Der *Fasciculus longitudinalis superior* (**ACD5**), der dorsolateral vom Putamen liegt, ist ein starkes Assoziationsbündel zwischen Frontal- und Okzipitallappen mit Faserabgängen zum Parietal- und Temporallappen. Durch den ventralen Teil der Capsula extrema zieht der *Fasciculus frontooccipitalis inferior* (**ACD6**) vom Frontallappen zum Okzipitallappen. Zwischen Okzipital- und Temporallappen erstreckt sich der *Fasciculus longitudinalis inferior* (**C7**). Der *Fasciculus uncinatus* (**AC8**) verbindet die temporale Rinde mit der frontalen. Seine ventrale Partie stellt eine Verbindung zwischen der entorhinalen Rinde und der orbitalen Rinde des Frontallappens her. Weitere Faserbündel sind der *Fasciculus occipitalis verticalis* (**AC9**) und der *Fasciculus orbitofrontalis* (**C10**).

Kommissurenfasern (E, F)

Die *interhemisphärischen Assoziationsfasern* ziehen durch den Balken, die Commissura anterior (S. 228 C) und die Commissura fornicis (S. 232 C25) zur gegenseitigen Hemisphäre. Die wichtigste Kommissur des Neocortex ist der Balken, **Corpus callosum** (**E**). Sein gebogener oraler Abschnitt ist das *Genu corporis callosi*, Balkenknie (**E11**), mit dem spitz zulaufenden *Rostrum* (**E12**). Es folgt der Mittelteil, *Truncus* (**E13**), und das verdickte Ende, *Splenium corporis callosi* (**E14**). Die Balkenfasern breiten sich im Marklager beider Hemisphären aus und bilden die Balkenstrahlung. Die Fasern, die U-förmig durch das Genu corporis callosi ziehen und die beiden Frontallappen verbinden, werden als *Forceps minor* (**F15**) bezeichnet, diejenigen, die durch das Splenium ziehen und die beiden Okzipitallappen verbinden, als *Forceps major* (**F16**) („kleine Zange" und „große Zange").

Wir unterscheiden homotope und heterotope interhemisphärische Fasern. **Homotope Fasern** verbinden die gleichen Kortexbezirke in beiden Hemisphären, **heterotope Fasern** verschiedene Areale. Die überwiegende Mehrzahl der Balkenfasern ist homotop. Nicht alle Areale sind in gleichem Maße mit ihrem Gegenstück in der anderen Hemisphäre verbunden. Die Hand- und Fußabschnitte beider somatosensorischer Regionen besitzen z. B. keine interhemisphärischen Faserbeziehungen; auch die beiden Sehrinden sind nicht miteinander verknüpft. Sehr starke Faserverbindungen bestehen dagegen zwischen den beiden Areae 18, die als optische Integrationsfelder gelten.

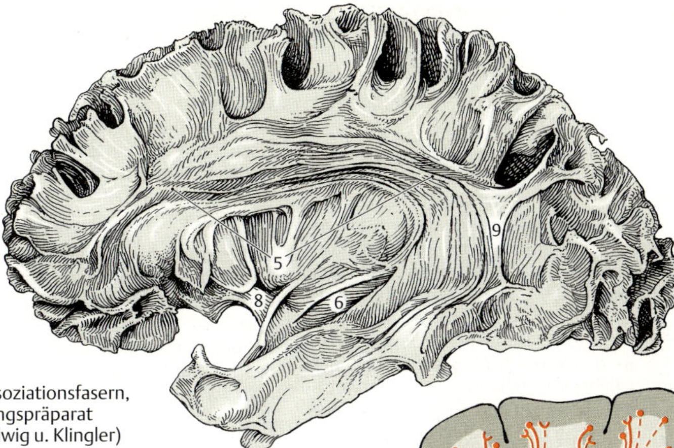

A Lange Assoziationsfasern, Abfaserungspräparat (nach Ludwig u. Klingler)

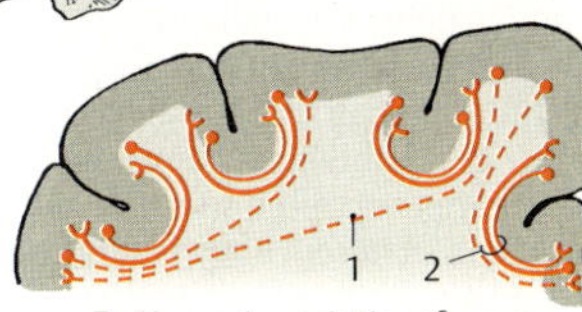

B Kurze Assoziationsfasern

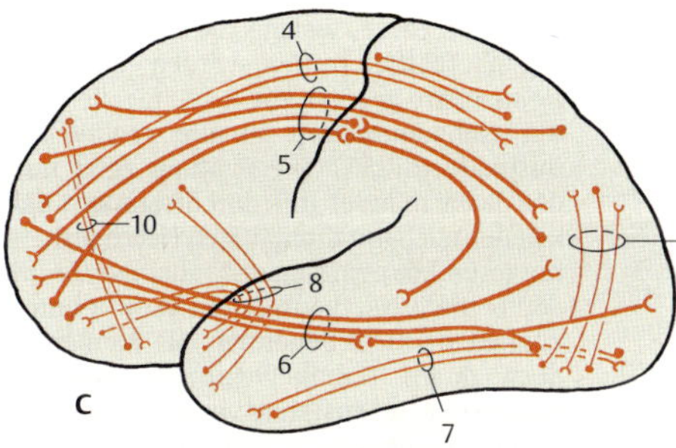

C

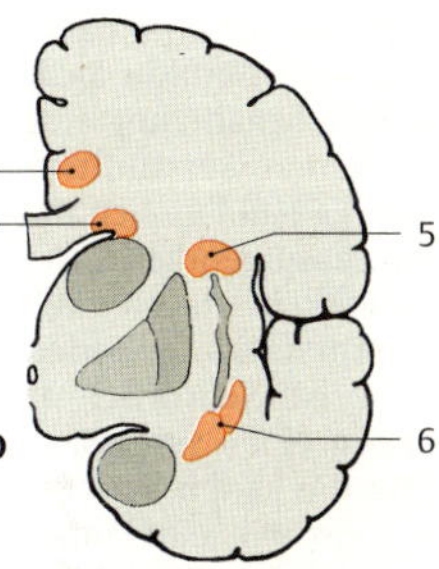

D

C, D Lange Assoziationsfasern, Seitenansicht und Frontalschnitt

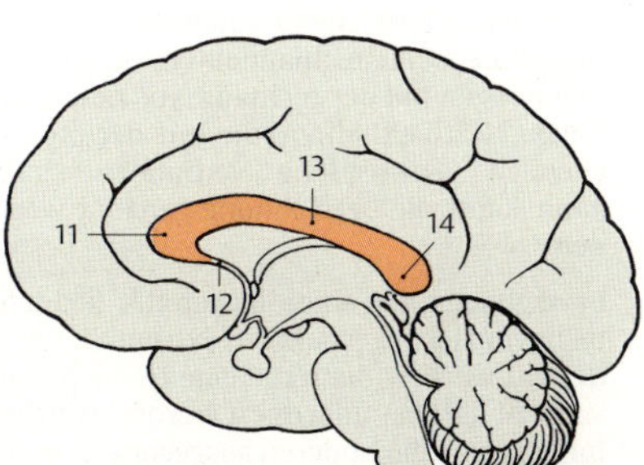

E Kommissurenfasern, Balken

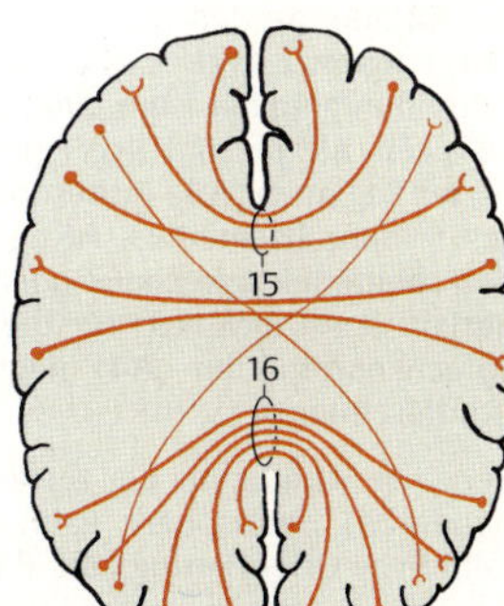

F Balkenstrahlung

Hemisphärenasymmetrie (A, B)

An die Hirnrinde ist das *Bewußtsein* gebunden. Nur diejenigen Sinnesreize werden bewußt, welche bis zur Hirnrinde geleitet werden.

Allein der Mensch besitzt die Fähigkeit der Sprache, die als innere Sprache Voraussetzung des Denkens, als gesprochene Rede Grundlage der Kommunikation und als Schrift fixierte Information über Jahrtausende hinweg ist. Sie ist beim einzelnen Menschen an die Unversehrtheit bestimmter kortikaler Areale gebunden, die in der Regel nur in einer Hemisphäre liegen. Diese wird als **dominante Hemisphäre** bezeichnet und ist beim Rechtshänder normalerweise die linke. Beim Linkshänder kann es die rechte Hemisphäre sein, aber auch die linke, oder die Fähigkeit kann in beiden Hemisphären vertreten sein. Die *Händigkeit* ist also kein sicherer Hinweis für die Dominanz der gegenseitigen Hemisphäre.

Im hinteren Bereich des Gyrus temporalis superior der dominanten Hemisphäre liegt das sog. **Wernicke-Sprachzentrum** (**A1**), bei dessen Schädigung eine Störung des Wortverständnisses auftritt (*sensorische Aphasie*). Es handelt sich um ein *Integrationsgebiet*, das unentbehrlich für die ständige Verfügbarkeit erlernter Wortbilder und für die Interpretation gehörter oder gesprochener Rede ist. Sensorisch aphasische Patienten geben einen sinnlosen Wortsalat von sich, und die Reden ihrer Mitmenschen klingen für sie wie eine unverständliche, fremde Sprache. Eine Schädigung des *Gyrus angularis* (**A2**), der an den Gyrus supramarginalis (**A3**) angrenzt (vgl. S. 212 A21), hat eine Schreibunfähigkeit (*Agraphie*) und Leseunfähigkeit (*Alexie*) zur Folge. Reizung benachbarter Regionen (**A5**), insbesondere des Gyrus temporalis medius, ruft eine Störung des spontanen Sprechens oder Schreibens hervor. Das Broca-Feld für die motorische Sprachkoordination (**A4**) liegt im Gyrus frontalis inferior (S. 248 D).

Bei einer Schädigung der rechten (nichtdominanten) Hemisphäre kann die visuell-räumliche Orientierung oder das Musikverständnis gestört sein (*Amusie*). Bei erhaltener Sprache ist die Sprachmelodie und die emotionale Tönung der Sprache beeinträchtigt. Vielfach hat man beiden Hemisphären verschiedene Denkweisen zugeschrieben: die linke dominante Hemisphäre soll logisch, rational und analytisch arbeiten, die rechte dagegen ganzheitlich, synthetisch, intuitiv. Diese Verallgemeinerungen sind zu einem guten Teil spekulativ.

Balkendurchtrennung (*Split brain*). Nach Balkendurchtrennung treten keine Veränderungen der Persönlichkeit oder der Intelligenz ein. Die Patienten sind im Alltag völlig unauffällig. Erst besondere Prüfungen des taktilen und visuellen Systems lassen Ausfälle erkennen (**B**).

Die Tastempfindung der linken Hand wird in der rechten Hemisphäre registriert, die der rechten Hand in der linken Hemisphäre (beim Rechtshänder die dominante Hemisphäre mit dem Sprachvermögen). Die optischen Reize, welche die beiden linken Netzhauthälften treffen, werden in die linke Hemisphäre geleitet, die Reize für die rechten Netzhauthälften in die rechte Hemisphäre (S. 256). Die Prüfung zeigt nun, daß Rechtshänder mit durchtrenntem Balken nur noch mit ihren linken Netzhauthälften lesen können. Gegenstände, die sie mit den rechten Nezthauthälften wahrnehmen, können sie nicht benennen. Sie können jedoch durch Handbewegungen den Gebrauch der Gegenstände verdeutlichen. Das gleiche Phänomen ergibt sich, wenn die Personen bei verdeckter Sicht Gegenstände in die linke Hand bekommen: sie können sie nicht verbal bezeichnen, sondern nur durch Gesten den Gebrauch andeuten. Bei Wahrnehmungen mit der rechten Hand oder den linken Nezthauthälften, die mit der „sprechenden" Hemisphäre verbunden sind, kann sofort die Bezeichnung genannt werden.

Bewegungen der einen Extremität können nicht von der gegenseitigen Extremität wiederholt werden, denn die eine Hemisphäre ist nicht darüber informiert worden, welche Impulse von der anderen ausgegangen sind.

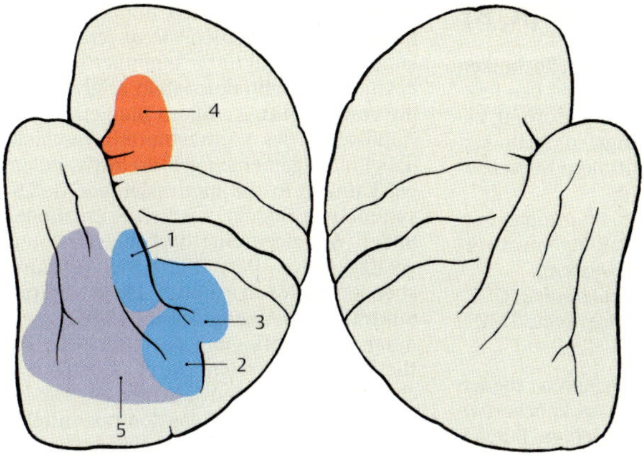

A Sprach- und Schreibregionen beim Rechtshänder

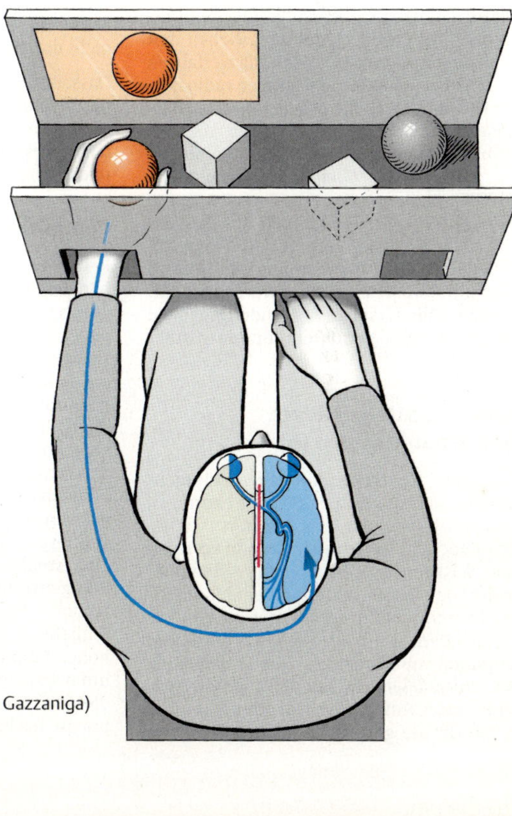

B Split-brain-Experiment
(in Anlehnung an Sperry u. Gazzaniga)

Bildgebende Verfahren (A, B)

Die Entwicklung bildgebender Techniken für die klinische Diagnostik hat in den letzten 20 Jahren eine rasante Entwicklung erfahren. Die derzeit wichtigsten Techniken zur Darstellung des zentralen Nervensystems sind

- *kontrastmittelgestützte Projektionsröntgenverfahren* zur Darstellung von Gefäßen sowie des Ventrikelsystems,
- die *Röntgencomputertomographie* (CT),
- die *Magnetresonanztomographie* (MRT) (S. 266).

Konventionelle Röntgenverfahren dienen vor allem der Darstellung von knöchernen Strukturen; der Ultraschall ist im Bereich des ZNS wenig geeignet, da die Schallwellen den Schädelknochen bei Erwachsenen nicht durchdringen. Allerdings sind Ultraschalluntersuchungen in der frühkindlichen Diagnostik von großer Bedeutung. Neben den rein anatomischen Darstellungsverfahren besteht bei Injektion geeigneter radioaktiver Nukleide auch die Möglichkeit der Darstellung funktioneller Parameter: die nuklearmedizinischen Techniken der *Single-Photon-Emission Computed Tomography* (SPECT) und der *Positron-Emission-Tomography* (PET) (S. 266) können zur Bestimmung der Perfusion und der Stoffwechselaktivität sowie zum Mapping bestimmter Rezeptorsysteme eingesetzt werden. Im folgenden sollen einige Anwendungsgebiete der wichtigsten Verfahren kurz dargestellt werden.

Kontrastmittelgestützte Röntgenaufnahmen (A)

Aus einer Röntgenquelle fallen Röntgenstrahlen auf den Körper und durchdringen diesen. Absorbierende Strukturen (vor allem Knochen) stellen sich dann in Form eines Schattenrisses auf dem Aufnahmeschirm dar. Dieser besteht entweder aus einer lichtempfindlichen Schicht oder in zunehmendem Umfang auch aus digitalen Empfängeranordnungen. Zur *Darstellung von Blutgefäßen* wird dem Patienten zwischen zwei Aufnahmen ein Kontrastmittel in die Gefäße gespritzt. Durch Subtraktion der Bilder vor und nach Applikation des Kontrastmittels werden die unveränderten knöchernen Strukturen eliminiert. Das so entstandene Subtraktionsbild zeigt selektiv die kontrastmittelgefüllten Blutgefäße. Die Applikation des Kontrastmittels geschieht dabei im allgemeinen gefäßselektiv, indem ein Katheter in das interessierende Gefäßsystem eingebracht wird. Die erhaltenen Bilder (**A**) zeigen eine hochaufgelöste und gefäßselektive Darstellung der entsprechenden Gefäßabschnitte. Diese **digitale Subtraktions-Angiographie** (DSA) stellt durch die Einbringung des arteriellen Katheters allerdings eine nicht unbeträchtliche Belastung für den Patienten dar. Die venöse DSA, bei welcher das Kontrastmittel in eine Armvene gespritzt wird, liefert wegen der Verteilung des Kontrastmittels im Blutvolumen weniger kontraststarke Bilder und zeigt zudem eine unspezifische Anfärbung aller Gefäße. Sie hat sich daher in der Praxis nicht durchgesetzt.

Dasselbe Aufnahmeprinzip wird auch für die **Myelographie** verwendet, bei welcher Kontrastmittel nach Punktion des Spinalkanals direkt in den spinalen *Liquor* verabreicht wird.

Computertomographie (B)

Bei der **Computertomographie** (CT) entstehen die Bilder ebenfalls mit Hilfe von Röntgenstrahlen. Das Abbildungsprinzip besteht dabei allerdings nicht wie bei der Projektionstechnik in der Bildung eines Schattenwurfs. Vielmehr werden einzelne Projektionen durch eine über die Geometrie des Röntgenstrahls definierte dünne Schicht aufgenommen. Nach Messung der Absorptionsprofile in verschiedenen Projektionswinkeln (in Abb. **B** als rote, grüne und blaue Flächen dargestellt) läßt sich mit Hife der gefilterten **Rückprojektion** (*Back-Projection*) ein zweidimensionales Bild der von den Röntgenstrahlen durchlaufenen Schicht berechnen. Als Detektoren dienen hierbei ausschließlich digitale Photozellen von sehr hoher Empfindlichkeit. Diese reichen aus, um neben den knöchernen Strukturen auch die Weichteilstrukturen empfindlich und präzise nachzuweisen.

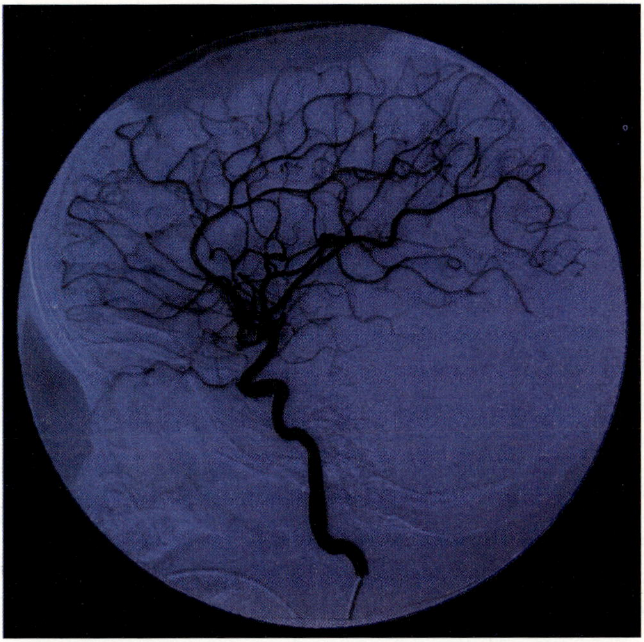

A Digitale Subtraktionsangiographie, selektive Darstellung der Arteria carotis interna, Seitenansicht (M. Orszagh, Abt. Röntgendiagnostik, Universität Freiburg)

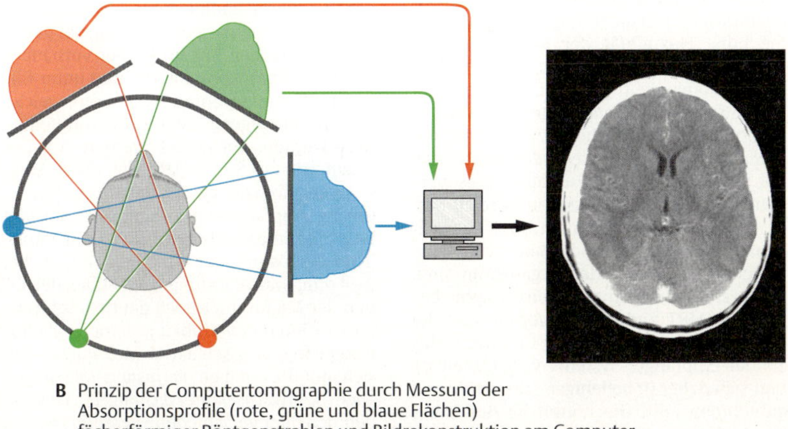

B Prinzip der Computertomographie durch Messung der Absorptionsprofile (rote, grüne und blaue Flächen) fächerförmiger Röntgenstrahlen und Bildrekonstruktion am Computer (CT von J. Laubenberger, Abt. Röntgendiagnostik, Universität Freiburg)

Computertomographie, Fortsetzung

Hauptanwendungsgebiet der CT im ZNS ist vor allem die Untersuchung von Patienten mit *Schädel-Hirn-Traumen*, da die CT neben der hochpräzisen Darstellung knöcherner Verlagerungen auch sehr empfindlich für die Darstellung von Blutungen ist. Darüber hinaus lassen sich auch alle Arten von raumfordernden Prozessen aufgrund der hohen Detailgenauigkeit der anatomischen Darstellung mittels CT untersuchen. Allerdings verlagern sich solche Anwendungen aufgrund der höheren Sensitivität zunehmend auf die Magnetresonanztomographie.

Magnetresonanztomographie (A, B)

Das Abbildungsprinzip der Magnetresonanztomographie (MRT = Kernspintomographie) beruht auf den magnetischen Eigenschaften der Atomkerne (vor allem von Wasserstoffkernen in freiem und gebundenem Wasser) im Körper. Die MRT erlaubt dabei nicht nur eine räumliche Darstellung anatomischer Strukturen, sondern über die Abhängigkeit der Signalgebung bei unterschiedlichen Meßsequenzen eine sehr flexible Kontrastierung verschiedener Gewebstypen untereinander. Die Bilder der Abbildungen **A** und **B** stammen aus derselben anatomischen Schicht und demonstrieren die hohe Flexibilität der Kontrastdarstellung der MRT. Aufgrund der starken flexiblen Abhängigkeit der Signalgebung von der Gewebsbeschaffenheit stellt die MRT eine hochsensitive Methode zur *Darstellung pathologischer Gewebsveränderungen* dar. Zur Messung des Kernresonanzsignals werden Radiowellen im Frequenzbereich von ca. 10 – 100 mHz verwendet, welche nach heutigem Kenntnisstand ohne schädliche Nebenwirkungen für den Organismus sind. Im Vergleich zur Computertomographie besitzt die MRT zudem den Vorteil, daß die Bildgeometrie nicht über die Geometrie des Sender-Empfänger-Systems vorgegeben ist und sich daher in beliebiger Schnittführung aufnehmen läßt. Die räumliche Auflösung der MRT liegt für Routineuntersuchungen bei einer Schichtdicke von ca. 5 mm im Bereich von 0,7 – 1 mm. Die Aufnahme von 16 – 20 parallelen Schichten durch den Kopf beansprucht, je nach angewendeter Meßsequenz, nur einige Sekunden bis wenige Minuten. Bilder einer Einzelschicht lassen sich in 60 – 100 ms aufnehmen.

PET und SPECT (C, D)

Beide nuklearmedizinischen Aufnahmetechniken beruhen auf der Detektion der Strahlung radioaktiver Nukleide, die vor der Aufnahme verabreicht werden. Bei der **Single-Photon-Emission-Computed-Tomography** (SPECT) werden γ-Strahler eingesetzt; die Detektion der erzeugten Strahlen erfolgt ähnlich wie beim CT mit Hilfe von Photozellen. Die Geometrie der detektierten Strahlen ist allerdings nicht von der Sender-Empfänger-Anordnung vorgegeben, vielmehr muß sowohl Intensität als auch Richtung der empfangenen γ-Strahlen detektiert werden. Dies führt zu einer gegenüber der Computertomographie deutlich schlechteren räumlichen Auflösung im Bereich von ca. 1 cm. Anatomisch hochaufgelöste Bilder sind damit nicht erreichbar, jedoch eignet sich SPECT zur *Bestimmung des zerebralen Blutflusses* über die zeitaufgelöste Kinetik der detektierten Signale.

Bei der **Positronenemissionstomographie** (PET) werden β-Strahler eingesetzt. Eine Eigenheit dieser Radioisotope besteht darin, daß sich die beim spontanen Zerfall gebildeten Positronen mit im Körper vorhandenen Elektronen kombinieren und unter Bildung von zwei Quanten (Photonen), welche in exakt entgegengesetzter Richtung emittiert werden, vernichtet werden (**C**). Die Geometrie des Strahls läßt sich durch Messung der Koinzidenz der beiden im Detektorring empfangenen γ-Photonen sehr viel besser definieren als beim SPECT. Die räumliche Auflösung der PET liegt damit bei 2 – 4 mm, was allerdings gegenüber der CT und der MRT immer noch deutlich schlechter ist. Durch den Einbau geeigneter Radioisotope in biologisch aktive Moleküle lassen sich mit PET neben *Perfusions-Messungen* auch *Stoffwechseluntersuchungen* (**D**) vornehmen oder verschiedene *Rezeptorsysteme selektiv darstellen* (z. B. Dopamin-Rezeptoren).

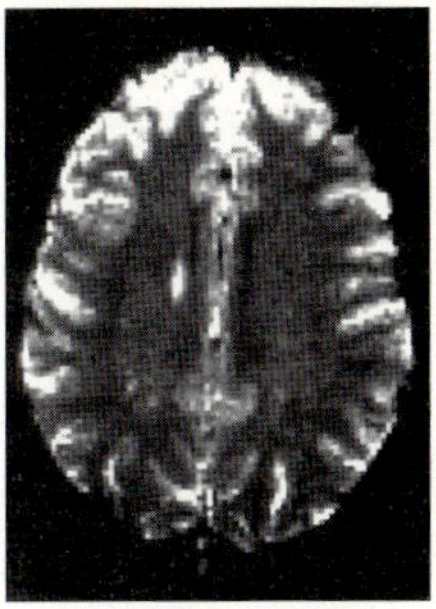

A T1-Gewichtung

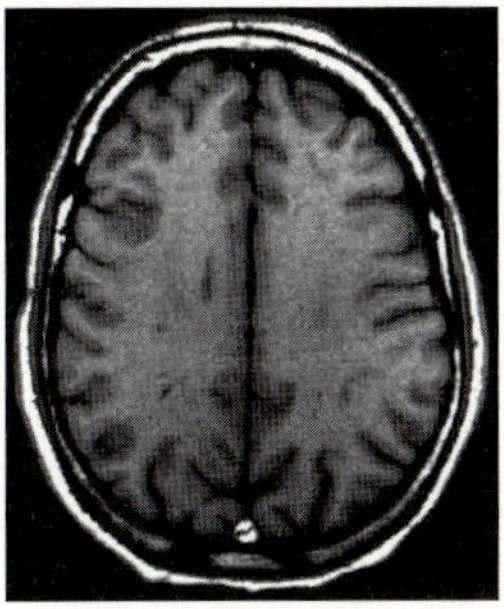

B T2-Gewichtung

A, B Kernspintomographische Bilder des Kopfes oberhalb der Ventrikel

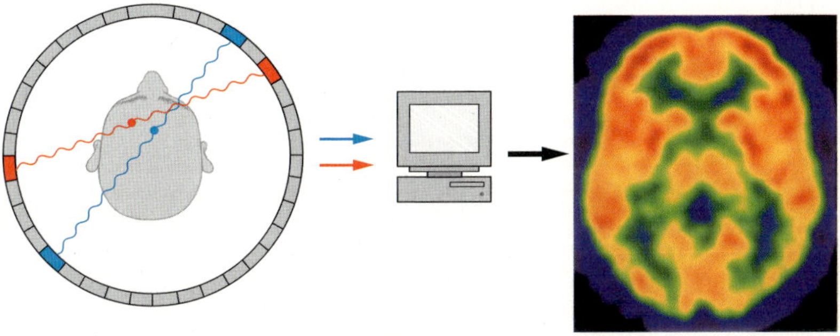

C Prinzip der Positronenemissionstomographie: Detektion der beim Zerfall eines Radioisotops gleichzeitig in entgegengesetzte Richtung abgestrahlten Photonen (PET von F. Jüngling, Abt. Nuklearmedizin, Universität Freiburg)

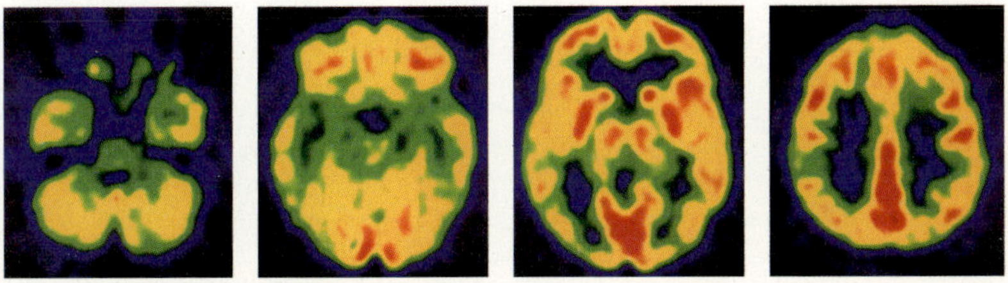

D PET-Bilder aus vier parallelen Schichten (Intensität des Glucosestoffwechsels im Gehirn)

Gefäß- und Liquorsystem

Gefäßsystem

Arterien (A)

Das Gehirn wird von vier großen Arterien versorgt: den zwei *Aa. carotides internae* und den zwei *Aa. vertebrales* (s. Bd. 2).

Die **A. carotis interna** (**A1**) (S. 272) tritt medial vom Processus clinoideus anterior des Keilbeins durch die Dura. Subarachnoidal gibt sie die *A. hypophysialis superior* (S. 200, E9), die *A. ophthalmica*, die *A. communicans posterior* (**A16**) und die *A. choroidea anterior* (**A2**) ab. Danach teilt sie sich in ihre beiden großen Endäste, die *A. cerebri anterior* (**A4**) und die *A. cerebri media* (**A7**).

Die **A. choroidea anterior** (**A2**) zieht entlang dem Tractus opticus bis zum Plexus choroideus (**A3**) im Unterhorn des Seitenventrikels. Die von ihr abgehenden feinen Äste versorgen den Tractus opticus, das temporale Knie der Sehstrahlung, den Hippocampus, die Cauda nuclei caudati und das Corpus amygdaloideum.

Die **A. cerebri anterior** (**A4**) verläuft an der medialen Fläche der Hemisphäre über dem Balken. Die beiden Aa. cerebri anteriores werden durch die *A. communicans anterior* (**A5**) verbunden. Kurz nach Abzweigung der A. communicans geht die rückläufige A. centralis longa (A. recurrens) (**A6**), die Heubner-Arterie, ab. Sie tritt durch die Substantia perforata anterior in die Hirnsubstanz ein und versorgt den vorderen Schenkel der inneren Kapsel, das angrenzende Gebiet des Kaudatumkopfes und des Putamens.

Die **A. cerebri media** (**A7**) zieht seitwärts zum Sulcus lateralis und gibt über der Substantia perforata 8–10 *Rami striati* ab, die in die Hirnsubstanz eintreten. Am Eingang in die Fossa lateralis teilt sie sich in mehrere starke Äste, die sich über die seitliche Oberfläche der Hemisphäre ausbreiten.

Die beiden **Aa. vertebrales** (**A8**), die von den beiden Aa. subclaviae abgehen, treten durch das Foramen magnum in die Schädelhöhle ein und vereinigen sich am Oberrand der Medulla oblongata zur unpaaren **A. basilaris** (**A9**). Diese steigt an der Ventralfläche der Brücke aufwärts und gabelt sich an ihrem Oberrand in die zwei **Aa. cerebri posteriores** (**A10**) auf. Die A. vertebralis gibt die *A. cerebelli inferior posterior* (**A11**) ab, welche die Unterfläche des Kleinhirns und den Plexus choroideus des IV. Ventrikels versorgt. Von der A. basilaris geht die *A. cerebelli inferior anterior* (**A12**) ab, die ebenfalls die Kleinhirnunterfläche und die seitliche Partie von Medulla und Pons versorgt. Als feiner Ast zieht die *A. labyrinthi* (**A13**) mit dem N. facialis und dem N. vestibulocochlearis durch den Meatus acusticus internus in das Innenohr. Sie kann von der A. basilaris oder von der A. cerebelli inferior anterior entspringen. Zahlreiche Ästchen treten als *Rami ad pontem* (**A14**) direkt in die Brücke ein. Am Oberrand der Brücke verläuft die A. cerebelli superior (**A15**) und zieht in der Tiefe der Cisterna ambiens um die Pedunculi cerebri herum zur Dorsalfläche des Kleinhirns.

Circulus arteriosus cerebri (*Willisii*). Die *Aa. communicantes posteriores* (**A16**) verbinden zu beiden Seiten die Aa. cerebri posteriores mit den Aa. carotides internae, so daß der Blutstrom der Vertebralarterien mit dem der Karotiden kommunizieren kann. Die Aa. cerebri anteriores sind wiederum durch die A. communicans anterior miteinander verknüpft. Auf diese Weise entsteht ein geschlossener arterieller Ring an der Hirnbasis. Die Anastomosen sind allerdings oft so dünn, daß über sie kein nennenswerter Blutaustausch stattfinden kann. Unter normalen intrakraniellen Druckverhältnissen wird jede Hemisphäre von der gleichseitigen A. carotis interna und der gleichseitigen A. cerebri posterior gespeist.

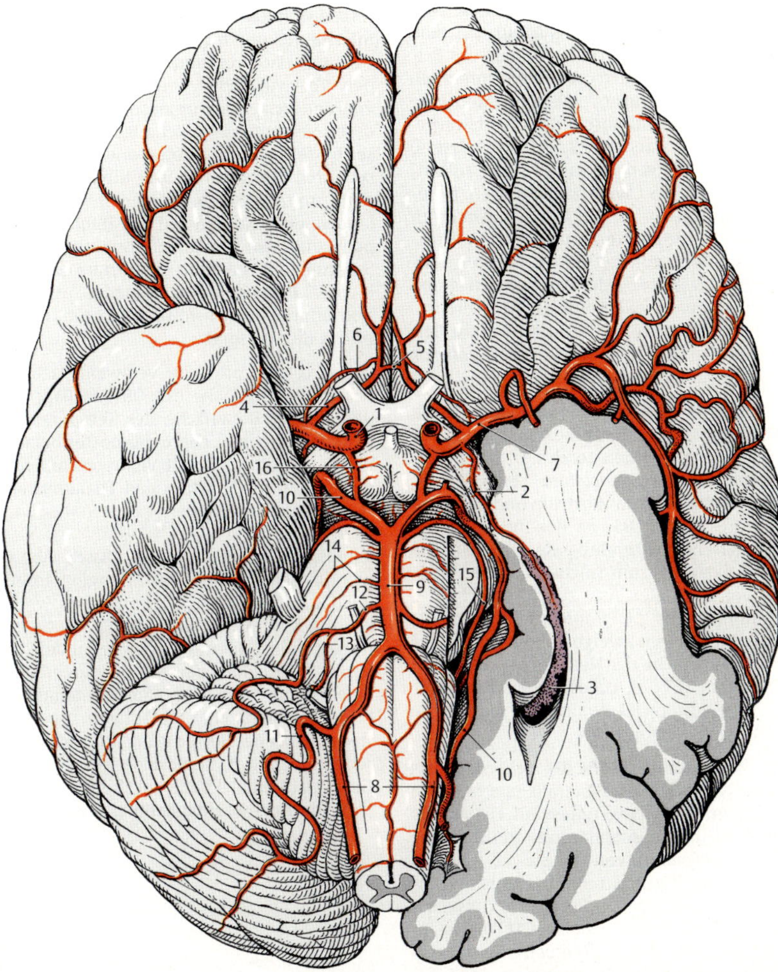

A Arterien der Hirnbasis

Arteria carotis interna (A–C)

Man unterscheidet bei der **A. carotis interna** (**C1**) eine *Pars cervicalis* (Halsteil zwischen Karotisgabel und Schädelbasis), eine *Pars petrosa* (im Canalis caroticus des Felsenbeins), eine *Pars cavernosa* (innerhalb des Sinus cavernosus, S. 104 A7) und eine *Pars cerebralis*. Im Abschnitt der Pars cavernosa und der Pars cerebralis hat die Arterie einen S-förmigen Verlauf (*Karotissiphon*) (**C2**). In der Pars cavernosa geht die *A. hypophysialis inferior* (S. 200 E10) ab, weiterhin kleine Zweige zur Dura, zum IV. und V. Hirnnerven. Nach Abgang der *A. hypophysialis superior* (S. 200 E9), der *A. ophthalmica* und der *A. choroidea anterior* in der Pars cerebralis teilt sich die A. carotis interna in die beiden großen Endäste, die *A. cerebri anterior* und die *A. cerebri media*.

Die **A. cerebri anterior** (**BC3**) wendet sich nach Abgabe der A. communicans anterior zur Fissura longitudinalis cerebri. Die *Pars postcommunicalis* (*A. pericallosa*) (**BC4**) der Arterie verläuft um das Rostrum und das Genu corporis callosi (**B5**) an der medialen Hemisphärenwand entlang der Dorsalfläche des Balkens bis zum Sulcus parietooccipitalis. Von ihr laufen Äste zur Basalfläche des Frontallappens (*A. frontobasalis medialis*) (**B6**). Die übrigen Zweige breiten sich an der medialen Fläche der Hemisphäre aus, *Rami frontales* (**BC7**), *A. callosomarginalis* (**BC8**), *A. paracentralis* (**B9**), welche die motorische Beinregion versorgt.

Die **A. cerebri media** (**AC10**) zieht seitwärts zum Grund der Fossa lateralis und teilt sich hier in mehrere Astgruppen auf. Die Arterie wird in drei Abschnitte unterteilt: in die *Pars sphenoidalis*, von der die *Aa. centrales* (feine Äste für Striatum, Thalamus und innere Kapsel) abgehen, in die *Pars insularis* mit den kurzen *Aa. insulares* (**C11**) für die Inselrinde, mit der *A. frontobasalis lateralis* (**A12**) und mit den *Aa. temporales* (**A13**) für die Rinde des Temporallappens; den letzten Abschnitt, *Pars terminalis*, bilden die langen Äste für die Rinde der Zentralregion und des Parietallappens (**AC14**). In der Aufzweigung und im Verlauf der einzelnen Arterien bestehen erhebliche Variationen.

Die **A. cerebri posterior** (**BC15**) ist entwicklungsgeschichtlich ein Zweig der A. carotis interna. Beim Erwachsenen liegt sie jedoch relativ weit kaudal. Da sie mit der A. carotis interna nur durch die dünne A. communicans posterior verbunden ist, empfängt sie den überwiegenden Teil ihrer Blutzufuhr von den Vertebralarterien und wird daher deren Versorgungsgebiet zugerechnet. Dieses besteht aus den subtentoriellen Hirnabschnitten (Hirnstamm und Kleinhirn) und dem supratentoriell gelegenen Okzipitallappen, dem basalen Teil des Temporallappens und den kaudalen Abschnitten von Striatum und Thalamus (Tentorium cerebelli, S. 288 B5). Alle davor liegenden Teile des Vorderhirns werden von der A. carotis interna mit Blut versorgt.

Die A. cerebri posterior verzweigt sich an der medialen Fläche des Okzipitallappens und an der Basalfläche des Temporallappens. Sie gibt die A. choroidea posterior zum Plexus choroideus des III. Ventrikels und feine Ästchen für Striatum und Thalamus ab. A. ophthalmica (**C16**).

Karotisangiogramm (arterielle Phase). Abb. **C** gibt das Schema eines Karotisangiogramms wieder. Dabei wird zu diagnostischen Zwekken ein Kontrastmittel in die A. carotis interna gespitzt, das in wenigen Sekunden das Versorgungsgebiet der Arterie durchfließt. Eine *sofort gemachte Röntgenaufnahme* bringt den arteriellen Gefäßbaum zur Darstellung. Bei der Betrachtung arteriographischer Bilder ist zu berücksichtigen, daß alle Gefäße auf einer Ebene abgebildet werden (vgl. Kontrastmitteldarstellung, S. 264 A).

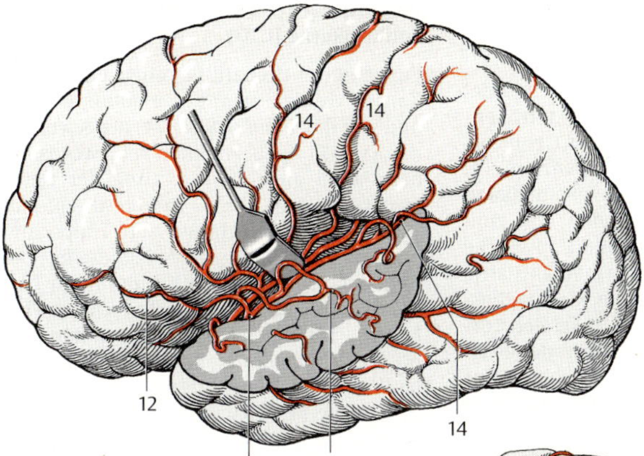

A Arterien des Gehirns, Seitenansicht

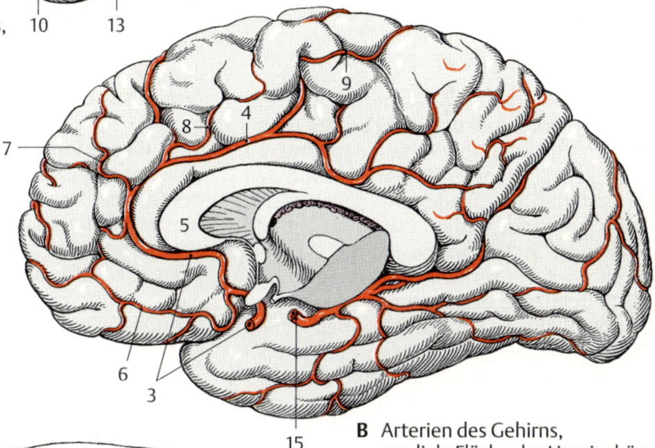

B Arterien des Gehirns, mediale Fläche der Hemisphäre

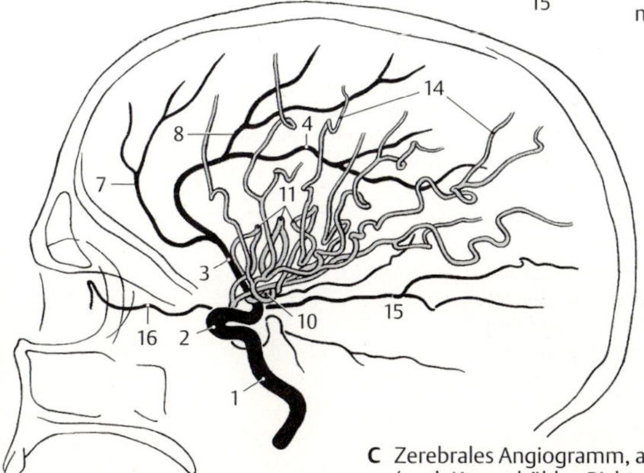

C Zerebrales Angiogramm, arterielle Phase (nach Krayenbühl u. Richter)

Versorgungsgebiete (A – D)

A. cerebri anterior (A, B)

Die kurzen zentralen Äste der **A. cerebri anterior** (**AB1**) ziehen zum Chiasma, zum Septum pellucidum, zu Rostrum und Genu corporis callosi, die lange *Heubner-Arterie* (A. centralis longa, A. recurrens) zur medialen Partie des Caput nuclei caudati und zum vorderen Schenkel der inneren Kapsel. Die kortikalen Äste versorgen die mediale Partie der Frontalhirnbasis mit dem Riechlappen, weiterhin den frontalen und parietalen Cortex an der medialen Hemisphärenoberfläche und den Balken bis zum Splenium. Der Versorgungsbereich der Arterie greift über die Mantelkante auf die dorsalen Windungen der Konvexität über.

A. cerebri media (A, B)

Die *Rami striati* der **A. cerebri media** (**AB2**) enden im Globus pallidus, in Teilen des Thalamus, in Knie und Abschnitten des vorderen Schenkels der inneren Kapsel. Die von den Inselarterien abgehenden Äste splittern sich in der Inselrinde und im Claustrum auf und reichen bis in die Capsula externa. Das Versorgungsgebiet der Rami corticales umfaßt die Seitenfläche des Frontal-, Parietal- und Temporallappens und schließt einen großen Teil der Zentralregion und den Temporalpol ein. Die Äste versorgen nicht nur die Rinde, sondern auch die weiße Substanz bis zum Seitenventrikel, darunter den mittleren Teil der Sehstrahlung.

A. cerebri posterior (A, B)

Die **A. cerebri posterior** (**AB3**) gibt feine kurze Äste ab, welche die Pedunculi cerebri, Pulvinar, Corpora geniculata, Vierhügelplatte (Lamina quadrigemina) und Splenium corporis callosi versorgen. Das kortikale Versorgungsgebiet nimmt den basalen Teil des Temporallappens und den Okzipitallappen mit der Sehrinde (Area striata) ein, die im Bereich des Okzipitalpols aber auch von den untersten Zweigen der A. cerebri media erreicht werden kann.

Versorgung der Zwischenhirn- und Endhirnkerne (C, D)

Caput nuclei caudati, Putamen und innere Kapsel werden von der Heubner-Arterie und von den *Rami striati* (**D4**) der A. cerebri media (**D5**) versorgt. Einen sehr wechselnden Anteil an der Versorgung der tiefen Strukturen hat die *A. choroidea anterior* (**C6**), deren Äste nicht nur zum Hippocampus und zum Corpus amygdaloideum, sondern auch zu Teilen von Pallidum und Thalamus ziehen. Der rostrale Bereich des Thalamus erhält einen aus der A. communicans posterior (**C7**) stammenden Ast, Ramus thalamicus (**C8**). Die mittleren und kaudalen Abschnitte des Thalamus werden über die A. basilaris (**C9**) versorgt, von der direkte Äste (**C10**) zum Thalamus ziehen können. Weitere feine thalamische Äste gehen von der A. choroidea posterior (**C11**) und der A. cerebri posterior (**C12**) ab.

Vaskularisation. Die großen zerebralen Gefäße liegen ausnahmslos an der Oberfläche des Gehirns. Von ihnen dringen kleine Arterien und Arteriolen senkrecht in die Hirnsubstanz ein und splittern sich auf. Das Kapillarnetz ist in der grauen Substanz sehr dicht, in der weißen Substanz wesentlich weitmaschiger.

Klinischer Hinweis: Beim plötzlichen Verschluß einer Arterie durch Blutgerinnsel, Luftbläschen oder Fett-Tröpfchen im Blutstrom (*Embolie*) geht das Hirngewebe im Versorgungsbereich der betroffenen Arterie zugrunde. Die Anastomosen zwischen den Gefäßbezirken reichen bei einem plötzlichen Verschluß nicht für eine Mitversorgung durch Nachbarbezirke aus. Besonders betroffen sind die *A. cerebri media* und ihre Äste.

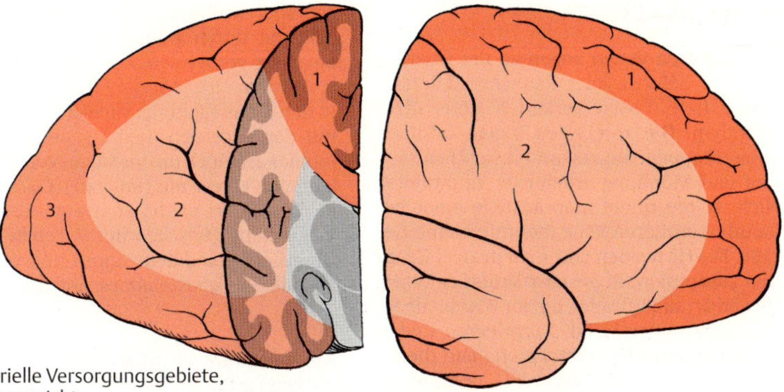

A Arterielle Versorgungsgebiete, Seitenansicht

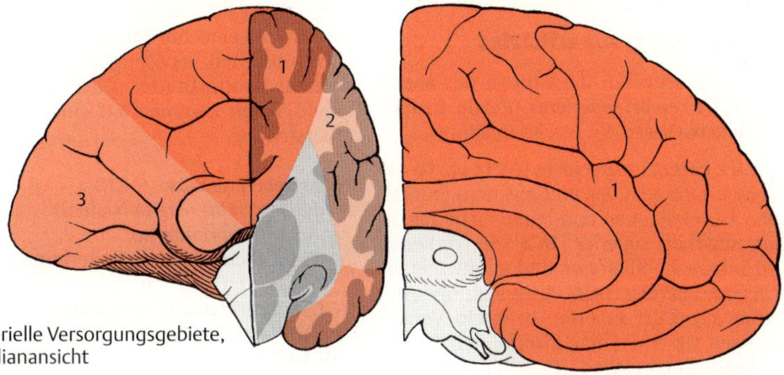

B Arterielle Versorgungsgebiete, Medianansicht

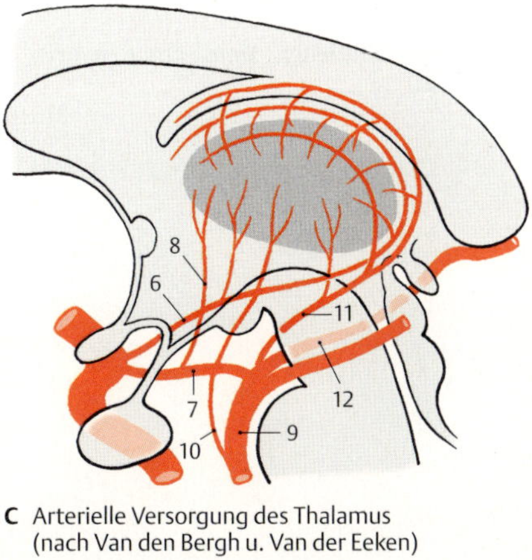

C Arterielle Versorgung des Thalamus (nach Van den Bergh u. Van der Eeken)

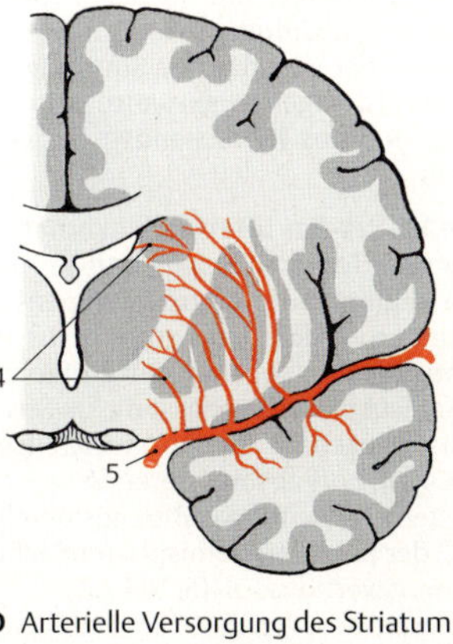

D Arterielle Versorgung des Striatum

Venen (A – C)

Die größeren Venen liegen an der Oberfläche des Gehirns im Subarachnoidalraum; einige tiefe Venen verlaufen unter dem Ependym. Die zerebralen Venen besitzen keine Klappen. Sie zeigen hinsichtlich Verlauf und Mündung erhebliche Variationen. Nicht selten findet man anstelle einer bekannten größeren Vene mehrere kleine Gefäße. Die Hirnvenen faßt man in zwei Gruppen zusammen: in die **oberflächlichen Venen**, *Vv. cerebri superficiales*, die ihr Blut in die Sinus durae matris (s. Bd. 2) entleeren, und in die **tiefen Venen**, *Vv. cerebri profundae*, die ihr Blut in die *V. magna cerebri* (Galeni) abgeben.

Venae cerebri superficiales

Wir unterscheiden die Gruppe der **oberen Venen**, *Vv. cerebri superiores*, und die Gruppe der **unteren Venen**, *Vv. cerebri inferiores*.

Die **Vv. cerebri superiores** (**AC1**), ca. 10 – 15 Venen, sammeln das Blut aus dem Frontal- und Parietallappen und leiten es in den *Sinus sagittalis superior* (**BC2**). Sie verlaufen im Subarachnoidalraum und münden in die *Lacunae laterales* (**BC3**), Ausbuchtungen des Sinus sagittalis superior. In ihrem Verlauf müssen sie eine kurze Strecke den Subduralspalt durchziehen. Die dünnwandigen Venen können hier bei Schädeltraumen leicht zerreißen und in den Subduralspalt bluten (*Subduralhämatom*). Die Einmündungen der Venen in den Sinus sagittalis superior ist eigenartigerweise schräg gegen den im Sinus herrschenden Blutstrom gestellt.

Die **Vv. cerebri inferiores** nehmen das Blut aus dem Temporallappen und aus den basalen Regionen des Okzipitallappens auf und münden in den *Sinus transversus* und den *Sinus petrosus superior*. Die größte und konstanteste dieser Venen ist die im Sulcus lateralis gelegene *V. cerebri media superficialis* (**AC4**), die oft aus mehreren Venenstämmen besteht. Sie leitet das Blut aus dem größten Teil der lateralen Hemisphärenfläche in den Sinus cavernosus ab (S. 104 A7).

Die oberen und unteren zerebralen Venen sind nur durch wenige Anastomosen miteinander verbunden. Die wichtigste ist die *V. anastomotica superior* (Trolard) (**AC5**), die in den Sinus sagittalis superior mündet und mit der V. cerebri media superficialis verbunden ist. Auch die im Sulcus centralis verlaufende *V. centralis* (Rolandi) (**C6**) kann mit der V. cerebri media anastomosieren. Eine Verbindung zwischen der V. cerebri media superficialis und dem Sinus transversus bildet die *V. anastomotica inferior* (Labbé) (**AC7**).

Karotisangiogramm (venöse Phase). In Abb. **C** ist die venöse Phase eines Karotisangiogramms schematisch dargestellt (vgl. arterielle Phase; S. 272). Eine wenige Sekunden nach der Injektion gemachte Röntgenaufnahme zeigt das über den venösen Gefäßbaum abfließende Kontrastmittel. Oberflächliche und tiefe Venen kommen auf einer Ebene zur Darstellung.

Vv. cerebri profundae (S. 278):
BC8 *V. cerebri magna* (Galeni),
C9 *V. cerebri interna*,
C10 *V. thalamostriata* (V. terminalis),
C11 *V. septi pellucidi*,
C12 Foramen interventriculare (Monroi),
C13 *V. basalis* (Rosenthal-Vene),
BC14 Sinus rectus,
BC15 Sinus sagittalis inferior,
BC16 Confluens sinuum (S. 104 A19).

(Große Blutleiter, *Sinus durae matris*, s. Bd. 2.)

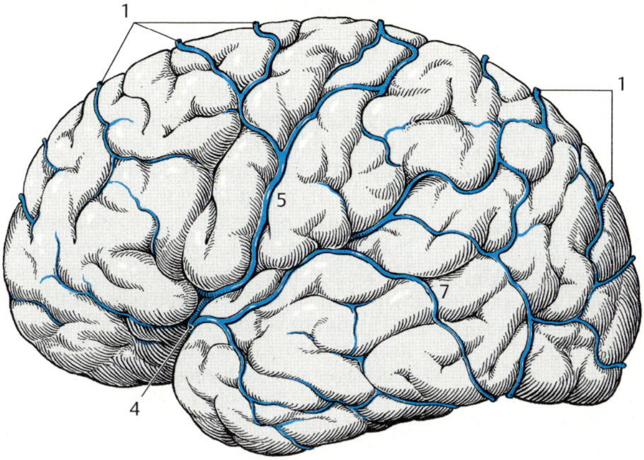

A Venen des Gehirns, Seitenansicht

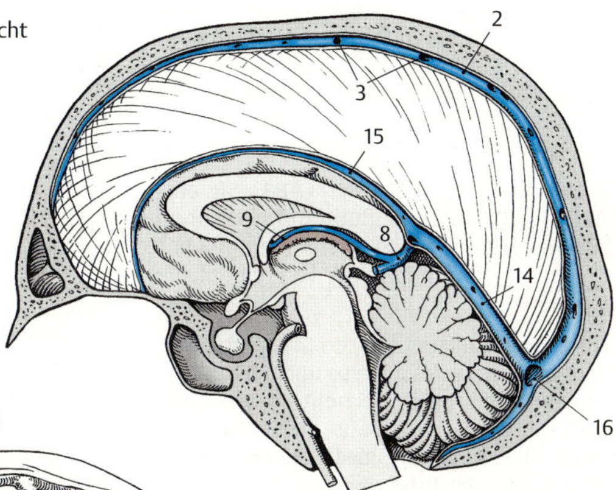

B Venen des Gehirns, mediale Fläche der Hemisphäre

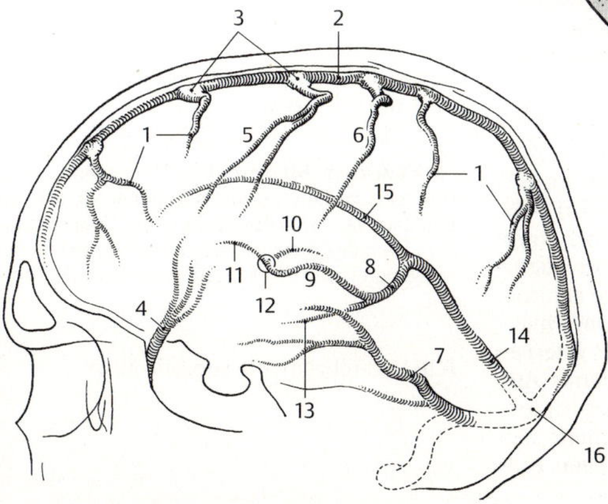

C Zerebrales Angiogramm, venöse Phase (nach Krayenbühl u. Richter)

Venae cerebri profundae (A, B)

Die **tiefen Venen** sammeln das Blut aus dem Zwischenhirn, den tiefliegenden Strukturen der Hemisphäre und aus dem tiefen Marklager. Außerdem kommen dünne *transzerebrale Venen* entlang den Fasern der Corona radiata aus dem äußeren Marklager und vom Cortex. Sie sind Verbindungen zwischen dem oberflächlichen und dem tiefen Abflußbereich. Die tiefen Hirnvenen entleeren ihr Blut in die *V. cerebri magna* (Galeni). Das Drainagesystem der tiefen Venen wird daher auch als System der V. cerebri magna bezeichnet.

V. cerebri magna (**AB1**). Sie ist ein kurzer Gefäßstamm, der durch den Zusammenschluß von vier Venen gebildet wird, den beiden *Vv. cerebri internae* und den beiden *Vv. basales*. Sie verläuft bogenförmig um das Splenium corporis callosi nach oben und mündet in den Sinus rectus. Venen von der Kleinhirnoberfläche und vom Okzipitallappen (**B2**) können in sie münden.

V. basalis (Rosenthal-Vene) (**AB3**). Sie entsteht im Bereich der Substantia perforata anterior (**A4**) durch die Vereinigung der *V. cerebri anterior* und mit der *V. cerebri media profunda*.

Die **V. cerebri anterior** (**A5**) empfängt das Blut der vorderen $^2/_3$ des Balkens und der angrenzenden Windungen. Sie zieht um das Genu corporis callosi zur Basis des Frontallappens. Die **V. cerebri media profunda** (**A6**) kommt von der Inselregion und nimmt die Venen vom basalen Teil des Putamen und des Globus pallidus auf.

Die V. basalis überquert den Tractus opticus und zieht um den Pedunculus cerebri (**A7**) in der Cisterna ambiens aufwärts bis unter das Splenium, wo sie in die V. cerebri magna mündet. Auf ihrem Weg nimmt sie zahlreiche venöse Zuflüsse auf: Venen vom Chiasma und vom Hypothalamus, die *V. interpeduncularis* (**A8**), die *V. choroidea inferior* (**A9**) vom Plexus choroideus (**A10**) des Unterhorns, Venen vom inneren Segment des Globus pallidus und von den basalen Partien des Thalamus.

V. cerebri interna (**AB11**). Sie entsteht am Foramen interventriculare (Monroi) durch die Vereinigung der *V. septi pellucidi*, der *V. thalamostriata* und der *V. choroidea*.

Die **V. thalamostriata** (*V. terminalis*) (**B12**) verläuft im Sulcus terminalis zwischen Thalamus (**B13**) und Nucleus caudatus (**B14**) in rostraler Richtung bis zum Foramen interventriculare. Sie erhält venöse Zuflüsse vom Nucleus caudatus, vom angrenzenden Marklager und vom lateralen Winkel des Seitenventrikels. Die **V. septi pellucidi anterior** (**B15**) nimmt venöse Äste vom Septum pellucidum (**B16**) und aus dem tiefen frontalen Marklager auf. Die **V. choroidea superior** (**B17**) verläuft mit dem Plexus choroideus bis in das Unterhorn. Sie nimmt außer den Plexusgefäßen die Venen vom Hippocampus und aus dem tiefen temporalen Marklager auf.

Die V. cerebri interna zieht vom Foramen interventriculare über die mediale Fläche des Thalamus am Rande des Zwischenhirndaches bis in die Epiphysengegend, wo sie mit der V. cerebri interna der Gegenseite und den Vv. basales die V. cerebri magna bildet. Auf ihrem Wege erhält sie Zuflüsse vom Fornix (**B18**), von dorsalen Partien des Thalamus, von der Epiphyse (Glandula pinealis, Zirbeldrüse) (**B19**) und variabel vom tiefen Marklager des Okzipitallappens.

Kurz zusammengefaßt: Die Drainage der dorsalen Gebiete von Thalamus, Pallidum und Striatum erfolgt über die V. cerebri interna, die Drainage der ventralen Gebiete über die V. basalis.

Klinischer Hinweis: Beim Verschluß einer Hirnvene kommt es im betroffenen Gebiet zu Blutstauung und zu Blutungen. Bei Geburtstraumen kann das Zerreißen der V. thalamostriata bei Neugeborenen zu Blutungen in die Ventrikel führen.

A20 V. cerebri media superficialis.

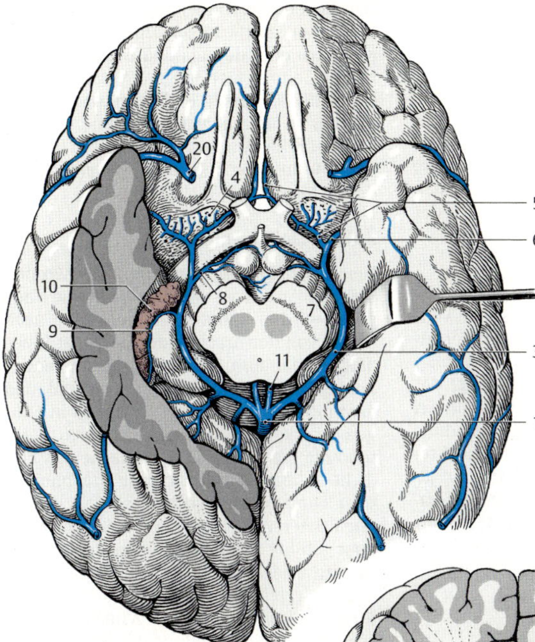

A Basale Venen des Gehirns

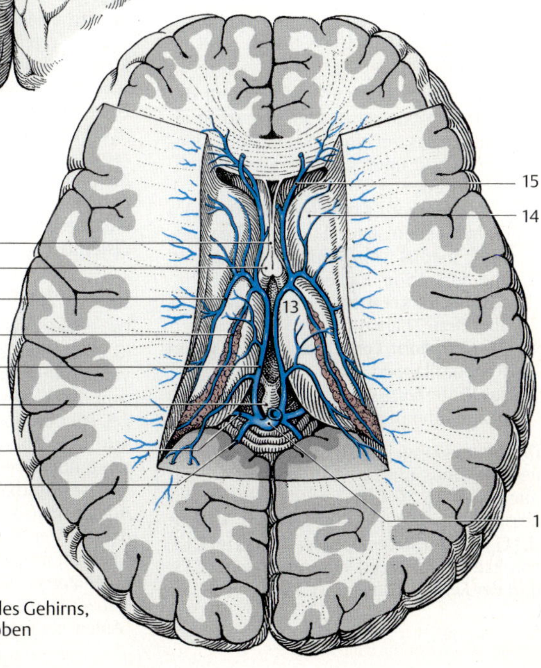

B Tiefe Venen des Gehirns, Ansicht von oben

Liquorsystem

Übersicht

Das ZNS ist allseitig von einer Flüssigkeit, dem *Liquor cerebrospinalis*, umgeben. Dieser füllt auch die inneren Hohlräume des Gehirns, die Ventrikel, so daß man *innere* und *äußere Liquorräume* unterscheiden kann. Beide kommunizieren im Bereich des IV. Ventrikels miteinander.

Innere Liquorräume (A–C)

Das Ventrikelsystem besteht aus vier Ventrikeln: den beiden *Seitenventrikeln* (Ventriculi laterales, I und II) (**A1**) der Endhirnhemisphären, dem *III. Ventrikel* (**A–C2**) des Zwischenhirns und dem *IV. Ventrikel* (**A–C3**) des Rautenhirns (Pons und Medulla oblongata). Die beiden Seitenventrikel stehen mit dem III. Ventrikel durch das auf jeder Seite vor dem Thalamus gelegene **Foramen interventriculare** (*Monroi*) (**AC4**) in Verbindung. Der III. Ventrikel wiederum kommuniziert durch einen Engpaß, den **Aquaeductus cerebri** (*Sylvii*) (**A–C5**), mit dem IV. Ventrikel.

Der **Seitenventrikel** hat entsprechend der Hemisphärenrotation (S. 208) die Form eines Halbkreises mit einem kaudal ausladenden Sporn. Wir unterscheiden an ihm mehrere Abschnitte:

- Das *Vorderhorn*, **Cornu frontale** (**BC6**), im Frontallappen, lateral vom Kaudatumkopf, medial vom Septum pellucidum und dorsal vom Balken begrenzt,
- die enge **Pars centralis**, Cella media (**BC7**), über dem Thalamus,
- das *Unterhorn*, **Cornu temporale** (**BC8**), im Temporallappen, und
- das *Hinterhorn*, **Cornu occipitale** (**BC9**), im Okzipitallappen.

Die Seitenwand des **III. Ventrikels** bildet der Thalamus mit der Adhaesio interthalamica (**C10**) (S. 10 C18) und der Hypothalamus. Oral springen der *Recessus opticus* (**C11**) und der *Recessus infundibularis* (**C12**) vor, kaudal der *Recessus suprapinealis* (**C13**) und der *Recessus pinealis* (**C14**).

Der **IV. Ventrikel** bildet über der Rautengrube einen zeltförmigen Raum zwischen Kleinhirn und Medulla und entsendet nach beiden Seiten einen langen *Recessus lateralis* (**BC15**), an dessen Ende sich die *Apertura lateralis ventriculi quarti* (Foramen Luschkae) befindet. Am Ansatz des Velum medullare inferius liegt median die *Apertura mediana* (Magendii) (S. 282 D14).

Äußere Liquorräume (A)

Der äußere Liquorraum liegt zwischen den beiden Blättern der weichen Hirnhaut. Nach innen wird er von der Pia mater und nach außen von der Arachnoidea begrenzt (Subarachnoidalraum, S. 288 A13). Er ist über der Konvexität der Hemisphären schmal und erweitert sich nur an der Hirnbasis in einigen Bezirken zu den sog. *Zisternen*. Während die Pia mater der Oberfläche des ZNS dicht anliegt, spannt sich die Arachnoidea über Furchen und Gruben, so daß im Bereich tieferer Einsenkungen größere mit Liquor gefüllte Räume entstehen, die **Cisternae subarachnoideales**. Der größte Raum ist die *Cisterna cerebellomedullaris* (**A16**) zwischen Kleinhirn und Medulla. Im Winkel von Zwischenhirnboden, Pedunculi cerebri und Pons liegt die *Cisterna interpeduncularis* (**A17**) und davor, in der Umgebung des Chiasmas, die *Cisterna chiasmatis* (**A18**). Die Kleinhirnoberfläche, Vierhügelplatte und Epiphyse (Zirbeldrüse) begrenzen die von weitmaschigem Bindegewebe durchzogene *Cisterna ambiens* (**A19**).

Liquorzirkulation (A)

Der Liquor wird vom *Plexus choroideus* (S. 282) gebildet. Er fließt von den Seitenventrikeln in den III. Ventrikel und von diesem durch den Aquädukt in den IV. Ventrikel. Hier tritt er durch die mediane und die seitlichen Aperturen in den äußeren Liquorraum über. Die Ableitung des Liquors in die venöse Blutbahn geschieht z.T. in den *Arachnoidalzotten* (S. 288 A15), die sich in die venösen Sinus bzw. in die Lacunae laterales vorstülpen, z.T. an den *Abgängen der Spinalnerven*, wo ein Übertritt in die dichten Venenplexus und in die Nervenscheiden (Ableitung in die Lymphbahn) stattfindet.

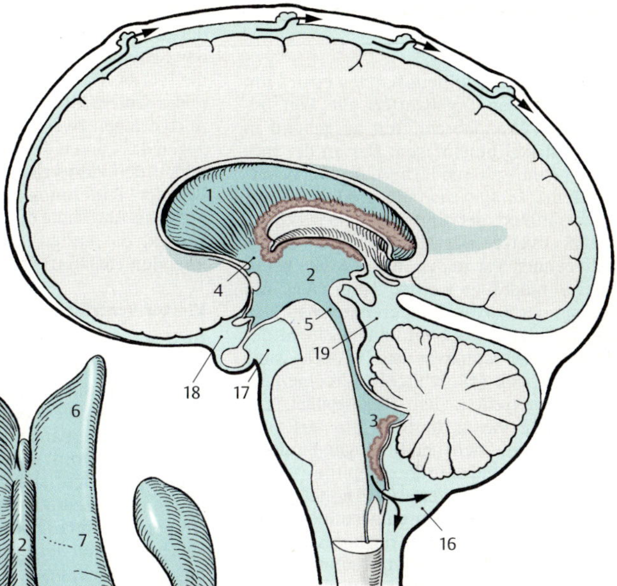

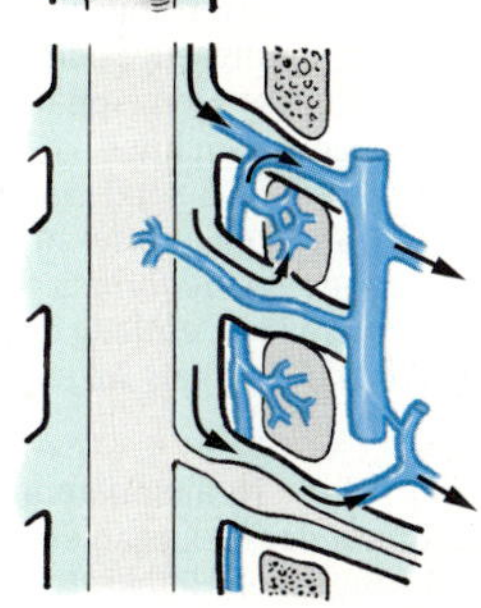

A Liquorräume

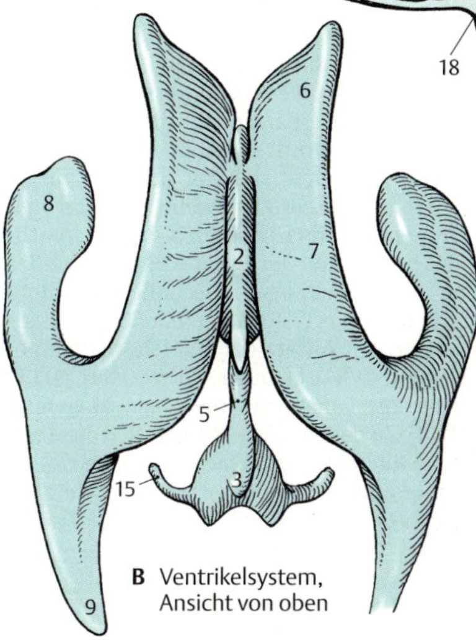

B Ventrikelsystem, Ansicht von oben

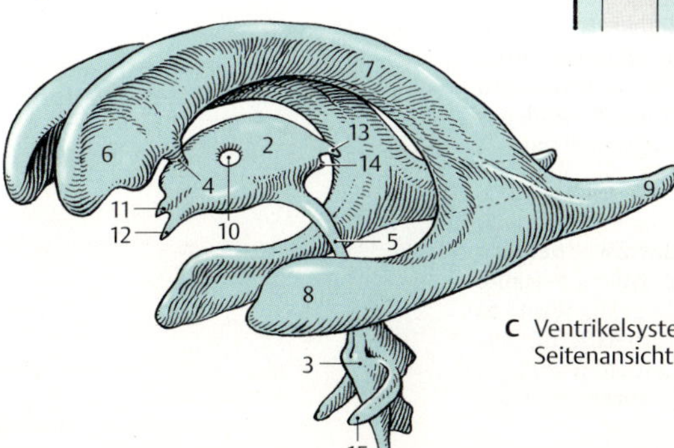

C Ventrikelsystem, Seitenansicht

Plexus choroideus (A–E)

Seitenventrikel (A, C)

Beim **Plexus choroideus** handelt es sich um Konvolute von Gefäßzotten, die von bestimmten Wandabschnitten ausgehend in die Ventrikel hineinragen. Der an der medialen Hemisphärenfläche liegende Wandabschnitt (*Lamina choroidea*) (**A1**) verdünnt sich während der Embryonalentwicklung, so daß er von den Gefäßschlingen der außen anliegenden Pia mater in das Ventrikellumen vorgedrängt werden kann (**A2**). Am Anfang der Entwicklung erkennt man, daß alle Gefäßkonvolute von einer Schicht der dünnen Hemisphärenwand bedeckt sind. Diese wandelt sich schließlich in eine Lage von Epithelzellen, dem **Plexusepithel**, um. Der fertige Plexus besteht also aus zwei Komponenten: dem gefäßhaltigen Bindegewebe der Pia und dem Plexusepithel (umgewandelte Hemisphärenwand). Er hat sich in den Ventrikelhohlraum eingestülpt und ist mit der äußeren Pia nur noch durch einen schmalen Spalt, die **Fissura choroidea** (**A3**), verbunden. Bei der Entfernung des Plexus choroideus reißen an diesem Spalt die verdünnten Abschnitte der Hemisphärenwand ab. Die Abrißlinien bezeichnen wir als **Tänien**. Die eine Abrißlinie setzt am Fornix (S. 230 A6) und an der Fimbrie an (S. 230, ACD5) und wird als *Taenia fornicis* (**C4**) bezeichnet, die andere läuft entlang der Lamina affixa (S. 170 D15, E16) als *Taenia choroidea* (**C5**).

Entsprechend der Hemisphärenrotation (S. 208) beschreibt der Plexus an der medialen Ventrikelwand einen Halbkreis, der vom Foramen interventriculare (Monroi) über die Pars centralis (**C6**) bis in das Unterhorn (**C7**) reicht. Das Vorderhorn (**C8**) und das Hinterhorn (**C9**) enthalten keinen Plexus.

Tela choroidea (A–C)

Wenn die Hemisphären das Zwischenhirn überwachsen, werden die weichen Häute beider Hirnteile aufeinandergelagert und es entsteht eine Art Duplikatur (**A10**), die **Tela choroidea** (**B**), eine zwischen Hemisphären und Zwischenhirn ausgespannte Bindegewebsplatte. An ihren seitlichen Rändern bildet die Pia die Gefäßzotten für den Plexus der Seitenventrikel und medial überdeckt die Tela das Dach des III. Ventrikels (**Tela choroidea ventriculi tertii**) (**BC11**). In ihrem Bereich dringen zwei Reihen von Gefäßzotten gegen das Lumen des III. Ventrikels vor und bilden den **Plexus choroideus ventriculi tertii**. Bei der Entfernung des Ventrikeldaches bleibt als Abrißlinie die *Taenia thalami* (**C12**) zurück, die entlang der Stria medullaris über den Thalamus verläuft.

Vierter Ventrikel (E, D)

Über dem IV. Ventrikel bildet sich die **Tela choroidea ventriculi quarti** ebenfalls als *Duplikatur der Pia mater*, und zwar durch die Anlagerung der Kleinhirnunterfläche an die Rautenhirnoberfläche (**E**). Das Dach des Rautenhirns wird zu einer Epithelschicht verdünnt, welche die von der Tela ausgehenden Gefäßzotten in den Ventrikel einstülpen. Die Tela choroidea des IV. Ventrikels besteht nur aus Pia, da die Arachnoidea nicht der Kleinhirnfläche anliegt, sondern sich über die Cisterna cerebellomedullaris spannt. Am Ansatz der Tela oberhalb einer schmalen Marklamelle, des *Obex* (**D13**), liegt die *Apertura mediana* (Magendii) (**D14**). Zu beiden Seiten öffnen sich die *Aperturae laterales* (Luschkae), durch die das laterale Ende des Plexus choroideus hervorquillt (*Bochdalek-Blumenkörbchen*) (**D15**).

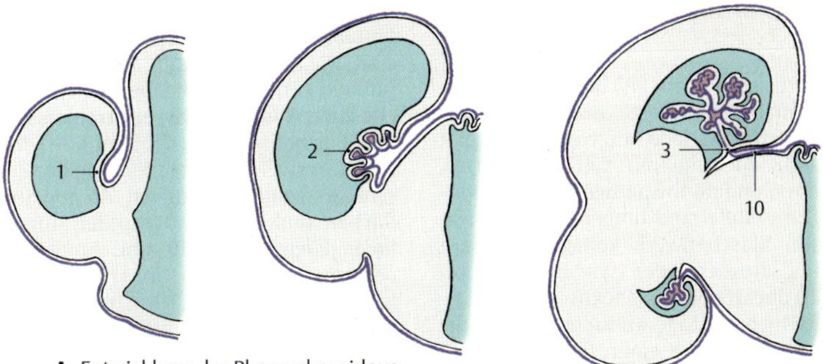

A Entwicklung des Plexus choroideus

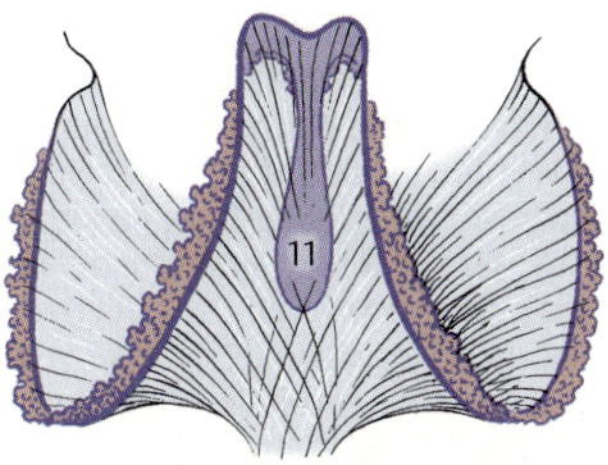

B Tela choroidea

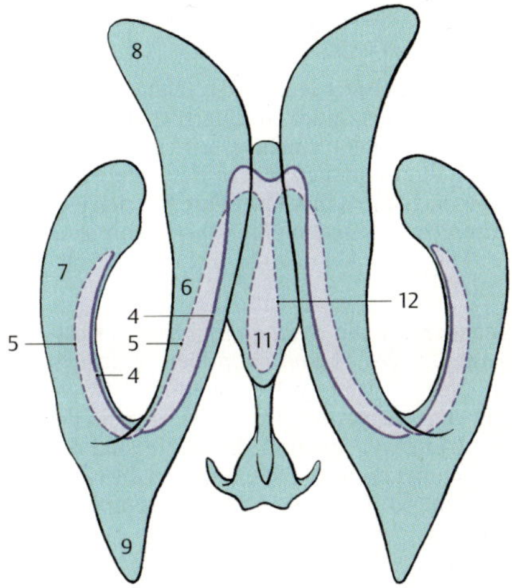

C Tänien des III. Ventrikels und der Seitenventrikel

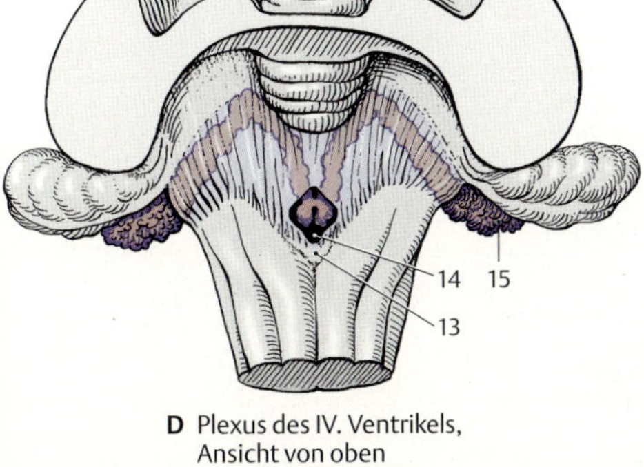

D Plexus des IV. Ventrikels, Ansicht von oben

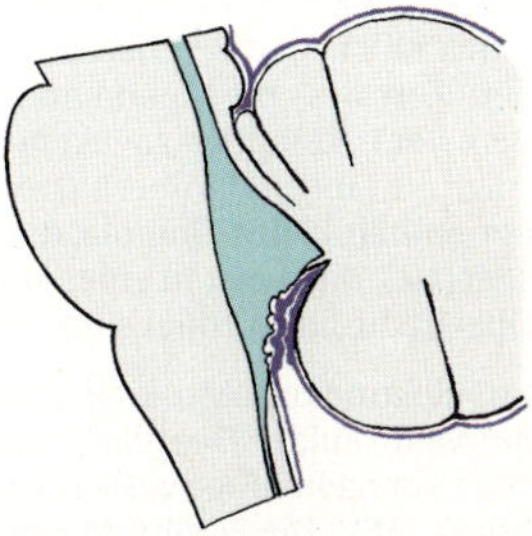

E Plexus des IV. Ventrikels, Seitenansicht

Plexus choroideus, Fortsetzung (A, B)

Der Plexus choroideus (**A**) besitzt durch seine baumartigen Verästelungen eine sehr große Oberfläche. Jede Aufzweigung enthält ein Gefäß oder mehrere Gefäße, Arterien, Kapillaren und dünnwandige venöse Kavernen. Die Gefäße sind umgeben von einem lockeren Maschenwerk kollagener Fasern (**B1**) und dieses wieder ist vom Plexusepithel (**B**) überzogen. Das Plexusepithel ist eine einschichtige Lage kubischer Zellen, die an ihrer Oberfläche einen feinen Bürstensaum tragen. Das Cytoplasma der Zellen enthält Vakuolen und gröbere Granula, Lipid- und Glykogeneinschlüsse.

Der Plexus choroideus ist die *Bildungsstätte des Liquors*. Es findet ein Übertritt von Flüssigkeit aus dem Gefäßsystem des Plexus durch die Epithelien in den Ventrikel statt. Ob es sich dabei um eine Sekretion des Plexusepithels oder um eine Dialyse, d.h. eine Art Filtration, handelt, ist nicht sicher entschieden.

Genauso wie die weichen und harten Hirnhäute ist der Plexus choroideus reichlich mit Nerven versorgt (N. trigeminus, N. vagus und vegetative Fasern versorgen die Hirnhäute). Plexus und Hirnhäute sind daher schmerzempfindlich, während die Hirnsubstanz größtenteils schmerzunempfindlich ist.

Ependym (C, D)

Die Wände des Ventrikelsystems sind von einer einschichtigen Zellage, dem **Ependym** (**C**) ausgekleidet. Die Ependymzellen geben einen radiär in die Hirnsubstanz verlaufenden Fortsatz, die Ependymfaser, ab. Ihre dem Ventrikellumen zugekehrte Oberfläche trägt oft einige Flimmerhaare. Der Zellkörper enthält kleine Granula, die *Blepharoblasten* (**C2**), die meist in einer Reihe unter der Oberfläche angeordnet sind.

Im elektronenmikroskopischen Bild zeigt die ventrikuläre Oberfläche der Ependymzelle unregelmäßige vesikelhaltige Evaginationen (**D3**). Die Flimmerhaare (**D4**) enthalten zwei *Zentraltubuli* (**D5**), um die neun *Mikrotubulipaare* (**D6**) kreisförmig angeordnet sind. Die Basis jeder Zilie ist von einer granulären Zone (**D7**) umgeben, in die zahlreiche kurze Wurzeln (**D8**) einstrahlen. Auf einer Seite befindet sich der *Basalfuß* (**D9**), der möglicherweise für die Richtung des Zilienschlages von Bedeutung ist. An den Seitenflächen sind die Ependymzellen durch *Zonulae adhaerentes* (**D10**) und durch *Zonulae occludentes* (Tight junctions) (**D11**), die den Liquorraum gegen die Hirnsubstanz abdichten, miteinander verbunden. Zwischen den Ependymzellen verlaufen Nervenzellfortsätze (**D12**). Unter dem Ependym liegt eine zellarme Schicht mit radiär oder horizontal verlaufenden Gliafasern (**C13**) und daran anschließend die *subependymale Zellschicht* (**C14**). In ihr findet man außer Astrozyten undifferenzierte Zellen. Nach neuen Untersuchungen werden hier nicht nur Gliazellen, sondern auch Neurone lebenslang gebildet. Gegenwärtig wird intensiv untersucht, ob die neuronalen Stammzellen der subependymalen Zone als Nervenzellersatz bei verschiedenen Formen neuronaler Degeneration Anwendung finden können.

Die Ventrikelwand ist in verschiedenen Regionen sehr unterschiedlich gebaut. Streckenweise kann der Ependymbelag oder die subependymale Gliafaserschicht völlig fehlen. Die subependymale Gliazellschicht ist am stärksten über dem Kaudatumkopf und an der Basis des Vorderhorns ausgebildet. Über dem Hippocampus hingegen fehlt sie.

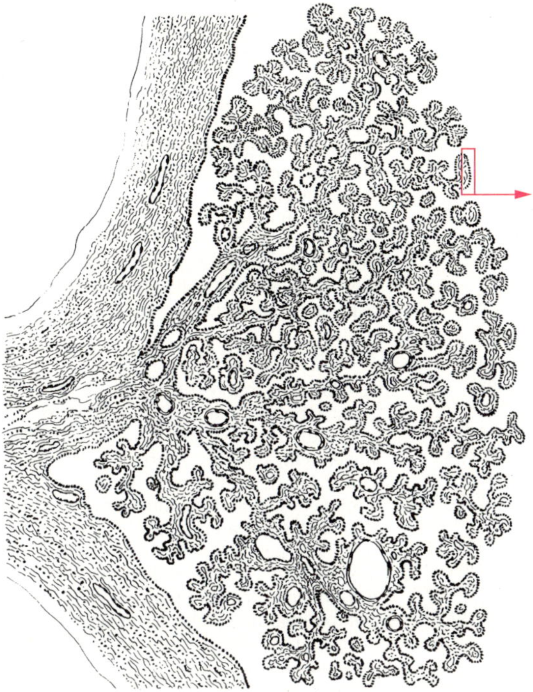

A Plexus choroideus

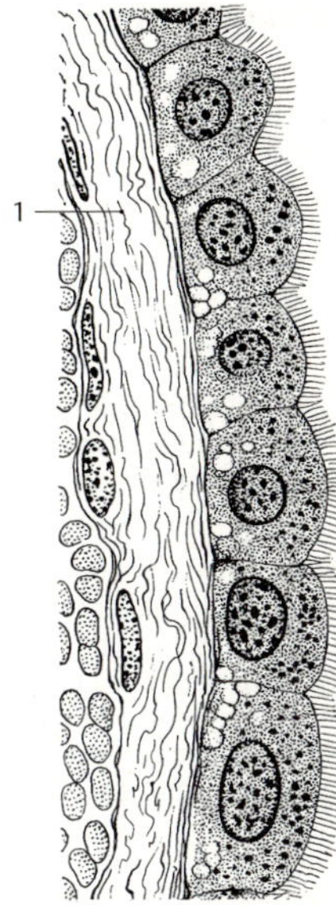

B Plexusepithel

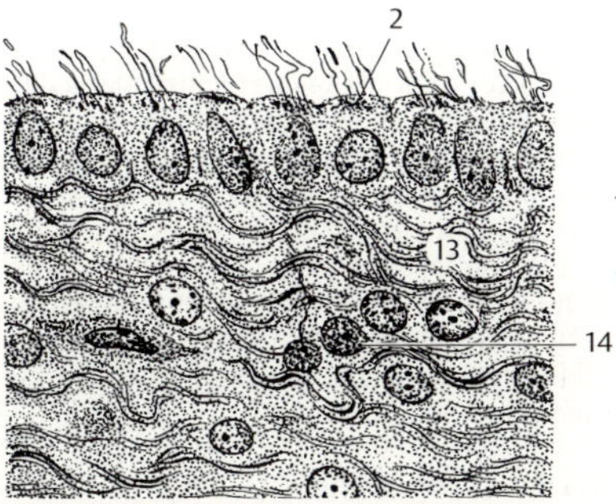

C Ependym und subependymale Zone

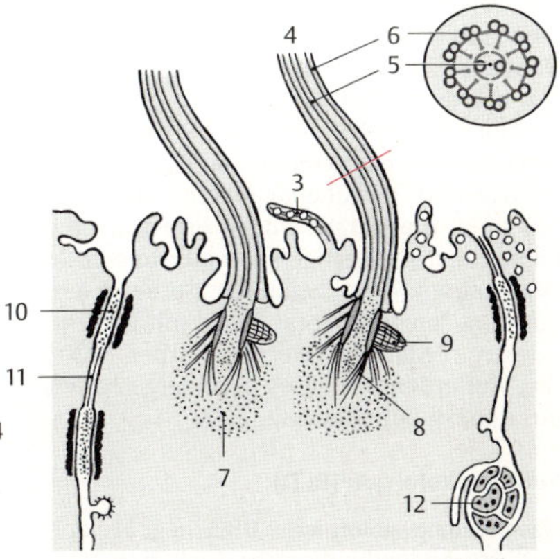

D Ependymzelle, elektronenmikroskopisches Schema (nach Brightman und Palay)

Zirkumventrikuläre Organe (A–D)

Das Ependym hat bei niederen Vertebraten sekretorische und wahrscheinlich auch rezeptorische Funktionen. Das hat zur Ausbildung besonderer Strukturen geführt, die auch bei Säugetieren nachzuweisen sind. Zu diesen zirkumventrikulären Organen gehören

- das *Organum vasculosum laminae terminalis*,
- das *Subfornikalorgan*,
- die *Area postrema*,
- die *Paraphyse* und
- das *Subkommissuralorgan*.

Die Organe sind beim Menschen zurückgebildet und manche (Parahypophyse und Subkommissuralorgan) treten lediglich vorübergehend während der Embyronalentwicklung auf. Ihre Funktion ist unbekannt. Es bestehen nur Vermutungen über ihre Bedeutung für die Regulation von Liquordruck und -zusammensetzung und über ihre Beziehung zum neuroendokrinen System des Hypothalamus. Auffällig ist ihre *Lage an Engstellen des Ventrikelsytems*, ihre starke *Vaskularisation* und das Vorhandensein von Hohlräumen (*Saftspalten*).

Organum vasculosum laminae terminalis (A, D)

Das Organ (**AD1**) liegt in der Lamina terminalis, die sich als rostraler Abschluß des III. Ventrikels zwischen der Commissura anterior und dem Chiasma ausspannt. Man kann an ihm eine *äußere*, unter der Pia gelegene, stark vaskularisierte Zone und eine vorwiegend aus Glia bestehende *innere Zone* unterscheiden. Die Gefäße bilden einen dichten Plexus mit sinusartigen Erweiterungen. In der inneren Zone verlaufen Nervenfasern aus dem Nucleus supraopticus mit gomoripositivem Material (Herring-Körper, S. 204 B5). Außerdem erhält es peptiderge Fasern aus dem Hypothalamus.

Subfornikalorgan (B, D)

Das **Organum subfornicale** (**BD2**) liegt als kleines, stecknadelkopfgroßes Knötchen zwischen beiden Foramina interventricularia im Dach des III. Ventrikels am oralen Ende der Tela choroidea. Außer Gliazellen und vereinzelten Nervenzellen enthält es Parenchymzellen, große runde Elemente, deren neuronaler Charakter umstritten ist. Elektronenmikroskopisch lassen sich *Ependymkanälchen* nachweisen, die von der Oberfläche eindringen und mit weiten interzellulären Spalträumen in Verbindung stehen. Von der Tela choroidea dringen Gefäßschlingen in das Innere des Subfornikalorgans ein. Peptiderge Nervenfasern (Somatostatin, Luliberin) enden an Kapillaren und im Bereich der Ependymkanälchen.

Area postrema (C, D)

Als Area postrema (**CD3**) bezeichnet man zwei symmetrische schmale Abschnitte am Boden der Rautengrube, die am trichterförmigen Eingang des Zentralkanals liegen. Das lockere Gewebe dieses Bezirkes enthält zahlreiche kleine Hohlräume. Es besteht aus Glia und sog. Parenchymzellen, die allgemein als neuronale Elemente angesehen werden. Das Gewebe enthält eine Vielzahl gewundener Kapillaren, die im elektronenmikroskopischen Bild stark gefenstert sind. Die Area postrema ist daher einer der wenigen Hirnbezirke, in denen die *Blut-Hirn-Schranke* durchlässig ist (S. 44 C–E).

Paraphyse und Subkommissuralorgan (D)

Beide Strukturen treten beim Menschen nur vorübergehend während der Embyronalentwicklung auf (*transitorische Bildungen*). Die **Paraphyse** stellt eine kleine sackartige Ausstülpung im Dach des III. Ventrikels kaudal von den Foramina interventricularia dar. Das **Subkommissuralorgan** (**D4**) besteht aus einem Komplex zylindrischer Ependymzellen unter der Commissura epithalamica. Diese geben ein Sekret ab, das sich nicht im Liquor auflöst, sondern zu einem langen dünnen Faden verdichtet, dem Reißner-Faden. Bei Tieren, deren Zentralkanal nicht obliteriert ist, reicht der Reißner-Faden bis in das untere Rückenmark.

D5 Plexus choroideus,
D6 Foramen interventriculare (Monroi).

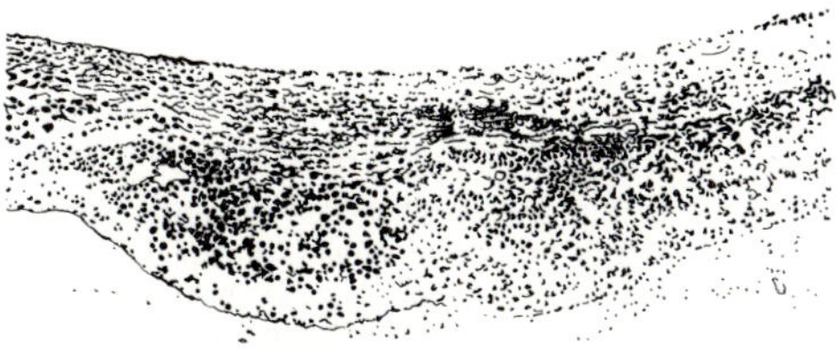

A Organum vasculosum laminae terminalis, horizontal (nach Kuhlenbeck)

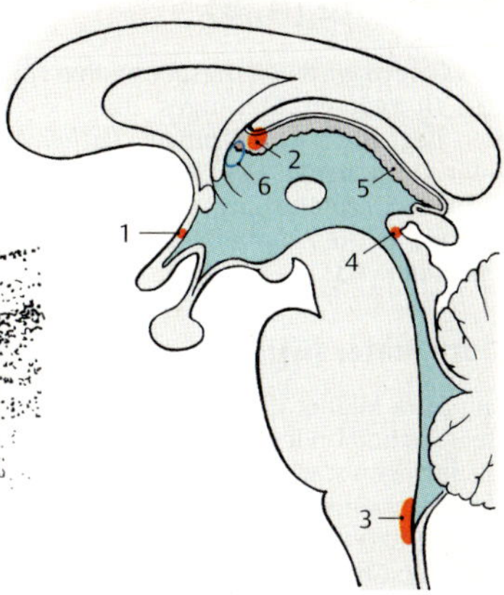

D Lage der Organe

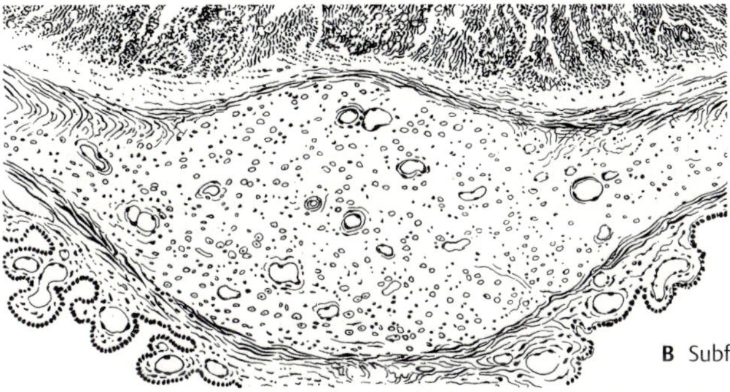

B Subfornikalorgan

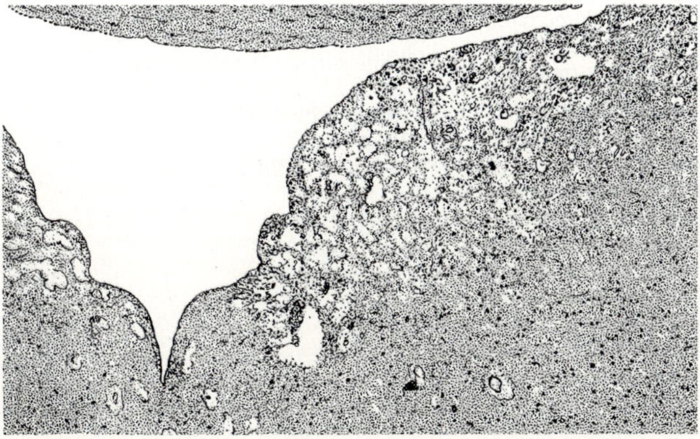

C Area postrema

Hirnhäute (A, B)

Das Gehirn wird von mesodermalen Hüllen, den *Hirnhäuten*, **Meninges**, umgeben. Außen liegt die harte Hirnhaut, *Pachymeninx* oder *Dura mater* (**A1**), innen die weiche Hirnhaut, *Leptomeninx*, die in zwei Blätter zerfällt, in die *Arachnoidea* (**A2**) und in die *Pia mater* (**A3**).

Dura mater (B)

Die Dura kleidet die Innenfläche des Schädels aus und bildet zugleich das Periost. Von ihr springen starke Septen weit in den Schädelinnenraum vor. Zwischen den beiden Hemisphären senkt sich die **Falx cerebri** (**B4**), die *Großhirnsichel*, ein. Der Ansatz der Falx beginnt rostral an der Crista galli und zieht über die Crista frontalis bis zur Protuberantia occipitalis interna, wo sie in das nach beiden Seiten ausgespannte *Kleinhirnzelt*, **Tentorium cerebelli** (**B5**), übergeht. Sie teilt die obere Schädelhöhle, so daß jede Hemisphäre in einem eigenen Raum Halt findet. Das Tentorium cerebelli spannt sich zeltartig über das in der hinteren Schädelgrube liegende Kleinhirn. Es ist entlang dem Sulcus transversus ossis occipitalis und an der oberen Kante des Felsenbeins befestigt und läßt oral eine weite Öffnung für den Durchtritt des Hirnstamms frei (**B6**). An der Unterseite des Tentoriums und entlang der Crista occipitalis springt die Falx cerebelli in die hintere Schädelgrube vor.

In die beiden Blätter der Dura sind die großen venösen Blutleiter, *Sinus durae matris*, eingebettet (s. Bd. 2). Anschnitt des *Sinus sagittalis superior* (**B8**), des *Sinus transversus* (**B9**).

Durch Durataschen sind manche Gebilde vom übrigen Innenraum abgekapselt. So spannt sich über die Sella turcica das *Diaphragma sellae* (**B10**) und läßt durch den *Hiatus diaphragmatis* (**B11**) den Hypophysenstiel durchtreten. An der Vorderfläche des Felsenbeins ist das Ganglion trigeminale (Ganglion semilunare, Ganglion Gasseri) von einer Duratasche, *Cavum trigeminale* (Meckeli), eingeschlossen.

Arachnoidea (A)

Die Arachnoidea, *Spinngewebshaut* (**A2**), liegt der Innenfläche der Dura dicht an und ist von ihr nur durch einen kapillären Spalt, **Spatium subdurale** (**A12**), getrennt. Sie umschließt den liquorhaltigen Subarachnoidalraum, **Cavum subarachnoideale** (**A13**), und ist mit der Pia durch Trabekel (**A14**) und Septen verbunden, die ein dichtes Maschenwerk bilden und ein System kommunizierender Kammern entstehen lassen.

In die großen Blutleiter schieben sich gestielte pilzartige Wucherungen der Arachnoidea vor, die *Granula meningea* oder **Pacchioni-Granulationen** (**Granulationes arachnoidales**) (**A15**). Sie bestehen aus einem arachnoidalen Maschenwerk und sind von Mesothel überzogen. Die Dura, die sie noch umschließt, ist membranartig verdünnt. Die Arachnoidalzotten sind am häufigsten in der Umgebung des Sinus sagittalis superior (**A16**), an den Lacunae laterales (**A17**), seltener an den Austrittsstellen der Spinalnerven anzutreffen. Im Bereich der Zotten tritt Liquor in das venöse Blut über. Bei älteren Menschen können die Zotten auch in den Knochen vordringen (Bildung von Foveolae granulares) (**A18**) und sich in die Venen der Diploë einstülpen.

Pia mater (A)

Die Pia (**A3**) ist die *gefäßführende Hirnhaut*. Sie grenzt direkt an die Hirnsubstanz und bildet die mesodermale Seite der Pia-Glia-Grenze. Von ihr gehen die Gefäße in die Hirnsubstanz ab und werden von ihr noch ein Stück in die Tiefe begleitet (*Piatrichter*).

A19 Kopfschwarte,
A20 Knochen,
A21 Diploë (s. Bd. 1, S. 20 D5).

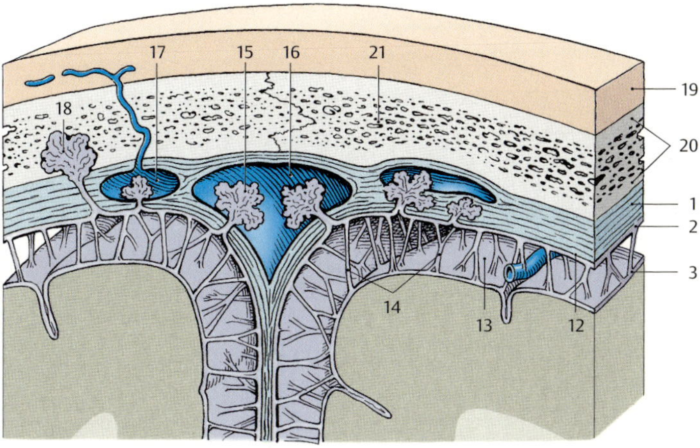

A Hirnhäute und Subarachnoidalraum

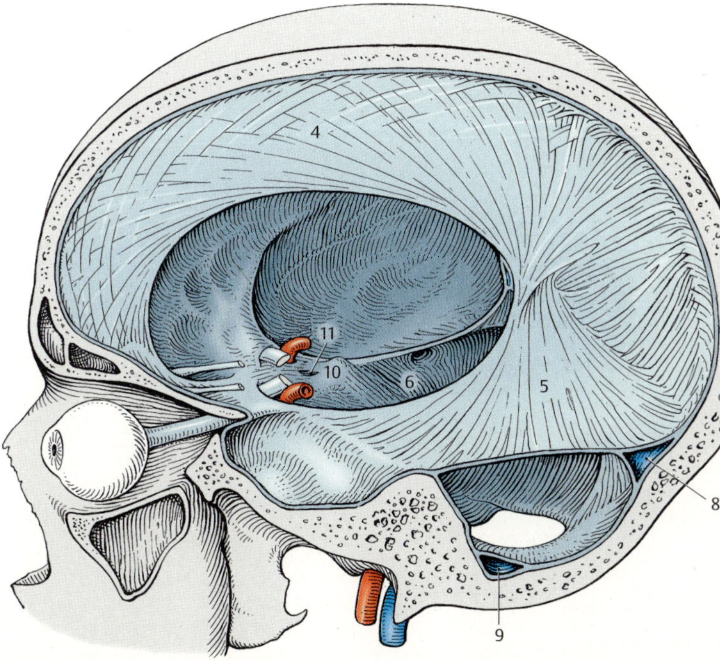

B Harte Hirnhaut, Dura mater

Vegetatives Nervensystem

Übersicht (A)

Das **vegetative** oder **autonome Nervensystem** versorgt die inneren Organe und ihre Hüllen. Nahezu alle Gewebe des Körpers sind von einem Geflecht feinster Nervenfasern durchsetzt. Man unterscheidet **afferente** (*viszerosensible*) und **efferente** (*viszeromotorische* und *sekretorische*) Fasern. Die Nervenzellen der sensiblen Fasern liegen in den *Spinalganglien*. Die Zellen, von denen die efferenten Fasern ausgehen, bilden im Körper verstreute, von einer Bindegewebshülle umgebene Nervenzellhaufen, die *vegetativen Ganglien*.

Die Hauptaufgabe des vegetativen Nervensystems ist die *Konstanthaltung des inneren Milieus* des Organismus und die an wechselnde Umwelterfordernisse angepaßte *Regulierung der Organfunktionen*. Diese Regulation wird durch das Zusammenspiel der beiden antagonistisch wirkenden Teile des autonomen Systems, des *Orthosympathicus* oder einfach **Sympathicus** (**A1**) (gelb) und des **Parasympathicus** (**A2**) (grün) bewerkstelligt. Eine Erregung des Sympathicus erfolgt bei erhöhter körperlicher Leistung. Es treten eine Erhöhung des Blutdrucks, eine Beschleunigung des Herzschlags und der Atemfrequenz, eine Erweiterung der Pupillen, ein Sträuben der Haare und eine vermehrte Schweißabsonderung auf. Die Motilität von Magen und Darm sowie die Sekretion der intestinalen Drüsen wird gleichzeitig gedämpft. Bei einem Überwiegen des Parasympathicus dagegen werden die intestinale Motilität und Sekretion verstärkt, Defäkation und Miktion gefördert, Herz- und Atemfrequenz verlangsamt und die Pupillen verengt. Der Sympathicus dient der *Leistungssteigerung* in Streß und Notfallsituationen, der Parasympathicus hingegen dem Stoffwechsel, der *Regeneration* und dem Aufbau körperlicher Reserven.

Die Aufteilung des vegetativen Systems in einen sympathischen und einen parasympathischen Anteil bezieht sich auf die *viszeromotorischen* und *sekretorischen* Fasern. Bei den viszerosensiblen Fasern ist eine solche Unterscheidung nicht möglich.

Zentrales vegetatives System

Wir unterscheiden ein peripheres und ein zentrales vegetatives System. Die zentralen Zellgruppen des Sympathicus und des Parasympathicus liegen in verschiedenen Abschnitten. Parasympathische Nervenzellen bilden Kerne im Hirnstamm (vgl. S. 106):

- den *Nucleus Edinger-Westphal* (**A3**),
- die *Nuclei salivatorii* (**A4**) und
- den *Nucleus dorsalis n. vagi* (**A5**).

Das Sakralmark enthält parasympathische Nervenzellen (**A6**). Die sympathischen Neurone dagegen nehmen das Seitenhorn im Thorakalmark und im oberen Lumbalmark (**A7**) (S. 296 A1) ein. Die Lokalisation der parasympathischen Kerne ist also eine *kraniosakrale*, die der sympathischen Kerne eine *thorakolumbale*.

Das oberste Integrationsorgan des autonomen Systems ist der **Hypothalamus**. Durch seine Verbindungen zur Hypophyse reguliert er auch die endokrinen Drüsen und koordiniert das vegetative und das endokrine System. An der zentralen Regulation der Organfunktion sind auch Zellgruppen in der *Formatio reticularis* des Hirnstamms beteiligt (Herz- und Atemfrequenz, Blutdruck, S. 146).

A8 Truncus sympathicus,
A9 Ganglion cervicale superius,
A10 Ganglion stellatum,
A11 Ganglion coeliacum,
A12 Ganglion mesentericum superius,
A13 Ganglion mesentericum inferius,
A14 Plexus hypogastricus,
A15 N. splanchnicus major.

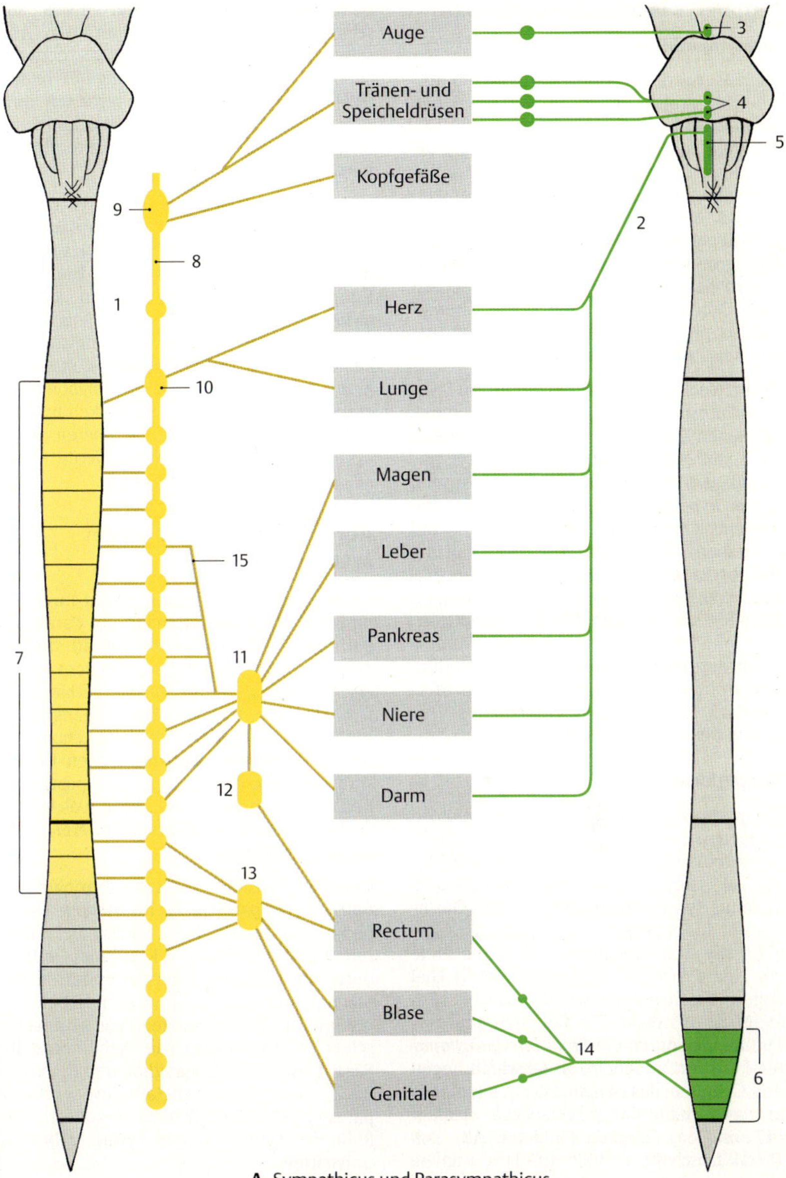

A Sympathicus und Parasympathicus (in Anlehnung an Villiger u. Ludwig)

Peripheres vegetatives System (A)

Parasympathicus

Die Fasern der zentralen parasympathischen Neurone ziehen in verschiedenen Hirnnerven zu den parasympathischen Ganglien im Kopfbereich (S. 128 u. 130), wo die Umschaltung auf postganglionäre Fasern erfolgt, die zu den Erfolgsorganen ziehen. Der **Nervus Vagus** (**A1**) als Hauptnerv des Parasympathicus steigt zusammen mit den großen Halsgefäßen (Gefäßnervenstamm des Halses) abwärts und teilt sich nach Durchtritt durch die obere Thoraxapertur plexusartig im Bereich der Brust- und Baucheingeweide auf (S. 116).

Die im Nucleus intermediolateralis und Nucleus intermediomedialis des Sakralmarks gelegenen Zellen schicken ihre Axone durch die 3. und 4. Sakralwurzel (**A2**) zum N. pudendus, von dem sie als *Nn. pelvici* in den *Plexus hypogastricus inferior* und zu den Beckenorganen (Blase [**A3**], Mastdarm und Genitalien) übertreten. Die Umschaltung auf postganglionäre Fasern erfolgt im Plexus hypogastricus inferior oder in kleinen Ganglien der verschiedenen Organplexus. Wie beim Sympathicus sind damit 2 Neurone an der peripheren Versorgung beteiligt: 1. Neuron (präganglionäres Neuron) im Rükkenmark, 2. Neuron (postganglionäres Neuron) in den Ganglien (S. 296 BC).

Sympathicus

Die im thorakalen und lumbalen Seitenhorn gelegenen sympathischen Neurone schikken ihre Axone über die *Rami communicantes* (**A4**) zum sympathischen Grenzstrang, **Truncus sympathicus** (**A5**) (S. 296). Dieser besteht aus einer Kette sympathischer Ganglien, die zu beiden Seiten der Wirbelsäule vor den Processus transversi der Wirbel liegt und sich von der Schädelbasis bis zum Steißbein erstreckt. Die Ganglien sind untereinander durch die *Rami interganglionares* (**A6**) verbunden. Im **Halsabschnitt** liegen drei Ganglien, das *Ganglion cervicale superius*, das variable *Ganglion cervicale medium* (**A7**) und das *Ganglion stellatum* (**A8**). Der **Thorakalabschnitt** enthält 10–11 Ganglien, der **Lumbalabschnitt** ca. vier und der **Sakralabschnitt** ebenfalls vier Ganglien. Den Abschluß bildet das in der Mitte vor dem Os coccygis gelegene kleine *Ganglion impar* (**A9**). Die sakralen Ganglien erhalten ihre präganglionären Fasern über die Rami interganglionares aus den Rückenmarkshöhen Th12–L2.

Von den thorakalen und lumbalen Grenzstrangganglien ziehen Nerven zu Ganglien, die zu beiden Seiten der Bauchaorta inmitten dichter Nervenplexus liegen. Die obere Gangliengruppe sind die *Ganglia coeliaca* (**A10**), zu denen der *N. splanchnicus major* (**A11**) aus dem 5.–9. Grenzstrangganglion zieht. Darunter liegt das *Ganglion mesentericum superius* (**A12**) und das *Ganglion mesentericum inferius* (**A13**). Im Becken breiten sich der *Plexus hypogastricus superior* (**A14**) und der *Plexus hypogastricus inferior* (**A15**) aus.

Adrenerges und cholinerges System

Die Erregungsübertragung erfolgt im Sympathicus durch Noradrenalin, im Parasympathicus durch Acetylcholin. Man spricht daher auch vom *Sympathicus* als dem **adrenergen System** und vom *Parasympathicus* als dem **cholinergen System**. Alle präganglionären Fasern des Sympathicus sind cholinerg und lediglich die postganglionären Fasern sind noradrenerg (S. 297 C). Die postganglionären sympathischen Fasern, welche die Schweißdrüsen der Haut innervieren, sind ebenfalls cholinerg.

Der Antagonismus zwischen Sympathicus und Parasympathicus ist für manche Organe klar ausgeprägt (Herz, Lunge). Bei anderen Organen erfolgt die Regulation jedoch durch den erhöhten oder geminderten Tonus nur eines Anteils. So werden Nebennieren und Uterus überwiegend von sympathischen Fasern versorgt (die Nebenniere als Paraganglion von präganglionären Fasern, s. Bd. 2). Die Funktion der Harnblase wird von parasympathischen Fasern reguliert; die Rolle der sympathischen Fasern dabei ist umstritten.

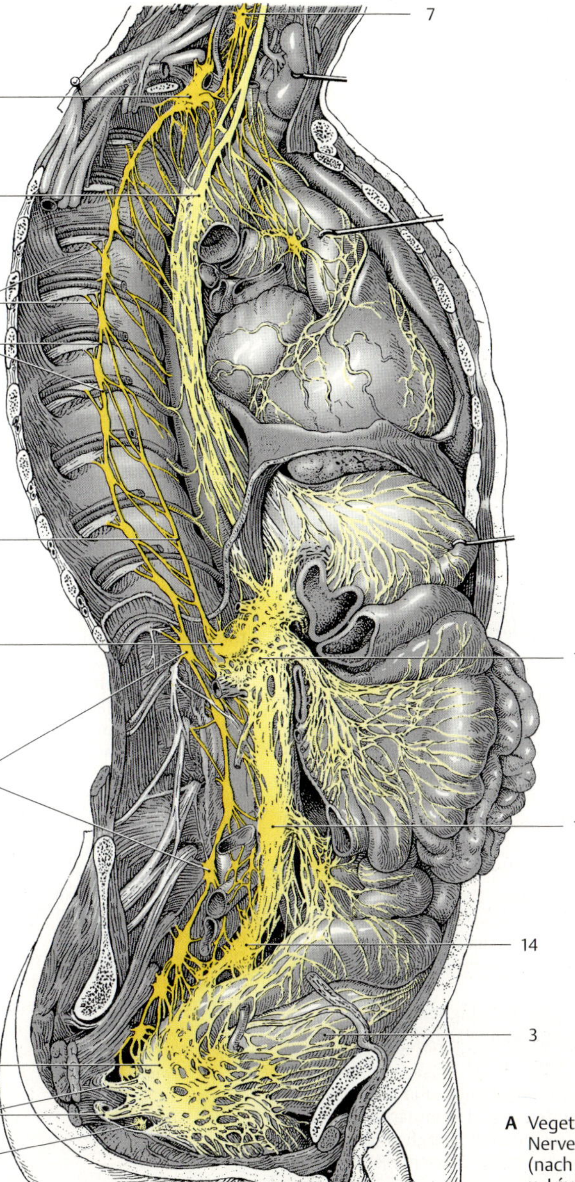

A Vegetatives Nervensystem (nach Hirschfeld u. Léveillé)

Neuronenschaltung (A – C)

Die sympathischen Nervenzellen im **Nucleus intermediomedialis** und **Nucleus intermediolateralis** (Seitenhorn) (**A1**) des Thorakalmarks schicken ihre Axone durch die Vorderwurzel (**A2**) in den Spinalnerv. Über den **Ramus communicans albus** (**A3**) erreichen sie als präganglionäre Fasern das **Grenzstrangganglion** (**A4**). Ein Teil von ihnen endet hier an Neuronen, von denen postganglionäre Fasern über den **Ramus communicans griseus** (**A5**) wieder in den Spinalnerven zurückkehren. Die in das Ganglion eintretenden präganglionären Fasern sind markhaltig, so daß der Verbindungsstrang weiß erscheint (Ramus communicans albus). Die austretenden postganglionären Fasern sind marklos, so daß der Strang grau erscheint (Ramus communicans griseus).

Vom Grenzstrangganglion ziehen postganglionäre Fasern (**A6**) über vegetative Nerven zu den Organen. Manche präganglionären Fasern (**A7**) durchlaufen das Ganglion ohne Umschaltung und enden in den **prävertebralen Ganglien** (**A8**), die zu beiden Seiten der Aorta liegen. Eine Vielzahl kleiner und kleinster **terminaler Ganglien** (**A9**) liegt im Bereich der inneren Organe. Sie sind Teil der Nervenplexus, die sich in jedem Organ ausbreiten, und sind in den Hüllen (*extramurale Ganglien*) und im Inneren der Organe (*intramurale Ganglien*) anzutreffen. Während beim Parasympathicus präganglionäre und postganglionäre Fasern cholinerg sind (**B**), werden im Sympathicus die cholinergen präganglionären Fasern in den Ganglien auf noradrenerge Neurone umgeschaltet (**C**).

Wir unterscheiden also nach der Lokalisation drei verschiedene Arten von Ganglien, in denen eine Umschaltung von präganglionären Fasern auf postganglionäre stattfindet:

- die Grenzstrangganglien,
- die prävertebralen Ganglien und die
- terminalen Ganglien.

Die Grenzstrangganglien und die prävertebralen Ganglien sind sympathische Ganglien, die terminalen Ganglien sind überwiegend, aber nicht ausschließlich, parasympathische Ganglien.

Truncus sympathicus

Hals und oberer Brustabschnitt (D)

Die Zervikalganglien sind auf drei reduziert, von denen das oberste, **Ganglion cervicale superius** (**D10**), unterhalb der Schädelbasis in Nachbarschaft des Ganglion nodosum (Ganglion inferius n. vagi) liegt. Es empfängt über die Rami interganglionares Fasern aus den oberen Thorakalabschnitten. Die von ihm abgehenden postganglionären Fasern bilden Geflechte um die A. carotis interna und A. carotis externa. Vom *Plexus caroticus internus* ziehen Äste zu den Hirnhäuten, zum Auge und zu den Drüsen im Kopfbereich. Von sympathischen Fasern werden der M. tarsalis superior im oberen Augenlid und der M. ophthalmicus an der Rückwand der Augenhöhle innerviert. Eine Schädigung des Ganglion cervicale superius führt daher zu einem Herabhängen des oberen Augenlides (*Ptosis*) und zu einem Zurücksinken des Augapfels (*Enophthalmus*).

Das *Ganglion cervicale medium* (**D11**) kann fehlen, und das *Ganglion cervicale inferius* ist in der Mehrzahl der Fälle mit dem ersten thorakalen Ganglion zum **Ganglion stellatum** (**D12**) verschmolzen. Die von ihm abgehenden Fasern bilden Geflechte um die A. subclavia und um die A. vertebralis. Faserbündel, die das Ganglion stellatum mit dem Ganglion cervicale medium verbinden, ziehen über die A. subclavia hinweg und bilden die *Ansa subclavia* (**D13**). Nerven von den zervikalen (**D14**) und den oberen thorakalen Ganglien (**D15**) ziehen zum Herzen und zu den Lungenhili, um sich zusammen mit parasympathischen Fasern des N. vagus an der Bildung des *Plexus cardiacus* (**D16**) und des *Plexus pulmonalis* (**D17**) zu beteiligen. Die Äste des 5. bis 9. Grenzstrangganglions vereinigen sich zum *N. splanchnicus major* (**D18**), der zu den Ganglia coeliaca zieht.

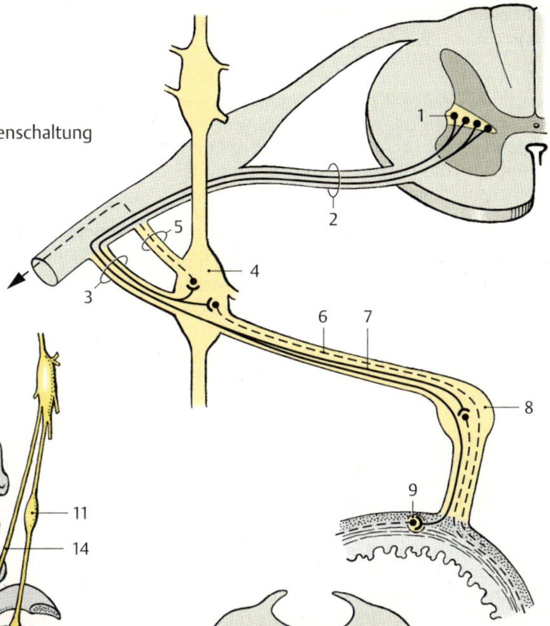

A Neuronenschaltung

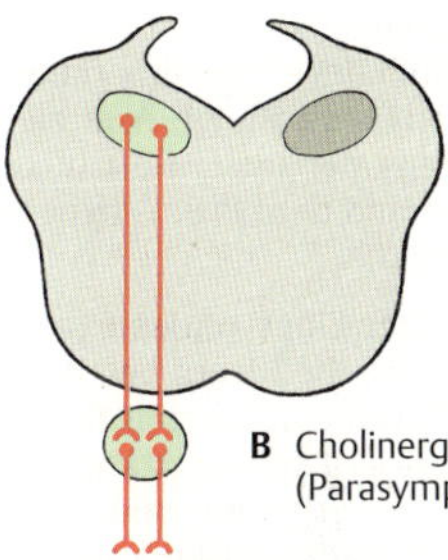

B Cholinerges System (Parasympathicus)

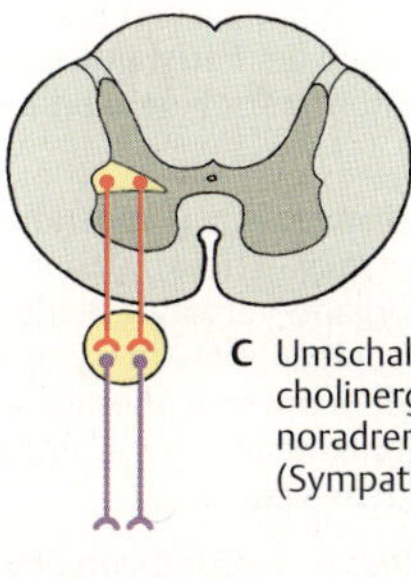

C Umschaltung von cholinergen auf noradrenerge Neurone (Sympathicus)

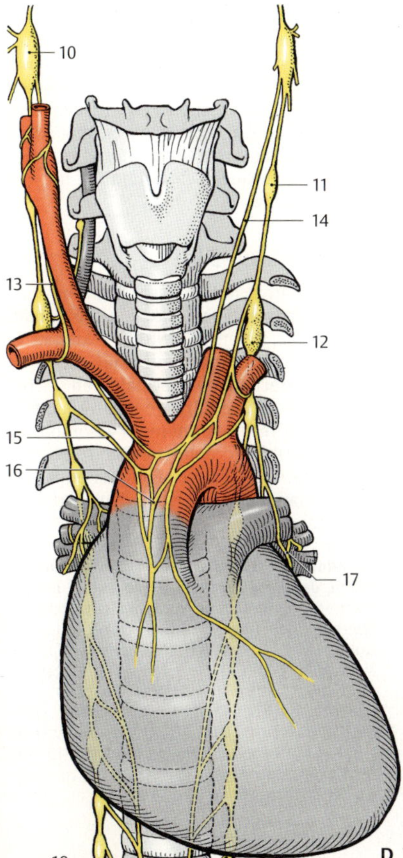

D Truncus sympathicus, Hals und oberer Brustabschnitt

Unterer Brust- und Bauchabschnitt (A)

Von den thorakalen und den oberen lumbalen Grenzstrangganglien gehen Äste zu den prävertebralen Ganglien des *Plexus aorticus abdominalis* ab. Man unterscheidet mehrere Gruppen von Ganglien. Am Abgang des Truncus coeliacus liegen die **Ganglia coeliaca** (**A1**), in denen der *N. splanchnicus major* (**A2**) (Th5 – Th9) und der *N. splanchnicus minor* (**A3**) (Th9 – Th11) enden. Ihre postganglionären Fasern ziehen mit den Ästen der Aorta zu Magen, Duodenum, Leber, Pankreas, Milz und Nebenniere (Plexus gastrici, Plexus hepaticus, lienalis, pancreaticus, suprarenalis). Präganglionäre Fasern ziehen zum Nebennierenmark (s. Bd. 2).

Die postganglionären Fasern aus dem **Ganglion mesentericum superius** (**A4**) versorgen zusammen mit Ästen des Ganglion coeliacum den Dünndarm, das Colon ascendens und Colon transversum, die Fasern aus dem **Ganglion mesentericum inferius** (**A5**) das Colon descendens, das Colon sigmoideum und das Rectum. Die präganglionären Fasern (Nn. splanchnici lumbales) beider Ganglien stammen aus Th11 – L2. Einige Äste ziehen zum Plexus renalis, der auch Fasern aus den Ganglia coeliaca und dem Plexus hypogastricus superior erhält.

An der Bildung der Eingeweideplexus sind auch parasympathische Fasern beteiligt. Im Verdauungstrakt ruft eine Reizung der parasympathischen Fasern eine Verstärkung der Peristaltik und der Sekretion und eine Erschlaffung der Sphinktermuskulatur hervor, eine Reizung der sympathischen Fasern dagegen ein Nachlassen der Peristaltik und Sekretion und eine Kontraktion der Sphinktermuskeln.

Über den *Plexus hypogastricus superior* (**A6**) und den *Plexus hypogastricus inferior* werden die Beckenorgane versorgt. Beide Plexus empfangen präganglionäre sympathische Fasern aus dem unteren Thorakal- und dem oberen Lumbalmark, parasympathische Fasern aus dem Sakralmark.

Die **Harnblase** wird vorwiegend von den parasympathischen Fasern des *Plexus vesicalis* innerviert, welche die der Blasenkontraktion dienende Muskulatur (*Detrusor*) versorgen. Die sympathischen Fasern enden an der glatten Muskulatur des Ostium urethrae und beider Ureterenostien. Die Regulierung des Blasentonus und der Miktion läuft über spinale Reflexe, die wiederum vom Hypothalamus und von kortikalen Bezirken kontrolliert werden.

Die **Genitalien** werden beim Mann vom *Plexus prostaticus*, bei der Frau vom *Plexus uterovaginalis* versorgt. Die Reizung der parasympathischen Fasern erweitert die Gefäße der Schwellkörper und bewirkt so beim Mann die Erektion (*Nn. erigentes*). Erregung der sympathischen Fasern führt zu Vasokonstriktion und zur Ejakulation. Die Uterusmuskulatur wird von sympathischen und parasympathischen Fasern innerviert. Ihre funktionelle Bedeutung ist ungeklärt, denn auch der denervierte Uterus ist während der Schwangerschaft und Geburt voll funktionsfähig.

Hautversorgung (B)

Die sympathischen Fasern, die von den Grenzstrangganglien wieder in die Spinalnerven übertreten, (S. 296 A5), ziehen in den peripheren Nerven zur Haut, wo sie in den entsprechenden Dermatomen (S. 66) die Gefäße, Schweißdrüsen und Mm. arrectores pilorum innervieren (Vasomotorik, Sudomotorik, Pilomotorik). Der segmental begrenzte Ausfall dieser Funktionen ist bei Rückenmarksschäden von diagnostischer Bedeutung.

Klinischer Hinweis: In bestimmten Hautbezirken, den **Head-Zonen** (**B**), kann es bei der Erkrankung eines Organs zu Schmerzen oder zu Überempfindlichkeit kommen, wobei jedes Organ in einer bestimmten Zone repräsentiert ist: Zwerchfell (**B7**) (C4), Herz (**B8**) (Th3/4), Speiseröhre (**B9**) (Th4/5), Magen (**B10**) (Th8), Leber und Gallenblase (**B11**) (Th8 – 11), Dünndarm (**B12**) (Th10), Dickdarm (**B13**) (Th11), Harnblase (**B14**) (Th11 – L1), Niere und Hoden (**B15**) (Th10 – L1). Die Head-Zonen sind für die Diagnostik von praktischer Bedeutung.

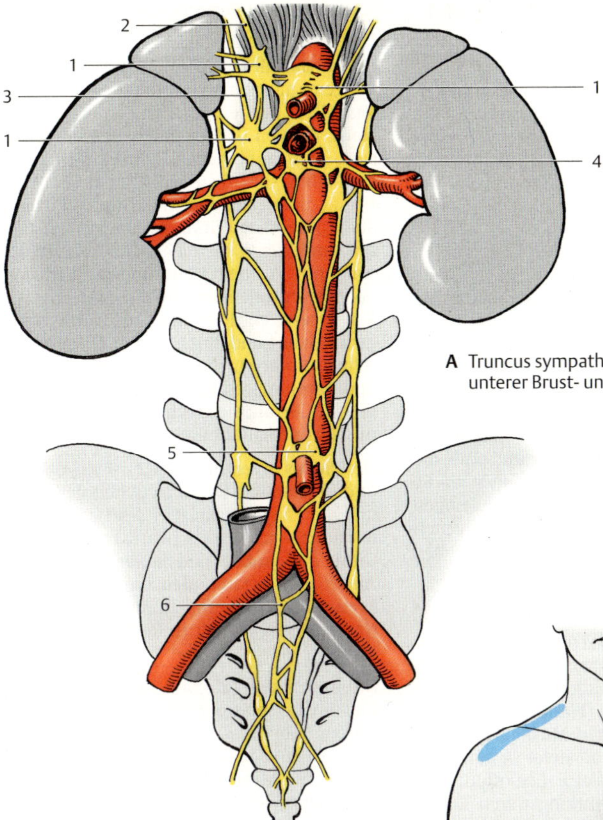

A Truncus sympathicus, unterer Brust- und Bauchabschnitt

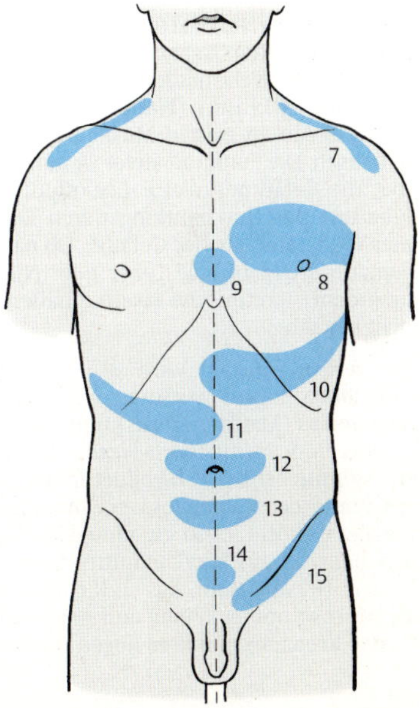

B Head-Zonen

Vegetative Peripherie (A–E)

Efferente Fasern

Die präganglionären Fasern sind markhaltig, die postganglionären marklos. Die marklosen Fasern werden vom Cytoplasma der Schwann-Zellen umgeben, wobei eine Schwann-Zelle mehrere Axone umhüllt (S. 38 A8).

Sensible Fasern

Viszerosensible Fasern sind markhaltig. Sie sind weder zum Sympathicus noch zum Parasympathicus zu rechnen. Im allgemeinen schließen sie sich den sympathischen Nerven an und treten durch die Hinterwurzeln in das Rückenmark ein. Die Fasern für das Herz durchlaufen die oberen thorakalen Wurzeln, die für Magen, Leber und Galle die mittleren, die für Colon und Blinddarm die unteren thorakalen Wurzeln. Die jeweiligen Dermatome dieser Wurzeln entsprechen ungefähr den verschiedenen Head-Zonen.

Intramuraler Plexus (A–E)

Die vegetativen Nerven treten mit den Gefäßen in die inneren Organe ein und bilden eine feines Netzwerk noradrenerger (**A**) oder cholinerger (**B**) Fasern (**Plexus entericus**). Die Fasern enden an glatten Muskelzellen und an Drüsen. Die Funktion vieler Organe wird über die Gefäßmuskulatur beeinflußt (Regulierung der Durchblutung durch Enger- oder Weiterstellung der Gefäße). Ob parenchymatöse Organe wie Leber oder Nieren außerdem sekretorische Fasern erhalten, ist nicht bekannt.

Der Verdauungstrakt wird von zwei verschiedenen Plexus versorgt: vom *Plexus submucosus* (*Meißner-Plexus*) und vom *Plexus myentericus* (*Auerbach-Plexus*). Der **Plexus submucosus** (**C1**, **D**) bildet in der ganzen Breite der Submucosa ein dreidimensionales Geflecht. Es ist ein unregelmäßiges Maschenwerk aus Bündeln mittelstarker bis feinster Nervenfasern, das in Richtung auf die Mucosa immer feiner und enger wird. An den Kreuzungspunkten liegen Ansammlungen von Nervenzellen, die kleine intramurale Ganglien bilden.

Die **intramuralen Ganglien** (**E**) enthalten überwiegend multipolare, selten unipolare Nervenzellen mit einer körnigen Nissl-Substanz, die von flachen Hüllzellen umgeben sind. Ihre zahlreichen langen Dendriten sind dünn, so daß sie meist nicht von Axonen zu unterscheiden sind. Die Axone sind außerordentlich dünn, marklos oder markarm und gehen oft nicht vom Perikaryon, sondern von einem Dendriten ab. Zwischen den Nervenzellen liegt ein dichtes Netzwerk von Fasern, an dem man Dendriten, endigende Axone und durchziehende Fasern nur schwer unterscheiden kann. Sympathische und parasympathische Neurone haben die gleiche Gestalt: sie lassen sich nur histochemisch voneinander unterscheiden.

Der **Plexus myentericus** (**C2**) ist eingebettet in den schmalen Raum zwischen der Quer- und der Längsmuskulatur des Darmrohres. Es handelt sich um ein relativ regelmäßiges Gitter aus groben und feinen Faserzügen. Außer den intramuralen Ganglien an den Kreuzungsstellen findet man zahlreiche Nervenzellen, die oft in Reihen den Faserbündeln angelagert sind.

Die ungeheure Zahl von Nervenzellen, die hier im Gewebe verteilt ist, stellt in ihrer Gesamtheit ein nahezu selbständiges nervöses Organ dar. Sie erklärt die lokale Autonomie des Magen-Darm-Traktes, der auch nach Denervierung funktionsfähig bleibt.

Als Abkömmling der Neuralleiste (S. 62 C2) sind auch die *Paraganglien* und das *Nebennierenmark* zum vegetativen Nervensystem zu rechnen (s. Bd. 2).

A, B Ductus deferens des Meerschweinchens (nach J. Winckler)

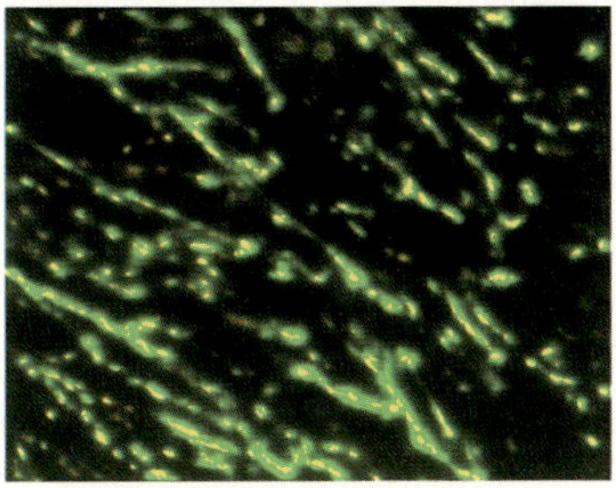

A Sympathische Fasern, fluoreszenzmikroskopische Aufnahme

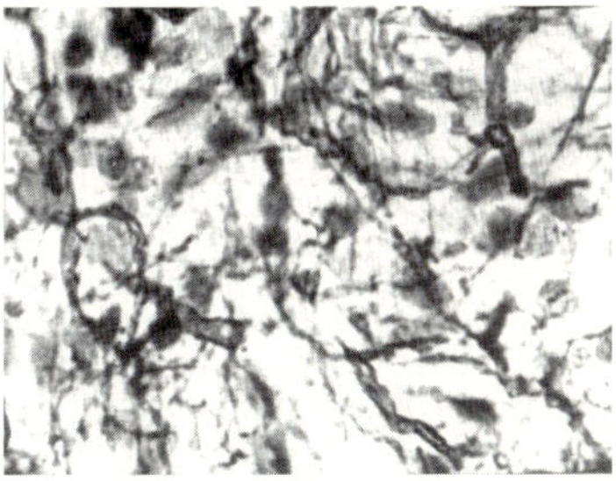

B Parasympathische Fasern, Acetylcholinesterasereaktion

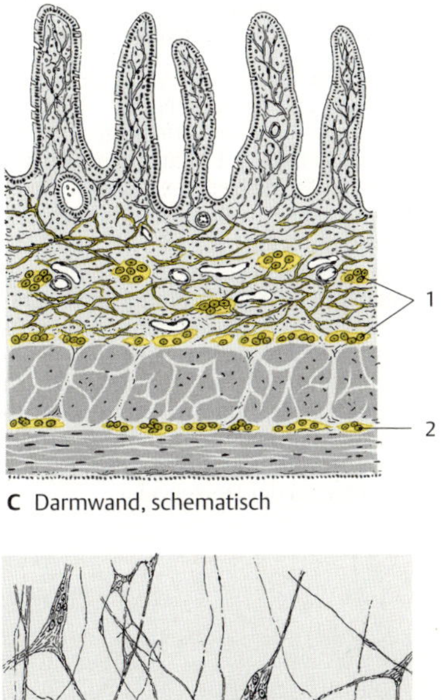

C Darmwand, schematisch

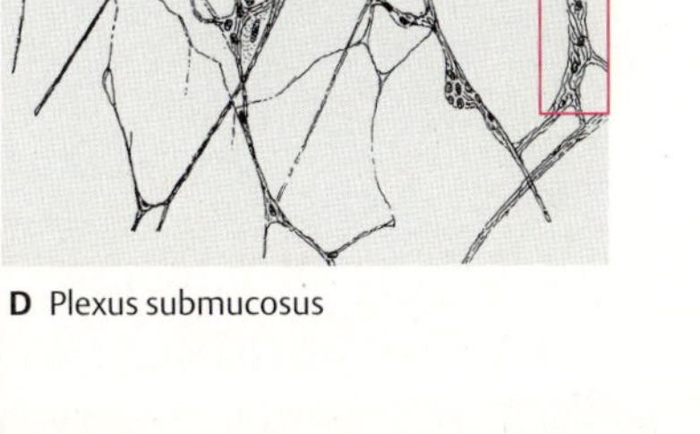

D Plexus submucosus

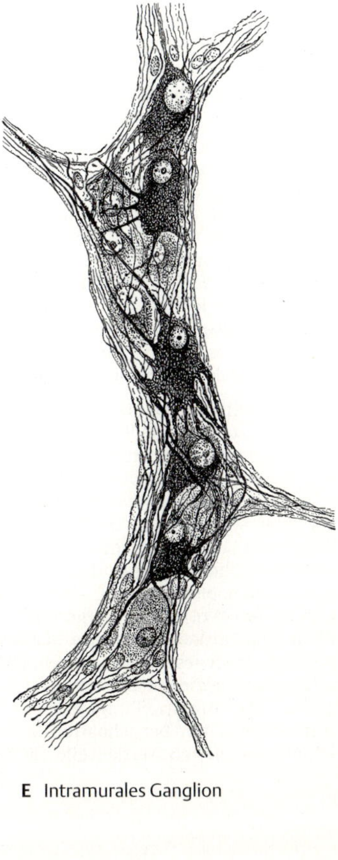

E Intramurales Ganglion

Vegetative Neurone (A–D)

Aufbau (A, B, D)

Das vegetative Nervensystem ist aus einer Vielzahl einzelner Elemente, den vegetativen Neuronen (**A**), aufgebaut (*Neuronentheorie*). Die *Kontinuitätstheorie*, die man lange Zeit für die Endverzweigungen des vegetativen Systems postuliert hatte, wurde durch elektronenmikroskopische Untersuchungen widerlegt. Nach der Kontinuitätstheorie sollten die Endaufzweigungen eines intramuralen Plexus ein Netz (*Terminalretikulum*) bilden, in dem die Fortsätze verschiedener Neurone kontinuierlich ineinander und in die innervierten Muskel- und Drüsenzellen übergehen. Es sollte also ein plasmatisches Synzytium vorliegen. Im elektronenmikroskopischen Bild zeigen sich jedoch keine derartigen kontinuierlichen Übergänge.

Man findet aber Besonderheiten am postganglionären Neuron. An den Nervenfaserbündeln trifft man zahlreiche *axoaxonale Synapsen* (**D1**) an, und zwar nicht nur unter sympathischen und parasympathischen Fasern, sondern auch zwischen sympathischen und parasympathischen Fasern. Im Bereich der terminalen Äste des Axons fehlen spezielle, den motorischen Endplatten (S. 313 B, C) an der quergestreiften Muskulatur vergleichbare Strukturen. Es fallen lediglich *variköse Auftreibungen* (Varikositäten) (**A–D2**) der terminalen Axonäste auf.

Die Axonauftreibungen können an den glatten Muskelzellen Eindellungen hervorrufen oder sie sogar tief einstülpen. Im allgemeinen liegen sie jedoch zwischen den Muskelzellen ohne direkten Membrankontakt (wie bei einer Synapse, S. 27 D). Die Anschwellungen enthalten klare und granulierte Vesikel (**C3**), ähnlich wie in den präsynaptischen Endknöpfchen (S. 27 C). In den granulierten Vesikeln wurde Noradrenalin, die Überträgersubstanz des sympathischen Systems, nachgewiesen. Die *Schwann-Zellhülle* (**B4**), welche die Endäste umgibt, fehlt im Bereich der Anschwellung. Entsprechend vermißt man am benachbarten Wandabschnitt der glatten Muskelzelle (**BC5**) die Basalmembran (**B6**). Hier ist der Ort der Erregungsübertragung von der vegetativen Nervenfaser auf die glatte Muskelzelle.

Übertragung der Erregung (C)

Die in den Axonanschwellungen enthaltenen Vesikel entleeren sich in den interzellulären Spalt (**C7**). Die Transmittermoleküle diffundieren im interzellulären Spalt und übertragen so die Erregung auf eine große Zahl von glatten Muskelzellen. Die Erregungsausbreitung kommt aber auch durch Membrankontakte zwischen den Muskelzellen zustande. Die glatten Muskelzellen sind durch Spaltbrücken (*Gap junctions*) (**B8**), die als elektrische Synapsen fungieren, miteinander verbunden (vgl. S. 26). An den Spaltbrücken fehlt die Basalmembran.

Efferente vegetative Fasern versorgen glatte Muskulatur und Drüsenzellen (sekretorische Fasern). Die Innervation der Drüsenzellen (blaue Zelle in C) entspricht weitgehend der der Muskelzellen. Die aus Vesikeln in den Axonanschwellungen freigesetzten Transmittermoleküle (C, grüne Punkte) aktivieren G-Protein gekoppelte Rezeptoren (**C9**) an der Oberfläche der innervierten Zelle. G-Protein vermittelt kommt es zur Öffnung von Ionenkanälen (**C10**), wodurch dann eine intrazelluläre Signalkaskade in Gang gesetzt wird. Im Ergebnis kommt es zur Kontraktion der glatten Muskelzelle bzw. zur Produktion und Freisetzung von Drüsensekret in der Drüsenzelle.

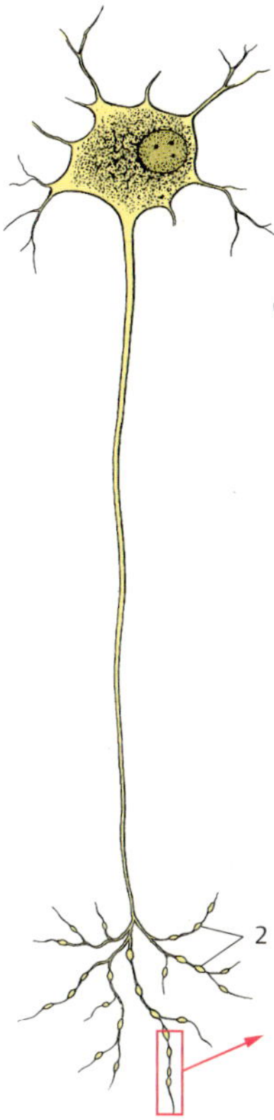

A Vegetatives Neuron

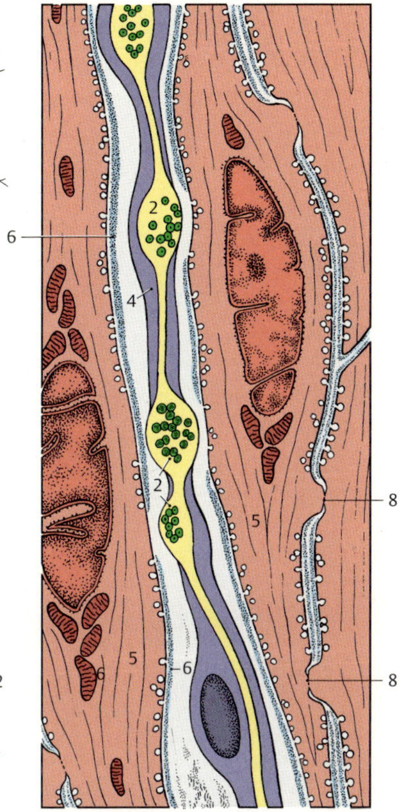

B Vegetative Nervenfaser, elektronenmikroskopisches Schema

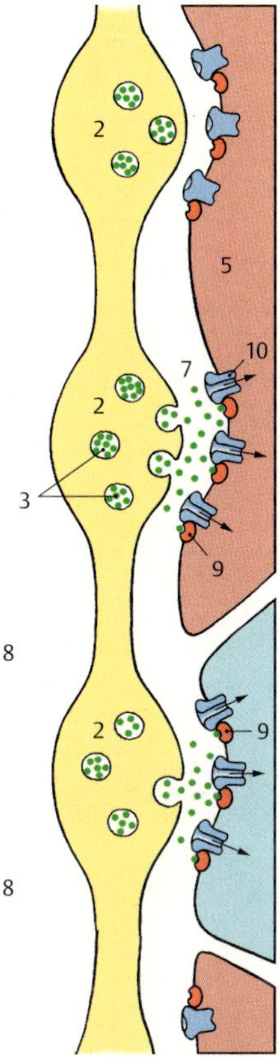

C Erregungsübertragung

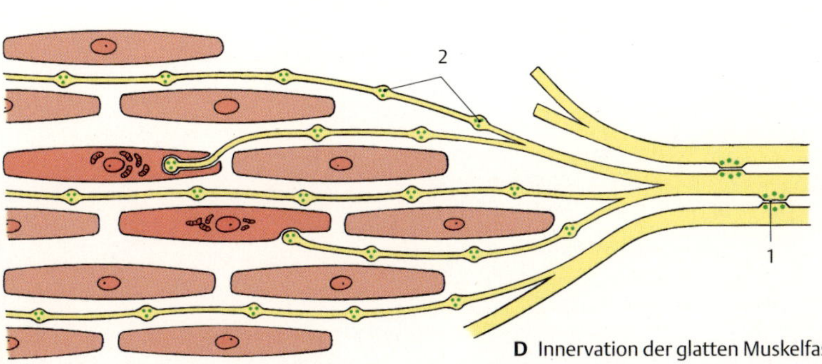

D Innervation der glatten Muskelfasern

Funktionelle Systeme

Hirnfunktion (A – C)

Das Zentralnervensystem dient dem Organismus, sich in der ihm gegebenen Umwelt angepaßt zu behaupten. Es empfängt durch die Sinnesorgane die Reize der Außenwelt und des Körperinneren, filtert und verarbeitet sie zu Informationen. Diesen entsprechend sendet es Impulse zur Körperperipherie, so daß der Organismus auf die sich ständig ändernden Situationen zweckmäßig reagieren kann (S. 2 EF). Die im folgenden beschriebenen funktionellen Systeme sind keineswegs selbständige, isolierte Apparate. Die stark vereinfachten und schematisierten Wiedergaben dienen dazu, das außerordentlich komplexe Zusammenwirken von Milliarden von Nervenzellen annäherungsweise darzustellen.

Die einfache mechanistische Vorstellung, daß Sinneseindrücke in das Gehirn gelangen und von diesem daraufhin motorische Reaktionen ausgelöst werden, besteht schon seit Jahrhunderten. Nach **Descartes** werden die optischen Reize von den Augen zur Zirbeldrüse (Epiphyse) geleitet und von dieser gehen dann Impulse zur Muskulatur aus (**A**). Er sah die Zirbeldrüse als den Sitz der Seele an. **Franz Gall** postulierte als erster die Bedeutung von Hirnwindungen und Hirnrinde für die Hirnfunktion. Er lokalisierte die „Organe der Seele" auf der Hemisphärenoberfläche und glaubte ihre unterschiedliche Ausprägung an der äußeren Oberfläche des Schädels nachweisen zu können (*Phrenologie*) (**B**). Seine Lokalisation in römischen Ziffern: I Fortpflanzungstrieb, II Liebe zur Nachkommenschaft, III Freundschaft, IV Tapferkeit, V der Trieb, Fleisch zu essen, VI Klugheit, VII Habsucht und die Neigung zu stehlen, VIII Stolz und Hochmut, IX Eitelkeit und Ehrgeiz usw.

Aufgrund von Hirnverletzungen hat **Kleist** eine Lokalisation höherer zerebraler Leistungen durchgeführt (**C**). Dabei nahm er an, daß den pathologischen Ausfällen im Erkennen, Denken, in Antrieb, Handeln u. a. als negativen Befunden jeweilige positive Leistungen, nämlich „Funktionen", entsprächen. Das trifft jedoch nicht zu. Man kann zwar Ausfallssymptome, aber keine Funktion lokalisieren (v. Monakow). Kritiker der *Lokalisations- und Zentrenlehre* sprachen von einer „Gehirnmythologie". Umschriebenen Hirnbezirken können letztlich keine umschriebenen Funktionen zugeordnet werden, da stets eine unübersehbare Zahl anderer Neuronenverbände fördernd, hemmend oder modulierend an einer Leistung beteiligt ist. Wir können die sog. „Zentren" lediglich als wichtige *Relaisstationen* für eine Leistung ansehen. Das Zentralnervensystem ist auch kein starrer Apparat, sondern weist eine beträchtliche **Plastizität** auf. Vor allem in frühkindlichen Gehirnen können bei Schädigungen andere Zentren stellvertretend Funktionen übernehmen. Die Lernfähigkeit (Sprache, Schrift, körperliche Fertigkeiten) setzt ebenfalls eine Plastizität des Zentralorgans voraus.

Die Informationsverarbeitung im Endhirn bezeichnen wir als **Integration**. Es ist der Zusammenschluß und die gegenseitige Verknüpfung der Sinneseindrücke unter Einbeziehung der gespeicherten Erfahrungen zu einer höheren komplexen Funktionseinheit. In minutiöser gegenseitiger Abstimmung der Neuronenverbände werden so die Leistungen des Organismus gelenkt. Im Verlaufe der Evolution haben sich die integrativen Vorgänge von der Regelung und der Koordination der elementaren biologischen Aufgaben beim Menschen zum bewußten Erkennen, Denken und Handeln entwickelt. Kybernetik und Computertechnik haben Modellvorstellungen für die Hirnfunktion geliefert (Kognitionswissenschaft). Danach basieren die verschiedenen „Funktionen" auf ständig wechselnden Erregungen in neuronalen Regelkreisen, die miteinander verflochten sind.

Trotz einer hochentwickelten instrumentellen Technik haben wir letzten Endes für die Erforschung des Gehirns nur ein Instrument: unser eigenes Gehirn. Ein menschliches Organ bemüht sich also, seinen eigenen Bau und seine eigene Funktion zu ergründen.

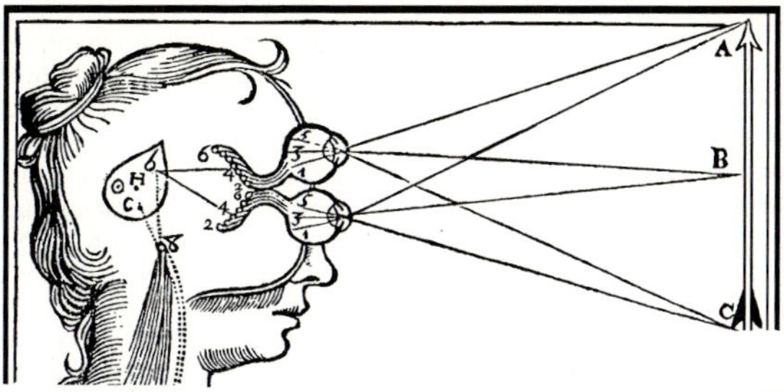

A Leitung optischer Reize von den Augen zur Zirbeldrüse (nach René Descartes 1662)

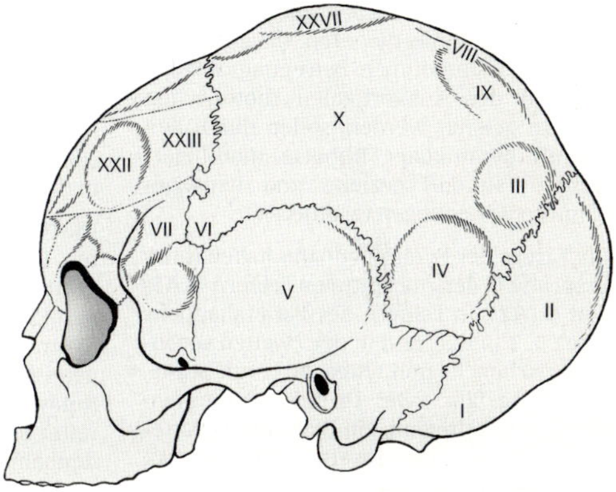

B Lokalisation von Zentren auf dem Schädel (nach Gall 1810)

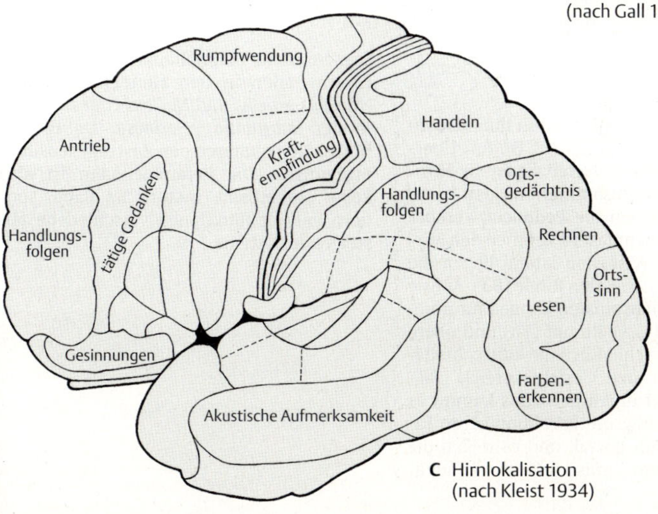

C Hirnlokalisation (nach Kleist 1934)

Motorische Systeme

Pyramidenbahn (A, B)

Der **Tractus corticospinalis** (Pyramidenbahn) und die *Fibrae corticonucleares* (S. 58 A, 140 A) gelten als **Bahnen der Willkürmotorik**. Über sie kontrolliert der Cortex die subkortikalen motorischen Zentren. Einerseits kann er auf sie dämpfend und hemmend wirken, andererseits geht von ihm auch eine ständige tonische Erregung aus, durch welche die raschen, plötzlichen Bewegungen gefördert werden. Die automatischen und stereotypen Bewegungsabläufe, die von den subkortikalen motorischen Zentren gelenkt werden, sollen durch den Einfluß pyramidaler Impulse modifiziert werden, so daß gezielte und feinabgestimmte Bewegungen resultieren.

Die Fasern der Pyramidenbahn haben ihren Ursprung in den präzentralen Feldern 4 (**A1**) und 6 (**A2**), in Feldern des Parietallappens (Area 3, 1 und 2) und in der zweiten sensomotorischen Region (Area 40) (vgl. S. 246, 248). Ungefähr zwei Drittel entstammen der Präzentralregion, ein Drittel dem Parietallappen. Von den Fasern sind nur etwa 60% markhaltig; die übrigen 40% sind marklose Fasern. Die dicken Fasern der Betz-Riesenpyramidenzellen (S. 246 A) in der Area 4 machen dabei nur 2–3% der markhaltigen Fasern aus. Alle übrigen Fasern stammen von kleineren Pyramidenzellen.

Die Fasern der Pyramidenbahn durchlaufen die innere Kapsel (S. 258 A2, B). Am Übergang zum Mittelhirn treten sie an die Hirnbasis und bilden zusammen mit den kortikopontinen Bahnen die Pedunculi cerebri. Die Pyramidenbahnfasern nehmen den Mittelteil ein, am weitesten lateral liegen die Fasern aus der parietalen Rinde (**B3**). Auf sie folgen die kortikospinalen Bahnen für untere Extremität (L, S), Rumpf (Th) und obere Extremität (C), schließlich die kortikobulbären Fasern für den Gesichtsbereich (**B4**). Beim Durchtritt durch den Pons kommt es zu einer Drehung: die kortikobulbären Fasern liegen dann dorsal, und es folgen die zervikal, thorakal, lumbal und sakral endenden Bündel. In der Medulla enden die Fibrae corticonucleares an den Hirnnervenkernen (S. 140 A). In der Decussatio pyramidum (**AB5**) (S. 58 A1) kreuzen 70–90% der Fasern auf die Gegenseite und bilden den **Tractus corticospinalis lateralis** (**AB6**). Die Fasern für die obere Extremität kreuzen dorsal von den Fasern für die untere Extremität. Im Pyramidenseitenstrang liegen dann die Fasern für die obere Extremität medial, die langen Fasern für die untere Extremität lateral (S. 58). Die ungekreuzten Fasern verlaufen weiter im **Tractus corticospinalis anterior** (**AB7**) und kreuzen erst in Höhe ihrer Endigung über die Commissura alba (S. 50 A14) auf die Gegenseite. Der ventrale Trakt ist variabel ausgebildet, er kann asymmetrisch sein oder auch ganz fehlen. Er reicht nur bis in das Zervikal- oder Thorakalmark.

Die Pyramidenbahnfasern enden zum größten Teil in der Zona intermedia zwischen Vorder- und Hinterhorn an Zwischenneuronen (S. 31 E). Nur ein geringer Teil erreicht die motorischen Vorderhornzellen, vorwiegend diejenigen, welche die distalen Extremitätenabschnitte versorgen. Diese stehen unter dem besonderen Einfluß der Pyramidenbahn. Pyramidenbahnimpulse wirken aktivierend auf Neurone, welche die *Flexoren* innervieren, dagegen hemmend auf Neurone, welche die *Extensoren* innervieren.

Die aus dem Parietallappen stammenden Fasern enden in den Hinterstrangkernen (*Nucleus gracilis* und *Nucleus cuneatus*) und in der *Substantia gelatinosa* des Hinterhorns. Sie regulieren den Zustrom sensibler Erregungen. Die Pyramidenbahn ist also keine einheitliche motorische Bahn, sondern enthält funktionell verschiedene absteigende Systeme.

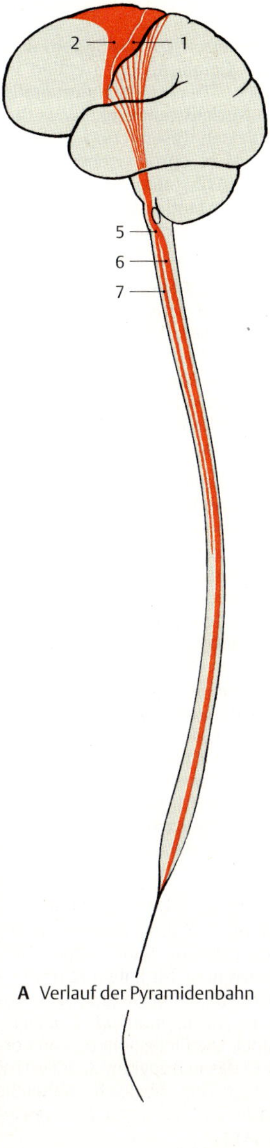

A Verlauf der Pyramidenbahn

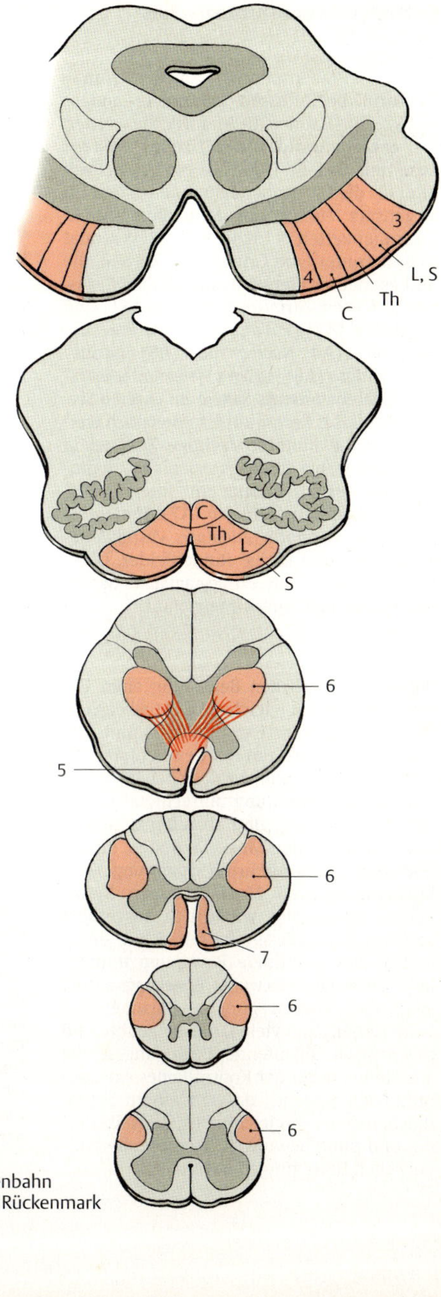

B Lage der Pyramidenbahn
in Hirnstamm und Rückenmark

Extrapyramidal-motorisches System (A)

Außer der Präzentralregion und der Pyramidenbahn beeinflussen zahlreiche andere Bezirke und Bahnen die Motorik. Sie werden als **extrapyramidal-motorisches System** zusammengefaßt. Dieses ist phylogenetisch älter als die Pyramidenbahn und besteht im Gegensatz zu ihr aus multisynaptischen Neuronenketten. Ursprünglich verstand man darunter eine Gruppe von Kernen, die als besonderes Merkmal einen hohen Eisengehalt hatten: *Striatum* (Putamen [**A1**] und Caudatum [**A2**]), *Pallidum* (**A3**), *Nucleus subthalamicus* (**A4**), *Nucleus ruber* (**A5**) *und Substantia nigra* (**A6**) (**striäres System** oder **extrapyramidal-motorisches System im engeren Sinne**). Mit dieser Kerngruppe stehen noch weitere für die Motorik wichtige Zentren in Verbindung, bei denen es sich nicht um motorische Kerne, sondern um Integrationszentren handelt: *Kleinhirn* (**A7**), *Thalamuskerne* (**A8**), *Formatio reticularis, Vestibulariskerne* (**A9**) und einige Rindenfelder. Diese Gebiete werden als **extrapyramidales System im weiteren Sinne** zusammengefaßt.

Funktion

Bei der willkürlichen Bewegung einer Extremität werden gleichzeitig Muskelgruppen an anderen Extremitäten und am Rumpf innerviert, um bei den veränderten statischen Bedingungen das Gleichgewicht und die Körperhaltung aufrechtzuerhalten und die Bewegung glatt ablaufen zu lassen. Diese begleitenden Muskelaktionen, die oft nur in einer vermehrten Spannung oder Entspannung von Muskelgruppen bestehen, werden nicht willkürlich ausgeführt und nicht bewußt empfunden. Ohne sie ist jedoch eine geordnete Bewegung unmöglich. Derartige **unbewußte Bewegungsabläufe** sind die Mitbewegungen (Armpendeln beim Gehen) und viele lange eingeübte und mechanisch ablaufende Bewegungen. Sie alle stehen unter der Kontrolle des extrapyramidalen Systems, das mit einem Servomechanismus vergleichbar ist, der selbständig und ohne bewußt zu werden alle willkürlichen Bewegungen unterstützt.

Bahnen

Afferente Bahnen erreichen das System über das Kleinhirn. Kleinhirnbahnen enden im Nucleus ruber (*Tractus dentatorubralis*) (**A10**) und im Nucleus centromedianus thalami (**A11**), dessen Fasern zum Striatum weiterführen. Vom *Cortex* ziehen Fasern zum Striatum (**A12**), zum Nucleus ruber (**A13**) und zur Substantia nigra (**A14**). *Vestibuläre Fasern* enden im Nucleus interstitialis Cajal (**A15**).

Als **efferente Bahn** des Systems gilt die *zentrale Haubenbahn (Tractus tegmentalis centralis)* (**A16**) (S. 144 A). Weitere absteigende Bahnen sind der

- *Tractus reticulospinalis* (**A17**),
- *Tractus rubroreticulospinalis*,
- *Tractus vestibulospinalis* (**A18**) und
- *Fasciculus interstitiospinalis* (**A19**).

Die extrapyramidalen Zentren sind durch zahlreiche **Neuronenkreise** miteinander verbunden, die eine wechselseitige Kontrolle und Abstimmung gewährleisten. Doppelläufige Verbindungen bestehen zwischen dem Pallidum und dem Nucleus subthalamicus, zwischen dem Striatum und der Substantia nigra (**A20**). Ein großer Neuronenkreis verläuft vom Kleinhirn über den Nucleus centromedianus thalami zum Striatum und von diesem zurück über Globus pallidus, Nucleus ruber und Olive (**A21**) zum Kleinhirn. Andere Funktionskreise werden von Cortexfasern zum Striatum gebildet, wobei eine Rückverbindung über Globus pallidus, Nucleus ventralis anterior und Nucleus ventralis lateralis thalami zum Cortex besteht.

Man hat die frontalen und okzipitalen Augenfelder (S. 248 C, S. 254) zusammen mit Bezirken des Parietal- und Temporallappens, von denen man mit hohen Stromstärken komplexe Massenbewegungen auslösen konnte, als „*extrapyramidale Rindenfelder*“ bezeichnet. Die Einbeziehung von Cortexbezirken in das extrapyramidale System ist jedoch umstritten, obgleich zahlreiche kortikostriatale Verbindungen nachgewiesen wurden (**A12**).

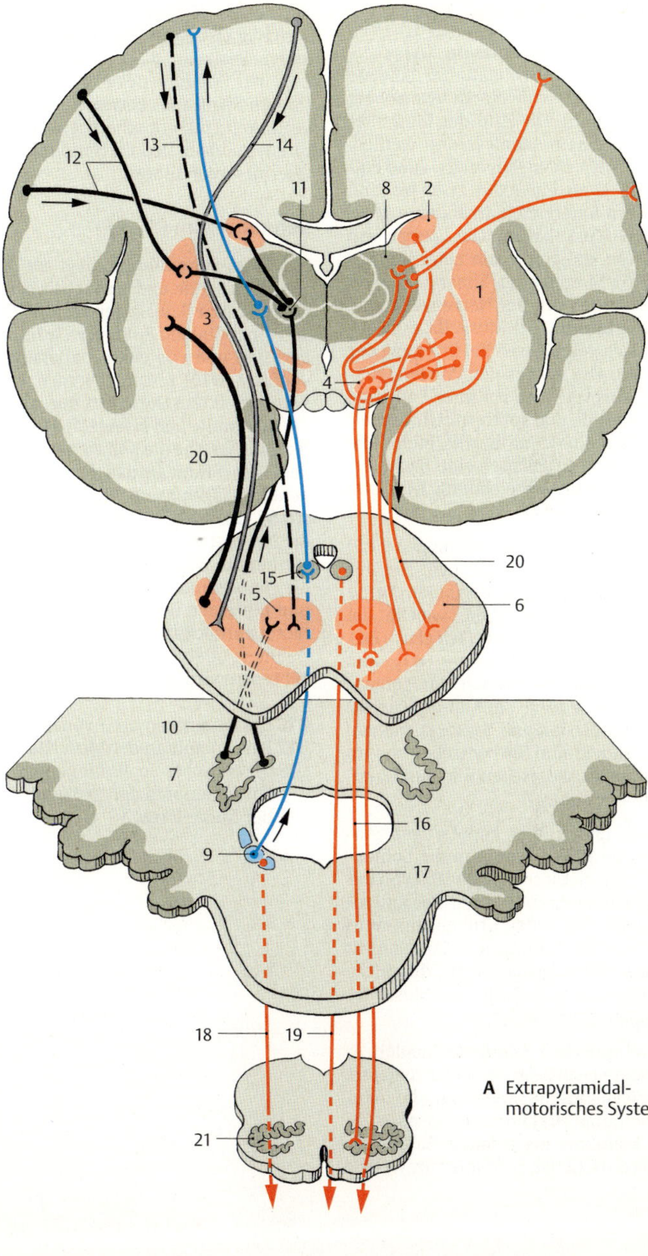

A Extrapyramidal-motorisches System

Motorische Endplatte (A–C)

Die motorischen Nervenfasern (**A1**) verzweigen sich in der Muskulatur, so daß jede Muskelfaser (**AB2**) von einem Axonzweig (**A3**) erreicht wird. Die Zahl der Muskelfasern, die von einem Axon versorgt werden, schwankt erheblich. In den Augen- und Fingermuskeln kann ein Axon zwei bis drei Muskelfasern innervieren, in anderen Muskeln 50–60 Muskelfasern. Die Gruppe von Muskelfasern, die vom Axon einer Vorderhornzelle (α-Motoneuron) innerviert wird, bildet zusammen mit der Nervenzelle eine **motorische Einheit**. Die Muskelfasern kontrahieren sich geschlossen bei Erregung der Nervenzelle. Die terminalen Verzweigungen des Axons verlieren vor ihrer Endigung ihre Markscheide und splittern sich knäuelartig auf. Im Endigungsbezirk bildet die Oberfläche der Muskelfaser eine flache Erhebung (daher die Bezeichnung *Endplatte* oder *Sohlenplatte*) (**A4**).

Im Bereich der Axonaufzweigungen (**A5**) liegt eine Anzahl von Zellkernen. Die auf den Axonverzweigungen liegenden Kerne gehören zu Schwann-Zellen, welche die Axonendigungen umhüllen (*Teloglia*) (**B6**). Die darunter liegenden Kerne (**B7**) sind Muskelfaserkerne im Bereich der Sohlenplatte. Die Axonzweige sind an der Grenze zwischen Axoplasma und Sarkoplasma von einem Palisadensaum (**B8**) umgeben, der im elektronenmikroskopischen Bild aus Sarkolemmfalten besteht.

Die Axone enden mit knopfartigen Anschwellungen (**B9**), die sich in die Sohlenplatte einsenken. Diese Gruben sind von der Sarkoplasmamembran und der Basalmembran ausgekleidet. In den Gruben kommt es zu einer starken Faltung des Sarkolemms (**subneuraler Faltenapparat**) (**C10**), durch die sich die Membranoberfläche der Muskelfaser erheblich vergrößert.

Bei der motorischen Endplatte handelt es sich um die spezielle Form einer Synapse, deren präsynaptische Membran die Axoplasmamembran (**C11**) und deren postsynaptische Membran die gefaltete Sarkoplasmamembran (**C12**) ist. Die Substanz, welche die nervöse Erregung auf die Muskelfaser überträgt, ist das **Acetylcholin**. Es ist in den klaren Vesikeln (**BC13**) enthalten, die sich bei einer Erregung des Axons in den synaptischen Spaltraum entleeren und rezeptorvermittelt (nikotinische Acetylcholinrezeptoren) zu einer Depolarisation der Muskelfasermembran führen.

Sehnenorgan (D–F)

Das **Golgi-Sehnenorgan** liegt am Übergang zwischen Sehne und Muskel. Es besteht aus einer Gruppe kollagener Fasern (**D14**), die von einer dünnen Bindegewebshülle umgeben sind und von einer markhaltigen Nervenfaser (**D15**) versorgt werden. Diese verliert nach ihrem Durchtritt durch die Kapsel die Markhülle und zweigt sich in zahlreiche Äste auf, welche die Kollagenfasern umspinnen. Man nimmt an, daß die locker angeordneten Kollagenfasern (**E**) bei Spannung gestrafft werden (**F**) und so einen Druck auf die Nervenfasern ausüben. Der so ausgelöste Impuls wird von der Nervenfaser über die Hinterwurzel zum Rückenmark geleitet und übt einen hemmenden Einfluß auf die Motoneurone aus, so daß eine übermäßige Dehnung oder Kontraktion des Muskels abgebremst wird.

B16 Basalmembran der Axonendigung,
B17 Basalmembran der Muskelfaser,
C18 synaptischer Spalt mit gemeinsamer Basalmembran der Axonendigung und der Muskelfaser.

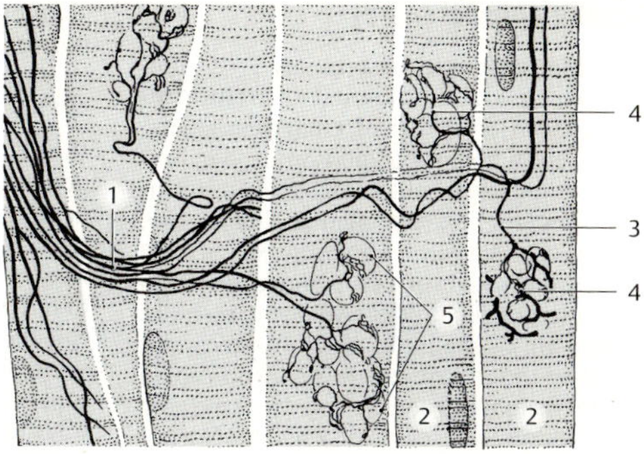

A Motorische Endplatten, Übersicht

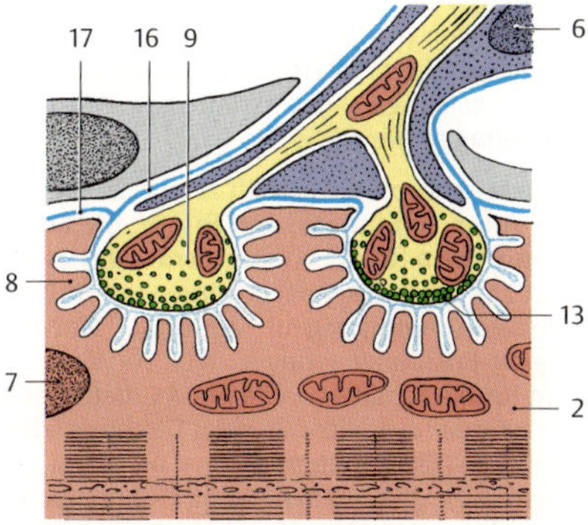

B Endplatte, elektronenmikroskopisches Schema (nach Couteaux)

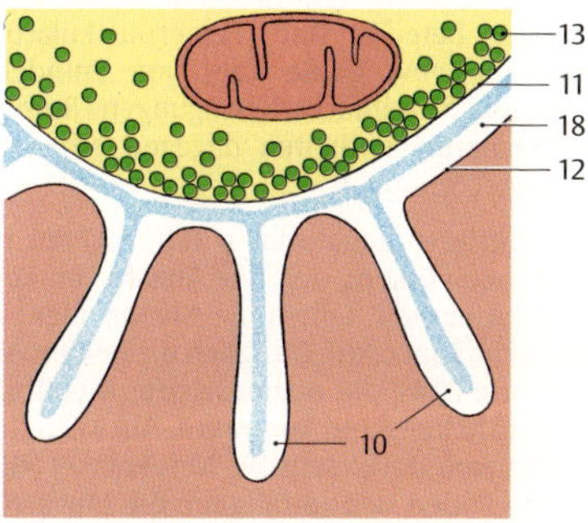

C Vergrößerung aus B (nach Robertson)

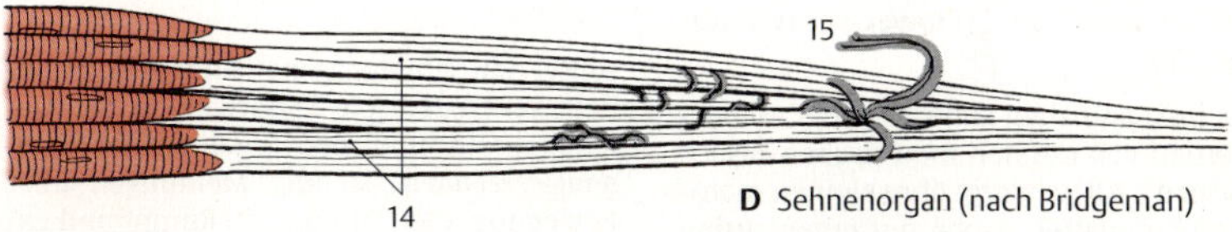

D Sehnenorgan (nach Bridgeman)

E Sehnenorgan bei entspanntem Muskel (nach Bridgeman)

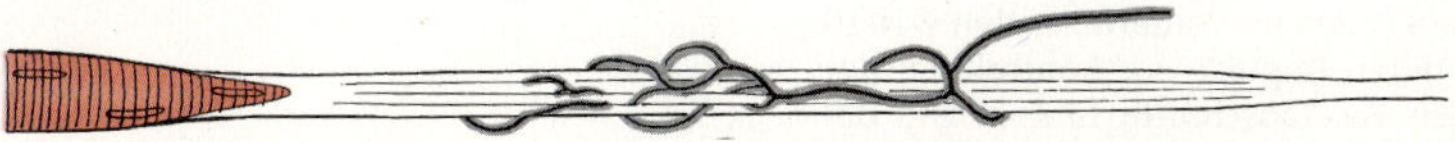

F Sehnenorgan bei kontrahiertem Muskel (nach Bridgeman)

Muskelspindel (A – F)

Eine Muskelspindel besteht aus 5 – 10 dünnen quergestreiften Muskelfasern (**intrafusale Fasern**) (**A1**), die von einer flüssigkeitsgefüllten bindegewebigen Kapsel (**A2**) umgeben sind. Die Fasern der bis zu 10 mm langen Spindeln liegen parallel zu den übrigen Fasern des Muskels (*extrafusale Fasern*) und setzen entweder an den Sehnen des Muskels oder an den bindegewebigen Polen der Kapsel an. Da die intrafusalen Fasern in der gleichen Längsrichtung wie die extrafusalen Fasern liegen, werden sie von der Streckung und Verkürzung des Muskels in gleicher Weise betroffen. Die Zahl der Spindeln ist in den einzelnen Muskeln sehr verschieden. Muskeln, die an fein differenzierten Bewegungen beteiligt sind (Fingermuskulatur), besitzen eine große Zahl von Spindeln; Muskeln für einfache Bewegungen (Rumpfmuskulatur) enthalten dagegen erheblich weniger Spindeln.

Im mittleren äquatorialen Teil (**A3**) der intrafusalen Fasern, der eine Anzahl von Zellkernen enthält, fehlen die Myofibrillen; er ist nicht kontraktil. Lediglich die beiden Abschnitte (**A4**), die quergestreifte Myofibrillen enthalten, sind kontraktil. Am Mittelteil endet eine starke sensible Nervenfaser (**A5**), deren Enden sich spiralig um die Muskelfasern wickeln und die **anulospiraligen Endigungen** (**AC6, B**) bilden. An einer oder an beiden Seiten der Anulospiralendigung setzt eine dünnere sensible Faser (**A7**) doldenblütenartig an (**Flower-spray-Endigung**) (**A8, D**).

Die beiden polnahen kontraktilen Abschnitte werden von dünnen motorischen Fasern (**γ-Fasern**) (**A9**) versorgt. Ihre kleinen motorischen Endplatten haben nur einen gering ausgeprägten Faltenapparat, liegen aber wie bei den extrafusalen Muskelfasern *epilemmal*. Die sensiblen anulospiralen Endigungen liegen dagegen unter der Basalmembran der Muskelfaser (**C10**), also *hypolemmal*. Die γ-Fasern stammen von kleinen motorischen Zellen im Vorderhorn, den γ-Neuronen, deren Impulse zur Kontraktion der polnahen Faserabschnitte führen. Die daraufhin erfolgende Dehnung des Äquatorialabschnittes führt nicht nur zur Erregung der anulospiralen Endigung, sondern auch zu einer Empfindlichkeitsänderung der Spindel.

Die Muskelspindel ist ein **Dehnungsrezeptor**, der bei Streckung des Muskels erregt wird, dessen Aktivität aber bei Kontraktion des Muskels erlischt. Bei der Streckung des Muskels nimmt die Frequenz der Impulse mit der Längenänderung des Muskels zu. Auf diese Weise übermitteln die Spindeln Informationen über die jeweilige Länge des Muskels. Die Erregungen werden nicht nur über die spinozerebellären Bahnen zum Kleinhirn geleitet, sondern über Reflexkollateralen auch direkt zu den großen Vorderhornzellen (α-Motoneuronen). Deren Erregung bei einer plötzlichen Dehnung bewirkt eine sofortige Kontraktion des Muskels (*Dehnungsreflex*, S. 50 F).

Die Muskelspindel enthält zwei verschiedene Arten von intrafusalen Fasern: die **Kernkettenfasern** (**EF11**) und die **Kernhaufenfasern** (**EF12**). Beide Faserarten werden von anulospiralen Endigungen versorgt. Flower-spray-Endigungen findet man vorwiegend an Kernkettenfasern. Die Kernhaufenfasern reagieren auf die aktuelle Dehnung des Muskels, die Kernkettenfasern hingegen registrieren den anhaltenden Dehnungszustand eines Muskels. Muskelspindeln übermitteln nicht nur Informationen über die Länge des Muskels, sondern auch über die Geschwindigkeit der Muskelstreckung zum Kleinhirn.

Außer den Sehnenorganen und Muskelspindeln geben sensible Endorgane in den Gelenkkapseln und den Ligamenten (**Spannungsrezeptoren**) ständig Meldungen über Bewegung und Haltung von Rumpf und Extremitäten zum Kleinhirn (Tractus spinocerebellaris anterior und posterior).

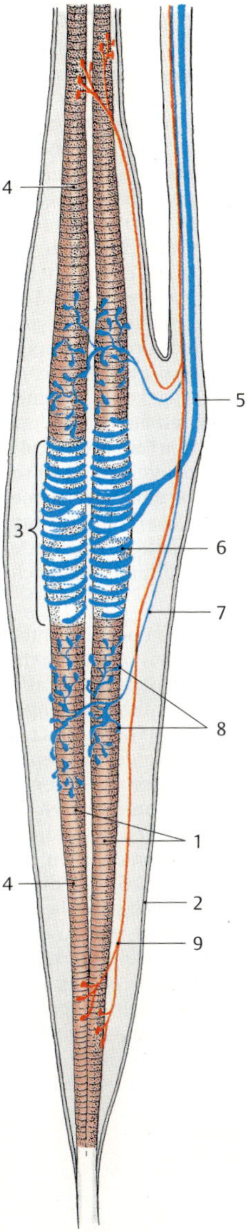

A Muskelspindel

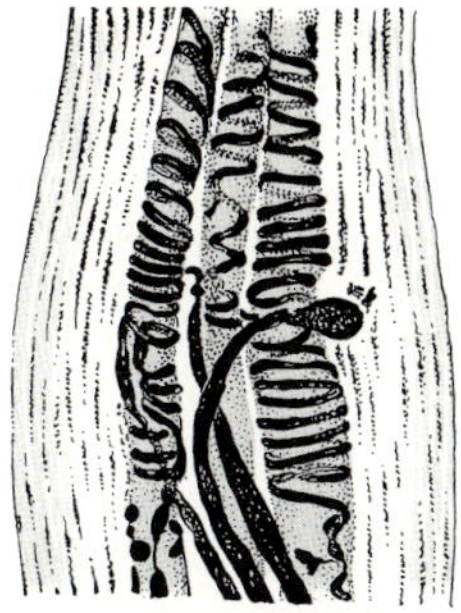

B Anulospirale Endigung

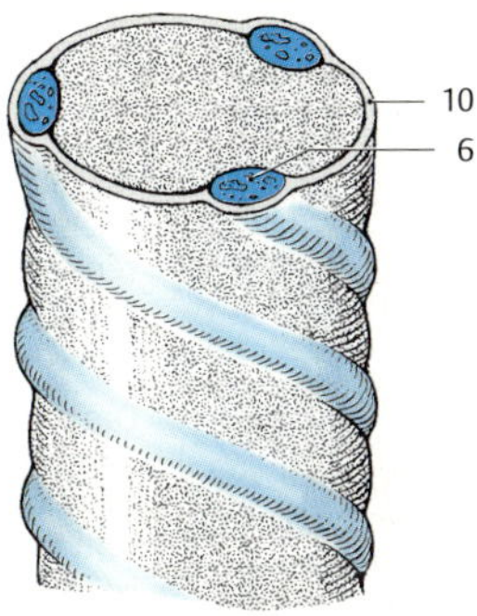

C Spiralapparat

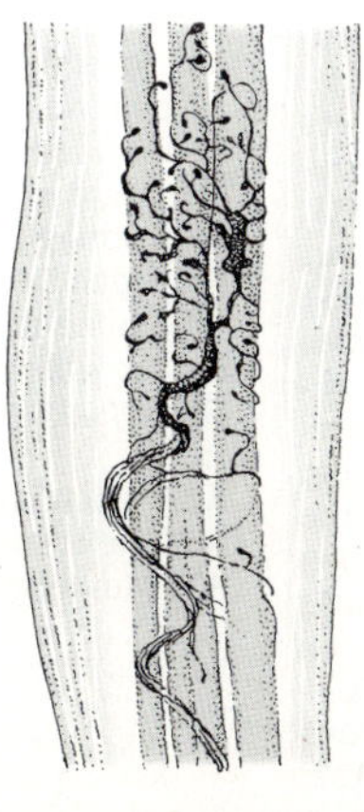

D Flower-spray-Endigung

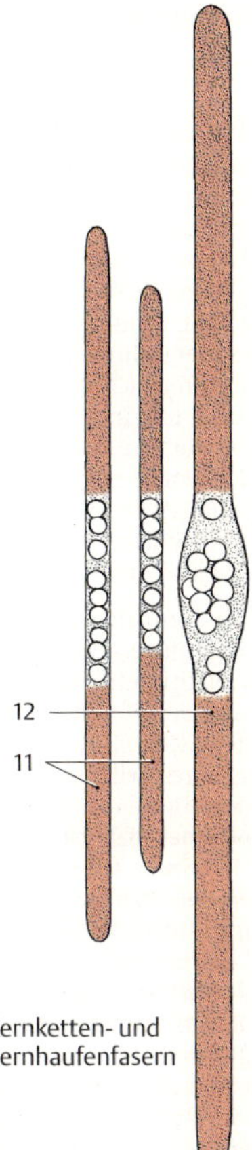

E Kernketten- und Kernhaufenfasern

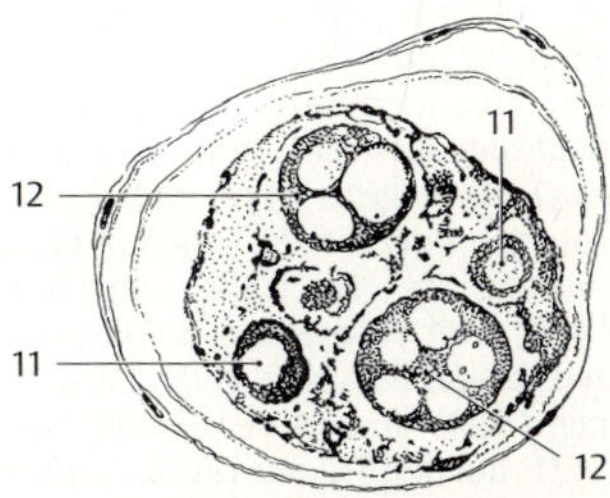

F Muskelspindel, Querschnitt

Gemeinsame motorische Endstrecke (A)

Die gemeinsame Endstrecke aller an der Motorik beteiligten Zentren ist die große **Vorderhornzelle** (**A1**) und ihr Axon (**α-Neuron**), welche die willkürliche Skelettmuskulatur innerviert. Der überwiegende Teil aller zum Vorderhorn ziehenden Bahnen endet nicht direkt an den Vorderhornzellen, sondern an Zwischenneuronen. Diese beeinflussen die Neurone direkt oder schalten sich in die zwischen Muskelrezeptoren und motorischen Neuronen ablaufenden Reflexe hemmend oder aktivierend ein. Das Vorderhorn ist also nicht eine einfache Schaltstelle, wie es eingangs (S. 50) dargestellt wurde, sondern ein komplexer Integrationsapparat zur Regelung der Motorik.

Die **zentralen Gebiete**, welche die Motorik über absteigende Bahnen beeinflussen, sind vielfältig miteinander verknüpft. Die wichtigsten afferenten Bahnen stammen aus dem Kleinhirn. Dieses empfängt über die **spinozerebellären Bahnen** (**A2**) die Impulse der Muskelrezeptoren und über die **kortikopontinen Bahnen** (**A3**) die Erregungen der Hirnrinde. Über den kleinzelligen Teil des *Nucleus dentatus* (**A4**) und den *Nucleus ventralis lateralis thalami* (**A5**) werden zerebelläre Impulse zum *präzentralen Cortex* (Area 4) (**A6**) übermittelt. Von der Area 4 steigt die *Pyramidenbahn* (**A7**) zum Vorderhorn herab, wobei sie im *Pons* (**A8**) Kollateralen zurück zum Kleinhirn abgibt. Weitere zerebelläre Impulse verlaufen über den *Nucleus emboliformis* (**A9**) und den *Nucleus centromedianus thalami* (**A10**) zum *Striatum* (**A11**) und über den großzelligen Teil des *Nucleus dentatus* (**A12**) zum *Nucleus ruber* (**A13**). Von diesem ziehen Fasern in der *zentralen Haubenbahn* (**A14**) über die *Olive* (**A15**) zurück zum Kleinhirn und im *Tractus rubroreticulospinalis* (**A16**) zum Vorderhorn. Vom *Nucleus globosus* (**A17**) ziehen Fasern zum *Nucleus interstitialis Cajal* (**A18**) und von diesem im *Fasciculus interstitiospinalis* (**A19**) zum Vorderhorn. Schließlich werden **zerebellofugale Fasern** in den *Vestibulariskernen* (**A20**) und in der *Formatio reticularis* (**A21**) auf den *Tractus vestibulospinalis* (**A22**) und den *Tractus reticulospinalis* (**A23**) umgeschaltet.

Man kann die absteigenden Bahnen nach ihrer Wirkung auf die Muskulatur in zwei Gruppen gliedern: eine Gruppe, welche die *Beugemuskulatur* erregt, und eine zweite Gruppe, welche die *Streckmuskulatur* erregt. Die **Pyramidenbahn** und die **rubroretikulospinale Bahn** aktivieren überwiegend die Neurone der Flexoren und hemmen die Neurone der Extensoren. Das entspricht der funktionellen Bedeutung der Pyramidenbahn für die feinen und präzisen Bewegungen, besonders der Hand- und Fingermuskulatur, bei der ja die Flexoren die entscheidende Rolle spielen. Umgekehrt hemmen die Fasern des **Tractus vestibulospinalis** und die Fasern aus der **pontinen Formatio reticularis** die Flexoren und aktivieren die Extensoren. Sie sind Bestandteil eines phylogenetisch alten, gegen die Schwerkraft gerichteten motorischen Systems, das eine besondere Bedeutung für Körperhaltung und Gleichgewicht hat.

Die **peripheren Fasern**, die über die Hinterwurzel bis in das Vorderhorn ziehen, stammen von den Muskelrezeptoren. Die afferenten Fasern der Anulospiralendigungen (**A24**) enden mit ihren Kollateralen direkt an den α-Neuronen; die Fasern der Sehnenorgane (**A25**) enden an Zwischenneuronen. Viele absteigende Bahnen beeinflussen die α-Neurone über den spinalen Reflexapparat. Sie enden an den großen α-Zellen und an den kleinen γ-Zellen (**A26**). Da die γ-Neurone eine niedrigere Reizschwelle haben, werden sie zuerst erregt, was zu einer Aktivierung der Muskelspindeln führt. Diese senden ihre Impulse zu den α-Neuronen. γ-Neurone und Muskelspindeln haben also für die willkürlichen Bewegungen eine Art *Starterfunktion*.

A27 Nebenolive,
A28 Skelettmuskulatur,
A29 Muskelspindel.

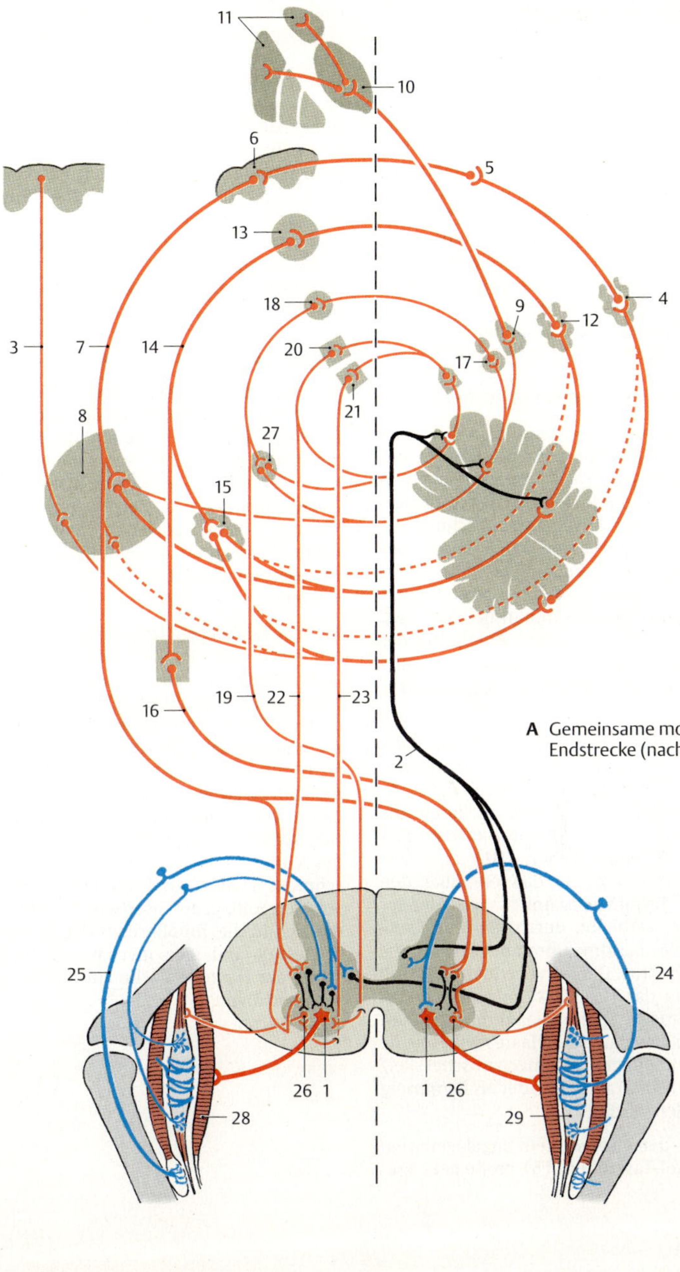

A Gemeinsame motorische Endstrecke (nach Hassler)

Sensible Systeme

Hautsinnesorgane (A–F)

Die Haut ist mit einer Vielzahl von Endorganen versehen, die sich durch einen unterschiedlichen Bau und durch eine unterschiedliche Empfindlichkeit gegenüber bestimmten Reizen auszeichnen. Da die Zuordnung der verschiedenen Sinnesqualitäten zu bestimmten Endorganen umstritten ist, gliedern wir die Nervenendigungen nach morphologischen Gesichtspunkten in
- *freie Nervenendigungen*,
- *eingekapselte Endorgane* und
- *Übergangsformen* zwischen beiden.

Freie Nervenendigungen (A–C, F)

Freie Nervenendigungen sind in fast allen Geweben des Körpers anzutreffen. In der Haut reichen sie bis in die unteren Schichten des Stratum germinativum. Die Axone verlieren in ihrem terminalen Abschnitt die Markscheide und lassen durch Lücken der Schwann-Zellhülle knoten- oder fingerförmige Evaginationen durchtreten, die nur noch von der Basalmembran bedeckt sind. Sie sind die rezeptorischen Abschnitte der freien Nervenendigungen, deren Erregung man die *Schmerz-* und *Kälteempfindung* zuschreibt.

Dünne Nervenfasern umspinnen die **Haarwurzeln** ringförmig und verlaufen dann parallel zum Haarschaft auf- oder abwärts (**A**). Ihre rezeptorischen Enden verlieren die Markscheide und werden nur an zwei Seiten von Schwann-Zellen (**B1**) eingefaßt (*Sandwichpackung*), so daß ein über den ganzen Terminalabschnitt verlaufender Spalt (**B2**) verbleibt, durch den das Axon, nur von der Basalmembran bedeckt, an die Oberfläche tritt. Die Nervenenden (**C3**) sind derart um das Haar (**C4**) angeordnet, daß der sensorische Spalt radiär zum Haarschaft steht. Bei Bewegung des Haares wird auf die Nervenendigungen ein mechanischer Reiz (rote Pfeile in C) ausgeübt, der als *Berührung* empfunden wird.

Ebenfalls den Haarwurzeln angelagert sind die **Merkel-Tastzellen** (**F5**), große helle Epithelzellen, die zwischen den Basalzellen (**F6**) der äußeren Wurzelscheide liegen und fingerförmige Fortsätze (**F7**) in die Umgebung ausstrecken. Ihre Deformierung bei einer Bewegung des Haares führt zur Erregung der Nervenfaser (**F8**). Diese verliert beim Durchtritt durch die Glashaut (**F9**) ihre Markscheide und zweigt sich auf, um an mehreren Tastzellen zu enden. Der terminale Axonabschnitt verbreitert sich zu einem *Tastmeniscus* (**F10**), der den Merkel-Zellen dicht anliegt und mit ihnen durch synapsenartige Membrankontakte (**F11**) verbunden ist.

Eingekapselte Endorgane (D, E)

Die **Meißner-Tastkörperchen** (**DE**) liegen in den Papillen des Corium. Sie sind an den Plantarflächen der Hände und der Füße am dichtesten gelagert, wobei sie an den distalen Enden, den Fingerbeeren (insbesondere an der Fingerbeere des Zeigefingers), um ein Vielfaches dichter liegen als an der übrigen Plantarfläche. Diese Verteilung weist auf ihre Bedeutung für die feinen *Tastempfindungen* hin.

Bei den Tastkörperchen (**E**) handelt es sich um ovale Gebilde, die aus lamellenartig geschichteten Zellen (wahrscheinlich Schwann-Zellen) aufgebaut und von einer dünnen Kapsel umgeben sind. Ein oder mehrere Axone (**E12**) treten in das Körperchen ein, verlieren ihre Markscheide und nehmen zwischen den geschichteten Zellen einen verschlungenen spiraligen Verlauf. Die kolbenförmigen Auftreibungen (**E13**) der Axone gelten als die rezeptorischen Abschnitte. In die Kapsel der Tastkörperchen strahlen kollagene Faserbündel (**E14**) ein, die sich in die Tonofibrillen der Epidermis fortsetzen und jede mechanische Verformung der Hautoberfläche auf die Rezeptoren übertragen.

A - C Freie Nervenendigungen am Haar

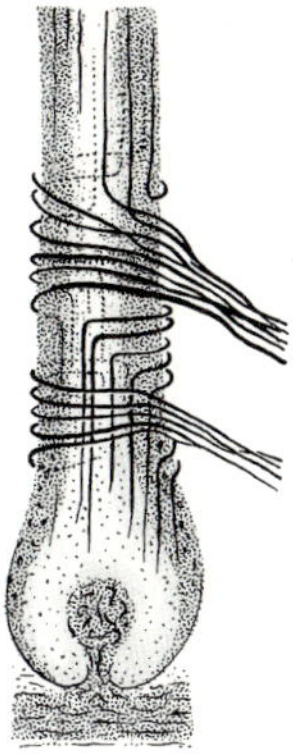

A Übersicht

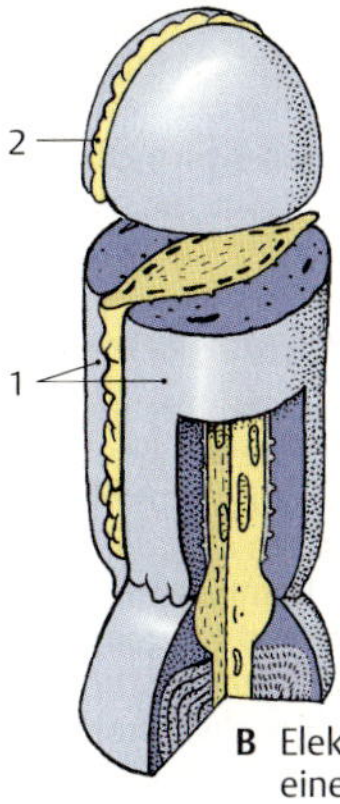

B Elektronenmikroskopisches Schema einer Nervenendigung (nach Andres)

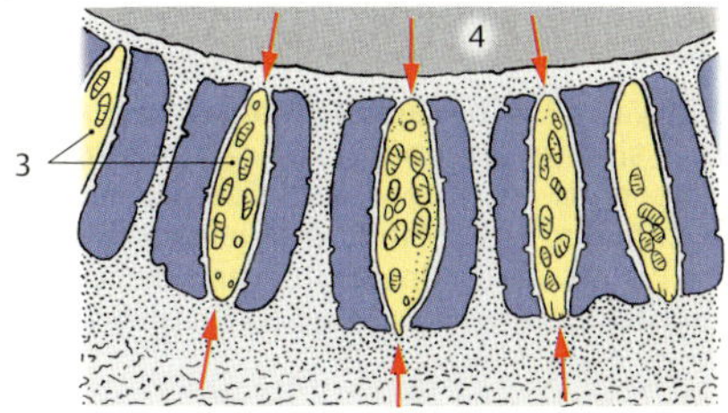

C Anordnung der Nervenenden am Haar (nach Andres u. von Düring)

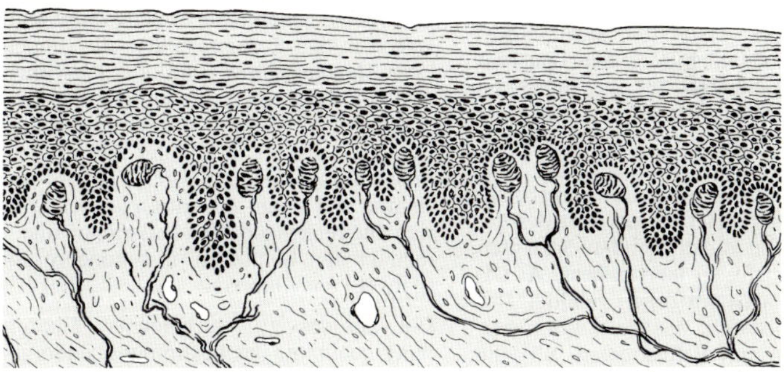

D Meißner- Körperchen in der Haut

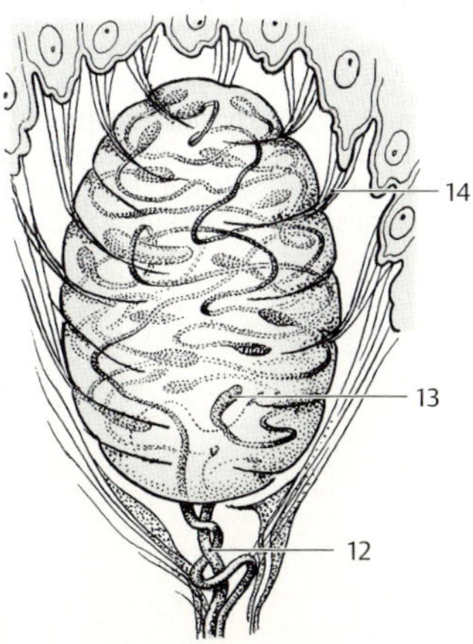

E Meißner-Körperchen

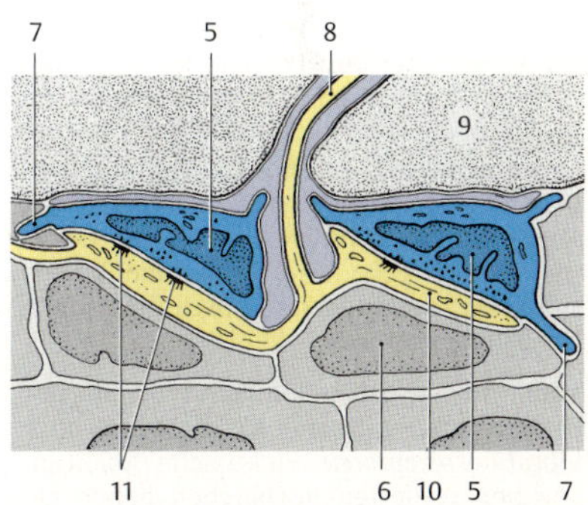

F Merkel-Tastzellen, elektronenmikroskopisches Schema (nach Andres u. von Düring)

Hautsinnesorgane

Eingekapselte Endorgane, Fortsetzung (A–C)

Die **Vater-Pacini-Lamellenkörperchen** (**A – C**) sind relativ große, bis zu 4 mm lange Körper, die unter der Haut in der Subcutis anzutreffen sind. Man findet sie außerdem im Periost, in der Umgebung von Gelenken und an der Oberfläche von Sehnen und Faszien.

Sie bestehen aus einer großen Zahl konzentrisch geschichteter Lamellen, an denen man drei Schichten unterscheiden kann:

- die *Kapsel*,
- die *äußere Lamellenschicht* und
- den *Innenkolben*.

Die **Kapsel** (**A1**) wird von einigen durch Bindegewebsfasern verstärkten, dicht liegenden Lamellen gebildet. Die **äußere Lamellenschicht** (**AC2**) besteht aus geschlossenen zirkulären Protoplasmalamellen (**B3**), die durch nicht miteinander kommunizierende, flüssigkeitsgefüllte Räume getrennt werden. Kapsel und äußere Lamellenschicht gelten als Differenzierungsprodukt des Perineuriums. Die dichtliegenden Schichten des flüssigkeitsfreien **Innenkolbens** (**A – C4**) werden von Schwann-Zellen gebildet. Der Innenkolben besteht aus zwei symmetrischen Stapeln von Halblamellen (**B5**), die durch einen radial verlaufenden Spalt getrennt werden. Die Protoplasmalamellen sind alternierend angeordnet, so daß zwei aufeinander liegende Halblamellen jeweils von zwei verschiedenen Zellen stammen. Die Nervenfaser (**AC6**) tritt an einem Pol des Lamellenkörperchens ein und verläuft im Zentrum des Innenkolbens bis zu dessen Ende. Sie verliert am Anfang des Innenkolbens ihre Markscheide (**A7**) und endet mit einigen kolbigen Auftreibungen. Die markfreie Axonstrecke (**A – C8**) im Innenkolben stellt den rezeptorischen Abschnitt dar. Perineurium (**A9**) (vgl. S. 40 CD9).

Vater-Pacini-Körperchen sind nicht nur Druckrezeptoren, sondern vor allem auch *Vibrationsrezeptoren*. Elektrische Ableitungen von isolierten Körperchen haben gezeigt, daß sie durch Deformierung und durch Entlastung erregt werden, nicht jedoch durch anhaltenden Druck. Als hochempfindliche Vibrationsrezeptoren registrieren sie im Experiment z. B. die Erschütterung des Fußbodens, die eine vorübergehende Person verursacht.

Übergangsformen (D, E)

Es gibt zahlreiche verschiedene Übergangsformen zwischen freien Nervenendigungen und eingekapselten Endorganen. In allen splittern sich die Nervenfasern zu terminalen Komplexen auf, in denen die feinen Axonverzweigungen Knäuel oder strauchartige Verzweigungen bilden und mit kolbigen Anschwellungen enden. Die Formationen sind von einer mehr oder weniger ausgeprägten bindegewebigen Kapsel umgeben. Hierzu gehören die ovalen *Krause-Endkolben* in den Koriumpapillen, die runden *Golgi-Mazzoni-Körper* und die länglichen *Ruffini-Endorgane* (**D**) in der Subcutis. Derartige Gebilde kommen nicht nur in der Haut vor, sondern auch in der Schleimhaut, in Gelenkkapseln, in den Hüllen der inneren Organe und in der Adventitia großer Arterien. Die verschiedensten Variationen findet man in den Genitalien, insbesondere am Glans (**E**) und Clitoris.

Die Zuordnung verschiedener Empfindungsqualitäten zu bestimmten Endorganen ist umstritten. Anerkannt ist die Bedeutung der korpuskulären Endorgane als Mechanorezeptoren und der freien Nervenendigungen als Schmerzrezeptoren. Das Zustandekommen der Warm-und Kaltempfindung ist jedoch bisher noch nicht geklärt. Der unterschiedliche Bau der Rezeptoren spricht jedenfalls für eine Reizauswahl.

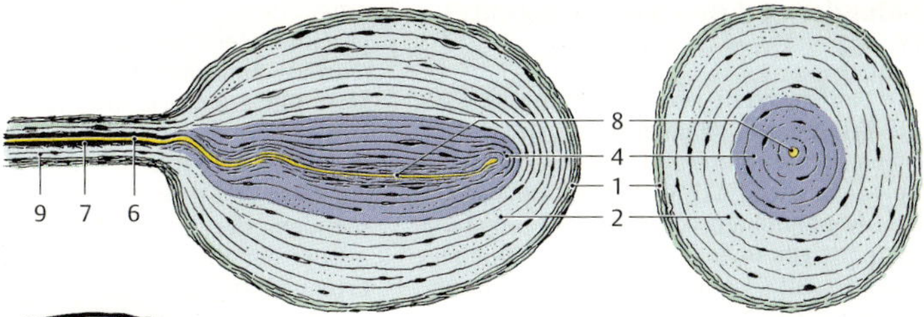

A Pacini-Körperchen, längs und quer

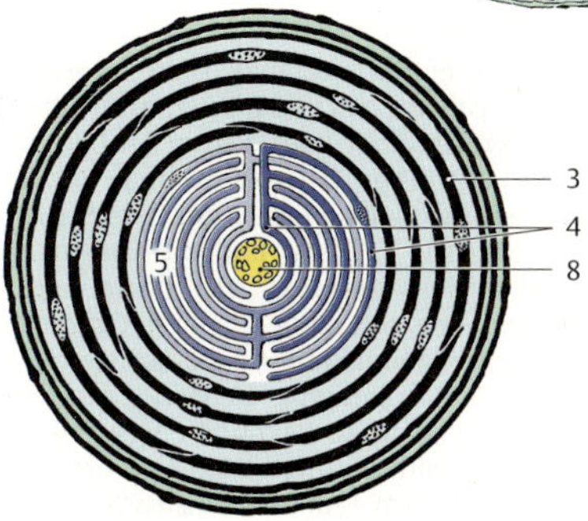

B Zentrum eines Pacini-Körperchens, elektronenmikroskopisches Schema (nach Quilliam)

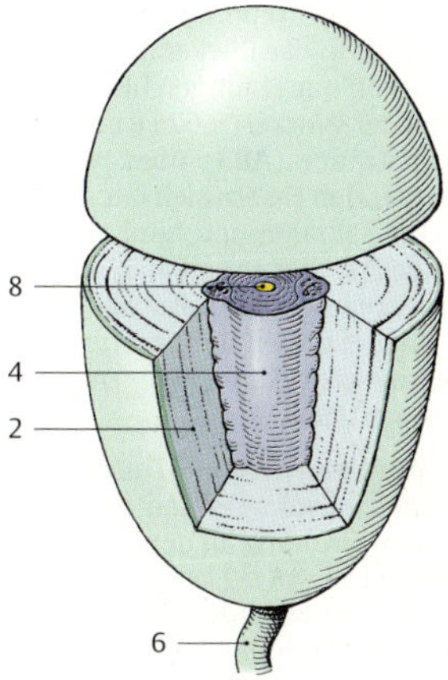

C Pacini-Körperchen (nach Munger)

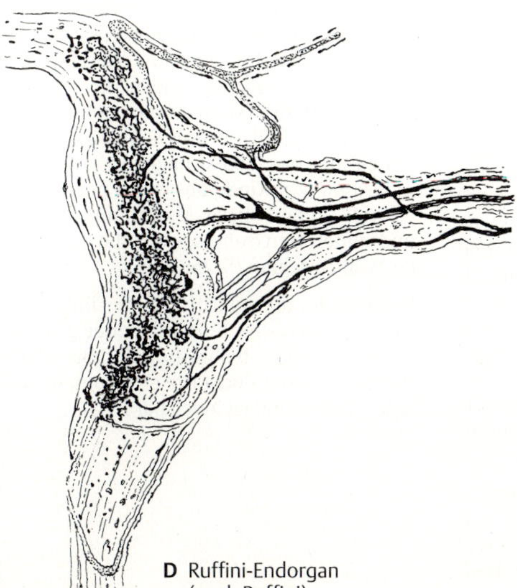

D Ruffini-Endorgan (nach Ruffini)

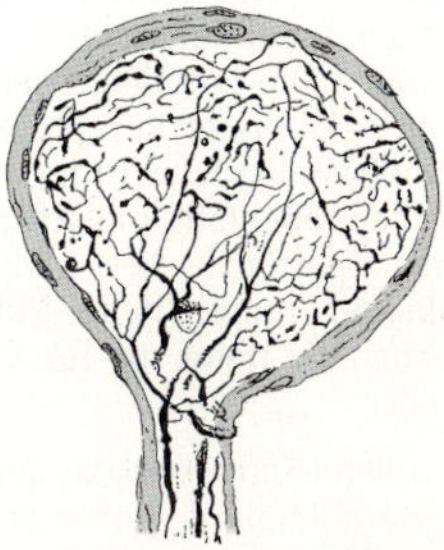

E Endorgan aus der Haut der Glans penis (nach Dogiel)

Bahn der epikritischen Sensibilität (A–C)

Die Nervenfasern, welche die Impulse für die **Berührungs-**, **Vibrations-** und **Gelenkempfindung** leiten, stammen von den Zellen der Spinalganglien (**A1**), die Fasern für Gesicht und Nebenhöhlen von Neuronen des Ganglion trigeminale (Ganglion semilunare Gasseri) (**A2**) (1. Neuron). Die Tastreize werden über verschiedene Fasern geleitet: *Starke gut bemarkte* Nervenfasern enden an den korpuskulären Endorganen, *dünne Nervenfasern* an den Haaren. Die zentripetalen Fortsätze der Neurone treten über die Hinterwurzel in das Rückenmark ein, und zwar die dicken markhaltigen über den medialen Anteil der Wurzel (S. 62 F8). Sie gehen in die Hinterstränge (**AB3**) über, wobei die neu eintretenden Fasern sich lateral anlagern, so daß die sakralen und lumbalen Fasern medial liegen, die thorakalen und zervikalen lateral. Die sakralen, lumbalen und thorakalen Bündel bilden den *Tractus gracilis* (Goll) (**B4**), die zervikalen den *Tractus cuneatus* (Burdach) (**B5**).

Die primären Fasern (*Tractus gracilis* und *Tractus cuneatus*) enden in einer entsprechenden Ordnung an den Zellen der Hinterstrangkerne (**A6**) (2. Neuron), *Nucleus gracilis* (**B7**) und *Nucleus cuneatus* (**B8**), die auf diese Weise die gleiche Somatotopik wie die Hinterstränge aufweisen. Jedes einzelne Neuron in den Hinterstrangkernen empfängt die Impulse einer bestimmten Rezeptorenart. Dabei ist das kutane Versorgungsgebiet einer Nervenzelle in den distalen Extremitätenabschnitten (Hand, Finger) klein, in den proximalen Abschnitten zunehmend größer. Die Empfängerneurone von Impulsen bestimmter Rezeptoren sind, wie elektrophysiologische Untersuchungen gezeigt haben, ebenfalls topisch angeordnet: nahe der Oberfläche liegen die Zellen für die Haarrezeptoren, in der Mitte die für Tastorgane und tiefer die für Vibrationsrezeptoren.

Zu den Hinterstrangkernen ziehen über die Pyramidenbahn kortikofugale Fasern aus der Zentralregion (Gyrus praecentralis und Gyrus postcentralis): Fasern aus dem Beinareal der Zentralregion enden im Nucleus gracilis, Fasern aus dem Armareal enden im Nucleus cuneatus. Die kortikofugalen Fasern üben auf die Neurone der Hinterstrangkerne eine postsynaptische oder präsynaptische Hemmung aus und bewirken auf diese Weise eine Dämpfung der einströmenden afferenten Impulse. Der Cortex ist also in der Lage, in den Relais-Kernen den Erregungszufluß aus der Peripherie zu regulieren.

Die von den Hinterstrangkernen (2. Neuron) aufsteigenden sekundären Fasern bilden den *Lemniscus medialis* (**B9**). In der *Decussatio lemniscorum* (**B10**) kreuzen sie zur Gegenseite, wobei die Fasern aus dem Nucleus gracilis (**B11**) ventral und die Fasern aus dem Nucleus cuneatus (**B12**) dorsal liegen. Im weiteren Verlauf nehmen die Grazilisfasern eine laterale, die Cuneatusfasern eine mediale Position ein. In Höhe des Pons schließen sich die sekundären Fasern aus den Trigeminuskernen (**B13**), *Lemniscus trigeminalis*, dem *Lemniscus medialis* an und sind ihm dann im Mittelhirn dorsomedial (**B14**) angelagert.

Der Lemniscus medialis zieht zum lateralen Abschnitt des *Nucleus ventralis posterior thalami* (**AC15**): die Bündel des Nucleus gracilis enden lateral, die des Nucleus cuneatus enden medial. Im medialen Abschitt des kaudalen Ventralkerns enden die Trigeminusfasern (**C16**). Daraus ergibt sich eine somatotopische Gliederung des Kerns. In der Projektion der thalamokortikalen Fasern (*3. Neuron*) zur Rinde des Gyrus postcentralis (**A17**) bleibt diese Anordnung erhalten und bildet die Grundlage für die Topik der Postzentralregion (S. 250).

Die Bahn für die epikritische Sensibilität besteht also aus drei hintereinander geschalteten Neuronen, wobei in jeder Umschaltstelle und in der Endstätte eine somatotopische Gliederung nachweisbar ist.

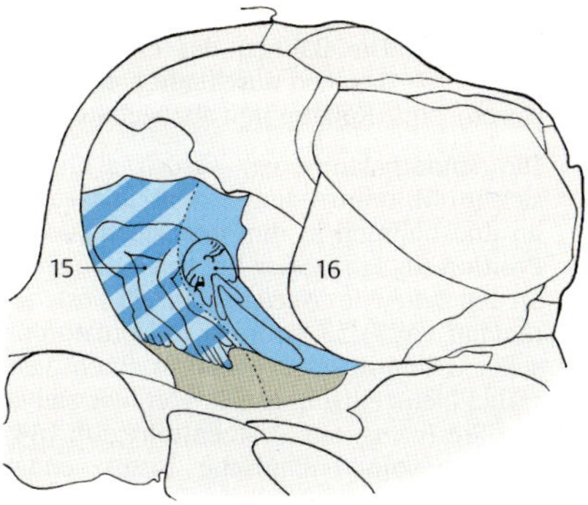

C Endigungsgebiet im Thalamus (Somatotopik nach Hassler)

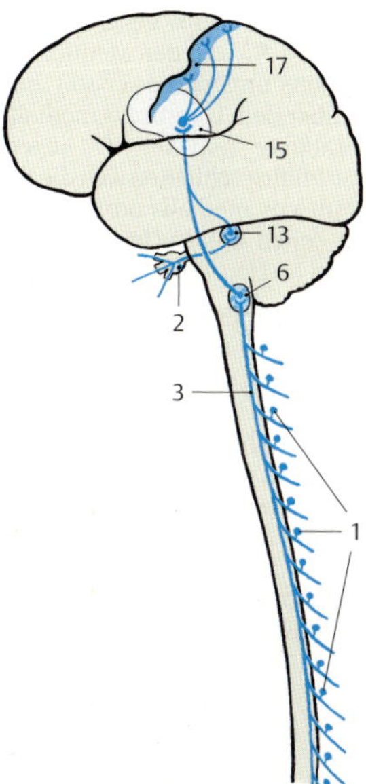

A Leitung der Berührungsempfindung

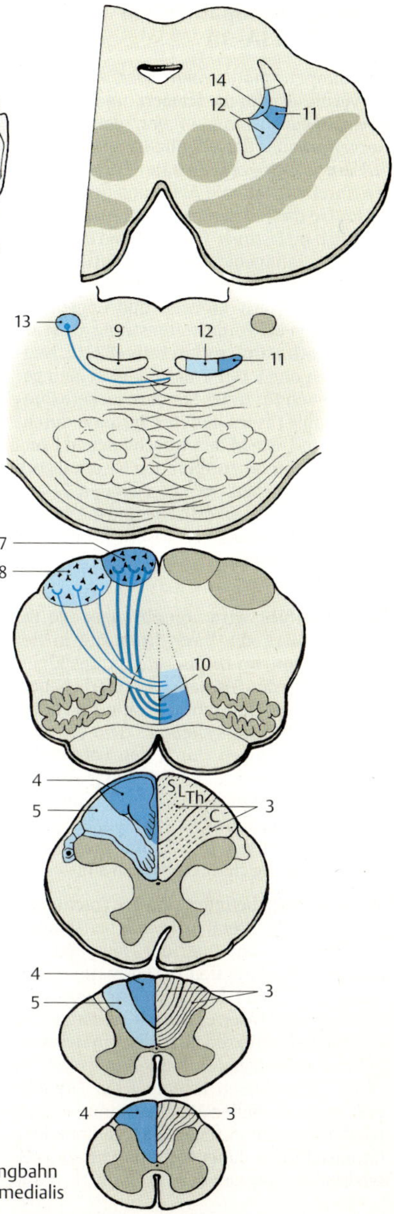

B Lage der Hinterstrangbahn und des Lemniscus medialis

Bahn der protopathischen Sensibilität (A – C)

Die dünnen markarmen oder marklosen Nervenfasern für die **Schmerz-** und **Temperaturempfindung** stammen von den kleinen Nervenzellen der Spinalganglien (**A1**) (1. Neuron). Ihre zentripetalen Fortsätze treten durch die laterale Abteilung der Hinterwurzel in das Rückenmark ein (S. 62 F7), gabeln sich im *Lissauer-Trakt* auf und enden im dorsalen Randgebiet der Substantia gelatinosa und im Hinterhorn (S. 56 A2). Die sekundären Fasern kreuzen zur Gegenseite und steigen im Vorderseitenstrang als **Tractus spinothalamicus lateralis** (**B2**) (2. Neuron) nach oben. Der Trakt bildet keinen geschlossenen Faserzug, sondern lockere Bündel, die mit Fasern anderer Systeme durchmischt sind. Die in den verschiedenen Wurzelhöhen neu hinzutretenden Fasern lagern sich ventromedial an. Die sakralen Fasern liegen also an der Oberfläche und die zuletzt angelagerten zervikalen Fasern im inneren des Vorderseitenstranges (S. 56 A1 u. S. 140 B8).

Die Reizzufuhr wird von absteigenden Fasern reguliert, die ihren Ursprung in der Zentralregion, im Lobus anterior des Kleinhirns und in der Formatio reticularis haben, und die in der Substantia gelatinosa enden. Diese ist ein Relaissystem, in dem die peripheren Erregungen durch den bahnenden oder hemmenden Einfluß höherer Zentren moduliert werden. Man hat in der Substantia gelatinosa zahlreiche axoaxonale Synapsen nachgewiesen, die für die präsynaptische Hemmung charakteristisch sind.

In der Medulla befindet sich der Tractus spinothalamicus lateralis (*Lemniscus spinalis*) am lateralen Rand über der Olive und gibt zahlreiche Kollateralen zur Formatio reticularis ab. Es endet hier auch ein beträchtlicher Teil der Fasern (*Tractus spinoreticularis*). Die Formatio reticularis ist ein Bestandteil des aufsteigenden Aktivierungssystems (S. 146), bei dessen Erregung der Organismus in einen hellen Wachzustand versetzt wird. Die in der **Schmerzbahn** verlaufenden Impulse führen daher nicht nur zur bewußten Empfindung, sondern über die Formatio reticularis auch zu einer Aufmerksamkeitssteigerung. Die Bahnen der epikritischen Sensibilität dagegen durchlaufen den Hirnstamm, ohne Kollateralen abzugeben.

Die spinothalamischen Fasern schließen sich im Mittelhirn dem *Lemniscus medialis* an und nehmen in ihm eine dorsolaterale Position ein. Ein großer Teil von ihnen endet an den Zellen des *Nucleus ventralis posterior thalami* (**AC3**) (3. Neuron) in somatotopischer Ordnung, vorwiegend in einem ventralen kleinzelligen Bezirk. Von hier ziehen tertiäre Fasern zur Postzentralregion (**A4**). Weitere spinothalamische Fasern enden auch in anderen Thalamuskernen, z. B. in den intralaminären Kernen.

Im **Tractus spinothalamicus anterior** (**B5**) wird eine **grobe Berührungs-** und **Druckempfindung** geleitet. Seine Fasern kreuzen vom Hinterhorn (2. Neuron) zum gegenseitigen Vorderstrang (S. 56 A3). In der Medulla ist die Lage des Trakts umstritten: Er soll entweder medial über dem Lemniscus medialis (**B6**) oder lateral über der Olive (**B7**) liegen. In Pons und Mittelhirn schließen sich die Fasern dem Lemniscus medialis an (**B8**) und enden an den Zellen des *Nucleus ventralis posterior thalami* (3. Neuron).

Die Schmerz- und Temperaturfasern für *Gesicht und Nebenhöhlen* entstammen den Neuronen des Ganglion trigeminale (**A9**), deren zentripetale Fortsätze im *Nucleus spinalis nervi trigemini* (**AB10**) (S. 124 BC4) enden. Im Tractus spinalis n. trigemini sollen die schmerzleitenden Fasern lateral, die temperaturleitenden weiter medial liegen. Die sekundären Trigeminusfasern (**B11**) (*Lemniscus trigeminalis*) schließen sich dem Lemniscus medialis an.

Funktionelle Systeme

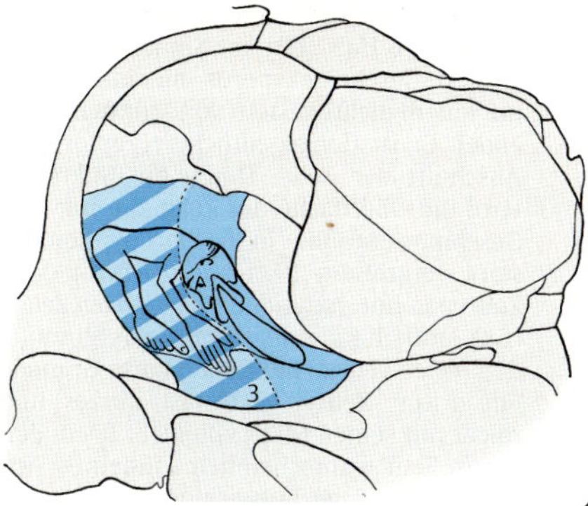

C Endigungen der spinothalamischen Fasern im Thalamus

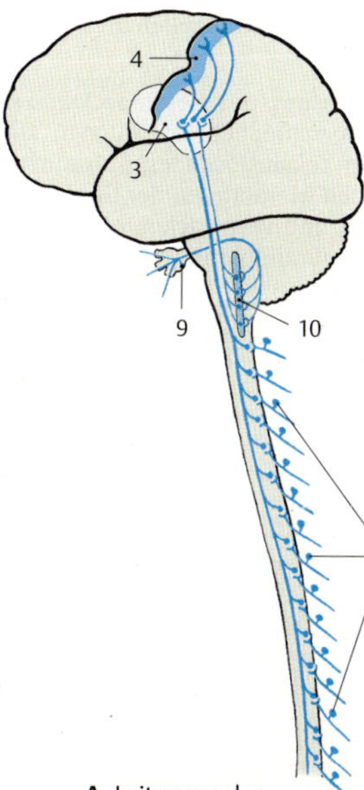

A Leitungen der Schmerzempfindung

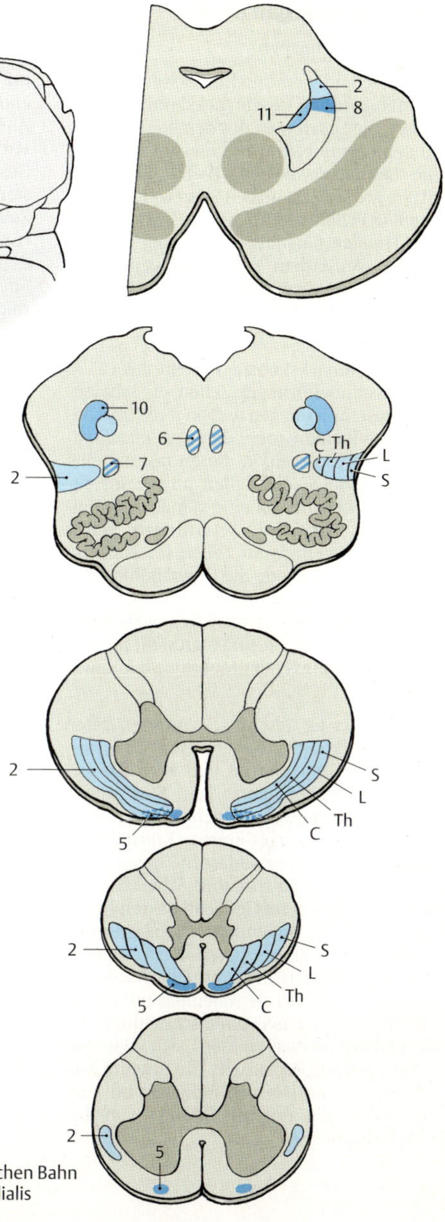

B Lage der spinothalamischen Bahn und des Lemniscus medialis

Geschmacksorgan (A–E)

Geschmacksknospen

Die verschiedenen Geschmackssensationen werden von den Geschmacksknospen registriert, die zusammen mit dem Riechepithel zu den *Chemorezeptoren* gerechnet werden. Die **Geschmacksknospen** (**B–D1, E**) finden sich in großer Zahl an den Seitenwänden der *Papillae vallatae* (**AB2**), in mäßiger Zahl an den *Papillae fungiformes* und den *Papillae foliatae*. Außerdem trifft man vereinzelte Geschmacksknospen am weichen Gaumen, an der hinteren Rachenwand und am Kehldeckel an.

Eine Geschmacksknospe besteht aus ca. 20 hellen, spindelförmigen Zellen, die schalenartig zusammenliegen und an ihrer Oberfläche eine kleine Grube, den *Geschmacksporus* (**C3**), frei lassen. In diesen ragen kleine Plasmafortsätze der Zellen hinein. Im Bereich der Knospe soll eine ständige Neubildung der Sinneszellen stattfinden, wobei die voll ausgebildeten Zellen im Zentrum liegen und am Rande die Umwandlung von Epithelzellen in Sinneszellen erfolgt. Geschmacksknospen können sich auch durch Spaltung vermehren, und man sieht hin und wieder Zwillings- oder Mehrlingsbildungen (**C4**).

An die Basis der Geschmacksknospen treten dünne markhaltige Nervenfasern (**D5**) heran, die sich aufzweigen und auch das benachbarte Epithel versorgen. Man unterscheidet daher *extragemmale* und *intragemmale* Nervenfasern (Gemma = Knospe). Die intragemmalen Nervenfasern (meist 2–3) verlieren beim Eintritt ihre Schwann-Zellhülle und bilden ein Geflecht, dessen Fäserchen nach elektronenmikroskopischen Befunden nicht nur zwischen den Sinneszellen liegen, sondern auch ihre Oberfläche tief einstülpen, so daß sie scheinbar intrazellulär liegen. Bei einer Durchschneidung des Geschmacksnerven bilden sich die Geschmacksknospen zurück. Die erneute Einpflanzung eines Nerven induziert im Zungenepithel die erneute Bildung von Geschmacksknospen.

Das elektronenmikroskopische Bild zeigt den langen Hals (**E6**) der Sinneszellen, der in den Geschmacksporus hineinragt und mit einem dichten Saum von Mikrovilli (**E7**) endet. Er ist der eigentliche rezeptorische Abschnitt der Zelle. Durch die Mikrovilli wird die Oberfläche der Zelle, die mit den Geschmacksstoffen in Berührung kommt, stark vergrößert. Man kann verschiedene Zelltypen unterscheiden: die *dunklen Zellen* (**E8**) enthalten zahlreiche Sekretgranula; den *hellen Zellen* (**E9**) fehlen diese Granula. Ein dritter Zelltyp (**E10**) ist kürzer und reicht mit seinen Mikrovilli nicht bis in den Porus. Sehr wahrscheinlich handelt es sich um verschiedene Entwicklungsstadien der sich ständig erneuernden Sinneszellen. Der Grund des Porus und die Spalten zwischen den rezeptorischen Zellabschnitten enthalten eine schleimartige Substanz, die wahrscheinlich von den Sinneszellen der Knospe sezerniert wird.

Über die Auslösung des Geschmacksreizes bestehen unterschiedliche Meinungen. Die Moleküle der reizauslösenden Substanzen werden an den Membranen der Sinneszellen adsorbiert und verursachen eine Änderung des Membranpotentials, die schließlich zur Erregung des terminalen Axons führt.

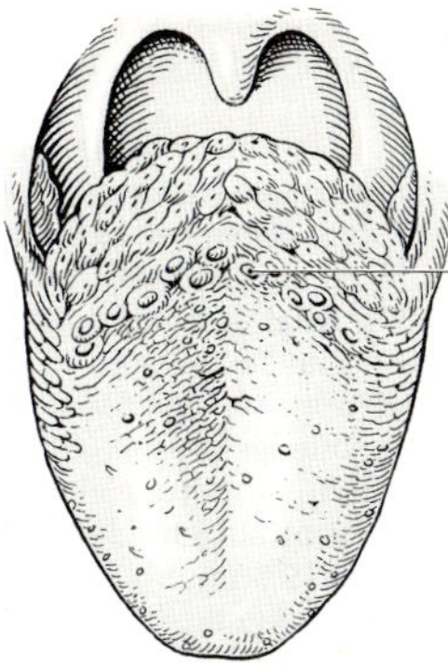

A Zunge mit Papillen

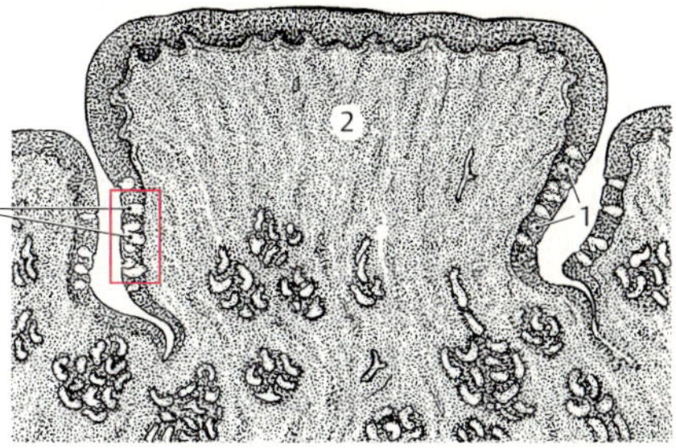

B Schnitt durch eine Papilla vallata

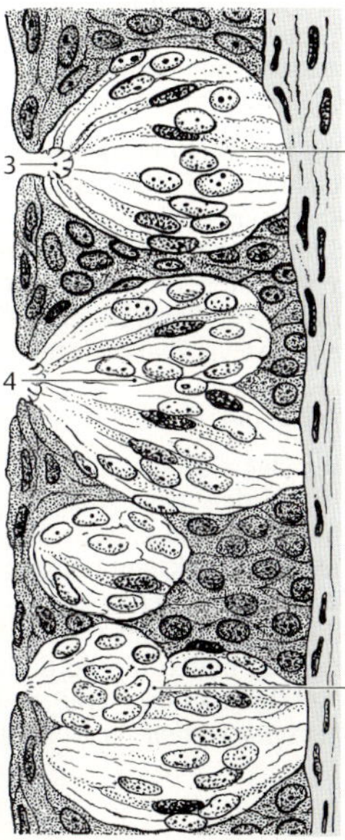

C Übersicht, Ausschnitt aus B

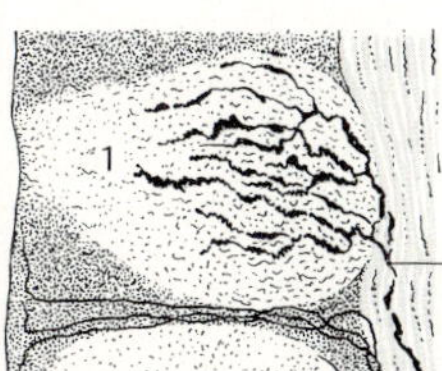

D Nervenendigungen

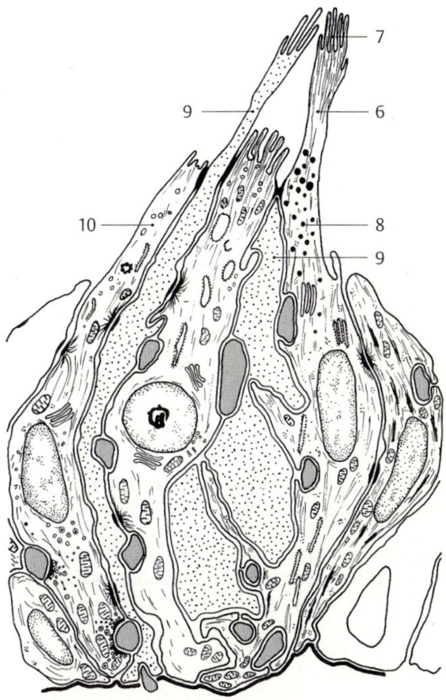

E Elektronenmikroskopisches Schema (nach Popoff)

C – E Geschmacksknospen

Geschmacksorgan (A–C)

Geschmacksknospen, Fortsetzung (A)

Die Geschmacksqualitäten süß, sauer, salzig und bitter werden nicht von allen Geschmacksknospen in gleicher Weise wahrgenommen. Manche Knospen reagieren nur auf süß oder nur auf sauer, manche registrieren auch zwei oder drei Qualitäten, ohne daß zwischen ihnen morphologische Unterschiede nachweisbar wären. Auch an der Zungenoberfläche ist die Wahrnehmung der einzelnen Qualitäten verschieden verteilt. *Sauer* wird besonders an den seitlichen Zungenrändern (**A1**) wahrgenommen, *salzig* an den Rändern und der Spitze (**A2**), *bitter* am Zungengrund (**A3**) und *süß* an der Zungenspitze (**A4**).

Geschmacksfasern (B, C)

Die Geschmacksfasern werden drei Hirnnerven zugeordnet: dem **N. facialis** (*N. intermedius*) (**B5**), dem **N. glossopharyngeus** (**B6**) und dem **N. vagus** (**B7**). Die Fasern entstammen pseudounipolaren Neuronen in den Ganglien der Hirnnerven, im *Ganglion geniculi* (**B8**), im *Ganglion petrosum* (Ganglion inferius n. glossopharyngei) (**B9**) und im *Ganglion nodosum* (Ganglion inferius n. vagi) (**B10**). Die Geschmacksfasern des N. facialis verlaufen über die Chorda tympani zum N. lingualis (**B11**) (S. 130 AB9) und versorgen die Rezeptoren der Papillae fungiformes auf den vorderen zwei Dritteln der Zunge. Die Geschmacksfasern des N. glossopharyngeus ziehen in den Rami linguales zum hinteren Drittel der Zunge und versorgen die Rezeptoren der Papillae vallatae. In den Rami tonsillares ziehen Geschmacksfasern zum weichen Gaumen. Die Geschmacksfasern des N. vagus erreichen die Epiglottis und den Epipharynx über die Rami pharyngei.

Die zentripetalen Fortsätze der Neurone treten in die Medulla ein und bilden den Tractus solitarius. Sie enden im **Nucleus solitarius** (**BC12**) ungefähr in Höhe der Nerveneintritte. Der Kern vergrößert sich in diesem Bereich und enthält einen Zellkomplex, der auch als *Nucleus gustatorius* bezeichnet wird.

Vom Nucleus solitarius nehmen die *sekundären Geschmacksfasern* ihren Ursprung. Ihr Verlauf im Hirnstamm ist nicht genau bekannt. Man nimmt an, daß der größte Teil der Fasern als Fibrae arcuatae zur Gegenseite kreuzt und sich dem **Lemniscus medialis** (**C13**) anschließt. Im Lemniscus sollen sie den am weitesten medial gelegenen Abschnitt einnehmen. Die sekundären Geschmacksfasern enden im medialen Anteil des **Nucleus ventralis posterior thalami** (**C14**). Von hier ziehen *tertiäre Fasern* zu einem Rindenbezirk an der Ventralfläche des parietalen Operculum (**C15**), unterhalb der Postzentralregion. Die Endigungsstätten im Thalamus und in der Hirnrinde sind durch Reizexperimente an Affen gesichert. Bei einer krankheitsbedingten Zerstörung dieser Bezirke beim Menschen hat man einen Verlust der Geschmackswahrnehmung auf der kontralateralen Zungenhälfte beobachtet.

Ein Teil der sekundären Geschmacksfasern zieht zum Hypothalamus. Sie sollen im Mittelhirn vom Lemniscus medialis abzweigen und über den Pedunculus mamillaris zum Corpus mamillare verlaufen. Andere Fasern werden im ventralen Haubenkern umgeschaltet und sollen den Hypothalamus über den Fasciculus longitudinalis dorsalis (Schütz-Bündel, vgl. S. 144) erreichen.

Von den Neuronen des Nucleus solitarius gehen Kollaterale zu den parasympathischen Nuclei salivatorii ab. Auf diesem Wege kann durch die Geschmacksempfindung reflektorisch eine *Speichelsekretion* ausgelöst werden. Kollaterale, die zum Nucleus dorsalis n. vagi ziehen, bilden die Verbindung, über die Geschmacksreize eine reflektorische *Magensaftsekretion* hervorrufen.

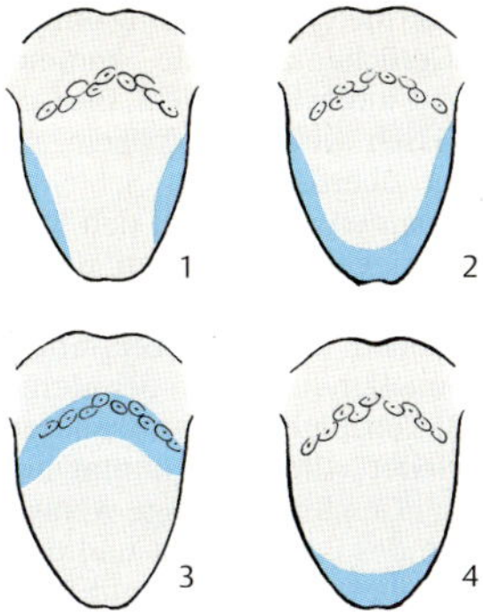

A Lokalisation der Geschmacksqualitäten auf der Zunge

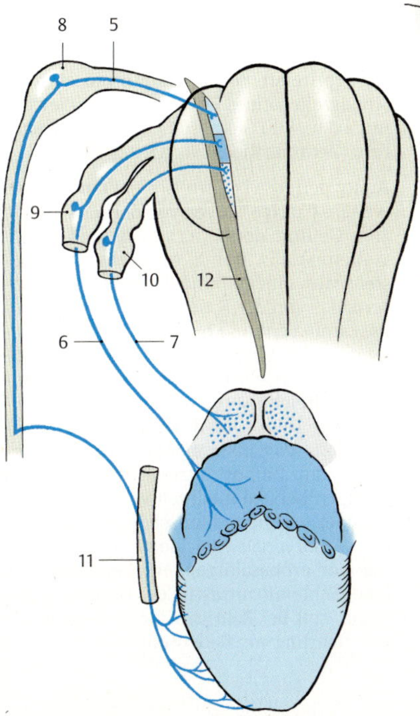

B Periphere Geschmacksfasern

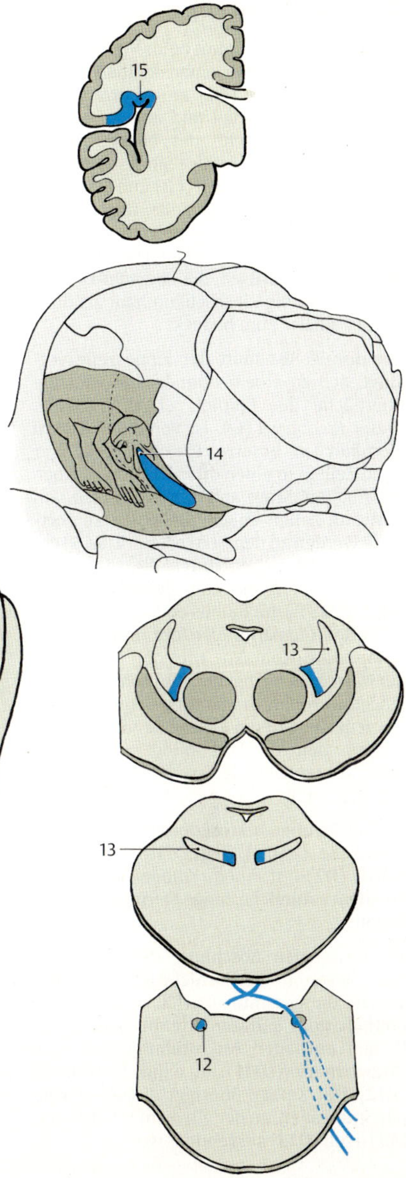

C Lage der Geschmacksbahn im ZNS

Geruchsorgan (A–D)

Das **Riechepithel** nimmt beim Menschen in beiden Nasenhöhlen einen kleinen Bezirk (**Regio olfactoria**) (**A1**) am Oberrand der oberen Nasenmuschel und auf der gegenüberliegenden Fläche der Nasenscheidewand ein. Das mehrreihige Sinnesepithel ist aufgebaut aus **Stützzellen** (**C2**) und **Sinneszellen** (**C3**), die sich durch helle, meist etwas tiefer liegende Kerne auszeichnen. Außerdem enthält die Regio olfactoria zahlreiche kleine Schleimdrüsen, die *Bowman-Drüsen*, deren Sekret die Riechschleimhaut als dünner terminaler Film bedeckt.

Der distale Abschnitt der Sinneszelle verjüngt sich zu einem dünnen Stiel, der die Oberfläche des Epithels etwas überragt. Dieser *Riechkegel* (**C4**) ist von einer Anzahl *Riechhärchen* besetzt. Proximal geht der ovale Zelleib in einen dünnen Fortsatz über, der mit mehreren anderen Fortsätzen von Schwann-Zellen eingehüllt ist. Diese Fortsätze werden zu den **Nervi olfactorii** (**AC5**) gebündelt und ziehen durch die Öffnungen der Lamina cribrosa zum **Bulbus olfactorius** (**A6**) (S. 228 A). Im Bulbus enden die Fortsätze in den *Glomeruli olfactorii*, in denen sie synaptische Kontakte mit den Dendriten der *Mitralzellen* eingehen. Bei den epithelialen Sinneszellen handelt es sich um bipolare Nervenzellen, deren kurzer Dendrit den rezeptorischen Abschitt bildet und deren Axon als zentripetale Faser zum Bulbus olfactorius zieht.

Das elektronenmikroskopische Bild einer Riechzelle (Katze) zeigt, daß ihr distaler Schaft (**D7**) mit einem Kolben (**D8**) endet, von dem zahlreiche, lange *Riechgeißeln* (**D9**) abgehen.

Die terminalen Abschnitte der Sinnesgeißeln liegen in der Schleimschicht (**D10**), welche die gesamte Oberfläche des Riechepithels vom Luftraum trennt. Schaft und Kolben enthalten Mikrotubuli, zahlreiche Mitochondrien (**D11**) und einige Lysosomen (**D12**). Der Kolben überragt die Oberfläche der Stützzellen, an der ein dichter Saum von Mikrovilli (**D13**) ausgebildet ist.

Auf welche Weise die Wahrnehmung unterschiedlicher Gerüche zustande kommt, wird gegenwärtig intensiv erforscht. Die Geruchsstoffe müssen wasserlöslich sein, so daß sie in der oberflächlichen Schleimschicht gelöst werden und bis zu den Sinnesgeißeln vordringen können, an deren Membran sie an spezifische Rezeptoren binden. In ausreichend hoher Konzentration bewirken sie eine Depolarisation der Membran, die als Aktionspotential im Axon der Zelle weitergeleitet wird. Man nimmt an, daß es wie beim Geschmack einige wenige Grundqualitäten des Geruchs gibt und daß eine einzelne Sinneszelle jeweils nur eine bestimmte Grundqualität über spezifische Rezeptoren registriert. Da die Substanzen, die zu einer Geruchsgruppe gehören, annähernd die gleiche Molekülgröße besitzen, erscheint es möglich, daß die Membran einer Riechgeißel jeweils auf nur eine bestimmte Molekülgröße reagiert. Neuere Untersuchungen legen in der Tat nahe, daß eine Sinneszelle jeweils nur einen Rezeptortyp exprimiert. Bei der Maus projizieren die Sinneszellen eines Rezeptortyps auf jeweils nur 2 der 1800 Glomeruli im Bulbus olfactorius. (Zentrale Riechbahn, S. 228 AB).

Außer den Nervi olfactorii ziehen noch zwei weitere paarige Nerven von der Nasenhöhle zum Gehirn: der N. terminalis und der N. vomeronasalis. Der **N. terminalis** (**B14**) besteht aus einem Bündel feiner Nervenfasern, das von der Nasenscheidewand durch die Lamina cribrosa bis zur Lamina terminalis zieht und unterhalb der Commissura anterior in das Gehirn eintritt. Das Bündel enthält zahlreiche Nervenzellen und gilt als vegetativer Nerv. Der **N. vomeronasalis** (**B15**), der vom *Vomeronasalorgan* (*Jacobson-Organ*) zum Bulbus olfactorius accessorius zieht, ist bei den niederen Vertebraten ausgebildet und beim Menschen nur während der Embryonalentwicklung nachweisbar. Das Vomeronasalorgan, ein Sinnespithel in einer Schleimhauttasche der Nasenscheidewand, soll bei Reptilien für das Aufspüren von Nahrung von Bedeutung sein.

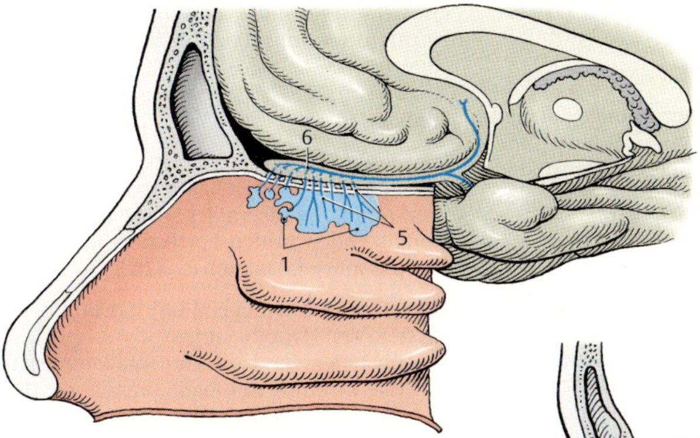

A Riechschleimhaut

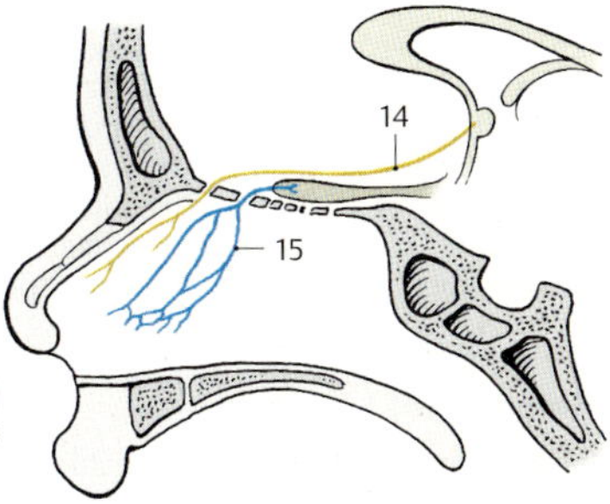

B Nervus terminalis und Nervus vomeronasalis

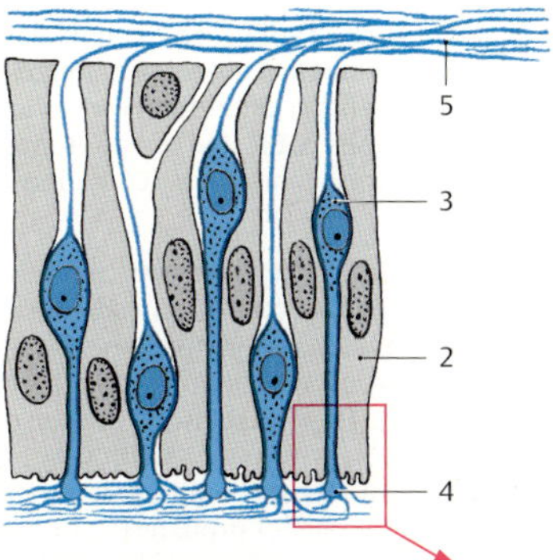

C Riechepithel

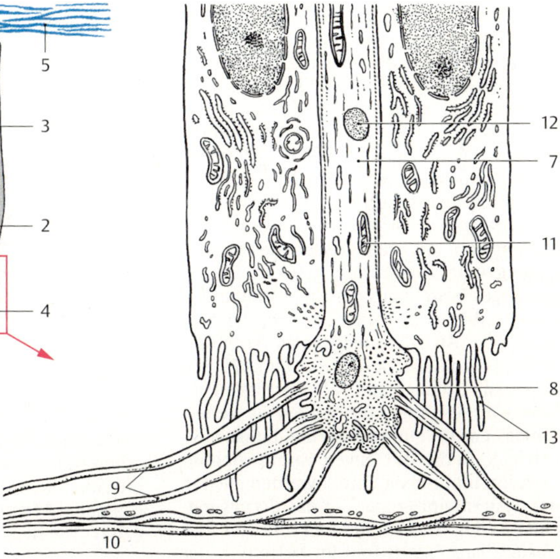

D Riechzelle, elektronenmikroskopisches Schema (nach Andres)

Limbisches System (A – C)

Übersicht

Die phylogenetisch alten Anteile der Endhirnhemisphäre mit ihren Randgebieten und ihren Verbindungen zu subkortikalen Zentren werden als limbisches System zusammengefaßt. Es handelt sich dabei nicht um ein geschlossenes, topisch geordnetes Bahnensystem, sondern um eine Zusammenfassung funktionell eng verknüpfter Kerne und Rindenbezirke. Man hat das System auch als *viszerales* oder als *emotionales Gehirn* beichnet, womit schlagwortartig seine funktionelle Bedeutung gekennzeichnet werden soll. Da das Konzept des limbischen Systems auf funktionellen Zusammenhängen beruht, sind die zugrundeliegenden anatomischen Strukturen nur ungenau definiert.

Gliederung (A)

Die zum limbischen System zu rechnenden kortikalen Bezirke bilden an der medialen Hemisphärenfläche einen ringartigen Komplex, der aus dem *Gyrus parahippocampalis* (**A1**), dem *Gyrus cinguli* (**A2**) und der *Area subcallosa* (Area parolfactoria) (**A3**) besteht. Der Gyrus cinguli, der auch als *Gyrus limbicus* bezeichnet wird, gab dem System seinen Namen. Man kann an der medialen Hemisphärenfläche einen inneren und einen äußeren Bogen unterscheiden. Der **äußere Bogen** (Gyrus parahippocampalis, Gyrus cinguli und Area subcallosa) wird von den Randgebieten des Archicortex (*Periarchicortex*) und vom Indusium griseum des Balkens (*rudimentärer Archicortex*) gebildet. Der **innere Bogen** besteht aus der *Hippokampusformation* (**A4**), dem *Fornix* (**A – C5**), der *Septumregion* (**A6**), dem *diagonalen Band Brocas* und dem *Gyrus paraterminalis* (**A7**), also aus archikortikalen und paläokortikalen Bezirken. Ein wichtiger Bestandteil ist weiterhin das *Corpus amygdaloideum*. Einige subkortikale Kerne mit engen Faserbeziehungen zum limbischen Cortex werden auch in das System einbezogen, so das *Corpus mamillare*, der *Nucleus anterior thalami*, der *Nucleus habenularis* und im Mittelhirn der *Nucleus tegmentalis dorsalis, Nucleus tegmentalis ventralis* und der *Nucleus interpeduncularis.*

Bahnen (B, C)

Das limbische System ist durch mehrere Faserbündel mit den olfaktorischen Zentren verknüpft. Die Fasern der Stria olfactoria lateralis enden in den kortikalen Teilen des Corpus amygdaloideum (S. 228 B).

Über drei Bahnen beeinflußt das limbische System den Hypothalamus:
- über den **Fornix**, dessen präkommissurale Fasern in der Regio praeoptica (**B8**) und in den Kernen des Tuber cinereum (**B9**) enden,
- über die **Stria terminalis** (**B10**), die vom Corpus amygdaloideum (**B11**) ebenfalls zu den Tuberkernen zieht,
- und über die **ventralen amygdalofugalen Fasern** (**B12**).

Die Verbindung zu den Haubenkernen des Mittelhirns wird durch die absteigenden Bündel des Nucleus habenularis (*Tractus habenulotegmentalis* und *Tractus habenulopeduncularis*) und durch die Bahnen des Corpus mamillare (*Pedunculus mamillaris* und *Fasciculus mamillotegmentalis*) hergestellt. Dabei bilden der efferente Fasciculus mamillotegmentalis (**C13**) und der afferente Pedunculus corporis mamillaris (**C14**) einen Neuronenkreis.

Innerhalb des limbischen Systems verläuft der mehrgliedrige **Neuronenkreis von Papez**. Die efferenten Fasern des Hippocampus erreichen das Corpus mamillare (**C15**) über den Fornix (**C5**). Hier werden die Impulse auf das Vicq d'Azyr-Bündel (**C16**) umgeschaltet, das zum Nucleus anterior thalami (**C17**) zieht. Dieser wieder projiziert zur Rinde des Gyrus cinguli (**C18**), von der die Faserbündel des Cingulum (**C19**) zurück zum Hippocampus führen.

Verbindungen des Neocortex zum limbischen System bestehen insbesondere über die Area entorhinalis im Gyrus parahippocampalis (**A1**), die in den Hippocampus projiziert (Tractus perforans, vgl. S. 234 A4).

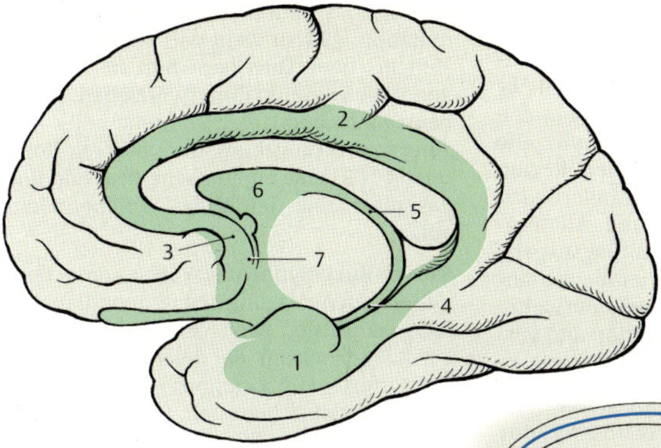

A Rindenbezirke des limbischen Systems (nach Stephan)

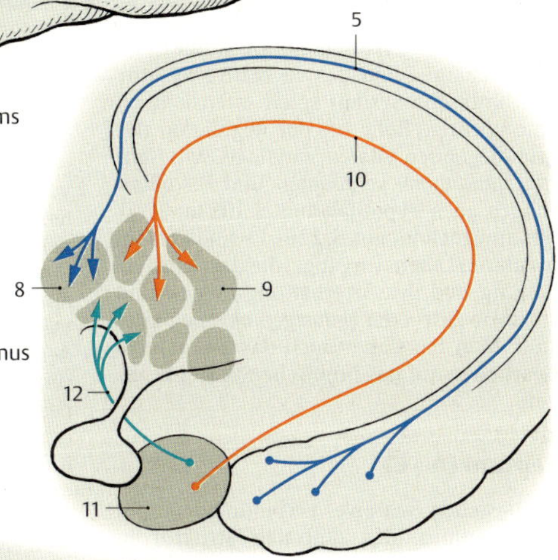

B Verbindung des limbischen Systems mit dem Hypothalamus (nach Akert u. Hummel)

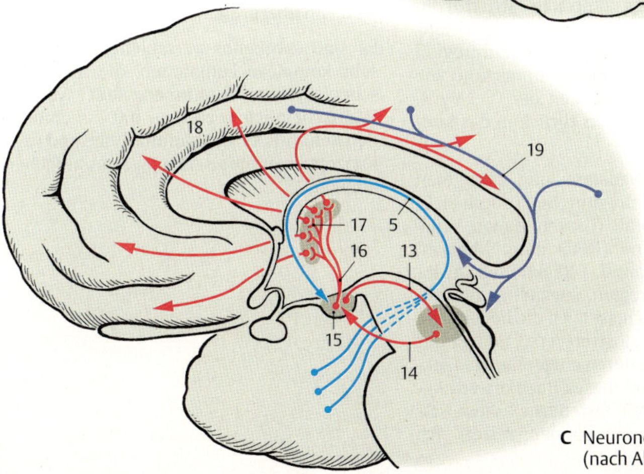

C Neuronenkreis von Papez (nach Akert u. Hummel)

Gyrus cinguli

Er ist mit der Riechrinde, dem Hypothalamus, der frontalen Rinde, dem kaudalen Abschnitt der orbitalen Rinde und dem oralen Abschnitt der Inselrinde verknüpft. Die elektrische Reizung seiner oralen Region führt beim Menschen zu Veränderungen des Blutdrucks, der Puls- und Atemfrequenz. Bei Reiz- oder Ausschaltungsexperimenten an Affen sieht man Temperaturänderungen, Piloerektion, Pupillenerweiterung, vermehrte Speichelsekretion und Veränderungen der Magenmotilität.

Die Rinde des Gyrus cinguli beeinflußt den Hypothalamus und das vegetative System. Das limbische System spielt offensichtlich eine wichtige Rolle bei der Regulation der grundlegenden vitalen Vorgänge, wie *Nahrungsaufnahme*, *Verdauung* und *Fortpflanzung* (s. auch Hypothalamus, S. 198 und Corpus amygdaloideum, S. 226). Es sind die elementaren Lebensvorgänge, die der Selbsterhaltung und der Arterhaltung dienen und stets von *Lust-* oder *Unlustgefühlen* begleitet sind. Man hat daher auch das emotionale Geschehen auf das limbische System bezogen.

Septum (A – C)

Es bestehen massive Verbindungen zum Hippocampus, der zentralen Struktur in limbischen System. Cholinerge und GABAerge Neurone der medialen Septumregion projizieren in den Hippocampus und die Fascia dentata; Kollateralen der CA3-Pyramidenzellen projizieren zurück in das laterale Septum.

Wie bei der Amygdalareizung kann man auch in der Septumregion (**BC1**) durch elektrische Reizung orale (Lecken, Kauen, Würgen), exkretorische (Defäkation, Miktion) und sexuelle (Erektion) Reaktionen auslösen. Die Septumregion, speziell das *diagonale Band von Broca*, ist auch die bevorzugte Lokalisation bei Selbstreizversuchen an der Ratte (**A, B**). Tiere, deren eingepflanzte Elektrode eine Reizung dieses Bezirkes ermöglicht und die durch Tastendruck diese Reizung selbst auslösen können, reizen sich ständig. Das Bedürfnis der Tiere nach Stimulation geht so weit, daß sie sogar nach Hunger- oder Durstperioden die Reizung der Nahrungsaufnahme vorziehen. Auch beim Menschen treten während einer Reizung in der Umgebung der vorderen Kommissur (**C2**) eine euphorische Reaktion und das allgemeine Gefühl des Wohlbefindens auf.

Klüver-Bucy-Syndrom (**D**). Nach einer doppelseitigen Abtragung des Temporallappens (**D3**) beim Affen beobachtet man das Klüver-Bucy-Syndrom. Bei der Abtragung sind Neocortex, Hippocampus und Corpus amygdaloideum betroffen, so daß ein polysymptomatisches Bild resultiert. Die Tiere werden zahm und zutraulich. Sie verlieren ihre Wildheit und Scheu auch gegenüber gefährlichen Objekten (z. B. Schlangen). Weiterhin entwickelt sich eine völlig enthemmte *Hypersexualität*. Gegenstände können nicht mehr optisch identifiziert werden (*optische Agnosie*). Sie werden ins Maul genommen (*orale Tendenzen*) und in ständiger Wiederholung so untersucht, als ob sie jedesmal völlig unbekannt wären. Diese Störungen der Merkfähigkeit weisen auf die besondere Rolle des Hippocampus bei Lern- und Gedächtnisprozessen hin. Neocorticale Informationen, z. B. visuelle Eindrücke, werden über die Area entorhinalis dem Hippocampus zugeführt und auf ihren Neuheitswert hin überprüft.

Es sind zweifellos verschiedenartige und sehr komplexe Funktionen, die im limbischen System zusammengefaßt werden. Wahrscheinlich wird man mit zunehmenden Kenntnissen das summarische und vage Konzept *eines* limbischen Systems aufgeben können.

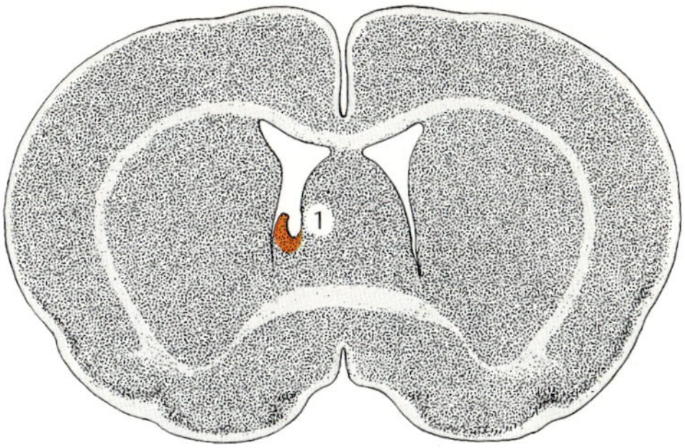

B Reizbezirk

A Versuchsaufbau

A, B Selbstreizversuch bei der Ratte (nach Olds)

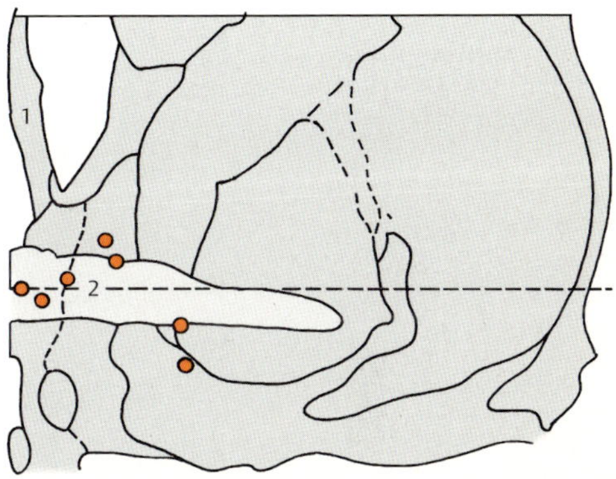

C Reizpunkte für euphorische Reaktionen beim Menschen (nach Schaltenbrand, Spuler, Wahren u. Wilhelmi)

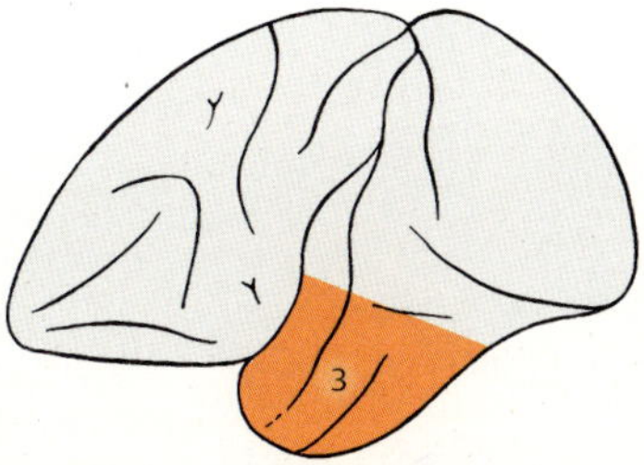

D Entfernung des Temporallappens beim Klüver-Bucy-Syndrom (nach Klüver u. Bucy)

Sinnesorgane

Auge

Aufbau

Augenlider, Tränenapparat und Orbita

Augenlider (A–C)

Der Augapfel, *Bulbus oculi*, ist in die Augenhöhle, *Orbita*, eingebettet und wird von den Augenlidern bedeckt. *Oberlid*, **Palpebra superior** (**A1**), und *Unterlid*, **Palpebra inferior** (**A2**), begrenzen die Lidspalte, **Rima palpebrarum**. Diese endet am medialen Augenwinkel, *Angulus oculi medialis* (**A3**), mit einer Ausbuchtung, die das Tränenwärzchen, *Caruncula lacrimalis* (**A4**), umschließt.

Bei der mongolischen Rasse setzt sich das Oberlid medial als Hautfalte, *Plica palpebronasalis*, auf die seitliche Nasenfläche fort (*Mongolenfalte*). Die Falte ist als transitorische Bildung auch bei Säuglingen zu beobachten und wird als *Epicanthus* bezeichnet.

Die Lider werden durch schalenförmige, derbe Bindegewebsplatten aus kollagenen Fasern, *Tarsus superior* (**B5**) und *Tarsus inferior* (**B6**), verstärkt, die durch das *Lig. palpebrale laterale* (**B7**) und *Lig. palpebrae mediale* am Rande der Orbita befestigt sind. Die Lidplatten enthalten die langgestreckten, über die ganze Höhe der Lider reichenden *Glandulae tarsales*, die Meibom-Drüsen (**C8**), deren Sekret die Tränenflüssigkeit am Austritt über die Lidränder hindert. Sie münden an der hinteren Kante des Lidrandes, *Limbus posterior*. Von der vorderen Kante, *Limbus anterior* (**AC9**), gehen in mehreren Reihen die Augenwimpern, *Cilia* (**C10**), ab. Die Innenwand der Lider wird von der Augenbindehaut, **Tunica conjunctiva** (**C11**), bekleidet, die am *Fornix conjunctivae* (**C12**) auf die Vorderfläche des Bulbus übergeht. Am Tarsus setzen die glatten *Mm. tarsales superior* (**C13**) und *inferior* (**C14**) (innerviert vom Sympathicus) an, welche die Weite der Lidspalte regulieren. Den Lidschluß bewirkt der *M. orbicularis oculi* (**C15**) (N. facialis, s. S. 122), die Hebung des Oberlides der *M. levator palpebrae superioris* (**BC16**) (N. oculomotorius). Dieser entspringt am Oberrand des Canalis opticus (S. 340 AB1). Seine oberflächliche Sehnenplatte (**C17**) dringt bis in das subkutane Bindegewebe des Oberlides vor, während die tiefe Sehnenplatte (**C18**) am Oberrand des Tarsus ansetzt.

Tränenapparat (B)

Über dem lateralen Lidwinkel liegt die Tränendrüse, **Glandula lacrimalis** (**B19**), von der Sehne des M. levator palpebrae superioris in eine *Pars orbitalis* (**B20**) und eine *Pars palpebralis* (**B21**) unterteilt. Ihre Ausführungsgänge am Fornix conjunctivae sondern die Tränenflüssigkeit ab, welche die Vorderfläche des Bulbus ständig feucht hält und sich im *Lacus lacrimalis* des medialen Augenwinkels sammelt. Hier befindet sich an der Innenfläche beider Lider je eine kleine Öffnung, die *Puncta lacrimalia* (**B22**), die in die Tränenkanälchen, *Canaliculi lacrimales* (**B23**), führen. Diese, zuerst auf- bzw. absteigend, biegen annähernd rechtwinklig um, vereinigen sich und münden in den *Tränensack*, **Saccus lacrimalis** (**B24**), von dem der *Tränennasengang*, **Ductus nasolacrimalis** (**B25**) zum Meatus nasi inferior führt. Der Lidschlag dient nicht nur der gleichmäßigen Benetzung der Bulbusoberfläche, sondern erzeugt auch durch Erweiterung und Verengerung des Tränennasenganges einen Sogeffekt beim Abfluß der Tränenflüssigkeit.

Orbita (C)

Die von Periost (*Periorbita*) (**C26**) ausgekleidete Augenhöhle wird von einem Fettgewebskörper, *Corpus adiposum orbitae* (**C27**), ausgefüllt, in dem der Bulbus (**C28**), der N. opticus (**C29**) und die Augenmuskeln (**C30**) eingebettet sind. Am vorderen Rand der Orbita wird das Fettgewebe durch das Septum orbitale (**BC31**) begrenzt. Vom Augapfel ist es durch eine bindegewebige Kapsel, *Vagina bulbi* (**C32**), getrennt, die die *Sclera* (**C33**) umschließt.

C34 Aderhaut (*Choroidea*),
C35 knöcherne Wand der Orbita.

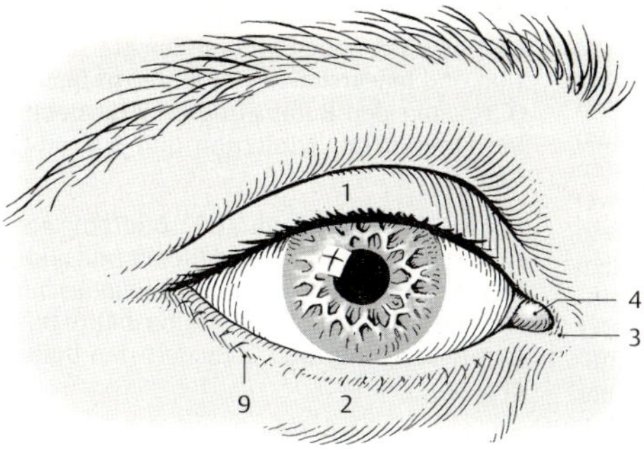

A Auge

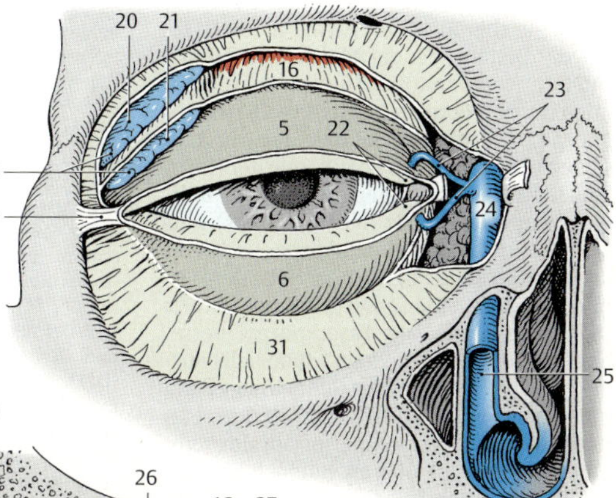

B Tränenapparat

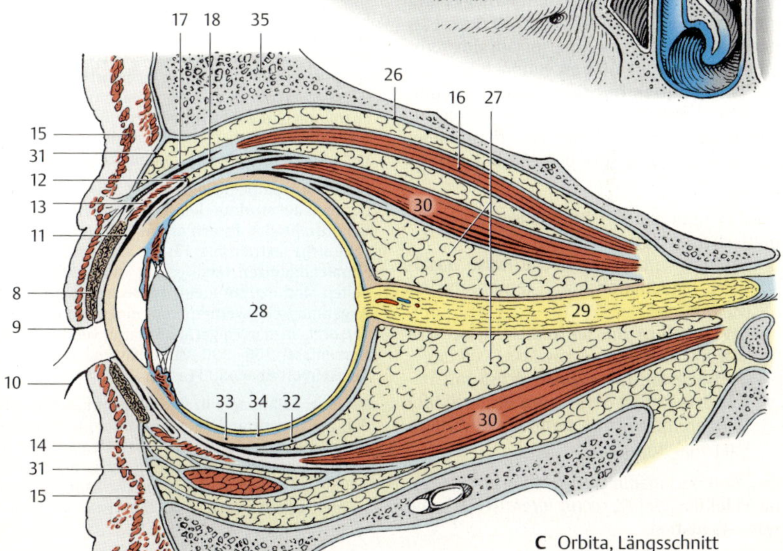

C Orbita, Längsschnitt

Augenmuskeln (A–E)

Der in der Kapsel des Fettgewebskörpers mit Häuten befestigte Augapfel ist durch Verschiebespalten nach allen Richtungen beweglich. Seine Bewegungen werden durch sechs Muskeln, vier gerade und zwei schräge, ermöglicht. Die geraden Muskeln bilden mit ihren Ursprungssehnen einen trichterförmigen Ring um den Canalis opticus, *Anulus tendineus communis* (**AB1**). Der **M. rectus superior** (**A–C2**) (N. oculomotorius) zieht leicht nach schräg außen über den Bulbus. Der **M. rectus inferior** (**A–C3**) (N. oculomotorius) verläuft unter dem Bulbus in gleicher Richtung. An der nasalen Fläche des Bulbus liegt der **M. rectus medialis** (**AC4**) (N. oculomotorius) und an der temporalen der **M. rectus lateralis** (**A–C5**) (N. abducens). Die platten Sehnen der Muskeln setzen etwa 0,5–1 cm vom Rande der Hornhaut entfernt am Bulbus an. Der **M. obliquus superior** (**AC6**) (N. trochlearis) entspringt medial am Keilbeinkörper und zieht fast bis zum Rande der Orbita. Nahe dem Orbitarand läuft seine Sehne durch die **Trochlea** (**A7**), eine breite, aus Faserknorpel bestehende und mit einer Vagina synovialis ausgekleideten Schlaufe. Die Sehne biegt dann im spitzen Winkel nach hinten ab und setzt unter dem M. rectus superior auf der temporalen Seite der oberen Bulbusfläche an. Der **M. obliquus inferior** (**BC8**) (N. oculomotorius) entspringt medial am Margo infraorbitalis und verläuft zur temporalen Bulbusfläche. *M. levator palpebrae superioris* (**B9**).

Die Bewegungen des Bulbus werden schematisch nach drei Achsen geordnet:

- Drehung um die **vertikale Achse** nasalwärts (*Adduktion*) und temporalwärts (*Abduktion*).
- Drehung um die **horizontale Achse** aufwärts (*Hebung*) und abwärts (*Senkung*).
- Drehung um die **sagittale Achse** mit nasalwärts Rollen der oberen Bulbushälfte (*Innenrotation*) und temporalwärts Rollen (*Außenrotation*).

Der *M. rectus medialis* (**C4**) bewirkt eine reine **Adduktion**, der *M. rectus lateralis* (**C5**) eine reine **Abduktion**.

Der M. *rectus superior* (**C2**) hebt den Bulbus und bewirkt nebenbei eine leichte Adduktion und **Innenrotation**, der *M. rectus inferior* (**C3**) senkt den Bulbus und bewirkt nebenbei eine leichte Adduktion und **Außenrotation**.

Der M. *obliquus superior* (**C6**) rotiert die obere Bulbushälfte nasalwärts, senkt und abduziert den Bulbus etwas; der *M. obliquus inferior* (**C8**) rotiert die obere Bulbushälfte temporalwärts, hebt und abduziert den Bulbus etwas.

Diese Funktionsbeschreibung gilt nur bei geradeaus gerichtetem Blick und parallelen Sehachsen beider Bulbi. Bei Blickbewegungen und gleichzeitigen Konvergenz- (S. 358 C) und Divergenzreaktionen kommt es zu einem Wandel der Funktion einzelner Augenmuskeln. So werden z. B. die beiden Mm. recti interni, die bei der Konvergenzreaktion Synergisten sind, beim Seitwärtsblick zu Antagonisten. Der *Funktionswechsel* einiger Augenmuskeln wird durch die Abweichung der Sehachse von der anatomischen Achse der Orbita bestimmt. Wenn sich die beiden Achsen bei einer Abduktion des Bulbus um 23 Grad decken, verlieren der *M. rectus superior* (**D10**, Blick geradeaus) und der *M. rectus inferior* ihre Nebenfunktionen und der erste wird zum reinen Bulbusheber (**D11**), der zweite zum reinen Bulbussenker. Bei maximaler Adduktion des Bulbus bis zu 50 Grad werden der *M. obliquus superior* (**D12**, Blick geradeaus) zum reinen **Bulbussenker** (**E13**), der *M. obliquus inferior* zum reinen **Bulbusheber**. Bei jeder Blickbewegung sind alle Augenmuskeln mit Spannung und Entspannung beteiligt, und die jeweilige Stellung der Bulbi bestimmt die funktionelle Rolle eines jeden Augenmuskels.

Präzision und Schnelligkeit der Muskelfunktion beruhen auf strukturellen Besonderheiten. Außer den intrafusalen Fasern der Muskelspindeln sind zahlreiche extrafusale Fasern mit sensorischen Spiralendigungen versorgt. Die motorischen Einheiten sind extrem klein; ca. sechs Fasern eines Augenmuskels werden von einer Nervenfaser versorgt. In der Fingermuskulatur versorgt eine Nervenfaser 100–300 Muskelfasern, in anderen Muskeln oft über 1500 Fasern.

Bei einer Lähmung einzelner Augenmuskeln werden die Gegenstände der Umwelt doppelt wahrgenommen. An der Stellung der Doppelbilder – nebeneinanderstehend, schräg nach oben oder schräg nach unten verschoben – kann erkannt werden, welcher Muskel gelähmt ist.

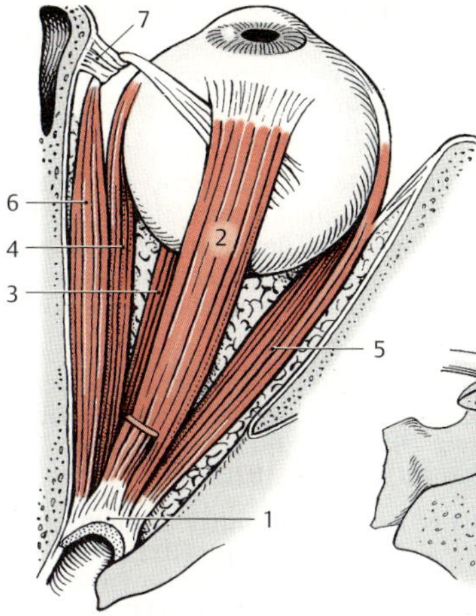

A Augenmuskel von oben, rechtes Auge

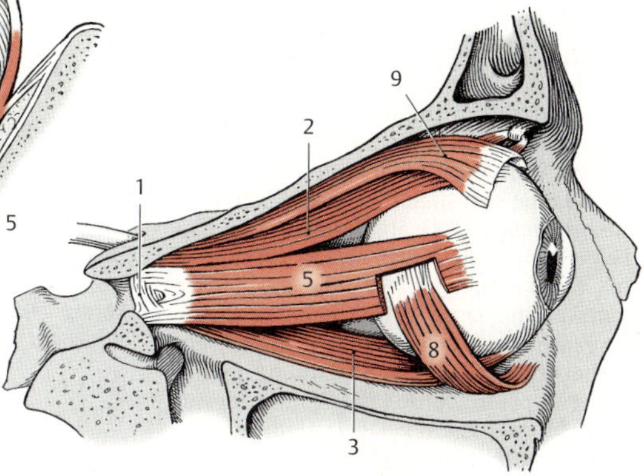

B Augenmuskeln, Seitenansicht

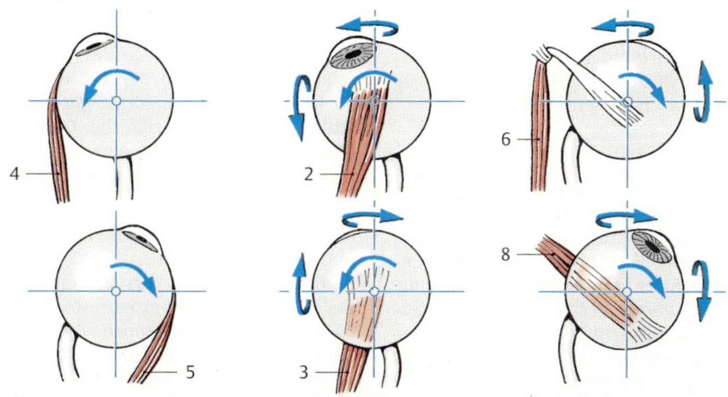

C Funktionsweise der Augenmuskeln des rechten Auges

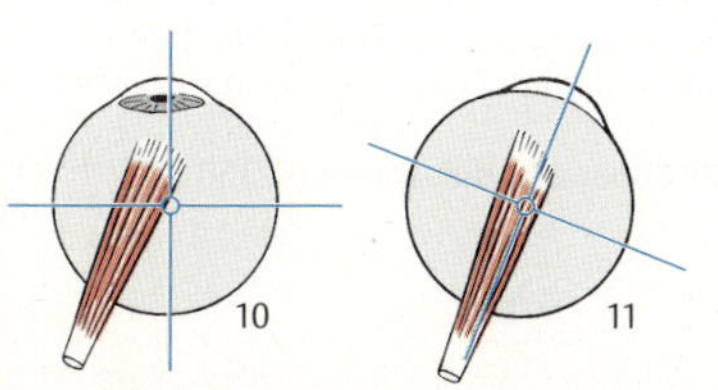

D M. rectus superior des rechten Auges, Blick geradeaus und Abduktion um 23 Grad

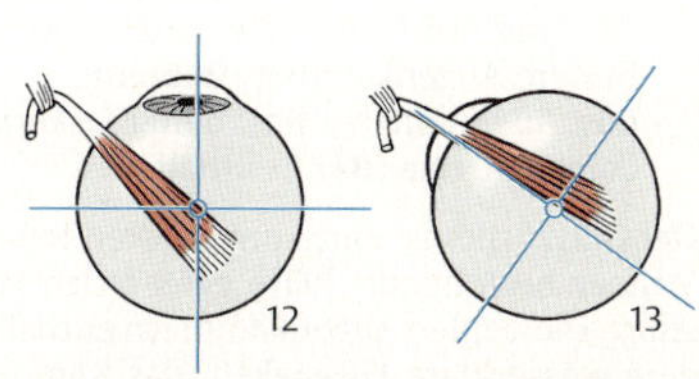

E M. obliquus superior des rechten Auges, Blick geradeaus und Adduktion um 50 Grad

Bulbus oculi, Übersicht

Entwicklung (A)

Der lichtempfindliche Anteil des Auges ist ein Abkömmling des Zwischenhirns. Am Ende des ersten Entwicklungsmonats stülpen sich die beiden *Augenbläschen* (**A1**) aus dem Vorderhirnbläschen (**A2**) aus. Die Augenbläschen induzieren am Kopfepithel die Bildung von Verdickungen, den *Linsenplatten* (**A3**), die sich später zu beiden Seiten als *Linsenbläschen* (**A4**) abschnüren. Die Epithelzellen der Blasenrückwand verlängern sich zu *Linsenfasern* (**A5**), die später den Hauptteil der Linse ausmachen. Die Zellen der Blasenvorderwand bleiben als Linsenepithel erhalten. Mit der Ausbildung des *Augenbechers* (**A6**) werden die Wände der Augenblase aneinandergelagert und der Blasenhohlraum, ursprünglich ein Abschnitt des Ventrikelsystems, *Ventriculus opticus* (**A7**), wird zu einem Spalt umgebildet. Der Augenbecher besteht dann aus einem inneren Blatt, dem *Stratum cerebrale* (**A8**), und einem äußeren Blatt, dem *Stratum pigmenti* (**A9**), beides Schichten der Netzhaut (Retina). Die *A. hyaloidea* (**A10**), die zur Linse zieht, bildet sich später wieder zurück.

Aufbau (B)

An der Vorderfläche des *Augapfels*, **Bulbus oculi**, befindet sich die durchsichtige *Hornhaut*, **Cornea** (**B11**). Dahinter liegt die *Linse*, **Lens cristallina** (**B12**), der die *Regenbogenhaut*, **Iris** (**B13**), mit ihrer zentralen Öffnung, der *Pupille*, vorgelagert ist. An der Hinterwand des Bulbus tritt etwas medial von der optischen Achse der Sehnerv, **N. opticus** (**B14**), aus. Wir unterscheiden am Auge drei Räume:

- die **vordere Augenkammer** (**B15**), begrenzt von der Cornea, der Iris und der Linse,
- die ringförmig um die Linse liegende hintere Augenkammer (**B16**) und
- das Augeninnere, das den *Glaskörper*, **Corpus vitreum** (**B17**), enthält.

Der Glaskörper ist eine zum größten Teil aus Wasser bestehende, klare geleeartige Substanz. Die beiden Augenkammern enthalten eine wasserklare Flüssigkeit, das Kammerwasser.

Die Wand des Bulbus besteht aus drei Schichten:

- aus der Lederhaut, *Sclera*,
- der Gefäßhaut, *Uvea*, und
- der Netzhaut, *Retina*.

Die **Sclera** (**B18**) ist eine dicke, vorwiegend aus kollagenen und einigen elastischen Fasern aufgebaute dehnungsfeste Bindegewebskapsel, die im Zusammenwirken mit dem intraokularen Druck die Form des Bulbus aufrechterhält.

Die gefäßhaltige **Uvea** bildet im vorderen Abschnitt des Bulbus die Iris und den **Ziliarkörper** (**B19**), im hinteren Abschnitt die Aderhaut, **Choroidea** (**B20**).

Die Netzhaut, **Retina**, enthält in ihrem hinteren Abschnitt, *Pars optica* (**B21**), die lichtempfindlichen Sinneszellen, in ihrem vorderen Abschnitt, *Pars caeca* (**B22**), Pigmentepithel. Die Grenze zwischen beiden Retinaabschnitten wird als **Ora serrata** (**B23**) bezeichnet.

Wir können am Bulbus einen vorderen (**B24**) und einen hinteren Pol (**B25**) unterscheiden, zwischen denen der *Augenäquator* (**B26**) verläuft. Einen *meridionalen* Verlauf (**B27**) nehmen manche Gefäße und Muskeln, d. h., sie folgen einer bogenförmigen Linie an der Oberfläche des Bulbus, die von Pol zu Pol verläuft.

Man kann den Augapfel in einen vorderen und einen hinteren Abschnitt gliedern. Beide Abschnitte haben verschiedene funktionelle Aufgaben. Der vordere Abschnitt enthält den *bildentwerfenden Apparat*, das lichtbrechende Linsensystem. Der hintere Abschnitt enthält die *lichtwahrnehmende Fläche*, die Retina. Das Auge läßt sich also mit einer Kamera vergleichen, die vorn ein Linsensystem mit einer Blende – im Auge die Iris – und an der Hinterwand den lichtempfindlichen Film – die Retina – besitzt.

B28 Subarachnoidalraum (S. 350 D9).

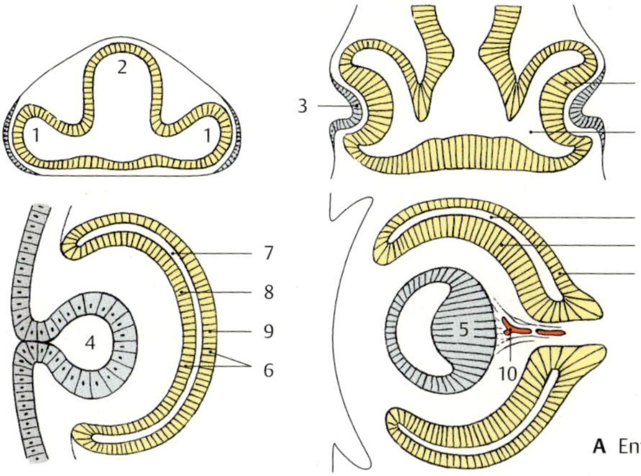

A Entwicklung des Auges

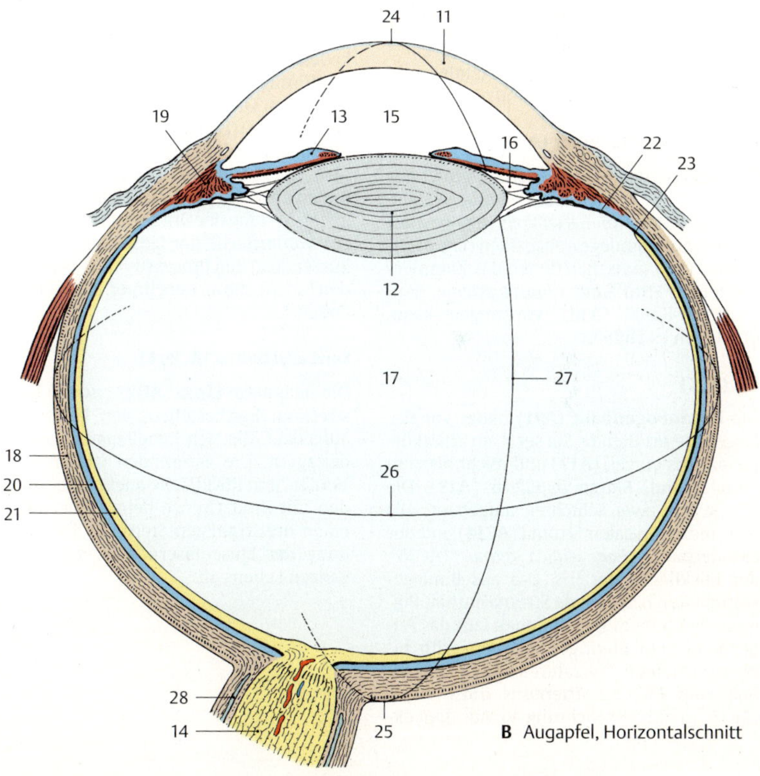

B Augapfel, Horizontalschnitt

Vorderer Augenabschnitt

Cornea (A, B)

Die **Hornhaut** (**A1**, **B**) sitzt dem Bulbus uhrglasförmig auf. Mit ihrer starken Krümmung wirkt sie als Sammellinse. Ihre Vorderfläche wird von einem mehrschichtigen, nicht verhornenden Plattenepithel (**B2**) gebildet, das von einer Basalmembran unterlagert ist (*Lamina limitans anterior*, Bowman-Membran) (**B3**). Darunter folgt die *Substantia propria* (**B4**) aus gestreckten kollagenen Fasern, die parallel zur Corneaoberfläche liegende Lamellen bilden. An der Rückfläche befindet sich eine Basalmembran, *Lamina limitans posterior* (Descemet-Membran) (**B5**) und ein einschichtiges Endothel (**B6**). Die Cornea enthält marklose Nervenfasern, jedoch keine Blutgefäße. Ihre Durchsichtigkeit beruht auf einem bestimmten Flüssigkeitsgehalt und Quellungszustand ihrer Bestandteile. Bei einer Veränderung des Quellungszustandes tritt eine Trübung der Hornhaut auf.

Vordere Augenkammer (A)

Die vordere Augenkammer (**A7**) enthält das vom Ziliarepithel gebildete Kammerwasser. Die Wand des *Kammerwinkels* (**A8**) besteht aus lockeren Bindegewebsbalken (*Lig. pectinatum*) (**A9**), zwischen denen das Kammerwasser bis zum *Sinus venosus sclerae*, dem Schlemm-Kanal (**A10**), vordringen kann, durch den es abfließt.

Iris (A, C)

Die **Regenbogenhaut (A11)** bildet vor der Linse eine Art Blende. Sie setzt am Ziliarkörper an (*Iriswurzel*) (**A12**) und reicht bis zum Pupillenrand, *Margo pupillaris* (**A13**). Die Iris ist aus zwei Schichten aufgebaut: aus dem mesodermalen Stroma (**AC14**) und der ektodermalen *Pars iridica retinae* (**AC15**), der Rückfläche der Iris. Das aus Bindegewebsbalken bestehende Stroma enthält Pigment. Ein hoher Pigmentgehalt läßt das Auge braun, ein niedriger dagegen grün bis blau erscheinen. Die zahlreichen Gefäße gehen vom *Circulus arteriosus iridis major* (**AC16**) in radiärer Richtung ab. Aus dem ektodermalen, vom Augenbecher (S. 342 A6) stammenden Anteil haben sich außerdem zwei glatte Muskeln, der *M. sphincter pupillae* (**AC17**) und die dünne Schicht des *M. dilatator pupillae* (**AC18**) differenziert.

Corpus ciliare (A, D)

Am kreisrunden **Ziliarkörper** (**A19**, **D**) ist der Aufhängeapparat der Linse befestigt. Seine Muskulatur reguliert den Krümmungsgrad der Linse (S. 358 B) und damit die Sehschärfe beim Nah- und Fernsehen. Er besteht aus einer Fläche radiärer Falten, *Orbiculus cilaris* (**D20**), von der ca. 80 Wülste, *Processus ciliares* (**D21**), vorspringen (*Corona ciliaris*). Den Vorderabschnitt des Orbiculus nimmt der Ziliarmuskel ein, dessen Muskelfasern, *Fibrae meridionales* (**A22**), zwischen Ora serrata und dem Lig. pectinatum sowie der Descemet-Membran ausgespannt sind. Von ihnen ziehen radiäre Muskelfasern nach innen und biegen zu einem ringförmigen Verlauf (*Fibrae circulares*) (**A23**) um. Die Rückfläche des Ziliarkörpers wird von der Pars ciliaris retinae (**A24**) bedeckt. Vom Ziliarkörper ziehen feinste Fasern, Fibrae zonulares (**AD25**), zur Linse und bilden die Zonula ciliaris (**D26**). Viele Fasern gehen in Höhe der Ora serrata ab und ziehen zur Vorderfläche der Linse. Sie kreuzen die kurzen, von den Processus ciliares abgehenden Fasern, die an der Hinterfläche der Linse enden.

Lens crystallina (A, D, E)

Die bikonvexe **Linse** (**AD27**) ist aus langgestreckten Epithelzellen, den Linsenfasern, aufgebaut, die sich lamellenartig aufeinanderlagern. Die Faserenden stoßen an der Vorder- und Rückfläche aneinander und bilden mit ihrer Grenze beim Neugeborenen einen dreistrahligen Stern (**E**). Die Neubildung der Linsenfasern hält während des ganzen Lebens an.

Auge

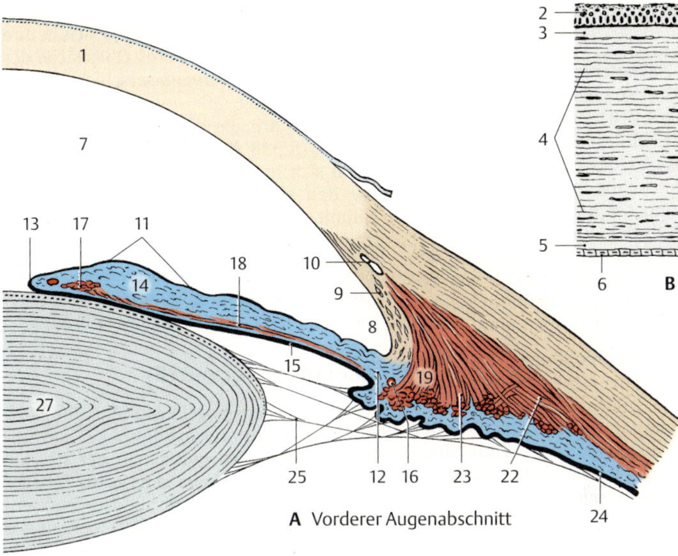

A Vorderer Augenabschnitt

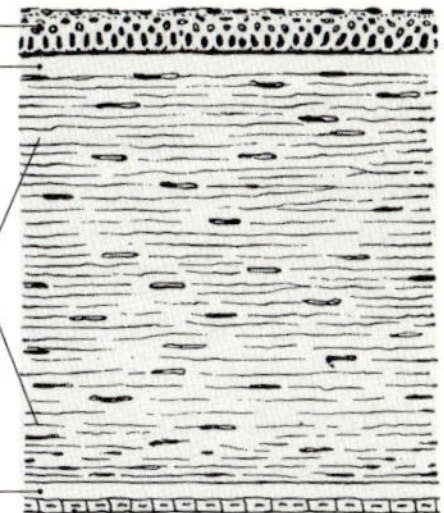

B Cornea

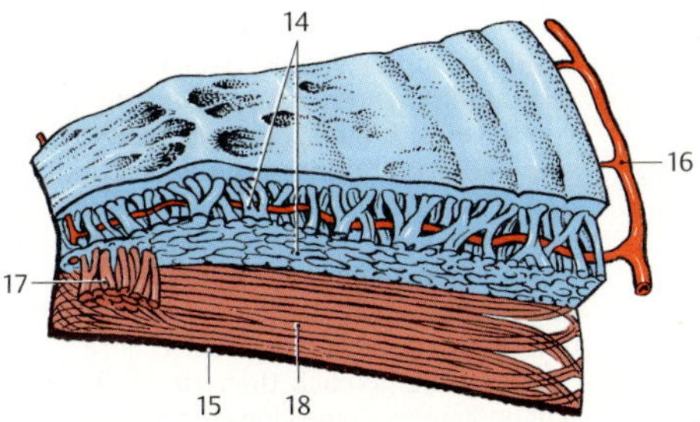

C Iris

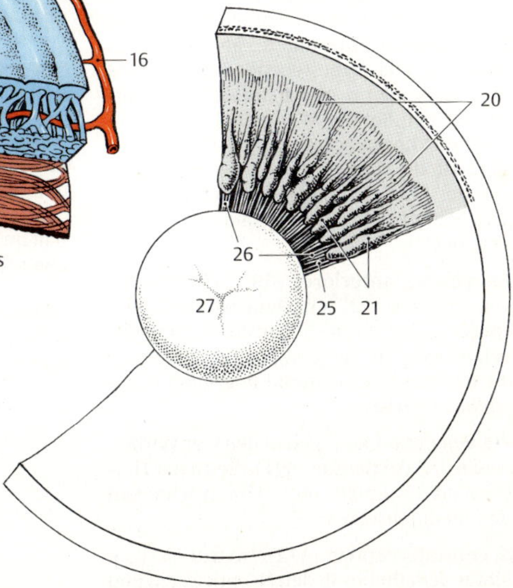

D Ziliarkörper und Linse von hinten

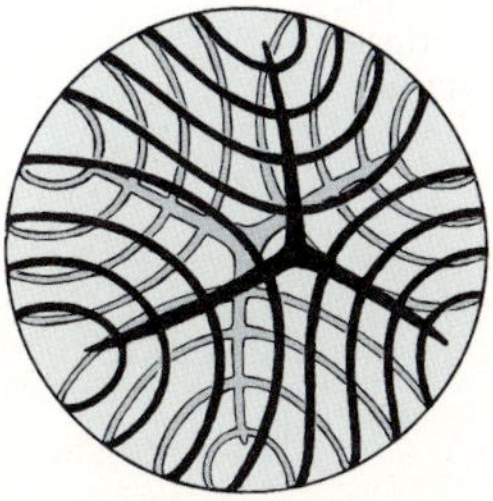

E Linse

Gefäßversorgung (A)

Das Auge besitzt zwei verschiedene Gefäßsysteme: die **Ziliararterien** und die **A. centralis retinae**. Alle Gefäße gehen von der *A. ophthalmica* ab (s. S. 270). Die hinteren Ziliararterien sind die zuführenden Äste für die Gefäßhaut des Auges, Uvea oder Tunica vasculosa bulbi, welche die Iris (**A1**), das Corpus ciliare (**A2**) und die eigentliche Aderhaut, Choroidea (**A3**), der hinteren Bulbuswand bildet. Ihr Gefäßsystem dient nicht nur der Blutversorgung, sondern ist auch von Bedeutung für die Erhaltung des intraokularen Drucks und für die Bulbusspannung.

Aa. ciliares posteriores longae (**A4**). Zwei Arterien treten in der Nähe des Opticusaustritts durch die Sclera. Eine von ihnen verläuft in der temporalen, die andere in der nasalen Bulbuswand bis zum Corpus ciliare und zur Iris. An der Iriswurzel bilden sie den *Circulus arteriosus iridis major* (**A5**), von dem radiäre Gefäße zum *Circulus arteriosus iridis minor* (**A6**) in der Umgebung der Pupille ziehen.

Aa. ciliares posteriores breves (**A7**). Sie bilden das Gefäßnetz der Aderhaut, die sich in der hinteren Bulbuswand bis zur *Ora serrata* (**A8**) erstreckt. Ihre innere, aus besonders weiten Kapillaren bestehende Zone, *Lamina choroidocapillaris*, grenzt an das Pigmentepithel der Retina. Während Pigmentepithel und Choroidocapillaris fest verwachsen sind, ist die äußere Fläche der Choroidea von der Sclera durch Spalträume (*Spatium perichoroideale*) getrennt und daher verschieblich.

Aa. ciliares anteriores (**A9**). Sie verlaufen von den Mm. recti zur Sclera, wo sie sich im episkleralen Gewebe und in der Conjunctiva verzweigen. In der Conjunctiva bilden sie die um den Hornhautrand liegenden *Randschlingen* (**A10**).

Die Venen sammeln sich in den vier Wirbelvenen, **Vv. vorticosae** (**A11**), die an der Hinterwand des Bulbus die Sclera in schrägem Verlauf durchsetzen.

A. centralis retinae (**A12**). Sie tritt ca. 1 cm hinter dem Bulbus in den N. opticus ein und zieht im Zentrum des Nerven bis zur Papilla nervi optici (s. u.). Dann teilt sie sich in ihre Äste auf, die an der inneren Oberfläche der Netzhaut in der Nervenfaserschicht verlaufen. Die Retinagefäße sind *Endarterien*. Ihre Kapillaren dringen bis zur inneren Körnerschicht (S. 348 A12) vor. Die Venolen sammeln sich in der *V. centralis retinae* (**A13**), die den gleichen Verlauf wie die Arterie nimmt.

Die Ernährung der Sehzellen erfolgt von beiden Seiten der Netzhaut: Außen vom Kapillarsystem der Aa. ciliares posteriores breves und innen von dem der A. centralis.

Augenhintergrund (B)

Mit dem Augenspiegel kann man durch die Pupille den Hintergrund des Auges betrachten. Er ist rötlich gefärbt. In der nasalen Hälfte liegt die **Papilla nervi optici** (*Blinder Fleck*) (**B14**), in der sich alle Nervenfasern der Retina sammeln, um als N. opticus das Auge zu verlassen. Die Papille ist eine helle weißliche Scheibe mit einer zentralen flachen Grube, der *Excavatio disci* (**B15**) (vgl. S. 351 D). In der Papille zweigt sich die A. centralis in mehrere Äste auf, und die Venen vereinigen sich zur V. centralis. Die Arterien sind heller und dünner, die Venen dunkler und etwas stärker. Die Gefäße nehmen nasalwärts einen mehr radiären, temporalwärts einen mehr bogenförmigen Verlauf. Zahlreiche Gefäße ziehen zur **Macula** (**B16**), dem *Bezirk des schärfsten Sehens*. Ihre querovale, gering gelblich tingierte Fläche enthält im Zentrum eine kleine Grube, die **Fovea centralis** (**B17**) (vgl. S. 351 A).

A18 Pars optica retinae,
A19 Pars ciliaris retinae,
A20 Pars iridica retinae.

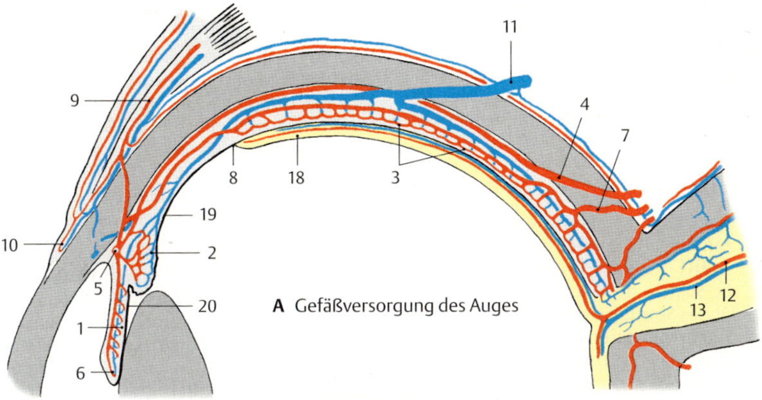

A Gefäßversorgung des Auges

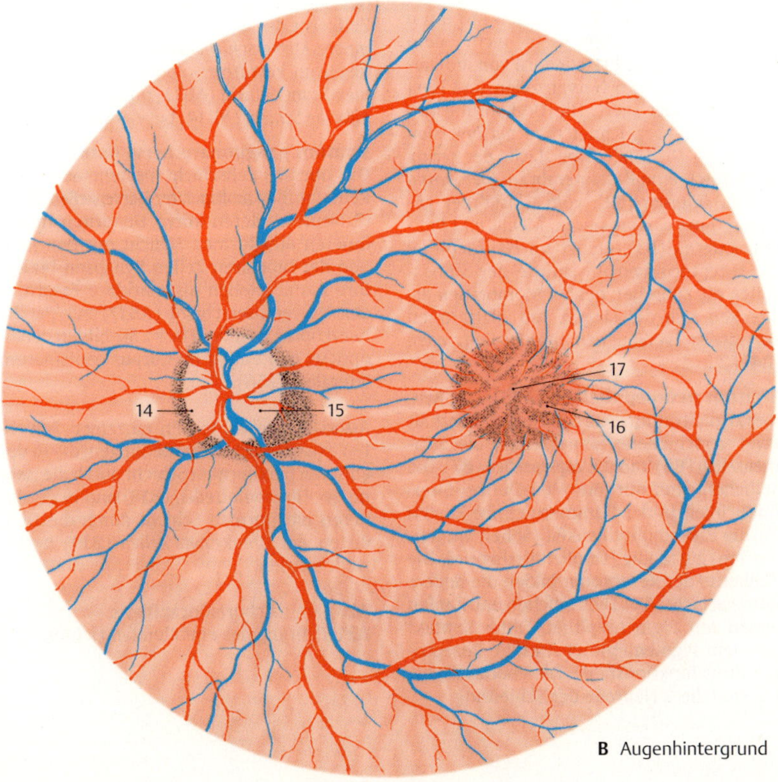

B Augenhintergrund

Retina (A, B)

Die **Netzhaut** setzt sich aus zwei Blättern zusammen: aus dem äußeren *Stratum pigmenti* und dem inneren *Stratum cerebrale* (vgl. S. 342 A8 u. A9). Beide Blätter sind nur im Bereich der Papille und der Ora serrata fest miteinander verwachsen.

Stratum cerebrale

Das Stratum cerebrale ist aus drei Zellschichten aufgebaut. Nächst dem Pigmentepithel (**AB1**) liegt das *Stratum neuroepitheliale*, die Schicht der Photorezeptoren. Darauf folgt das *Stratum ganglionare retinae*, eine Schicht bipolarer Nervenzellen, und schließlich das *Stratum ganglionare nervi optici*, eine Schicht multipolarer Neurone, deren Axone den N. opticus bilden. In der Retina sind also die Sinneszellen mit ihren rezeptorischen Abschnitten nicht dem Lichteinfall zugekehrt, sondern von ihm abgewendet und von Nervenzellen und Nervenfasern überlagert. Die Umkehrung der Verhältnisse bezeichnet man als *Inversion* der Retina. Die innere Oberfläche der Retina wird durch eine Basalmembran, *Membrana limitans interna* (**B2**), vom Glaskörper getrennt. Eine Gliamembran, *Membrana limitans externa* (**B3**), grenzt im Neuroepithel die rezeptorischen Abschnitte der Sinneszellen ab. Zwischen beiden Membranen erstrecken sich die langen, mit blattartigen Fortsätzen versehenen *Müller-Stützzellen* (**B4**).

Stratum neuroepitheliale (**AB5**). Das **Neuroepithel**, Stratum neuroepitheliale, enthält zwei verschiedene Sinneszellen, die **Stäbchenzellen** (**B6**) und die **Zapfenzellen** (**B7**). Die Stäbchen sind für die Hell-Dunkel-Empfindlichkeit in der Dämmerung, die Zapfen für die Farbempfindlichkeit (Sehen am hellen Tag) zuständig (Duplizitätstheorie). Die Zellkerne der Rezeptoren bilden die *äußere Körnerschicht* (**A8**). Die Stäbchen und Zapfen enden am Pigmentepithel. Ohne Kontakt mit dem Pigmentepithel sind die Rezeptoren nicht funktionsfähig. Die Photorezeptoren sind die 1. Neurone der Sehleitung.

Bei niederen Vertebraten besitzt das Pigmentepithel einen bürstenartigen Saum von Mikrovilli (**B9**), der zwischen den Stäbchen und Zapfen liegt. Bei Belichtung wandert das Pigment in die Fortsätze und umgibt die rezeptorischen Abschnitte. In der Dunkelheit kehrt es zurück. Bei manchen Spezies können sich die Sinneszellen strekken und während der Belichtung gegen das Pigmentepithel vorschieben. Eine derartige *Retinomotorik* ist bei Säugetieren nicht sicher nachgewiesen.

Stratum ganglionare retinae (**AB10**). Hier liegen **bipolare Schaltzellen** (**B11**) (2. Neuron), deren Dendriten zu den Sehzellen ziehen und mit ihren terminalen Ästen an den Endkolben der Rezeptoren enden. Ihre Axone haben Kontakt mit den großen Neuronen des Stratum ganglionare nervi optici. Die Zellkerne der bipolaren Elemente bilden die *innere Körnerschicht* (**AB12**). Ihre Synapsen liegen in kernfreien Zonen, die als *äußere plexiforme Schicht* (**AB13**) und als *innere plexiforme Schicht* (**AB14**) bezeichnet werden.

Stratum ganglionare nervi optici (**AB15**). Die oberste Zellschicht besteht aus einer Reihe großer **multipolarer Nervenzellen** (**B16**) (3. Neuron), deren kurze Dendriten in der inneren plexiformen Schicht mit den Axonen der bipolaren Zellen Synapsen bilden. Ihre Axone ziehen als marklose Fasern in der Nervenfaserschicht (**AB17**) zur Papilla nervi optici (blinder Fleck). Sie bilden den N. opticus und enden im Corpus geniculatum laterale (S. 256).

Assoziationszellen. In den einzelnen Schichten existieren Querverbindungen, die in der äußeren plexiformen Schicht durch die Axone der *Horizontalzellen* (**B18**) und in der inneren plexiformen Schicht durch die Dendriten der *amakrinen Zellen* (**B19**) hergestellt werden.

A20 Lamina choroidocapillaris,
B21 Richtung des einfallenden Lichtes.

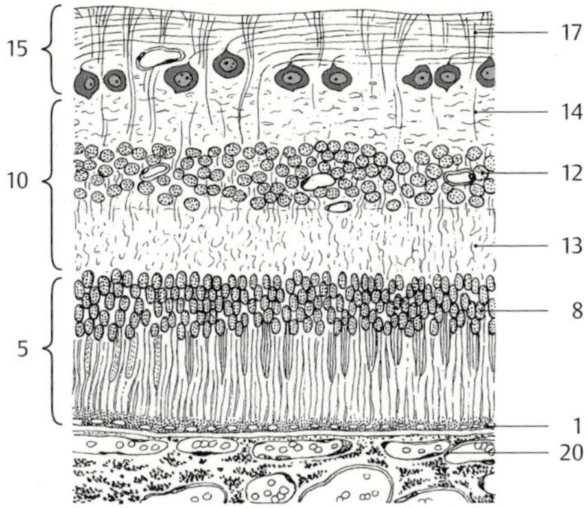

A Retina, Zellfärbung

B Aufbau der Retina, Schema (nach Schaffer, modifiziert)

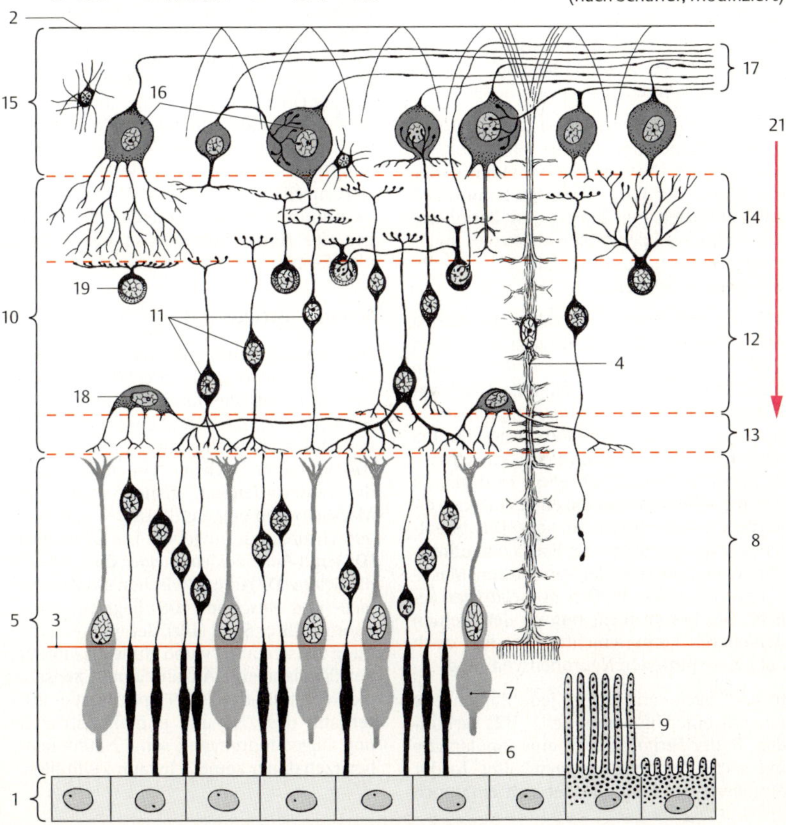

Retina, Fortsetzung A–C

Regionaler Bau der Retina

Die Retina wird in drei Abschnitte unterteilt:

- Die **Pars optica retinae** (S. 346 A18) bedeckt den Augenhintergrund und enthält die lichtempfindlichen Sinneszellen (Photorezeptoren).
- Die **Pars ciliaris retinae** (S. 344 A24 u. S. 346 A19) wird von der Pars optica durch die *Ora serrata* (S. 342 B23) getrennt. Sie liegt dem Ziliarkörper an.
- Die **Pars iridica retinae** (S. 344 A15 u. S. 346 A20) bedeckt die Hinterfläche der Iris.

Pars ciliaris und Pars iridica enthalten keine Sinneszellen, sondern bestehen lediglich aus einer doppelten pigmenthaltigen Epithelschicht. Sie werden deshalb auch als *Pars caeca* (blinder Teil) zusammengefaßt.

Die menschliche Retina enthält ca. 120 Millionen Stäbchen und 6 Millionen Zapfen. Ihre Verteilung ist regional verschieden. In der Umgebung der Fovea centralis kommt auf zwei Stäbchen ein Zapfen. Zur Peripherie nimmt die Zahl der Zapfen ab, so daß im lateralen Bereich der Retina die Stäbchen bei weitem überwiegen.

Macula und Fovea centralis. Die **Macula** enthält keine Stäbchen, sondern nur Zapfen (**AB1**), die mit ihrer ungewöhlich langen schmalen Form vom üblichen Bau der Zapfen abweichen. Das Stratum ganglionare retinae und Stratum ganglionare nervi optici sind in der Macula stark verdickt, schwinden aber im Bereich der Fovea centralis, so daß hier über den Zapfenzellen nur noch eine dünne Gewebsschicht liegt. Das einfallende Licht hat also in der Fovea den unmittelbarsten Zutritt zu den Rezeptoren. Macula und Fovea sind die *Orte des schärfsten Sehens*. Das beruht nicht nur auf dem Fehlen der oberen Retinaschichten, sondern auch auf einer speziellen Neuronenschaltung.

In der Fovea centralis ist jede Zapfenzelle mit nur einer bipolaren Zelle (**B2**) verbunden. In der *Perifovea* wird eine Bipolarzelle mit sechs Zapfenzellen verschaltet. In der *Peripherie* der Retina findet sich eine noch ausgeprägtere Konvergenzschaltung (**C**) (vgl. S. 34). Auf ein Opticusneuron können hier über 500 Rezeptoren kommen. Insgesamt entsprechen den 130 Millionen Rezeptoren nur eine Million Optikusfasern.

Von den Nervenzellen der Macula zieht ein geschlossenes Faserbündel zur Papille, das *papillomakuläre Bündel*.

Neuronenschaltung

Die Retina besitzt ein außerordentlich kompliziertes Schaltsystem. Das Auge ist kein Sinnesorgan, das lediglich Lichtreize übermittelt. Diese werden vielmehr bereits in der Retina verarbeitet. Elektrophysiologische Untersuchungen haben gezeigt, daß Gruppen von Sinneszellen zu *rezeptiven Feldern* zusammengeschlossen sind und als funktionelle Einheiten reagieren. Ein rezeptives Feld wird vom Dendritenbaum einer großen Optikusganglienzelle und den Dendriten der amakrinen Zellen in der inneren plexiformen Schicht gebildet. Bei der Erregung eines rezeptiven Feldes werden die Nervenzellen im Umkreis gehemmt. Diese Hemmung wird durch die Querverbindungen der Horizontalzellen in der äußeren plexiformen Schicht ermöglicht.

Nervus opticus (D)

Die Nervenfasern der Retina ziehen in Bündeln zur *Papilla nervi optici* (**D3**), in der sie sich zum N. opticus vereinigen und den Bulbus verlassen. Sclera und Choroidea sind an der Durchtrittsstelle zur *Lamina cribrosa* (**D4**) verdünnt. Nach dem Durchtritt werden die außerordentlich feinen Fasern von Markscheiden eingehüllt. Der N. opticus ist von Hirnhäuten umgeben. Die *Durascheide* (**D5**) und *Arachnoideascheide* (**D6**) gehen in die Sclera (**D7**) über. Zwischen der *Arachnoidea-* und *Piascheide* (**D8**) liegt ein mit Liquor gefüllter Spalt (**D9**), der eine Verschiebung zwischen Nerv und Hülle erlaubt. Von der Pia zieht eine Anzahl Septen zwischen die Nervenbündel. Der N. opticus ist eine Faserbahn des ZNS und enthält Astrozyten und Oligodendrozyten; seine Nervenfasern besitzen daher keine Schwann-Zellhüllen.

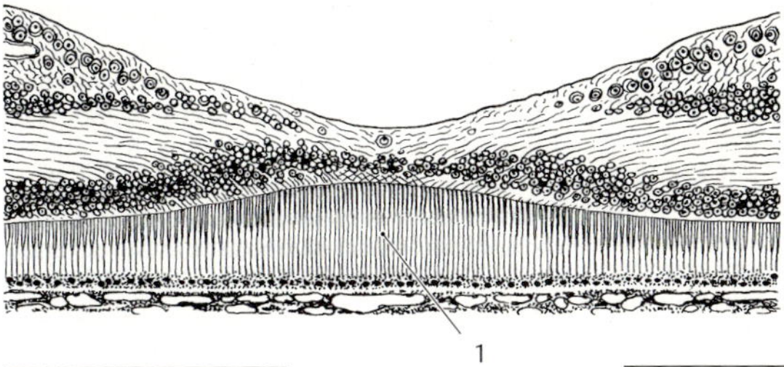

A Fovea centralis

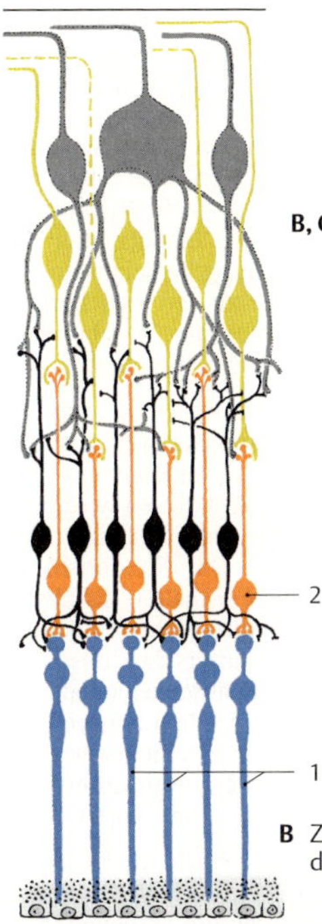

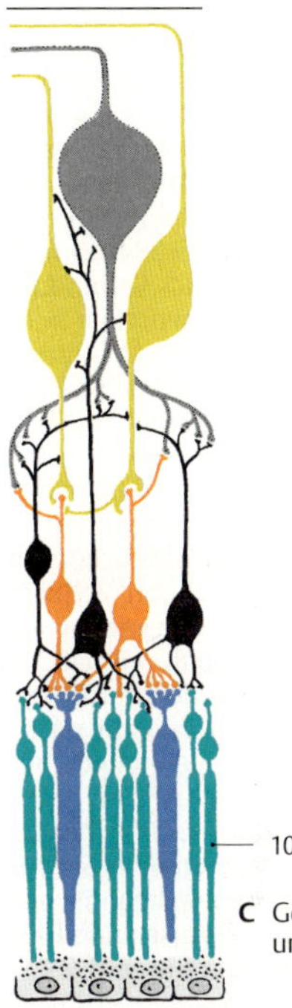

B, C Neuronenschaltung in der Retina (nach Polyak)

B Zapfensystem der Fovea centralis

C Gemischtes Stäbchen- und Zapfensystem

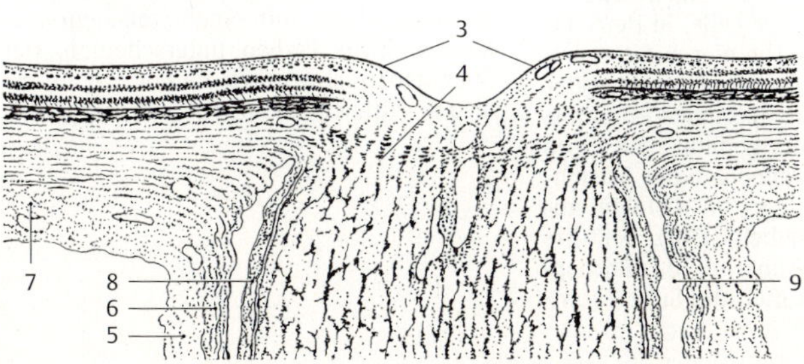

D Papilla nervi optici

Photorezeptoren (A–D)

Die lichtempfindlichen Sinneszellen haben bei allen Wirbeltieren das gleiche Bauprinzip. Nächst dem Pigmentepithel liegt das **äußere Segment** der Zelle, das sich in eine Vertiefung der Pigmentepithelzellen einsenkt. Bei den Stäbchen ist es ein Membranzylinder (**AB1, C**), der mehrere hundert scheibenförmige Membransäckchen gleicher Größe enthält. Bei Zapfen hat das Außenglied (**B2, D**) eine mehr konische Form, bei der die proximalen Einstülpungen der Zellmembran größer sind als die distalen. An das äußere Segment ist das **innere Segment** durch ein dünnes, exzentrisch gelegenes Verbindungsstück (**ACD3**) angeschlossen. Dieses enthält eine Zilie mit der typischen 9 × 2 + 2 Struktur (S. 284 D5 u. D6). Bei manchen Tierarten ist das Verbindungsstück relativ lang, so daß zwischen beiden Segmenten ein deutlicher Zwischenraum zu erkennen ist (**A**). Beim Menschen ist es aber z. B. so kurz, daß beide Segmente aufeinanderliegen und kein Zwischenraum sichtbar ist (**B**). Das innere Segment (**AB4**) enthält zahlreiche Diktyosomen, Ribosomen und longitudinal angeordnete Mitochondrien. Anschließend verjüngt sich der Zellkörper zu einem Fortsatz (**AB5**), der wie ein Axon Filamente und Mikrotubuli enthält. Der Zellkern (**AB6**) liegt entweder am Übergang vom inneren Segment zum Axon oder innerhalb des Axons. Am inneren Ende bildet die Zelle einen Endkolben (**A7**), an dem die Synapsen liegen. Außer den üblichen Synapsen haben sich hier *invaginierte Synapsen* (**A8**) ausgebildet, bei denen die präsynaptische Membran eingestülpt ist und allseitig den postsynaptischen Komplex umgibt.

Das äußere Segment ist der eigentliche *rezeptorische Abschnitt* der Zelle, in dem das Licht absorbiert wird. Die hier aufgestapelten Scheiben werden durch Einfaltung der Zellmembran (**C9**) im proximalen Abschnitt des äußeren Segments gebildet. Sie lösen sich in den Stäbchenzellen von der Plasmamembran ab und bilden im distalen Abschnitt isolierte Scheiben (**C10**). An ihre Membranen ist der *Sehpurpur*, das **Rhodopsin**, gebunden. Wenn man die Eiweißkomponente des Rhodopsins durch den Einbau einer radioaktiven Aminosäure markiert, kann man die Bildung des Sehpurpurs im inneren Segment und seine Wanderung durch das Verbindungsglied in das äußere Segment autoradiografisch verfolgen. Hier bildet sich ein Streifen der markierten Substanz und wandert bis zum äußeren Ende, um dort zu verschwinden (bei Ratten im Verlauf von 10 Tagen). Bei den Streifen handelt es sich um Membranscheiben mit markiertem Rhodopsin, die in den Stäbchen ständig neu gebildet werden, bis zum distalen Ende wandern und dann abgestoßen werden. Man hat in den Pigmentepithelien Fragmente solcher abgestoßener Scheiben gefunden. In den äußeren Segmenten der Zapfenzellen (**D**) findet keine Neubildung von Scheiben statt. Die Einfaltungen der Membran bleiben ständig bestehen und es kommt, im Gegensatz zu den Stäbchenzellen, zu keiner Ablösung der Membraneinstülpungen von der Plasmamembran.

Durch die Absorption von Licht wird das Rhodopsin in seiner molekularen Struktur verändert und zerfällt in seine Eiweiß- und Pigmentkomponente. Aus diesen wird es in den Stäbchen ständig neu aufgebaut (*Rhodopsin-Retinin-Zyklus*). Das Rhodopsin ist nur in Stäbchenzellen enthalten. Es absorbiert das Licht aller Wellenlängen und dient also nicht der Farbunterscheidung. Die Stäbchenzellen sind **Hell-Dunkel-Rezeptoren**. Bei den Zapfen unterscheidet man drei verschiedene Typen mit unterschiedlichen Pigmenten, die nur das Licht bestimmter Wellenlängen absorbieren. Die Zapfen sind **Farbrezeptoren**.

Bei manchen Tierarten enthält die Retina nur Zapfen, bei anderen nur Stäbchen (Katze, Rind). Tiere mit einer Stäbchenretina können keine Farben unterscheiden. Der Stier, der sprichwörtlich auf Rot reagiert, ist also in Wirklichkeit farbenblind.

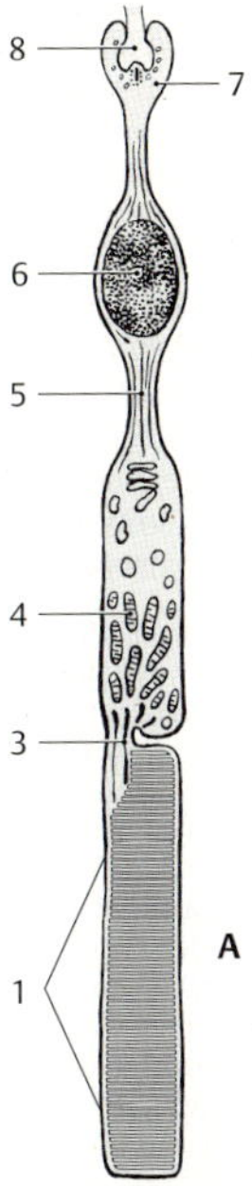

A Stäbchenzelle, elektronenmikroskopisches Schema

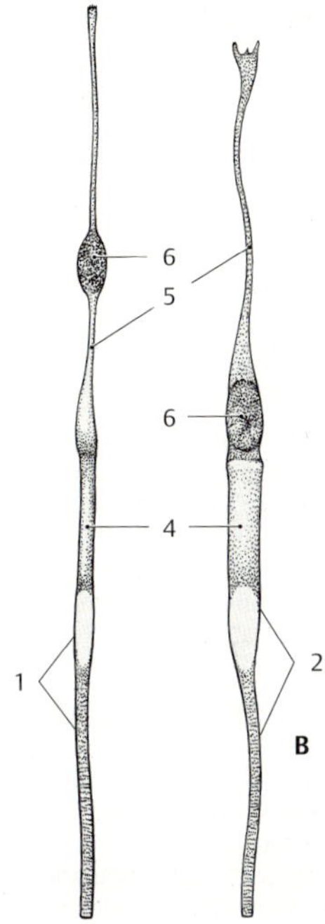

B Stäbchen- und Zapfenzelle beim Menschen

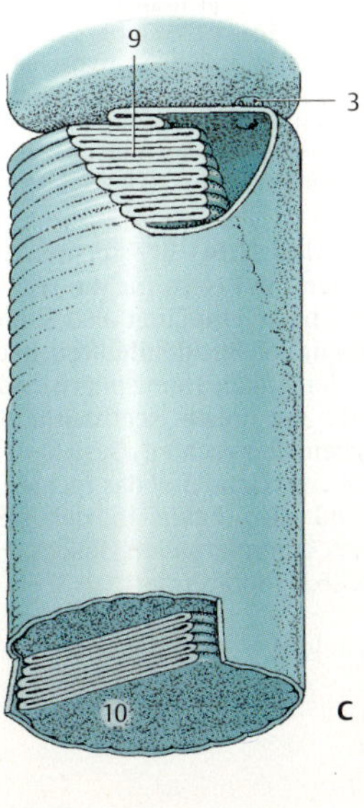

C Äußeres Segment einer Stäbchenzelle

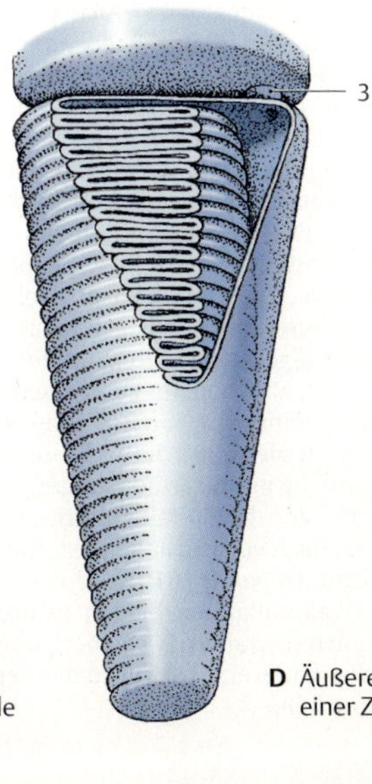

D Äußeres Segment einer Zapfenzelle

Sehbahn und optische Reflexe

Sehbahn (A, B)

Die Sehbahn besteht aus vier nacheinandergeschalteten Neuronen:

- 1. Neuron, die **Photorezeptoren**.
- 2. Neuron, die **bipolaren Nervenzellen** in der Retina (*Ganglion retinae*), welche die Impulse von Stäbchen und Zapfen zu den großen Ganglienzellen der Retina weiterleiten.
- 3. Neuron, die **großen Ganglienzellen** (*Ganglion nervi optici*), deren Axone sich zum N. opticus zusammenschließen und zu den primären Sehzentren (*Nucleus geniculatus lateralis*) ziehen.
- 4. Neuron, die **Geniculatumzellen**, deren Axone als Sehstrahlung zur Sehrinde (*Area striata*) projizieren.

Der **N. opticus** (**A1**) tritt durch den Canalis nervi optici in die Schädelhöhle ein. An der Basis des Zwischenhirns bildet er mit dem N. opticus der Gegenseite das **Chiasma opticum** (**A2**), die Sehnervenkreuzung. Vom Chiasma an wird der Faserzug als **Tractus opticus** (**A3**) bezeichnet. Beide Tractus ziehen um die Pedunculi cerebri herum zu den beiden lateralen Corpora geniculata (**A4**). Vorher teilt sich der Tractus in eine *Radix lateralis* (**A5**) und eine *Radix medialis* (**A6**). Während der größte Teil der Fasern durch die Radix lateralis zum Corpus geniculatum laterale zieht, verlaufen die medialen Fasern unter dem Corpus geniculatum mediale (**A7**) weiter zu den oberen Zweihügeln (Colliculi superiores). Sie enthalten optische Reflexbahnen (S. 358 A16). Die Optikusfasern sollen vor ihrer Endigung im Corpus geniculatum laterale auch einige Kollateralen zum Pulvinar thalami (**A8**) abgeben. Im **Corpus geniculatum laterale** beginnt die Sehstrahlung, **Radiatio optica** (*Gratiolet*) (**B9**), die als breite Faserplatte zum Sulcus calcarinus an der medialen Fläche des Okzipitallappens zieht und dabei das nach vorn ausladende temporale Knie, *Genu temporale* (**B10**) (S. 258 C16), bildet. Im Okzipitallappen biegen zahlreiche Fasern nach rostral um (*Genu occipitale*) (**B11**), um die vorderen Abschnitte der Sehrinde zu erreichen.

Im Chiasma opticum kreuzen die Optikusfasern, die von den nasalen Hälften (**B12**) der Retina stammen. Die Fasern aus den temporalen Hälften (**B13**) kreuzen nicht, sondern verlaufen weiter auf der gleichen Seite. Der rechte Tractus enthält danach die Fasern aus der temporalen Hälfte des rechten Auges und aus der nasalen Hälfte des linken Auges. Der linke Tractus enthält die Fasern aus der temporalen Hälfte des linken Auges und aus der nasalen Hälfte des rechten Auges. Auf einem Querschnitt des Tractus liegen die gekreuzten Fasern vorwiegend ventrolateral, die ungekreuzten dorsomedial; dazwischen sind die Fasern durchmischt.

Die gekreuzten und ungekreuzten Fasern des Tractus opticus ziehen zu verschiedenen Zellschichten des Corpus geniculatum laterale (S. 256 B). Die Zahl der Genikulatumzellen entspricht mit etwa 1 Million der Zahl der Optikusfasern. Die Optikusfasern enden allerdings meist an fünf bis sechs Zellen, die in verschiedenen Zellschichten liegen. Im Corpus geniculatum laterale enden auch kortikofugale Fasern der okzipitalen Rinde, die wahrscheinlich den Erregungszufluß regulieren. Dafür sprechen die für präsynaptische Hemmung charakteristischen axoaxonalen Synapsen, die im Corpus geniculatum laterale gefunden worden sind.

Die Axone der Genikulatumzellen bilden die Sehstrahlung. Ihre Fasern sind nach verschiedenen Retinabezirken geordnet (S. 356). Die Fasern für die untere Retinahälfte, insbesondere die Retinaperipherie, schwingen im temporalen Knie am weitesten nach rostral aus. Die Fasern für die obere Retinahälfte und für den zentralen Bezirk der Macula beschreiben nur einen geringen Bogen im Temporallappen.

In der **Area striata** (**B14**) der rechten Hemisphäre enden die Fasern für die rechten Netzhauthälften, sie empfängt also Sinneseindrücke der linken Blickfeldhälften. In der Area striata der linken Hemisphäre enden die Fasern für die linken Nezthauthälften mit Eindrücken der rechten Gesichtsfeldhälften. Die rechte Hand und das rechte Gesichtsfeld sind also beide in der beim Rechtshänder dominierenden linken Hemisphäre (S. 262) repräsentiert.

B15 Gesichtsfelder.

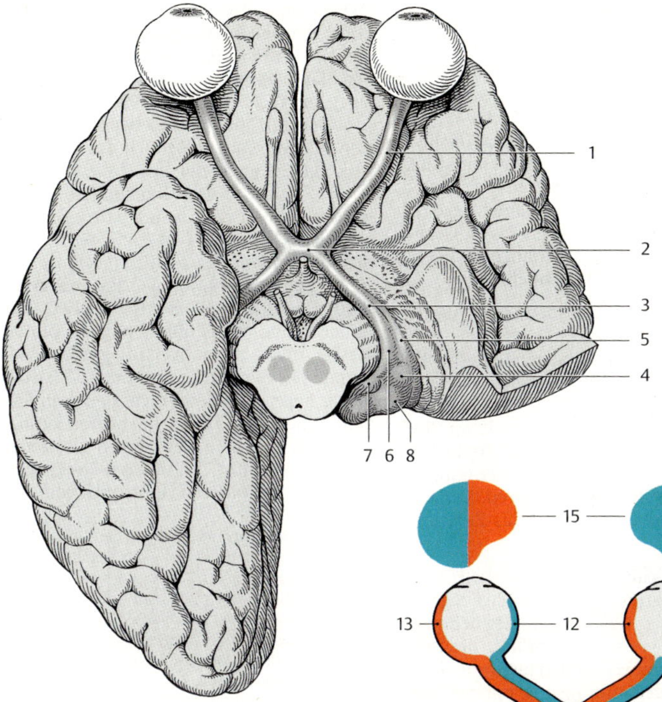

A Nervus opticus
und Tractus opticus

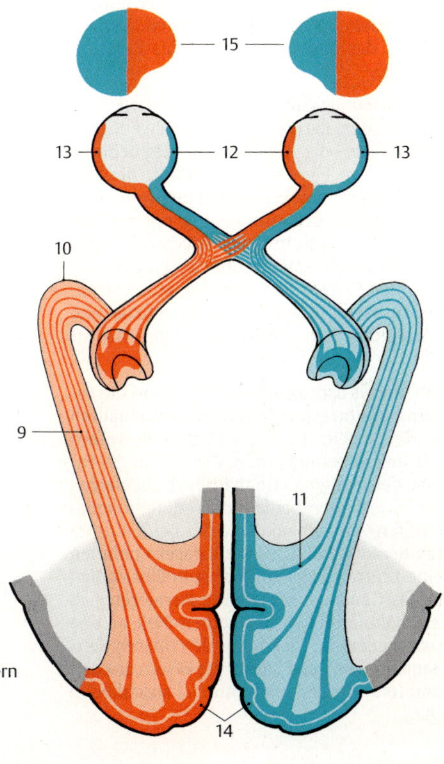

B Anordnung der Optikusfasern
(nach Polyak)

Topik der Sehbahn (A)

Die Fasern aus den einzelnen Bezirken der Retina nehmen in den verschiedenen Abschnitten des optischen Systems bestimmte Positionen ein. Um diese in einfacher Weise darstellen zu können, unterteilt man die Retina in vier Quadranten, deren gemeinsame Mitte die Macula mit der Fovea centralis (Stelle des schärfsten Sehens) bildet. Bei den Foveafasern besteht zwischen Fovea, Geniculatum laterale und Area striata eine regelrechte Punkt-für-Punkt-Verbindung.

Die Hälften der Gesichtsfelder beider Augen (**A1**) werden auf den jeweils kontralateralen Hälften der **Retinae** (**A2**) abgebildet. Direkt nach dem Austritt des **N. opticus** (**A3**) aus dem Bulbus liegen die makulären Fasern an der lateralen Seite des Nerven, und zwar die Fasern aus der nasalen Makulahälfte in der Mitte, umgeben von den Fasern der temporalen Makulahälfte. Im weiteren Verlauf nimmt das makuläre Bündel das Zentrum ein (**A4**).

Im **Chiasma opticum** (**A5**) kreuzen die Fasern der nasalen Retinahälften (durchgezogene Linien) auf die Gegenseite. Sie nehmen dabei einen eigenartigen Verlauf: die *medialen Fasern* kreuzen, laufen mehrere Millimeter in den gegenseitigen N. opticus und schwenken dann im spitzen Winkel in den gegenseitigen Tractus opticus zurück. Die *lateralen Fasern* verlaufen eine kurze Strekke im gleichseitigen Tractus opticus und biegen plötzlich zum gegenseitigen Tractus ab.

Der **Tractus opticus** (**A6**) enthält dann die Fasern der korrespondierenden Retinahälften beider Augen: der linke Tractus die Fasern der linken Retinahälften, der rechte die Fasern der rechten Retinahälften. Dabei liegen die Fasern der beiden oberen Retinaquadranten ventromedial, die der beiden unteren dorsolateral. Die Makulafasern nehmen eine zentrale Lage ein. Vor dem Einstrahlen in das Geniculatum laterale formieren sich die makulären Fasern zu einem Keil, an den sich medial die Fasern aus den oberen Retinaquadranten und lateral die Fasern aus den unteren Retinaquadranten anschließen (**A7**).

Im **Geniculatum laterale** (**A8**) enden die Fasern in der gleichen Anordnung. Dabei macht der mediale keilförmige Endigungsbezirk der makulären Fasern fast die Hälfte der Genikulatumschichten aus (S. 190 A9). Die Fasern der Retinaperipherie enden im vordersten und ventralsten Bereich des Kniehökkers. Die Endigung der ipsi- bzw. kontralateralen Fasern in den Genikulatumschichten ist schematisch in hellgrau bzw. dunkelgrau dargestellt (**A9**) (vgl. S. 256 A). Die Genikulatumzellen des medialen Keils projizieren zum hinteren Gebiet der **Area striata** (**A10**). Der Bezirk des schärfsten Sehens, der in der Retina etwas über 2 mm im Durchmesser mißt, ist im weitaus größten Abschnitt der Sehrinde repräsentiert. Rostral davon liegen die wesentlich kleineren Felder für die übrige Retina. Die oberen Retinaquadranten sind in der oberen Lippe des Sulcus calcarinus, die unteren Retinaquadranten in der unteren Lippe vertreten.

Klinischer Hinweis: Entsprechend der Faseranordnung ergeben sich bei einer *Schädigung der Sehbahn* in bestimmten Abschnitten unterschiedliche Ausfälle. Dabei muß man berücksichtigen, daß die unteren Netzhauthälften die Eindrücke der oberen Gesichtsfeldhälften, die oberen Netzhauthälften die Eindrücke der unteren Gesichtsfeldhälften aufnehmen. Entsprechendes gilt für die linken und rechten Netzhauthälften. Wenn also linksseitig Tractus opticus, Geniculatum laterale oder Sehrinde geschädigt werden, so sind die linken Netzhauthälften und die rechten Gesichtsfeldhälften betroffen; es resultiert eine rechtsseitige *homonyme Hemianopsie*. Bei der *bitemporalen heteronymen Hermianopsie* kommt es durch Schädigung der nasalen, kreuzenden Fasern beider Retinae (z. B. bei Hypophysentumoren in Chiasmanähe) zu einem beidseitigen Ausfall der temporalen Gesichtsfeldhälften. Bei der Zerstörung beider Sehrinden tritt eine sog. *Seelenblindheit* auf.

A11 Blinder Fleck (Papilla n. optici).

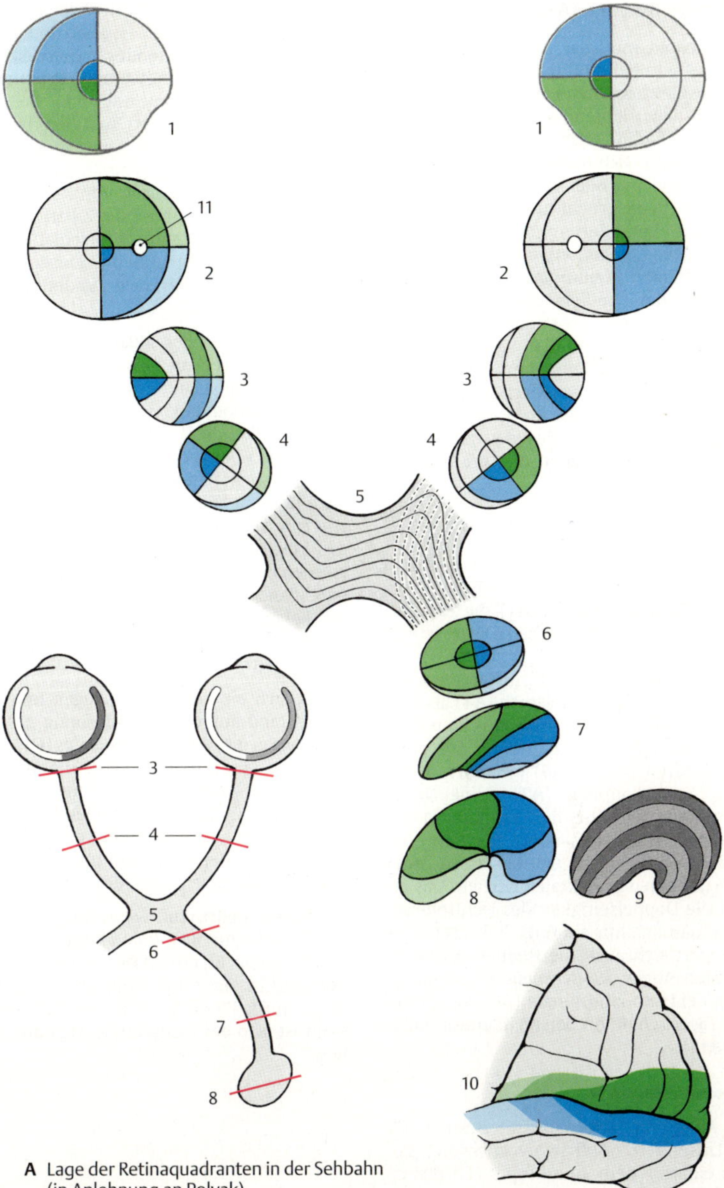

A Lage der Retinaquadranten in der Sehbahn (in Anlehnung an Polyak)

Optische Reflexe (A – C)

Beim Sehakt muß das Auge ständig einen Wechsel von hell und dunkel und nah und fern ausgleichen. Blende und Linsensystem müssen daher laufend an die jeweils herrschenden Bedingungen angepaßt werden. Während die **Hell-Dunkel-Einstellung** durch eine Erweiterung oder Verengung der Pupille erfolgt, beansprucht die **Nah-Fern-Einstellung** eine Veränderung der Linsenkrümmung (*Akkommodation*), eine Veränderung der Blicklinien (*Konvergenz*) und eine Veränderung der Pupillenweite. Bei der *Ferneinstellung* ist die Linsenoberfläche wenig gekrümmt, die Blicklinien laufen parallel und die Pupille wird erweitert. Bei der *Naheinstellung* ist die Linsenoberfläche stark gekrümmt, die Blicklinien kreuzen sich in einem Abstand, der dem des jeweils fixierten Gegenstandes entspricht, und die Pupillen sind verengt.

Lichtreflex (A)

Wenn Licht auf die Retina trifft, verengt sich die Pupille. Der *afferente Schenkel* dieses Reflexes sind Optikusfasern (**A1**), die zum Nucleus praetectalis (**A2**) ziehen. Dieser ist mit dem rostralen Teil des Edinger-Westphal-Kerns (Nucleus oculomotorius accessorius) (**A3**) verknüpft, dessen Fasern (**A4**) als *efferenter Schenkel* des Reflexbogens zum *Ganglion ciliare* (**A5**) (S. 128) ziehen. Die postganglionären Fasern (**A6**) innervieren den M. sphincter pupillae (**A7**). Beide Nuclei praetectales sind über die Commissura epithalamica (**A8**) miteinander verbunden. Außerdem endigen die Optikusfasern jeder Seite in beiden prätektalen Kernen. Das erklärt die Doppelseitigkeit des Lichtreflexes. Wenn nämlich nur ein Auge belichtet wird, verengert sich auch die Pupille des unbelichteten Auges (*konsensuelle Pupillenreaktion*). Centrum ciliospinale (**A9**), sympathische Fasern (**A10**) für den M. dilatator pupillae (**A11**).

Akkommodation (B)

Der Akkommodationsapparat besteht aus der Linse, deren Aufhängevorrichtung (Zonula ciliaris), dem Ziliarkörper (Corpus ciliare) und der Aderhaut (Choroidea). Diese Teile bilden ein elastisches, gespanntes, den ganzen Bulbus umfassendes System, das die Linse in einer flachen, wenig gekrümmten Form hält (**B12**) (**Ferneinstellung**). Bei der **Naheinstellung** kontrahiert sich der ringförmige Ziliarmuskel (**B13**). Seine meridionalen Muskelfasern ziehen die Ursprünge der langen Zonulafasern nach vorn, und seine zirkulären Fasern nähern die Ziliarfortsätze dem Linsenrand. Dadurch erschlaffen die Zonulafasern (**B14**) und die Linsenkapsel wird entspannt: die Linse rundet sich ab (**B15**).

Die Faserbahnen des **Akkommodationsreflexes** sind weniger gut bekannt. Da die Fixation eines Gegenstandes die Voraussetzung der Akkommodation ist, ist der N. opticus der *afferente Schenkel*. Wahrscheinlich läuft der Reflex über die Sehrinde (Area striata) zu den prätektalen Kernen, möglicherweise auch über die oberen Zweihügel (**A16**). Der *efferente Schenkel* beginnt im kaudalen Teil des Edinger-Westphal-Kerns. Seine Fasern werden im Ganglion ciliare auf postganglionäre Fasern umgeschaltet, die den Ziliarmuskel innervieren.

Konvergenz (A, C)

Wenn sich ein von beiden Augen fixierter Gegenstand aus weiter Entfernung nähert, adduzieren die Mm. recti mediales (**C17**) zunehmend beide Bulbi, so daß die anfangs parallel verlaufenden Blicklinien (gestrichelten Pfeile) sich zu schneiden beginnen. Der fixierte Gegenstand verbleibt im Schnittpunkt der Blicklinen und wird stets in beiden Maculae abgebildet.

Der **Fixationsreflex** läuft wahrscheinlich über die Sehbahn zur okzipitalen Rinde und über kortikofugale Fasern (**A18**) zu den oberen Zweihügeln, zur Prätektalregion und zu den Augenmuskelkernen (**A19**). Als Reflexzentrum ist also der okzipitale Cortex anzusehen.

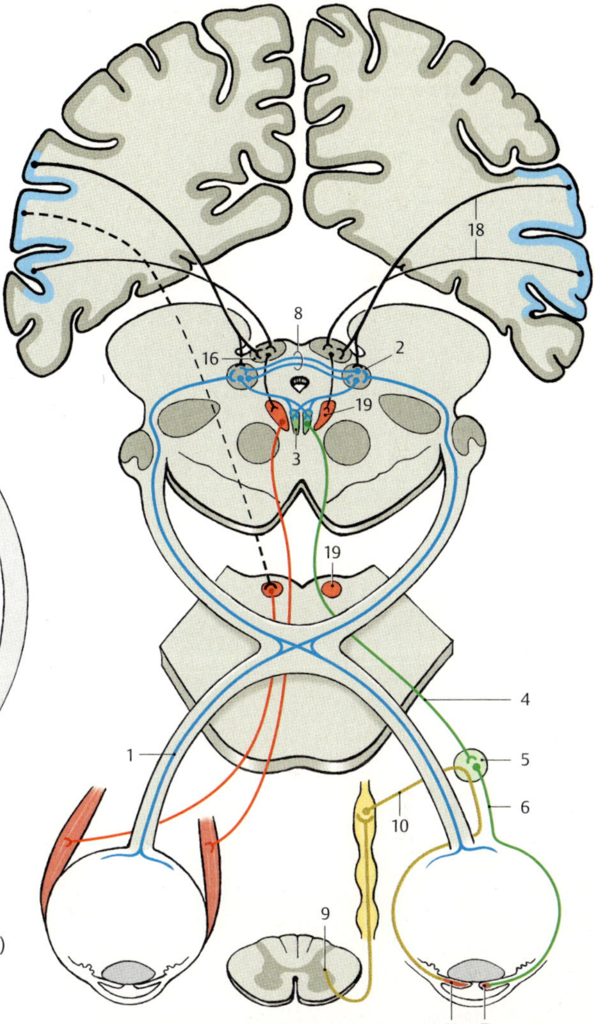

A Pupillenreflex

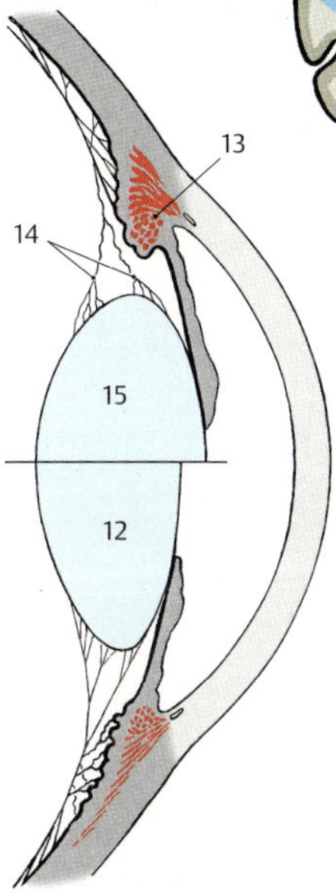

B
Akkommodation
(in Anlehnung an Rohen)

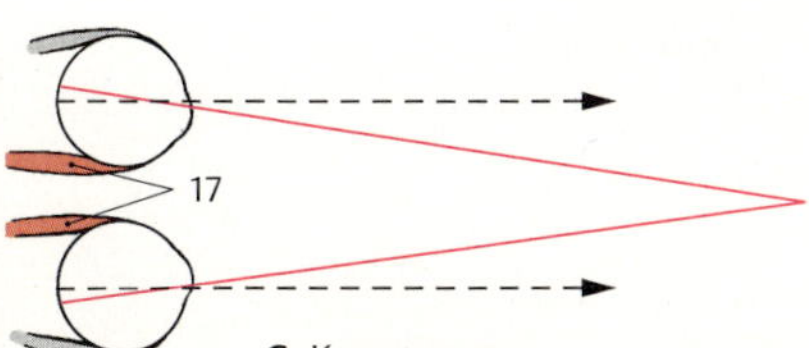

C Konvergenz

Gehör- und Gleichgewichtsorgan

Aufbau

Übersicht (A, D)

Das Ohr enthält zwei Sinnesorgane, die verschiedene Funktionen haben, morphologisch jedoch einen Komplex, das Innenohr, bilden. Der eine Teil des Innenohres, die *Cochlea* (Schnecke), ist das **Gehörorgan**, der andere Teil, *Sacculus*, *Utriculus* und die *Bogengänge*, registriert die Lageveränderungen des Körpers, insbesondere die des Kopfes, und stellt das **Gleichgewichtsorgan** dar. Am Ohr unterscheiden wir drei Abschnitte: das *äußere Ohr*, das *Mittelohr* (S. 364 f) und das *Innenohr* (S. 368 f).

Zum **äußeren Ohr** werden die Ohrmuschel (**A, D1**) und der äußere Gehörgang (**D2**) gerechnet.

Das **Mittelohr** besteht aus der Paukenhöhle, *Cavum tympani* (**D3**), den *Cellulae mastoideae* (S. 364 A6) und der Ohrtrompete, *Tuba auditiva* (**D4**). Die Paukenhöhle mit den Gehörknöchelchen ist ein schmaler luftgefüllter Raum. Er befindet sich nicht nur hinter dem Trommelfell, sondern liegt mit dem *Recessus epitympanicus* (**D5**) auch ein Stück über dem äußeren Gehörgang. Ventral geht die Paukenhöhle in die Tube (*Ostium tympanicum*) (**D6**) über. Diese zieht schräg nach vorn unten und mündet vor der hinteren Pharynxwand in die Rachenhöhle (Ostium pharyngeum) (**D7**). Die mit einem Flimmerepithel ausgekleidete Tube besteht aus einem knöchernen und einem knorpeligen Abschnitt, die am *Isthmus tubae* (**D8**) ineinander übergehen. Der Tubenknorpel, *Cartilago tubae* (**D24**), hat im Querschnitt eine hakenförmige Gestalt und läßt einen Spalt frei, der durch Bindegewebe (*Lamina membranacea*) geschlossen wird. Die Sehne des Trommelfellspanners, *M. tensor tympani* (**D9**), setzt an der Basis des Hammergriffs an (S. 364, A25). Über die Tube kommuniziert die Paukenhöhle mit dem Rachenraum, wodurch eine Erneuerung der Luft und ein Druckausgleich im Mittelohr ermöglicht werden. Die Tubenmündung ist allerdings normalerweise spaltförmig geschlossen und öffnet sich nur bei einer Kontraktion der Pharynxmuskeln (Schluckakt).

Das **Innenohr** besteht aus dem knöchernen Labyrinth (**D10**), welches das häutige Labyrinth und den Meatus acusticus internus enthält.

Äußeres Ohr (A–C)

Die **Ohrmuschel**, *Auricula* (**A, D1**), besitzt mit Ausnahme des Ohrläppchens ein Gerüst aus elastischem Knorpel. Die Form der Wülste und Mulden ist bei jedem Menschen verschieden und erblich bedingt. Vererbt wird die Form der einzelnen Teile: Helix (**A11**), Anthelix (**A12**), Scapha (**A13**), Concha auriculae (**A14**), Tragus (**A15**), Antitragus (**A16**) und Fossa triangularis (**A17**). Die Beschaffenheit der Ohrmuschel hatte früher besondere Bedeutung für den Vaterschaftsnachweis.

Der Anfangsteil des **äußeren Gehörganges**, *Meatus acusticus externus* (**D2**), wird von einer rinnenförmigen Fortsetzung des Ohrmuschelknorpels (**D25**) gebildet, die durch Bindegewebe zu einem geschlossenen Gang ergänzt wird. Dieser ist von Epidermis ausgekleidet, unter der große Drüsen, *Glandulae ceruminosae*, liegen.

Den Abschluß bildet das schräg in den Gehörgang eingelassene **Trommelfell**, *Membrana tympani* (**B, D18**). Bei seiner Betrachtung von außen erkennt man die *Stria mallearis* (**B19**), hervorgerufen durch den Ansatz des Hammergriffs, der bis zum *Umbo membranae tympani* (**B20**), dem innersten Punkt des trichterförmig eingezogenen Trommelfells, reicht. Über dem oberen Ende der Stria (*Prominentia mallei*) liegt ein lokkerer Trommelfellabschnitt, die rötliche *Pars flaccida* (**B21**), abgegrenzt von der grau schimmernden *Pars tensa* (**B22**) durch die beiden Plicae malleares. Das Trommelfell ist außen von Cutis, innen von Schleimhaut bedeckt. An der dazwischenliegenden Lamina propria der Pars tensa unterscheidet man radiäre und nicht radiäre Fasern (**C**). Die letzteren sind zirkulär, parabolisch und transversal. Der *Anulus fibrocartilagineus* (**C23**) bildet das Verankerungsgewebe des Trommelfells.

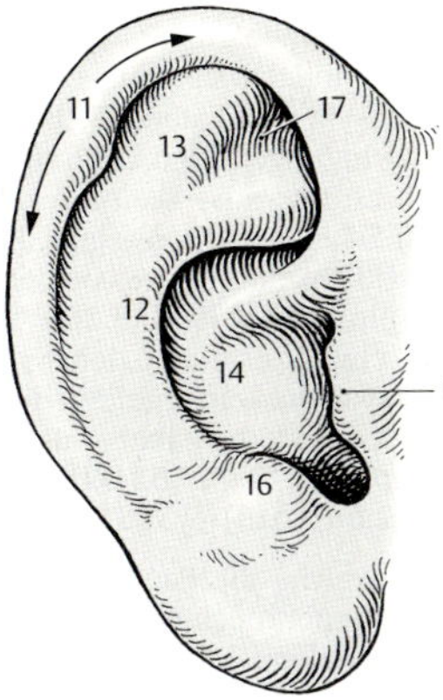

A Ohrmuschel

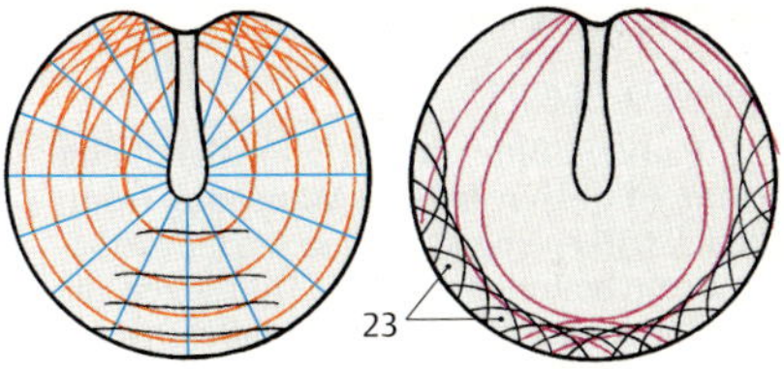

C Faserverlauf in der Lamina propria des Trommelfells (nach Kirikae)

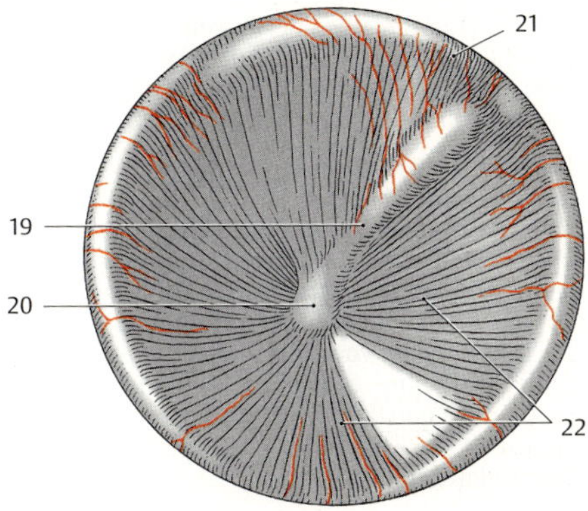

B Rechtes Trommelfell (Präparat Prof. Platzer)

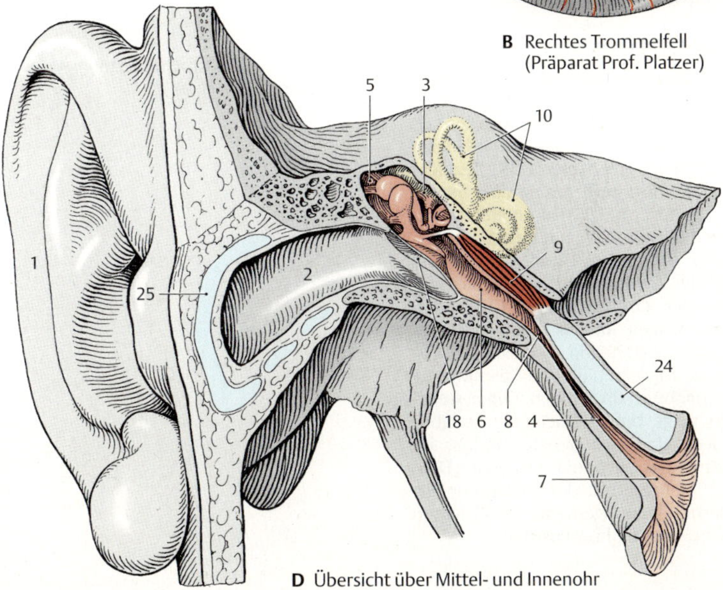

D Übersicht über Mittel- und Innenohr

Mittelohr (A–D)

Cavum tympani (A, B, D)

Die **Paukenhöhle** ist ein schmaler hoher Raum, in dessen laterale Wand das Trommelfell (**AD1**) eingelassen ist. In der medialen Wand befinden sich zwei Öffnungen, die zum Innenohr führen, das *Vorhoffenster*, **Fenestra vestibuli** (**D2**), und das *Schneckenfenster*, **Fenestra cochleae** (**D3**). Das Dach der Paukenhöhle, Paries tegmentalis, ist relativ dünn und grenzt an die Oberfläche der Felsenbeinpyramide. Auch der Boden der Paukenhöhle, unter dem die V. jugularis verläuft, wird von einer dünnen Knochenschicht gebildet.

Nach vorn setzt sich die Paukenhöhle in die Tuba auditiva (**A4**) fort (S. 362 D4). Nach hinten öffnet sich ihr oberer Teil in das **Antrum mastoideum** (**A5**), einen rundlichen Raum, in den zahlreiche kleinere Hohlräume, die **Cellulae mastoideae** (**A6**), münden. Die lufthaltigen, von Schleimhaut ausgekleideten Räume bilden ein Kammersystem, das den ganzen Warzenfortsatz durchsetzt und auch auf das Felsenbein übergreifen kann.

Ossicula auditus (A, C, D)

Die drei **Gehörknöchelchen**, *Ossicula auditus*, bilden zusammen mit dem Trommelfell den Schalleitungsapparat. Sie werden als *Hammer*, **Malleus** (**CD7**), als *Amboß*, **Incus** (**CD8**), und *Steigbügel*, **Stapes** (**CD9**), bezeichnet. Der Hammergriff, *Manubrium mallei* (**ACD10**), ist fest an das Trommelfell fixiert und über den Hals (**C11**) mit dem Hammerkopf (**C12**) verbunden. Dieser besitzt eine sattelförmige Gelenkfläche, an die sich der Amboßkörper, *Corpus incudis* (**C13**), anlagert. Dem langen Amboßschenkel ist der rechtwinklig abstehende *Processus lenticularis* (**AC14**) angesetzt, der die Gelenkfläche für das Steigbügelkörperchen, *Caput stapedis* (**C15**), trägt. Die Fußfläche des Steigbügels bedeckt das Vorhoffenster und ist am Rande durch das Lig. anulare stapedis (**D16**) befestigt. Mehrere mit der Paukenhöhlenwand verbundene Ligamente (**A17**) halten die Knöchelchen in ihrer Position.

Die Gehörknöchelchen leiten die durch Schallwellen hervorgerufene Vibration des Trommelfells zum Innenohr weiter. Dabei führen Hammer und Amboß die Bewegung eines Winkelhebels und der Steigbügel eine Kippbewegung durch. Der Steigbügelfuß überträgt die Schwingungen auf die Flüssigkeit des Innenohres. Die Flüssigkeitsbewegung ist auf dem Schema stark vereinfacht dargestellt; in Wirklichkeit nimmt sie in der Schnecke einen spiraligen Verlauf (S. 369 A, S. 371 C). Der Spannungszustand in dem System wird durch zwei Muskeln reguliert, die eine antagonistische Wirkung haben: durch den *M. tensor tympani* (**A18**) (S. 362 D9) und durch den *M. stapedius* (**A19**) (S. 366 C22).

Die Schleimhaut, welche die Paukenhöhle auskleidet und die Gehörknöchelchen überzieht, bildet verschiedene Falten, u. a. die vordere (**A20**) und hintere Hammerfalte (**A21**), welche die Chorda tympani (**A22**) umhüllen. Die Falten bilden mehrere Schleimhauttaschen. Von Bedeutung bei Infektionen ist der *Recessus membranae tympani superior*, der Prussak-Raum (**D23**), der zwischen der Pars flaccida des Trommelfells und dem Hammerhals liegt.

A24 N. facialis,
A25 Sehne des Trommelfellspanners (M. tensor tympani)

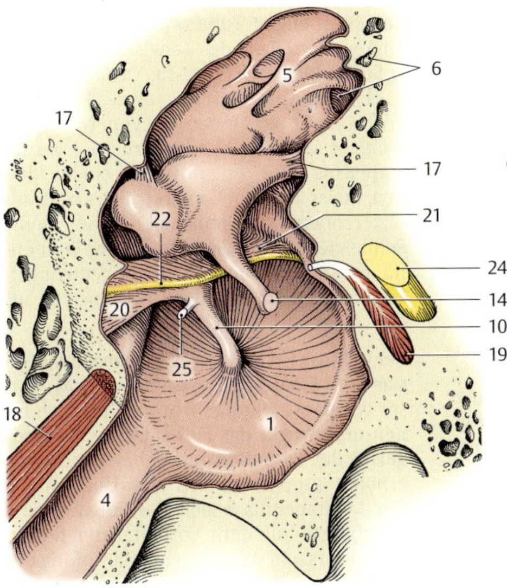

A Paukenhöhle, Blick auf die Innenfläche des Trommelfells (Präparat Prof. Platzer)

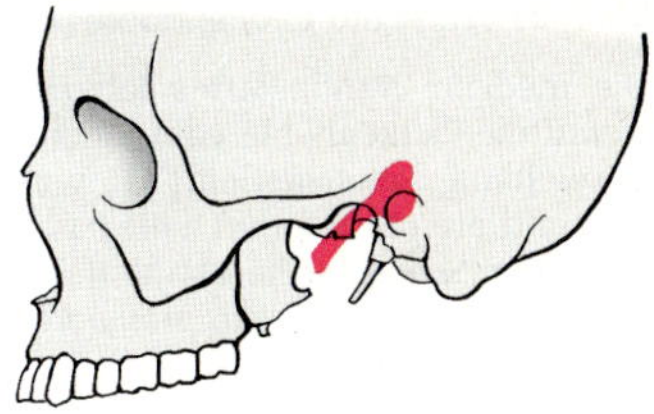

B Lage von Paukenhöhle und Tube im Schädel

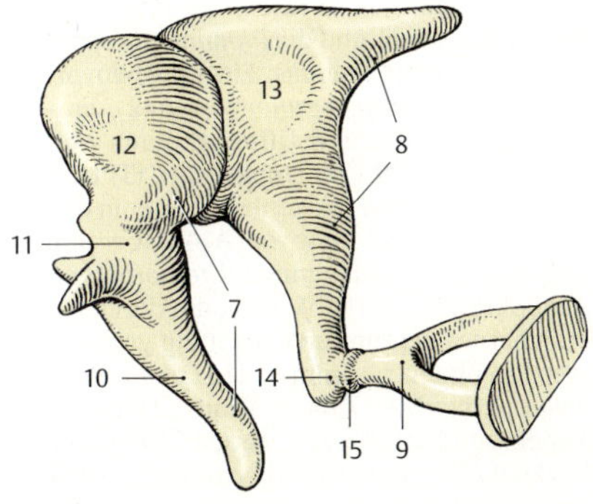

C Gehörknöchelchen

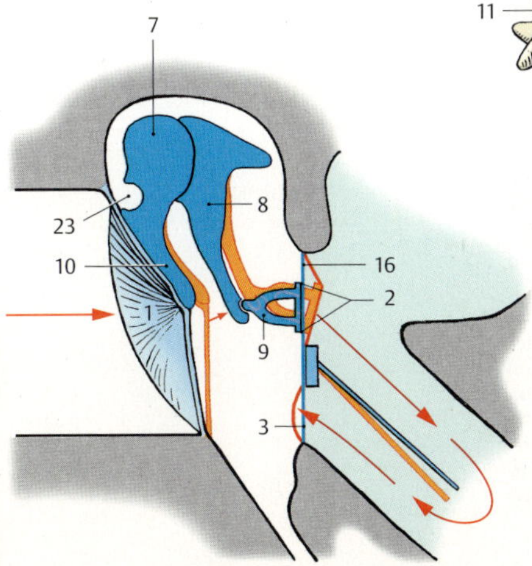

D Funktionsweise der Gehörknöchelchen

Mediale Wand der Paukenhöhle (A–C)

Die mediale Wand, **Paries labyrinthicus**, trennt die Paukenhöhle vom Innenohr. Die Vorwölbung, **Promontorium** (**A1**), wird in ihrem mittleren Bezirk durch die basale Windung der Schnecke hervorgerufen. In der verzweigten Rinne, *Sulcus promontorii* (**A2**), liegt der *Plexus tympanicus* (**C3**), der vom *N. tympanicus* (**C4**) (N. glossopharyngeus) und von sympathischen Fasern des Plexus caroticus der A. carotis interna gebildet wird. Ventral wird das Promontorium von den *Cellulae tympanicae* (**A5**) begrenzt. In der medialen Wand öffnen sich das *ovale Fenster*, **Fenestra vestibuli** (**A6**), und das *runde Fenster*, **Fenestra cochleae** (**A7**), zum Innenohr. In der Fenestra vestibuli ruht der *Steigbügel* (**C8**) und verschließt sie mit seiner Fußfläche. Die Fenestra cochleae wird von der *Membrana tympani secundaria* verschlossen. An der Hinterwand, die sich zum *Antrum mastoideum* (**A9**) öffnet, verlaufen bogenförmig zwei Kanäle, der *Canalis facialis* (**A10**) und der *Canalis semicircularis lateralis* (**A11**), die an der Paukenhöhlenwand Vorwölbungen hervorrufen, die *Prominentia canalis facialis* und die *Prominentia canalis semicircularis lateralis*. Ein Knochenvorsprung, *Eminentia pyramidalis* (**A12**), enthält an der Spitze eine Öffnung, durch welche die Sehne des *M. stapedius* (**C13**) tritt. Nach vorn geht die Paukenhöhle über in den *Semicanalis tubae auditivae* (**A14**). Über ihm liegt der *Semicanalis musculi tensoris tympani* (**A15**). Beide Halbkanäle, die durch ein knöchernes Septum unvollständig getrennt werden, bilden zusammen den *Canalis musculotubarius*. Die mediale Wand in Höhe der Tubenmündung, Paries caroticus, trennt die Paukenhöhle vom *Canalis caroticus* (**A16**), der knöcherne Boden, Paries jugularis, trennt sie von der *Fossa jugularis* (**A17**). *Vena jugularis* (**B18**), *Arteria carotis interna* (**B19**).

Klinischer Hinweis: Das knöcherne Dach der Paukenhöle und der Boden können sehr dünn sein, so daß bei einer Mittelohreiterung die Infektion durchtreten kann. Durch das Dach kann die Infektion auf die Hirnhaut und das Gehirn übergreifen (*Hirnhautentzündung*, *Hirnabszeß* im Temporallappen), durch den Boden auf die V. jugularis interna (*Jugularisthrombose*).

Muskeln der Paukenhöhle (C)

Der **M. tensor tympani** (**C20**) entspringt an der knorpeligen Tubenwand und von der knöchernen Wand des Kanals. Seine schmale Sehne biegt am *Processus cochleariformis* (**C21**) ab und setzt am Abgang des Hammergriffes an. Er wird innerviert vom *N. tensoris tympani* aus dem N. mandibularis. Der **M. stapedius** (**C22**) entspringt in einem kleinen, meist mit dem Canalis facialis kommunizierenden Knochenkanal. Seine kleine Sehne zieht durch die Öffnung der Eminentia pyramidalis und setzt am Steigbügelköpfchen an. Er wird vom *N. stapedius* aus dem N. facialis (**C23**) innerviert.

Beide Muskeln regulieren den **Spannungszustand des Schalleitungsapparates**. Der M. tensor tympani zieht das Trommelfell nach innen und drückt das Fußstück des Steigbügels in das Vorhoffenster: Er bewirkt so eine erhöhte Empfindlichkeit der Überleitung. Der M. stapedius hebelt das Fußstück des Steigbügels aus dem Vorhoffenster heraus und verursacht dadurch eine Dämpfung der Überleitung. Beide Muskeln sind also Antagonisten.

Klinischer Hinweis: Bei einer Lähmung des N. facialis fällt der M. stapedius und damit die Dämpfung der Schalleindrücke weg: die Patienten leiden unter *Hyperakusis*, erhöhter Schallempfindlichkeit.

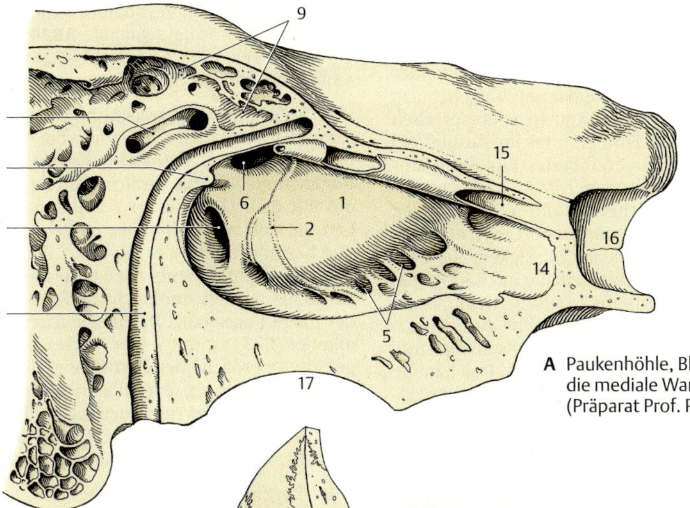

A Paukenhöhle, Blick auf die mediale Wand (Präparat Prof. Platzer)

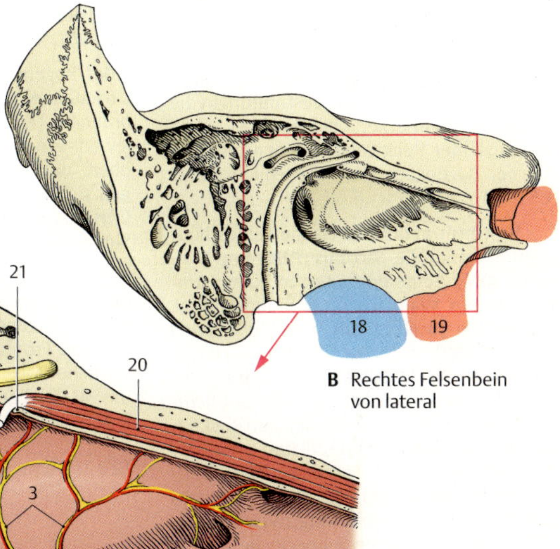

B Rechtes Felsenbein von lateral

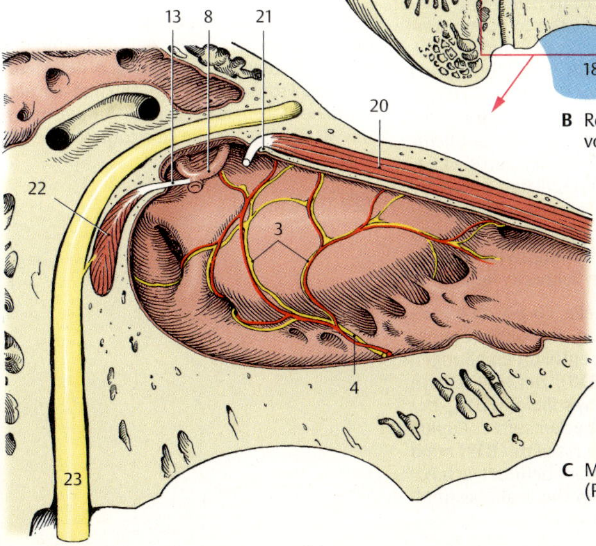

C Muskeln des Mittelohres (Präparat Prof. Platzer)

Innenohr (A–C)

Das **häutige Labyrinth** ist ein System von Blasen und Kanälen, das allseitig von einer sehr harten Knochenkapsel umgeben ist. Die Hohlräume des Knochens entsprechen den häutigen Formen, und ihr Ausguß (**C**) gibt ein etwas vergröbertes Bild des häutigen Labyrinths wieder. Man spricht daher von einem knöchernen und einem häutigen Labyrinth. Das **knöcherne Labyrinth** enthält eine wasserklare Flüssigkeit, die **Perilymphe** (hellgrünblau), in der das häutige Labyrinth schwimmt. Der Perilymphraum kommuniziert über den *Ductus perilymphaticus* (**A1**) an der hinteren Felsenbeinkante mit dem Subarachnoidalraum. Das häutige Labyrinth enthält die **Endolymphe** (dunkelgrünblau), eine visköse Flüssigkeit.

Das vom Steigbügel verschlossene Vorhoffenster (**AC2**) führt zum Vorhof, *Vestibulum* (**AC3**), dem Mittelteil des knöchernen Labyrinths. Nach vorn geht das Vestibulum in die knöcherne Schnecke, *Cochlea* (**C4**), über, und an seiner Rückwand münden die knöchernen Bogengänge, *Canales semicirculares* (**C5**).

Das **Vestibulum** beherbergt die beiden häutigen Bestandteile, **Sacculus** (**AB6**) und **Utriculus** (**AB7**). Beide enthalten in einem umschriebenen Wandabschnitt Sinnesepithel, die *Macula sacculi* (**AB8**) und die *Macula utriculi* (**AB9**), und sind durch den *Ductus utriculosaccularis* (**AB10**) miteinander verbunden. Von diesem geht der dünne *Ductus endolymphaticus* (**A11**) ab, der zur Rückfläche des Felsenbeins verläuft und unter der Dura als flache Blase, *Saccus endolymphaticus* (**A12**), blind endet. Der *Ductus reuniens* (**AB13**) stellt eine Verbindung zwischen Sacculus und der häutigen Schnecke her.

Die **knöcherne Schnecke**, *Cochlea* (**C4**), bildet ca. 2 1/2 Windungen. Ihr Gang, *Canalis spiralis cochleae* (**C14**), enthält den häutigen *Ductus cochlearis* (**AB15**), der mit einem blinden Ende, *Caecum vestibulare* (**B16**), beginnt und in der Schneckenspitze, *Cupula* (**C17**), mit dem *Caecum cupulare* (**B18**) blind endet. Über und unter ihm befindet sich Perilymphraum: über ihm die Scala vestibuli (**AB19**), die sich zum Vestibulum öffnet, und unter ihm die *Scala tympani* (**AB20**), die durch die *Fenestra cochleae* (**A–C21**) verschlossen wird.

Drei knöcherne halbkreisförmige Röhren, *Canales semicirculares* (**C5**), die vom Vestibulum ausgehen, enthalten die häutigen **Bogengänge**, *Ductus semicirculares* (**A22**), die mit dem Utriculus in Verbindung stehen. Sie sind von Perilymphe umgeben und durch Bindegewebsfasern an den Wänden des Perilymphraumes befestigt. Die drei Bogengänge stehen senkrecht aufeinander: der obere Bogengang, *Ductus semicircularis anterior* (**B23**), ist mit seiner Konvexität gegen die Oberfläche der Pyramide gerichtet, der hintere, *Ductus semicircularis posterior* (**B24**), steht parallel zur hinteren Oberfläche des Felsenbeins, der seitliche, *Ductus semicircularis lateralis* (**B25**), verläuft horizontal.

Jeder Bogengang bildet am Übergang zum Utriculus eine Erweiterung, *Ampulla membranacea* (**B26**), der am knöchernen Kanal jeweils einer Ampulla ossea entspricht. Der obere und der hintere Bogengang vereinigen sich zu einem gemeinsamen Schenkel, *Crus commune* (**AB27**). Jede Ampulle enthält Sinnesepithel, die *Crista ampullaris*.

Der Verlauf der Bogengänge entspricht nicht den Körperachsen: der obere und der hintere Bogengang weichen von der Median- und Frontalebene um 45 Grad ab; der seitliche Bogengang ist nach hinten unten um 30 Grad gegen die Horizontalebene gekippt.

C28 Trommelfell.

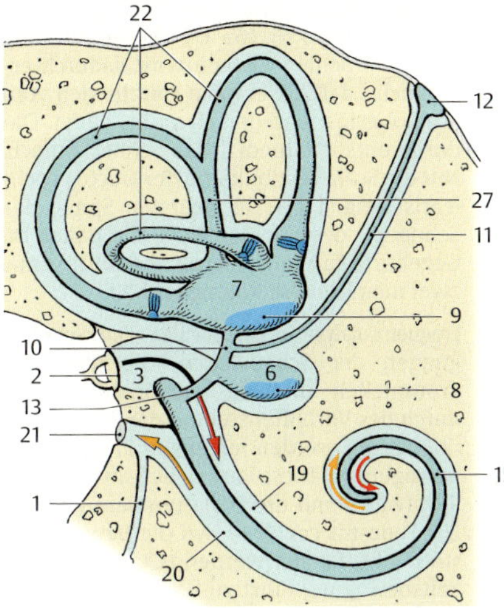

A Innenohr, schematische Übersicht

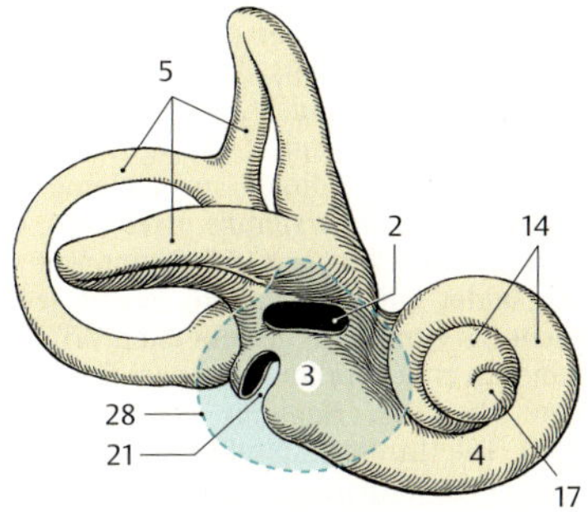

C Knöchernes Labyrinth (Präparat Prof. Platzer)

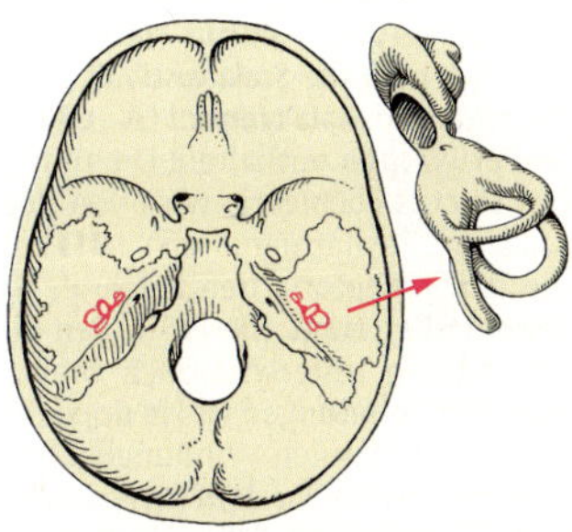

Lage des Innenohres im Schädel

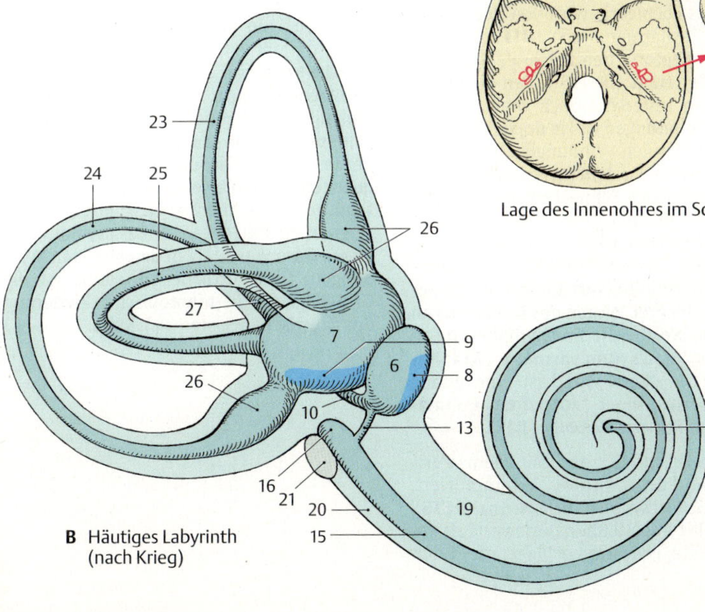

B Häutiges Labyrinth (nach Krieg)

Cochlea (A–C)

Der Gang der **Schnecke**, Cochlea, windet sich um eine kegelförmige knöcherne Achse, die *Schneckenspindel*, **Modiolus** (**AC1**), welche die Zellgruppen des *Ganglion spirale* (**AB2**) (vgl. S. 377 D9), die von ihnen abgehenden Nervenbündel (**AB3**) und im Mittelteil die *Radix cochlearis* (**A4**) (vgl. S. 377 D11) enthält. Vom Modiolus springt eine Knochenleiste, *Lamina spiralis ossea* (**A5**), weit in den Schneckengang (**A6**, **B**) vor. Wie dieser bildet sie eine Spirale, reicht jedoch nicht bis zum Ende der obersten Windung, sondern endet vorher mit einem freien spitzen Abschluß, *Hamulus laminae spiralis* (**C7**). Die Lamina spiralis ist weitgehend hohl und enthält Nervenfasern, die zum Corti-Organ ziehen. In der unteren Hälfte der Basalwindung liegt ihr an der lateralen Wand eine Knochenleiste gegenüber, die *Lamina spiralis secundaria*.

Der Schneckengang enthält den mit Endolymphe gefüllten **Ductus cochlearis** (**A–C8**). Darüber liegt die **Scala vestibuli** (**A–C9**) und darunter die **Scala tympani** (**A–C10**), die beide Perilymphe enthalten. Die untere Wand des Ductus cochlearis wird von der **Lamina basilaris** (Basilarmembran) (**B11**) gebildet, die den rezeptorischen Apparat, das **Corti-Organ** (**B12**), trägt. Sie ist in den einzelnen Windungen unterschiedlich breit: in den obersten Windungen ist sie doppelt so breit wie in den basalen Windungen. Ihre feinen Fasern strahlen vor dem Ansetzen an der lateralen Wand des Schneckengangs fächerförmig auseinander und bilden eine im Querschnitt sichelartige Formation, das *Lig. spirale* (**B13**). Der Abschnitt über der Membrana basilaris bildet die seitliche Wand des Ductus cochlearis. Wegen des Reichtums an Kapillaren, welche die Endolymphe produzieren, wird er als *Stria vascularis* (**B14**) bezeichnet. Die obere Wand ist eine dünne Membran aus einer doppelten Epithelschicht, die **Reissner-Membran** (**B15**).

Die Scala vestibuli, die mit dem Perilymphraum des Vorhofs kommuniziert, geht am *Schneckenloch*, **Helicotrema** (**AC16**), in die Scala tympani über. Diese verläuft abwärts bis zur Fenestra cochleae, die durch die *Membrana tympani secundaria* verschlossen wird (S. 365 D). Die Verbindung zwischen beiden Gängen wird dadurch ermöglicht, daß die Lamina spiralis sich vom Modiolus löst und den Hamulus bildet. Dadurch entsteht medial das Schneckenloch. Nur die Scala vestibuli und der Ductus cochlearis steigen bis zur obersten Spitze der Schnecke, der Cupula (**A17**), die daher im Gegensatz zu allen anderen Abschnitten nur zwei membranöse Räume enthält.

Frequenzanalyse in der Cochlea. Die Schwingungen der Schallwellen, die über das Trommelfell und die Gehörknöchelchen durch das Vorhoffenster auf die Perilymphe übertragen werden, erzeugen Flüssigkeitsbewegungen. Diese laufen die Scala vestibuli aufwärts und die Scala tympani abwärts zur Fenestra cochleae, wo die Bewegungsstöße abgefangen werden (**C**). Die Flüssigkeitsbewegung führt zu Schwingungen der Basilarmembran (Wanderwellen). Der Ort der maximalen Auslenkung der Basilarmembran (und damit der Erregung des rezeptorischen Corti-Organs) hängt von der Frequenz der Wanderwelle bzw. des stimulierenden Tones ab: Hohe Tonfrequenzen bewirken eine maximale Auslenkung der Basilarmembran in den basalen Windungen (wo die Membran am schmalsten ist), mittlere Frequenzen in der Mitte der Schnecke und niedrige Frequenzen in den obersten Windungen (wo die Basilarmembran am breitesten ist). Die unterschiedlichen Frequenzen werden also in verschiedenen Abschnitten der Schnecke registriert: Frequenzen von 20 000 Hz in den Basalwindungen, Frequenzen von 20 Hz in den obersten Windungen. Diese örtliche Verteilung ist die Grundlage für die tonotopische Gliederung des akustischen Systems (S. 380).

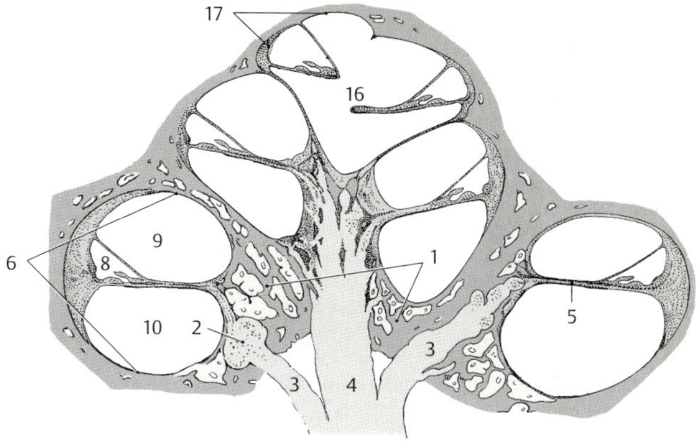

A Axialschnitt durch die Schnecke

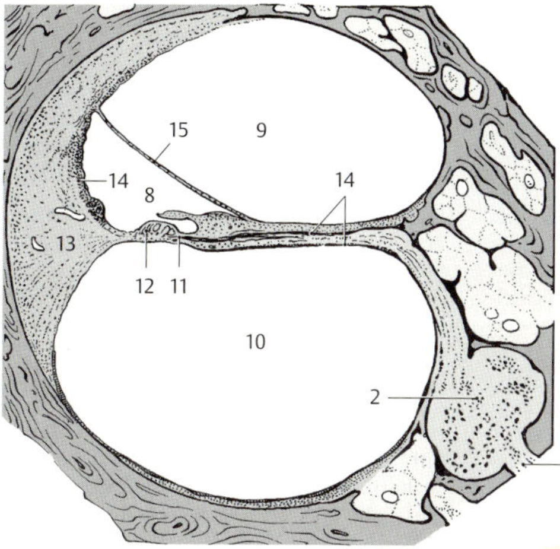

B Schneckengang

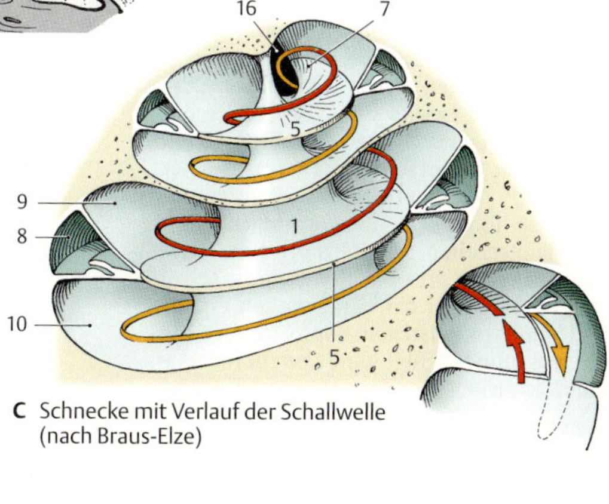

C Schnecke mit Verlauf der Schallwelle (nach Braus-Elze)

Corti-Organ (A–C)

Die **Basilarmembran**, *Lamina basilaris* (**AB1**), deren Unterfläche von Bindegewebszellen, der tympanalen Belegschicht (**AB2**), bedeckt ist, trägt das Corti-Organ, **Organum spirale** (**A3**, **B**). Lateral von ihm geht das Epithel in die *Stria vascularis* (**A4**) über, die zahlreiche intraepitheliale Kapillaren enthält. Medial vom Corti-Organ, am Rande der Lamina spiralis ossea, erhebt sich eine dikke, von hohem Epithel bedeckte, aus dem Endost (Innenauskleidung von Knochenhöhlen) entstandene Gewebsschicht, der *Limbus spiralis* (**A5**). Er läuft in zwei Lippen aus, in das *Labium limbi tympanicum* (**A6**) und das *Labium limbi vestibulare* (**A7**), die den *Sulcus spiralis internus* (**A8**) umschließen.

Das Corti-Organ erstreckt sich in spiraligem Verlauf von der Basalwindung bis zur Kuppelwindung der Schnecke. Auf den Abbildungen (**AB**) sind Querschnitte durch das Organ wiedergegeben. Es besteht aus Sinneszellen und verschiedenen Stützzellen. Die Mitte nimmt der *innere Tunnel* (**B9**) ein, der eine der Perilymphe ähnliche Lymphe (Tunnellymphe) enthalten soll. Seine mediale Wand wird von den **inneren Pfeilerzellen** (**B10**) und seine laterale Wand von den schräg gestellten **äußeren Pfeilerzellen** (**B11**) gebildet. Die Pfeilerzellen besitzen einen breiten Fußteil (**B12**), in dem sich der Zellkern befindet, einen schmalen Mittelteil und einen Kopfteil. Sie enthalten lange gebündelte Stützfibrillen. Die innere Pfeilerzelle bildet eine Kopfplatte (**B13**), die äußere Pfeilerzelle einen runden Kopfteil (**B14**), der sich von unten an die Kopfplatte anlegt und einen flachen Fortsatz, das *Außenruder* (**B15**), besitzt. Lateral steht die Gruppe der **Deiters-Stützzellen** (Phalangenzellen) (**B16**), welche die Sinneszellen (**B17**, **C**) auf einer Ausladung des unteren Zellabschnittes tragen. Ihre Tonofibrillen zweigen sich unter den Sinneszellen zu *Stützkörbchen* (**B18**) auf. Schmale Fortsätze der Deiters-Zellen steigen zwischen den Sinneszellen empor und enden mit flachen Kopfplatten (**C19**), die zusammengefügt eine durchbrochene oberflächliche Membran, *Membrana reticularis*, bilden. In den Öffnungen dieser Membran befinden sich die oberen Enden der Sinneszellen. Zwischen den äußeren Pfeilerzellen und den Deiters-Zellen liegt der *Nuel-Raum* (**B20**), lateral von den Deiters-Zellen der kleine *äußere Tunnel* (**B21**), an den sich lange einfache Stützzellen anschließen. Sie gehen in das Epithel der Stria vascularis über und fassen den *Sulcus spiralis externus* (**A22**) ein. Den inneren Pfeilerzellen sind die inneren Deiters-Stützzellen angelagert.

Die Sinneszellen (**C**) bestehen aus den **inneren Haarzellen** (**C23**), die nur eine Reihe bilden, und den **äußeren Haarzellen** (**C24**), die in der Basalwindung der Schnecke drei, in der mittleren Windung vier und in der oberen fünf Reihen bilden. Alle Haarzellen tragen an ihrer oberen Fläche eine dichte kutikulare Schicht (**C25**), in der die Sinneshärchen (**C26**) befestigt sind. Diese stehen im Halbkreis, meist in drei abgestuften Reihen. An der Basis der Haarzellen enden Nervenfasern mit synapsenartigen Kontakten (**C27**).

Über den Haarzellen liegt die **Tektorialmembran**, *Lamina tectoria* (**AB28**), eine gallertartige Schicht, die dem Limbus spiralis aufgelagert ist und über das Labium limbi vestibulare hinausragt. Ob die Zilien der Sinneszellen an der Lamina tectoria befestigt sind und ihre tangentiale Ablenkung bei Schwingung der Basilarmembran durch eine Verschiebung gegen die Lamina zustande kommt, ist noch umstritten. Möglicherweise berühren die Zilien die Lamina tectoria gar nicht und werden lediglich durch eine Strömung der Endolymphe bewegt.

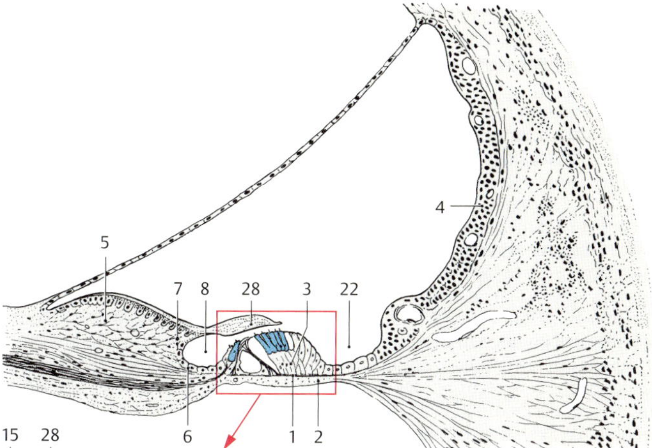

A Ductus cochlearis

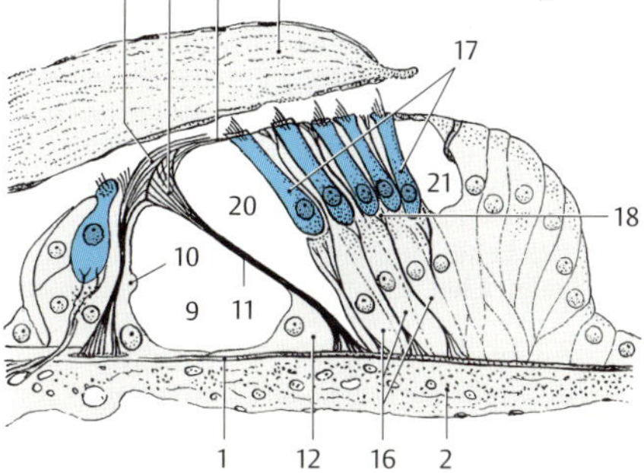

B Corti-Organ

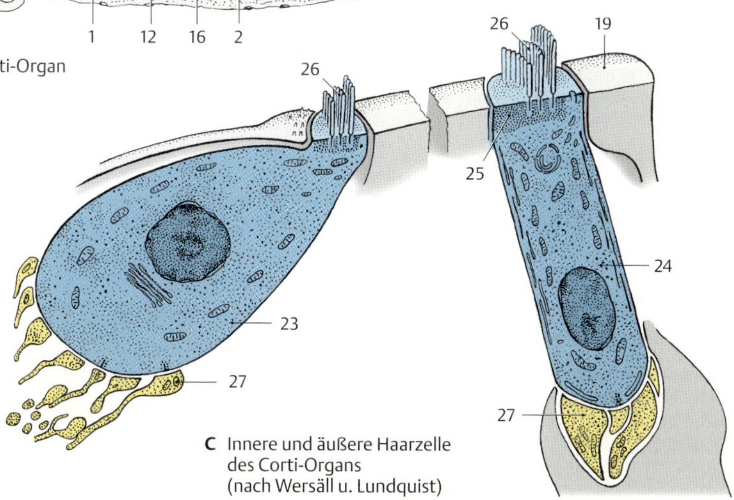

C Innere und äußere Haarzelle des Corti-Organs (nach Wersäll u. Lundquist)

Gleichgewichtsorgan (A – D)

Sacculus, Utriculus und die von ihm abgehenden drei *Bogengänge* bilden das Gleichgewichtsorgan, den sog. **Vestibularapparat**. Er enthält mehrere Sinnesfelder: die **Macula sacculi**, **Macula utriculi** (Macula statica) und die drei **Cristae ampullares**. Alle dienen der Registrierung von Beschleunigungen und Lageveränderungen und damit der Orientierung im Raum. Die Maculae reagieren auf lineare Beschleunigungen in verschiedene Richtungen, die Cristae auf Drehbeschleunigungen. Die Maculae nehmen bestimmte Positionen im Raum ein (S. 368, B8, B9): die Macula utriculi liegt an der Unterfläche des Utriculus annähernd horizontal, die Macula sacculi steht senkrecht an der Vorderwand des Sacculus. Beide stehen also in einem rechten Winkel zueinander. (Lage der Bogengänge S. 368).

Maculae (A). Das Epithel, das den Endolymphraum auskleidet, gewinnt im ovalen Bezirk der Maculae an Höhe und differenziert sich zu Stützzellen und Sinneszellen. Die *Stützzellen* (**A1**) tragen und umgeben die *Sinneszellen* (**A2**). Diese haben eine flaschen- oder ampullenförmige Gestalt und besitzen an ihrer oberen Fläche 70 – 80 Zilien (**A3**). Auf dem Sinnesepithel liegt eine gallertige Membran, die *Statolithenmembran* (**A4**) mit kristallinen Partikeln aus Calciumcarbonat, den *Statolithen* (**A5**). Die Zilien der Sinneszellen tauchen nicht direkt in die Statolithenmembran ein, sondern sind von einem engen, Endolymphe enthaltenden Raum, umgeben.

Funktion der Maculae. Der adäquate Reiz für die Zilien ist eine auf die Macula einwirkende Scherkraft: bei einer zunehmenden *Beschleunigung* kommt es zu einer tangentialen Verschiebung zwischen Sinnesepithel und Statolithenmembran. Die dabei erfolgende Ablenkung der Zilien führt zur Erregung der Sinneszellen und zur Auslösung eines Nervenimpulses.

Crista ampullaris (B, C). Die Crista (**BC6**) bildet einen Wulst, der in der Ampulle quer zum Verlauf des Bogenganges steht (**C**) und an seiner Oberfläche *Stützzellen* (**B7**) und *Sinneszellen* (**B8**) trägt. Von jeder Sinneszelle gehen ca. 50 Zilien (**B9**) ab, die erheblich länger sind als die Zilien der Makulazellen. Die Crista nimmt ungefähr ein Drittel der Ampullenhöhe ein. Ihr sitzt die aus einer gallertigen Substanz bestehende *Cupula* (**B – D10**) auf, die bis zur Decke der Ampulle reicht. Die Cupula ist von langen Kanälen durchzogen, in welche die Haarbüschel der Sinneszellen hineinragen. Nervenfaser (**A – C11**).

Funktion des Bogengangapparates (**D**). Der Bogengangapparat reagiert auf *Drehbeschleunigungen*, welche die Endolymphe in Bewegung versetzen. Das dadurch bedingte Abbiegen der Cupula lenkt die Zilien der Sinneszellen ab und wirkt als auslösender Reiz. Wird z. B. der Kopf nach rechts gedreht (rote Pfeile), so bleibt die Endolymphe des seitlichen Bogenganges am Anfang der Bewegung in Folge ihrer Trägheit noch stehen; es entsteht eine relative Bewegung in entgegengesetzter Richtung (Trägheitsströmung, schwarze Pfeile): Beide Cupulae werden nach links abgelenkt (**D12**). Dann folgt die Endolymphe langsam der Kopfdrehung. Sie fließt aber bei Beendigung der Drehung (gestrichelte, blockierte Pfeile) noch ein Stück in gleicher Richtung weiter: die Cupulae werden nach rechts abgelenkt (**D13**). Die Funktion der Bogengänge dient vor allem den reflektorischen Blickbewegungen. Die ruckartigen Augenbewegungen bei Kopfdrehungen (*rotatorischer Nystagmus*) hängen von der Kupulaablenkung ab. Die langsame Komponente des Nystagmus folgt dabei stets der Richtung der Kupulaablenkung.

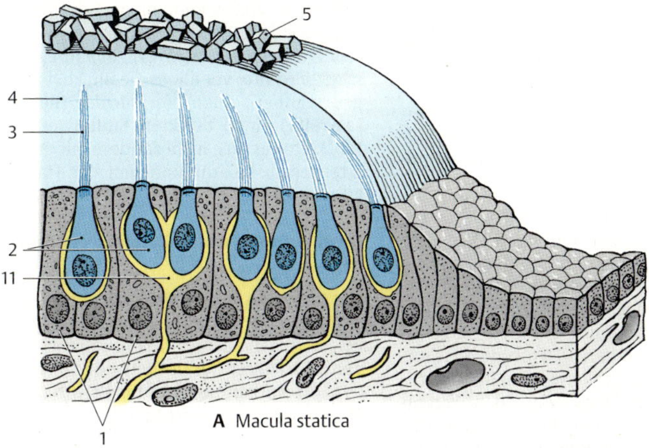

A Macula statica

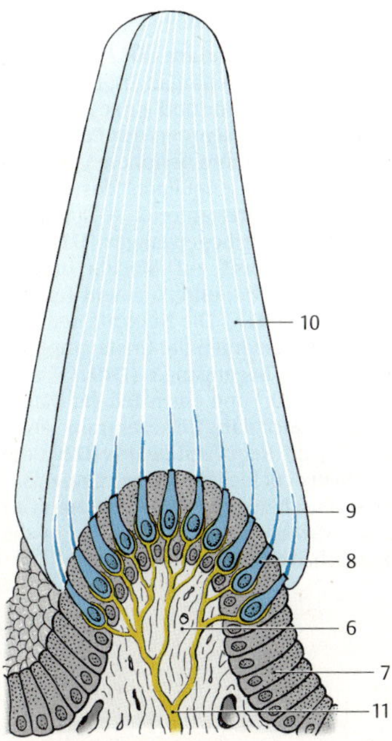

B Crista ampullaris

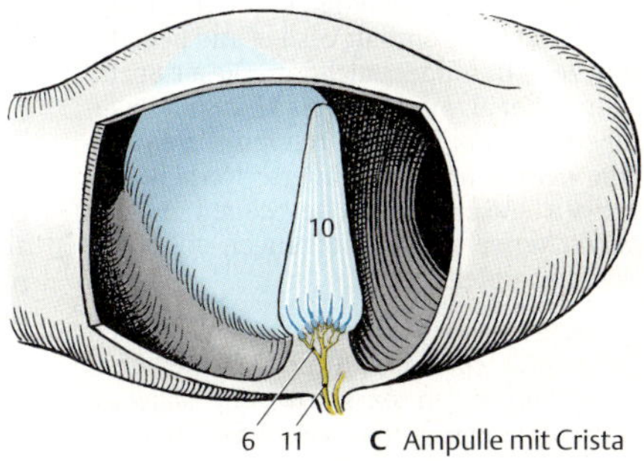

C Ampulle mit Crista

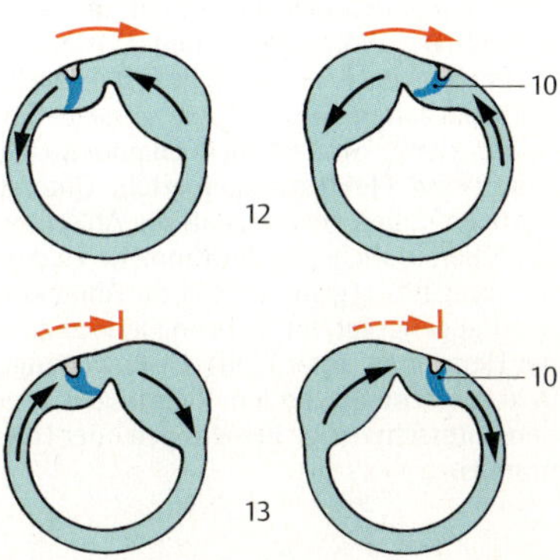

D Funktionsweise des Bogenapparates
(nach Trincker)

Vestibuläre Sinneszellen (A–C)

Die Haarzellen der Macula und Crista sind im Prinzip gleich gebaut. Sie sind Mechanorezeptoren, die auf eine tangentiale Ablenkung ihrer Zilien reagieren. Man unterscheidet zwei Arten von Haarzellen: eine *bauchige Form* (Typ I) und eine *zylindrische Form* (Typ II).

Der **Haarzelltyp I** (**A1**) besitzt einen runden Zellkörper mit einem dünneren Hals, dessen obere Fläche von einer dichten kutikularen Platte (**A2**) abgeschlossen wird. Von ihr gehen ca. 60 *Stereozilien* (**A3**) von abgestufter Länge und eine besonders lange *Kinozilie* (**A4**) ab, an deren Ursprung die Cuticula fehlt. Die Haarzelle wird an ihrer seitlichen und basalen Fläche von einem **Nervenkelch** (**A5**) umschlossen, der von einer starken Nervenfaser gebildet wird. Der obere Teil des Kelches enthält Vesikel und liegt der Haarzelle besonders dicht an. Dieser Bezirk kann daher als synaptischer Abschnitt angesehen werden. Mit den Nervenkelchen haben weitere stark granulierte Nervenendigungen (**A6**) Kontakt, bei denen es sich möglicherweise um Endigungen efferenter Nerven handelt.

Der zylindrische **Haarzelltyp II** (**A7**) besitzt die gleiche Zilienausstattung. An der Basis der Zellen liegen stark (**A8**) und schwach granulierte Endigungen von Nervenfasern.

Alle Haarzellen eines Sinnesfeldes sind mit ihren langen Kinozilien einheitlich ausgerichtet (**B**). Während in den Cristae alle Haarzellen nach einer Richtung orientiert sind, enthalten die Maculae verschiedene Felder, deren Sinneszellen einander zugewandt sind. Elektrophysiologische Untersuchungen haben gezeigt, daß die Ablenkung der Zilien in Richtung der Kinozilie zu einer Erregung führt (grüner Pfeil), die Ablenkung in entgegengesetzter Richtung jedoch zu einer Hemmung (roter Pfeil) (**C**). Bewegungen in dazwischenliegenden Richtungen ergeben unterschwellige Erregungen oder Hemmungen.

Auf diese Weise können die vestibulären Apparate jede Bewegung präzise registrieren. Während der *Bogengangapparat* (**kinetisches Labyrinth**) vor allem die Blickbewegungen reguliert, üben die *Maculae* (**tonisches Labyrinth**) einen direkten Einfluß auf den Muskeltonus aus, insbesondere auf den der Streckermuskulatur und den der Halsmuskulatur (S. 382 C).

Ganglion spirale und Ganglion vestibulare (D)

Das **Ganglion spirale** (**D9**) besteht aus einer Kette von Nervenzellhaufen, die im Modiolus am Abgang der Lamina spiralis ossea liegen und in ihrer Gesamtheit eine Spirale bilden. Sie enthalten echte bipolare Neurone, deren periphere Fortsätze (Dendriten) zu den Haarzellen des Corti-Organs ziehen und deren zentrale Fortsätze (Axone) als *Tractus spiralis foraminosus* (**D10**) zur Achse des Modiolus verlaufen, wo sie sich zur Radix cochlearis (**D11**) vereinigen.

Das **Ganglion vestibulare** (**D12**) liegt am Grund des inneren Gehörganges. Es besteht aus einer Pars superior und einer Pars inferior. Die bipolaren Neurone der *Pars superior* (**D13**) schicken ihre peripheren Fortsätze zu den Cristae ampullares des oberen (**D14**) (N. ampullaris anterior o. superior) und des seitlichen Bogenganges (**D15**) (N. ampullaris lateralis), zur Macula utriculi (**D16**) (N. utricularis) und zu einem Teil der Macula sacculi (**D17**). Die Neurone der *Pars inferior* (**D18**) versorgen die Crista ampullaris des hinteren Bogenganges (**D19**) (N. ampullaris posterior) und einen Teil der Macula sacculi (N. saccularis). Die zentralen Fortsätze bilden die *Radix vestibularis* (**D20**), die mit der Radix cochlearis in einer gemeinsamen Nervenscheide durch den inneren Gehörgang, *Meatus acusticus internus*, in die mittlere Schädelgrube zieht.

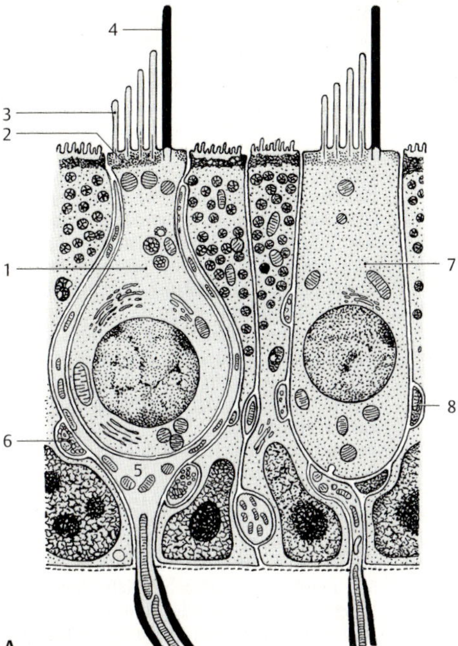

A
Vestibuläre Sinneszellen, elektronenmikroskopisches Schema (nach Wersäll)

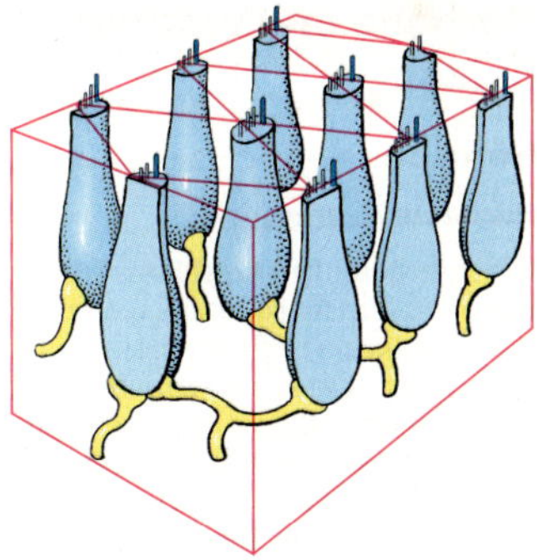

B Anordnung der Sinneszellen (nach Flock u. Wersäll)

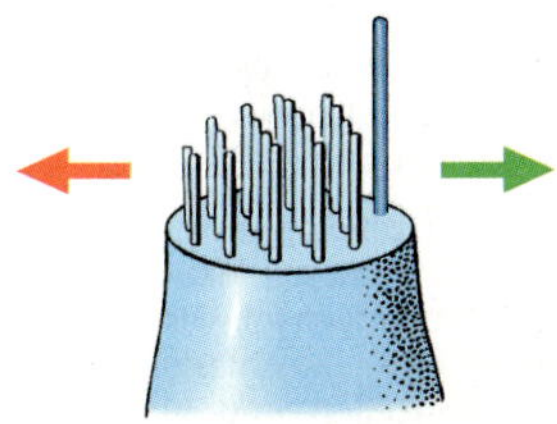

C Funktionsweise der Zellen (nach Flock u. Wersäll)

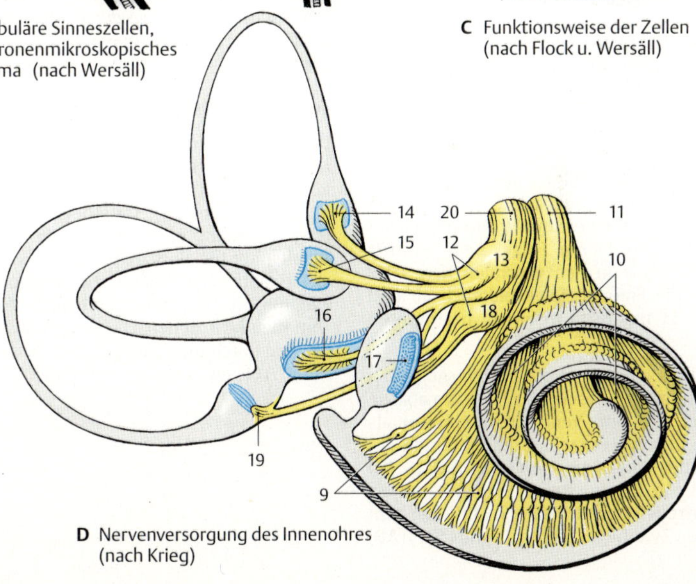

D Nervenversorgung des Innenohres (nach Krieg)

Hörbahn und vestibuläre Bahnen

Hörbahn

Nuclei cochleares (A, B)

Die Fasern der **Radix cochlearis** (**A1**) treten in Höhe des **Nucleus cochlearis ventralis** (**AB2**) in die Medulla ein und gabeln sich auf. Die aufsteigenden Äste ziehen zum **Nucleus cochlearis posterior** (**AB3**), die absteigenden Äste zum ventralen Kern. Dabei besteht eine geordnete Projektion der Cochlea auf den Kernkomplex: die Fasern aus den basalen Schneckenwindungen enden in dorsomedialen Abschnitten der Kerne, die Fasern aus den obersten Windungen in den ventrolateralen Abschnitten. Diese gesetzmäßige Verteilung der afferenten Fasern ist die Grundlage für die Gliederung der Kochleariskerne nach Tonfrequenzen (vgl. S. 370, Frequenzanalyse in der Cochlea).

Eine solche *tonotopische Organisation* des Kochleariskomplexes läßt sich durch elektrische Ableitungen am Versuchstier (Katze) nachweisen (**B**). Bei Ableitungen von einzelnen Nervenzellen und gleichzeitiger Beschallung mit verschiedenen Tönen kann man die Frequenz feststellen, bei der eine einzelne Zelle optimal reagiert. Auf dem Frontalschnitt durch den oralen Bereich der Kochleariskerne ist zu sehen, wie die von oben nach unten abtastende Elektrode im dorsalen Kern (**B3**) Ableitungspunkte in einer genauen Reihenfolge von hohen zu tiefen Frequenzen registriert. Hier liegen die Neurone für bestimmte Tonfrequenzen in einer geordneten Folge. Beim Eintritt der Elektrode in den ventralen Kern (**B2**) bricht die Frequenzfolge plötzlich ab und schwankt nur noch in einem bestimmten Bereich.

Von den Zellen der Kochleariskerne gehen die sekundären Fasern der Hörbahn ab. Die Bündel aus dem Ventralkern kreuzen als breite, mit Nervenzellen durchmischte Faserplatte, **Corpus trapezoideum** (**A4**) (S. 110 AB15), zur Gegenseite und steigen hier als **Lemniscus lateralis** (**A5**) (S. 132 D22) zum unteren Zweihügel (Colliculus inferior) (**A6**) empor. Die vom dorsalen Kern abgehenden Fasern kreuzen in schrägem Verlauf als *Striae acusticae dorsales* (**A7**). Ein großer Teil der Lemniskusfasern läuft von den Kochleariskernen direkt zum unteren Zweihügel. Eine beträchtliche Anzahl von Fasern wird jedoch in Zwischenkernen der Hörbahn auf tertiäre Fasern umgeschaltet: im **Nucleus corporis trapezoidei posterior (Oliva superior)** (**A8**), **Nucleus corporis trapezoidei anterior** (**A9**) und in den **Nuclei lemnisci laterales.** Im Nucleus corporis trapezoidei posterior ist eine tonotopische Gliederung nachgewiesen. Der medial davon liegende akzessorische Kern (**Nucleus medialis olivae superioris**) (**A10**) erhält Fasern von den Kochleariskernen beider Seiten und ist in ein Fasersystem eingeschaltet, das dem *Richtungshören* dient. Die Faserverbindungen vom dorsalen Trapezkern zum Nucleus abducens (**A11**) (*reflektorische Blickbewegung bei Schallempfindung*) sind umstritten. Die Fasern sollen am Abduzenskern vorbei zum gegenseitigen N. cochlearis ziehen und als efferente Leitung an den Haarzellen des Corti-Organs enden. Sie regulieren wahrscheinlich den Erregungszufluß. Die Nuclei lemnisci laterales sind verstreute Zellgruppen im Verlauf des Lemniscus. Vom *Nucleus dorsalis lemnisci lateralis* (**A12**) kreuzen Fasern zum gegenseitigen Lemniscus (Probst-Kommissur) (**A13**).

Colliculus inferior (A)

Der überwiegende Teil des Lemniscus lateralis endet im Hauptkern des Colliculus inferior in einer topischen Ordnung. Elektrophysiologisch ist eine tonotopische Gliederung des Kerns nachgewiesen. Er ist eine Schaltstätte für akustische Reflexe, von der akustikooptische Fasern zu den oberen Zweihügeln und tektozerebelläre Fasern zum Kleinhirn ziehen. Die unteren Zweihügel sind durch die *Commissura colliculi inferioris* (**A14**) miteinander verbunden.

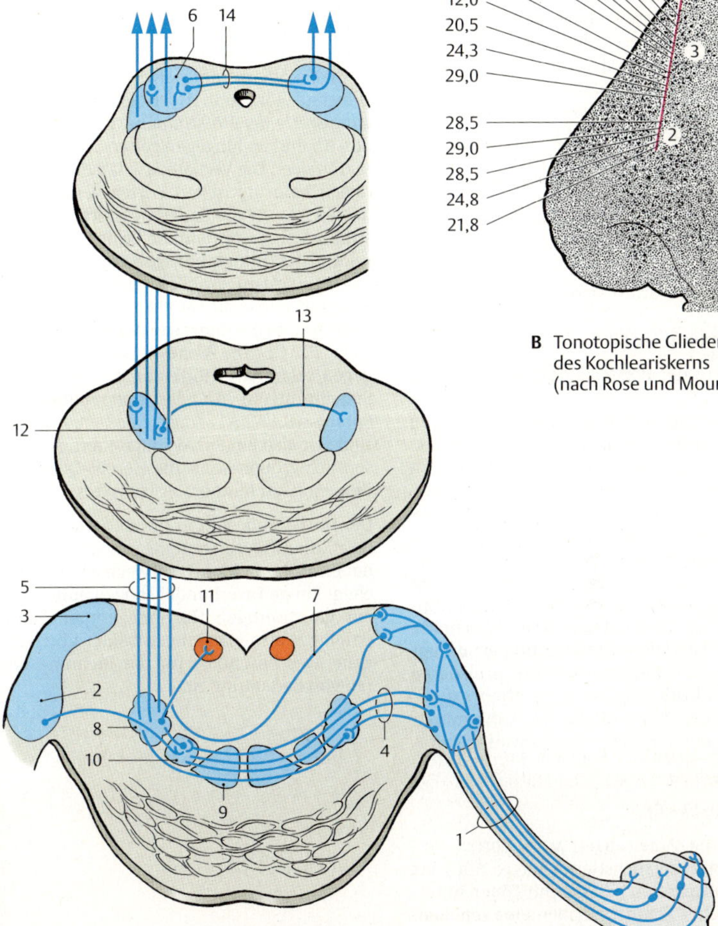

A Hörbahn

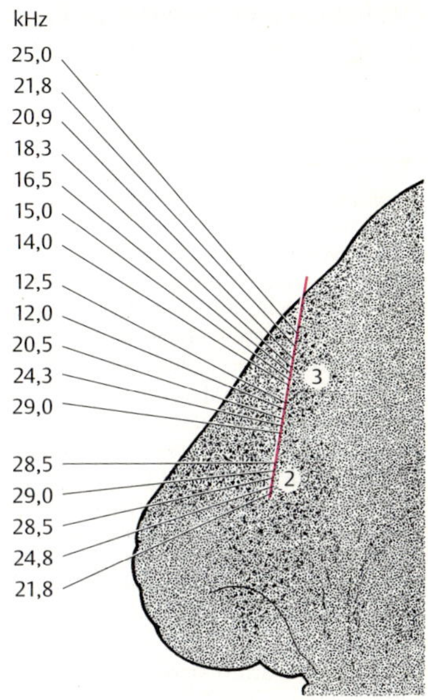

B Tonotopische Gliederung des Kochleariskerns (nach Rose und Mountcastle)

Corpus geniculatum mediale (A, B)

Der nächste Abschnitt der Hörbahn ist der **Pedunculus colliculi inferioris** (**A1**), der als starker Faserzug vom unteren Zweihügel zum **Corpus geniculatum mediale** (**AB2**) zieht. Von diesem nimmt die *Hörstrahlung* ihren Ausgang. Das Corpus geniculatum mediale soll auch somatosensorische Fasern aus dem Rückenmark und zerebelläre Fasern erhalten. Es ist offenbar nicht ausschließlich eine Schaltstelle des akustischen Systems, sondern in verschiedene Systeme eingeschaltet. Einige Faserbündel des Pedunculus colliculi inferioris stammen aus den Trapezkernen und erreichen das Geniculatum mediale ohne Umschaltung im unteren Zweihügel. Beide mediale Corpora geniculata sollen durch kreuzende Fasern verbunden sein, die über die *Commissura supraoptica inferior* (Gudden) (**A3**) verlaufen. Ob eine solche Verbindung auch beim Menschen besteht, ist zweifelhaft. Gesichert sind jedoch absteigende Fasern aus der Hörrinde, die im Geniculatum mediale enden.

Hörstrahlung (A, B)

Die Fasern der **Hörstrahlung** (**AB4**) verlaufen vom Geniculatum mediale quer durch den unteren hinteren Abschnitt der inneren Kapsel und steigen im Temporallappen senkrecht zur Hörrinde empor. Die Fasern halten dabei eine topische Ordnung ein, nach der einzelne Abschnitte des Corpus geniculatum mediale zu bestimmten Bezirken der Hörrinde projizieren. Im Verlauf der Hörstrahlung kommt es zu einer spiraligen Drehung, so daß die rostralen Genikulatumpartien auf die kaudalen Rindenabschnitte und die kaudalen Genikulatumpartien auf die rostralen Rindenabschnitte projizieren (**B**). Diese Drehung ist beim Affen experimentell und beim Menschen während der Markscheidenreifung nachgewiesen worden.

Hörrinde (A–C)

Elektrische Ableitungen vom Cortex verschiedener Versuchstiere (Katze, Affe) bei gleichzeitiger Beschallung mit Tönen unterschiedlicher Frequenz haben eine *tonotopische Gliederung* der Hörrinde (**AB5**, **C**) aufgedeckt, bei der die Cochlea gewissermaßen aufgerollt von der Basalwindung bis zur Cupula repräsentiert ist. Dabei wurden drei Hörregionen nachgewiesen: die **erste auditorische Region** (**AI**) (**C6**), die **zweite auditorische Region** (**AII**) (**C7**) und der Bereich des **Gyrus ectosylvius posterior** (**Ep**) (**C8**). In der ersten auditorischen Region liegen die Nervenzellen, die auf hohe Frequenzen optimal reagieren (große blaue Punkte), rostral, die Nervenzellen, die auf niedrige Frequenzen optimal reagieren (kleine blaue Punkte), kaudal. In der zweiten auditorischen Region ist die Frequenzempfindlichkeit umgekehrt. Die erste Hörregion AI ist die *primäre Endigungsstätte der Hörstrahlung*, die Hörregionen AII und Ep hingegen gelten als *sekundäre Hörfelder*. Die Verhältnisse lassen sich mit denen beim optischen Cortex vergleichen, dessen Area 17 die Endigungsstätte der Sehstrahlung ist, während die Felder 18 und 19 sekundäre Integrationsgebiete sind. Der Hörregion AI entspricht beim Menschen die Area 41, welche die Heschl-Querwindungen bedeckt und die Endstätte der Hörstrahlung ist (S. 252 C1). Die Areae 42 und 22 sind hingegen sekundäre Hörfelder, das Wernicke-Sprachzentrum für das Verständnis der Sprache (S. 262 A1) eingeschlossen. Als Hörrinde ist also ein Bezirk anzusehen, der wesentlich größer ist als die Heschl-Querwindungen (Gyri temporales transversi).

Die Hörbahn besitzt in ihrem Verlauf mehrere Kommissurensysteme, die in verschiedenen Höhen einen Faserwechsel ermöglichen. Einige Faserbündel steigen außerdem zur gleichseitigen Hörrinde empor. Diese empfängt also Erregungen beider Corti-Organe, was besonders für das Richtungshören von Bedeutung ist.

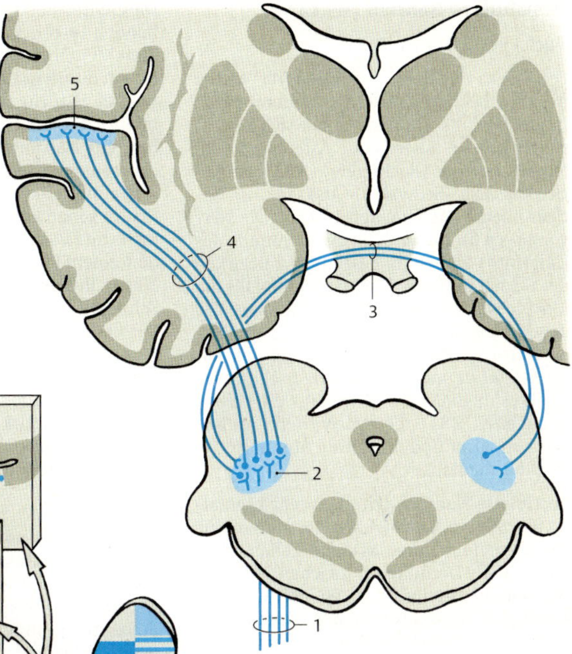

A Hörbahn

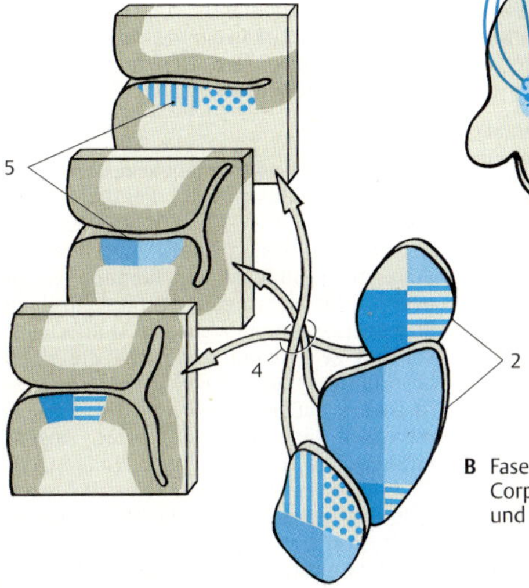

B Faserbeziehungen zwischen Corpus geniculatum mediale und Hörrinde (nach Walker)

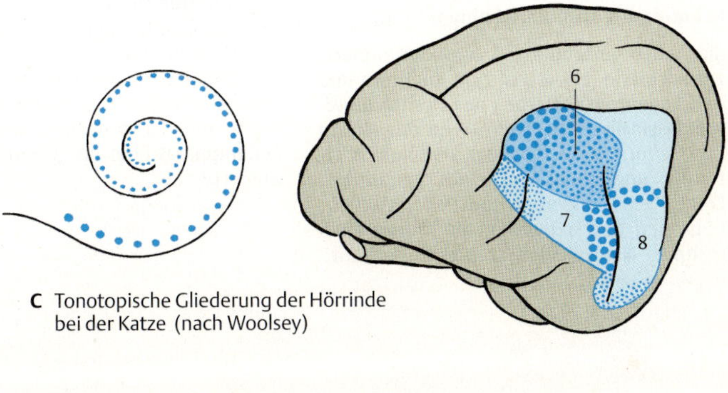

C Tonotopische Gliederung der Hörrinde bei der Katze (nach Woolsey)

Vestibuläre Bahnen (A–C)

Nuclei vestibulares (A, B)

Die Fasern der **Radix vestibularis** (**A1**) treten in Höhe des **Nucleus lateralis** (Deiters) (**AB2**) in die Medulla ein und gabeln sich in aufsteigende und absteigende Äste auf, die im **Nucleus superior** (Bechterew) (**AB3**), im **Nucleus medialis** (Schwalbe) (**AB4**) und im **Nucleus inferior** (**AB5**) enden (S. 120). Die Nervenfasern für die verschiedenen Anteile des Labyrinths ziehen zu bestimmten Bezirken des Kernkomplexes. Die Faserbündel für die *Macula sacculi* (**B6**) enden im lateralen Teil des Nucleus inferior, die Fasern für die *Macula utriculi* (**B7**) im medialen Teil des Nucleus inferior und im lateralen Abschnitt des Nucleus medialis. Die Fasern für die *Cristae ampullares* (**B8**) enden vorwiegend im Nucleus superior und im oberen Abschnitt des Nucleus medialis.

Bestimmte Neuronengruppen reagieren also auf lineare Beschleunigung, andere auf Drehbeschleunigung. Manche Zellen sprechen auf die Drehung zur gleichen Seite, andere auf die Drehung zur Gegenseite an. Die Vestibulariskomplexe beider Seiten sind durch Kommissurenfasern miteinander verbunden, über die manche Zellgruppen vom Labyrinth der Gegenseite erregt werden. Außer labyrinthären Fasern enden im Kernareal auch zerebelläre Fasern vom Wurm und den Nuclei fastigii (S. 164) und spinale Fasern, die Impulse von Gelenkrezeptoren übermitteln. Von den Vestibulariskernen laufen auch efferente Fasern als zentrale Kontrolle zu den Sinnesepithelien zurück.

Sekundäre Vestibularisbahnen (A, C)

Sie stellen Verbindungen zum Rückenmark, zur Formatio reticularis, zum Kleinhirn und den Augenmuskelkernen her. Der **Tractus vestibulospinalis** (**A9**) stammt von den Zellen des Deiters-Kerns (Nucleus vestibularis lateralis) und reicht bis in das Sakralmark. Seine Fasern enden an spinalen Zwischenneuronen und aktivieren die motorischen α- und γ-Neurone der Streckermuskulatur.

Die zahlreichen zur Formatio reticularis ziehenden Fasern stammen von allen Kernen. Zum Kleinhirn verlaufen außer den direkten Fasern aus dem Ganglion vestibuläre Faserbündel vom Nucleus medialis und Nucleus inferior. Sie enden im Nodulus und Flocculus (**A10**) und in Teilen der Uvula (Vestibulocerebellum, S. 152 A6, S. 164 B). Die zu den Augenmuskelkernen (**AC11**) aufsteigenden Fasern gehen vorwiegend vom Nucleus medialis und vom Nucleus superior ab und bilden einen Teil des medialen Längsbündels (Fasciculus longitudinalis medialis) (**A12**). Schließlich besteht eine vestibulokortikale Verbindung über den Thalamus (Nucleus ventralis intermedius S. 184 B13). Elektrophysiologische Untersuchungen haben eine Projektion vestibulärer Erregungen auf einen kleinen Bezirk in der ventralen Postzentralregion nahe dem Gesichtsbezirk des sensorischen Homunculus (S. 251 C) ergeben.

Zusammenspiel von Augenmuskeln, Halsmukeln und Gleichgewichtsorgan (**C**). Bei der Verbindung zwischen Vestibulariskomplex und Augenmuskelkernen haben umschriebene Zellgruppen miteinander Kontakt: Gruppen, welche die Erregungen eines einzelnen Bogenganges empfangen, sind wahrscheinlich mit Zellgruppen verknüpft, die einen bestimmten Augenmuskel innervieren. Nur so ist das außerordentlich präzise Zusammenspiel von Vestibularapparat, Augenmuskeln und Halsmuskeln zu erklären, das die Fixation eines Gegenstandes auch während der Bewegung des Kopfes ermöglicht. Trotz unserer Kopfbewegungen nehmen wir stets ein ruhendes, aufrecht stehendes Bild unserer Umwelt wahr. Um einen solchen konstanten optischen Eindruck zu gewährleisten, wird z.B. jede Kopfneigung durch Rollen der Augäpfel ausgeglichen. Das fein abgestimmte Zusammenwirken von Hals- und Augenmuskeln wird vom Vestibularapparat über die γ-Neurone (**C13**) gesteuert.

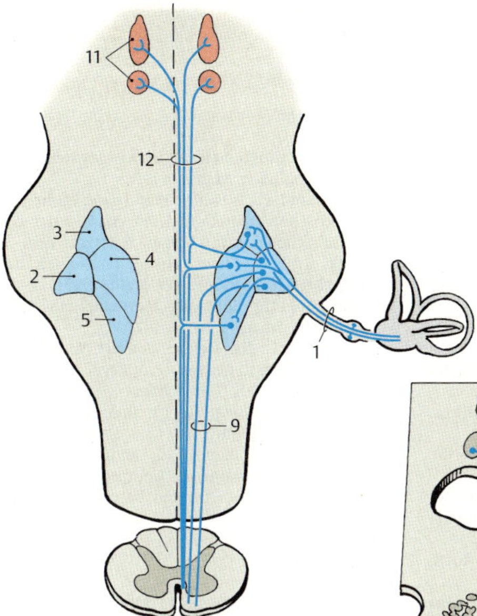

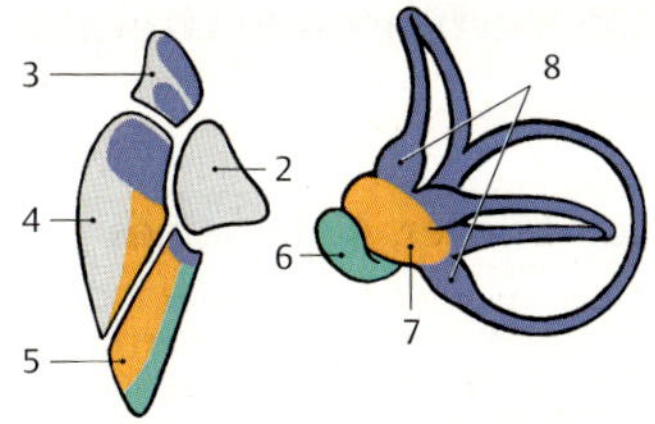

B Beziehung der Vestibulariskerne zum Gleichgewichtsorgan (in Anlehnung an Stein u. Carpenter)

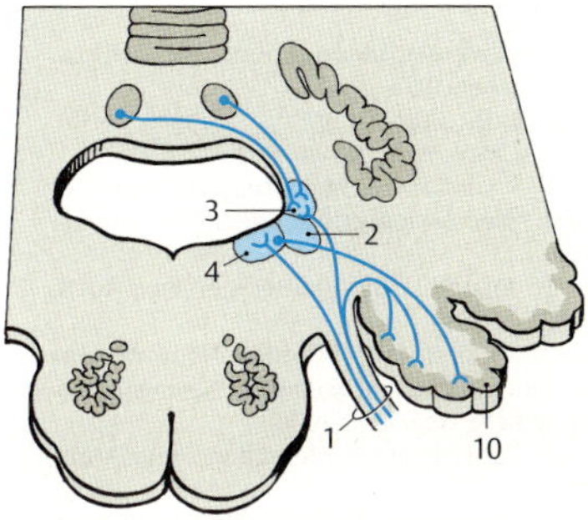

A Faserverbindungen der Vestibulariskerne

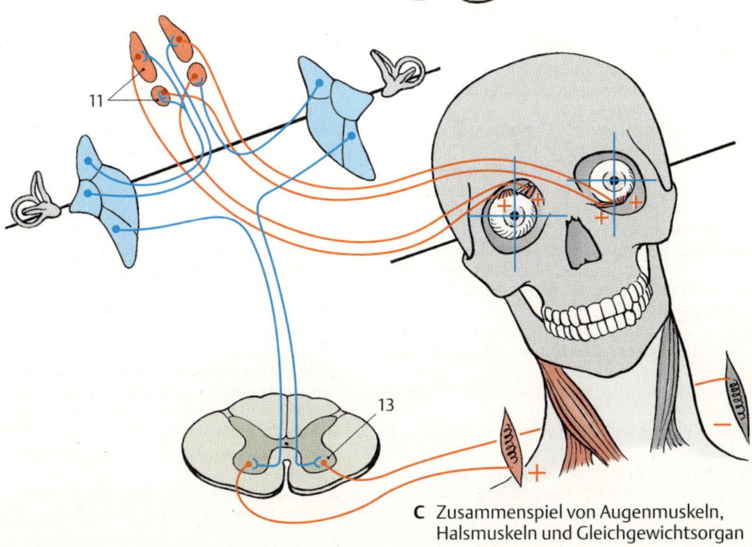

C Zusammenspiel von Augenmuskeln, Halsmuskeln und Gleichgewichtsorgan

Weiterführende Literatur

Lehrbücher, Allgemeines

Ariëns Kappers, C. U., G. C. Huber, E. C. Crosby: The Comparative Anatomy of the Nervous System of Vertebrats, Including Man. Hafner, New York 1936, Reprint 1960

Biesold, D., H. Matthies: Neurobiologie. Fischer, Stuttgart 1977

Brodal, A.: Neurological Anatomy. Oxford University Press, Oxford 1981

Carpenter, M. B.: Core Text of Neuroanatomy. Williams & Wilkins, Baltimore 1978

Clara, M.: Das Nervensystem des Menschen. Barth, Leipzig 1959

Clarke, E., K. Dewhurst: Die Funktionen des Gehirns. Moos. München 1973

Creutzfeld, O. D.: Cortex Cerebri. Springer, Berlin, Heidelberg, New York, Tokyo 1983

Curtis, B. A., S. Jakobson, E. M. Marcus: An Introduction to the Neurosciences. Saunders, Philadelphia 1972

Dejerine, J.: Anatomie des centres nerveux. Rueff, Paris 1895 – 1901

Dudel, J., R. Menzel, R. F. Schmidt: Neurowissenschaft. Vom Molekül zur Kognition. Springer, Berlin, Heidelberg, New York 1996

Eccles, J. C.: Das Gehirn des Menschen. Piper, München 1973

Ferner, H.: Anatomie des Nervensystems. Reinhard, München 1970

Forssmann, W. G., Ch. Heym: Grundriß der Neuroanatomie. Springer, Berlin 1974

Friede, R. L.: Topographic Brain Chemistry. Academic Press, New York 1966

Glees, P.: Morphologie und Physiologie des Nervensystems. Thieme, Stuttgart 1957

Greger, R., U. Windhorst: Comprehensive Human Physiology. From Cellular Mechanisms to Integration. Vol. I und II. Springer, Berlin, Heidelberg, New York 1996

Hassler, R.: Funktionelle Neuroanatomie und Psychiatrie. In: Psychiatrie der Gegenwart, hrsg. von H. W. Gruhle, R. Jung, W. Mayer-Gross, M. Müller. Springer, Berlin 1967

Kandel, E. R., J. H. Schwartz, T. M. Jessell: Principles of Neural Science. 3 rd Edition. Appleton & Lange 1991

Ludwig, E., J. Klingler: Atlas cerebri humani. Karger, Basel 1956

Mühr, A.: Das Wunder Menschenhirn. Walter, Olten 1957

Nieuwenhuys, R., J. Voogd, Chr. van Huizen: Das Zentralnervensystem des Menschen. Springer, Berlin 1991

Retzius, G.: Das Menschenhirn. Norstedt, Stockholm 1896

Rohen, J. W.: Funktionelle Anatomie des Nervensystems. Schattauer, Stuttgart 1975

Schaltenbrand, G., P. Bailey: Einführung in die stereotaktischen Operationen mit einem Atlas des menschlichen Gehirns. Thieme, Stuttgart 1959

Schmidt, R. F., G. Thews (Hrsg.): Physiologie des Menschen, 26. Aufl. Springer, Berlin 1995

Sidman, R. L., M. Sidmann: Neuroanatomie programmiert. Springer, Berlin 1971

Thompson, R. F.: Das Gehirn. Von der Nervenzelle zur Verhaltenssteuerung. 2. Auflage. Spektrum, Heidelberg, Berlin, Oxford 1994

Villiger, E., E. Ludwig: Gehirn und Rückenmark. Schwabe, Basel 1946

Zigmond, M. J., F. E. Bloom, S. C. Landis, J. L. Roberts, L. R. Squire: Fundamental Neuroscience. Academic Press, San Diego, London, Boston 1999

Einleitung

Bullock, Th. H.: Introduction to Nervous System. San Francisco 1977

Bullock, Th. H., G. A. Horridge: Structure and Function in the Nervous System of Invertebrates. University Chicago Press, Chicago 1955

Drescher, U., A. Faissner, R. Klein, F. G. Rathjen, C. Stürmer (eds.): Molecular bases of axonal growth and pathfinding. Cell Tissue Res. Special Issue 290 (1997) 187 – 470

Edelman, G. M., W. E. Gall, W. M. Cowan (eds.): Molecular Bases of Neural Development. John Wiley & Sons, New York, Chichester, Brisbane 1985

Goodman, C. S., C. J. Shatz: Developmental mechanisms that generate precise patterns of neuronal connectivity. Cell 72/Neuron 10 (Suppl.) (1993) 77 – 98

Hamburger, V.: The Heritage of Experimental Embryology. Hans Spemann and the Organizer. Oxford University Press, New York 1988

Herrick, J. C.: Brains of Rats and Men. University Chicago Press, Chicago 1926

Herrick, J. C.: The Evolution of Human Nature. University Texas Press, Austin 1956

Kahle, W.: Die Entwicklung der menschlichen Großhirnhemisphäre. Springer, Berlin, Heidelberg 1969

Kölliker, A.: Entwicklungsgeschichte des Menschen und der höheren Tiere. 2. Ausgabe. W. Engelmann, Leipzig 1879

Le Gros Clark, W. E.: Fossil Evidence for Human Evolution. University Chicago Press, Chicago 1955

Le Gros Clark, W. E.: The Antecedents of Man. Edinburgh University Press. Edinburgh 1959

Popper, K. R., J. C. Eccles: Das Ich und sein Gehirn. Piper, München 1985

Sherrington, Sir Charles: Körper und Geist – Der Mensch über seine Natur. Schünemann, Bremen 1964

Spatz, H.: Gedanken über die Zukunft des Menschenhirns. In: Der Übermensch, hrsg. von E. Benz. Rhein-Verl., Zürich 1961

Sperry, R. W.: Chemoaffinity in the orderly growth of nerve fiber patterns and connections. Proc. Natl. Acad. Sci. USA 50 (1963) 703–710

Starck, D.: Die Neencephalisation. In: Menschliche Abstammungslehre, hrsg. von G. Heberer, Fischer, Stuttgart 1965

Tessier-Lavigne, M., C. S. Goodman: The molecular biology of axon guidance. Science 274 (1996) 1123–1133

Tobias, P. V.: The Brain in Hominid Evolution. Columbia University Press, New York 1971

Grundelemente des Nervensystems

Akert, K., P. G. Waser: Mechanisms of Synaptic Transmission. Elsevier, Amsterdam 1969

Babel, J., A. Bischoff, H. Spoendlin: Ultrastructure of the Peripheral Nervous System and Sense Organs. Thieme, Stuttgart 1970

Barker, J. L.: The Role of Peptides in Neuronal Function. Dekker, Basel 1980

de Belleroche, J., G. J. Dockray: Cholecystokinin in the Nervous System. Verlag Chemie, Weinheim 1984

Björklund, A., T. Hökfeld: Classical Neurotransmitters in the CNS. Handbook of Chemical Neuroanatomy. Elsevier, Amsterdam 1984

Bloom, F. E.: The functional significance of neurotransmitter diversity. Am. J. Physiol. 246 (1984) C184–C194

Cajal, S. R.: Histologie du système nerveux de l'homme et des vertébrés. Maloine, Paris 1909–1911

Causey, G.: The Cell of Schwann. Livingstone, Edinburgh 1960

Cold Spring Harbour Symposia 40: The Synapse. Cold Spring Harbour Laboratory, New York 1976

Cottrell, G. A., P. N. R. Usherwood: Synapses. Blackie, Glasgow 1977

Cowan, W. M., M. Cuenod: The Use of Axonal Transport for Studies of Neuronal Connectivity. Elsevier, Amsterdam 1975

De Robertis, E. D. P., R. Carrea: Biology of Neuroglia. Elsevier, Amsterdam 1965

Eccles, J. C.: The physiology of synapses. Springer, Berlin, Göttingen, Heidelberg, New York 1964

Emson, P. C.: Chemical Neuroanatomy. Raven, New York 1984

Eränkö, O.: Histochemistry of Nervous Transmission. Elsevier, Amsterdam 1969

Fedoroff, S., A. Vernadakis: Astrocytes. Academic Press, London 1986

Friede, R. L., F. Seitelberger: Symposium über Axonpathologie und „Axonal Flow". Springer, Berlin 1971

Frotscher, M., U. Misgeld (eds.): Central Cholinergic Synaptic Transmission. Birkhäuser, Basel, Boston, Berlin 1989

Fuxe, K., M. Goldstein, B. Hökfeld, T. Hökfeld: Central Adrenalin Neurons. Pergamon, Oxford 1980

Gray, E. G.: Axo-somatic and axo-dendritic synapses of the cerebral cortex: an electron microscope study. J. Anat. 93 (1959) 420–433

Heimer, L., L. Záborszky (eds.): Neuroanatomical Tract-Tracing Methods 2. Recent Progress. Plenum Press, New York, London 1989

Heuser, J. E., T. S. Reese : Structure of the synapse. In: Handbook of Physiology, Section 1: The Nervous System. Vol. I: Cellular Biology of Neurons, Part 1 (E. R. Kandel, Ed.), American Physiological Society, Bethesda, Md., 261–294, 1977

Hild, W.: Das Neuron. In: Handbuch der mikroskopischen Anatomie, hrsg. von W. Bargmann, Erg. zu Bd. IV/I. Springer, Berlin 1959

Jonas, P., H. Monyer (eds.): Ionotropic Glutamate Receptors in the CNS. Handbook of Experimental Pharmacology. Vol. 141. Springer, Berlin, Heidelberg, New York 1999

Jones, D. G.: Synapses and Synaptosomes. Chapmann & Hall, London 1975

Landon, D. N.: The Peripheral Nerve. Chapmann & Hall, London 1976

Lehmann, H. J.: Die Nervenfaser. In: Handbuch der mikroskopischen Anatomie, hrsg. von W. Bergmann, Erg. zu Bd. IV/I. Springer, Berlin 1959

Loewi, O.: Über humorale Übertragbarkeit der Herznervenwirkung. Pflügers Arch. Gesamte Physiol. 189 (1921) 239–242

Nakai, J.: Morphology of Neuroglia. Igaku-Shoin, Osaka 1963

Neher, E.: Ion channels for communication between and within cells. Neuron 8 (1992) 606–612

Pappas, G. D., D. P. Purpura: Structure and Function of Synpases. Raven, New York 1972

Penfield, W.: Cytology and Cellular Pathology of the Nervous System. Hoeber, New York 1932

Peters, A., S. L. Palay, H. F. Webster: The Fine Structure of the Nervous System. Oxford University. Press, New York 1991

Pfenninger, K. H.: Synaptic morphology and cytochemistry. Prog. Histochem. Cytochem. 5 (1973) 1–86

Ransom, B., H. Kettenmann (eds.): Neuroglia. Oxford University Press, Oxford 1995

Rapoport, St. J.: Blood-Brain Barrier in Physiology and Medicine. Raven, New York 1976

Roberts, E., T. N. Chase, D. B. Tower: GABA in Nervous System Function. Raven, New York 1976
Sakmann, B.: Elementary steps in synaptic transmission revealed by currents through single ion channels. Neuron 8 (1992) 613–629
Sakmann, B., E. Neher: Single-channel recording. Plenum, New York 1983
Schoffeniels, E., G. Franck, L. Hertz: Dynamic Properties of Glia Cells. Pergamon, Oxford 1978
Stjaerne, L.: Chemical Neurotransmission. Academic Press, London 1981
Szentágothai, J.: Neuron Concept Today. Adakémiai Kiadó, Budapest 1977
Uchizono, K.: Excitation and inhibition. Elsevier, Amsterdam 1975
Unwin, N.: Neurotransmitter action: opening of ligand-gated ion channels. Cell 72/Neuron 10 (Suppl.) (1993) 31–41
Usdin, E., W. E. Burney, J. M. Davis: Neuroreceptors. Chichester, New York 1979
Watson, W. E.: Cell Biology of Brain. Chapman & Hall, London 1976
Windle, W. F.: Biology of Neuroglia. Thomas, Springfield 1958
Weiss, D. G.: Axoplasmic Transport. Springer, Berlin 1982
Yamamura, H. J., S. J. Enna, M. J. Kuhar: Neurotransmitter Receptor Binding. Raven, New York 1985
Zimmermann, H.: Synaptic transmission : Cellular and Molecular Basis. Thieme, Stuttgart 1993

Rückenmark und Rückenmarksnerven

Bok, S. T.: Das Rückenmark. In: Handbuch der mikroskopischen Anatomie, Bd. IV, hrsg. von W. v. Möllendorf. Springer, Berlin 1928
Brown, A. G.: Organization of the Spinal Cord. Springer, Berlin 1981
Dyck, P. J., P. K. Thomas, E. H. Lambert: Peripheral Neuropathy, Vol. I. Biology of the Peripheral System. Saunders, Philadelphia 1975
Foerster, O.: Spezielle Anatomie und Physiologie der peripheren Nerven. In: Handbuch der Neurologie, Bd. II/I, hrsg. von O. Bumke, O. Foerster. Springer, Berlin 1928
Foerster, O.: Symptomatologie der Erkrankungen des Rückenmarks und seiner Wurzeln. In: Handbuch der Neurologie, Bd. V, hrsg. von O. Bumke, O. Foerster. Springer, Berlin 1936
Hubbard, J. I.: The Peripheral Nervous System. Plenum, New York 1974
Jacobsohn, L.: Über die Kerne des menschlichen Rückenmarks. Abh. d. königl. preuß. Akad. d. Wiss., Phys.-math. Kl., Berlin 1908
Kadyi, H.: Über die Blutgefäße des menschlichen Rückenmarkes. Gubrynowicz & Schmidt, Lemberg 1886
Keegan, J. J., F. D. Garrett: The segmental distribution of the cutaneous nerves in the limbs of man. Anat. Rec. 102 (1948) 409–437
v. Lanz, T., W. Wachsmuth: Praktische Anatomie, Bd. I/2.–4. Springer, Berlin 1955–1972
Murnenthaler, M., H. Schliack: Läsionen peripherer Nerven. 5. Aufl. Thieme, Stuttgart 1987
Noback, Ch. N., J. K. Harting: Spinal cord. In: Primatologia, Bd. II/1, hrsg. von H. Hofer, A. H. Schultz, D. Starck. Karger, Basel 1971
Villiger, E.: Die periphere Innervation. Schwabe, Basel 1964
Willis, W. D., R. E. Coggeshall: Sensory mechanisms of the spinal cord. 2nd ed. Plenum, New York 1991

Hirnstamm und Hirnnerven

Brodal, A.: The Cranial Nerves. Blackwell, Oxford 1954
Brodal, A.: The Reticular Formation of the Brain Stem. Oliver & Boyd, Edinburgh 1957
Clemente, C. D., H. W. Magoun: Der bulbäre Hirnstamm. In: Einführung in die stereotaktischen Operationen mit einem Atlas des menschlichen Gehirns, hrsg. von G. Schaltenbrand, P. Bailey, Thieme, Stuttgart 1959
Crosby, E. C., E. W. Lauer: Anatomie des Mittelhirns. In: Einführung in die stereotaktischen Operationen mit einem Atlas des menschlichen Gehirns, hrsg. von G. Schaltenbrand, P. Bailey. Thieme, Stuttgart 1959
Delafresnaye, J. F.: Brain-Mechanisms and Consciousness. Blackwell, Oxford 1954
Duvernoy, H. M.: Human Brain Stem Vessels. Springer, Berlin 1978
Feremutsch, K.: Mesencephalon. In: Primatologia, Bd. II/2, hrsg. von H. Hofer, A. H. Schultz, D. Starck. Karger, Basel 1965
Gerhard, L., J. Olszewski: Medulla oblongata and Pons. In: Primatologia, Bd. II/2, hrsg. von H. Hofer, A. H. Schultz, D. Starck. Karger, Basel 1969
Jasper, H., L. D. Proctor, R. S. Knighton, W. C. Noshay, R. T. Costello: Reticular Formation of the Brain. Churchill, Oxford 1958
Mingazzini, G.: Medulla oblongata und Brücke. In: Handbuch der mikroskopischen Anatomie, Bd. IV. Springer, Berlin 1928
Olszewski, J., D. Baxter: Cytoarchitecture of the Human Brain Stem. Karger, Basel 1954
Pollak, E.: Anatomie des Rückenmarks, der Medulla oblongata und der Brücke. In: Handbuch der Neurologie, Bd. I, hrsg. von O. Bumke, O. Foerster. Springer, Berlin 1935
Riley, H. A.: An Atlas of the Basal Ganglia, Brain Stem and Spinal Cord. Williams & Wilkins, Baltimore 1943
Spatz, H.: Anatomie des Mittelhirns. In: Handbuch der Neurologie, Bd. I, hrsg. von O. Bumke, O. Foerster, Springer, Berlin 1935

Kleinhirn

Angevine, jr. J. B., E. L. Mancall, P. I. Yakovlev: The Human Cerebellum. Little, Brown, Boston 1961
Chain-Palay, V.: Cerebellar Dentate Nucleus. Springer, Berlin 1977
Dichgans, J., J. Bloedel, W. Precht: Cerebellar Functions. Springer, Berlin 1984
Dow, R. S., G. Moruzzi: The Physiology and Pathology of the Cerebellum. University Minnesota Press, Minneapolis 1958
Eccles, J. C., M. Ito, J. Szentágothai: The Cerebellum as a Neuronal Machine. Springer, Berlin 1967
Fields, W. S., W. D. Willis: The Cerebellum in Health and Disease. Green, St. Louis 1970
Ito, M.: The Cerebellum and Neural Control. Raven Press, New York 1984
Jakob, A.: Das Kleinhirn. In: Handbuch der mikroskopischen Anatomie, Bd. IV, hrsg. von W. v. Moellendorff. Springer, Berlin 1928
Jansen, J., A. Brodal: Das Kleinhirn. In: Handbuch der mikroskopischen Anatomie, Bd. IV, hrsg. von W. Bargmann, Erg. zu Bd. IV/I. Springer, Berlin 1958
Larsell, O., J. Jansen: The Comparative Anatomy and Histology of the Cerebellum. University of Minnesota Press. Minneapolis 1972
Llinás, R.: Neurobiology of Cerebellar Evolution and Development. American Medical Association, Chicago 1969
Palay, S. L.: Cerebellar Cortex. Springer, Berlin 1974

Zwischenhirn

Akert, K.: Die Physiologie und Pathophysiologie des Hypothalamus. In: Einführung in die stereotaktischen Operationen mit einem Atlas des menschlichen Gehirns, hrsg. von G. Schaltenbrand, P. Bailey. Thieme, Stuttgart 1959
Ariëns Kappers, J., J. P. Schadé: Structure and Function of the Epiphysis Cerebri. Elsevier, Amsterdam 1965
Bargmann, W., J. P. Schadé: Lectures on the Diencephalon. Elsevier, Amsterdam 1964
De Wulf, A.: Anatomy of the Normal Human Thalamus. Elsevier, Amsterdam 1971
Diepen, R.: Der Hypothalamus. In: Handbuch der mikroskopischen Anatomie, Bd. IV/7, hrsg. von W. Bargmann. Springer, Berlin 1962
Emmers, R., R. R. Tasker: The Human Somesthetic Thalamus. Raven, New York 1975
Feremutsch, K.: Thalamus. In: Primatologia, Bd. II/2, hrsg. von H. Hofer, A. H. Schultz, D. Starck. Karger, Basel 1963
Frigyesi, T. L., E. Rinvik, M. D. Yahr: Thalamus. Raven, New York 1972
Harris, G. W., B. T. Donovan: The Pituitary Gland, Bd. III. Pars Intermedia and Neurohypophysis. Butterworths, London 1966
Hassler, R.: Anatomie des Thalamus. In: Einführung in die stereotaktischen Operationen mit einem Atlas des menschlichen Gehirns, hrsg. von G. Schaltenbrand, P. Bailey. Thieme, Stuttgart 1959
Haymaker, W., E. Anderson, J. H. Nauta: Hypothalamus. Thomas, Springfield/III. 1969
Hess, W. R.: Das Zwischenhirn. Schwabe, Basel 1954
Kuhlenbeck, H.: The human diencephalon. Confin, neurol. (Basel), Suppl. 14 (1954)
Macchi, G., A. Rustioni, R. Speafico: Somatosensory Integration in the Thalamus. Elsevier, Amsterdam 1983
Morgane, P. J.: Handbook of the Hypothalamus (3 Vol.) Dekker, Basel 1979–81
Nir, I., R. J. Reiter, R. J. Wurtman: The Pineal Gland. Springer, Wien 1977
Pallas, J. E.: La journée du thalamus, Marseille 1969
Purpura, D. P.: The Thalamus, Columbia University Press, New York 1966
Richter, E.: Die Entwicklung des Globus pallidus und des Corpus subthalamicum. Springer, Berlin 1965
Wahren, W.: Anatomie des Hypothalamus. In: Einführung in die stereotaktischen Operationen mit einem Atlas des menschlichen Gehirns, hrsg. von G. Schaltenbrand, P. Bailey. Thieme, Stuttgart 1959
Walker, A. E.: The Primate Thalamus. University of Chicago Press, Chicago 1938
Walker, A. E.: Normale und pathologische Physiologie des Thalamus. In: Einführung in die stereotaktischen Operationen mit einem Atlas des menschlichen Gehirns, hrsg. von G. Schaltenbrand, P. Bailey. Thieme, Stuttgart 1959
Wolstenholme, G. E. W., J. Knight: The Pineal Gland. Ciba Foundation Symposium Churchill-Livingstone, London 1971
Wurtman, R. J., J. A. Axelrod, D. E. Kelly: The Pineal. Academic Press, New York 1968

Endhirn

Alajouanine, P. Th.: Les grandes activitées du lobe temporal. Masson, Paris 1955
v. Bonin, G.: Die Basalganglien. In: Einführung in die stereotaktischen Operationen mit einem Atlas des menschlichen Gehirns, hrsg. von G. Schaltenbrand, P. Bailey. Thieme, Stuttgart 1959
Braak, H.: Architectonics of the Human Telencephalic Cortex. Springer, Berlin 1980
Brazier, M. A. B., H. Petsche: Architectonics of the Cerebral Cortex. Raven Press, New York 1978
Brodmann, K.: Vergleichende Lokalisationslehre der Großhirnrinde. Barth, Leipzig 1925
Bucy, P. C.: The Precentral Motor Cortex. University of Illinois Press, Urbana 1949
Chan-Palay, V., C. Köhler (eds.): The Hippocampus - New Vistas. Neurology and Neurobiology. Vol. 52. Alan R. Liss, Inc., New York 1989

Ciba Foundation Symposium 58: Functions of the Septo-Hippocampal System. Elsevier, Amsterdam 1977

Creuzfeldt, O. D.: Cortex Cerebri. Springer, Berlin 1983

Critchley, M.: The Parietal Lobes. Arnold, London 1953

Denny-Brown, D.: The Basal Ganglia. Oxford University Press, London 1962

Descarries, L., T. R. Reader, H. H. Jasper: Monoamin Innervation of the Cerebral Cortex. Alan R. Riss, New York 1984

Dimond, St.: The Double Brain. Churchill-Livingstone, Edinburgh 1972

Divac, I. R., G. E. Öberg: The Neostriatum. Pergamon, Oxford 1979

Eccles, J. C.: Brain and Conscious Experience. Springer, Berlin 1966

v. Economo, C., G. N. Koskinas: Die Cytoarchitektonik der Hirnrinde des erwachsenen Menschen. Springer, Berlin 1925

Eleftheriou, B. E.: The Neurobiology of the Amygdala. Plenum, New York 1972

Feremutsch, K.: Basalganglien. In: Primatologia, Bd. II/2, hrsg. von H. Hofer, A. H. Schultz, D. Starck. Karger, Basel 1961

Freund, T. F., G. Buzsáki (eds.): Interneurons of the Hippocampus. Hippocampus 6 (1996) 347–473

Frotscher, M., P. Kugler, U. Misgeld, K. Zilles: Neurotransmission in the Hippocampus. Advances in Anatomy, Embryology and Cell Biology, Vol. 111, Springer, Berlin, Heidelberg 1988

Fuster, J. M.: The Prefrontal Cortex. Raven, New York 1980

Gainotti, G., C. Caltagirone: Emotions and the Dual Brain. Springer, Berlin 1989

Gastaud, H., H. J. Lammers: Anatomie du rhinencéphale. Masson, Paris 1961

Goldman, P. S., W. J. Nauta: Columnar distribution of cortico-cortical fibers in the frontal association, limbic and motor cortex of the developing rhesus monkey. Brain Res. 122, 393–413 (1977)

Goodwin, A. W., J. Darian-Smith: Handfunction and the Neocortex. Springer, Berlin 1985

Hubel, D. H., T. N. Wiesel: Anatomical demonstration of columns in the monkey striate cortex. Nature (Lond.) 221 (1969) 747–750

Isaacson, R. L., K. H. Pribram: The Hippocampus. Plenum, New York 1975

Jones, E. G., A. Peters: Cerebral Cortex. Vol. 1–6. Plenum, New York 1984–1987

Kahle, W.: Die Entwicklung der menschlichen Großhirnhemisphäre. Springer, Berlin 1969

Kennedy, C., M. H. Des Rosiers, O. Sakurada, M. Shinohara, M. Reivich, J. W. Jehle, L. Sokoloff: Metabolic mapping of the primary visual system of the monkey by means of the autoradiographic C^{14}deoxyglucose technique. Proc. nat. Acad. Sci. (Wash.) 73 (1976), 4230–4234

Kinsbourne, M., W. L. Smith: Hemispheric Disconnection and Cerebral Function. Thomas, Springfield 1974

Passouant, P.: Physiologie de le hippocampe. Edition du centre national de la recherche scientifique. Paris 1962

Penfield, W., H. Jasper: Epilepsy and the Functional Anatomy of the Human Brain. Little, Brown, Boston 1954

Penfield, W., T. Rasmussen: The Cerebral Cortex of Man. Macmillan, New York 1950

Penfield, W., L. Roberts: Speech and Brain Mechanisms. Princeton University Press. Princeton 1959

Ploog, D.: Die Sprache der Affen. In: Neue Anthropologie, hrsg. von H. G. Gadamer, P. Vogler. Thieme, Stuttgart 1972

Rose, M.: Cytoarchitektonik und Myeloarchitektonik der Großhirnrinde. In: Handbuch der Neurologie, Bd. I, hrsg. von O. Bumke, O. Foerster. Springer, Berlin 1935

Sanides, F.: Die Architektonik des menschlichen Stirnhirns. Springer, Berlin 1962

Schneider, J. S., T. J. Lidsky: Basal Ganglia and Behavior. Huber, Bern 1987

Schwerdtfeger, W. K.: Structure and Fiber Connections of the Hippocampus. Springer, Berlin 1984

Seifert, W.: Neurobiology of the Hippocampus. Academic Press, London 1983

Springer, S. P., G. Deutsch: Linkes Gehirn, rechtes Gehirn, funktionelle Asymmetrien. Spektrum d. Wissenschaft, Heidelberg 1987

Squire, L. R.: Memory and Brain. Oxford University Press, New York 1987

Stephan, H.: Allocortex. In: Handbuch der mikroskopischen Anatomie, Bd. IV/9, hrsg. von W. Bargmann. Springer, Berlin 1975

Valverde, F.: Studies on the Piriform Lobe. Harvard University Press. Cambridge/Mass. 1965

Weinstein, E. A., R. P. Friedland: Hemiinattention and Hemisphere Spezialization. Raven, New York 1977

Liquorsystem

Hofer, H.: Circumventrikuläre Organe des Zwischenhirns. In: Primatologia, Bd. II/2, hrsg. von H. Hofer, A. H. Schultz, D. Starck. Karger, Basel 1965

Lajtha, A., D. H. Ford: Brain Barrier System. Elsevier, Amsterdam 1968

Leonhardt, H.: Ependym und Circumventrikuläre Organe. Handbuch d. mikroskopischen Anatomie, Bd IV/III. Springer, Berlin 1980

Millen, J. W. M., D. H. M. Woollam: The Anatomy of the Cerebrospinal Fluid. Oxford University Press, London 1962

Schaltenbrand, G.: Plexus und Meningen. In: Handbuch der mikroskopischen Anatomie, Bd IV/2, hrsg. von W. Bargmann. Springer, Berlin 1955

Sterba, G.: Zirkumventrikuläre Organe und Liquor. VEB Fischer, Jena 1969

Gefäßsystem

Dommisee, G. F.: The Arteries and Veins of the Human Spinal Cord from Birth. Churchill-Livingstone, Edinburgh 1975
Hiller, F.: Die Zirkulationsstörungen des Rückenmarks und Gehirns. In: Handbuch der Neurologie, Bd. III/11, hrsg. von O. Bumke, H. Foerster. Springer, Berlin 1936
Kaplan, H. A., D. H. Ford: The Brain Vascular System. Elsevier, Amsterdam 1966
Krayenbühl, H., M. G. Yasargil: Die zerebrale Angiographie, 2. Aufl. Thieme, Stuttgart 1965; 3. Aufl. 1979
Luyendijk; W.: Cerebral Circulation. Elsevier, Amsterdam 1968
Szilka, G., G. Bouvier, T. Hovi, V. Petrov: Angiography of the Human Brain Cortex. Springer, Berlin 1977

Vegetatives Nervensystem

Burnstock, G., M. Costa: Adrenergic Neurons, Chapman & Hall, London 1975
Csillik, B., S. Ariens Kappers: Neurovegetative Transmission Mechanisms. Springer, Berlin 1974
Furness, J. B., M. Costa: The enteric nervous system. Churchill Livingstone, Edinburgh 1987
Gabella, G.: Structure of the Autonomous Nervous System. Chapman & Hall, London 1976
Kuntz, A.: The Autonomic Nervous System. Lea & Febiger, Philadelphia 1947
Langley, J. N.: The autonomic nervous system, part 1. Heffer, Cambridge 1921
Mitchell, G. A. G.: Anatomy of the Autonomic Nervous System. Livingstone, Edinburgh 1953
Monnier, M.: Physiologie des vegetativen Nervensystems. Hippokrates, Stuttgart 1963
Müller, R. L.: Lebensnerven und Lebenstriebe. Springer, Berlin 1931
Newman, P. P.: Visceral Afferent Functions of the Nervous System. Arnold, London 1974
Pick, J.: The Autonomic Nervous System. Lippincott, Philadelphia 1970
Thews, G., G. Vaupel.: Vegetative Physiologie. Springer, Berlin 1990
White, J. C., R. H. Smithwick: The Autonomic Nervous System. Macmillan, New York 1948

Funktionelle Systeme

Adey, W. R., T. Tokizane: Structure and Function of the Limbic System. Elsevier, Amsterdam 1967
Andres, K. H., M. v. Dühring: Morphology of cutaneous receptors. In: Handbook of Sensory Physiology, Bd. II, hrsg. von H. Autrum, R. Jung, W. R. Loewenstein, D. M. MacKay, H. L. Teuber. Springer, Berlin 1973
Barker, D.: The morphology of muscle receptors. In: Handbook of Sensory Physiology. Bd. III/2, hrsg. von H. Autrum, R. Jung, W. R. Loewenstein, D. M. MacKay, H. L. Teuber. Springer, Berlin 1974
Campbell, H. J.: The Pleasure Areas. Eyre Methuen, London 1973
Couteaux, R.: Motor endplate structure. In: The Structure and Function of Muscle, hrsg. von G. H. Bourne. Academic Press, New York 1973
Douek, E.: The Sense of Smell and Its Abnormalities. Churchill-Livingstone, London 1974
Gardner, H.: Dem Denken auf der Spur, der Weg der Kognitionswissenschaft. Klett-Cotta, Stuttgart 1989
Halata, Z.: The Mechanoreceptors of the Mammalien Skin, Advances in Anatomy, Embryology and Cell Biology, Bd. 50/5. Springer, Berlin 1975
Heppner, F.: Limbisches System und Epilepsie. Huber, Bern 1973
Isaacson, R. L.: The Limbic System. Plenum Press, New York 1974
Janzen, R., W. D. Keidel, G. Herz, C. Steichele: Schmerz. Thieme, Stuttgart 1972
Jung, R., R. Hassler: The extrapyramidal motor system. In: Handbook of Physiology, Section 1, Bd. 2, hrsg. von J. Field, H. W. Magoun, V. E. Hall. American Physiological Society Washington 1960
Knight, J.: Mechanisms of Taste and Smell in Vertebrates. Ciba Foundation Symposium. Churchill, London 1970
Lassek, A. M.: The Pyramidal Tract. Thomas, Springfield/Ill. 1954
Monnier, M.: Functions of the Nervous System, Bd. 3: Sensory Functions and Perception. Elsevier, Amsterdam 1975
Munger, B. L.: Patterns of organization of peripheral sensory receptors. In: Handbook of Sensory Physiology, Bd. I/1, hrsg. von H. Autrum, R. Jung, W. R. Loewenstein, D. M. MacKay, H. L. Teuber. Springer, Berlin 1971
de Reuk, A. V., S. J. Knight: Touch, Heat and Pain. Ciba Foundation Symposium. Churchill, London 1966
Sezntágothai, J., J. Hámori, M. Palkovits: Regulatory Functions of the CNS: Motion and Organization Principles. Pergamon, Oxford 1981
Varela, Francico J.: Kognitionswissenschaft – Kognitionstechnik. Suhrkamp. Frankfurt 1990
Wiesendanger, M.: The pyramidal tract. In: Ergebnisse der Physiologie, Bd. 61. Springer, Berlin 1969
Zacks, S. J.: The Motor Endplate. Saunders, Philadelphia 1964
Zotterman, Y.: Olfaction and Taste. Pergamon, Oxford 1963

Zotterman, Y.: Sensory Mechanisms. Elsevier, Amsterdam 1966
Zotterman, Y.: Sensory Functions of the Skin. Pergamon, Oxford 1977

Auge

Carpenter, R. H. S.: Movements of the Eyes. Pion, London 1977
Fine, B. S., M. Yanoff: Ocular histology. Harper & Row, New York 1972
Hollyfield, J. G.: The Structure of the Eye. Elsevier, Amsterdam 1982
Hubel, D. H., T. N. Wiesel: Die Verarbeitung visueller Informationen. Spektrum der Wissenschaft, November 1979
Livingston, M., D. Hubel: Segregation of form, color, movement, and depth: Anatomy, physiology and perception. Science 240 (1988) 740–749
Masland, R. H.: Die funktionelle Architektur der Netzhaut. Spektrum der Wissenschaft, 66–75, Februar 1989
Marr, D.: Vision. Freeman, San Francisco 1982
Polyak, St.: The Vertebrate Visual System. University Chicago Press, Chicago 1957
Rodieck, R. W.: Vertebrate Retina. Freeman, San Francisco 1973
Rohen, J. W.: Sehorgan. In: Primatologia, Bd. II/1, hrsg. von H. Hofer, A. H. Schultz, D. Starck. Karger, Basel 1962
Rohen, J. W.: Das Auge und seine Hilfsorgane. In: Handbuch der mikroskopischen Anatomie. Erg. zu Bd. III/2, hrsg. von W. Bargmann. Springer, Berlin 1964
Straatsma, B. R., M. O. Hall, R. A. Allen, F. Crescitelli: The Retina Morphology, Function and Clinical Characteristics. University California Press, Berkeley 1969
Wässle, H., B. B. Boycott: Functional architecture of the mammalian retina. Physiol. Rev. 71 (1991) 447–480
Walsh, F. W., W. F. Hoyt: Clinical Neuroophthalmology. Williams & Wilkins, Baltimore 1969
Warwick, R.: Wolff's Anatomy of the Eye and Orbit. Lewis, London 1976
Zeki, S.: A Vision of the Brain. Blackwell, London 1993

Gehör- und Gleichgewichtsorgan

Ades, H. W., H. Engström: Anatomy of the inner ear. In: Handbook of Sensory Physiology, Bd. V/1, hrsg. von H. Autrum, R. Jung, W. R. Loewenstein, D. M. MacKay, H. L. Teuber. Springer, Berlin 1974
Beck, C.: Anatomie des Ohres. In: Hals-Nasen-Ohren-Heilkunde, Bd. III/1, hrsg. von J. Berendes, R. Link, F. Zöllner. Thieme, Stuttgart 1965
Beck, C.: Histologie des Ohres. In: Hals-Nasen-Ohren-Heilkunde, Bd. III/1, hrsg. von J. Berendes, R. Link, F. Zöllner. Thieme, Stuttgart 1965; 2. Aufl. 1977
Brodal, A., O. Pompeiano, F. Walberg: The Vestibular Nuclei and Their Connexions. Oliver & Boyd, Edinburgh 1962
Gualtierotti, T.: The Vestibular System. Springer, Berlin 1981
Keidel, W. D.: Anatomie und Elektrophysiologie der zentralen akustischen Bahnen. In: Hals-Nasen-Ohren-Heilkunde, Bd. III/3, hrsg. von J. Berendes, R. Link, F. Zöllner. Thieme, Stuttgart 1966; 2. Aufl. 1977
Kolmer, W.: Gehörorgan. In: Handbuch der mikroskopischen Anatomie, Bd. III/1, hrsg. von W. v. Moellendorff. Springer, Berlin 1927
Precht, W.: Neuronal Operations in the Vestibular Systems. Springer, Berlin 1978
Rasmussen, G. L., W. F. Windle: Neural Mechanisms of the Auditory and Vestibular Systems. Thomas, Springfield/Ill. 1960
deReuck, A. V. S., J. Knight: Hearing Mechanisms in Vertebrates. Ciba Foundation Symposium, Churchill, London 1968
Whitfield, I. C.: The Auditory Pathway. Arnold, London 1960

Sachverzeichnis

Haupthinweise sind durch **halbfette** Seitenzahlen gekennzeichnet

A

B

C

D

E

F

I

J

K

L

M

O

P

Q

R

S

T

Auf einen Blick